Lebdairat

Herbert F. Bender
Das Gefahrstoffbuch

*Maßgebliche Gefahrstoffbewertungen
und Analysemethoden*

Von der DFG-Senatskommission zur Prüfung
gesundheitsschädlicher Arbeitsstoffe

Analytische Methoden zur Prüfung gesundheitsschädlicher Arbeitsstoffe
Band 1: Luftanalysen

Loseblattwerk
ISBN: 978-3-527-19021-8

Analytische Methoden zur Prüfung gesundheitsschädlicher Arbeitsstoffe
Band 2: Analysen in biologischem Material

Loseblattwerk
ISBN: 978-3-527-19022-5

Gesundheitsschädliche Arbeitsstoffe
Toxikologisch-arbeitsmedizinische Begründungen von
MAK-Werten und Einstufungen

Loseblattwerk
ISBN: 978-3-527-19030-0

Biologische Arbeitsstoff-Toleranz-Werte (BAT-Werte), Expositionsäquivalente für krebserzeugende Arbeitsstoffe (EKA) und Biologische Leitwerte (BLW)
Arbeitsmedizinisch-toxikologische Begründungen

Loseblattwerk
ISBN: 978-3-527-19032-4

Herbert F. Bender

Das Gefahrstoffbuch

Sicherer Umgang mit Gefahrstoffen
nach REACH und GHS

Dritte, völlig neu bearbeitete Auflage

WILEY-VCH Verlag GmbH & Co. KGaA

Autor

Prof. Dr. Herbert Bender
BASF SE
Abteilung Sicherheit und Arbeitsschutz
GUS/TD – M940
67056 Ludwigshafen

Titelbild

Verwendung von Bildern mit freundlicher Genehmigung von Digital Vision und PhotoDisc, Inc

1. Auflage 1996
2. Auflage 2002
3. Auflage 2008

■ Alle Bücher von Wiley-VCH werden sorgfältig erarbeitet. Dennoch übernehmen Autoren, Herausgeber und Verlag in keinem Fall, einschließlich des vorliegenden Werkes, für die Richtigkeit von Angaben, Hinweisen und Ratschlägen sowie für eventuelle Druckfehler irgendeine Haftung.

**Bibliografische Information
der Deutschen Nationalbibliothek**
Die Deutsche Nationalbibliothek verzeichnet diese Publikation in der Deutschen Nationalbibliografie; detaillierte bibliografische Daten sind im Internet über http://dnb.d-nb.de abrufbar.

© 2008 WILEY-VCH Verlag GmbH & Co. KGaA, Weinheim

Alle Rechte, insbesondere die der Übersetzung in andere Sprachen, vorbehalten. Kein Teil dieses Buches darf ohne schriftliche Genehmigung des Verlages in irgendeiner Form – durch Photokopie, Mikroverfilmung oder irgendein anderes Verfahren – reproduziert oder in eine von Maschinen, insbesondere von Datenverarbeitungsmaschinen, verwendbare Sprache übertragen oder übersetzt werden. Die Wiedergabe von Warenbezeichnungen, Handelsnamen oder sonstigen Kennzeichen in diesem Buch berechtigt nicht zu der Annahme, dass diese von jedermann frei benutzt werden dürfen. Vielmehr kann es sich auch dann um eingetragene Warenzeichen oder sonstige gesetzlich geschützte Kennzeichen handeln, wenn sie nicht eigens als solche markiert sind.

Printed in the Federal Republic of Germany
Gedruckt auf säurefreiem Papier

Umschlaggestaltung   Adam Design, Weinheim
Satz   Hagedorn Kommunikation GmbH, Viernheim
Druck   Strauss GmbH, Mörlenbach
Bindung   Litges & Dopf GmbH, Heppenheim
ISBN: 978-3-527-32067-7

Inhaltsverzeichnis

Vorwort zur 3. Auflage *XIII*

1 **Das Stoffrecht** *1*
1.1 Das deutsche Stoffrecht *1*
1.2 Das EG-Recht *5*
1.3 Begriffsbestimmungen *8*

2 **Wissenschaftliche Grundlagen** *13*
2.1 Grundlagen der Toxikologie *13*
2.1.1 Aufnahmewege *14*
2.1.1.1 Orale Aufnahme *15*
2.1.1.2 Dermale Aufnahme *15*
2.1.1.3 Inhalative Aufnahme *17*
2.1.2 Metabolismus *18*
2.1.3 Akute Wirkung *20*
2.1.4 Wirkung bei wiederholter Applikation *21*
2.1.5 Sensibilisierende (allergisierende) Wirkung *23*
2.1.6 Entwicklungsschädigende Wirkung *26*
2.1.7 Fruchtbarkeitsgefährdende Wirkung *29*
2.1.8 Krebserzeugende Wirkung *30*
2.1.8.1 Krebsauslösende Faktoren *31*
2.1.8.2 Chemische Kanzerogene *34*
2.1.8.3 Natürliche Kanzerogene *38*
2.1.9 Erbgutverändernde Wirkung *39*
2.1.9.1 Punktmutationen *39*
2.1.9.2 Chromosomenmutationen *39*
2.1.9.3 Genommutationen *41*
2.1.10 Aerosole *41*
2.2 Grundlagen physikalisch-chemischer Eigenschaften *46*
2.2.1 Begriffsdefinitionen *47*
2.3 Biologische Arbeitsstoffe *52*
2.3.1 Risikogruppen *53*
2.3.2 Arten biologischer Arbeitsstoffe *54*

Das Gefahrstoffbuch, 3. Auflage. Herbert F. Bender
Copyright © 2008 WILEY-VCH Verlag GmbH & Co. KGaA, Weinheim
ISBN: 978-3-527-32067-7

2.3.2.1	Pilze 54
2.3.2.2	Bakterien 58
2.3.2.3	Viren 61
2.3.2.4	Parasiten 63

3	**Einstufung und Kennzeichnung von Stoffen und Zubereitungen 65**
3.1	Gefährliche Stoffeigenschaften 65
3.1.1	Akut toxische Eigenschaften 66
3.1.1.1	Sehr giftig 67
3.1.1.2	Giftig 70
3.1.1.3	Gesundheitsschädlich 74
3.1.1.4	Ätzend 78
3.1.1.5	Reizend 80
3.1.1.6	Sensibilisierend 82
3.1.1.7	Sonstige toxische Eigenschaften 82
3.1.2	Spezielle toxische Eigenschaften 84
3.1.2.1	Einstufungsprinzip der EU 84
3.1.2.2	Fortpflanzungsgefährdend 85
3.1.2.3	Krebserzeugend 92
3.1.2.4	Erbgutverändernd 99
3.1.3	Umweltgefährliche Eigenschaften 102
3.1.3.1	Wirkung auf Gewässer 103
3.1.3.2	Nicht aquatische Umwelt 105
3.1.4	Physikalisch-chemische Eigenschaften 107
3.1.4.1	Hochentzündlich 107
3.1.4.2	Leichtentzündlich 108
3.1.4.3	Entzündlich 109
3.1.4.4	Brandfördernd 110
3.1.4.5	Explosionsgefährlich 110
3.1.4.6	Sonstige physikalisch-chemische Eigenschaften 112
3.2	Einstufung von Stoffen 113
3.2.1	Legaleinstufung (Listenprinzip) 113
3.2.2	Einstufung nach dem Definitionsprinzip 115
3.3	Einstufungen von Zubereitungen 116
3.3.1	Experimentelle Prüfung 116
3.3.2	Konventionelle Methode 117
3.3.2.1	Allgemeine Konzentrationsgrenzen 118
3.3.2.2	Stoffspezifische Konzentrationsgrenzen 121
3.3.2.3	Berechnung der Einstufung bei mehreren gefährlichen Inhaltsstoffen 122
3.4	Kennzeichnung von Stoffen und Zubereitungen 126
3.4.1	Kennzeichnung gefährlicher Stoffe und Zubereitungen 126
3.4.2	Sonderkennzeichnungen 135
3.5	Gefahrstoff 139

4	**Gefährdungsbeurteilung und Beurteilungsgrundlagen** 143	
4.1	Rechtliche Grundlagen 143	
4.2	Durchführung der Gefährdungsbeurteilung 144	
4.2.1	Gefährdungsbeurteilung bei vorgegebenen Maßnahmen 146	
4.2.2	Gefährdungsbeurteilung ohne vorgegebene Maßnahmen 148	
4.3	Luftgrenzwerte am Arbeitsplatz 151	
4.3.1	Arbeitsplatzgrenzwerte 152	
4.3.2	EG-Grenzwerte 155	
4.3.3	Grenzwerte der MAK-Kommission 156	
4.3.4	DNEL/DMEL 162	
4.3.5	Internationale Grenzwerte 164	
4.4	Biologische Grenzwerte 165	
4.4.1	Der biologische Grenzwert 165	
4.4.2	Der biologische Arbeitsplatztoleranzwert 167	
4.5	Methoden der Expositionsermittlung 168	
4.5.1	Direktanzeigende Messgeräte 169	
4.5.1.1	Probenahmeröhrchen 169	
4.5.1.2	Papierindikatoren 173	
4.5.1.3	Elektrochemische Sensoren 175	
4.5.1.4	Photoionisationsdetektor 177	
4.5.1.5	Personal Air Sampling für Gase und Dämpfe 178	
4.5.1.6	Bestimmung fester Partikel 182	
4.5.1.7	Fasermessungen 186	
5	**Europäische Regelungen** 189	
5.1	REACH 189	
5.1.1	Anwendungsbereich 192	
5.1.2	Begriffsbestimmungen 193	
5.1.3	Die Registrierung 197	
5.1.3.1	Vorregistrierung 199	
5.1.3.2	Registrieranforderungen 201	
5.1.3.3	Stoffsicherheitsbericht 204	
5.1.3.4	Forschung und Entwicklung 209	
5.1.3.5	Zwischenprodukte 210	
5.1.3.6	Expositionsbedingter Verzicht auf Untersuchungen 212	
5.1.3.7	Ausnahmen von der Registrierpflicht 213	
5.1.4	Zulassungspflicht 214	
5.1.5	Informationen in der Lieferkette 216	
5.1.6	Sicherheitsdatenblatt 218	
5.1.6.1	Bezeichnung des Stoffes bzw. der Zubereitung und Firmenbezeichnung 220	
5.1.6.2	Mögliche Gefahren 221	
5.1.6.3	Zusammensetzung/Angaben zu Bestandteilen 221	
5.1.6.4	Erste-Hilfe-Maßnahmen 222	
5.1.6.5	Maßnahmen zur Brandbekämpfung 223	

5.1.6.6	Maßnahmen bei unbeabsichtigter Freisetzung	223
5.1.6.7	Handhabung und Lagerung	224
5.1.6.8	Begrenzung und Überwachung der Exposition/ Persönliche Schutzausrüstung	225
5.1.6.9	Physikalische und chemische Eigenschaften	227
5.1.6.10	Stabilität und Reaktivität	229
5.1.6.11	Angaben zur Toxikologie	229
5.1.6.12	Umweltbezogene Angaben	231
5.1.6.13	Hinweise zur Entsorgung	232
5.1.6.14	Angaben zum Transport	232
5.1.6.15	Rechtsvorschriften	233
5.1.6.16	Sonstige Angaben	233
5.1.7	Verbote beim Inverkehrbringen	234
5.1.8	Meldepflichten	234
5.2	Stoffrichtlinie	235
5.3	Zubereitungsrichtlinie	236
5.4	Agenzienrichtlinie	237
5.5	Krebsrichtlinie	238
5.6	Verordnung 304/2003/EG	239
5.7	Verordnung 3677/90/EWG	245
5.8	Verordnung 2037/2000/EG	246
5.9	Die POP-Verordnung	246
6	**Deutsche Regelungen**	**249**
6.1	Das Chemikaliengesetz	249
6.1.1	Aufbau des Chemikaliengesetzes	249
6.1.2	Anwendungsbereich und Begriffsbestimmungen	251
6.1.3	Anmeldung neuer Stoffe und von Bioziden	252
6.1.4	Mitteilungspflichten	255
6.1.5	Ermächtigungsgrundlagen	256
6.1.6	Verordnungen des Chemikaliengesetzes	256
6.2	Die Gefahrstoffverordnung	257
6.2.1	Anwendungsbereich und Begriffsbestimmungen	258
6.2.2	Vorschriften zum Inverkehrbringen	262
6.2.3	Informationsermittlung und Gefahrstoffbeurteilung	264
6.2.4	Schutzmaßnahmen bei Tätigkeiten mit Gefahrstoffen	266
6.2.5	Betriebsanweisung und Unterweisung	275
6.2.6	Arbeitsmedizinische Vorsorge	285
6.2.7	Zusammenarbeit verschiedener Firmen	288
6.2.8	Unterrichtung der Behörde	289
6.2.9	Die Anhänge der Gefahrstoffverordnung	289
6.3	Die Chemikalien-Verbotsverordnung	295
6.3.1	Verbote des Inverkehrbringens	296
6.3.2	Erlaubnis- und Anzeigepflichten	305
6.3.3	Informations- und Aufzeichnungspflichten	307

6.3.4	Sachkunde	*309*
6.3.5	Anhang	*310*
6.3.6	Straftaten, Ordnungswidrigkeiten	*310*
6.4	Die Biostoffverordnung	*311*
6.4.1	Grundprinzipien der Verordnung	*311*
6.4.2	Schutzmaßnahmen	*314*
6.4.2.1	Schutzmaßnahmen für die Risikogruppe 1	*314*
6.4.2.2	Schutzmaßnahmen für die Risikogruppe 2 bis 4	*316*
6.5	Die Mutterschutzverordnung und das Jugenarbeitsschutzgesetz	*320*
6.6	Die Betriebssicherheitsverordnung	*322*
6.6.1	Ex-Zonen-Einteilung	*323*
6.6.2	Maßnahmen des Explosionsschutzes	*324*
6.6.3	Sichere Reaktionsführung	*325*
6.7	Das Bundes-Immissionsschutzgesetz und seine Verordnungen	*328*
6.7.1	Das Bundes-Immissionsschutzgesetz	*328*
6.7.1.1	Genehmigungsbedürftige Anlagen	*331*
6.7.1.2	Nicht genehmigungsbedürftige Anlagen	*332*
6.7.2	Die Verordnungen des Bundes-Immissionsschutzgesetzes	*333*
6.7.2.1	Verordnung über genehmigungsbedürftige Anlagen	*334*
6.7.2.2	Die Störfallverordnung	*334*
6.8	Das Wasserhaushaltsgesetz	*339*
7	**Persönliche Schutzausrüstungen**	***343***
7.1	Augen- und Gesichtsschutz	*343*
7.1.1	Schutzbrillen	*345*
7.1.2	Schutzschirme	*348*
7.2	Schutzhandschuhe	*349*
7.2.1	Allgemeine Regeln bei der Benutzung von Schutzhandschuhen	*351*
7.2.2	Auswahl der Schutzhandschuhe	*352*
7.2.3	Kennzeichnung von Schutzhandschuhen	*357*
7.3	Körperschutz	*359*
7.4	Atemschutz	*362*
7.4.1	Filtergeräte	*367*
7.4.1.1	Partikelfilter	*368*
7.4.1.2	Gasfilter	*372*
7.4.1.3	Filtergeräte mit Gebläse	*380*
7.4.2	Isoliergeräte	*382*
7.4.2.1	Schlauchgeräte	*383*
7.4.2.2	Behältergeräte	*386*
7.4.2.3	Regenerationsgeräte	*387*
7.4.3	Atemschutzgeräte für Selbstrettung	*388*
7.4.3.1	Filtergeräte für Selbstrettung	*389*
7.4.3.2	Isoliergeräte für Selbstrettung	*391*

8	**Lagerung von Gefahrstoffen** 393
8.1	Allgemeine Lagerregelungen 394
8.2	Lagerung giftiger und sehr giftiger Stoffe 395
8.2.1	Anwendungsbereich 396
8.2.2	Definition Zusammenlagerung 398
8.2.3	Sicherheitstechnische Anforderungen an Läger 399
8.2.4	Zusammenlagerungsverbote 402
8.2.5	Ausnahmen von den Zusammenlagerungsverboten 403
8.2.6	Betrieb des Lagers 405
8.3	Lagerung brandfördernder Stoffe nach TRGS 515 409
8.3.1	Anwendungsbereich 409
8.3.2	Einteilung brandfördernder Stoffe 410
8.3.3	Zusammenlagerungsverbote 411
8.3.4	Ausnahmen von den Zusammenlagerungsverboten 412
8.3.5	Bauliche Anforderungen 412
8.4	Lagerung brennbarer Flüssigkeiten 413
8.4.1	Die Betriebssicherheitsverordnung 413
8.4.2	Ex-Zonen-Einteilung 415
8.4.3	Sicherheitstechnische Ausstattung von Lägern 417
8.4.4	Zusammenlagerungsverbote 420
8.5	Konzept des VCI für die Zusammenlagerung von Chemikalien 421
8.5.1	Lagerklassen 421
9	**GHS** 429
9.1	Einstufung und Kennzeichnung von Stoffen und Gemischen 432
9.1.1	Physikalisch-chemische Eigenschaften 433
9.1.1.1	Explosivstoffe 433
9.1.1.2	Brennbare Gase 433
9.1.1.3	Brennbare Aerosole 434
9.1.1.4	Oxidierende Gase 435
9.1.1.5	Druckgase 437
9.1.1.6	Brennbare Flüssigkeiten 438
9.1.1.7	Brennbare Feststoffe 438
9.1.1.8	Selbstreaktive Verbindungen 439
9.1.1.9	Selbstentzündliche Flüssigkeiten 441
9.1.1.10	Selbstentzündliche Feststoffe 441
9.1.1.11	Selbsterhitzende Stoffe oder Gemische 443
9.1.1.12	Stoffe oder Gemische, die in Kontakt mit Wasser brennbare Gase bilden 443
9.1.1.13	Brandfördernde Flüssigkeiten 444
9.1.1.14	Brandfördernde Feststoffe 445
9.1.1.15	Organische Peroxide 446
9.1.1.16	Ätzend zu Metallen 446
9.1.2	Gesundheitsgefahren 448
9.1.2.1	Akute Giftigkeit 448

9.1.2.2	Hautätzend oder hautreizend	448
9.1.2.3	Schwere Augenschäden/augenreizend	453
9.1.2.4	Sensibilisierende Stoffe	454
9.1.2.5	Keimzellmutagenität, erbgutverändernde Eigenschaft	454
9.1.2.6	Krebserzeugende Eigenschaft	455
9.1.2.7	Fortpflanzungsgefährdende Eigenschaft	457
9.1.2.8	Spezifische Organtoxizität, einmalige Exposition	458
9.1.2.9	Spezifische Organtoxizität, wiederholte Exposition	460
9.1.2.10	Aspirationsgefahr	460
9.1.3	Umweltgefahren	462
9.1.3.1	Umweltgefährlich für Gewässer	462
9.1.3.2	Schädigung der Ozonschicht	462
9.1.4	Kategoriegrenzwerte	464
9.2	Das Kennzeichnungsschild	464
9.3	Zeitplan	465
10	**Transportvorschriften**	**467**
10.1	Internationale Transportvorschriften	468
10.2	Klassifizierung gefährlicher Güter	470
10.3	Gefahrgutvorschriften für Straße und Eisenbahn	472
10.3.1	Geltungsbereich, Anwendung, begrenzte Mengen	475
10.3.2	Sicherheitspflichten der Beteiligten	479
10.4	Verzeichnis der gefährlichen Güter	482
10.5	Die Verpackung	484
10.5.1	Verpackungsanweisungen	488
10.5.2	Verpackungsarten	489
10.6	Kennzeichnung von Versandstücken und Fahrzeugen	493
10.6.1	Bezettelung	493
10.6.2	Kennzeichnung der Verpackungen	495
10.6.3	Die orangenfarbene Kennzeichnung	496
10.6.4	Nummer zur Kennzeichnung der Gefahr (Kemlerzahl)	497
10.7	Die Begleitpapiere	499
10.8	Vorschriften für die Beförderung	505
10.8.1	Vorschriften für die Be- und Entladung	506
10.8.2	Zusammenladeverbote	506
10.8.3	Fahrzeugbesatzung und Fahrzeugausrüstung	509
10.8.4	Allgemeine Vorschriften	510
10.8.5	Fahrerausbildung	511
10.8.6	Kleinmengenregelung	512

Literatur 513

Sachregister 519

Vorwort zur 3. Auflage

Seit dem Erscheinen der 2. Auflage wurden grundlegende Änderungen im nationalen und europäischen Stoffrecht wirksam bzw. werden in absehbarer Zeit implementiert. REACH und GHS sind in diesem Zusammenhang an erster Stelle zu nennen. Eine umfassende Überarbeitung war daher angezeigt; der zunehmenden Bedeutung europäischer Vorschriften wurde sowohl im Aufbau als auch im Umfang der neuen Auflage Rechnung getragen.

Im Rahmen der Neustrukturierung wurden im Kapitel „Wissenschaftliche Grundlagen" jetzt auch die physikalisch-chemischen und biologischen Eigenschaften behandelt. Neben dem überarbeiteten und erweiterten Glossar wurden allgemeingültige Begriffsbestimmungen in einem neuen Kapitel vorgezogen. Im bisherigen Kapitel 3 finden Sie jetzt auch die Einstufung von Stoffen und Zubereitungen neben der weitgehend unveränderten Abhandlung der gefährlichen Stoffeigenschaften. Die primär aus EG-Vorschriften resultierenden Kennzeichnungsvorschriften schließen sich unmittelbar als Konsequenz der Einstufung an.

Der Vorgehensweise in der Praxis sowie dem neuen zentralen Konzept der deutschen Vorschriften folgend, werden die Arbeitsschutzvorschriften als Konsequenz der Gefährdungsbeurteilung in einem gemeinsamen Kapitel behandelt. Als Bewertungsgrundlage der inhalativen Exposition finden sich hier auch die unterschiedlichen Luftgrenzwerte sowie die biologischen Grenzwerte für die Bewertung bei zusätzlicher dermaler Stoffaufnahme. Konsequenterweise wurden die Methoden zur Expositionsermittlung ebenfalls in dieses Kapitel eingegliedert.

In einem neuen, umfassenden Kapitel sind, mit Ausnahme der Einstufungs- und Kennzeichnungsvorschriften, alle wichtigen Vorschriften der europäischen Union zum Stoffrecht zusammengefasst. Naturgemäß nimmt die REACH-Verordnung hierbei eine zentrale Rolle ein. Auch wenn zum Zeitpunkt der Drucklegung nur wenige „Technical Guidance Documents" (TGD) im Rahmen der „REACH Implementation Projects" (RIP) fertiggestellt waren, konnten die wesentlichen Vorschriften der Verordnung doch mit dem notwendigen Detaillierungsgrad erläutert werden. Eine ausführliche Beschreibung der REACH-Verordnung mit konkreten Empfehlungen für die Praxis muss allerdings einem künftigen Buch, das bereits vorbereitet wird, vorenthalten bleiben. Die grundlegenden Pflichten und Rechte im Rahmen der Vorregistrierung sowie der sich anschließenden Registrierung werden gemäß den einschlägigen, mengenabhängigen Anhängen beschreiben. Die für Forschung und Entwicklung wichtigen Ausnahmeregelungen werden ebenso wie die Erleichterungen für Zwischenprodukte erläutert. Die Zulassungspflichten konnten nur kursorisch beschrieben werden; die konkreten Vorgaben, einschließlich der Stofflisten, werden erst zu einem späteren Zeitpunkt verabschiedet. Ausführlich beschrieben sind im Gegensatz hierzu die Pflichten und Aufgaben der Kommunikation in der Lieferkette. Da die Anforderungen an das Sicherheitsdatenblatt ebenfalls in die REACH-Verordnung überführt wurden, werden die substantiellen Anforderungen an das Sicherheitsdatenblatt gemeinsam mit den deutschen Empfehlungen der „Bekanntmachung 220" des AGS im Kapitel REACH behandelt.

Als Grundlage für die nationalen Gefahrstoffvorschriften schließen sich eine Diskussion der Agenzienrichtlinie und Krebsrichtlinie an. Aufgrund ihrer unmittelbaren Wirkung beim Export bestimmter Chemikalien wurde eine ausführlichere Darstellung der PIC-Verordnung neu aufgenommen. Ergänzend werden die Regelungen der Verordnung zum Im- und Export psychotroper Substanzen, die Vorschriften des Montrealer Abkommens über ozonschädigende Stoffe sowie die POP-Verordnung über schwerabbaubare, umweltrelevante Stoffe erläutert.

Unmittelbar an die europäischen Vorschriften schließen sich die spezifischen nationalen Regelungen an. Nach Inkrafttreten von REACH besitzt das Chemikaliengesetz primär nur noch Bedeutung für die Anmeldung von Bioziden, in Umsetzung der entsprechenden EG-Biozidrichtlinie. Umfassend wird im Gegensatz hierzu die Gefahrstoffverordnung behandelt – mit Ausnahme der Gefährdungsbeurteilung und -bewertung – die bereits in Kapitel 4 übergreifend dargestellt wird.

Die Verbote und Beschränkungen beim Inverkehrbringen von Stoffen, Zubereitungen und Erzeugnissen werden analog der 2. Auflage im Rahmen der Abhandlung der Chemikalien-Verbotsverordnung beschrieben. Die Übernahme der zugrunde liegenden EG-Beschränkungsrichtlinie in die REACH-Verordnung wird erst zu einem späteren Zeitpunkt erfolgen. Die Schutzmaßnahmen bei gezielten und nicht gezielten Tätigkeiten mit biologischen Arbeitsstoffen finden sich im Kapitel 6.4 „Biostoffverordnung". Die stoffbedingten Vorschriften beim Betreiben von Betriebsmitteln und Anlagen, insbesondere von überwachungsbedürftigen Anlagen, werden im Rahmen der Betriebssicherheitsverordnung dargestellt; ausführlicher werden wiederum die Schutzmaßnahmen zur Vermeidung explosionsgefährlicher Atmosphäre behandelt.

Umfassende Pflichten und Vorschriften bei Herstellung und Verwendung von Stoffen sind als Konsequenz des Bundesimmissionsschutzgesetzes zu beachten. Schwerpunktmäßig wird die Störfallverordnung behandelt; neu aufgenommen wurden die zur Bewertung störfallrelevanter Anlagen wichtigen unterschiedlichen Störfallwerte. Das Wasserhaushaltsgesetz schließt die Darstellung der nationalen Vorschriften ab.

Das Kapitel „Persönliche Schutzmaßnahmen" wurde aktualisiert und den neuen Normen angepasst; wesentliche inhaltliche Änderungen mussten nicht berücksichtigt werden. Die Lagervorschriften erforderten eine moderate Überarbeitung. Da insbesondere die TRbF 20 „Läger" immer noch die nicht mehr gültigen Regelungen der durch die Betriebssicherheitsverordnung abgelöste ehemalige VbF beinhaltet, wurden diese Vorschriften sinngemäß an die aktuellen staatlichen Vorschriften angepasst. Vollkommen neu wurden die Regelungen des künftigen Einstufungs- und Kennzeichnungssystems GHS aufgenommen. Basis der Ausführungen war der Verordnungsentwurf der EG-Kommission von Juni 2007. Zum Zeitpunkt der Drucklegung waren zahlreiche offene Fragen noch nicht entschieden, daher wurden nur die unstrittigen Einstufungs- und Kennzeichnungskriterien aufgenommen, die vermutlich ab Anfang 2009 parallel zu dem bisherigen Einstufungsleitfaden von Anhang VI der Stoffrichtlinie 67/548/EWG angewendet werden dürfen. Im Interesse einer längeren Aktualität der neuen Auflagen wurden die künftigen Einstufungs- und Kennzeichnungsvorschriften des „globalen harmonisierten Systems" GHS mit aufgenommen.

Die Transportvorschriften von Gefahrgütern sollen wie bisher die Brücke zwischen Umgangsrecht und Transportrecht bilden. Die wesentlichen Vorschriften beim Transport von Gefahrgütern werden kurz beschrieben und die vorhandenen Unterschiede zum geltenden Einstufungskonzept nach Stoffrichtlinie herausgestellt.

Die 3. Auflage möchte wiederum den Praktikern in Industrie, Gewerbe, Handel sowie in den Aufsichtsbehörden eine zweckdienliche Zusammenstellung der relevanten Vorschriften und Schutzmaßnahmen beim Umgang mit Stoffen bieten. Neben der Interpretation der gesetzlichen Vorschriften wurde für ein besseres Verständnis der naturwissenschaftlichen Zusammenhänge auf eine verständliche Darstellung geachtet.

Für die vielen Anregungen und Verbesserungsvorschläge möchte sich der Autor ganz besonders bedanken und hofft, diese weitgehend im Interesse einer besseren und verständlicheren Darstellung umgesetzt zu haben.

Böhl-Iggelheim, im Juli 2008 *Herbert F. Bender*

1
Das Stoffrecht

In allen Staaten der europäischen Gemeinschaft gelten neben den gemeinschaftlichen Vorschriften und Vorgaben entsprechende nationale Regelungen, in vielen Ländern ergänzt um zusätzliche staatliche Vorschriften. Auch wenn diese Vorgehensweise dem Grundgedanken des einheitlichen europäischen Wirtschafts- und Rechtsraums widerspricht, ist insbesondere im Bereich des Arbeitsschutzes sowie im Umweltschutz nicht mit einer grundlegenden Änderung in absehbarer Zeit zu rechnen. Im Gegensatz hierzu wird durch REACH und GHS eine fast vollständige Harmonisierung beim Inverkehrbringen von Chemikalien erreicht.

1.1
Das deutsche Stoffrecht

In der Bundesrepublik Deutschland regeln eine Vielzahl von Gesetzen und Verordnungen den Umgang mit Chemikalien. Insbesondere im Rahmen des Umweltrechtes existiert ein feinmaschiges Regelwerk, das in erster Linie die Umwelt vor schädlichen Einflüssen schützen soll.

Abbildung 1.1 zeigt eine Übersicht der wichtigsten Gesetze und Verordnungen beim Umgang mit Chemikalien. Hierbei ist zwischen den Gesetzen zum Schutz der Umwelt und zum Arbeitsschutz zu unterscheiden. Letztere werden in erster Linie in diesem Buch behandelt. Die Gesetze zum Schutz der Umwelt werden nur berücksichtigt, soweit sie den Umgang mit den Stoffen beeinflussen.

Neben den allgemeingültigen Gesetzen und Verordnungen, die in Kapitel 6 ausführlicher behandelt werden, regeln zahlreiche Gesetze die Herstellung und Verwendung von speziellen Stoffen.

Zusätzlich zu den in diesem Kapitel vorgestellten Gesetzen und Verordnungen existieren noch zahlreiche weitere Spezialvorschriften mit eingeschränktem Anwendungsbereich, die auf Grund ihres begrenzten Gültigkeitsbereiches oder ihrer speziellen Regelungen nur kurz erläutert werden:
- Arzneimittelgesetz (AMG),
- Benzinbleigesetz,
- Düngemittelgesetz (DMG),

Das Gefahrstoffbuch, 3. Auflage. Herbert F. Bender
Copyright © 2008 WILEY-VCH Verlag GmbH & Co. KGaA, Weinheim
ISBN: 978-3-527-32067-7

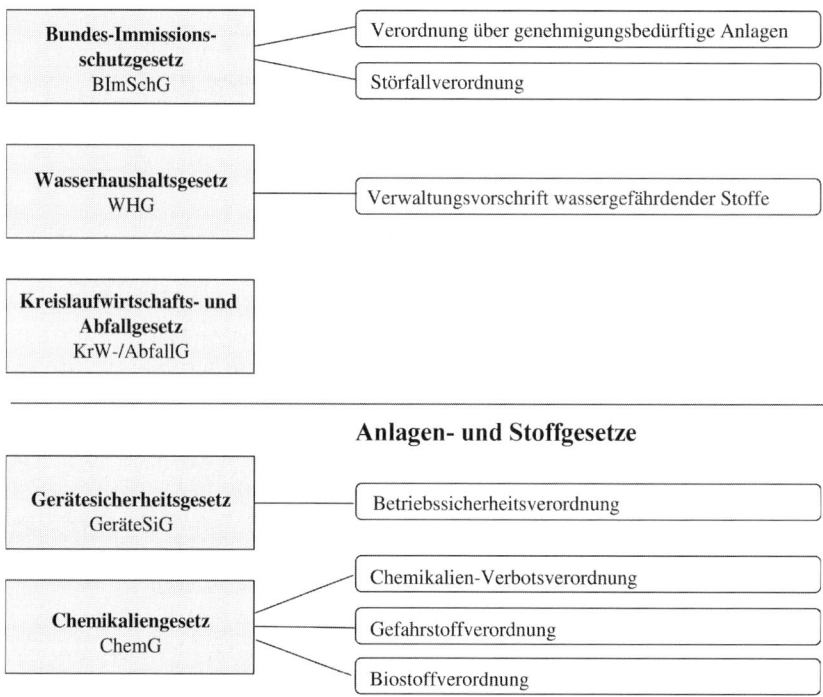

Abb. 1.1 Das Stoffrecht in der Übersicht.

- Futtermittelgesetz (FMG),
- Lebensmittel- und Bedarfsgegenständegesetz (LMBG),
- Pflanzenschutzgesetz (PfSchG),
- Wasch- und Reinigungsmittelgesetz (WRMG),
- Sprengstoffgesetz (SprengG).

Das **Arzneimittelgesetz** [1] richtet sich an Hersteller und Vertreiber von Arzneimitteln und Tierpharmaka und regelt insbesondere das vorgeschriebene Zulassungsverfahren. Des Weiteren enthält es detaillierte Regelungen für die Entwicklung, Herstellung und den Vertrieb von Arzneimitteln. Verbote zum Inverkehrbringen bedenklicher Arzneimittel sind ebenso enthalten wie Beschränkungen gewisser Herstellungsverfahren und Inhaltsstoffe.

Das **Benzinbleigesetz** [2] begrenzt die Höchstmengen an Bleiverbindungen in Ottokraftstoffen.

Das **Düngemittelgesetz** [3] regelt das Inverkehrbringen von Düngemitteln. Die vorgeschriebenen Kennzeichnungen sowie das Verbot bestimmter Düngemittel und Inhaltsstoffe sind zu beachten.

Stoffe und Zubereitungen, die in kosmetischen Präparaten eingesetzt werden sollen, müssen die Anforderungen der **Kosmetikverordnung** [4] erfüllen.

Das **Lebensmittel-, Bedarfsgegenstände- und Futtermittelgesetzbuch** [5] enthält die Regelungen zur Herstellung, Kennzeichnung von Lebensmitteln, zum Inverkehrbringen sowie zu Lebensmittelzusatzstoffen, Futtermitteln, Kosmetika, Tabakerzeugnissen und Bedarfsgegenständen.

Das **Pflanzenschutzgesetz** [6] fasst die Zulassungs- und Kennzeichnungspflichten von Pflanzenschutzmitteln und Wachstumsregulatoren zusammen.

Die Herstellung und das Inverkehrbringen von explosionsgefährlichen Stoffen unterliegen den strengen Regelungen des **Sprengstoffgesetzes** [7]. Die vorgeschriebenen Prüfkriterien zur Ermittlung der verschiedenen explosionsgefährlichen Eigenschaften unterliegen eng umrissenen gesetzlichen Vorgaben.

Das **Wasch- und Reinigungsmittelgesetz** [8] schreibt im Sinne des Umweltschutzes Phosphathöchstmengen vor und fordert eine gute biologische Abbaubarkeit der Waschmittel.

In der Regel sind Gesetze wenig konkret und beschreiben die Zielvorgaben und den Regelungsinhalt. Auf der Ermächtigungsgrundlage dieser Gesetze werden Verordnungen erlassen, die auf einer weniger abstrakten Ebene die zu beachtenden Vorgaben konkreter beschreiben. Verordnungen dürfen keine Regelungsinhalte beinhalten, die über die Ermächtigung des Gesetzes hinausgehen. Üblicherweise konkretisieren zahlreiche Verordnungen ein Gesetz, beispielsweise wurden unter dem Bundes-Immissionsschutzgesetz über 30 Verordnungen erlassen.

Gesetz und Verordnung bilden zusammen das **gesetzliche Regelwerk**, das im Rahmen des Anwendungsbereiches und im beschriebenen Umfang bindend ist. Im Gegensatz hierzu dient das untergesetzliche Regelwerk der Konkretisierung sowie der Interpretation der gesetzlichen Vorschriften, ohne selbst Recht setzen zu können. Substanzielle Forderungen im untergesetzlichen Regelwerk können weder von den zuständigen Behörden eingefordert werden noch bußgeldbewehrt sein. Zum untergesetzlichen Regelwerk zählen im Rahmen des Gefahrstoffrechtes insbesondere die

- technischen Regeln für Gefahrstoffe (TRGS),
- technischen Regeln biologischer Arbeitsstoffe (TRBA) oder die
- die technischen Regeln für Betriebssicherheit (TRBS).

Desgleichen sind die zahlreichen Normen oder Empfehlungen von Fachkommissionen, z. B.
- DIN-Normen und
- MAK-Werte der MAK-Kommission (siehe Abschnitt 4.3.1)

dem untergesetzlichen Regelwerk zuzuordnen, falls sie nicht in der Verordnung oder dem Gesetz selbst zur Erfüllung der Vorgaben gefordert werden.

Neben dem staatlichen Recht existieren zusätzlich die Vorschriften der Berufsgenossenschaften. Gemäß dem **Sozialgesetzbuch VII** [9] können die Berufsgenossenschaften eigenständig Vorschriften erlassen. Paragraph 1 beschreibt die Aufgaben der Berufsgenossenschaften

1. mit allen geeigneten Mitteln Arbeitsunfälle und Berufskrankheiten sowie arbeitsbedingte Gesundheitsgefahren zu verhüten,
2. nach Eintritt von Arbeitsunfällen oder Berufskrankheiten die Gesundheit und die Leistungsfähigkeit der Versicherten mit allen geeigneten Mitteln wiederherzustellen und sie oder ihre Hinterbliebenen durch Geldleistungen zu entschädigen.

Gemäß dem Sozialgesetzbuch existiert für alle Unternehmer der für ihre Branche zuständige Berufsgenossenschaft eine Versicherungspflicht. Die Vorschriften der jeweiligen Berufsgenossenschaft haben die gleiche rechtliche Bindung wie die staatlichen Verordnungen.

Analog dem untergesetzlichen staatlichen Regelwerk existiert eine große Anzahl unterschiedlicher berufsgenossenschaftlicher Ausführungsempfehlungen. Beispielhaft sind aufgeführt

- Berufsgenossenschaftliche Regeln (BGR),
- Berufsgenossenschaftliche Informationen (BGI),
- Merkblätter oder die
- Ausführungsbestimmungen der BGVs.

Die Beziehungen zwischen dem gesetzlichen und dem untergesetzlichen Regelwerk, dem EG-Recht und den Vorschriften der Berufsgenossenschaften sind in Abbildung 1.2 grafisch dargestellt.

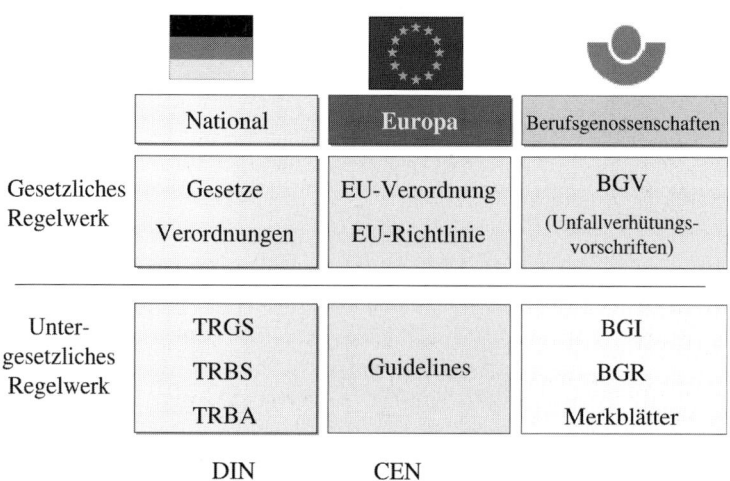

Abb. 1.2 Beziehungen zwischen staatlichem Recht, EG-Vorschriften und berufsgenossenschaftlichen Regelungen.

1.2 Das EG-Recht

Das primäre Recht der Europäischen Union, gewissermaßen ihre Verfassung, ist ein Konglomerat verschiedener Verträge; der praktisch wichtigste ist der **EG-Vertrag**. Die Europäische Gemeinschaft (EG) ist einer der rechtlich handlungsfähigen Teile der Europäischen Union. Die Organe der EG, die Rechtsinstrumente und Rechtsetzungsverfahren sind im EG-Vertrag (EGV) geregelt.

Als Rechtsnormen gelten EG-Verordnungen und EG-Richtlinien; diese bilden zusammen das sekundäre Gemeinschaftsrecht.

Während die **EG-Verordnungen** unmittelbar in den Mitgliedsstaaten geltende Rechtsvorschriften sind, müssen die EG-Richtlinien von den Mitgliedsstaaten in nationale Rechtsvorschriften umgesetzt werden.

Im hier einschlägigen Bereich beruhen Richtlinien entweder auf Artikel 95 oder 137 des EG-Vertrags. Während erstere ohne jegliche Veränderungen übernommen werden müssen, stellen letztere lediglich Mindeststandards dar, die bei der Umsetzung in nationales Recht beachtet werden müssen. Schärfere, jedoch keine schwächeren Regelungen sind möglich. Üblicherweise gewährt die EG zur Übernahme ihrer Richtlinien in nationale Regelungen eine Anpassungszeit. Da diese Richtlinien in einigen Mitgliedsstaaten auf ein andersartiges Rechtssystem stoßen, können z. B. in Ländern mit eigenem gut entwickelten Chemikaliengesetz diese Zeitvorgaben häufig nicht oder nur mit größeren Schwierigkeiten eingehalten werden. Abbildung 1.3 zeigt die unterschiedlichen Elemente der EG im Überblick.

Arbeitsschutzrichtlinien sind typische Richtlinien nach Artikel 137 des EG-Vertrags. Erwähnt werden sollen die so genannte Krebsrichtlinie (umgesetzt in der Gefahrstoffverordnung; die deutschen Vorschriften gehen z. T. erheblich über diese Mindestvorgaben der Europäischen Union hinaus) sowie die Richtlinie über physikalische Agenzien.

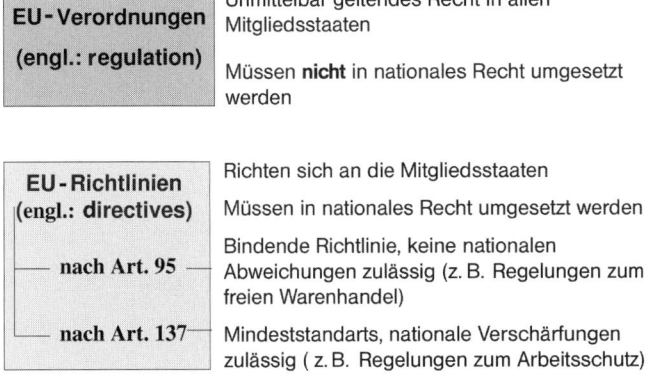

Abb. 1.3 Das Rechtssystem der EG.

1 Das Stoffrecht

Die Richtlinien zur Einstufung und Kennzeichnung von gefährlichen Stoffen sind typische Richtlinien nach Artikel 95 des EG-Vertrags. Da diese Richtlinien der Vollendung des Binnenmarktes dienen, müssen die Richtlinien nach der EG-Einstufungs- und Kennzeichnungsrichtlinie 67/548/EWG unverändert übernommen werden (siehe hierzu die Abschnitte 3.2 und 3.1.3). Die Einstufungskriterien zur Einstufung von Stoffen und Zubereitungen stellen weitere Beispiele für bindende Richtlinien dar (siehe Abschnitt 3.1.1). Des Weiteren basieren die Verbote des Inverkehrbringens nach Chemikalien-Verbotsverordnung auf entsprechenden EG-Richtlinien nach Artikel 95. Analog dem nationalen Rechtssystem werden die Vorschriften der EU ebenfalls mit nicht bindenden Regelungen; den so genannten **Guidelines**, ergänzt. Normadressat der Guidelines sind, analog

Abb. 1.4 Umsetzung bindender EG-Richtlinien in nationales deutsches Recht.

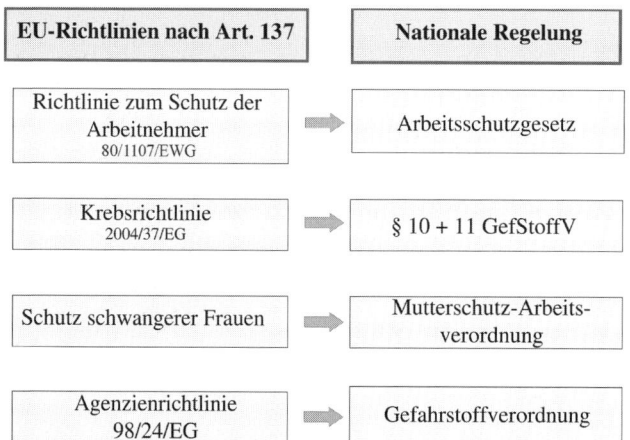

Abb. 1.5 Umsetzung nicht bindender EG-Richtlinien in nationales deutsches Recht.

1.2 Das EG-Recht

Council of the European Union

Repräsentiert die Mitgliedsstaaten in der Europäischen Union

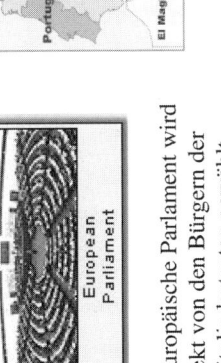

Court of Justice of the European Communities

European Court of Auditors

Der Europäische Gerichtshof wacht über die einheitliche Auslegung der Verordnungen und Richtlinien

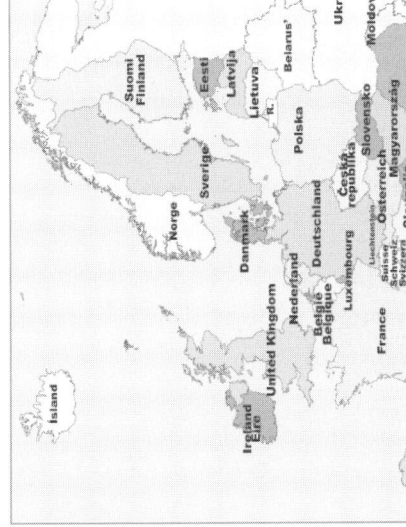

European Council

Der Europäische Rat ist das höchste politisches Organ der Europäischen Union

European Commission

Die Kommission ist der Motor der Europäischen Union und Hüter des EU-Vertrags

European Parliament

Das Europäische Parlament wird direkt von den Bürgern der Mitgliedsstaaten gewählt

Abb. 1.6 Die Europäischen Institutionen.

den EG-Richtlinien, die jeweiligen nationalen Mitgliedsstaaten, die auf dieser Basis eigene Ausführungshilfen erlassen können, analog den deutschen technischen Regeln.

Die Organe zum Erarbeiten von Verordnungen und Richtlinien der Europäischen Gemeinschaft sind:
- Die **Kommission**, das Verwaltungsorgan der EG: Sie schlägt Richtlinien- oder Verordnungsentwürfe vor.
- Der **Wirtschafts- und Sozialausschuss**; er wird vom Rat nach Vorschlag der Mitgliedsstaaten ernannt und setzt sich in der Praxis aus Vertretern von Arbeitnehmern, Arbeitgebern und sonstigen gesellschaftlichen Gruppen zusammen. Dieses Gremium hat kein eigentliches Beschlussrecht, es muss jedoch stets gehört werden.
- Der Rat, der sich entweder aus den entsprechenden Fachministern (**Ministerrat**) oder den Regierungschefs (**Europäischer Rat**) der Mitgliedsstaaten zusammensetzt.
- Das **Europäische Parlament**, das weitreichende Mitentscheidungsrechte haben kann.

Abbildung 1.6 zeigt die europäischen Institutionen im Überblick.

Wie bereits häufiger erwähnt, ist das Chemikalien- und Gefahrstoffrecht weitgehend harmonisiert, d. h. in allen Ländern der Europäischen Union gelten vergleichbare Regelungen.

1.3
Begriffsbestimmungen

Im Chemikalien- und Stoffrecht werden zahlreiche Begriffe mit einer speziellen Definition und Bedeutung benutzt. Teilweise weicht diese Legaldefinition vom üblichen Sprachgebrauch deutlich ab. Zur korrekten Interpretation der Gesetzestexte ist die Kenntnis der exakten Bedeutung jedoch unabdingbar. Begriffsdefinitionen mit übergreifender Bedeutung werden in diesem Kapitel erläutert, spezielle Begriffe werden im jeweiligen Sachkontext erklärt.

Auf Grund der übergreifenden Bedeutung werden die Erläuterungen der Begriffe Stoff, Zubereitung und Erzeugnis vorangestellt, gefolgt von der alphabetischen Definition nach TRGS 101.

Stoffe sind chemische Elemente oder chemische Verbindungen, wie sie natürlich vorkommen oder hergestellt werden, einschließlich der zur Wahrung der Stabilität notwendigen Hilfsstoffe und der durch das Herstellungsverfahren bedingten Verunreinigungen, mit Ausnahme von Lösemitteln, die von dem Stoff ohne Beeinträchtigung seiner Stabilität und ohne Änderung seiner Zusammensetzung abgetrennt werden können.

Ein **gefährlicher Stoff** ist ein Stoff, dem mindestens ein Gefährlichkeitsmerkmal zuzuordnen ist.

Gemäß der Festlegung in § 3 werden alle Stoffe zu den „**alten Stoffen**" (oft nur als „**Altstoff**" bezeichnet) gerechnet, die im europäischen Altstoffverzeichnis **EINECS** (European Inventory of Existing Commercial Chemical Substances) [10] aufgelistet sind. Dies sind alle Stoffe, die bereits vor dem 18.9.1981 in einem Mitgliedsstaat der Europäischen Gemeinschaft in Verkehr gebracht worden waren. Bei Erweiterung der Europäischen Union muss auch das Altstoffverzeichnis jeweils angepasst werden. Deshalb ist die jeweils jüngste Fassung von EINECS im EG-Amtsblatt gültig.

Alle Stoffe, die nicht im EINECS gelistet sind und erstmals nach dem 18.9.1981 in den Verkehr gebracht wurden, werden als „**neue Stoffe**" (kurz „**Neustoffe**") bezeichnet und sind in der Neustoffliste **ELINCS** (European List of New Chemical Substances) [11] zusammengefasst. Dabei ist es unerheblich, ob der Stoff bereits vor diesem Datum erstmals synthetisiert, als innerbetriebliches Zwischenprodukt hergestellt oder sogar patentiert wurde. Lediglich ein formaler Vorgang der Mitteilung eines Stoffes als Handelsprodukt machte bis zum September 1981 aus einer Chemikalie einen „alten Stoff" mit erheblichen Konsequenzen.

Da die herstellungsbedingten Verunreinigungen mit zu den „Stoffen" gerechnet werden, umfasst der Begriff „Stoff" nicht nur Reinstoffe im chemischen Sinne. Demgegenüber werden bei „**Zubereitungen**" mehrere Stoffe bewusst und willentlich gemischt. Somit können Zubereitungen ohne weiteres „sauberer" sein, d. h. die Hauptkomponente mit höherem Gewichtsanteil enthalten, als dies bei „Stoffen" der Fall sein muss. Da die Kriterien der Einstufung für Stoffe und Zubereitungen inzwischen jedoch weitgehend gleich sind, ist damit kein Einstufungs- und Kennzeichnungsdefizit verbunden.

Zubereitungen sind Gemenge, Gemische und Lösungen, die aus zwei oder mehreren Stoffen bestehen. Wässrige Lösungen sind Zubereitungen; dieses gilt auch für *Säuren* und *Basen*. Mit der Einführung des GHS werden Zubereitungen als Gemische bezeichnet.

Erzeugnisse sind Stoffe oder Zubereitungen, die bei der Herstellung eine spezifische Gestalt, Oberfläche oder Form erhalten haben, die deren Funktion mehr bestimmen als ihre chemische Zusammensetzung. Granulate, Flocken, Späne und Pulver sind in der Regel keine Erzeugnisse, sondern Stoffe oder Zubereitungen in der für die Verwendung bestimmten Form. Bei Stoffen oder Zubereitungen stellt die chemische Zusammensetzung das entscheidende Charakteristika dar. Ein Spielzeugauto aus Eichenholz ist eindeutig ein Erzeugnis; die Wahl des Werkstoffes „Eichenholz" ist für den Gebrauch des Artikels nicht von entscheidender Bedeutung, wohl aber für die eventuell notwendigen Schutzmaßnahmen bei der Herstellung. Typische Beispiele von Erzeugnissen, die unter den Regelungsbereich des Chemikaliengesetzes fallen, sind: Schweißelektroden (Entstehung von *Kohlenmonoxid*, *Stickoxiden*, eventuell *Nickeloxid*, *Chromaten*, *Vanadiumoxiden*), nickelhaltige Werkzeuge, Autoreifen (eventuell Freisetzung von *N-Nitrosaminen*).

Polymere sind Stoffe, die aus Molekülen bestehen, die durch eine Kette einer oder mehrerer Arten von Monomereinheiten gekennzeichnet sind. Diese Moleküle müssen innerhalb eines bestimmten Molekulargewichtsbereichs liegen,

wobei die Unterschiede beim Molekulargewicht im Wesentlichen auf die Unterschiede in der Zahl der Monomereinheiten zurückzuführen sind. Ein Polymer enthält
- eine einfache Gewichtsmehrheit von Molekülen mit mindestens drei Monomereinheiten, die zumindest mit einer weiteren Monomereinheit bzw. einem sonstigen Reaktanten eine kovalente Bindung eingegangen sind;
- weniger als eine einfache Gewichtsmehrheit von Molekülen mit demselben Molekulargewicht.

Im Rahmen dieser Definition ist unter einer „Monomereinheit" die gebundene Form eines Monomerstoffes in einem Polymer zu verstehen.

Ein **Monomer** ist ein Stoff, der unter den Bedingungen der für den jeweiligen Prozess verwendeten relevanten polymerbildenden Reaktion imstande ist, kovalente Bindungen mit einer Sequenz weiterer ähnlicher oder unähnlicher Moleküle einzugehen.

Arbeitsmedizinische Vorsorge umfasst alle zur Verhütung arbeitsbedingter Gesundheitsgefahren erforderlichen arbeitsmedizinischen Maßnahmen.

Der **Arbeitsplatzgrenzwert** ist der Grenzwert für die zeitlich gewichtete durchschnittliche Konzentration eines Stoffes in der Luft am Arbeitsplatz in Bezug auf einen gegebenen Referenzzeitraum. Er gibt an bei welcher Konzentration eines Stoffes akute oder chronische schädliche Auswirkungen auf die Gesundheit im Allgemeinen nicht zu erwarten sind.

Arbeitsstoffe sind alle Stoffe einschließlich chemischer Gefahrstoffe und biologischer Arbeitsstoffe, Zubereitungen und Erzeugnisse, die bei der Arbeit verwendet, hergestellt oder bearbeitet werden. Hierzu gehören alle Stoffe und Zubereitungen (z. B. Materialien, Werkstoffe und Werkstücke), die von und mit Arbeitsmitteln bearbeitet werden, die zur Benutzung von Arbeitsmitteln erforderlich sind oder bei der Bereitstellung/Benutzung von Arbeitsmitteln entstehen können. Hierzu zählen auch alle Einsatzstoffe, Hilfsstoffe (z. B. Schmierstoffe), Zwischenprodukte, Endprodukte, Reaktionsprodukte (z. B. Gärgase), Abfälle (z. B. Metallspäne, Holzstäube), unabsichtlich entstehende Stoffe (z. B. Rauchgase, Schweißrauch, Dieselmotoremissionen), Verunreinigungen und Gegenstände, die bearbeitet werden.

Biozid-Wirkstoffe sind Stoffe mit allgemeiner oder spezifischer Wirkung auf oder gegen Schadorganismen, die zur Verwendung als Wirkstoff in Biozid-Produkten bestimmt sind; als derartige Stoffe gelten auch Mikroorganismen einschließlich Viren oder Pilzen mit entsprechender Wirkung und Zweckbestimmung.

EINECS (European Inventory of Existing Chemical Substances) ist das europäische Altstoffverzeichnis mit über 100 000 Stoffeintragungen. Dieses Verzeichnis enthält die endgültige Liste aller Stoffe, bei denen davon ausgegangen wird, dass sie sich am 18. September 1981 in der Europäischen Gemeinschaft im Verkehr befanden. Es wurde am 15. Juni 1990 im EG-Amtsblatt veröffentlicht und enthält 82 000 definierte Stoffe und 18 000 Stoffe mit unbekannter oder veränderlicher Zusammensetzung. EINECS ist ein geschlossenes Verzeichnis, d. h. dass das Verzeichnis nicht ergänzt wird. Im EINECS aufgeführte Stoffe unterliegen nicht dem Anmeldeverfahren des Chemikaliengesetzes für neue Stoffe.

ELINCS (<u>E</u>uropean <u>L</u>ist of <u>N</u>otified <u>C</u>hemical <u>S</u>ubstances) ist das europäische Verzeichnis der neuen Stoffe, d. h. der Stoffe, die nach dem 18. September 1981 in der Europäischen Gemeinschaft in Verkehr gebracht wurden.

Exposition ist das Vorhandensein eines gefährlichen Stoffes in der Luft im Atembereich des Beschäftigten. Sie wird beschrieben durch die Angabe von Konzentration und zugehörigem zeitlichen Bezug (Dauer der Exposition). Beschäftigte sind einem Gefahrstoff ausgesetzt (exponiert), wenn die Konzentration des Gefahrstoffes in der Atemluft die Belastung in der Umgebungsluft (örtliche Hintergrundbelastung) übersteigt. Eine Exposition liegt auch dann vor, wenn Hautkontakt gegenüber reizenden, ätzenden, hautresorptiven oder hautsensibilisierenden Gefahrstoffen besteht.

Gefährdung

Die **Gefährdungsbeurteilung** ist die systematische Ermittlung und Bewertung relevanter Gefährdungen der Beschäftigten mit dem Ziel, erforderliche Maßnahmen für Sicherheit und Gesundheit bei der Arbeit festzulegen.

Gefährlichkeitsmerkmal sind die 15 gefährlichen Eigenschaften, die in Anhang VI der Stoffrichtlinie 67/548/EWG definiert sind. Gemäß Chemikaliengesetz sind dies: sehr giftig, giftig, gesundheitsschädlich, ätzend, reizend, sensibilisierend, krebserzeugend, erbgutverändernd, fortpflanzungsgefährdend, hochentzündlich, leichtentzündlich, entzündlich, brandfördernd, explosionsgefährlich und umweltgefährlich.

Ein **geschlossenes System** ist eine Anlage, aus der bei Normalbetrieb keine Stoffe austreten können und bei der lediglich im Rahmen einer zeitlich begrenzten Stoffzufuhr bzw. Stoffabfuhr sowie bei Probenahmen, Reinigungs- und Instandhaltungsarbeiten eine Exposition der Beschäftigten durch Gefahrstoffe bestehen kann.

Hautkontakt ist der direkte Kontakt der Haut mit Flüssigkeiten, Pasten, Feststoffen, einschließlich der Benetzung der Haut mit Spritzern oder der Kontakt mit kontaminierter Arbeitskleidung oder kontaminierten Oberflächen. Zum Hautkontakt zählt auch der Kontakt von Aerosolen, Gasen und Dämpfen mit der Haut.

Inverkehrbringen ist die Abgabe, einschließlich der Bereitstellung für Dritte, so z. B. das Anbieten zum Erwerb, die Abgabe an Anwender und Verbraucher. Im Sinne der Richtlinie 67/548/EWG ist auch die Einfuhr in das Zollgebiet der Europäischen Gemeinschaft als Inverkehrbringen zu betrachten.

Das **Inverkehrbringen** ist die Abgabe an Dritte oder die Bereitstellung für Dritte sowie das Verbringen in den Geltungsbereich des Chemikaliengesetzes. Nicht unter den Tatbestand es Inverkehrbringens fällt der ausschließliche Transit unter zollamtlicher Überwachung durch die Bundesrepublik, sofern keine Be- oder Verarbeitung erfolgt.

Der **Stand der Technik** ist der Entwicklungsstand fortschrittlicher Verfahren, Einrichtungen oder Betriebsweisen, der die praktische Eignung einer Maßnahme zum Schutz der Gesundheit und zur Sicherheit der Beschäftigten gesichert erscheinen lässt. Bei der Bestimmung des Standes der Technik sind insbesondere vergleichbare Verfahren, Einrichtungen oder Betriebsweisen heranzuziehen, die mit Erfolg in der Praxis erprobt worden sind.

Eine **Tätigkeit** ist jede Arbeit, bei der Stoffe, Zubereitungen oder Erzeugnisse im Rahmen eines Prozesses einschließlich Produktion, Handhabung, Lagerung, Beförderung, Entsorgung und Behandlung verwendet werden oder verwendet werden sollen oder bei der Stoffe oder Zubereitungen entstehen oder auftreten. Hierzu gehören insbesondere das Verwenden im Sinne des § 3 Nr. 10 ChemG sowie das Herstellen. Tätigkeiten im Sinne der GefStoffV sind auch Bedien- und Überwachungsarbeiten, sofern diese zu einer Gefährdung von Beschäftigten durch Gefahrstoffe führen können.

2
Wissenschaftliche Grundlagen

2.1
Grundlagen der Toxikologie

Im Folgenden können nur die zum Verständnis der wichtigsten Stoffeigenschaften benötigten toxikologischen Grundlagen dargestellt werden. Für eine intensivere Behandlung sei auf die zahlreichen Lehrbücher verwiesen. Beispielhaft seien die grundlegenden Ausführungen von Eisenbrand und Metzler [12], Dekant und Vamvakas [13], Birgersson et al. [14], Klaassen [15] oder Strubelt [16] genannt. Nicht dargestellt werden im Rahmen dieses Handbuchs die Abbaureaktionen der unterschiedlichen Chemikalien; diese sind der einschlägigen Fachliteratur zu entnehmen und zum grundlegenden Verständnis der Wirkmechanismen nicht notwendig.

Zum Verständnis der Wirkung von Chemikalien auf den Organismus sind Grundlagen der Toxikologie, der Lehre von den Giften, notwendig. Der Begriff „Toxikologie" ist vom griechischen Wort „toxon" = Gift abgeleitet. Neben der klassischen Lehre von der Wirkung von Giften (der Toxikodynamik) beschäftigt sich die moderne Toxikologie auch mit der Stoffumwandlung durch den Organismus (der Toxikokinetik) und den unterschiedlichen Wirkmechanismen. Nur bei Kenntnis der grundlegenden Wirkmechanismen von Chemikalien im Körper können die geeigneten Schutzmaßnahmen getroffen werden.

Eine **lokale** Wirkung liegt vor, wenn sich die Wirkung der Stoffe auf den Einwirkungsort beschränkt. Verätzungen oder Reizungen sind typische Beispiele von lokalen Stoffwirkungen. Neben der Haut als primär betroffenem Körperorgan können lokale Effekte auch im Atemtrakt, am Auge oder im Magen-Darm-Trakt auftreten. Beispielhafte Vertreter lokal wirkender Stoffe sind bei
- **dermaler Wirkung:** *Säuren, Laugen*
- **inhalativer Wirkung:** *Säurechloride, Isocyanate*

Die meisten Chemikalien werden jedoch über das Blutsystem im ganzen Körper verteilt und können an unterschiedlichen Organen Reaktionen auslösen. Von diesen **systemisch** wirkenden Stoffen können die meisten Organe erreicht werden. Viele Stoffe wirken üblicherweise an wenigen spezifischen Rezeptoren, den so genannten Zielorganen. Abbildung 2.1 zeigt für bekannte Chemikalien die wichtigen Zielorgane.

Das Gefahrstoffbuch, 3. Auflage. Herbert F. Bender
Copyright © 2008 WILEY-VCH Verlag GmbH & Co. KGaA, Weinheim
ISBN: 978-3-527-32067-7

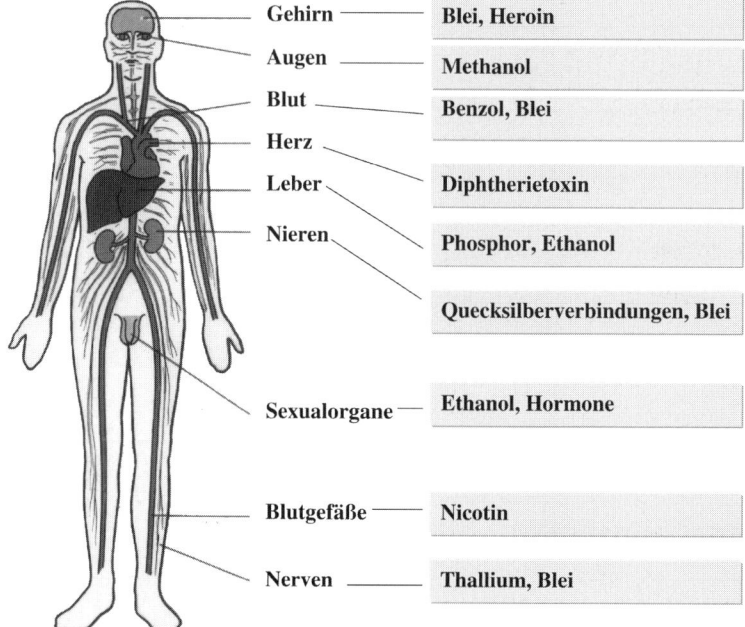

Abb. 2.1 Zielorgane bekannter Stoffe.

Zur Angabe der Giftigkeit verschiedener Stoffe wird häufig die **akute** Toxizität benutzt. Eine akute Wirkung liegt bei einmaliger Einwirkung des Stoffes vor. In aller Regel stellt sich die Stoffwirkung innerhalb einiger Stunden bis weniger Tage ein. In sehr seltenen Fällen kann die Stoffwirkung durch Spätschäden erst nach Wochen oder Monaten erkennbar sein.

2.1.1
Aufnahmewege

Klassischerweise können Stoffe auf drei verschiedenen Wegen in den Körper gelangen:
- oral: Aufnahme über den Mund direkt in den Magen,
- dermal: Aufnahme von Stoffen über die Haut,
- inhalativ: Aufnahme von Stoffen über die Atemorgane.

Abbildung 2.2 zeigt schematisch die verschiedenen Aufnahmewege sowie die wichtigsten, primär betroffenen Organe.

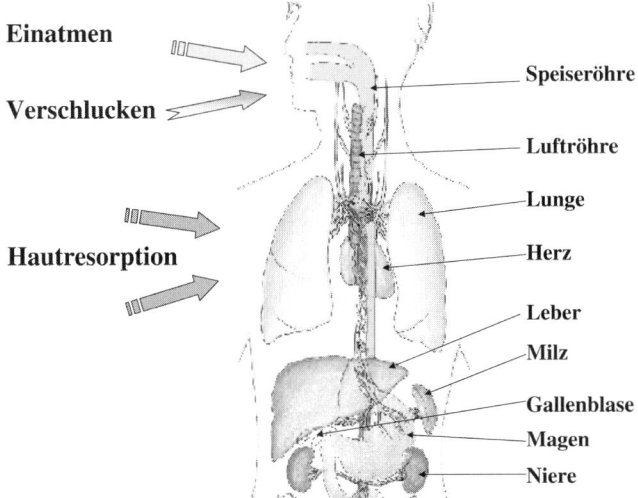

Abb. 2.2 Aufnahmewege für Stoffe in den Körper.

2.1.1.1 Orale Aufnahme

In Abhängigkeit vom Aufnahmeweg können sich die Wirkungen von Stoffen stark unterscheiden. Durch das saure Milieu in einigen Bereichen des Magen- und Darmtraktes bedingt (pH = 1 bis 5) können bei oraler Aufnahme hydrolyseempfindliche Stoffe gespalten werden. Chemische Umwandlungen sowohl zu giftigeren Stoffen (**Giftung**) als auch zu ungiftigeren Stoffen (**Entgiftung**) sind möglich. Während im Magen bevorzugt saure Verbindungen absorbiert werden, findet im Darmtrakt vor allem die Aufnahme von basischen und lipophilen Stoffen statt. Chemikalien, die weder im Magen noch im Darm resorbiert werden, scheidet der Körper direkt wieder aus. Dadurch kann ein möglicherweise vorhandenes toxisches Potenzial nicht wirksam werden, wie das Beispiel *Cadmiumsulfid* oder *Bariumsulfat* zeigt.

Metallisches *Quecksilber* ist im Magen-Darm-Trakt unlöslich und wird fast vollständig in Form kleiner Tröpfchen wieder ausgeschieden (nicht bioverfügbar). *Quecksilberdampf* hingegen wird beim Einatmen sehr gut über die Lunge aufgenommen und wirkt stark toxisch. *Organische Quecksilberverbindungen* (z. B. *Methylquecksilberchlorid*) sind in der Darmflüssigkeit ausreichend löslich und wirken auch oral sehr toxisch.

2.1.1.2 Dermale Aufnahme

Die Aufgabe der **Haut** ist es, den Körper gegen Einwirkung von außen zu schützen. Gegenüber ausschließlich wasserlöslichen Stoffen ist diese Schutzfunktion sehr effektiv. Fettlösliche (lipophile) Stoffe dagegen werden meist gut über die Haut aufgenommen.

In Abhängigkeit von der chemischen Struktur ist die dermale Aufnahme von Chemikalien unterschiedlich stark ausgeprägt. Während lipophile Stoffe mit einem Molekulargewicht unter 200 im Allgemeinen gut über die Haut aufgenommen werden, sind größere Moleküle, insbesondere Polymere, nicht mehr hautgängig. Polare Moleküle mit lipophilen und hydrophilen Gruppen werden äußerst effektiv resorbiert. Abbildung 2.3 zeigt Beispiele von besonders gut hautgängigen Stoffen.

Bei Verwendung organischer Lösemittel muss deren guter Aufnahme über die Haut durch die Wahl geeigneter Schutzmaßnahmen Rechnung getragen werden. Die entfettende Wirkung der Lösemittel verstärkt die dermale Aufnahme durch Schädigung des Schutzmantels. Chemikalien mit sowohl hautresorptiver als auch ätzender Wirkung werden äußerst schnell und wirkungsvoll über die Haut aufgenommen. Tödliche Unfälle durch *Phenol* oder *Flusssäure* sind in der Literatur hinreichend beschrieben: Durch die ätzende Wirkung wird die Stoffaufnahme deutlich erhöht, so dass innerhalb kurzer Zeit große Stoffmengen aufgenommen werden können.

Die Bedeutung des dermalen Aufnahmeweges für Intoxikationen (Vergiftungen) wird häufig stark unterschätzt. Organische Lösemittel können gelöste Stoffe, die selbst nicht hautgängig sind, im Sinne eines „Carrier-Effektes" durch die Haut transportieren. Auf diesem Weg können auch schlecht hautgängige Stoffe effektiv in den Körper gelangen. In der Medizin (Dermatologie) wird diese Tatsache ausgenutzt, um schlecht hautgängige pharmakologische Wirkstoffe in tiefere Hautschichten zu transportieren.

Die Effektivität der dermalen Aufnahme soll am folgenden Beispiel näher erläutert werden: Als sehr gut hautresorptive Verbindung wird 1 g *Dimethylformamid* (DMF, Formel siehe Abbildung 2.3), ca. 20 Tropfen, innerhalb weniger Minuten vollständig aufgenommen, was z. B. beim versehentlichen Verschütten häufiger geschehen kann. Um die gleiche Menge DMF über die Atemwege aufzunehmen, muss bei der maximal am Arbeitsplatz erlaubten Konzentration (bei täglich achtstündiger Exposition, AGW = 10 ppm, siehe Abschnitt 4.3) eine

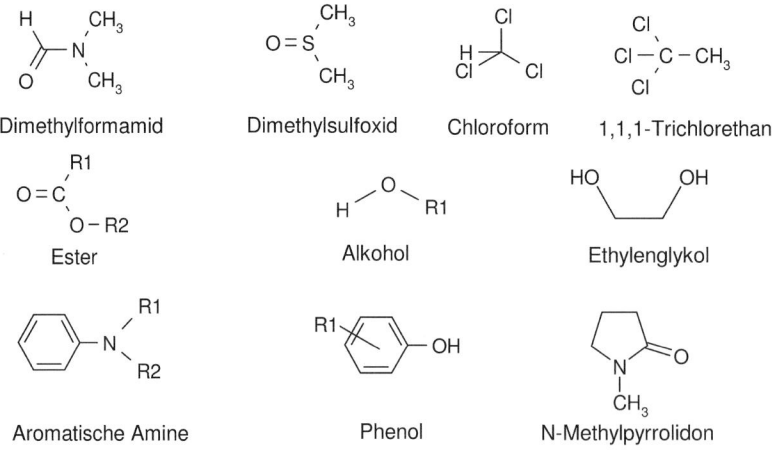

Abb. 2.3 Gut hautresorptive Stoffe.

ganze Woche gearbeitet werden (Annahme: vollständige Resorption in der Lunge). Da die innerhalb eines Arbeitstages von acht Stunden aufgenommene Menge Dimethylformamid bis zum nächsten Arbeitstag über Nacht wieder fast vollständig im Körper abgebaut wird, ist im Gegensatz zur dermalen Aufnahme bei der Inhalation zu keinem Zeitpunkt tatsächlich 1 g DMF im Körper vorhanden, sondern erheblich weniger!

dermale Aufnahme hautresorptiver Stoffe:	in Minuten
inhalative Aufnahme:	in Tagen

Selbstverständlich hängt der Anteil zwischen dermal und inhalativ aufnehmbarer Menge wesentlich von den Stoffeigenschaften (z. B. Resorptionsrate) und dem Luftgrenzwert (AGW) ab. Dieses Beispiel soll nur die grundsätzlichen Zusammenhänge illustrieren.

Stoffe können nicht nur von die Haut resorbiert werden, sondern können sie direkt schädigen. Die Wirkungen ätzender und reizender Stoffe auf die Haut werden in den Abschnitten 3.1.1.4 und 3.1.1.5 näher beschrieben.

2.1.1.3 Inhalative Aufnahme

Ausschließlich wasserlösliche Stoffe, z. B. Ammoniak oder Chlorwasserstoff, werden beim **Einatmen** i. A. im oberen Bereich der Luftröhre von der Schleimhaut absorbiert und gelangen infolgedessen allenfalls teilweise in die tieferen Schichten der Lunge. Da sich im oberen Bereich der Luftröhre sehr viele Rezeptoren befinden, werden Reizreaktionen wie Husten und Niesen ausgelöst.

Die Reizgase
- *Ammoniak,*
- *Chlor-* und *Fluorwasserstoff,*
- *Schwefeldioxid*

sowie Dämpfe von
- *Säuren,*
- *Alkalien*

sind die bekanntesten Vertreter dieses Wirkprinzips.

Weniger gut wasserlösliche Verbindungen können problemlos bis in die Bronchien vordringen. Da in diesem Bereich der Lunge eine dünne Schleimschicht mit wenigen Rezeptoren vorherrscht, ist die Reizwirkung hier deutlich weniger ausgeprägt. Eine teilweise Diffusion durch das dünne Bronchiengewebe ist möglich. Die folgenden industriell bedeutsamen Chemikalien gehören zu diesem Typ:
- *Isocyanate,*
- *Chlor,*
- *Brom,*
- *Jod,*

- *Ozon,*
- *Phosphorchloride.*

Lipophile Verbindungen können über die Bronchien bis zu den Lungenbläschen (Alveolen) vordringen (siehe Abbildung 2.16, ausführliche Erläuterung in Abschnitt 2.1.10). In den Lungenbläschen findet der Gasaustausch zwischen Blut (*Kohlendioxid*) und Atemluft (*Sauerstoff*) statt. Die Alveolen liegen am Ende der Lungenäste und sind traubenförmig angeordnet. Ihre Oberflächen sind mit Blutkapillaren überzogen. Zwischen Blutgefäß und Gasraum befindet sich lediglich eine ein Tausendstel Millimeter dicke Membran, die von nur zwei Zellschichten gebildet wird. Eine Diffusion von Fremdstoffen aus der Atemluft in die Blutbahn ist leicht möglich. Die gesamte Oberfläche der Millionen von Alveolen eines Erwachsenen beträgt ca. 100 m^2.

Dringen ätzende Stoffe bis in die Alveolen vor, sind lebensgefährliche Verätzungen des Lungengewebes die Folge. Stoffe mit ätzender und zytotoxischer Wirkung bewirken eine außerordentliche Wirkungsverstärkung. Dringt bedingt durch eine lokale Verätzung Flüssigkeit in die Alveolen ein, kann es zur Ausbildung eines **Lungenödems** kommen. Hierbei wird der lebensnotwendige Sauerstoffaustausch stark reduziert. Da die Bildung von Lungenödemen häufig erst Stunden bis Tage nach der Exposition einsetzt, spricht man hier von **latenter Wirkung**. Die Latenzzeit verläuft oft beschwerdefrei, lebensgefährliche Zustände können sich unterdessen bei nachgeschaltetem zytotoxischen Effekt unbemerkt einstellen. Nur durch frühzeitiges ärztliches Eingreifen ist eine erfolgreiche Behandlung möglich. Große Bedeutung für die Bildung von Lungenödemen haben

- *Phosgen,*
- *Ozon,*
- *Stickstoffdioxid,*
- *Methylisocyanat* sowie viele *Diisocyanate.*

2.1.2
Metabolismus

Je nach Aufnahmeweg durchlaufen Stoffe verschiedene Umwandlungsprozesse, bevor sie wieder ausgeschieden werden. Die Verweildauer der Stoffe im Organismus beträgt in Abhängigkeit von der Löslichkeit, dem Dampfdruck und der Metabolisierung einige Minuten (*Lösemittel*) bis mehrere Jahre (*Schwermetalle, hochchlorierte Verbindungen*). Neben der chemischen Struktur haben sowohl die aufgenommene Menge als auch die physikalische Form Einfluss auf die Toxikokinetik. Die wichtigsten an Abbau und Umwandlung von Stoffen beteiligten Organe sind Leber mit Galle, Lunge, Niere und Magen. Die Verteilung im Körper in Abhängigkeit vom Aufnahmeweg kann Abbildung 2.4 entnommen werden.

Die Leber spielt beim Abbau von körperfremden Stoffen quantitativ die größte Rolle. Die Primärreaktionen sind Hydrolyse sowie Oxidations- und Reduktionsreaktionen. Durch Konjugations- und Adduktbildung (mit Eiweißen und Enzy-

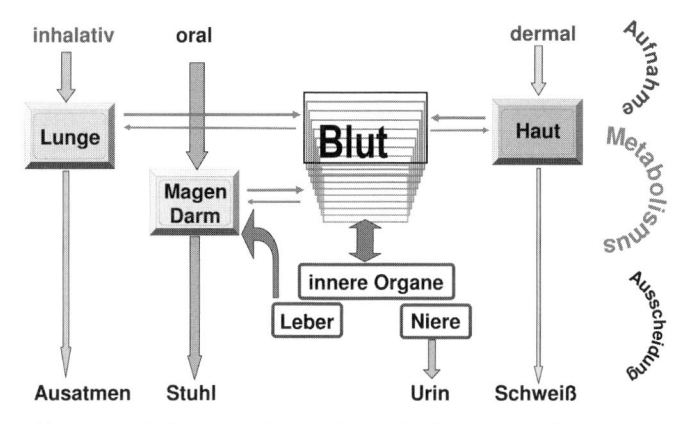

Abb. 2.4 Aufnahme, Verteilung und Ausscheidung von Stoffen.

Tabelle 2.1 Zielorgane einiger Chemikalien.

Stoff	Zielorgane		
Anilin	Blut		
Benzol	Knochenmark		
Blei	Gehirn	Nerven	Knochenmark
Cadmium	Niere	Lunge (inhalativ)	
Chlorkohlenwasserstoffe	Leber		
Cyanide	ZNS		
Ethanol	Leber	ZNS	
Methylglykol	Hoden	Knochenmark	ZNS
Methanol	ZNS	Sehnerv	
Nikotin	Blutgefäße		
Nitrobenzol	Blut	Leber	
Phenole	Herz	Leber	Niere
Quecksilberverbindungen	Nieren	ZNS	

ZNS: Zentrales Nervensystem

men) werden die Wasserlöslichkeit und die Nierengängigkeit der Stoffe beschleunigt. Manche Stoffe werden erst im Laufe dieser Abbaureaktionen in ihre eigentlich toxische Form überführt. In diesen Fällen spricht man von Giftung.

Wird bei der Metabolisierung das toxische Potenzial des Stoffes erniedrigt, bezeichnet man diesen Vorgang als Entgiftung.

Neben der Leber und der Niere werden eine Reihe weiterer Organe von manchen Chemikalien gezielt angegriffen. Durch Bildung spezifischer Donor-Akzeptor-Komplexe an den Rezeptoren und durch direkte Veränderungen der Zelle können Schädigungen hervorgerufen werden. Von zahlreichen Chemikalien kennt man das Zielorgan sowie die spezifischen Schädigungen (siehe Tabelle 2.1).

Findet ein Stofftransport in das Zellinnere statt, können reaktive Chemikalien mit den Zellbestandteilen reagieren. Von besonderer Bedeutung sind hierbei Addukte mit dem Träger der Erbinformation, der DNS (Desoxyribonukleinsäure), im Zellkern. Reaktionen mit der DNS können prinzipiell die Ursache für krebserzeugende Wirkung sein. Eine Diskussion dieser Vorgänge findet sich in Abschnitt 2.1.8.

Da beim metabolischen Abbau von Stoffen **oxidative Prozesse** eine besondere Rolle spielen, werden in zahlreichen Fällen reaktive Zwischenstufen aus der Umsetzung mit aktiviertem Sauerstoff durchlaufen. Beispielhaft seien die Bildung von Ethylenoxid aus Ethylen, von Aldehyden und Ketonen aus Alkoholen sowie oxidative Demethylierungen und Desulfierungsreaktionen genannt.

2.1.3
Akute Wirkung

Eine akute Wirkung von Stoffen beschreibt das Wirkbild nach einmaliger Aufnahme eines Stoffes. Die toxische Wirkung kann unmittelbar nach der Stoffaufnahme einsetzen, es können jedoch auch mehrere Stunden bis zu einigen Tagen vergehen. Unfälle mit Chemikalien oder Vergiftungen durch Lebensmittel, z. B. durch giftige Pilze oder Fische, sind typische Beispiele akuter Wirkungen.

Zur Beschreibung der akuten Giftigkeit von Stoffen wird die mittlere letale Dosis benutzt. Dies ist die Stoffmenge, bei der die Hälfte der untersuchten Tiere bei einmaliger Stoffgabe infolge der Stoffeinwirkung sterben. Abhängig vom Aufnahmeweg werden die folgenden experimentellen Methoden zur Ermittlung der akuten Toxizität benutzt:
- **oral:** einmalige Applikation der gesamten Menge in den Magen,
- **dermal:** einmaliges Auftragen der gesamten Substanzmenge auf die Haut, Einwirkungsdauer 24 Stunden,
- **inhalativ:** Exposition über die Atemluft für vier Stunden.

Durch Division der mittleren tödlichen Stoffmenge bei oraler oder dermaler Applikation durch das Körpergewicht der Tiere (= Dosis) erhält man den **LD_{50}-Wert**. Die mittlere letale Dosis ist eine stoffspezifische Größe und variiert in der Regel für verschiedene Tierarten nur marginal. Als Einheit der letalen Dosis wird üblicherweise mg des Stoffes pro kg Körpergewicht [mg/kg KG] gewählt. Bei inhalativer Prüfung wird im Gegensatz hierzu die Konzentration des Stoffes in mg pro Liter Atemluft bei in der Regel vierstündiger Exposition gewählt. Da das Atemvolumen unterschiedlicher Tierarten sehr gut mit dem Körpergewicht korreliert, muss für die stoffspezifische Giftigkeit nicht durch das Körpergewicht dividiert werden. Abbildung 2.5 fasst die Definitionen der mittleren tödlichen Wirkung zusammen.

LD_{50} oral:	**Dosis, bei der die Hälfte der Versuchstiere bei oraler Aufnahme sterben** Einheit: Stoffmenge der Substanz in mg pro kg Körpergewicht des Tieres mg/kg KGW
LD_{50} dermal:	**Dosis, bei der die Hälfte der Versuchstiere bei Aufnahme über die Haut sterben** Einheit: Stoffmenge der Substanz in mg pro kg Körpergewicht des Tieres mg/kg KGW
LC_{50} inhalativ:	**Konzentration, bei der die Hälfte der Versuchstiere nach 4-stündiger Exposition sterben** Einheit: Stoffmenge in mg pro Liter Atemluft mg/L/4h

Abb. 2.5 Definition der mittleren letalen Dosis.

2.1.4
Wirkung bei wiederholter Applikation

Die letale Dosis ist nur eine Kenngröße der toxischen Wirkung. Die Giftwirkung setzt jedoch bei bereits deutlich kleineren Stoffmengen im Körper ein und folgt einer stoffspezifischen, mehr oder weniger steilen Dosis-Wirkungs-Kurve. Allen Stoffen ist ein weitgehend ähnliches Verhalten bei niedrigen Dosen gemeinsam: Mit fallender Stoffmenge werden kleinere Effekte im Körper beobachtet. Bei einer für jeden Stoff charakteristischen Dosis wird, von Ausnahmen abgesehen, schließlich keine Wirkung mehr festgestellt. Für alle Stoffe, abgesehen von der genotoxischen Wirkung, verlaufen die so genannten Dosis-Wirkungs-Kurven ähnlich.

Auf Grund unterschiedlicher Stoffwirkungen bei den verschiedenen Aufnahmewegen können sich die oralen, dermalen oder inhalativen mittleren tödlichen Toxizitäten ein und desselben Stoffes deutlich unterscheiden. Bei doppeltlogarithmischer Auftragung der Dosis gegenüber der ausgelösten Stoffwirkung erhält man die charakteristischen S-Kurven mit linearem Kurvenverlauf im mittleren Dosisbereich (siehe Abbildung 2.6).

Die Dosis, bei der gerade keine biologisch relevante Wirkung mehr festgestellt werden kann, wird als **Wirkschwelle** bezeichnet. In der angelsächsischen Fachliteratur wird hierfür der Begriff „**No Adverse Effect Level**", abgekürzt NOAEL, benutzt. Als Wirkung ist die Gesamtheit aller bedeutsamen biologischen Wirkungen zu verstehen. Die Steigung (S) der Kurve gibt an, ob bei Überschreitung der Wirkschwelle mit leichteren oder bereits sehr schnell mit ernsthaften Gesundheitsgefahren zu rechnen ist. Bei ersteren verläuft die Kurve flach (Stoff 2 in Abbildung 2.6), bei letzteren ausgesprochen steil (Stoff 1 in Abbildung 2.6). Wird andererseits ein Stoff mit flacher Dosis-Wirkungs-Kurve und langer Halbwertszeit über einen längeren Zeitraum hinweg in Dosen oberhalb der Wirkschwelle aufgenommen, können trotzdem schwer wiegende Gesundheitsgefahren resultieren. Die Halbwertszeit ist die Dauer zwischen Stoffaufnahme und dem Abbau des Stoffes auf die Hälfte der ursprünglichen Konzentration.

Wirkung

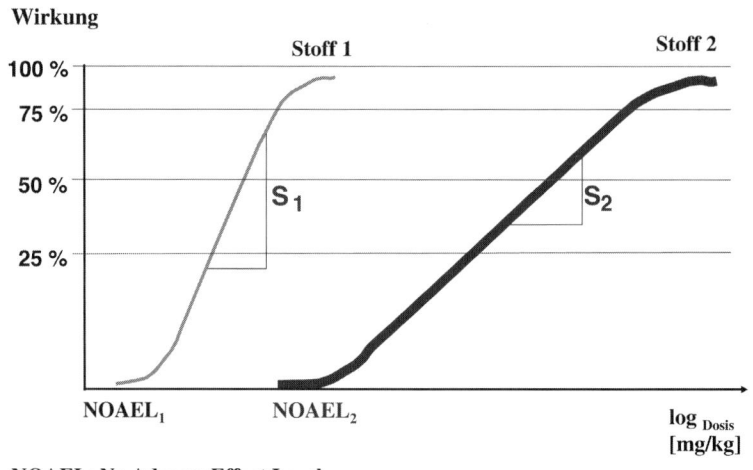

```
100 %                Stoff 1                          Stoff 2
 75 %
 50 %           S₁                         S₂
 25 %
        NOAEL₁        NOAEL₂                    log Dosis
                                                  [mg/kg]
```

NOAEL: **No A**dverse **E**ffect **L**evel   S: Steigung der Dosis-Wirkungs-Kurve

Abb. 2.6 Dosis-Wirkungs-Kurven zweier unterschiedlicher Stoffe.

Bekannte Stoffe mit sehr steilem Kurvenverlauf sind *Ethylenchlorhydrin, Phosgen, Blausäure, Stickoxide* und *Schwefelwasserstoff*. Bereits bei kleiner Überschreitung der Wirkschwelle muss bei diesen Stoffen mit relevanten Wirkungen gerechnet werden, in Extremfällen wurden bei nur zehnfacher Überschreitung der Wirkschwelle Todesfälle beobachtet.

Viele Stoffe wirken bei einmaliger Verabreichung nicht schädlich auf den Organismus, sondern nur bei Einwirkung über einen längeren Zeitraum. Da in der Praxis akute Wirkungen praktisch nur bei Unfällen zu befürchten sind, ist die Kenntnis der Stoffwirkung bei Aufnahme über einen längeren Zeitraum zur Festlegung der notwendigen Schutzmaßnahmen am Arbeitsplatz entscheidend. Hierzu werden die in Tabelle 2.2 aufgeführten Versuchsdauern im Tierversuch benutzt. Die Wirkschwellen werden üblicherweise in subchronischen oder chronischen Untersuchungen ermittelt, im Rahmen von REACH werden zur Festlegung der DNELs (siehe Abschnitt 4.3.3) auch subakute Tests herangezogen.

Tabelle 2.2 Versuchsdauern unterschiedlicher Studientypen (Ratte).

Versuchstyp	Dauer
akut	einmalig
subakut	28 Tage
subchronisch	90 Tage
chronisch	> 6 Monate bis 2 Jahre
kanzerogen	2 Jahre

2.1 Grundlagen der Toxikologie

Die Langzeituntersuchungen werden üblicherweise an Ratten oder Mäusen durchgeführt. Da die toxische Wirkung bei Langzeitexposition proportional mit der mittleren Lebenserwartung (Ratte: zwei Jahre) korreliert, kann bei Prüfung auf kanzerogene Wirkung (Versuchsdauer: mindestens zwei Jahre) in guter Näherung auf eine lebenslängliche Exposition beim Menschen geschlossen werden. Dabei muss jedoch darauf geachtet werden, dass der Metabolismus des Stoffes bei Tier und Mensch sich nicht grundsätzlich unterscheidet und der Aufnahmeweg dem des Menschen entspricht.

Als **LOAEL** (lowest observable adverse effect level) wird die niedrigste Dosis bezeichnet, bei der im Tierversuch die ersten gesundheitlich relevanten Effekte beobachtet werden. Trägt man als Wirkung in einem Dosis-Wirkungs-Diagramm die Anzahl der gestorbenen Tiere auf, so kann der LD_{50}-Wert direkt abgelesen werden.

2.1.5
Sensibilisierende (allergisierende) Wirkung

Sensibilisierungen sind individuelle Reaktionen des Immunsystems auf Fremdstoffe, die unter dem klinischen Bild einer Allergie verlaufen. Hierbei werden zunächst Antikörper gegen strukturelle Merkmale eines Stoffes gebildet, bei niedermolekularen Stoffen nach vorheriger Bindung an ein Protein, welches dem Immunsystem als „fremd" erscheint bzw. als Krankheitserreger fehlinterpretiert wird.

Sensibilisierungen verlaufen typischerweise in zwei Stufen: In der Initiierungsphase werden durch Kontakt mit dem sensibilisierenden Agens die Antikörper vom Immunsystem gebildet. Die Bildung der Antikörper kann nach mehrjährigem scheinbar harmlosen Umgang mit Exposition gegenüber dem sensibilisierenden Stoff aus unvorhersehbaren Ursachen plötzlich ausgelöst werden. Die für die Induktion verantwortlichen Gründe sind nur in den wenigsten Fällen bekannt. Hohe Dosen, u. U. bei einmaligem Kontakt, können hierbei eine entscheidende Rolle spielen. Nach der Induktion kann bei erneutem Kontakt die eigentliche Sensibilisierungsreaktion ausgelöst werden, hierfür genügen dann häufig nur noch sehr geringe Mengen.

Grundsätzlich wird zwischen allergischen Reaktionen
- der Atemwege (Atemwegsallergene) und
- der Haut (Kontaktallergene)

unterschieden.

Als typische atemwegsallergische Reaktionen gelten
- allergischer Schnupfen (Rhinitis allergica) mit Nasenjucken, Niesreiz, Niessalven, Fließschnupfen und Nasenverstopfung sowie
- das allergische Asthma bronchiale mit anfallartiger Luftnot und pfeifenden Atemgeräuschen.

Häufig werden diese allergischen Erscheinungen von Augenbindehautentzündung (Blepharokonjunktivitis) begleitet. Seltener sind fieberhafte Lungenerkrankungen (allergische Alveolitis, z. B. Farmerlunge). Allergischer Schnupfen und allergisches Asthma durch pflanzliche und tierische Allergene werden gehäuft bei Personen mit anlagebedingter Bereitschaft zu Überempfindlichkeitsreaktionen (Atopie) beobachtet. Das Auftreten allergischer Atemwegsbeschwerden ist abhängig vom Grad der Sensibilisierung sowie von Art, Konzentration und sensibilisierender Potenz des an den Atemwegen sensibilisierend wirkenden Stoffes. Bei bestehender Allergie genügen meist sehr geringe Mengen eines sensibilisierenden Stoffes, um Beschwerden auszulösen.

Niedermolekulare Stoffe wie z. B. *Metallionen, Amine* oder *Kunststoffmonomere* sensibilisieren überwiegend durch Hautkontakt. Hierbei führt die Reaktion dieser Stoffe mit körpereigenen Eiweißen zur Bildung von spezifisch sensibilisierten Immunzellen. Nach wiederholtem Hautkontakt kann mit zeitlicher Verzögerung am Einwirkort, gelegentlich mit Streureaktionen an anderen Stellen, ein allergisches Kontaktekzem auftreten. Die Sensibilisierung ist abhängig von der Intensität des Kontaktes und der sensibilisierenden Potenz des Stoffes. Bei bestehender Sensibilisierung genügen oft sehr geringe Mengen der entsprechenden Stoffe, um Hautreaktionen auszulösen.

Auf Grund zahlreicher Untersuchungen kann als gesichert angesehen werden, dass eine erbliche Disposition für die Allergieauslösung von großer Bedeutung ist. Personen mit entsprechend häufigem Auftreten von Allergien in der Verwandtschaft sollten deshalb besondere Vorsicht gegenüber allergieauslösenden Ursachen walten lassen. Andererseits sind Stoffe bekannt, die auf Grund ihres hohen sensibilisierenden Potenzials unabhängig von der individuellen Disposition bei der überwiegenden Anzahl Menschen eine Sensibilisierung herbeiführen.

Sensibilisierungen nehmen in der Allgemeinbevölkerung seit mehreren Jahren bzw. Jahrzehnten stetig zu. Korrelationen mit der Höhe der Umweltverschmutzung sind nicht nachweisbar. In Tabelle 2.3 sind die Stoffe bzw. Stoffgruppen unter Angabe des Vorkommens aufgeführt, die in der Allgemeinbevölkerung häufig Allergien ausgelöst haben.

Ebenfalls sehr häufige Ursachen für Allergien wie Hausstaub, Blütenpollen, Tierhaare, Pflanzen wurden in Tabelle 2.3 nicht aufgenommen, da bei den vorgenannten Ursachen kein Stoff oder keine Stoffgruppe als allergieauslösendes Agens identifiziert werden konnte.

Tabelle 2.3 Stofflich bedingte Ursachen von Allergien in der Allgemeinbevölkerung [17].

Stoff(gruppe)	Vorkommen	Allergietyp
Nickel	Schmuck	Hautallergie
Parfum	Kosmetika	Hautallergie
Desinfektionsmittel		Hautallergie

Demgegenüber dominieren bei berufsbedingten Allergien andere Ursachen. Die häufigste Ursache allergischer Berufskrankheiten ist Mehl. Jährlich werden in der Bundesrepublik Deutschland über 50 Millionen Euro an Rentenzahlungen hierfür aufgewendet. An zweiter Stelle stehen Allergien im Bausektor, ausgelöst durch Chromate im Zement. Durch Reduzierung des Chromatanteils in Zementen und durch Verwendung spezieller Handschuhe sollen die Hauterkrankungen in den Bauberufen reduziert werden. An dritter Stelle berufsbedingter Allergien stehen durch Desinfektionsmittel sowie durch das Tragen von Naturlatexhandschuhen ausgelöste Kontaktekzme im Krankenhaus- und Reinigungsbereich. Die klassischen chemischen Allergene nehmen im Berufskrankheitsgeschehen nur eine untergeordnete Rolle ein; eine ausführliche Auflistung kann der TRGS 401 und 406 [18] entnommen werden.

Während zur Prüfung auf atemwegsensibilisierende Wirkung keine tierexperimentellen Untersuchungsmethoden zur Verfügung stehen, können zur Prüfung auf Hautsensibilisierung verschiedene Testmethoden mit unterschiedlicher Empfindlichkeit benutzt werden. Zur Prüfung von Industriechemikalien ist üblicherweise der so genannte Patchtest ausreichend empfindlich. Hierbei wird die Prüfsubstanz unmittelbar auf die Haut aufgetragen, ähnlich wie bei Allergisierungspflastern bei Menschen.

Im Maximierungstest, auch Magnusson-Kligmann-Test genannt, wird die zu prüfende Substanz in einer nicht reizenden Konzentration in die Haut von Meerschweinchen injiziert und zur Verstärkung mit einem bekannten Allergen eine Körperreaktion ausgelöst. Nach einer Induktionszeit von 14 Tagen wird die Testsubstanz epikutan aufgetragen. Eine positive Reaktion liegt vor, wenn bei einem größeren Anteil der Tiere nach der Ruhephase eine Sensibilisierung ausgelöst wurde (siehe Abbildung 2.7).

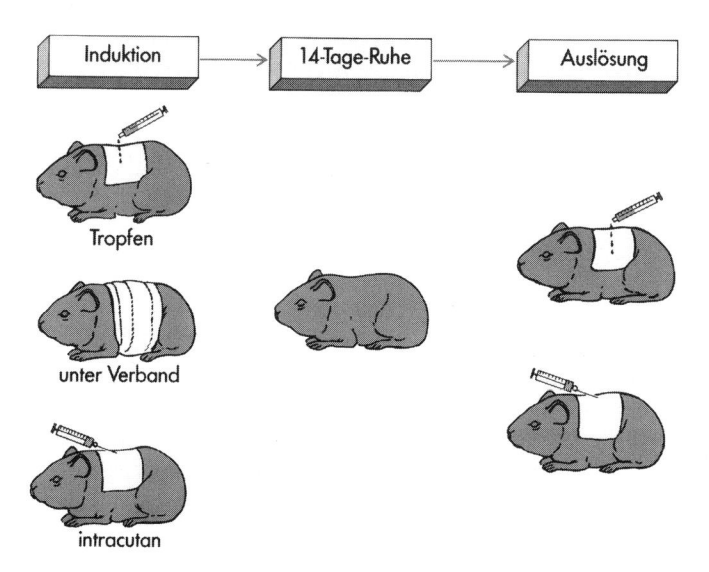

Abb. 2.7 Maximierungstest zur Ermittlung einer sensibilisierenden Wirkung.

Als weiterer Routinetest hat sich neuerdings als in-vivo-Prüfung der lokale Test an Lymphknoten von Mäusen (LLNA) etabliert, der zusätzlich eine Differenzierung nach der allergenen Potenz erlaubt.

2.1.6
Entwicklungsschädigende Wirkung

Zum Verständnis entwicklungsschädigender Wirkungen sind Kenntnisse der Entwicklung von der befruchteten Eizelle bis zur Geburt notwendig: In der ersten Phase nach der Befruchtung beginnen die Zellteilungen bis zur Embryonalphase. Schädigungen in dieser Phase der Schwangerschaft, der so genannten **Blastogenese**, sind in aller Regel so gravierend, dass es zum Absterben des Embryos kommen kann. Da eine vorliegende Schwangerschaft in diesem Stadium i. A. noch nicht feststellbar ist, kann auch die Fehlgeburt (Abort) nicht wahrgenommen werden. An das Stadium der Blastogenese schließt sich die **Embryogenese** an. Beim Menschen erstreckt sich diese Phase von der 3. bis zur 8. Schwangerschaftswoche (siehe Abbildung 2.8). In dieser Entwicklungsphase werden die Organe und die Extremitäten (Gliedmaßen wie Arme und Beine) ausgebildet. Während dieser Entwicklungsphase können äußere Einflüsse zu groben morphologischen Verän-

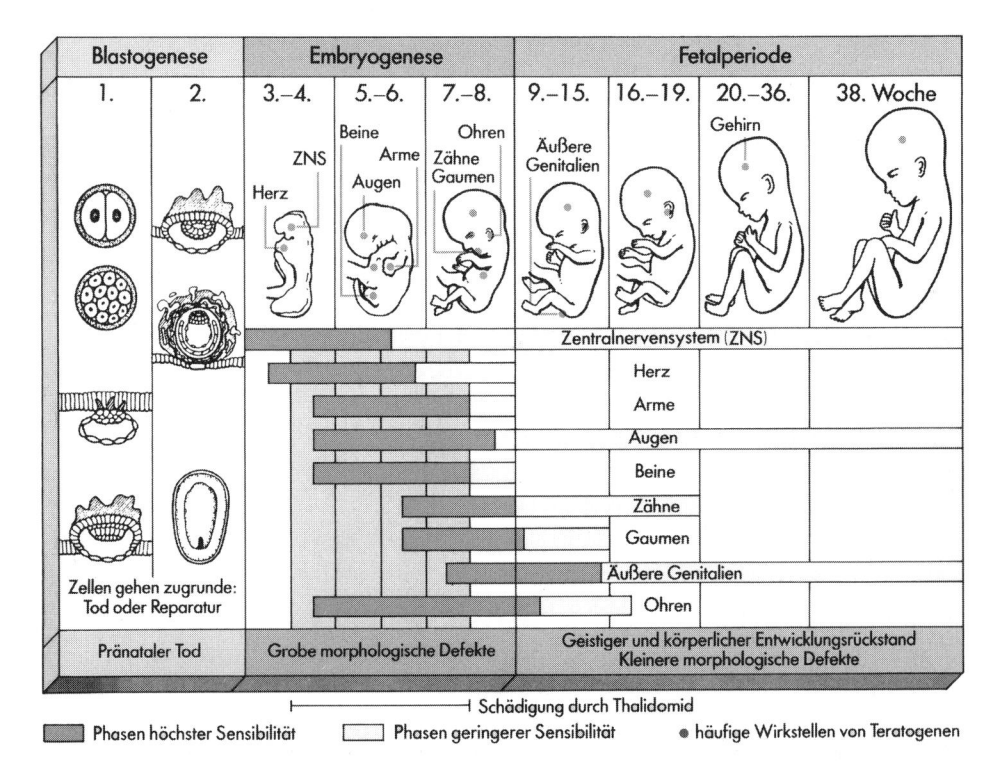

Abb. 2.8 Die sensiblen Phasen der Schwangerschaft beim Menschen.

derungen führen. Diese anatomischen Missbildungen werden als **teratogene** Effekte bezeichnet. An die Embryogenese schließt sich die **Fetalperiode** an, während der sich das zentrale Nervensystem ausbildet und das weitere Wachstum der Organe stattfindet. In Abbildung 2.8 ist die Schädigung der verschiedenen Organe in Abhängigkeit von der Zeit dargestellt.

Eine embryotoxische Wirkung (Schädigung des Embryos) können Chemikalien nur entfalten, wenn sie vom mütterlichen in den kindlichen Organismus übertreten; dafür müssen sie die Plazentaschranke überwinden. In Abhängigkeit von der chemischen Struktur stellt die Plazentaschranke eine mehr oder weniger wirkungsvolle Barriere dar; insbesondere lipophile Stoffe können sie gut überwinden.

Wird die embryotoxische Wirkung ohne Schädigung des mütterlichen Organismus (**maternaltoxischer Effekt**) hervorgerufen, sind besondere zusätzliche Maßnahmen am Arbeitsplatz notwendig, da die potenzielle Gefährdung von der schwangeren Frau selbst nicht wahrgenommen wird. Während teratogene Effekte stets anatomische Missbildungen ausdrücken, ist der Begriff „Fruchtschädigung" weiter gefasst. Statistisch relevante Verzögerungen im Embryonal- oder Fötalwachstum ohne Veränderungen der Organe werden ebenfalls unter dem Begriff „Fruchtschädigung" subsumiert.

Der Begriff „**Entwicklungsschädigung**" (nach EG-Definition) umfasst darüber hinaus zusätzlich den geistigen, psychischen und physischen Entwicklungszustand bis zur Pubertät. Postnatale, nach der Geburt auftretende Entwicklungsstörungen, die während der Schwangerschaft ausgelöst wurden, sind erfahrungsgemäß schwer fassbar. Die bekanntesten Effekte sind die durch Alkohol, Drogen oder Rauchen ausgelösten Störungen der geistigen, psychischen und physischen Entwicklung. Die folgende Definition gibt die Legaldefinition gemäß dem EG-Einstufungsleitfaden (Anhang VI der Richtlinie 67/548/EWG) wieder:

> Entwicklungsschäden sind alle schädlichen Wirkungen auf die Entwicklung der Nachkommen, die während der Schwangerschaft verursacht werden und sich post- oder perinatal (vor und nach der Geburt) manifestieren.

Hierbei sind eingeschlossen:
- Embryo- oder fetotoxische Wirkungen wie geringeres Körpergewicht, Wachstums- oder Entwicklungsstörungen und Organschäden,
- letale Effekte oder Aborte,
- Missbildungen (teratogene Effekte),
- funktionelle Schädigungen,
- perinatale Schäden,
- postnatale Schäden,
- Beeinträchtigung der postnatalen geistigen und physischen Entwicklung bis zum Abschluss der pubertären Entwicklung.

Schädigungen des Embryos können durch eine Vielzahl von Faktoren ausgelöst werden. Aus dem alltäglichen Leben sind physische (schweres Heben, mechanische Schädigungen des Fötus, extreme Temperaturen, etc.) und psychische (eventuell hormonell bedingte) Faktoren wohl bekannt, ebenso ernährungsbedingte Mangelerscheinungen durch Fehlen essenzieller Vitamine und Spurenelemente.

Im Rahmen der weiteren Diskussion sollen jedoch nur die vom Arbeitsplatz ausgehenden embryotoxischen Effekte betrachtet werden. Wichtige Faktoren sind
- physikalische Strahlen,
- Viren und Bakterien sowie
- Chemikalien.

Zu den gesundheitsgefährdenden **physikalischen Strahlen** zählen insbesondere ionisierende Strahlen. Gravierende Schädigungen sind von Gamma-Strahlen bekannt, die beim radioaktiven Zerfall entstehen können, sowie auch von Röntgenstrahlen.

Von **viralen** oder **bakterielle Erkrankungen** kann erfahrungsgemäß ebenfalls eine große Gefahr für den heranreifenden Embryo ausgehen. Die zahlreichen schweren Schädigungen durch den Rötelvirus (Augen-, Ohrenschäden, Herzfehler) haben z. B. zu einer prophylaktischen Impfung von Frauen geführt.

Neben einigen entwicklungsschädigenden **Industriechemikalien** können Entwicklungsschädigungen durch viele alltägliche Stoffe, Genussmittel oder auch Arzneimittel ausgelöst werden, z. B. durch
- Alkohol (*Ethanol*),
- Rauchen (*Kohlenmonoxid*),
- Rauschgift,
- Zytostatika (Krebsmedikamente),
- *Vitamin A* und pharmazeutische Derivate oder
- spezielle Pharmaka (z. B. *Contergan, Phenothiazin*).

An der Spitze der Statistik stehen noch vor den Auswirkungen des Rauchens Entwicklungsschädigungen durch Alkohol. Die fruchtschädigende Wirkung von *Ethanol* ist insbesondere bei Kindern von Alkoholikerinnen vielfach dokumentiert. Neben (leichteren) anatomischen Missbildungen treten vor allem Entwicklungsstörungen und Verhaltensstörungen sowie geistige Defizite auf. Da geringe Mengen an *Alkohol* ungefährlich sind, muss eine Wirkschwelle existieren, unterhalb derer keine fruchtschädigenden Effekte befürchtet werden müssen. Bei rein inhalativer Aufnahme von Ethanol am Arbeitsplatz in Konzentrationen bis zum MAK-Wert wird diese Wirkschwelle deutlich unterschritten. Auf Grund der kurzen Halbwertszeit von Ethanol bedingt durch die schnelle Metabolisierung kann sich bei inhalativer Aufnahme keine gefährliche Konzentration im Körper anreichern.

Durch das toxische Potenzial sowie der Mangelversorgung der Zellen mit Sauerstoff besitzt *Kohlenmonoxid* auch im Tierversuch eindeutig fruchtschädigende Wirkung. Kohlenmonoxid ist neben zahlreichen weiteren Ursachen für die entwicklungsschädigende Wirkung des Rauchens u. a. verantwortlich. Des Weiteren ist beim Menschen eine stark schädigende Wirkung von Rauschgiften bekannt.

Vitamin A, ein essenzielles Vitamin, ist in größeren Mengen beim Menschen entwicklungsschädigend. Die Existenz einer Wirkschwelle entwicklungsschädigender Stoffe wird hier besonders deutlich, da bei Vitaminmangel während der Schwangerschaft Mangelerscheinungen von Mutter und Kind resultieren. Von Vitamin A gehen in natürlicher Konzentration in Lebensmitteln, einschließlich spezieller Vitamingetränke, keine Gefahren aus. Spezielle Arzneimittel mit hohen Vitamin-A-Dosen können demgegenüber entwicklungsschädigende Effekte auslösen, entsprechende Warnhinweise der Beipackzetteln müssen unbedingt beachtet werden!

2.1.7
Fruchtbarkeitsgefährdende Wirkung

Stoffe werden als fruchtbarkeitsgefährdend eingestuft, wenn sie nachteilige Auswirkungen ausüben auf
- die Sexualorgane,
- die Libido (Geschlechtstrieb),
- das Sexualverhalten,
- die Spermatogenese (Samenbildung),
- die Oogenese (Entwicklung der Eizelle) und
- den Hormonhaushalt und physiologische Reaktionen, die im Zusammenhang mit der Befruchtungsfähigkeit, der Befruchtung und der Entwicklung der befruchteten Eizelle bis zur Einnistung im Uterus stehen.

Eine fruchtbarkeitsgefährdend Wirkung liegt vor, wenn sekundäre Effekte während der Versuchsdurchführung auszuschließen sind. So können z. B. erhöhter Stress zu einem geänderten Paarungsverhalten führen oder toxische Effekte an anderen Organen eine Sekundärwirkung auslösen.

Nur wenn eine eindeutige Wirkung auf das Reproduktionssystem belegt ist, z. B. durch einen geänderten Hormonspiegel, ist eine Einstufung in Kategorie 2 gerechtfertigt.

Auf Grund neuerer Erkenntnisse ist davon auszugehen, dass bis zu 50% aller Schwangerschaften mit Spontanaborten innerhalb der ersten vier Schwangerschaftswochen enden. Als Ursachen hierfür kommen natürliche genetische Defekte, die eine Weiterentwicklung im Mehrzellstadium verhindern, in Frage. Die körpereigenen Prüfmechanismen sollen genetische Defekte vermeiden, ausgelöst durch natürliche (endogene) Faktoren oder auch durch von außen wirkende (exogene) Faktoren.

Der Nachweis einer Verminderung der Fruchtbarkeit beim Menschen ist aus den vorgenannten Gründen schwierig. Im Gegensatz zur Entwicklungsschädigung sind hier beide Geschlechter gleichermaßen betroffen. Es gilt ferner als gesichert, dass insbesondere die Anzahl der Spermien durch äußere Einflüsse (z. B. Stress) und durch innere Einflüsse (z. B. psychische Schwankungen) stark beeinflusst wird. Auswirkungen auf die Spermatogenese (Heranreifen der Spermien) sind auf vielfältige Art möglich, der Einfluss von Chemikalien kann nach heutigem Wissensstand nicht ausgeschlossen werden. Demgegenüber sind die Ovarien deutlich besser gegen Fremdeinflüsse geschützt, wenngleich auch hier exogene Schäden denkbar sind.

2.1.8
Krebserzeugende Wirkung

Tumore werden durch unkontrolliertes Zellwachstum ausgelöst. Durch fortschreitende Teilung der Zelle können Geschwülste entstehen. Grundsätzlich muss zwischen gutartigen (benignen) und bösartigen (malignen) Tumoren unterschieden werden.

Gutartige Tumore wachsen isoliert vom umgebenden Gewebe. Diese Gewebswucherungen wachsen normalerweise eingekapselt und expansiv, d. h. aus sich heraus. Sie werden mit dem Suffix-*om* bezeichnet: Ein faserbildender Tumor des Bindegewebes ist demnach als Fibr*om*, ein Gefäßtumor als Angi*om*, ein Drüsentumor als Aden*om* und ein gutartiger Tumor des Fettgewebes als Lip*om* zu bezeichnen.

Bösartige Tumore wachsen demgegenüber nicht in einer isolierten Einheit, sondern in das umliegende gesunde Gewebe hinein; man spricht von infiltrativem Wachstum. Durch Verteilung über Blut- und Lymphgefäße können sich Töchtergeschwülste an ganz anderen Organen ansiedeln, Metastasen bilden. Bösartige Tumore werden auch als „Krebs" bezeichnet.

In Abhängigkeit vom Gewebe, in dem der Krebs wächst, unterscheidet man verschiedene Krebsarten:
- Ein Krebs von Epithelzellen wird als **Karzinom** bezeichnet. Epithelzellen bilden die inneren und äußeren Oberflächen im Organismus. Hierzu zählen die Haut, die Atmungsorgane und der Magen-Darm-Trakt sowie zahlreiche Drüsen, wie z. B. die Brustdrüse, Bauchspeicheldrüse und Schilddrüse. Die meisten Krebse (ca. 90%) gehen von Epithelzellen aus und sind somit Karzinome. Zur Charakterisierung wird das Suffix-*karzinom* verwendet: Ein bösartiger Tumor des Drüsengewebes wird als Adeno*karzinom* bezeichnet.
- Ein Krebs von Bindegewebszellen wird als **Sarkom** bezeichnet. Zur Unterscheidung wird ein Krebs des Bindegewebes Fibro*sarkom* und ein Gefäßtumor Angio*sarkom* genannt.

Zum Verständnis der Krebsentstehung sind Kenntnisse der Zellteilung (Proliferation) notwendig. Einer Zellteilung geht stets eine Verdopplung (Replikation) der Desoxyribonukleinsäure (DNS) voraus. Die DNS ist der Träger der Erbinformation und bei allen Lebewesen nach dem gleichen Prinzip aufgebaut: Sie besteht aus zwei Einzelsträngen, die im Sinne einer Doppelhelixstruktur miteinander verbunden sind. Jeder Einzelstrang dieses Makromoleküls ist durch eine regelmäßige Abfolge des Zuckermoleküls Desoxyribose und der Phosphorsäure derart aufgebaut, dass je eine Desoxyribose an zwei verschiedenen Phosphorsäuremolekülen über eine Diesterbrücke verknüpft ist. An jedes Zuckermolekül ist eine der vier Basen Adenin, Thymin, Guanin oder Cytosin kovalent gebunden.

Zwei Basen stehen sich jeweils gegenüber und bilden so die „Sprossen" der Doppelhelix durch Wasserstoffbrückenbindungen. Bei allen höheren Lebewesen ist die DNS im Zellkern jeder Zelle lokalisiert. Somit ist im Zellkern jeder Zelle der Bauplan des ganzen Organismus gespeichert.

Genotoxische chemische Kanzerogene können mit den reaktiven Gruppen der DNS reagieren. Da die vier Basen Adenin, Guanin, Thymin und Cytosin freie Aminogruppen besitzen, wird die DNS bevorzugt von Elektrophilen angegriffen. Neben den Aminogruppen besitzt die DNS noch weitere funktionelle Gruppen, sowohl an den Basen als auch am Phosphat-Desoxyribose-Rückgrat. Auch an den vielfältigen Wasserstoffbrückenbindungen, die für die so genannte „Tertiärstruktur" mitverantwortlich sind, bieten sich zahlreiche Angriffspunkte für Chemikalien (oder deren Umwandlungsprodukte, Metabolite), die die DNS direkt verändern und krebsauslösend wirken. Jede Zellteilung wird immer durch Duplizieren der DNS eingeleitet. Eine Veränderung der DNS kann somit zu einer Veränderung der Tochterzelle führen.

Im Gegensatz zu den genotoxischen verändern **epigenetisch** wirkende Kanzerogene nicht die DNS. Durch eine permanente Reizwirkung kann die Zellteilungsrate erhöht werden, so dass die Reparaturmechanismen überfordert werden.

2.1.8.1 Krebsauslösende Faktoren

Die Ursachen von DNS-Veränderungen können sehr vielfältig sein. Neben den chemischen Karzinogenen (siehe Abschnitt 3.1.2.2) sind noch physikalische und biologische Faktoren zu nennen:

- **Biologische Faktoren:**
  - Enzyme
  - Hormone
  - Viren und Bakterien
- **Physikalische Faktoren:**
  - ionisierende Strahlung: Röntgenstrahlung, Gamma-Strahlung von Radionukliden
  - ultraviolette Strahlung

Wird die Immunabwehr des Körpers herabgesetzt, wie dies z. B. nach Organtransplantationen notwendig ist, werden verstärkt Tumore beobachtet. Ganz offensichtlich ist mit einer Abnahme der Immunabwehr eine erhöhte Anfälligkeit gegenüber Tumoren verbunden.

Auf Grund der großen Anzahl natürlicher krebsauslösender Einflüsse ist für das Überleben von entscheidender Bedeutung, dass der Organismus veränderte DNS erkennt und „repariert". Heute sind eine Vielzahl solcher „Reparaturmechanismen" bekannt, ohne deren Existenz die höheren Lebewesen nicht überlebensfähig wären. Nur wenn die Reparaturmechanismen die spezifische DNS-Veränderung nicht korrigieren können, kann aus der nächsten Zellteilung eine Zelle mit veränderten Eigenschaften resultieren.

Der Angriff einer krebsauslösenden Verbindung auf die DNS wird als **Initiationsphase** bezeichnet. Wird der DNS-Schaden durch die Reparaturmechanismen nicht korrigiert, bleibt die Änderung erhalten; sie ist persistent. Ein derartiger Prozess ist irreversibel. Eine so veränderte DNS löst selbst keinen Tumor aus, erst bei der nächsten Zellteilung kann das unkontrollierte Zellwachstum gestartet werden. Eine initiierte Zelle wird deshalb als „schlafende Krebszelle" bezeichnet, in der ein Tumor induziert wurde.

Wirkt auf eine derart veränderte Zelle ein Promotor ein, kann das unkontrollierte Zellwachstum einsetzen. Im Gegensatz zur Initiationsphase ist die **Promotionsphase** reversibel. Wird der Promotor beseitigt, bevor er das Zellwachstum eingeleitet hat, erfolgt kein autonomes (unkontrolliertes) Zellwachstum. Manche Verbindungen sind nur Promotoren und regen ausschließlich die Zellteilung an, ohne selbst eine primäre DNS-Veränderung auszulösen. Als äußerst wirkungsvoller Promotor ist das *2,3,7,8-Tetrachlordibenzodioxin* (TCDD) bestens untersucht. Im Gegensatz zu reinen Kanzerogenen existieren bei Promotoren Wirkschwellen, unterhalb derer eine promovierende Wirkung nicht erfolgt. Viele Promotoren besitzen selbst auch eine krebserzeugende Wirkung und können mit der DNS chemisch reagieren.

Die Zeit zwischen Initiierung und der Entstehung von autonom wachsenden Zellen wird als **Latenzperiode** bezeichnet. Je nach der Konzentration des Kanzerogens, der krebsauslösenden Potenz und vorhandener Promotoren beträgt die Latenzzeit beim Menschen typischerweise zwischen 10 und 40 Jahre. Die Zusammenhänge zwischen der krebsauslösenden Dosis und der Latenzzeit sowie der Wahrscheinlichkeit der Krebsauslösung sind gegenwärtig Ziel vieler wissenschaftlicher Untersuchungen. Auch bei starken Kanzerogenen kann die Latenzzeit bei sehr kleinen Konzentrationen über dem Lebensalter liegen.

An die Latenzzeit schließt sich die Tumorentwicklung an. Während der Zellteilung (Mitose) führt die transformierte Zelle zur unkontrollierten Zellvermehrung. Als Zwischenstufe vor der nach außen sichtbaren Tumorentstehung werden sogenannte **praeneoplasmatische Phasen** durchlaufen. Im Stadium dieser sogenannten Dysplasie sind bereits viele typische Eigenschaften der Tumorzelle erkennbar. Eine Infiltration in das umliegende Gewebe hat jedoch noch nicht stattgefunden. Wächst durch fortschreitende Zellteilung (Proliferation) der Tumor in das benachbarte Gewebe hinein, wird der Tumor makroskopisch erkennbar. Bei dieser Infiltration wird das umliegende Gewebe zerstört (Destruktion). Wenn bereits eine Metastasenbildung (Ausbildung von Tochterzellen, die ebenfalls transformierte, krebsartige Zellen sind) eingesetzt hat, kann eine Destruktion auch von entfernt liegenden Organen erfolgen.

Energiereiche Strahlung ist prinzipiell in der Lage, Veränderungen der DNS auszulösen. Durch die zahlreichen funktionellen Gruppen in der DNS ist eine Vielzahl von Molekülveränderungen denkbar. Radioaktive Strahlung kann Strangbrüche der Chromosomen auslösen und hierdurch Tumore promovieren.

Als Beispiel für die krebsauslösende Wirkung von Hormonen seien die *Östrogene* (weiblichen Sexualhormone) und das männliche Sexualhormon *Testosteron* genannt, die im Tierversuch bei hoher Dosierung (d. h. bei unphysiologischen Blutspiegeln) Tumore auszulösen vermögen.

Des Weiteren wird bei der Überproduktion verschiedener körpereigener Enzyme eine tumorigene Wirkung beobachtet. Die Tumorauslösung durch körpereigene Stoffe wird als endogener Faktor bezeichnet.

Grundsätzlich besteht bei jeder Zellteilung die Möglichkeit einer DNS-Veränderung, die zu einer entarteten Zelle führen kann. Somit ist bei jedem Wachstums- und Heilungsprozess die Möglichkeit einer Tumorpromotion gegeben. Werden die körpereigenen Reparaturmechanismen z. B. durch permanente Reizung überfordert, ist ein unkontrolliertes Wachstum möglich.

Nach heutigen Erkenntnissen verläuft die Krebsentstehung in mehreren Stufen. Die Höhe der Stufen ist abhängig von der persönlichen (genetischen) Disposition, der aufgenommenen Menge sowie des kanzerogenen Potenzials des Stoffes. Dieses so genannte „Multiple-Stage-Model" ersetzt mehr und mehr das früher verbreitete „One-Hit-Model", nach dem bereits ein einziges Molekül die Entstehung eines Krebses bewirken kann.

Nach dem heutigen Verständnis ist die Tumorentstehung ein komplizierter Prozess, der von vielen primären und sekundären Effekten sowie von Interaktionen und Alterationen gekennzeichnet ist:
- viele krebserzeugende Stoffe werden erst im Organismus in die eigentlich aktive chemische Struktur überführt, z. B. durch Oxidationsreaktionen mit Sauerstoff,
- die reaktiven Zwischenstufen können metabolisch deaktiviert werden, bevor sie die DNS erreichen,
- die Toxikokinetik der metabolischen Deaktivierung konkurriert mit der Wechselwirkung mit der DNS,
- nach einer Adduktbildung mit der DNS sind Wechselwirkungen mit anderen Rezeptoren mit höherer spezifischer Affinität möglich, die zu einer Abspaltung von der DNS führen,
- vor der Replikation der DNS müssen eine Vielzahl von Transkriptionsprozessen durchlaufen werden, wobei Rezeptorbindung, mRNA-Synthese, Rezeptor-Protein-Expression, Signaltransduktion u. a. eine wesentliche Rolle spielen.

Bereits 1999 hat die amerikanische Umweltschutzbehörde EPA festgestellt:

„Die Tumorentstehung ist ein Produkt des Gleichgewichtes zwischen vielen Risiko- und Schutzfaktoren, wie es von Herz- und anderen Krankheiten bekannt ist."

Auf Basis epidemiologischer Untersuchungen in Amerika haben die Wissenschaftler Doll und Peto [19] eine umfangreiche Studie über die Krebsursachen durchgeführt. Zahlreiche zwischenzeitlich durchgeführte Untersuchungen, u. a. auch vom Krebsforschungszentrum Heidelberg [20], kommen zu grundsätzlich ähnlichen Ergebnissen. Abbildung 2.9 stellt diese Erkenntnisse grafisch dar.

Mit einem Anteil von ca. 65% nehmen die „freiwilligen" Krebsursachen „Rauchen" und „falsche Ernährung", insbesondere zu fettreiche Überernährung, eine dominierende Stellung ein, gefolgt von den endogenen Ursachen bei der Vererbung. Berufsbedingte Tumore haben an der gesamten Anzahl tödlicher Krebserkrankungen einen Anteil von ca. 4%. Da diese Zahl auf Datenbasis der Gesamt-

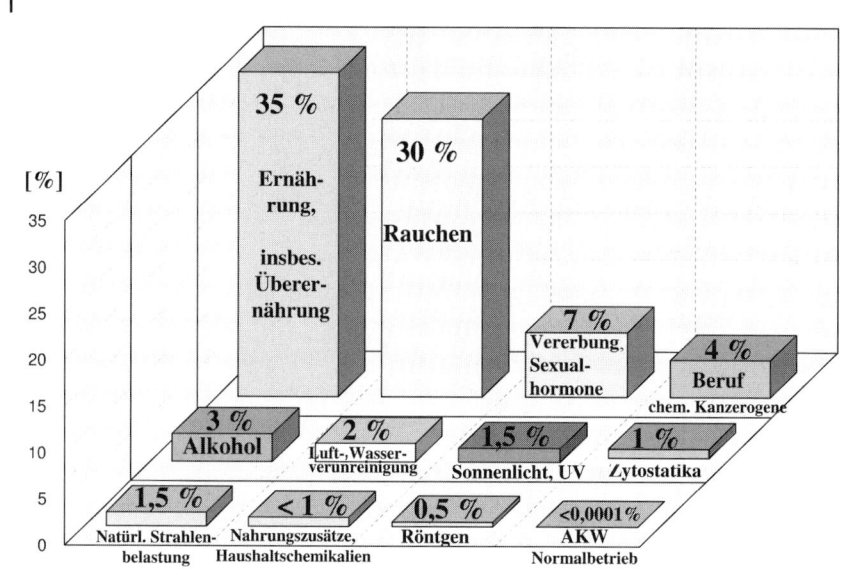

Abb. 2.9 Ursachen von tödlichen Krebserkrankungen der Industrienationen (nach R. Doll, R. Petro [19]).

bevölkerung ermittelt wurde, ist das individuelle Krebsrisiko für Beschäftigte in diesen Berufen höher. *Alkohol* hat mit 3% einen wesentlichen Anteil bei den Krebsursachen, der dem von *Asbest* vergleichbar ist. Neben Speiseröhrenkrebs und deutlich seltener Leberkrebs werden bei erhöhtem Alkoholkonsum noch andere Tumore beobachtet.

Die durch natürliche Strahlenbelastung ausgelösten tödlich verlaufenden Tumore haben mit 1,5% einen vergleichbaren Anteil wie die UV-Strahlung, das medizinisch bedingte Röntgen des Oberkörpers (Thorax) oder die Nebenwirkungen von Zytostatika (Krebsmittel bei der Chemotherapie).

2.1.8.2 Chemische Kanzerogene

Im Rahmen des Gefahrstoffrechts sind primär chemische Kanzerogene geregelt. Grundsätzlich kann unterschieden werden in
- synthetische Kanzerogene und
- natürliche Kanzerogene.

Neben den bereits oben erwähnten Hormonen sind wir permanent einer großen Zahl von natürlichen Kanzerogenen ausgesetzt. Nicht nur in Obst und Gemüse, z. B. Brombeere oder Brokkoli, kommen eine große Anzahl von im Tierversuch krebserzeugenden Stoffen vor, auch bei der Nahrungszubereitung werden Kanzerogene gebildet: Beim Grillen von Fleisch entstehen sowohl *N-Nitrosamine* als auch *polykondensierte aromatische Kohlenwasserstoffe* (PAK), in verschimmelten

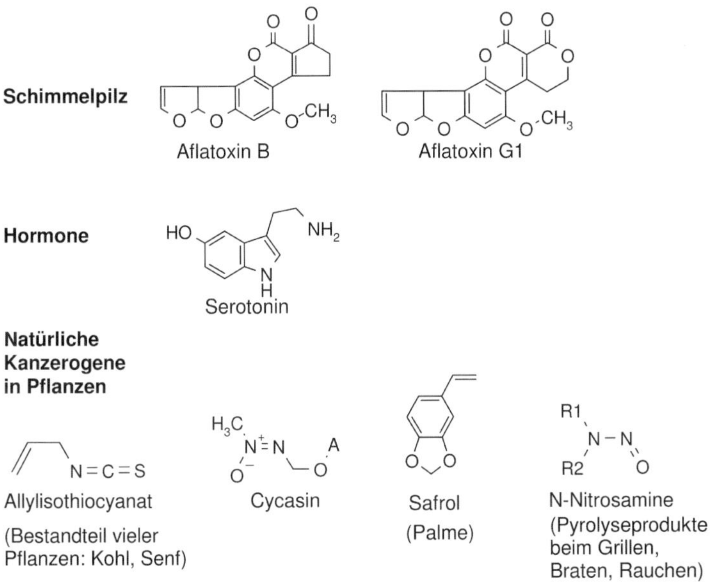

Abb. 2.10 Natürliche Kanzerogene.

Lebensmitteln sind krebsauslösende *Aflatoxine* nachweisbar. Abbildung 2.10 zeigt eine kleine Auswahl von natürlichen Kanzerogenen. Als Übersicht sei der Artikel von Ames [21] empfohlen.

Die synthetischen, chemisch hergestellten Kanzerogene können auf Grund ihrer chemischen Struktur in verschiedene Stoffgruppen unterteilt werden. Analog der akut toxischen Wirkung sind auch bei krebserzeugenden Stoffen spezifische Zielorgane bekannt. In Tabelle 2.4 sind die wichtigsten Zielorgane für die krebsauslösende Wirkung mit angegeben.

Die Wahrscheinlichkeit, dass bei Exposition gegenüber einem krebsauslösenden Stoff ein unkontrolliertes tumorigenes Zellwachstum einsetzt, hängt in erster Linie, neben der individuellen Disposition, von der kanzerogenen Potenz und der Konzentration (Dosis) des Stoffes ab.

Die Wahrscheinlichkeit, dass bei Exposition gegenüber einem krebsauslösenden Stoff ein unkontrolliertes tumorigenes Zellwachstum einsetzt, hängt in erster Linie, neben der individuellen Disposition, von der kanzerogenen Potenz und der Konzentration (Dosis) des Stoffes ab.

Kanzerogene Potenz
Ähnlich wie die unterschiedlichen Akuttoxizitäten unterscheiden sich die kanzerogenen Wirkstärken der verschiedenen Kanzerogene äußerst stark. So lösen sehr stark krebserzeugende Stoffe bereits bei sehr niedrigen Dosen, meist kleiner 1 mg/kg Körpergewicht, bei einem Großteil der Tieren einen Krebs aus, während schwache Kanzerogene bei dieser Dosis im Tierversuch keine Tumore auszulösen

2 Wissenschaftliche Grundlagen

Tabelle 2.4 Kanzerogene Verbindungsklassen und wichtige Zielorgane.

	Stoffklasse	Zielorgan
1	aromatische Kohlenwasserstoffe	Blut, Haut
2	aromatische Amine	Harnblase
3	Epoxide, Verbindungen die Epoxide bilden	
4	N-Nitrosamine	Leber, Speiseröhre
5	Elektrophile	Lunge
6	sonstige Alkylierungsmittel	
7	Halogenkohlenwasserstoffe	Leber, Niere
8	Schwermetallverbindungen	Lunge
9	mineralische Fasern	Lunge

vermögen. Die sehr stark krebsauslösenden Stoffe sind in der TRGS 905 unter Nr. 4 [22] aufgelistet. Beispielhaft seien *Asbest, Benzidin* oder die *N-Nitrosamine* aufgeführt. Schwache Kanzerogene lösen erst bei hohen Dosen im Tierversuch Tumore aus; häufiger treten diese erst bei zellschädigenden Konzentrationen auf (zytotoxische Effekte). Tumore, die erst bei zytotoxischen Mengen ausgelöst werden, sind grundsätzlich nicht mehr den krebserzeugenden Wirkungen zuzurechnen, da die so genannte maximal tolerierbare Dosis (MTD) überschritten wurde.

Konzentration

Die Wahrscheinlichkeit einer Tumorauslösung sinkt mit fallender Stoffmenge. Auch stark krebsauslösende Stoffe bewirken bei ausreichend niedrigen Mengen realistischerweise keine Tumore mehr. Bei mittleren Konzentrationen besteht bei doppeltlogarithmischer Auftragung ein linearer Zusammenhang zwischen aufgenommener Stoffmenge und Wahrscheinlichkeit dafür, dass Tumore ausgelöst werden (siehe Abbildung 2.6). Gleichzeitig verlängert sich die Latenzzeit mit abnehmender Stoffaufnahme. Auch starke Kanzerogene können hierdurch zu Latenzzeiten führen, die über der Lebenserwartung des Menschen liegen.

Nach dem EU-Leitfaden geht man davon aus, dass ein bestimmter Stoff beim Menschen Krebs erzeugen kann, wenn er in Tierversuchen ein krebsauslösendes Potenzial gezeigt hat:
- bei geeigneten Langzeit-Tierversuchen an zwei Tierarten,
- bei Langzeit-Tierversuchen an einer Tierart; mit zusätzlichen Informationen über Genotoxizitätsdaten, Stoffwechsel- oder biochemische Untersuchungen oder Strukturbeziehungen zu bekanntermaßen krebsauslösenden Verbindungen.

Langzeit-Tierversuche erstrecken sich in der Regel über zwei Jahre. Meist wird die Ratte eingesetzt, in selteneren Fällen Maus, Hund oder Katze.

2.1 Grundlagen der Toxikologie

Nach OECD-Guidelines werden zur Durchführung von Kanzerogenitätsstudien 200 Versuchstiere, unterteilt in vier Gruppen zu jeweils 50 Tieren, eingesetzt. Während die Kontrollgruppe nicht gegenüber den kanzerogenen Stoffen exponiert wird, erhalten die Prüfgruppen 1 bis 3 steigende Stoffmengen. Nach Abschluss der Studie, bei Ratten nach zwei Jahren (das entspricht der mittleren Lebenserwartung), werden alle Tiere getötet und die relevanten Organe pathologisch untersucht. Die Auswertung dauert ebenfalls in aller Regel zwei Jahre und erklärt die enorm hohen Studienkosten von meist über einer halben Million Euro.

Da pro Dosisgruppe 50 Tiere eingesetzt werden, kann keine kleinere Tumorinzidenz als 5% nachgewiesen werden: Die natürliche Spontantumorrate ist wegen der eingesetzten Tierstämme (Labortiere werden ausschließlich durch Inzucht gewonnen) erhöht; deshalb kann das Auftreten eines zusätzlichen Tumors in der Tiergruppe mit der niedrigsten Dosis nicht als stoffbedingter Effekt gewertet werden, dafür müssen mindestens zwei Tiere Tumore entwickeln. Somit kann im Tierversuch eine Wahrscheinlichkeit unter 4% (2 von 50 entspricht 4 von 100 = 4%) nicht nachgewiesen werden.

Die tatsächlichen Konzentrationen am Arbeitsplatz liegen in der Regel um mehrere Größenordnungen unter der Konzentration, die im Tierversuch eine 4%ige Tumorinzidenz ausgelöst hat. Der Verlauf der Dosis-Wirkungs-Kurve unterhalb einer Tumorwahrscheinlichkeit von 4% zum Nullpunkt (Dosis: 0; keine Tumore) ist daher experimentell nicht zugänglich. Im Sinne einer mehr spekula-

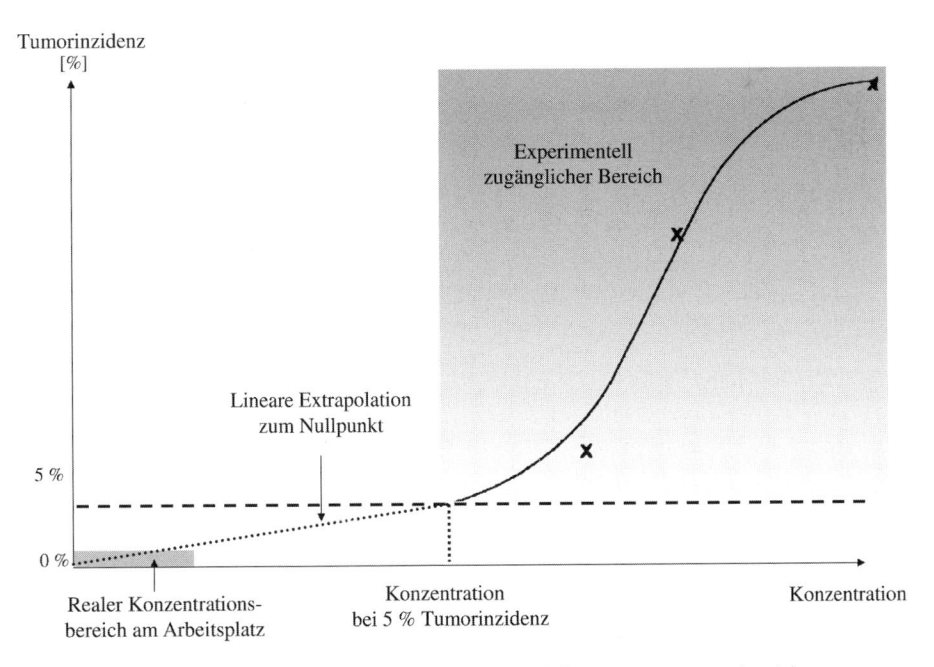

Abb. 2.11 Korrelation zwischen experimentell zugänglichem Konzentrationsbereich und realer Arbeitsplatzsituation.

tiven als wissenschaftlichen Vorgehensweise wird von dieser Dosis linear zum Nullpunkt extrapoliert. Die derart ermittelten Tumorwahrscheinlichkeiten sind primär spekulativ und nicht wissenschaftlich begründet. Im Vergleich mit allen bekannten Dosis-Wirkungs-Kurven sowie der Ausführungen im vorhergehenden Abschnitt ist davon auszugehen, dass mit dieser sehr konservativen, spekulativen Vorgehensweise die tatsächlichen Risiken deutlich überbewertet werden. Abbildung 2.11 stellt die Zusammenhänge grafisch dar.

2.1.8.3 Natürliche Kanzerogene

Pflanzen setzen neben akut toxischen Stoffen auch krebserzeugende Stoffe ein, z. B. zur Abwehr ihrer Fressfeinde. In zahlreichen Pflanzen wurden Inhaltsstoffe nachgewiesen, die sich im Tierversuch als eindeutig krebsauslösend erwiesen haben. Tabelle 2.5 gibt einen Überblick über die natürlichen Kanzerogene und ihr Vorkommen, Abbildung 2.10 zeigt die chemische Struktur bekannter natürlicher Kanzerogene. Interessanterweise wurden zahlreiche Kanzerogene in Obst und Gemüse nachgewiesen. Gleichwohl tragen Menschen mit höherem Konsum von Obst und Gemüse statistisch ein geringeres Krebsrisiko als die Durchschnittsbürger. Dies kann sowohl mit der Existenz einer Wirkschwelle dieser Kanzerogene erklärt werden als auch mit dem Vorhandensein von Antagonisten, die die krebsauslösende Wirkung kompensieren, oder aber auch damit, dass sich der Mensch als weniger empfindlich als die Versuchstiere erweist. Die wissenschaftliche Abklärung dieser offenen Fragen ist für das Verständnis der Kanzerogenese und der praktischen Konsequenzen von großer Bedeutung.

Epidemiologische Erfahrungen weisen darauf hin, dass der Verzehr einiger Pflanzen bzw. Nahrungsmittel über einen längeren Zeitraum tatsächlich zu einer erhöhten Krebsrate beim Menschen führt. Anzuführen sind hier insbesondere angeschimmelte Nüsse, Obst oder Brot, die *Aflatoxine* in erhöhten Konzentrationen enthalten.

Tabelle 2.5 Kanzerogene Inhaltsstoffe von Pflanzen.

Natürliche Kanzerogene	Vorkommen
Aflatoxine	Schimmelpilze
Cycasin	Wurzel, Blätter und Samen von Cycadaceen (Cycas-Palme)
Pyrrolizidin-Alkaloide	Huflattich, Beinwell, Kreuzkraut, Pestwurz
Safrol	Anisöl, Kampferöl, Zimtöl, Muskatnuss, Ingwer, Kakao, Pfeffer
Estragol	Estragon, Fenchel, Basilikum
Agaritin	Wiesenchampignon

2.1.9
Erbgutverändernde Wirkung

Mutationen sind sprunghafte Veränderungen der Erbinformationen. Die natürliche, spontane Mutationsrate beim Menschen wird auf ca. 10^{-5} Mutationen pro Gen geschätzt. Auf Grund der äußerst großen Anzahl von Genen beim Menschen stellt eine Mutation an einem Gen kein seltenes Ereignis dar.

Die wesentlichen Untersuchungsmethoden basieren auf
- Mutagenitätstests in vivo (im Organismus) und in vitro (außerhalb des Organismus),
- Veränderungen an der Keimzellen-DNS, z. B. chemische Addukte, und
- Veränderungen der Somazellen-DNS (DNS der Körperzellen), wenn angenommen werden kann, dass die Stoffe auch die Keimzellen erreichen.

Grundsätzlich können drei verschiedene Typen von Mutationen unterschieden werden:

2.1.9.1 Punktmutationen
Punktmutationen sind kleinste, mikroskopisch nicht sichtbare Veränderungen im molekularen Aufbau der DNS. Alle Stoffe, die mit der DNS chemisch reagieren, sind hierzu prinzipiell in der Lage.

Die wichtigsten Testverfahren zur Prüfung auf Punktmutationen sind Bakterientests in vitro, d. h. im Reagenzglas. Der bekannteste Bakterientest ist der „Ames-Test", benannt nach dem amerikanischen Wissenschaftler Bruce Ames, der ihn als Screeningmethode zur Ermittlung eines krebserzeugenden Potenzials entwickelte. Bei diesem Test wird der zu untersuchende Stoff auf ein Nährmedium aufgebracht, auf dem der benutzte Bakterienstamm **nicht** mehr wachsen kann. Die Anzahl der Bakterienstämme, die in Anwesenheit der Prüfsubstanz auf dem Nährmedium wachsen, ist proportional zu der Anzahl der mutierten Bakterien (siehe Abbildung 2.12).

2.1.9.2 Chromosomenmutationen
Chromosomenmutationen sind erkennbare Veränderungen der Gestalt der Chromosomen. Am bekanntesten sind:
- Chromosomenbrüche (Bruch eines Chromosoms in mehrere Teile),
- Translokationen (Übertragung von Teilen eines Chromosoms auf ein anderes),
- Chromosomenverlust (Fehlen von Chromosomen).

Abbildung 2.13 zeigt einige Beispiele häufig vorkommender Mutationen.

2 Wissenschaftliche Grundlagen

Testsubstanz
Bakteriensuspension
Leberhomogenat

Inkubieren 2 Tage bei 37 °C

Auszählen der Platten

Flüssiger Agar

Fester Agar

Bakterienkolonien

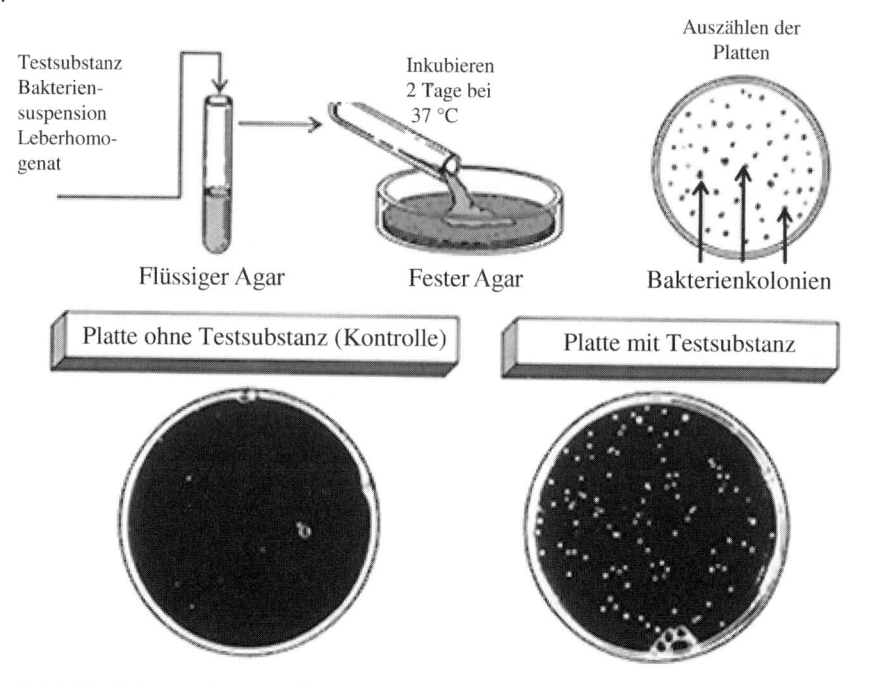

Platte ohne Testsubstanz (Kontrolle)

Platte mit Testsubstanz

Abb. 2.12 Schematische Darstellung von Bakterientests.

Metaphase eines unbehandelten Tieres (Kontrolle)

Metaphase eines mit einer mutagen wirkenden Substanz behandelten Tieres

Ringchromosom

Bruch

Translokation

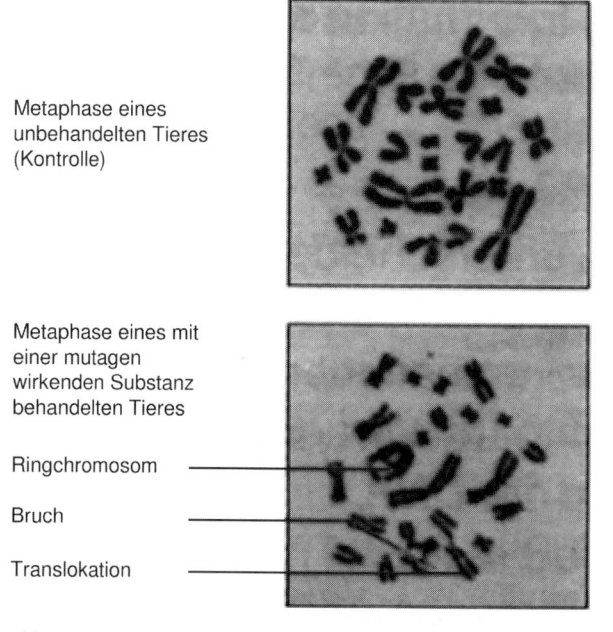

Abb. 2.13 Beispiele von Chromosomenmutationen.

2.1.9.3 Genommutationen

Genommutationen sind Veränderungen der Chromosomenzahl. Einige beim Menschen bekannte Erbkrankheiten beruhen auf Veränderungen der Chromosomenzahl. Beim Downschen Syndrom (Mongolismus) beispielsweise ist das Chromosom 21 dreimal vorhanden.

Da grundsätzlich allen genotoxischen krebserzeugenden Verbindungen auch ein erbgutveränderndes Potenzial zu unterstellen ist, falls sie die Keimzellen erreichen können, werden erbgutverändernde Stoffe in den Schutzmaßnahmen den (genotoxischen) krebserzeugenden Stoffen gleichgestellt.

Wegen der sehr umfangreichen und komplexen Untersuchungsmethoden kann im Rahmen dieses Buches diese Problematik nicht weiter vertieft werden.

2.1.10
Aerosole

Aerosole ist der Oberbegriff für luftgetragene
- feste Partikel,
- Flüssigkeitströpfchen,
- Fasern und
- Rauche.

Die in der Atemluft befindlichen Aerosole werden unterteilt in den
- nicht einatembaren und den
- einatembaren Anteil.

In Abhängigkeit vom Teilchendurchmesser, der Dichte und ihrer geometrischen Form erreicht die einatembare Fraktion unterschiedliche Bereiche des Atemtraktes. Als total deponierbarer Staub wird die Gesamtheit des einatembaren Staubes bezeichnet, der nicht wieder ausgeatmet wird. Partikel werden ausgeatmet und stellen nur einen sehr kleinen Anteil des atembaren Staubes dar, wenn sie weder im oberen Atemtrakt an den Schleimhäuten absorbiert noch im Bereich der Bronchiolen oder Alveolen abgeschieden werden.

Große Partikel werden bereits im Nasen-Rachen-Kehlkopf-Bereich abgeschieden. Die lungengängigen Partikel erreichen den Bronchialbereich und insbesondere als Feinstaub die Bronchiolen und Alveolen.

Zur Charakterisierung von Partikeln wird der aerodynamische Durchmesser verwendet. Dieser entspricht einem Teilchen beliebiger Form und Dichte und gibt den Durchmesser einer Kugel mit der Dichte 1,0 g/cm^3 wieder, die die gleiche Sinkgeschwindigkeit in ruhender oder laminarer Strömung besitzt.

Die in der Atemluft fein verteilten einatembaren Partikel werden auf Grund ihrer physikalischen und geometrischen Form unterschieden in:
- dispers verteilte feste Partikel,
- fein verteilte Flüssigkeitströpfchen,
- disperse Verteilung feinster fester Stoffe und
- Fasern (nadelförmige feste Partikel, exakte Definition siehe S. 43).

2 Wissenschaftliche Grundlagen

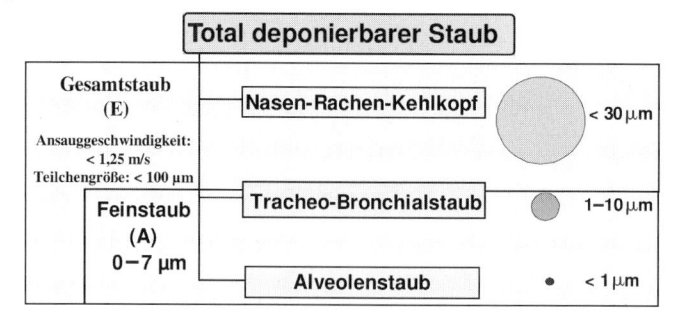

```
                    ┌─────────────────────────────────────┐
                    │    Total deponierbarer Staub        │
   Gesamtstaub      ├──── Nasen-Rachen-Kehlkopf ──── ●  < 30 µm
       (E)          │
Ansauggeschwindigkeit:│
    < 1,25 m/s      │
Teilchengröße: < 100 µm│
   Feinstaub        ├──── Tracheo-Bronchialstaub ──── •  1–10 µm
       (A)          │
     0–7 µm         │
                    └──── Alveolenstaub ──────────── ·  < 1 µm
```

Abb. 2.14 Größenverhältnisse der Staubfraktionen.

Auf Grund praktischer und messtechnischer Festlegungen werden die folgenden Unterteilungen benutzt. Abbildung 2.14 gibt schematisch die Größenverhältnisse zwischen den verschiedenen Staubfraktionen wieder.

1. Einatembare Staubfraktion „E"
   ⇒ Anteil des Staubes, der bei einer Ansauggeschwindigkeit von 1,25 m/s erfasst wird.
   Da diese Ansauggeschwindigkeit die Verhältnisse im Nasenbereich des Menschen in etwa widerspiegelt, entspricht der Gesamtstaub weitestgehend dem „total deponierbaren Staub".
   Auf Grund praktischer Erfahrungen fallen hierunter alle Partikel mit einem Durchmesser unter 50 µm. Bei leichten organischen Stäuben ist davon auszugehen, dass in Abhängigkeit von Form und Dichte auch deutlich größere Partikel eingeatmet werden können.

2. Alveolare Staubfraktion „A"
   ⇒ Fraktion des Gesamtstaubes, der die Alveolen erreicht.
   Gemäß der „Johannesburger Konvention" fallen hierunter alle Partikel mit einem aerodynamischen Durchmesser unter 7 µm. Partikel mit besonders kleinen Durchmessern werden teilweise wieder ausgeatmet.
   Neuerdings wird insbesondere die gesundheitliche Wirkung von **Nanopartikeln** diskutiert. Nanopartikel, früher auch als Ultrafeinstaub bezeichnet, haben einen Teilchendurchmesser von unter 100 nm. Auf Grund der enorm großen Partikeloberfläche im Vergleich zum Volumen besitzen Nanopartikel sowohl interessante anwendungstechnische als auch toxikologische Eigenschaften. Dem besonderen Wirkprofil dieser ultrafeinen Teilchen wird zur Zeit besondere Aufmerksamkeit in der Toxikologie als auch bei den Arbeitsschutzmaßnahmen gewidmet.

3. Lungengängige Fasern
   Partikel werden als lungengängig bezeichnet, wenn sie die WHO-Definition erfüllen:

Länge: größer 10 μm
Durchmesser: kleiner 3 μm
Verhältnis Länge zu Durchmesser: größer 3:1
Erfahrungsgemäß erreichen besonders dünne Fasern mit einem Durchmesser unter 1 μm die Alveolen und besitzen ein spezielles gesundheitsgefährdendes Potenzial. Die besonders kritischen Asbestfasern gehören beispielsweise hierzu.

Das Abscheideverhalten der Partikel in den unterschiedlichen Bereichen des Atemtraktes kann Abbildung 2.15 entnommen werden.

Ein großer Anteil der durch Stoffe ausgelösten Berufskrankheiten entfällt auf Erkrankungen des Atemtraktes. Insbesondere die Staublunge im Bergbau und die Silikose, hervorgerufen durch Quarz und Feinsand, sind typische Berufskrankheiten. Obwohl diese Stäube selbst kein eigenes toxisches Potenzial besitzen, können sie bei Überlastung der Lunge chronische Lungenschäden auslösen.

Luftröhre und Bronchien verfügen durch die Cilien (Flimmerhaare) und die Schleimhaut über wirkungsvolle Reinigungsmechanismen. Staubpartikel werden im Schleim suspendiert und von den Cilien bis zum Schlund bzw. der Nase weiterbefördert. Hohe Staubkonzentrationen führen zu einer Reizwirkung, auf die der Körper mit Hustenreiz als physiologischem Warnsignal reagiert. Demgegenüber verfügen die Lungenbläschen (Alveolen) über keine Cilien. Die Reinigung dieses äußerst wichtigen Lungenbereichs übernehmen Makrophagen, Bestandteile der weißen Blutkörperchen und somit des Immunsystems. Feinstaub wird von den Makrophagen umhüllt und teilweise eingeschlossen. Je nach Eigenschaften des Staubes können die Makrophagen den Staub auflösen oder ihn aus der Lunge heraustransportieren. Werden die Stäube innerhalb kurzer Zeit aufgelöst (Wochen bis Monate), so spricht man von einer geringen **Biobeständigkeit**. Derart

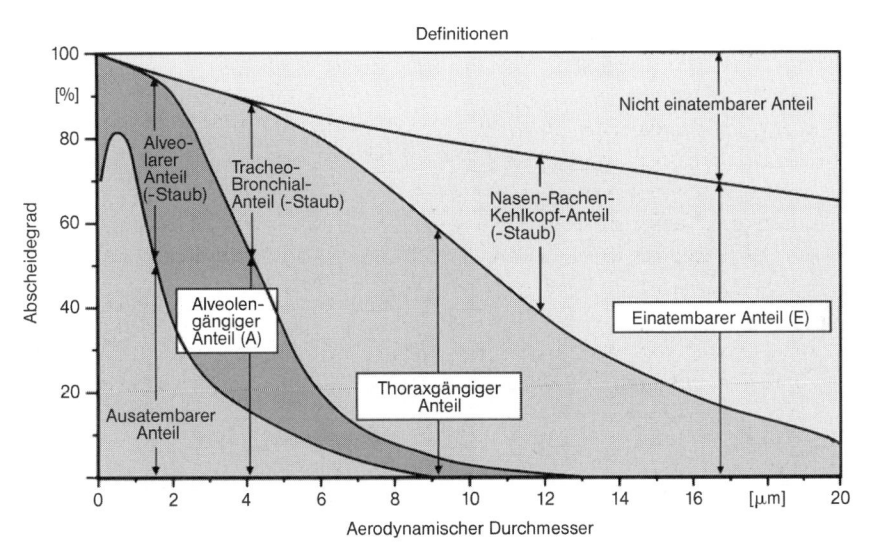

Abb. 2.15 Abscheideverhalten der Staubfraktionen im Atemtrakt.

eliminierte Stäube stellen zwar keine chronische Gefahr für die Alveolen dar, können aber auf Grund ihrer Bioverfügbarkeit durch Übertritt in das Blut- oder Lymphsystem systemisch wirken (siehe Abschnitt 2.1).

Können die Makrophagen den Feinstaub nicht auflösen, liegen biobeständige Partikel vor. Als einzige Möglichkeit zur Reinigung verbleibt nur noch der Abtransport aus den Alveolen, entweder durch aktiven Transport in das Zellinnere, durch eine Weiterleitung bis zu den Cilien, die den weiteren Abtransport übernehmen, oder mittels des Lymphsystems. Die Halbwertszeit dieses Reinigungssystems liegt bei ca. einem Jahr.

Bei zu hoher Feinstaubkonzentration werden diese Reinigungsmechanismen (Clearing) überfordert, es verbleiben dauerhaft Staubpartikeln in den Lungenbläschen. Dieser für die Lunge kritische Zustand wird als „overload" bezeichnet und ist oft die Ursache der oben zitierten Lungenerkrankungen, Staublunge durch Kohlenstaub oder Silikose ausgelöst durch Quarzsand. Abbildung 2.16 gibt den Aufbau der Lunge wieder.

Als Folge überhöhter Exposition gegenüber „inerten Stäuben" ist eine chronische Bronchitis möglich. Stäube werden als „inert" bezeichnet, wenn sie kein toxisches, fibrogenes, krebserzeugendes oder erbgutveränderndes Potenzial besitzen. *Titandioxid* gilt als der klassische inerte Stoff. Die weitaus häufigste Ursache chronischer Bronchitis ist Rauchen.

Die Wirkung von **Fasern** unterscheiden sich nicht grundsätzlich von den Wirkungen des Feinstaubs. Das kanzerogene Potenzial von Fasern ist abhängig von
- der Dosis der deponierten Fasern in der Lunge,
- der Verweildauer in den Alveolen und
- der geometrischen Form der Fasern.

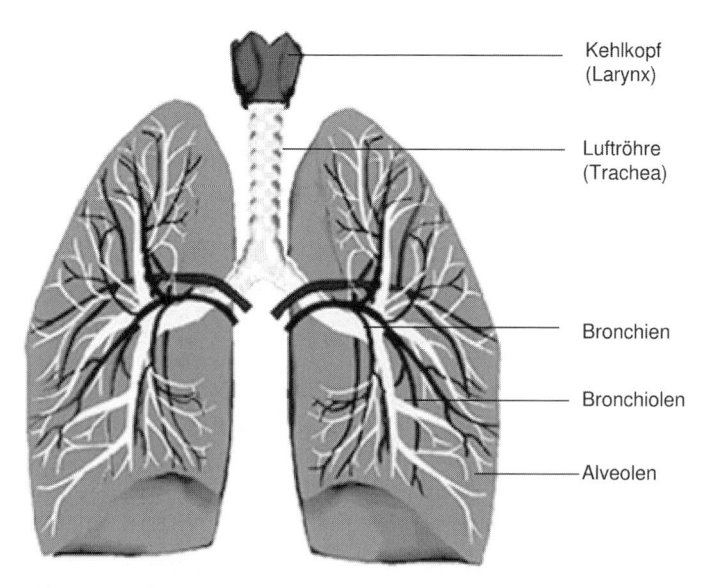

Abb. 2.16 Aufbau der Lunge.

Krebserzeugende Potenz

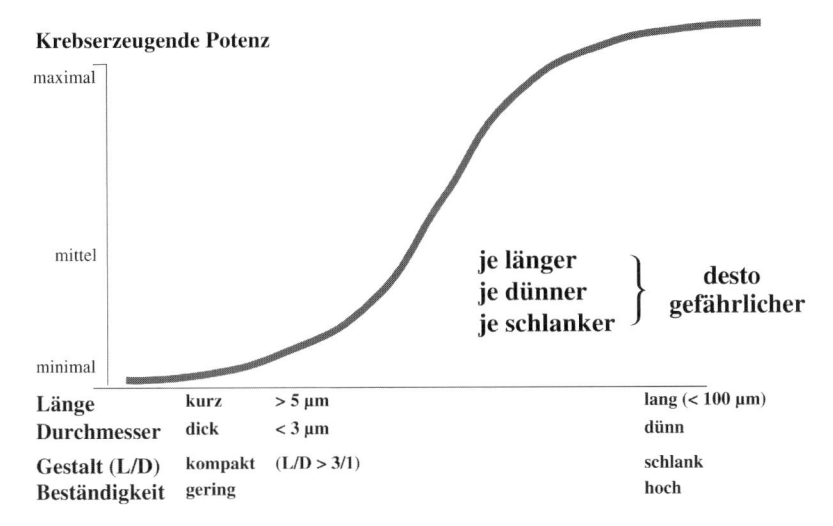

Länge	kurz	> 5 µm	lang (< 100 µm)
Durchmesser	dick	< 3 µm	dünn
Gestalt (L/D)	kompakt	(L/D > 3/1)	schlank
Beständigkeit	gering		hoch

je länger, je dünner, je schlanker } desto gefährlicher

Abb. 2.17 Einflussfaktoren des krebserzeugenden Potenzials von Fasern.

Allgemein gilt, dass mit zunehmender Länge und abnehmendem Durchmesser der Fasern das kanzerogene Potenzial steigt [23]. Abbildung 2.17 gibt die Verhältnisse zwischen den geometrischen Faktoren und der kanzerogenen Potenz wieder. Fasern, die länger als 100 µm sind oder einen Durchmesser über 3 µm haben, sind nicht mehr alveolengängig und somit nicht mehr potenziell kanzerogen. Nach neueren Untersuchungen gelten Fasern zwischen 10 und 50 µm als besonders kritisch. Bei sehr schlanken Asbestfasern (Durchmesser $\ll 1$ µm) wurde sogar noch bei einer Faserlänge bis 100 µm ein kanzerogenes Potenzial festgestellt. Für die kurzen Fasern (unter 10 µm) gilt zusätzlich, dass das Verhältnis von Länge zu Durchmesser größer als 3:1 sein muss, d.h. eine nadelförmige Gestalt ist für das krebsauslösende Potenzial Voraussetzung (siehe Abbildung 2.17).

Analog dem Feinstaub können die Makrophagen auch Fasern aus den Lungenbläschen entfernen. Liegt die Halbwertszeit der Fasern unter einem halben Jahr, ist nach heutigem Wissensstand kein kanzerogenes Potenzial zu befürchten. Neben der Geometrie und der Konzentration der Fasern in der Lunge wird die Abbaurate sehr stark durch die chemische Struktur bestimmt. Während der überwiegende Teil der heute auf dem Markt befindlichen Glaswollesorten in einigen Monaten aus der Lunge entfernt wird, ist bei *Asbestfasern* praktisch kein Abbau zu beobachten, Asbest ist vollkommen biobeständig.

Wegen grundsätzlicher Überlegungen zum Feinstaub ist klar erkennbar, dass bei überhöhter Faserbelastung prinzipiell jede Faser zu einer Gefahr für die Lunge werden kann. Die **Konzentration** ist somit ein wesentlicher Faktor. Bedenkt man, dass die natürliche Belastung mit „Glasfasern", z. B. aus Sandstein oder durch Verbrennung von nachwachsenden Energiequellen (z. B. Holz), an vielen Orten bei ca. 10 000 Fasern/m³ liegt, wird die Bedeutung der effektiven Faserbelastung der Lunge deutlich. Bei einem „overload" der Lunge können die Reinigungsmechanismen die Fasern nicht mehr eliminieren, die Reinigungsfähigkeit der Lunge, das so genannte **Clearing**, ist überfordert.

Das Aufspleißen der Asbestfaser verstärkt das kanzerogene Potenzial zusätzlich. Auf Grund der unterschiedlichen chemischen Zusammensetzung verhalten sich künstliche Mineralfasern (KMF, engl.: MMMF, <u>m</u>an <u>m</u>ade <u>m</u>ineral <u>f</u>ibres) sehr unterschiedlich. Nach heutigem Kenntnisstand steigt das tierexperimentell erkennbare kanzerogene Potenzial in der Reihenfolge Glaswolle, Steinwolle, Schlackenwolle, Keramikfasern, Asbest. Neben Asbest wurde für die Faser „*Erionit*" in epidemiologischen Untersuchungen eine kanzerogene Wirkung für den Menschen nachgewiesen.

Die durch Asbestfasern ausgelösten Tumore der Lunge und des Rippenfelles (Mesotheliom) sind mit großem Abstand die häufigsten Ursachen von stoffbedingten Krebserkrankungen. Viele Untersuchungen belegen, dass die individuelle Vorbelastung für das krebsauslösende Potenzial von Asbest von großer Bedeutung ist. Das Risiko, an Lungenkrebs zu erkranken, ist um den angegebenen Faktor größer als in der unbelasteten Allgemeinbevölkerung:
- bei mehrjährigem Umgang mit Asbest in früheren Jahren: 5-mal
- durchschnittlicher Raucher: 10-mal
- Raucher, mit Umgang mit Asbest: 52-mal

Die Bedeutung der Biobeständigkeit von Fasern wird erst in jüngster Zeit intensiver untersucht. Fasern mit kurzer Beständigkeit in der Lunge haben naturgemäß nur eine kurze Zeitspanne zur Auslösung einer tumorigenen Wirkung. Beträgt die Halbwertszeit der Faser (Zeit, innerhalb derer die Hälfte der Fasern abgebaut wurde) in den Alveolen länger als ein halbes Jahr (bis ein Jahr), nimmt das kanzerogene Potenzial deutlich zu.

Die besondere Bedeutung fester Partikel für die Entstehung tödlicher Berufskrankheiten zeigt sich an der dominanten Stelle der anorganischen Stäube und Fasern, die mit über 90% hierfür verantwortlich sind. Die Hauptursachen sind Asbest, Silikose und Staublunge.

2.2
Grundlagen physikalisch-chemischer Eigenschaften

Zum Verständnis der Einstufung von Stoffen sowie der davon abgeleiteten Vorschriften sind Kenntnisse ihrer physikalisch-chemischen Eigenschaften notwendig. Neben der Betriebssicherheitsverordnung setzt auch die EG-EX-Richtlinie deren Kenntnis voraus. Zur Durchführung der Gefährdungsbeurteilung bei der Verwendung von brennbaren Stoffen müssen deren **sicherheitstechnische Kennzahlen** bekannt sein.

2.2.1
Begriffsdefinitionen

Der **Flammpunkt** einer brennbaren Flüssigkeit ist die niedrigste Temperatur (bei Normaldruck), bei der sich über ihrer Oberfläche Dämpfe in solcher Menge entwickeln, dass diese mit einer Zündquelle, z. B. einer Flamme oder einem Funken, gerade gezündet werden kann.

Die **Zündtemperatur** ist die niedrigste Temperatur, bei der ein Stoff ohne äußere Energiezufuhr an einer heißen Oberfläche gerade entzündet werden kann. Im Labor und im Betrieb häufig vorkommende heiße Oberflächen sind Elektromotoren, heiße Kochplatten oder Rührer. Tabelle 2.6 können Flammpunkt und Zündtemperatur wichtiger Stoffe entnommen werden.

Eine Explosion ist eine Verbrennung mit sich selbstständig fortpflanzender Flamme. Ein Gemisch eines brennbaren Gases oder Dampfes mit Luft kann nur innerhalb bestimmter Konzentrationsgrenzen eine Verbrennung selbstständig fortpflanzen. Die unterste Konzentration, bei der ein Gas- bzw. Dampf-Luft-Gemisch gerade noch gezündet werden kann, wird als **untere Explosionsgrenze**,

Tabelle 2.6 Flammpunkt und Zündtemperatur einiger Stoffe (aus [24]).

Stoff	Fp [°C] [1]	Zündtemp [°C] [2]	UEG [3]	OEG [4]
Diethylether	< –20	170	1,7	36,0
Ottokraftstoff	< –20	260		
Aceton	–19	540	2,5	13,0
Acetaldehyd	< –20	140	4,0	57,0
Ethanol	12	425	3,5	15
Ethylacetat	–4	460	2,1	11,5
Glykol	111	410	3,2	53,0
Toluol	6	535	1,2	7,0
Xylol	25	465	1,0	7,6
Kohlenmonoxid	–	605	12,5	74,0
Methan	–	595	5,0	15,0
Wasserstoff	–	560	4,0	75,6
Schwefelkohlenstoff	< –20	95	1,0	60,0

[1] Flammpunkt
[2] Zündtemperatur
[3] untere Explosionsgrenze in Luft in Vol.-%
[4] obere Explosionsgrenze in Luft in Vol.-%

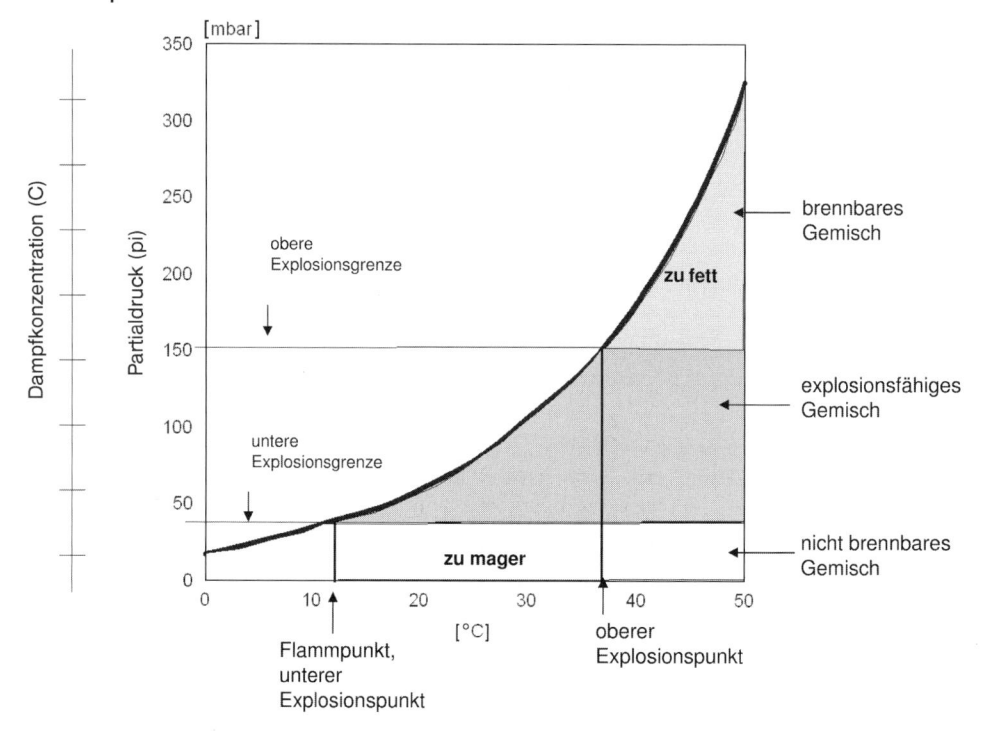

Abb. 2.18 Zusammenhang zwischen Explosionsgrenze, Flammpunkt und Dampfdruck.

abgekürzt **UEG**, bezeichnet. Die Konzentration, oberhalb derer eine Explosion eines Gas- bzw. Dampf-Luft-Gemisches nicht mehr möglich ist, wird **obere Explosionsgrenze (OEG)** genannt. Bei Unterschreitung der unteren Explosionsgrenze kann ein Gas- bzw. Dampf-Luft-Gemisch nicht mehr mit einer Zündquelle zur Explosion gebracht werden. Die Konzentration des brennbaren Dampfes ist zu gering zur Ausbreitung einer Flammenfortpflanzung, das Gemisch wird gemeinhin als zu „mager" bezeichnet. Bei Überschreitung der oberen Konzentrationsgrenze ist zur Flammenausbreitung nicht genügend Sauerstoff vorhanden, das Gemisch ist zu „fett". Der Konzentrationsbereich zwischen UEG und OEG wird als **Explosionsbereich** bezeichnet. Abbildung 2.18 stellt den Zusammenhang zwischen Explosionsgrenzen und Explosionspunkten grafisch dar. Flammpunkt und untere Explosionsgrenze sind eng miteinander verknüpft: Beim Flammpunkt eines brennbaren Stoffes entspricht die Konzentration des Stoffes in der Luft der unteren Explosionsgrenze. In Tabelle 2.6 sind die untere und obere Explosionsgrenze mit aufgeführt.

Arbeitsmittel (z. B. Motoren, Rührer, Heizbandagen etc.) werden auf Grund ihrer maximalen Oberflächentemperatur in Temperaturklassen unterteilt. Bei der Verwendung von brennbaren Stoffen dürfen keine Geräte mit einer Oberflächentemperatur eingesetzt werden, die über der Zündtemperatur der Stoffe liegt.

Tabelle 2.7 Temperaturklassen.

Temperaturklasse	Maximale Oberflächentemperatur [°C]
T1	> 450
T2	300
T3	200
T4	135
T5	100
T6	80

Tabelle 2.8 Mindestzündenergien (MZE) von Gasen, Dämpfen und Stäuben.

Gase, Dämpfe	MZE [mJ]	Stäube	MZE [mJ]
Wasserstoff	0,011	roter Phosphor	0,2
Acetylen	0,017	Zirkonium	5
Ethylen	0,07	Paraformaldehyd	20
Methanol	0,14	Polyacrylamid	30
Propan	0,25	Aluminium	2
Isopropanol	0,65	Kakao	95
Ethylacetat	1,42	Alkylcellulose	1000
Ethylamin	2,4	Cadmium	4000
Ammoniak	700	Eisenkies	8000

Tabelle 2.7 gibt die Temperaturklassen mit den zugeordneten höchstzulässigen Oberflächentemperaturen wieder.

Die **Mindestzündenergie** eines brennbaren Stoffes ist die geringste Energie, die unter Standardbedingungen benötigt wird, um ein gut zündfähiges Gas- bzw. Dampf-Luft-Gemisch unter atmosphärischen Bedingungen gerade noch zu zünden. Die Mindestzündenergie brennbarer Gase und Dämpfe in Luft liegt typischerweise im Bereich zwischen 0,01 und 10 mJ (siehe Tabelle 2.8). Mit zunehmendem Druck und Sauerstoffgehalt sowie steigender Temperatur sinkt die Mindestzündenergie. Beträgt die Energie einer potenziellen Zündquelle weniger als die Mindestzündenergie, ist auch bei Vorliegen einer explosionsfähigen Atmosphäre nicht mit einer Zündung zu rechnen. Tabelle 2.9 gibt für einige typische praxisrelevante Zündquellen die Energien an.

Tabelle 2.9 Energie praxisrelevanter Zündquellen.

Zündquelle	MZE [mJ]
Schweißfunken	10000
Schlagfunkengarbe in Mühle	1000
Garbe von Schleiffunken (Trennschleifer, Schleifbock)	100
einzelner Schleiffunken	1
einzelner Schlagfunken	1
elektrostatisch aufgeladener Mensch	1

Die wichtigste und gefährlichste Zündquelle stellt die **elektrostatische Auflandung** dar. Bei der mechanischen Trennung von gleich- und verschiedenartigen Stoffen kann stets eine elektrostatische Auflandung resultieren. Die mechanische Trennung kann durch Ausschütten, Rühren oder Versprühen von Flüssigkeiten oder durch Reiben, Zerkleinern oder Mischen von Feststoffen erfolgen. Hohe Auflandungen entstehen insbesondere beim Strömen von Gasen und Dämpfen mit feinverteilten Flüssigkeiten. Aus diesem Grund ist die Erdung aller Teile eine der wichtigsten Schutzmaßnahmen beim Umgang mit brennbaren Flüssigkeiten. Die Erdung verhindert, dass eine elektrostatische Auflandung erfolgt, die bei der Entladung als Zündquelle ein zündfähiges Gemisch zur Explosion bringen kann. Da sich ein Mensch allein durch Laufen mit nicht leitfähigen Schuhen so stark aufladen kann, dass er als Zündquelle zum Zünden fast aller organischen Lösemittel dienen kann (siehe Tabelle 2.8), ist das Tragen von Sicherheitsschuhen mit leitfähigen Sohlen in explosionsgefährdeten Bereichen strengstens einzuhalten!

Die wichtigsten Kenngrößen zur Beschreibung einer Explosion sind
- der maximale Explosionsdruck (p_{max}) und
- die Druckanstiegsgeschwindigkeit $(dp/dt)_{max}$.

Der **maximale Explosionsdruck** der meisten Gase und Dämpfe im Gemisch mit Luft schwankt bei Atmosphärendruck zwischen 7,5 und 10 bar. Er steigt proportional zum absoluten Anfangsdruck, d.h. bei dessen Erhöhung von 1 auf 10 bar steigt der maximale Explosionsdruck auf ca. 100 bar (10fach)! Die **Druckanstiegsgeschwindigkeit** gibt die Zeitspanne wieder, innerhalb derer sich der Explosionsdruck einstellt. Sie ist eine wichtige Kenngröße für die Auslegung von Sicherheitseinrichtungen. Abbildung 2.19 zeigt einen typischen Kurvenverlauf einer Explosion eines Dampf-Luft-Gemisches. Typischerweise beginnt nach der Zündung eines explosionsfähigen Gas- bzw. Dampf-Luft-Gemisches in Bruchteilen einer Sekunde (typischerweise 10 bis 50 Millisekunden) der Druckanstieg. Während sich der maximale Explosionsdruck bei Gasen und Dämpfen nach 100 bis 200 Millisekunden einstellt, wird er bei Staubexplosionen bereits nach wenigen Milli-

2.2 Grundlagen physikalisch-chemischer Eigenschaften

Tabelle 2.10 Maximaler Explosionsdruck und Druckanstiegsgeschwindigkeit.

Stoff	p_{max} [bar]	dp/dt [bar/s]
Methan	7,4	55
Propan	8,5	60
Wasserstoff	7,1	550
Puderzucker	7,4	75
Mehlstaub	8,5	60
Polyethylenstaub	9,0	200
Aluminiumstaub, grob	10,0	300
Aluminiumstaub, fein	11,5	1500

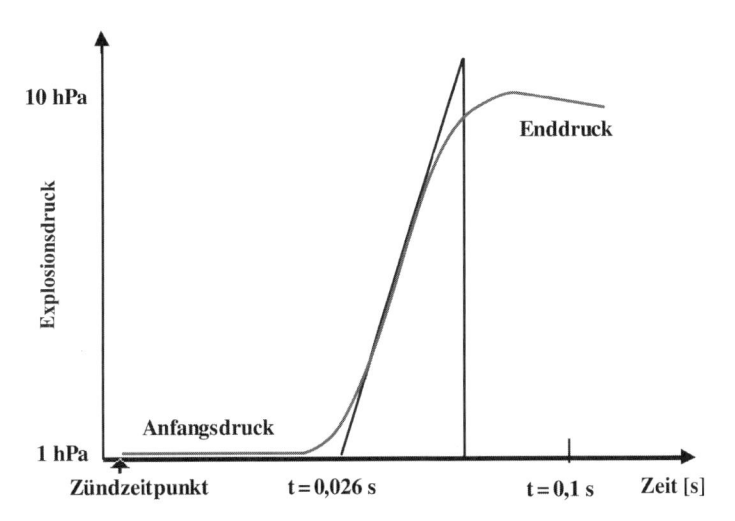

Abb. 2.19 Zeitlicher Druckverlauf einer Explosion.

sekunden erreicht. Überraschenderweise variiert der maximale Explosionsdruck von Gasen, Dämpfen und Stäuben nur unwesentlich. Demgegenüber unterscheiden sich die Druckanstiegsgeschwindigkeiten erheblich. Während bei Gasen und Dämpfen die Druckanstiegsgeschwindigkeiten noch sehr moderat sind, betragen sie bei Stäuben mehr als das Zehnfache (siehe Tabelle 2.10). Staubexplosionen besitzen wegen des äußerst schnellen Aufbaus der Druckwelle ein enormes Zerstörungspotenzial. Abbildung 2.19 zeigt den typischen Druckverlauf einer Explosion eines Gemisches durch Fremdzündung.

Während sich die Druckwelle einer Explosion mit Schallgeschwindigkeit ausbreitet, ist die Druckausbreitungsgeschwindigkeit einer **Detonation** deutlich höher; sie liegt hier definitionsgemäß über 1 km/s. Derart hohe Druckausbreitungsgeschwindigkeiten werden von explosionsfähigen Gas- bzw. Dampf-Luft-Gemischen brennbarer Stoffe im Allgemeinen nicht erreicht, Detonationen werden in erster Linie von Sprengstoffen und instabilen Verbindungen ausgelöst. Als **Deflagration** wird die vollständige Zersetzung eines Stoffes nach lokaler Einwirkung einer Zündquelle unter Luftausschluss bezeichnet. Wird bei einer längeren Schüttung eines deflagrationsfähigen Stoffes nur an einer Stelle mittels einer Zündquelle eine Zersetzung des Stoffes ausgelöst, so pflanzt sich die Zersetzung innerhalb der Substanz auch unter Luftausschluss durch die komplette Materialmenge fort. Stoffe mit Neigung zur Deflagration müssen unter speziellen Schutzmaßnahmen gehandhabt werden; die übliche Methode der Inertisierung, das bedeutet Sauerstoffausschluss, kann eine Deflagration nicht verhindern.

2.3
Biologische Arbeitsstoffe

Biologische Arbeitsstoffe im Sinne der Biostoffverordnung sind Mikroorganismen, einschließlich gentechnisch veränderter Mikroorganismen, Zellkulturen und humanpathogene Endoparasiten, die beim Menschen Infektionen, sensibilisierende oder toxische Wirkungen hervorrufen können. Weiterhin zählen hierzu Stoffe, die als transmissibles, spongiformes Enzephalopathie-assoziiertes Agens beim Menschen eine Infektion oder eine übertragbare Krankheit verursachen können.

Als biologische Agenzien werden demgemäß alle lebensfähigen Zellen, Zellverbände, Viren oder auch nur replikationsfähige Genomelemente bezeichnet. Zu den lebensfähigen Zellen zählen Mikroorganismen, z. B. Bakterien, Rickettsien, Pilze, Algen, Protozoen, Kulturen von Zellen höherer Organismen sowie lebensfähige immobilisierte Zellen. Die Stoffwechselprodukte oder auch isolierte Enzyme zählen nicht zu den biologischen Agenzien.

Nach Information der Bundesanstalt für Arbeitsschutz und Arbeitsmedizin (BAuA) ist davon auszugehen, dass ca. sechs Millionen Beschäftigte Umgang mit biologischen Arbeitsstoffen haben. Nach Aussage staatlicher Stellen besteht Umgang mit biologischen Arbeitsstoffen unter anderem in folgenden Branchen:
- medizinischer Sektor, einschließlich Pathologie und Rettungsdienst,
- Landwirtschaft,
- Schädlingsbekämpfung und Pflanzenschutz,
- Abfallentsorgung,
- Hausinstallation,
- Abwasserbehandlung und
- biologische Labors.

Auf Grund dieser großen Anzahl von Beschäftigten, die mit biologischen Arbeitsstoffen Umgang haben, war die Festlegung spezifischer Regelungen überfällig. Mit Inkrafttreten der Biostoffverordnung [25], die die Richtlinie 90/679/EWG [26] in nationales Recht überführt hat, existiert eine verbindliche gesetzliche Grundlage.

2.3.1
Risikogruppen

Biologische Arbeitsstoffe werden nach ihrem Infektionsrisiko in vier Risikogruppen unterteilt. Diese Einteilung leitet sich von der Einstufungssystematik der WHO ab und wurde in der EG-Richtlinie 90/679/EWG [26] ausführlich ausgearbeitet.

Bakterien, Parasiten, Pilze und Viren besitzen ein sehr unterschiedliches Gefährdungspotenzial für den Beschäftigten, die Bevölkerung und zum Teil auch für die Umwelt. Dieses Gefährdungspotenzial wird durch mehrere Kriterien bestimmt, wie z. B.:
- die natürliche Pathogenität (Fähigkeit, Erkrankungen auszulösen) und/oder die Virulenz (Ausmaß und Stärke der krankmachenden Eigenschaften, Grad der Vermehrung) der biologischen Agenzien,
- die Art der Übertragung, z. B. durch direkten oder indirekten Kontakt über die verletzte oder unverletzte Haut, durch Aerosole über den Atemtrakt, durch Lebensmittel oder anderen oralen Kontakt über den Verdauungstrakt oder durch den Biss oder Stich von tierischen Überträgern,
- Überleben des Erregers unter bestimmten Umweltbedingungen,
- Vorkommen und Verbreitung des Erregers und die damit verbundene Immunität in der Bevölkerung sowie
- Verfügbarkeit wirksamer Impfstoffe und/oder Therapeutika.

Auf Basis der vorgenannten Kriterien werden die biologischen Agenzien einer der vier Risikogruppen zugeordnet:
1. Biologische Agenzien der Gruppe 1 sind solche, bei denen es unwahrscheinlich ist, dass sie beim Menschen eine Krankheit verursachen. In diese Risikogruppe gehören z. B. die Bäcker- oder Bierhefe sowie die Mikroorganismen zur Herstellung von Joghurt oder Käse. Zu dieser Risikogruppe zählen insbesondere Pilze und Bakterien. Nach derzeitigem Kenntnisstand sind nur wenige Viren entsprechend einzuordnen, z. B. Tabakmosaikvirus. Viele Impfstoffe gegen pathogene oder sonstige gefährliche Viren zählen zu dieser Risikogruppe.
Typische Vertreter von Pilzen der Risikogruppe 1 sind Saccharomyces cerevisiae (z. B. in der Bäckerhefe, Bierhefe oder Weinhefe), Malassezia furfur oder Aspergillus niger.
2. Biologische Agenzien der Gruppe 2 sind solche, die eine Krankheit beim Menschen hervorrufen und eine Gefahr für Arbeitnehmer darstellen können; eine Verbreitung des Agens in der Bevölkerung ist unwahrscheinlich; eine wirksame Vorbeugung oder Behandlung ist normalerweise möglich. Bekannte Vertreter dieser Risikogruppe sind Influenzavirus, Masern- und Mumpsvirus, Hepatitis A, Clostridium botulinum, mehrere Bactylobacter-Bakterien.
Pilze der Risikogruppe 2 sind u. a. Candida albicans, Trichophyton mentagrophytes (Erreger von Haut-, Haar- und Nagelmykosen) oder Aspergillus fumigatus. Sehr viele Viren sind in diese Risikogruppe einzuordnen, z. B. die Rhinoviren (verantwortlich für zahlreiche banale Erkältungskrankheiten), das Vacciniavirus (natürlich attenuiertes Virus, das zur Impfung gegen Pocken-

viren mit enormem Erfolg eingesetzt wurde), Hepatitus-A-Virus (löst keine chronischen Lebererkrankungen aus, insbesondere keine Leberzirrhose oder Leberkarzinom), Polioviren (Erreger der Poliomyelitis = Kinderlähmung).

3. Biologische Agenzien der Gruppe 3 sind solche, die eine schwere Krankheit beim Menschen hervorrufen und eine ernste Gefahr für den Arbeitnehmer darstellen können; die Gefahr einer Verbreitung in der Bevölkerung kann bestehen, doch ist normalerweise eine wirksame Vorbeugung oder Behandlung möglich. Die Erreger zahlreicher mittelschwerer bis schwerer Infektionskrankheiten zählen zu dieser Gruppe, beispielsweise das HIV-Virus, das Hepatitis-B- und -C-Virus, die Erreger von Milzbrand, Gelbfieber oder Tollwut. Zu den Pilzen der Risikogruppe 3 zählen z. B. Coccidiodes immitis.

4. Biologische Agenzien der Gruppe 4 sind solche, die eine schwere Krankheit beim Menschen hervorrufen und eine ernste Gefahr für Arbeitnehmer darstellen; die Gefahr einer Verbreitung in der Bevölkerung ist unter Umständen groß; normalerweise ist eine wirksame Vorbeugung oder Behandlung nicht möglich. In dieser Risikogruppe finden sich nur einige Viren, die bekanntesten sind vermutlich das Ebola-Virus, Marburg-Virus, Lassavirus oder das Pockenvirus (Variolavirus).

2.3.2
Arten biologischer Arbeitsstoffe

2.3.2.1 **Pilze**
Pilze sind ein- bzw. mehrzellige oder zönozytische Organismen mit echtem Zellkern (Eukaryonten), die keine Fähigkeit zur Photosynthese besitzen und zu keiner aktiven Fortbewegung fähig sind. Die Mehrzahl der Pilze wächst in mikroskopisch kleinen, verzweigten Fäden (Hyphen), die die Fähigkeit zu zahlreichen morphologischen Differenzierungen besitzen. Die im allgemeinen Sprachgebrauch als Pilze bezeichneten Organismen kommen als Geflechte und Scheingewebe (= Makromyzeten) vor, die eine beträchtliche Größen erreichen können. Pilze kommen in fast allen klimatischen Zonen der Erde vor und leben überwiegend vom Abbau toter organischer Substanzen oder als Parasiten von lebenden Organismen. Eine Übersicht über Pilze kann dem Merkblatt B 001 der BG-Chemie [27] entnommen werden.

Abbildung 2.20 zeigt eine kleine Auswahl der äußerst zahlreichen Formen von Pilzen. Pilze können in sehr unterschiedlichen Fruchtformen vorkommen. Abbildung 2.21 zeigt eine schematische Übersicht über die Neben- und Hauptfruchtformen.

Abb. 2.20 Verschiedene Pilzarten. (a) Kolonie des Ascomyzeten (Schlauchpilzes) Eurotium repens mit Hauptfruchtform und Konidienträgern bzw. Konidien des Aspergillus; (b) Detail des Konidienträgers von Aspergillus versicolor; (c) Ascosporen von Eurotium; (d) Konidien von Aspergillus; (e) Konidienträger und Konidien von Paecilomyces variotii; (f) Pycnoporus sanguineus; (g) Phellinus pini; (h) Beauveria felina; (i) Phycomyces blakesleeanus; (k) Coprinus-Art.

2.3 Biologische Arbeitsstoffe | 55

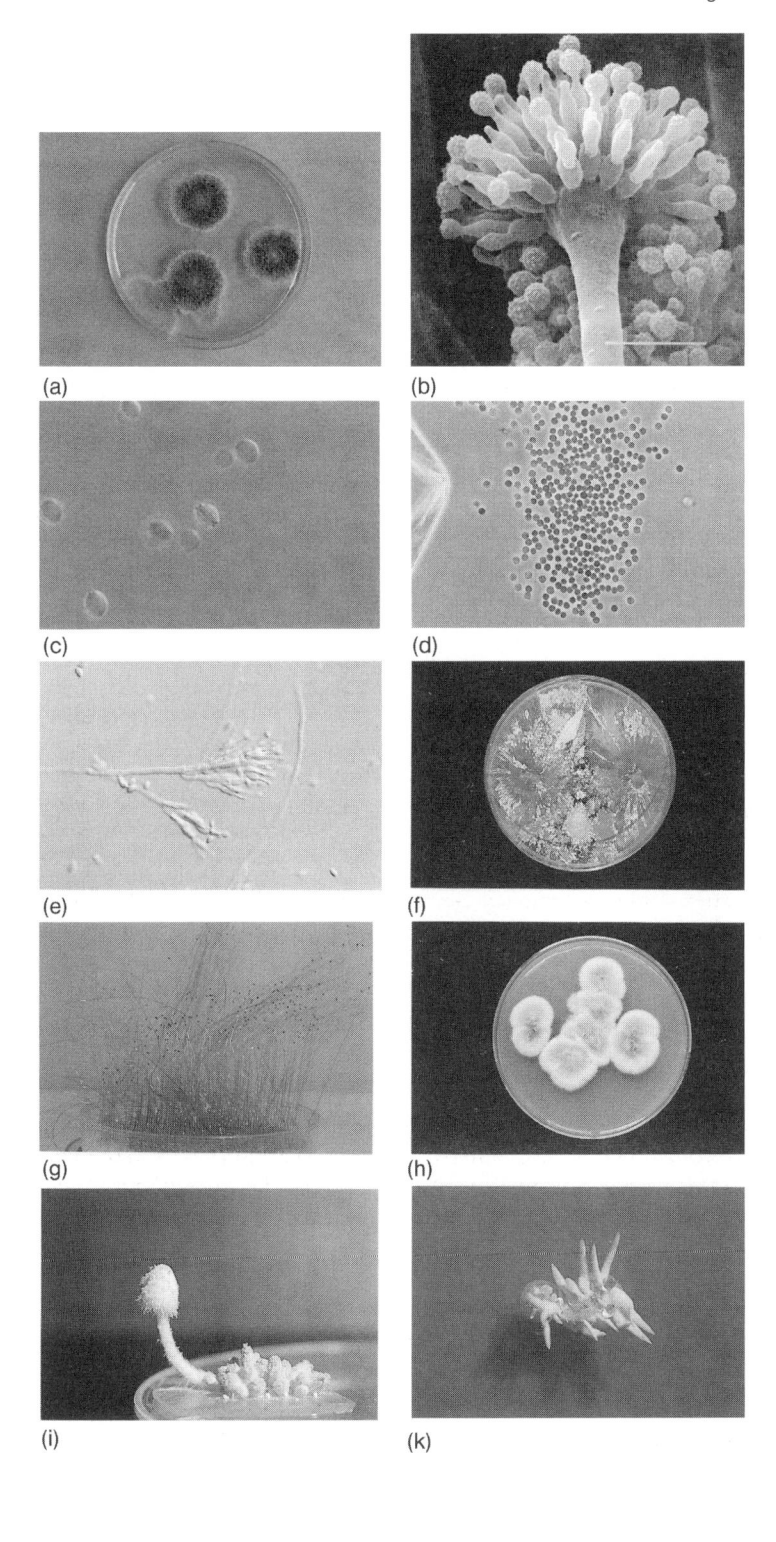

(a)

(b)

(c)

(d)

(e)

(f)

(g)

(h)

(i)

(k)

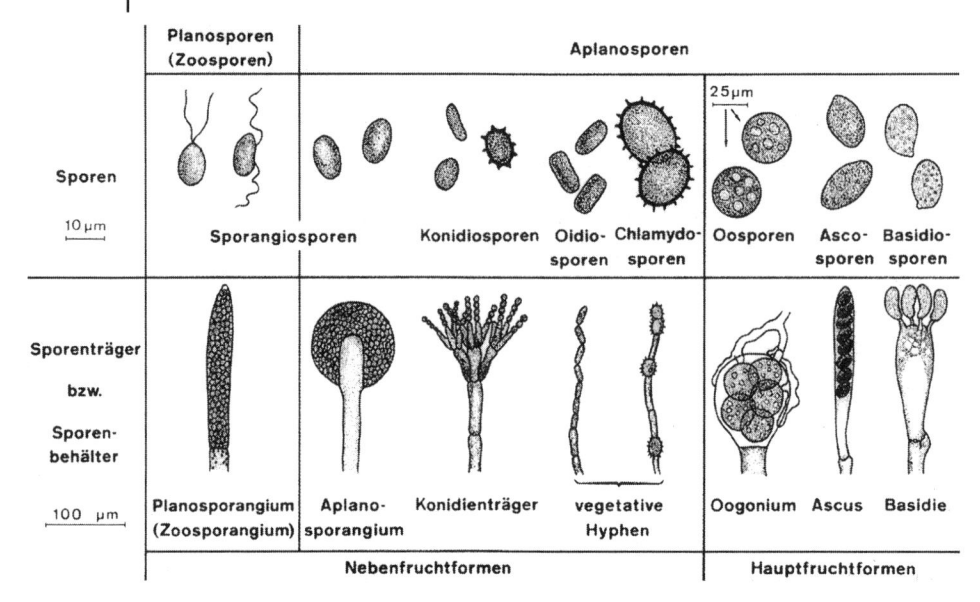

Abb. 2.21 Schematische Übersicht über die Neben- und Hauptfruchtformen.

Für das Ausmaß einer Pilzinfektion sind sowohl die Virulenz des Pilzes auch die Anfälligkeit des befallenen Organismus von Bedeutung. Der gleiche Pilz kann daher unterschiedliche Mykosen ausbilden.

Als Mykosen werden Infektionen bezeichnet, bei denen der Pilz das Gewebe eines Organismus befällt, sich in diesem ausbreitet, vermehrt und es schädigt. Man unterscheidet zwischen

- primären Mykosen, wo anatomisch und funktionell gesundes Gewebe befallen wird, z. B. von Trichophyton verrucosum (typische Vertreter von lokalen primären Mykosen sind Pilzinfektionen der Haut, der Nägel, der Haare und der hautnahen Schleimhäute), und
- sekundären Mykosen, bei denen bereits vorgeschädigtes Gewebe durch opportunistische Pilze befallen wird.

Ein Sonderfall der sekundären Mykose stellt die Mykotisation dar, die örtlich begrenzte Gewebeanomalien auslöst, ohne den Wirt selbst zu schädigen. Beispiel sind die bekannten Nagelmykosen, manche Geschwülste oder Zysten.

Durch Pilze ausgelöste allergische Erkrankungen werden als **Mykoallergosen** bezeichnet. Hierzu zählt das allergische Asthma bronchiale, ausgelöst durch die Sporen des Austernseitlings (Pleurotus ostreatus).

Unter **Mykotoxikosen** werden Vergiftungen zusammengefasst, die durch die Toxine bestimmter Pilze ausgelöst werden. Manche Mykotoxine sind äußerst giftig und können beim Verzehr befallener Nahrungsmittel zu schweren Erkrankungen führen, z. B. *Aflatoxine* (akute Toxizität: siehe Abschnitt 2.1) oder *Trichothecene*. Ein Sonderfall der Mykotoxikosen sind Vergiftungen durch den

2.3 Biologische Arbeitsstoffe

Verzehr giftiger Pilze. Dieser Mycetismus kann z. B. durch Knollenblätter-, Fliegen- oder Pantherpilze ausgelöst werden.

Das Infektions- und Gefährdungspotenzial von Pilzen wird neben den pathogenen Eigenschaften ganz wesentlich durch die Keimdichte bestimmt. In der Atemluft sind immer Pilzsporen nachweisbar, ohne dass hierdurch eine Gefährdung für Menschen oder Tiere verbunden wäre. Beim Einatmen größerer Sporenmenge können manche Pilze jedoch Erkrankungen auslösen, z. B. durch Infektionen oder allergische Reaktionen.

- **Pilze der Risikogruppe 1**
  - Saccaromyes cerevisiae, Vorkommen in Bäckerhefe, Bierhefe oder Weinhefe. Pathogene Eigenschaften sind nicht bekannt.
  - Malassezia furfur, dieser lipophile Sprosspilz kommt auf der gesunden menschlichen Haut vor. Seine oberflächlichen Mykosen werden durch Schweißsekretion und immunologische Störungen begünstigt. Systemische Infektionen können in Ausnahmefällen schwere Immunstörungen auslösen, z. B. bei Kindern.
  - Aspergillus niger ist ein in der Natur weit verbreiteter Schimmelpilz und wird bereits seit langem in großtechnischem Umfang ohne erkennbares Gefährdungspotenzial verwendet. Bei einer Vorschädigung des Gehörgangs sind oberflächliche Mykosen möglich. Die insbesondere bei Trockenheit freigesetzten Sporen können eine Gesundheitsgefährdung darstellen.

- **Pilze der Risikogruppe 2**
  - Candida albicans, ein in der Natur weit verbreiteter Pilz, der bei gesunden Menschen häufig in der Mundhöhle und im Verdauungstrakt vorkommt. Oberflächige Haut- und Schleimhautmykosen treten vor allem bei einer Vorschädigung, z. B. durch feuchte Haut, auf.
  - Trichophyton mentagrophytes ist häufig die Ursache von Haut-, Haar- und Nagelmykosen beim Menschen und vor allem des so genannten Fußpilzes.
  - Aspergillus fumigatus kann nach dem Einatmen großer Sporenmengen oder bei schwerer Vorschädigung Lungenmykosen auslösen. Lungenaspergillose kann auch durch allergische Reaktionen gegen Aspergillus fumigatus resultieren.

- **Pilze der Risikogruppe 3**
  - Coccidiodes immitis kann auch bei nicht vorgeschädigten Menschen schwere Organmykosen auslösen. Die Sporen kommen in einigen Landesteilen der USA vor und können von einer Lungeninfektion ausgehend weitere Organe befallen.
  - Weitere Vertreter der Risikogruppe 3 sind Cladosporium bantianum und trichoides, Emmonsiella capsulatum und Histoplasma dubiosii und capsulatum.

2.3.2.2 Bakterien

Bakterien besitzen im Gegensatz zu Viren stets eine Zellhülle, die das Zellplasma und den Zellkern schützt. Von anderen Mikroorganismen unterscheiden sich Bakterien vor allem in ihrer Größe (einen Vergleich der Größenverhältnisse zwischen dem menschlichen Haar und den Bakterien zeigt Abbildung 2.22) und der Struktur ihrer Zellen. Bakterien werden als Prokaryonten bezeichnet; sie besitzen im Gegensatz zu den Eukaryonten keinen vollständig ausgeprägten Zellkern. Viele bei den Eukaryonten vorhandenen Zellbestandteile kommen in den Bakterienzellen nicht vor (siehe Abbildung 2.23). Für weitere Informationen sei das Merkblatt B 006 der BG-Chemie [28] empfohlen.

Bakterien besitzen nur wenige unterschiedliche Gestalten. Die häufigsten Formen sind kugelig, stäbchenförmig oder spiralförmig. Viele Bakterien besitzen eine Geißel, sehr dünne, fadenförmige Fortsätze, die aus der Zelloberfläche herauswachsen und durch eine schiffsschraubförmige Drehung die Fortbewegung der Zelle ermöglichen.

Der Durchmesser von Bakterien liegt üblicherweise bei 1 µm, ihre Länge zwischen 1 und 5 µm, fadenförmige Bakterien erreichen auch 10 bis 100 µm (siehe Abbildung 2.22). Auf Grund ihrer Größe sind einzelne Bakterien nur unter dem Mikroskop zu sehen; auf festen Nährmedien können durch eine Massenvermehrung Bakterienkolonien sichtbar gemacht werden (siehe Abbildung 2.24a). Diese Kolonien beinhalten hunderttausend bis zu einer Milliarde Zellen. Die unterschiedlichen Formen von Bakterienzellen zeigt Abbildung 2.24b.

In Flüssigkeiten sind Bakterien erst durch eine Trübung erkennbar, wenn die Konzentration über einer Million pro Milliliter beträgt. Ein Liter „klares" Wasser kann daher über hundert Millionen Bakterien enthalten.

Die Eigenschaft von Bakterien, in einem bestimmten Wirt Krankheiten auszulösen, wird als Pathogenität bezeichnet. Virulenz bezeichnet den Grad oder die Stärke der Pathogenität. Pathogenität und Virulenz hängen von der Bakterienart ab, von der Haftfähigkeit, der Invasivität (Eindringvermögen in den Wirtsorganismus), der Aggressinbildung und der Toxigenität. Manche Bakterien besitzen

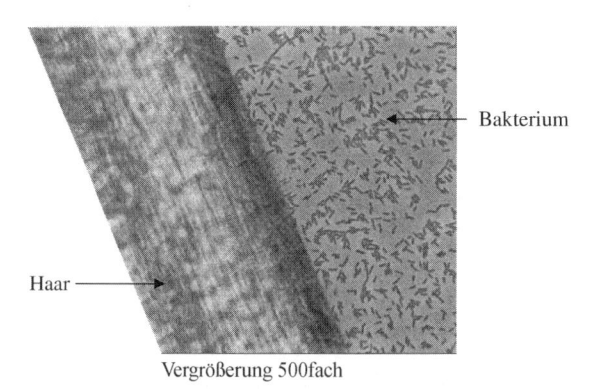

Abb. 2.22 Größenvergleich zwischen einem menschlichen Haar und Bakterien.

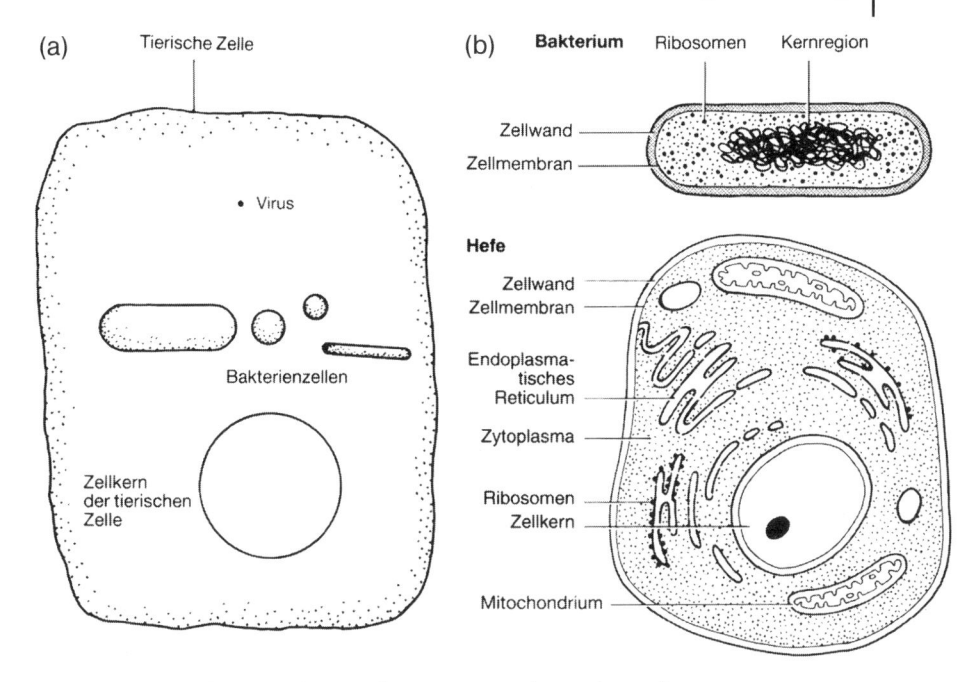

Abb. 2.23 (a) Größenvergleich von Bakterien, Viren und tierischen Zellen; (b) Zellbestandteile von Bakterien (Prokaryonten) und Eukaryonten (hier: Hefe).

spezifische Haftmechanismen (Adhäsine), mit denen sie sich an der Oberfläche der Haut oder der Schleimhaut anheften können.

Nach dem Befall des Wirtsorganismus kann es zur Bildung bzw. Wirkung der spezifischen bakteriellen Toxine kommen. Man unterscheidet zwischen Exotoxinen, z. B. Diphtherie-, Tetanus- und Botulinustoxin, und den Endotoxinen von gramnegativen Bakterien, die hochmolekulare Komplexe von Polysaccharid-, Protein- und Lipidkomponenten bilden.

- **Bakterien der Risikogruppe 1**
  - Psychophile Bakterien (Wachstumsoptimum 10–15 °C).
  - Thermophile Bakterien (Wachstumsoptimum 40–55 °C).
  - Obligat acidophile Bakterien (Wachstumsoptimum nur unter pH 4,5).
  - Obligat alkalophile Bakterien (Wachstumsoptimum nur über pH 7,5).
  - Obligat chemolithotrophe Bakterien.
  - Obligat phototrophe, anoxygene Bakterien.
  - Obligat phototrophe, oxygene Bakterien (Cyanobakterien).

- **Bakterien der Risikogruppe 2**
  - Streptococcus mutans, lebt auf der Mundschleimhaut von Menschen und ist wesentlich für die Entstehung von Karies verantwortlich.

2 Wissenschaftliche Grundlagen

(a)

(b)

Stäbchen
(Pseudomonas fluorescens)

Stäbchen mit Sporen
(Bacillus sphaericus)

Kokken
(Micrococcus luteus)

Streptokokken
(Streptococcus mutans)

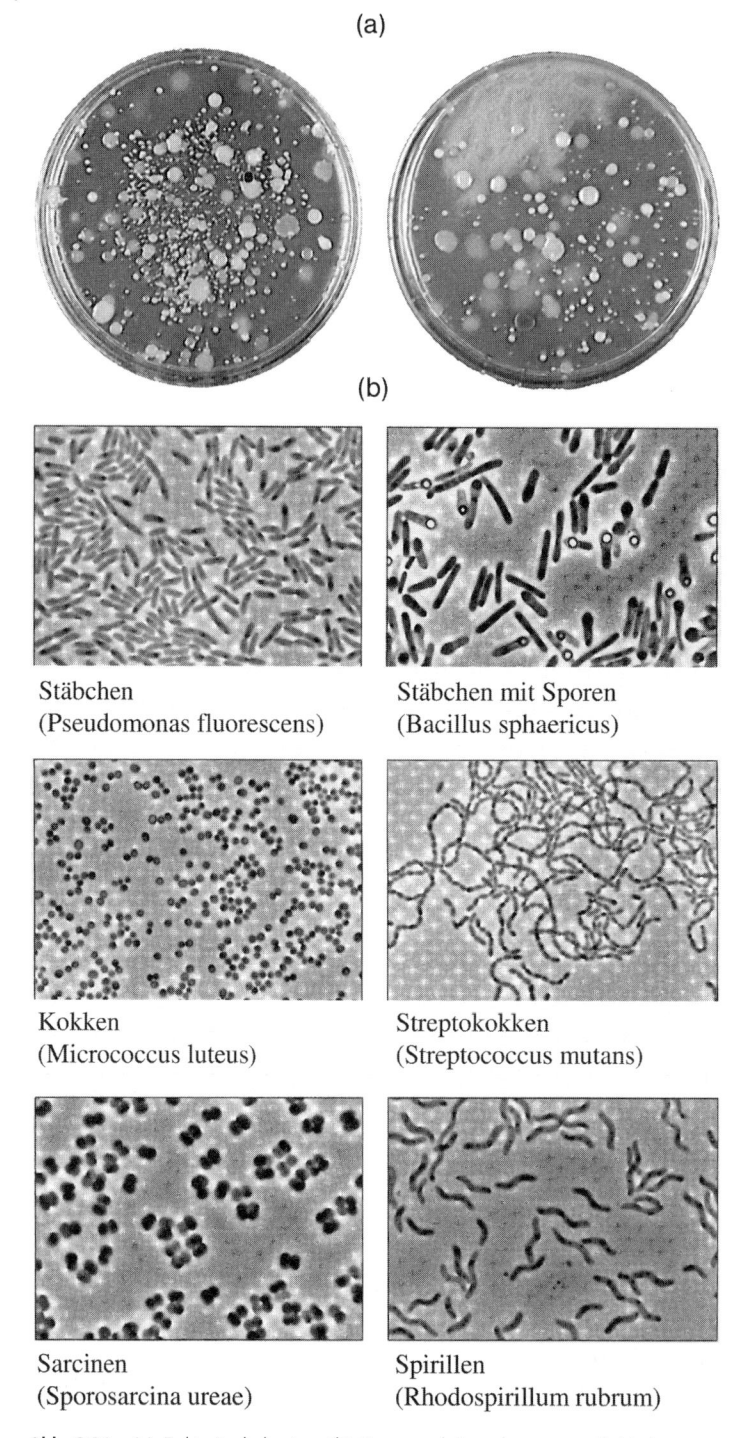

Sarcinen
(Sporosarcina ureae)

Spirillen
(Rhodospirillum rubrum)

Abb. 2.24 (a) Bakterienkolonien; (b) Form und Anordnung von Bakterien.

- Clostridium tetani ist der Erreger des Wundstarrkrampfes. Dieses sporenbildende, anaerobe Bakterium lebt normalerweise primär im Darm von Menschen und Tieren, ohne dass es zu einer Krankheit kommt.
- Vibrio cholerae kann in hohen Dosen Cholera auslösen. Die Infektion wird hauptsächlich über fäkalienverseuchtes Trinkwasser ausgelöst, eine Übertragung über die Luft findet nicht statt.

- **Bakterien der Risikogruppe 3**
  - Mycobacterium tuberculosis ist der Erreger der Tuberkulose, stark infektiös und kann über die Luft übertragen werden.
  - Yersinia pestis zählt zu den extrem virulenten Krankheitserregern, bereits fünf Keime können bei Tieren die Pest auslösen. Als Übertragungsweg kommt neben dem Flohstich auch die Luft in Frage. Die Pest ist seit mehreren Jahrzehnten ausgerottet, lediglich in Speziallaboratorien existieren noch einige Bakterienstämme.
  - Shigella dysentriae (Serovar 1) ist der Erreger der schwersten Form der bakteriellen Ruhr. Die typischen Übertragungswege sind Schmierinfektionen über kontaminierte Lebensmittel und Trinkwasser oder Kontaktinfektionen. Eine Übertragung über die Luft findet nicht statt.

2.3.2.3 Viren

Viren können von wenigen Nanometern bis zu einer Länge von annähernd 400 nm (0,4 µm) groß werden; Abbildung 2.25 zeigt einen Größenvergleich unterschiedlicher Viren. Als genetisches Material enthalten sie entweder RNS (Ribonukleinsäure) oder DNS (Desoxyribonukleinsäure). Das genetische Material (Genom) ist meist von einer schützenden Proteinhülle (Kapsid) umhüllt. Manche Viren besitzen zusätzlich eine lipidhaltige Membran. Viren können sich ausschließlich in geeigneten Zellen vermehren, ohne Wirtszellen ist eine Vermehrung nicht möglich. Die von Viren ausgehenden Risiken sind äußerst unterschiedlich. Einige Viren sind in die Risikogruppe 1 eingeteilt und stellen weder für Menschen noch für Tiere eine Gefahr dar. Bekannter Vertreter dieser Gruppe ist der im Joghurt zu findende Lactobacillus bulgaricus, viele Impfstoffe gegen Viren oder das Tabakmosaikvirus. Im Gegensatz hierzu findet man in der Risikogruppe 4 ausschließlich Viren. Dem Merkblatt B 004 der BG-Chemie [29] kann eine umfassende Liste der eingestuften Viren entnommen werden.

- **Viren der Risikogruppe 1**
  - Lactobacillus bulgaricus, ein im Joghurt nachweisbarer Virus.
  - λ-Phagen, die in der Umwelt weit verbreitet sind und für Menschen, Tiere und die Umwelt keine Gefahr darstellen.
  - Tabakmosaikvirus stellt ebenfalls keine Gefahr für den Menschen dar, kann jedoch manche Pflanzen schädigen.
  - Lebendimpfstoffe z. B. gegen Corona-, Herpes-, Pocken-, Toga-, oder Poliomyelitisviren (Kinderlähmung).

RNA-Viren

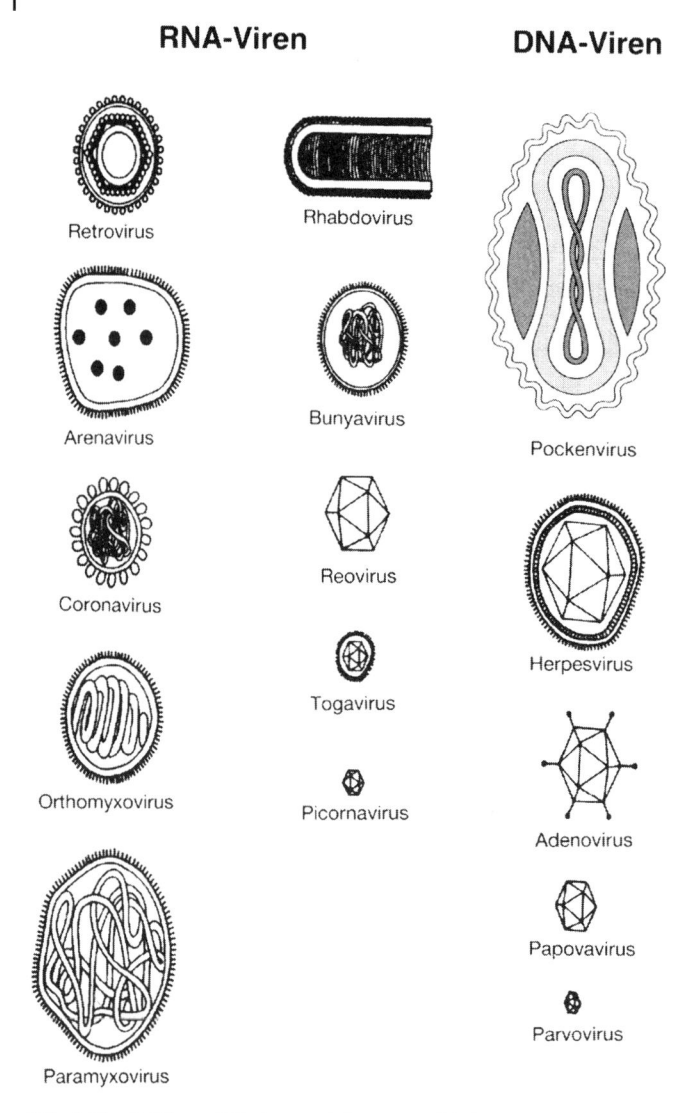

Retrovirus
Rhabdovirus
Arenavirus
Bunyavirus
Coronavirus
Reovirus
Orthomyxovirus
Togavirus
Picornavirus
Paramyxovirus

DNA-Viren

Pockenvirus
Herpesvirus
Adenovirus
Papovavirus
Parvovirus

Abb. 2.25 Größenverhältnisse und Form verschiedener Viren.

- **Viren der Risikogruppe 2**
  - Rhinoviren sind die Erreger banaler Erkältungskrankheiten. Da keine Impfprophylaxe möglich ist, ist dieser Erreger für große finanzielle Aufwendungen im Gesundheitssystem verantwortlich. Die Übertragung findet bevorzugt über Aerosole statt, somit auch über die Atemluft.
  - Das Hepatitis-A-Virus kann zu einer lebenslangen akuten Leberentzündung führen, die meist gutartig verläuft. Die natürlichen Abwehrkräfte von Jugendlichen reichen normalerweise aus, bei Kleinkindern treten noch

nicht einmal Krankheitssymptome auf. Chronische Leberzirrhosen oder sogar Leberzellenkarzinome werden nicht ausgelöst. Impfprophylaxe ist möglich, als Übertragungswege kommen Schmutz- und Schmierinfektionen in Frage.
- Polioviren lösen die Kinderlähmung (Poliomyelitis) aus. Hauptübertragungswege sind Schmutz- und Schmierinfektionen.

- **Viren der Risikogruppe 3**
  - Das Hepatitis-B-Virus löst in ca. 10% der Fälle chronische Erkrankungen der Leber aus. Letale Erkrankungen sind bekannt, eine Impfung führt nicht bei allen Menschen zu einer ausreichenden Immunisierung. Als Übertragungswege sind Blut, Blutprodukte, kontaminierte Kanülen oder Sexualverkehr bekannt. Die Inkubationszeit ist mit 40 bis 120 Tagen lang.
  - Das Tollwutvirus führt unbehandelt bei den meisten Menschen zum Tode. Die Übertragung findet fast ausschließlich über Biss statt, über die Luft nur in Ausnahmefällen. Eine Impfung ist nur gegen einige der zahlreichen Serotypen möglich.
  - HIV (humanes Immundefizienzvirus) führt nach heutigem Wissensstand häufig zum Tod, eine Therapie ist nur bedingt möglich. Die wichtigsten Übertragungswege sind Sexualverkehr und Blutkontakt, keine Übertragung findet über die Luft oder bei normalen Kontakten mit Infizierten statt.
  - Das Affenpockenvirus ruft beim Menschen eine pockenähnliche Erkrankung hervor, die bei ca. 15% tödlich verläuft. Der Erreger kommt in Mitteleuropa nicht vor.

- **Viren der Risikogruppe 4**
  - In der Risikogruppe 4 kommen, wie bereits erwähnt, ausschließlich Viren vor. Diese sind das Ebola-Virus, Marburg-Virus, Lassavirus und Pockenvirus (Variolavirus)
  - Das Variolavirus löst die Pocken aus. Die wirkungsvollen Impfstoffe und ein umfassendes Impfprogramm haben dazu geführt, dass seit 1978 keine Pockenfälle mehr aufgetreten sind. Die Inkubationszeit beträgt ein bis zwei Wochen.
  - Das Lassavirus kommt in den Tropen vor. Eine spezifische Therapie ist nicht möglich, die Letalität ist sehr hoch. Auf Grund des sehr schnellen Krankheitsverlaufs sind Epidemien eher unwahrscheinlich.
  - Das Ebola-Virus kommt ausschließlich in den Tropen vor und löst eine Infektionskrankheit aus, die ebenfalls sehr schnell zum Tode führt.

2.3.2.4 Parasiten

Die ebenso zu den biologischen Stoffen zählenden Parasiten kommen in sehr unterschiedlicher Form vor. Während einige mit dem bloßen Auge zu erkennen sind, ist dies bei vielen nur mit dem Mikroskop möglich. Abbildung 2.26 zeigt eine Auswahl von Parasiten. Da Parasiten nur in Ausnahmefällen in Laboratorien oder Produktion eine Rolle spielen, sollen sie nicht weiter behandelt werden. Für zusätzliche Informationen ist das Merkblatt B 005 der BG-Chemie [30] zu empfehlen.

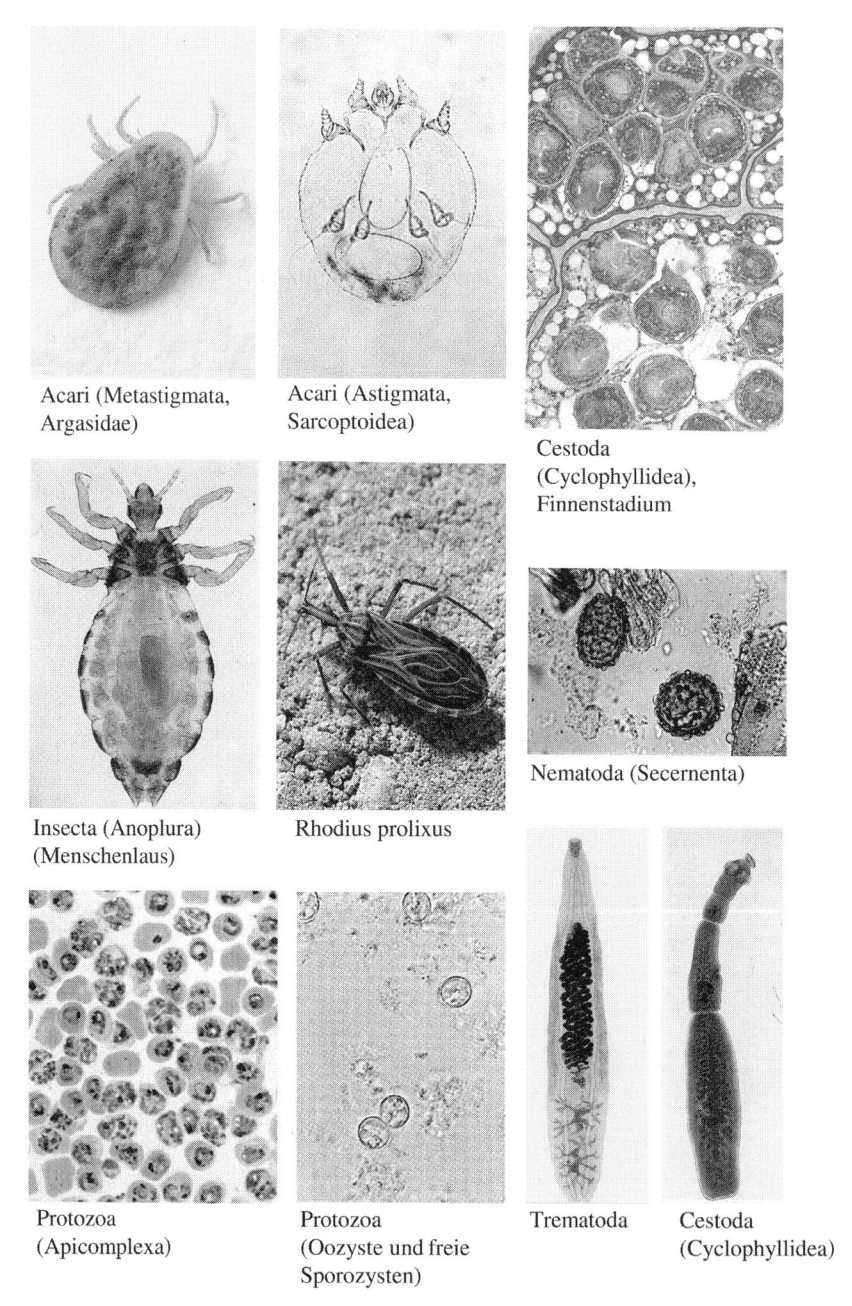

Acari (Metastigmata, Argasidae)

Acari (Astigmata, Sarcoptoidea)

Cestoda (Cyclophyllidea), Finnenstadium

Insecta (Anoplura) (Menschenlaus)

Rhodius prolixus

Nematoda (Secernenta)

Protozoa (Apicomplexa)

Protozoa (Oozyste und freie Sporozysten)

Trematoda

Cestoda (Cyclophyllidea)

Abb. 2.26 Auswahl von Parasiten.

3
Einstufung und Kennzeichnung von Stoffen und Zubereitungen

3.1
Gefährliche Stoffeigenschaften

Die im Gefahrstoffrecht wichtigen Begriffe „Stoff" und „Zubereitung" wurden bereits in Abschnitt 1.3 erläutert. Die Eigenschaften von Stoffen und Zubereitungen werden im Chemikaliengesetz in 15 Gefährlichkeitsmerkmale unterteilt. Diese geben wichtige physikalisch-chemische, toxische und ökotoxische Eigenschaften wieder, enthalten aber nicht alle bekannten Gefahren, als Beispiel sei die erstickende Wirkung von Stickstoff erwähnt.

Diese 15 Gefährlichkeitsmerkmale werden auch zur stichwortartigen Beschreibung der Hauptgefahren verwendet, die von gefährlichen Stoffen und Zubereitungen ausgehen können. Zur Konkretisierung werden diese durch standardisierte R-Sätze (Gefahrenhinweise, engl.: risk-phrases) ergänzt. Abbildung 3.1

Merkmale	Kategorie
• hochentzündlich • leichtentzündlich • entzündlich • brandfördernd • explosionsgefährlich	physikalisch-chemische Eigenschaften
• sehr giftig • giftig • gesundheitsschädlich • ätzend • reizend • sensibilisierend	akut toxische Eigenschaften
• krebserzeugend • erbgutverändernd • fortpflanzungsgefährdend	spezielle toxische Eigenschaften
• umweltgefährlich	ökotoxische Eigenschaft

Abb. 3.1 Gefährlichkeitsmerkmale nach § 3 Chemikaliengesetz [31].

Das Gefahrstoffbuch, 3. Auflage. Herbert F. Bender
Copyright © 2008 WILEY-VCH Verlag GmbH & Co. KGaA, Weinheim
ISBN: 978-3-527-32067-7

fasst die 15 Gefährlichkeitsmerkmalen auf Basis ihrer Wirkungen in vier Gruppen zusammen.

Neue Stoffe (Stoffe, die nicht im EU-Altstoffinventar EINECS [10] aufgeführt sind), müssen zur Ermittlung dieser Eigenschaften gemäß § 6 Chemikaliengesetz [31] beim Inverkehrbringen geprüft werden. Die Einstufung ist gemäß dem Definitionsprinzip unter Anwendung des Einstufungsleitfadens der EU vorzunehmen, der als Anhang VI der Stoffrichtlinie 67/548/EWG [32] veröffentlicht ist.

Die vorgeschriebenen Gefahrensymbole, Gefahrenbezeichnungen und R-Sätze geben die Abschnitte 3.2 bis 3.5 wieder.

Für ca. 2000 Stoffe liegen bis jetzt rechtsverbindliche Einstufungen der EU-Kommission vor. Diese können als Anhang I der Stoffrichtlinie 67/548/EWG in der jeweils gültigen Fassung entnommen werden, zurzeit ist die 29. Anpassungsrichtlinie [33] gültig. Auf Grund der zahlreichen Fortschreibungen und Änderungen erfolgt seit Anfang 2000 in der Gefahrstoffverordnung nur noch ein gleitender Verweis auf Anhang I der EU-Stoffrichtlinie.

Nicht alle Gefährlichkeitsmerkmale können durch ein eigenes Gefahrensymbol charakterisiert werden, da nur eine begrenzte Anzahl von Gefahrensymbolen zur Verfügung steht. Die Einstufung eines Stoffes oder einer Zubereitung, d.h. die Zuordnung zu einem der 15 Gefährlichkeitsmerkmale, kann deshalb nicht dem Gefahrensymbol mit der zugehörigen Gefahrenbezeichnung entnommen werden:

> Die **Einstufung** eines Stoffes oder einer Zubereitung ist die Zuordnung zu einem der 15 Gefährlichkeitsmerkmale. Sie ist den zugeordneten **R-Sätzen** zu entnehmen.
> Gefahrensymbol und Gefahrenbezeichnung geben lediglich die Kennzeichnung wieder.

Da die Gefahrstoffverordnung seit ihrem Inkrafttreten 1986 mehrmals geändert werden musste, wird im Folgenden stets auf die derzeit gültige Fassung der Gefahrstoffverordnung bezogen, falls nicht explizit auf eine frühere Fassung verwiesen wird.

3.1.1
Akut toxische Eigenschaften

Die Einstufung als sehr giftig, giftig oder gesundheitsschädlich erfolgt auf Basis der mittleren letalen Dosis (LD_{50}, siehe Abschnitt 2.1). Üblicherweise wird der LD_{50}-Wert, oral, Ratte, herangezogen, da dieser für viele Stoffe die einzig verfügbare Akuttoxizität ist. Die inhalative und dermale Toxizität ist für die Bewertung am Arbeitsplatz von größerer Bedeutung als die orale Toxizität, da üblicherweise Chemikalien am Arbeitsplatz nicht verschluckt oder andersartig durch den Mund aufgenommen werden. In einigen Fällen unterscheidet sich die orale Toxizität erheblich von der dermalen und inhalativen. Für eine korrekte Beurteilung der Gesundheitsgefahren ist deshalb die Kenntnis aller Toxizitäten notwendig.

3.1.1.1 Sehr giftig

Stoffe, die bereits in äußerst geringen Mengen zum Tode oder zu einer schwer wiegenden Gesundheitsgefährdung führen können, werden als sehr giftig bezeichnet. Zur Kennzeichnung sehr giftiger Stoffe und Zubereitungen wird neben den zugehörigen R-Sätzen (siehe Tabelle 3.1) das Gefahrensymbol **T+** mit der Gefahrenbezeichnung „**sehr giftig**" verwendet. Zur Unterscheidung der Toxizität in Abhängigkeit vom Aufnahmeweg sind die folgenden R-Sätze zu verwenden:

> **R 26:** Sehr giftig beim Einatmen
> **R 27:** Sehr giftig bei Berührung mit der Haut
> **R 28:** Sehr giftig beim Verschlucken

Die bekannten Gifte *Zyankali* (Kaliumcyanid), *Strychnin*, *Arsenik* und *Nikotin* sind typische Vertreter von sehr giftigen Stoffen. Die Stickoxide *Stickstoffdioxid* und *Distickstofftetroxid* sowie *Schwefelwasserstoff* sind ubiquitäre sehr giftige Gase. In der Industrie haben die sehr giftigen Stoffe *Blausäure*, *Phosgen*, *Dimethylsulfat*, *Acrolein*, *Brom*, *Fluor*, *Fluorwasserstoff*, *Fluoressigsäure* sowie die *Monofluoracetate* und die *Bortrihalogenide* eine größere Bedeutung. Viele Nitroaromaten, beispielhaft seien *Dinitrobenzol*, *Dinitroanilin*, *Dinitro-o-kresol* und *Nitro-p-anisidin* genannt, sind wegen der Methämoglobinbildung im Blut ebenfalls als sehr giftig eingestuft. Zur Schädlingsbekämpfung werden die *Phosphide* eingesetzt, die ebenso wie viele andere Insektizide zu den sehr giftigen Stoffen zählen. Bekannt sind ferner die *Bleialkyle*, viele anorganische (*Quecksilberdichlorid*) und organische (*Quecksilberalkyle*) Quecksilberverbindungen, *Thallium* und seine Verbindungen, *weißer Phosphor*,

Tabelle 3.1 Einstufungskriterien sehr giftiger Stoffe (Ratte), nach EU-Einstufung.

Aufnahmeweg	Dosis	Einheit
LD_{50} oral	≤ 25	mg/kg [a]
LD_{50} dermal	≤ 50	mg/kg [a]
LC_{50} inhalativ (Aerosole, Stäube)	≤ 0,25	mg/L/4 h [b]
LC_{50} inhalativ (Gase, Dämpfe)	≤ 0,5	mg/L/4 h [b]

[a] Substanzmenge in Milligramm pro Kilogramm Körpergewicht des Tieres
[b] Substanzmenge in Milligramm pro Liter Atemluft, vierstündige Exposition

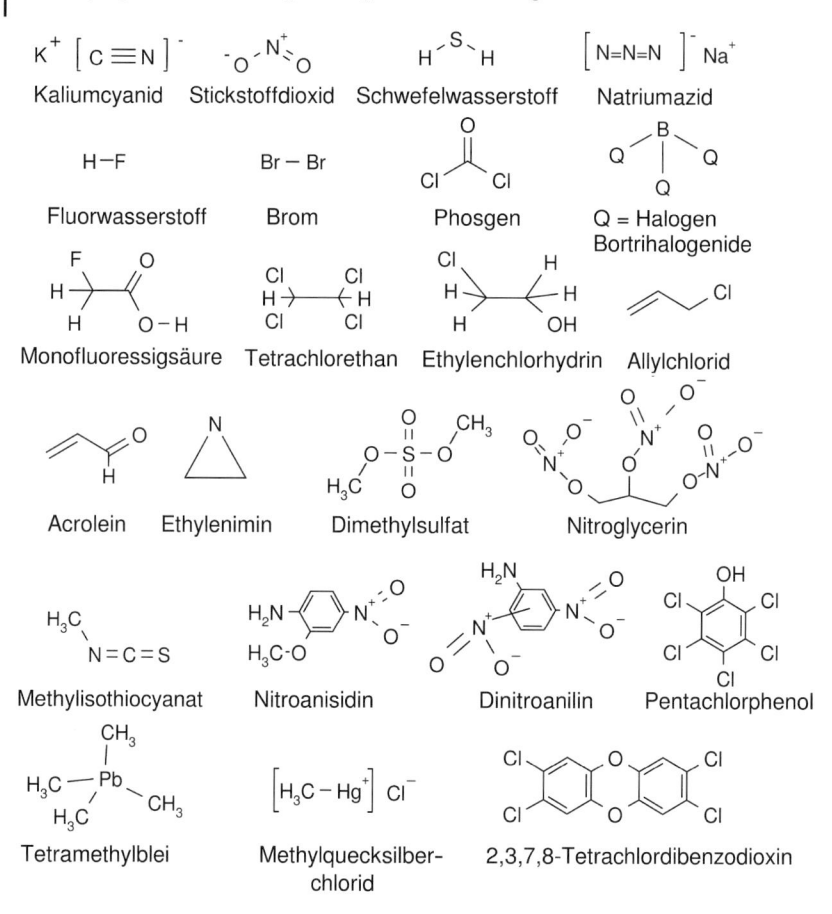

Abb. 3.2 Beispiele sehr giftiger Stoffe.

Osmiumtetroxid, Natriumazid oder *Nitroglyzerin*. Die chemischen Formeln der wichtigsten sehr giftigen Stoffe können Abbildung 3.2 entnommen werden. Das so genannte Supergift „Dioxin"(*2,3,7,8-Tetrachlordibenzodioxin*, TCDD) hat zwar eine um den Faktor 10 000 niedrigere letale Dosis als Zyankali, die von *Botulinustoxin* liegt jedoch um die gleiche Größenordnung unter der von Dioxin (siehe Tabelle 3.2). Die Stoffe mit der höchsten Akuttoxizität sind jedoch natürliche Gifte (Toxine). Tabelle 3.2 zeigt eine Auswahl natürlicher Toxine sowie ihr Vorkommen.

Führt die Verabreichung einmaliger Dosen in der Größenordnung, wie sie in Tabelle 3.1 genannt wurde, zu schwerwiegenden Gesundheitsschäden, ohne dass es zu Todesfällen kommt, so muss ebenfalls eine Einstufung als sehr giftig erfolgen; zur Kennzeichnung wird der R 39 verwendet.

| R 39/...: | Ernste Gefahr irreversiblen Schadens |

Tabelle 3.2 Sehr giftige natürliche Stoffe.

Sehr giftiger Stoff	LD$_{50}$ [mg/kg]	Vorkommen
Botulinustoxin	0,000 000 03	Fleisch, Wurst, Konserven
Tetanustoxin	0,000 000 1	Wundstarrkrampf
Crotalustoxin	0,000 02	Cobra
Diphtherietoxin	0,000 3	Krankheitserreger
Crototoxin	0,000 2	Fischgift
Amantanin	0,000 1	Knollenblätterpilz
„Dioxin"	0,001	Zigarettenrauch
Ricin, Abrin	0,005	Paternostererbse, Rizinus
Tetrodotoxin	0,01	Fischgift
Aflatoxin B1	0,01	Schimmelpilz
Muscarin	0,1	Fliegenpilz
Saxitoxin	0,2	Miesmuschel
Oleandrin	0,3	Oleander
Strychnin	0,5	Brechnuss
Nikotin	1	Tabak
Aconitin	0,2	Eisenhut
Orellanin	3	Pilze
Natriumcyanid	10	Bittermandel
Atropin	10	Tollkirsche, Stechapfel

mg/kg: Substanzmenge in Milligramm pro Kilogramm Körpergewicht

Zur Angabe des kritischen Aufnahmeweges muss R 39 mit R 23, 24, 25, 26, 27 und/oder 28 kombiniert werden, z. B.:

R 39/26/27/28: Sehr giftig: ernste Gefahr irreversiblen Schadens durch Einatmen, Berührung mit der Haut und durch Verschlucken

Nach Anhang I der EU-Stoffrichtlinie [33] ist bisher lediglich das Pflanzenschutzmittel *N,N'-Diisopropyl-diamido-phosphorsäure-fluorid* (*Mipafox*) entsprechend eingestuft.

Stoffe, die mit Säuren sehr giftige Gase freisetzen, sind mit R 32 zu kennzeichnen:

> **R 32:** Entwickelt bei Berühren mit Säure sehr giftige Gase

R 32 ist allein nicht einstufungsrelevant, d. h. Stoffe mit diesem R-Satz sind nicht als sehr giftig eingestuft. Die mit der Einstufung als sehr giftig verbundenen Konsequenzen in anderen Rechtsvorschriften, z. B. Chemikalien-Verbotsverordnung oder Druckbehälterverordnung, gelten nicht. Da alle bisher mit dem R 32 eingestuften Stoffe jedoch als sehr giftig mit den R-Sätzen R 26, 27 oder 28 eingestuft sind, stellt dies nur eine theoretische Betrachtung dar. Mit R 32 gekennzeichnet sind nach Anhang I der EU-Stoffrichtlinie [33] die *Salze der Blausäure*, die *Rhodanwasserstoffsäure* sowie *Trizinkdiphosphid*.

3.1.1.2 Giftig

Stoffe, die bereits in geringen Mengen zum Tode oder zu schwer wiegenden Gesundheitsproblemen führen können, werden als giftig bezeichnet. Zur Kennzeichnung giftiger Stoffe und Zubereitungen wird neben den zugehörigen R-Sätzen (siehe Tabelle 3.3) das Gefahrensymbol **T** mit der Gefahrenbezeichnung „**giftig**" verwendet. Die exakte Definition kann der EU-Einstufungsrichtlinie [32] entnommen werden.

Tabelle 3.3 Einstufungskriterien giftiger Stoffe (Ratte).

Aufnahmeweg	Dosisbereich	Einheit
LD_{50} (oral)	$25 < LD_{50} \leq 200$	mg/kg [a]
LD_{50} (dermal)	$50 < LD_{50} \leq 400$	mg/kg [a]
LC_{50} (inhalativ – Gase, Dämpfe)	$0{,}5 < LC_{50} \leq 2$	mg/L/4 h [b]
LC_{50} (inhalativ – Aerosole, Stäube)	$0{,}25 < LC_{50} \leq 1$	mg/L/4 h [b]

[a] Substanzmenge in Milligramm pro Kilogramm Körpergewicht des Tieres
[b] Substanzmenge in Milligramm pro Liter Atemluft, vierstündige Exposition

3.1 Gefährliche Stoffeigenschaften | 71

Zur Unterscheidung des kritischen Aufnahmeweges werden die folgenden R-Sätze herangezogen:

> **R 23:** Giftig beim Einatmen
> **R 24:** Giftig bei Berührung mit der Haut
> **R 25:** Giftig beim Verschlucken

Beispiele giftiger Chemikalien, wozu auch einige bedeutende Zwischenprodukte und Ausgangsstoffe der chemischen Industrie gehören, zeigt Abbildung 3.3. Die *Alkalifluoride, Alkalihexafluorsilikate,* viele *Alkalihydrogendifluoride* sowie *Sulfurylfluorid* gehören zu den giftigen, anorganischen Stoffen. Das ubiquitäre *Schwefeldioxid* und *Ammoniak* sind ebenso wie *Chlor* giftige anorganische Gase. *Arsen, Selen* und viele deren Verbindungen und auch *Cadmiumverbindungen* (z. B. die *Cd-Halogenide*) und metallisches *Quecksilber* sind ebenfalls giftige anorganische Elemente/Verbindungen. *Phenol* und sehr viele Phenolderivate, beispielhaft seien die *Kresole* (*Methylphenole*), *Xylenole* (*Dimethylphenole*) oder *Pentachlorphenol* genannt, sind

Schwefeldioxid   Ammoniak   Chlor   Ammoniumfluorid   Antimontrifluorid

Allylamin   Acetonitril   Acrylnitril   Malonsäuredinitril

Chloressigsäure   Methylbromid   Bromoform   Tetrachlorkohlenstoff

Phenol   Kresol   Xylenol   Pentachlorphenol

Anilin   Toluidin   N-Methylanilin   Xylidin   Phenylendiamin

2,6-Diisocyanattoluol   Nitrobenzol

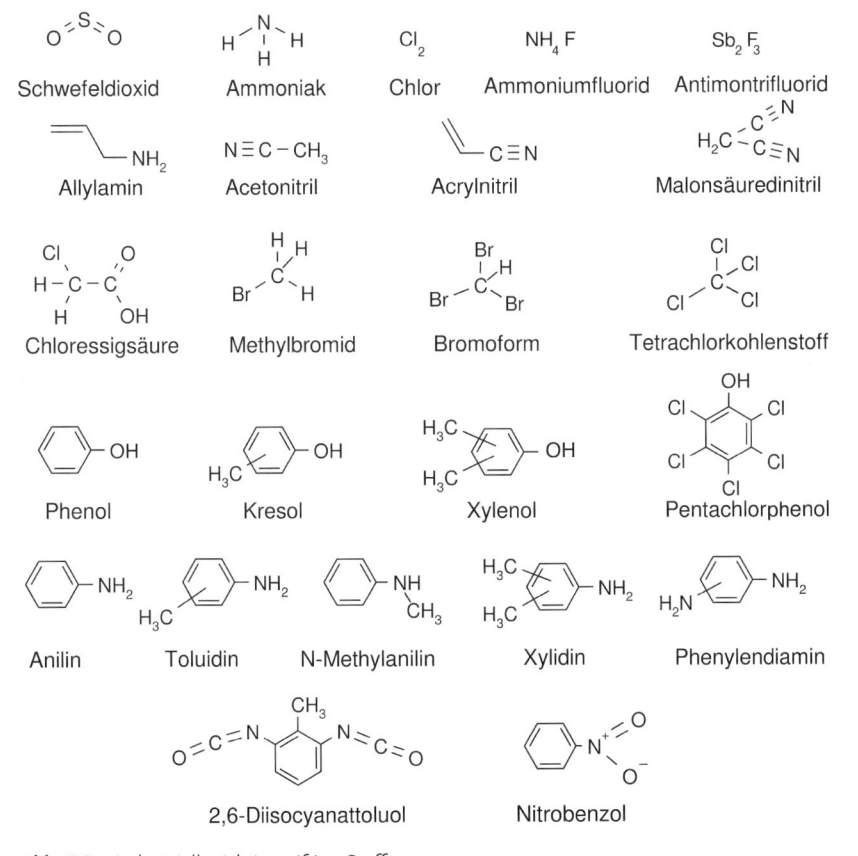

Abb. 3.3 Industriell wichtige giftige Stoffe.

ebenso wie *Anilin* und viele Anilinderivate, z. B. *Toluidin* (*Aminotoluol*), *Xylidin* (*Dimethylanilin*), *Phenylendiamin* (*Aminoanilin*), *Nitroanilin*, *N-Alkylaniline*, *N-Methyltoluidin*, wichtige, giftige organische Zwischenprodukte. Des Weiteren fallen viele Diisocyanate, z. B. *2,4-* und *2,6-Diisocyanattoluol* (*TDI*), *Hexamethylendiisocyanat*, *Chlor-*, *Brom-*, *Jodessigsäure*, *Brommethan* und *Tribrommethan* (*Bromoform*), *Tetrachlorkohlenstoff* und *Formaldehyd* unter die giftigen Verbindungen.

Neben einer Vielzahl von Chemikalien gehört eine große Anzahl von Naturstoffen in die Kategorie „giftig". Bekannte giftige Naturstoffe können der Tabelle 3.4 entnommen werden.

Führt die Verabreichung einmaliger Dosen in der Größenordnung, wie sie in Tabelle 3.3 genannt wurde, zu schwer wiegenden Gesundheitsschäden, so muss ebenfalls eine Einstufung als giftig erfolgen; zur Kennzeichnung wird ebenso (siehe auch „sehr giftig") R 39 verwendet, in Kombination mit einem der R-Sätze 23, 24 oder 25 zur Angabe des kritischen Aufnahmeweges, z. B.:

R 39/24:   Giftig: ernste Gefahr irreversiblen Schadens bei Berührung mit der Haut

Gemäß EU-Stoffrichtlinie [33] sind bisher entsprechend eingestuft:
- *4,4'-Diamonodiphenylmethan* (MDA) (R 39/23/24/25)
- *O-4-Brom-2,5-dichlorphenyl-O-methylphenylthiophosphonat* (*Leptophos*) (R 39/25)
- *Methanol* (R 39/23/24/25)
- *2-Methoxy-4H-1,3,2-benzodioxaphosphorin-2-sulfid* (R 39/25)
- *Trikresylphosphat* (R 39/23/24/25)

Wird ein schwerer Gesundheitsschaden nicht bei einmaliger, sondern bei wiederholter oder längerer Exposition bei Stoffmengen (Dosen) in der Größenordnung,

Tabelle 3.4 Sehr giftige und giftige Inhaltsstoffe von Pflanzen.

Pflanze	Inhaltsstoff	LD_{50} [a]
Muskatnuss	Cryptofleurin [b]	2,5
ährenparasit	T-2 Toxin	3,8
Gemeine Spritzgurke	Cucurbitacin D [c]	8,2
Wolliger Fingerhut	β-Methyldigitoxin	21
Gemeine Schwarznessel	Perillaketon	25
Schimmelpilz	Cumarin	37
Bleiwurz	Plumbagin [d]	65
Herbstzeitlose	Colchicin	

[a] [mg/kg], oral, Ratte
[b] Alkaloid
[c] Triterpen
[d] Methyl-8-oxy-naphthochinon

Tabelle 3.5 Einstufung als giftig auf Grund subchronischer oder subakuter Eigenschaften.

Aufnahmeweg	Subakut	Subchronisch
oral	5 mg/kg/Tag	15 mg/kg/Tag
dermal	10 mg/kg/Tag	30 mg/kg/Tag
inhalativ	0,025 mg/L, 6 h/Tag	0,075 mg/L, 6 h/Tag

1) Substanzmenge in Milligramm pro Kilogramm Körpergewicht des Tieres pro Tag
2) Substanzmenge in Milligramm pro Liter Atemluft, sechsstündige Exposition pro Tag

wie in Tabelle 3.5 aufgeführt, ausgelöst, muss eine Kennzeichnung mit R 48 erfolgen. Im Gegensatz zu den scharfen Einstufungsgrenzen bei der Akuttoxizität dienen die Dosen in Tabelle 3.5 nur als Orientierung zur Einstufung.

Der Einstufung mit R 48 liegen keine Untersuchungen zur akuten, sondern in aller Regel zur subchronischen oder subakuten Toxizität zu Grunde, seltener zur chronischen (siehe Abschnitt 2.1).

> R 48/...: Gefahr ernster Gesundheitsschäden bei längerer Exposition

Zur Angabe des kritischen Aufnahmeweges ist eine Kombination mit den R-Sätzen 23, 24 oder 25 vorgeschrieben, z. B.:

R 48/25: Gefahr ernster Gesundheitsschäden bei längerer Exposition durch Verschlucken

Folgende Stoffe sind nach Anhang I der Stoffrichtlinie [33] mit dem R 48 gekennzeichnet:
- *Asbest* (R 48/23)
- *Benzol* (R 48/23/24/25)
- *Beryllium* (R 48/23)
- *Cadmiumoxid* (R 48/23/25)
- *Cadmiumsulfid* (R 48/23/25)
- *Hexachlorbenzol* (R 48/25)
- *Kohlenmonoxid* (R 48/23)
- *DDT* (R 48/25)
- *Schwefelkohlenstoff* (R 48/23)
- *Nitrobenzol* (R 48/23/24)
- *Phenylquecksilberacetat* (R 48/24/25)
- *Pindon* (R 48/25)
- *Vanadiumpentoxid* (R 48/23)
- *Warfarin* (R 48/25)

Stoffe, die mit Wasser bzw. Säuren giftige Gase freisetzen, sind mit dem R 29 bzw. R 31 zu kennzeichnen:

> R 29/...: Entwickelt bei Berühren mit Wasser giftige Gase
> R 31/...: Entwickelt bei Berühren mit Säure giftige Gase

Beide R-Sätze sind allein nicht einstufungsrelevant, d. h. sie führen allein nicht zu einer Einstufung als giftig und Kennzeichnung mit dem Totenkopf. Insbesondere gelten für diese Stoffe nicht die mit der Einstufung als giftig verbundenen Konsequenzen in anderen Rechtsvorschriften, z. B. der Chemikalien-Verbotsverordnung.

Bekannteste Vertreter mit R 29 sind die *Phosphide*, die mit Wasser sehr giftigen *Phosphorwasserstoff* freisetzen. Mit dem R 29 sind in Anhang I der EU-Stoffrichtlinie [33] gekennzeichnet:
- *Aluminium-, Calcium-* und *Magnesiumphosphid* und *Trizinkdiphosphid*
- *3,5-Dichlor-2,4-difluorbenzoylfluorid*
- *Diphosphorpentasulfid*
- *Dischwefeldichlorid*
- *Phosphoroxychlorid*
- *Phosphorpentachlorid* und *-trichlorid*
- *Thionylchlorid*
- *Trichlorsilan*

Nach Anhang I 67/548/EWG [33] sind mit dem R 31 zu kennzeichnen:
- *Calciumhypochlorid*
- *Chloramin-T*
- *Di(benzothiazol-2-yl)disulfid*
- *Dichlorisocyanursäure sowie ihre Salze*
- *Trichlorisocyanursäure*

3.1.1.3 Gesundheitsschädlich

Als gesundheitsschädlich werden Stoffe eingestuft, wenn größere Mengen dieser Stoffe zum Tode führen bzw. schwer wiegende Gesundheitsgefahren verursachen können. Zur Kennzeichnung gesundheitsschädlicher Stoffe und Zubereitungen wird das Gefahrensymbol **Xn**, das so genannte „Andreaskreuz" mit der Gefahrenbezeichnung **„gesundheitsschädlich"** benutzt. Bis zur 3. Novelle der Gefahrstoffverordnung wurde die Bezeichnung „mindergiftig" benutzt. Die exakte Definition erfolgt wiederum mittels der Angabe der LD_{50}-Werte (EU-Einstufungsrichtlinie [32]), siehe Tabelle 3.6.

Tabelle 3.6 Einstufungskriterien gesundheitsschädlicher Stoffe.

Aufnahmeweg	Dosisbereich	Einheit
LD_{50} oral:	$200 < LD_{50} \leq 2000$	mg/kg [a]
LD_{50} dermal:	$400 < LD_{50} \leq 2000$	mg/kg [a]
LC_{50} inhalativ (Gase, Dämpfe):	$2 < LC_{50} \leq 20$	mg/L/4 h [b]
LC_{50} inhalativ (Aerosole, Stäube):	$1 < LC_{50} \leq 5$	mg/L/4 h [b]

[a] Substanzmenge in Milligramm pro Kilogramm Körpergewicht des Tieres
[b] Substanzmenge in Milligramm pro Liter Atemluft, vierstündige Exposition

Zur Unterscheidung des kritischen Aufnahmeweges werden die folgenden R-Sätze herangezogen:

> **R 20:** Gesundheitsschädlich beim Einatmen
> **R 21:** Gesundheitsschädlich bei Berührung mit der Haut
> **R 22:** Gesundheitsschädlich beim Verschlucken

Eine große Anzahl wichtiger Chemikalien für Industrie und Gewerbe mit z. T. weiten Anwendungsbereichen sind als gesundheitsschädlich eingestuft. Beispielhaft seien *Toluol, Glykol, Cyclohexanol, Benzylalkohol, Benzaldehyd, Maleinsäureanhydrid, Isobuttersäure* sowie die anorganischen Verbindungen *Jod, Braunstein (Mangandioxid), Kupfer-, Antimon-* und *Cobaltverbindungen, Vanadiumpentoxid* und *Diquecksilberdichlorid (Kalomel)* genannt (Formelbeispiele siehe Abbildung 3.4).

Stoffe mit einem LD_{50}-Wert (oral) größer als 2 g/kg geben erfahrungsgemäß nicht mehr zu besonderer Besorgnis Anlass und werden nicht mehr als „gefährliche" Stoffe eingestuft. Bei exzessiver Aufnahme über einen längeren Zeitraum können selbstverständlich gleichwohl ganz erhebliche Gesundheitsprobleme auftreten. Beispielhaft sind in Tabelle 3.7 einige „Nahrungsmittel" aufgeführt.

Tabelle 3.7 Akuttoxizitäten einiger Lebensmittel.

Stoff	LD_{50} [mg/kg]
Trinkwasser	200000
„destilliertes Wasser"	15000
Ethanol	5000
Kochsalz	3000

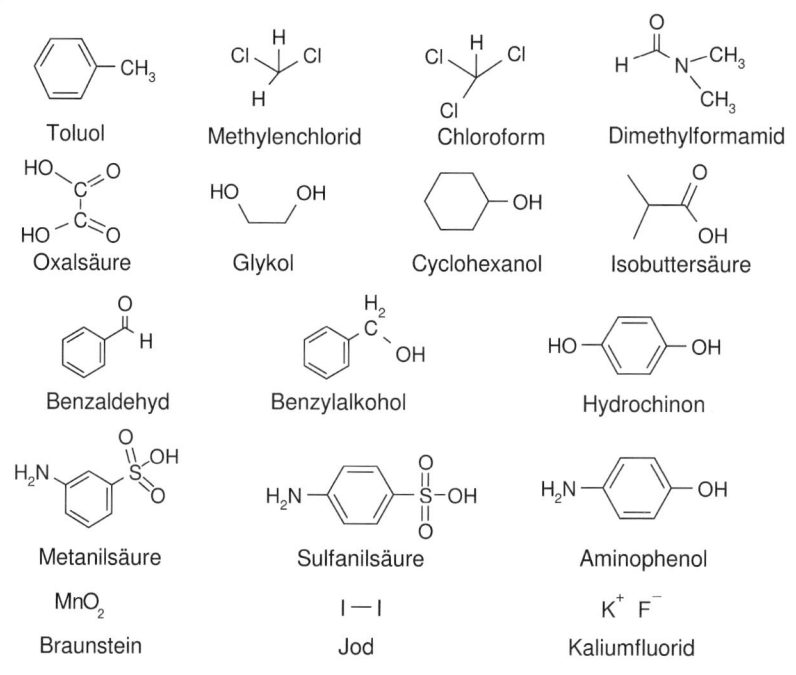

Abb. 3.4 Beispiele gesundheitsschädlicher Stoffe.

Toluol, Methylenchlorid, Chloroform, Dimethylformamid, Oxalsäure, Glykol, Cyclohexanol, Isobuttersäure, Benzaldehyd, Benzylalkohol, Hydrochinon, Metanilsäure, Sulfanilsäure, Aminophenol, Braunstein (MnO_2), Jod ($I-I$), Kaliumfluorid ($K^+\ F^-$)

Werden bei einmaliger Verabreichung des Stoffes in der Größenordnung der in Tabelle 3.6 genannten Dosen irreversible Gesundheitsschäden ausgelöst (keine kanzerogenen, erbgutverändernden oder fortpflanzungsgefährdenden Effekte), so muss eine Kennzeichnung mit dem R 68 erfolgen.

> **R 68/...:** Irreversibler Schaden möglich

Künftig wird der R 68 zusätzlich noch zur Kennzeichnung einer möglichen erbgutverändernden Wirkung benutzt (siehe Abschnitt 3.1.2.4); zur Unterscheidung von diesen muss die Angabe des kritischen Aufnahmeweges mit einem der R-Sätze 20, 21 oder 22 kombiniert werden, z. B.

R 68/21/22: Gesundheitsschädlich: Möglichkeit irreversiblen Schadens bei Berührung mit der Haut und durch Verschlucken

Bisher wurden von der EU nach Anhang I der Stoffrichtlinie noch keine Stoffe mit dem R 68/... eingestuft, er dient bisher nur für die Selbsteinstufung von Herstellern oder Inverkehrbringern.

Bei eindeutigen funktionellen Störungen oder morphologischen Veränderungen von toxikologischer Bedeutung von Stoffmengen in der Größenordnung, wie in Tabelle 3.8 aufgeführt, bei subakuter oder subchronischer Verabreichung

Tabelle 3.8 Einstufung als gesundheitsschädlich auf Grund subchronischer oder subakuter Eigenschaften.

Aufnahmeweg	Subakut	Subchronisch
oral	50 mg/kg/Tag	150 mg/kg/Tag [a]
dermal	100 mg/kg/Tag	300 mg/kg/Tag [a]
inhalativ	0,25 mg/L, 6 h/Tag	0,75 mg/L, 6 h/Tag [b]

[a] Substanzmenge in Milligramm pro Kilogramm Körpergewicht des Tieres pro Tag
[b] Substanzmenge in Milligramm pro Liter Atemluft, sechsstündige Exposition pro Tag

muss eine Einstufung als „gesundheitsschädlich" erfolgen. Zur Kennzeichnung ist R 48 in Kombination mit den R-Sätzen 20, 21 oder 22 zur Angabe des kritischen Aufnahmeweges zu benutzen, z. B.

R 48/20: Gesundheitsschädlich: Gefahr ernster Gesundheitsschäden bei längerer Exposition durch Einatmen

Nach der EU-Stoffliste [33] sind entsprechend eingestuft: *Amitrol* (R 48/22), *Arsin* (R 48/20), *Bleidiacetat* (R 48/22), *But-2-in-1,4-diol* (R 48/22), *Chlormethan* (R 48/20), *Dinitrophenol* und *-toluol* (R 48/22) oder *Diphenylether* (R 48/21/22).

Flüssige Stoffe, die auf Grund ihrer niedrigen Viskosität beim Verschlucken durch eine Resorption der Dämpfe in den Atemtrakt (Aspirationsgefahr) Lungenschäden verursachen können, sind mit R 65 zu kennzeichnen und werden als gesundheitsschädlich eingestuft.

> **R 65:** Gesundheitsschädlich: Kann beim Verschlucken Lungenschäden verursachen

Diese Kriterien treffen in erster Linie auf aliphatische, cyclische und aromatische Kohlenwasserstoffe zu. Die folgenden Stoffe sind gemäß Anhang I der Stoffrichtlinie [33] entsprechend eingestuft:
- *Cyclo-* und *Methylcyclohexan*
- *Heptan*
- *n-Hexan*
- *Isopentan* und *n-Pentan*
- *Isopropyl-* und *n-Propylbenzol*
- *Octan*
- *Terpentinöl*

3.1.1.4 Ätzend

„Ätzende" Stoffe zerstören die Haut in ihrer gesamten Dicke (Hautnekrose). Man unterscheidet auf Grund der stark variierenden ätzenden Wirkung stark ätzende und ätzende Stoffe.

Trotz der sich deutlich unterscheidenden ätzenden Wirkung wird für ätzende und stark ätzende Stoffe das gleiche Gefahrensymbol verwendet. Die Definition dieser beiden Eigenschaften sowie die zugehörigen R-Sätze lauten:

Ätzend

- **ätzend:** Hautzerstörung innerhalb von 4 Stunden Einwirkungszeit $\Rightarrow$ R 34
- **stark ätzend:** Hautzerstörung innerhalb von 3 Minuten Einwirkungszeit $\Rightarrow$ R 35

> **R 34:** Verursacht Verätzungen
> **R 35:** Verursacht schwere Verätzungen

Typische Vertreter stark ätzender Stoffe sind die anorganischen Säuren (*Schwefelsäure*, *Salpetersäure*) und Laugen (*Natronlauge*, *Kalilauge*, siehe Abbildung 3.5). Während die wasserfreien Halogenwasserstoffe stark ätzend wirken, sind die entsprechenden Säuren in Wasser nur noch ätzend. Die meisten organischen Säu-

Schwefelsäure Salpetersäure Fluorwasserstoff Ameisensäure

Essigsäure Trichloressigsäure Triethylamin

Natriumhydroxid Kaliumhydroxid

Abb. 3.5 Ätzende Verbindungen mit R 35 gemäß EU-Einstufung [33].

ren, wie z. B. *Ameisensäure*, sind nur als hochkonzentrierte Säuren stark ätzend, in Konzentrationen unter 90% sind sie demgegenüber üblicherweise als ätzend (R 34) zu kennzeichnen. Durch Halogenaktivierung kann die ätzende Wirkung vieler organischer Säuren so stark erhöht werden, dass bereits ab 10% eine stark ätzende Wirkung (*Trichloressigsäure*) resultiert (siehe Abbildung 3.5).

Flusssäure und insbesondere flüssiger *Fluorwasserstoff* vermögen die Haut extrem stark zu zerstören; Verätzungen mit Fluorwasserstoff heilen äußerst langsam. Viele *organische Amine* reagieren ebenfalls als reine Stoffe ätzend auf der Haut (siehe Abbildung 3.6).

Die ätzende Wirkung von Stoffen ist eindeutig mit dem pH-Wert korreliert.

Bei einem pH-Wert
- unterhalb: pH = 2 und
- oberhalb: pH = 11,5

ist mit einer ätzenden Reaktion zu rechnen.

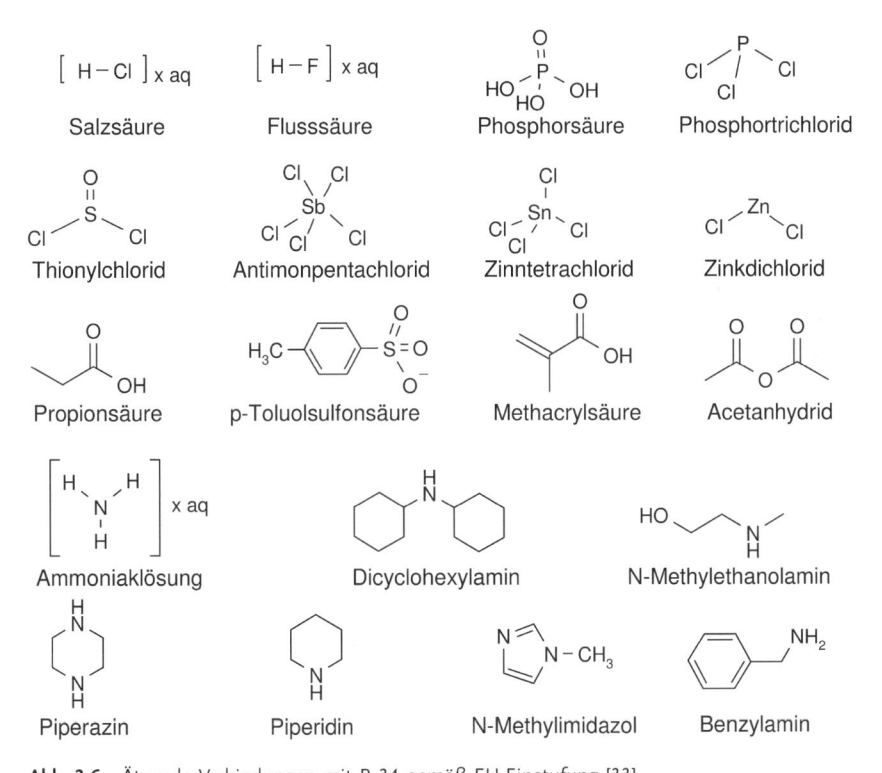

Abb. 3.6 Ätzende Verbindungen mit R 34 gemäß EU-Einstufung [33].

> Grundsätzlich ist bei ätzenden Stoffen nicht nur von einer dermalen, sondern auch von einer Ätzwirkung am Auge und an den Atmungsorganen auszugehen!

Aus Gründen des Tierschutzes sind tierexperimentelle Untersuchungen auf das unbedingt notwendige Maß zu beschränken. Auch wenn nur eine dermale Ätzwirkung festgestellt und keine inhalative Wirkung geprüft wurde, sollte aus Gründen der Prävention stets auch eine analoge Wirkung an anderen Organen unterstellt werden.

Stoffe mit ätzenden Eigenschaften müssen aus den vorweg genannten Gründen nicht mehr zwangsläufig auf akut toxische Wirkung untersucht werden. Auf Grund der ätzenden Wirkung sollte stets von einer hohen inhalativen Toxizität ausgegangen werden, falls keine gegenteiligen Erkenntnisse vorliegen. Man sollte stets von einer Wirkung analog giftiger Stoffe ausgehen!

> Generell gilt: Die ätzende Wirkung von alkalischen Stoffen ist stärker als die von Säuren.

3.1.1.5 Reizend

Stoffe werden als **„reizend"** eingestuft, wenn sie nach maximal vierstündiger Einwirkungsdauer auf die Haut eine Entzündung hervorrufen, die mindestens 24 Stunden anhält. Unter Entzündung wird eine deutliche Rötung der Haut verstanden. Während der Nachbeobachtungszeit bildet sich die Reizwirkung wieder zurück, sie stellt somit eine reversible Körperreaktion dar. Die ätzende Wirkung ist demgegenüber eine irreversible Schädigung, die sich innerhalb der Nachbeobachtungszeit nicht wieder zurückbildet. Erst nach einem Heilungsprozess kann wieder gesunde Haut entstehen. Die Kriterien für „Entzündung" sind den Einstufungsrichtlinien der EU zu entnehmen.

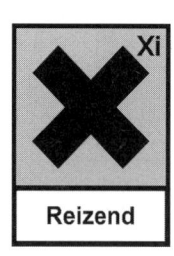

Je nach Wirkort wird unterschieden zwischen Reizung
- der Haut,
- der Augen oder
- der Atemwege.

Tabelle 3.9 Ätzende Wirkung in Abhängigkeit der Basen-/Säurestärke [33].

Ätzender Stoff	Stark ätzend	Ätzend	Reizend
Schwefelsäure	> 15 %		5–15 %
Salzsäure		> 25 %	10–25 %
Essigsäure	> 90 %	25–90 %	10–25 %
Propionsäure		> 25 %	10–25 %
Natronlauge	> 5 %	2–5 %	0,5–2 %

Zur Feststellung der **dermalen Reizwirkung** dient als „Versuchshaut" die frisch rasierte Kaninchenhaut. Diese äußerst empfindliche Tierhaut führt bereits bei Stoffen zu einer Reizung, bei der die normal empfindliche menschliche Haut keine Reaktion zeigt. Durch die Wahl dieses äußerst empfindlichen Versuchsorgans soll auch Kindern sowie älteren oder besonders empfindlichen Menschen Rechnung getragen werden.

Verdünnte Säuren und Laugen haben nur noch reizende Eigenschaften. Mit abnehmender Säure-/Basenstärke verschiebt sich der Bereich der reizenden Wirkung zu höheren Konzentrationen (siehe Tabelle 3.9).

Viele schwache *organische Säuren, Säureanhydride* und *Laugen* haben nur noch reizende Eigenschaften. Weiterhin sind einige *Acrylate, Alkohole* und *Amine* zu nennen. Bei dermaler Reizwirkung ist R 38 zu verwenden.

> **R 38:** Reizt die Haut

Verursachen Stoffe und Zubereitungen bei 72-stündiger Exposition im Auge eine Hornhauttrübung, Regenbogenhautentzündung, Bindehautrötung oder eine Bindehautschwellung, so werden sie als am Auge reizend bezeichnet. Je nach Augenreizung wird unterschieden:

> **R 36:** Reizt die Augen
> **R 41:** Gefahr ernster Augenschäden

Vermögen Stoffe und Zubereitungen auf Grund praktischer Erfahrungen beim Menschen (am Arbeitsplatz) die Atmungsorgane zu reizen, ist eine Kennzeichnung mit R 37 notwendig:

> **R 37:** Reizt die Atmungsorgane

3.1.1.6 Sensibilisierend

Bei sensibilisierenden Stoffen muss zwischen **Atemwegsallergenen** und **Hautallergenen (Kontaktallergenen)** unterschieden werden. Sie werden sowohl mit verschiedenen R-Sätzen als auch mit unterschiedlichen Gefahrensymbolen gekennzeichnet.

Atemwegsallergene werden mit dem R 42 und dem Gefahrensymbol Xn gekennzeichnet. Obwohl die Eigenschaften „gesundheitsschädlich" und „sensibilisierend" vollkommen unabhängig sind, muss für das Gefahrensymbol **Xn** die Gefahrenbezeichnung **„gesundheitsschädlich"** benutzt werden.

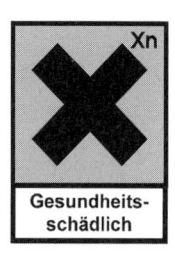

Da die Auslösung einer Hautallergie als weniger gefährlich als die Atemwegssensibilisierung angesehen wird, werden Kontaktallergene mit dem R 43 und dem Gefahrensymbol **Xi** mit der Gefahrenbezeichnung **„reizend"** gekennzeichnet.

R 42:	Sensibilisierung durch Einatmen möglich
R 43:	Sensibilisierung durch Hautkontakt möglich

Formaldehyd, Glutaraldehyd und viele *Alkylacrylate* sind klassische Vertreter der Kontaktallergene (Hautallergene). Abbildung 3.7 zeigt die wichtigsten Kontaktallergene im Überblick. Abbildung 3.8 fasst die wichtigsten Atemwegsallergene zusammen, die bislang von der Europäischen Union entsprechend eingestuft wurden (R 42). Als typische Atemwegsallergene sind *Phthalsäureanhydrid* sowie die meisten *Isocyanate* zu nennen.

3.1.1.7 Sonstige toxische Eigenschaften

Eingestufte Stoffe können auf Grund vorliegender Erfahrungen beim Menschen oder durch geeignete Tierversuche mit den folgenden R-Sätzen zusätzlich gekennzeichnet werden:

3.1 Gefährliche Stoffeigenschaften | 83

> **R 66:** Wiederholter Kontakt kann zu spröder oder rissiger Haut führen
> **R 67:** Dämpfe können Schläfrigkeit und Benommenheit verursachen

Stoffe oder Zubereitungen, auf die nur diese Eigenschaften zutreffen, sind nicht als gefährliche Stoffe bzw. Zubereitungen einzustufen. Von der EU wurde den folgenden Stoffen der R-Satz R 66 zugeordnet: *Aceton, Butanon-2, n-, 2- und tert-Butylacetat, Cyclohexan, Diisopropylether, Di-n-propylether, Ethyl-, Isobutyl,- Isopropyl-, Methyl-, Pentyl- und Propylacetat, Isopentan, 1-, 2- und 3-Methylbutylacetat, Pentanon-3*.

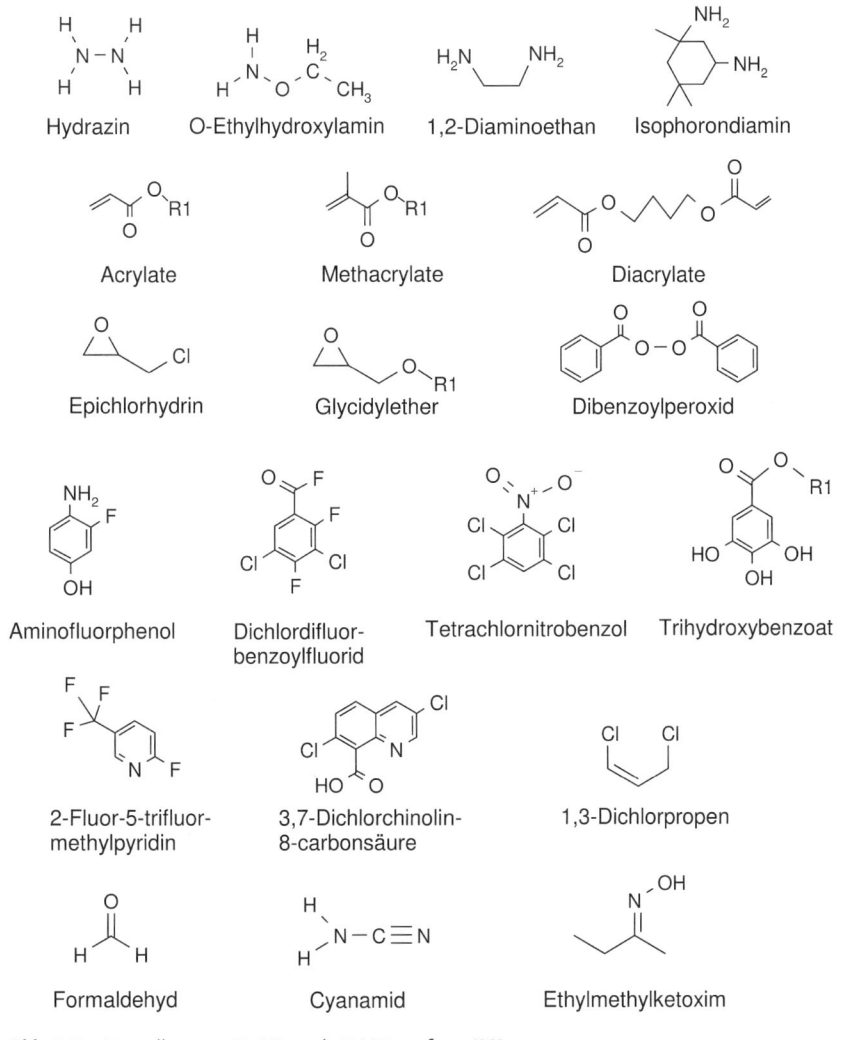

Abb. 3.7 Hautallergene (R 43) nach EU-Einstufung [33].

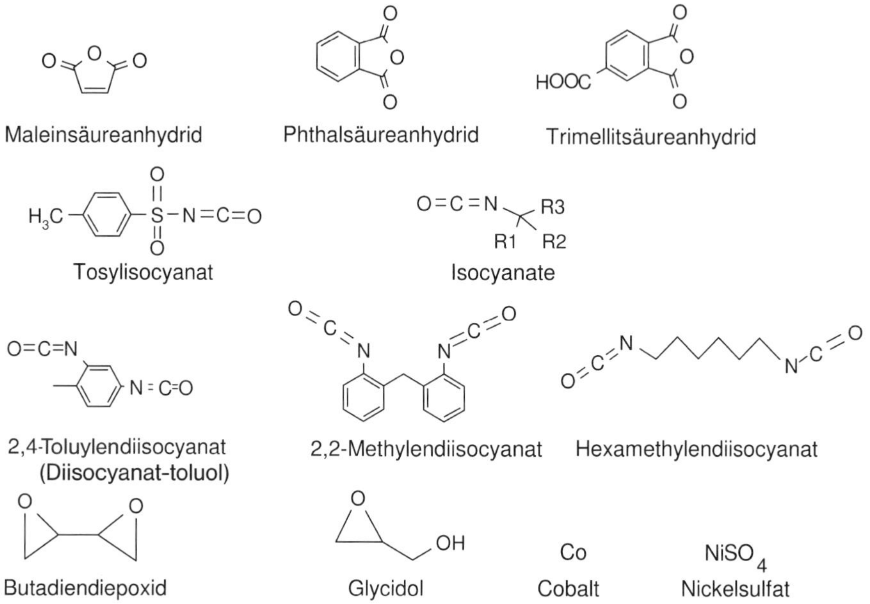

84 | *3 Einstufung und Kennzeichnung von Stoffen und Zubereitungen*

Abb. 3.8 Atemwegsallergene (R 42) nach EU-Einstufung [33].

Beispiele für Stoffe mit R 67: *Aceton, n-, 2-* und *iso-Butanol, Butanon-2, n-Butylacetat, Diiso-* und *Di-n-propylether, Ethylacetat, Heptan, Hexan, Hexan-2-on, Isopentan, Isopropylacetat* und *-formiat, Methylacetat, Octan, n-Pentan, Pentan-3-on, 2-Propanol, Propylacetat.*

3.1.2
Spezielle toxische Eigenschaften

3.1.2.1 Einstufungsprinzip der EU
Zur Einstufung krebserzeugender, erbgutverändernder und fortpflanzungsgefährdender Wirkung von Stoffen benutzt die Europäische Union die Einteilung in die Kategorien 1, 2 und 3.

Im Folgenden wird unter „Eigenschaft" entweder eine krebserzeugende, erbgutverändernde oder fortpflanzungsgefährdende Wirkung verstanden. Im Fachjargon werden sie als „cmr-Eigenschaften" bezeichnet:

c: kanzerogen ⇒ krebserzeugend
m: mutagen ⇒ erbgutverändernd
r: reproduktionstoxisch ⇒ fortpflanzungsgefährdend

> **Kategorie 1:** Stoffe, die beim Menschen erfahrungsgemäß diese Eigenschaft haben.

Diese Daten basieren in erster Linie auf epidemiologischen Untersuchungen und Erfahrungen am Arbeitsplatz. Auf Grund der heutigen arbeitshygienischen Verhältnisse haben epidemiologische Erkenntnisse zunehmend an Bedeutung verloren. Ferner können bei kleinen Exponiertengruppen nur schwer Hinweise auf eindeutige Wirkungen am Menschen abgeleitet werden. Aus diesen Gründen haben die Ergebnisse aus Tierversuchen zunehmend an Bedeutung für den Arbeitsschutz gewonnen.

> **Kategorie 2:** Stoffe, die bislang nur im Tierversuch diese Eigenschaft gezeigt haben. Eine Übertragbarkeit auf den Menschen muss unterstellt werden.

Diese Stoffe haben in tierexperimentellen Untersuchungen diese Eigenschaft gezeigt. Auf Grund der Expositionsverhältnisse im Tierversuch wird eine Übertragbarkeit auf den Menschen für wahrscheinlich angesehen. Entsprechende Effekte konnten beim Menschen bislang jedoch noch nicht nachgewiesen werden. Nicht unerwähnt sollen die Grenzen der Tierexperimente bleiben. Trotz verfeinerter Untersuchungsmethoden kann z. B. bei Partikeln eine kanzerogene Wirkung beim Menschen nicht mit absoluter Sicherheit ausgeschlossen werden, auch wenn im Inhalationsexperiment mit Nagern kein kanzerogener Effekt festgestellt wurde. Die Ursache ist u. a. im unterschiedlichen Abscheideverhalten von Tier und Mensch gegenüber Partikeln zu suchen (siehe Abschnitt 2.1.10). Beispielhaft seien Holzstäube erwähnt, die im Tierversuch kein Krebsrisiko gezeigt haben, trotz eines eindeutigen kanzerogenen Potenzials beim Menschen.

> **Kategorie 3:** Stoffe, für die Verdachtsmomente für diese Eigenschaft vorliegen.

Die Qualität dieser Verdachtsmomente ist äußerst unterschiedlich. Dies hat bei den krebserzeugenden Stoffen zu einer Aufspaltung dieser Kategorie in zwei Untergruppen geführt, um den vorliegenden Erkenntnissen gerecht zu werden.

Die Einstufungen der deutschen „MAK-Kommission" in Bezug auf diese Eigenschaften unterscheiden sich z. T. erheblich von den EU-Kategorien und werden in den entsprechenden Abschnitten mitdiskutiert. Künftig werden alle nationalen Einstufungen, unabhängig vom europäischen Land, deutlich an Bedeutung verlieren. Lediglich für eine Übergangszeit bis zur verbindlichen Einstufung durch die EU werden diese noch Bestand haben.

3.1.2.2 Fortpflanzungsgefährdend

Das Gefährlichkeitsmerkmal „fortpflanzungsgefährdend" (Fachausdruck: reproduktionstoxisch) umfasst zwei unabhängige Eigenschaften:

1. Stoffe, die die Entwicklung des ungeborenen Lebens schädigen (Entwicklungsschädigung) $\Rightarrow$ Symbol R_E

2. Stoffe, die die Fruchtbarkeit beeinträchtigen (Fortpflanzungsschädigung)
   $\Rightarrow$ Symbol R_F

Die Einteilung in die Kategorien 1 bis 3 folgt den allgemeinen Grundsätzen gemäß Abschnitt 3.1.2.1.

Entwicklungsschädigend

Stoffe werden von der EU-Kommission [32] als reproduktionstoxisch eingestuft, wenn sie in Mengen eine Entwicklungsschädigung hervorrufen, bei denen das Muttertier noch nicht geschädigt wird, d.h. wenn kein maternaltoxischer Effekt vorliegt. Höhere Dosierungen als die

> Grenzkonzentration von 1000 mg/kg (oral)

sollten normalerweise nicht angewendet werden, da solche Mengen üblicherweise den Verhältnissen beim Menschen nicht entsprechen. Nur in Ausnahmefällen führen Entwicklungsschäden oberhalb dieser Grenzdosierung zur Einstufung in Kategorie 2. In erster Linie sind nur solche Effekte heranzuziehen, bei denen keine maternale (mütterliche) Toxizität vorliegt. Die Einteilung in die Kategorien 1 bis 3 folgt dem allgemeinen Schema (siehe Abschnitt 3.1.2.1); als „Eigenschaft" sind in diesem Zusammenhang Entwicklungsschädigungen zu betrachten. Nähere Informationen zur Toxikologie finden Sie in Abschnitt 2.1.6.

> **Kategorie 1:** Stoffe, die beim Menschen bekanntermaßen entwicklungsschädigend sind.
> **Kategorie 2:** Stoffe, die auf Grund von Tierversuchen als entwicklungsschädigend angesehen werden sollten.
> **Kategorie 3:** Stoffe mit Verdacht auf entwicklungsschädigende Wirkung.

Stoffe, die als entwicklungsschädigend der Kategorie 1 und 2 eingestuft sind, werden mit dem Gefahrensymbol **T** und der Gefahrenbezeichnung „**giftig**" gekennzeichnet. Zur Unterscheidung von den akut toxischen Eigenschaften wird der R-Satz 61 benutzt.

In Abbildung 3.9 sind Stoffe der Kategorie 1 zusammengefasst (Kategorie 1, $R_E = 1$), eine Auswahl von Stoffen der Kategorie 2 findet sich in Abbildung 3.10.

> R 61: Kann das Kind im Mutterleib schädigen

Weisen die vorliegenden toxikologischen Studien methodische Mängel auf oder können die gefundenen Effekte nicht klar von unspezifischen Einflüssen getrennt werden, ist eine Einstufung in Kategorie 3 vorzunehmen.

Bleiverbindungen

Tribleibis(orthophosphat)

n = 2: Bleidiacetat
n = 4: Bleitetraacetat

Blei(II)methansulfonat

PbCrO$_4$
Bleichromat

Bleiazid

Sonstige Verbindungen

Methylquecksilber

Warfarin

Abb. 3.9 Entwicklungsschädigende Stoffe der Kategorie 1 [33].

Dinitrophenole

Dinoseb

Dinoterb

Glykolether

Ethylglykol

Methylglykol

Ethylglykolacetat

Methylglykolacetat

Sonstige Verbindungen

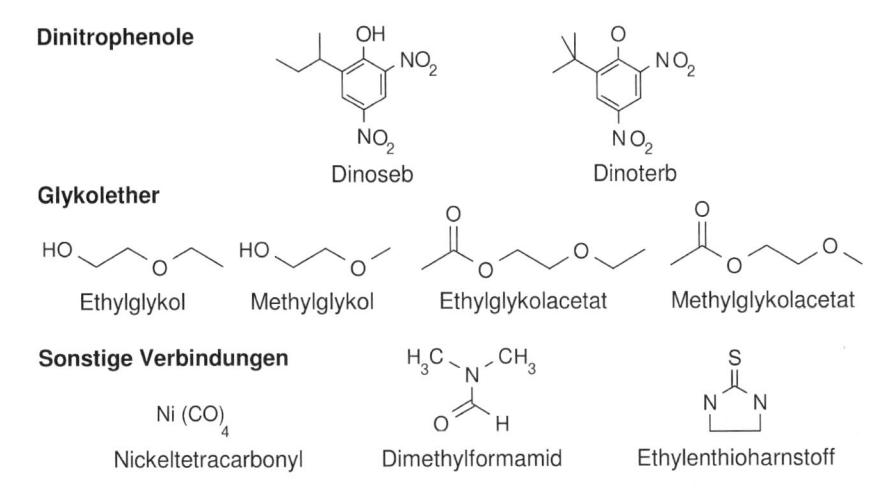

Ni(CO)$_4$
Nickeltetracarbonyl

Dimethylformamid

Ethylenthioharnstoff

Abb. 3.10 Entwicklungsschädigende Stoffe der Kategorie 2 [33].

Abb. 3.11 Entwicklungsschädigende Stoffe der Kategorie 3 [33].

Die Kennzeichnung dieser Verdachtsstoffe erfolgt mit dem Andreaskreuz **Xn** und der Gefahrenbezeichnung „**gesundheitsschädlich**". Zur Unterscheidung von den akut toxischen Eigenschaften wird der R-Satz 63 benutzt. Eine Auswahl von Stoffen der Kategorie 3 zeigt Abbildung 3.11.

R 63: Kann das Kind im Mutterleib möglicherweise schädigen

Ist eine Entwicklungsschädigung für den Säugling durch die Muttermilch auf Grund toxikokinetischer Untersuchungen oder tierexperimenteller Untersuchungen zu befürchten, erfolgt eine zusätzliche Kennzeichnung mit

R 64: Kann Säuglinge über die Muttermilch schädigen

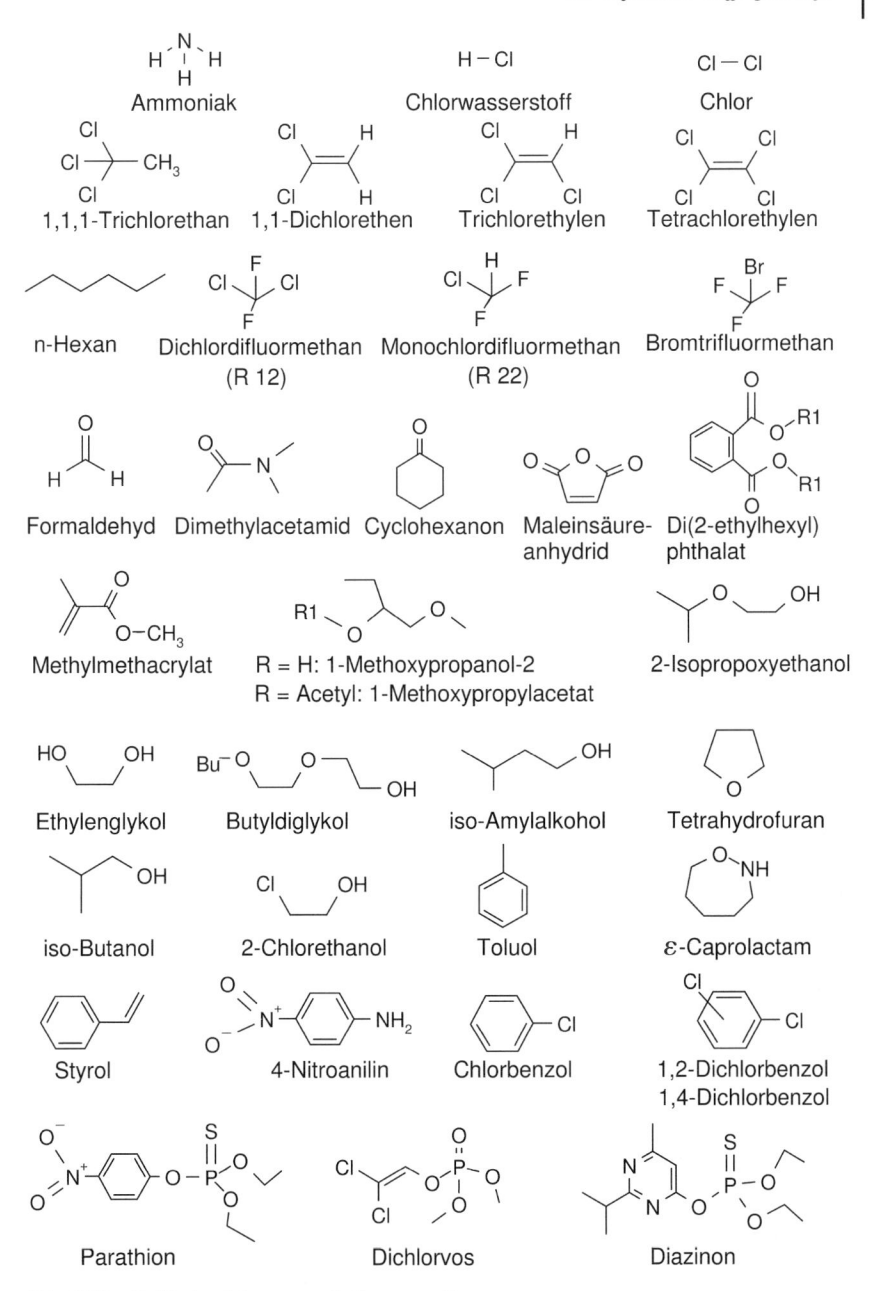

Abb. 3.12 Stoffe der Schwangerschaftsgruppe C.

Die deutsche MAK-Kommission [35] teilt seit vielen Jahren Arbeitsstoffe in Schwangerschaftsgruppen ein. Als Bezugsdosis wird im Gegensatz zur EU-Kommission nicht die Limitdosis von 1000 mg/kg gewählt, sondern der MAK-Wert. Näheres zum MAK-Wert findet sich in Abschnitt 4.3.3.

Die Einstufungskriterien der MAK-Kommission weichen von denen der EU ab, daher sind die Schwangerschaftsgruppen für die Einstufung unbedeutend geworden. Da sich die Schwangerschaftsgruppen als Bezugspunkt auf den MAK-Wert beziehen, sind sie für die Bewertung der Arbeitsplatzsituation weiterhin bedeutsam, insbesondere die Schwangerschaftsgruppe C.

> **Schwangerschaftsgruppe C:** Ein Risiko der Fruchtschädigung ist bei Einhaltung des MAK-Wertes nicht zu befürchten.

Stoffe der Schwangerschaftsgruppe C werden in der TRGS 900 in der Spalte „Bemerkungen" mit „Y" markiert. Bei Stoffen, die nicht in die Schwangerschaftsgruppe C eingestuft sind und somit in der TRGS 900 nicht die Kennung „Y" besitzen, ist eine Fruchtschädigung bei Einhaltung des MAK-Wertes nicht ausgeschlossen. Abbildung 3.12 gibt eine Auswahl der wichtigsten Chemikalien der Schwangerschaftsgruppe C wieder.

Nach wie vor ist gemäß Mutterschutz-Richtlinienverordnung eine Exposition schwangerer Frauen gegenüber Stoffen der Schwangerschaftsgruppe C, die als $R_E 1-3$ eingestuft sind, nicht zulässig, ungeachtet der eindeutigen wissenschaftlichen Erkenntnisse. Eine ausführliche Diskussion finden Sie in Abschnitt 6.5.

Fortpflanzungsschädigend

Stoffe, die auf Grund der Beeinträchtigung der Fruchtbarkeit als fortpflanzungsgefährdend eingestuft sind, werden zur Unterscheidung von den entwicklungsschädigenden Stoffen mit dem Kurzzeichen R_F charakterisiert. Zur Kennzeichnung von Stoffen der Kategorie 1 und 2 wird das Gefahrensymbol „T" mit der Gefahrenbezeichnung **„giftig"** benutzt. Die Einstufung als „reproduktionstoxisch" ist dem R-Satz 60 zu entnehmen. Abbildung 3.13 zeigt eine Auswahl der in die Kategorie 2 eingestuften Stoffe.

Giftig

> **R 60:** Kann die Fortpflanzungsfähigkeit beeinträchtigen

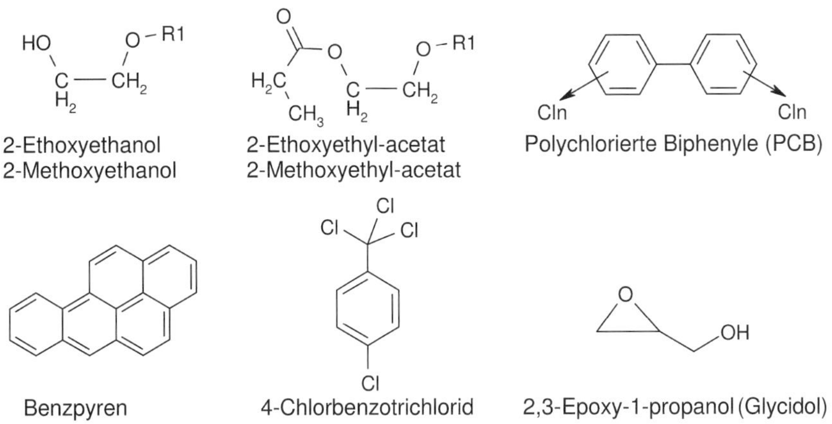

3.1 Gefährliche Stoffeigenschaften | 91

2-Ethoxyethanol
2-Methoxyethanol

2-Ethoxyethyl-acetat
2-Methoxyethyl-acetat

Polychlorierte Biphenyle (PCB)

Benzpyren

4-Chlorbenzotrichlorid

2,3-Epoxy-1-propanol (Glycidol)

Abb. 3.13 Fortpflanzungsschädigende Stoffe der Kategorie 2.

Tabelle 3.10 Fruchtbarkeitsgefährdende Stoffe [33].

Stoff	R_F	R_E
Bleiacetat	3	1
Bleidiacetat	3	1
Blei(II)methansulfonat	3	1
Tribleibis(orthophosphat)	3	1
Benzo[a]pyren	2	2
Benzo[d,e,f]chrysen	2	2
Glykolmonoethylether (Ethylglykol)	2	2
Ethylglykolacetat	2	2
Glykolmonomethylether (Methylglykol)	2	2
Methylglykolacetat	2	2
Dinoseb	3	2
Kohlendisulfid (Schwefelkohlenstoff)	3	3

Zahlreiche als fruchtbarkeitsschädigend eingestufte Stoffe (Kategorie $R_F = 1$ oder 2) sind auch als entwicklungsschädigend (R_E) eingestuft. Tabelle 3.10 gibt die entsprechenden Einstufungen wieder. Die Formeln können den Abbildungen 3.9, 3.10, 3.11, 3.13 sowie Abbildung 3.16 entnommen werden.

Abb. 3.14 Fortpflanzungsschädigende Stoffe der Kategorie 3.

Stoffe der Kategorie 3 werden mit dem Andreaskreuz **Xn**, der Gefahrenbezeichnung „**gesundheitsschädlich**" und zur Angabe der Einstufung mit R 62 gekennzeichnet. Die wichtigsten Stoffe der Kategorie 3 sind in Abbildung 3.14 abgebildet.

R 62: Kann die Fortpflanzungsfähigkeit möglicherweise beeinträchtigen

3.1.2.3 Krebserzeugend

Im Gegensatz zur Situation bei den reproduktionstoxischen Stoffen, bei denen zwischen entwicklungsschädigenden und fortpflanzungsschädigenden Stoffen unterschieden wird, können die Begriffe **kanzerogen** und **krebserzeugend** als Synonyme benutzt werden. Erläuternde Ausführungen zur Toxikologie von Tumoren, einschließlich der Krebsentstehung und Krebsursachen, finden Sie in Abschnitt 2.1.8.

Einstufungen der EU-Kommission
Die Einstufung der EU-Kommission [32] folgt streng dem in Abschnitt 3.1.2.1 erläuterten allgemeinen Einstufungsprinzipien.

> **Kategorie 1:** Stoffe, die beim Menschen bekanntermaßen krebserzeugend wirken.

Auf Grund vorliegender epidemiologischer Erfahrungen, primär von arbeitsmedizinischen Studien an Arbeitsplätzen, sind hinreichende Anhaltspunkte für einen Kausalzusammenhang zwischen der Exposition von Menschen gegenüber dem Stoff und der Entstehung von Krebs vorhanden. Für diese Stoffe gilt eine krebsauslösende Wirkung beim Menschen als erwiesen. Viele klassische Humankanzerogene sind mittlerweile in der Herstellung verboten und dürfen nur noch in Spuren in Verkaufsprodukten enthalten sein (*Benzidin, β-Naphthylamin, Asbest*) oder sind in ihrer Verwendung stark eingeschränkt (*Benzol*). Näheres zu den Verwendungsbeschränkungen auf Basis der Gefahrstoffverordnung wird in Kapitel 6, die Beschränkungen beim Inverkehrbringen auf Grund der Chemikalien-Verbotsverordnung [36] werden in Kapitel 7, besprochen.

Die chemischen Kanzerogene können auf Grund ihrer chemischen Struktur in Stoffgruppen unterteilt werden. Wie in Abschnitt 2.1.8.2 ausgeführt, sind für krebserzeugende Stoffe eindeutige Zielorgane bekannt; Tabelle 3.11 listet wichtige Stoffgruppen unter Angabe der jeweiligen Zielorgane auf.

Bekannte und wichtige Stoffe der Kategorie 1 sind Abbildung 3.15 zu entnehmen. Zur besseren Übersicht erfolgte die Einteilung gemäß Tabelle 3.11.

Tabelle 3.11 Kanzerogene Verbindungsklassen und ihre Zielorgane.

Stoffklasse	Zielorgane
Aromatische Kohlenwasserstoffe	Blut, Haut
Aromatische Amine	Harnwege
Epoxide, Verbindungen, die Epoxide bilden	mehrere
N-Nitrosamine	nicht bekannt
Elektrophile	Lunge
Sonstige Alkylierungsmittel	
Halogenkohlenwasserstoffe	Leber
Schwermetallverbindungen	Lunge
Mineralische Fasern	Lunge

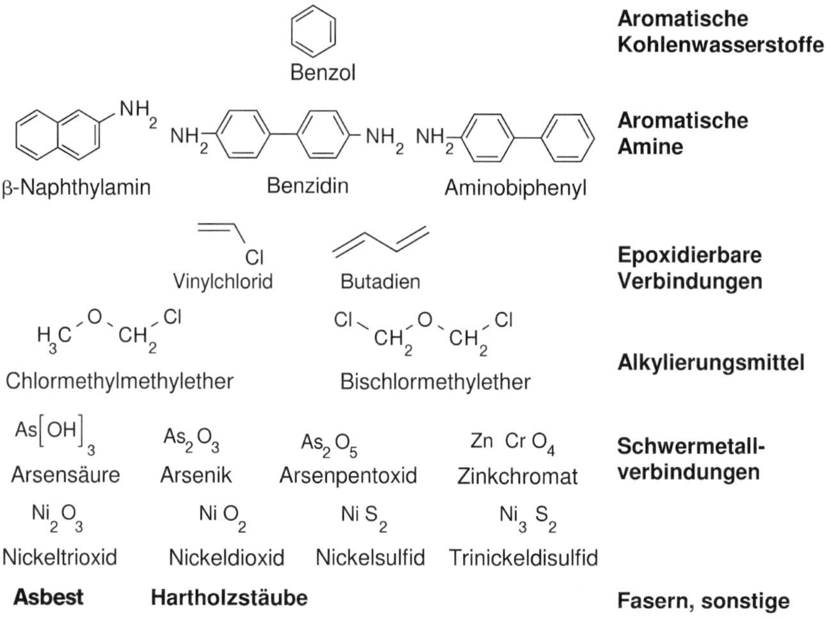

Aromatische Kohlenwasserstoffe

Benzol

Aromatische Amine

β-Naphthylamin, Benzidin, Aminobiphenyl

Epoxidierbare Verbindungen

Vinylchlorid, Butadien

Alkylierungsmittel

Chlormethylmethylether ($H_3C-O-CH_2-Cl$), Bischlormethylether ($Cl-CH_2-O-CH_2-Cl$)

Schwermetallverbindungen

$As[OH]_3$ Arsensäure, As_2O_3 Arsenik, As_2O_5 Arsenpentoxid, $ZnCrO_4$ Zinkchromat

Ni_2O_3 Nickeltrioxid, NiO_2 Nickeldioxid, NiS_2 Nickelsulfid, Ni_3S_2 Trinickeldisulfid

Fasern, sonstige

Asbest, Hartholzstäube

Abb. 3.15 Kanzerogene der Kategorie 1 gemäß Stoffliste der EU [33].

Stoffe der **Kategorie 1 und 2** werden mit dem Gefahrensymbol **T** mit der Gefahrenbezeichnung „giftig" und dem R-Satz 45 gekennzeichnet. Besteht die krebserzeugende Wirkung nur bei inhalativer Exposition, entweder als Staub, Dampf oder Rauch, so ist der R-Satz 49 zu benutzen. Eine Krebsgefahr durch Verschlucken oder Berührung mit der Haut muss hierbei ausgeschlossen sein. Bislang wird R 49 nur für Stäube angewendet, die ausschließlich Lungentumore auslösen. Die bekanntesten Beispiele sind *Asbest*, *Chromate* oder *Cadmiumchlorid*. Im üblichen Sprachgebrauch wird die Formulierung benutzt:

„Kann Krebs erzeugen in Form der atembaren Stäube"
(zur Definition atembare Stäube: siehe Abschnitt 2.1.10)

R 45: Kann Krebs erzeugen
R 49: Kann Krebs erzeugen beim Einatmen

Kategorie 2: Stoffe, die sich im Tierversuch als eindeutig krebserzeugend erwiesen haben.

Stoffe der Kategorie 2 haben sich bislang nur im Tierversuch als krebserzeugend erwiesen, aus Gründen des vorsorgenden Arbeitsschutzes werden sie in den

Schutzmaßnahmen den Humankanzerogenen gleichgestellt. Dank der heutigen arbeitshygienischen Verhältnisse sollten konsequenterweise keine arbeitsplatzbedingten Krebsfälle mehr auftreten.

Chemikalien der Kategorie 2 können Abbildung 3.16 entnommen werden. Aus Platzmangel und zur besseren Übersicht beschränkt sie sich auf wichtige Verbindungen von Industrie, Gewerbe und Forschung. Die Einteilung der Stoffe erfolgte zur besseren Übersichtlichkeit gemäß der Gliederung von Tabelle 3.11.

> **Kategorie 3:** Stoffe mit Verdacht auf krebsauslösende Wirkung.

Die Verdachtsstoffe werden in zwei Untergruppen eingeteilt, die der unterschiedlichen Ursachen und Datenlage Rechnung tragen. Leider wurden bislang die Stoffe der Kategorie 3 von der EU-Kommission noch nicht in die Untergruppen 3a und 3b eingeteilt. Es bleibt zu hoffen, dass diese hilfreiche Zusatzinformation bald für alle Verdachtsstoffe verfügbar sein wird.

> **Kategorie 3a:** Toxikologisch gut untersuchte Stoffe; auf Grund des schwachen krebsauslösenden Potenzials ist keine Einstufung in Kategorie 2 möglich.

Diese Stoffe vermögen nur bei sehr hohen Dosen, die die maximal verträgliche Dosis (MTD: maximal tolerierbare Dosis) deutlich überschreiten, Tumore auszulösen. Bei Überschreitung der MTD werden akut toxische Effekte beobachtet. Auf Grund von Zellzerstörung müssen Heilungsprozesse, d. h. Zellteilungen, zur Wiederherstellung der Körperfunktionen einsetzen. Wird durch permanente Reizung eine dauerhafte Zellteilung initiiert, können daraus (siehe Abschnitt 2.1.8) krebsauslösende Effekte resultieren.

Der Untergruppe 3a werden nur solche Stoffe zugeordnet, die eine eindeutige Wirkschwelle aufweisen, die kein genotoxisches Wirkpotenzial zeigen und bei denen die krebsauslösende Wirkung erst bei Konzentrationen oberhalb ihrer deutlich wahrnehmbaren Warnwirkung einsetzt. Deshalb ist am Arbeitsplatz unter vorschriftsmäßigen Bedingungen keine krebsauslösende Wirkung zu befürchten. Als exemplarische Stoffe der Kategorie 3a sind *Formaldehyd* und *Vinylacetat* zu nennen. Bei beiden Stoffen wurden im Tierversuch nur Tumore bei Konzentrationen mit starker Reizwirkung und damit einhergehender Gewebezerstörung beobachtet. Die krebsauslösende Wirkung kann auch in der Zellproliferation (Zellteilung) begründet sein, ausgelöst durch die Gewebezerstörung. Da diese Stoffe kein oder unter Arbeitsplatzbedingungen kein relevantes genotoxisches Potenzial besitzen, kann im Tierversuch eine Wirkschwelle experimentell ermittelt werden.

Bei Stoffen der Kategorie 3a kann ein toxikologisch begründeter Arbeitsplatzgrenzwert festgelegt werden, bei dem weder ein akut toxisches noch ein kanzerogenes Potenzial befürchtet werden müssen. Im heutigen Fachjargon werden

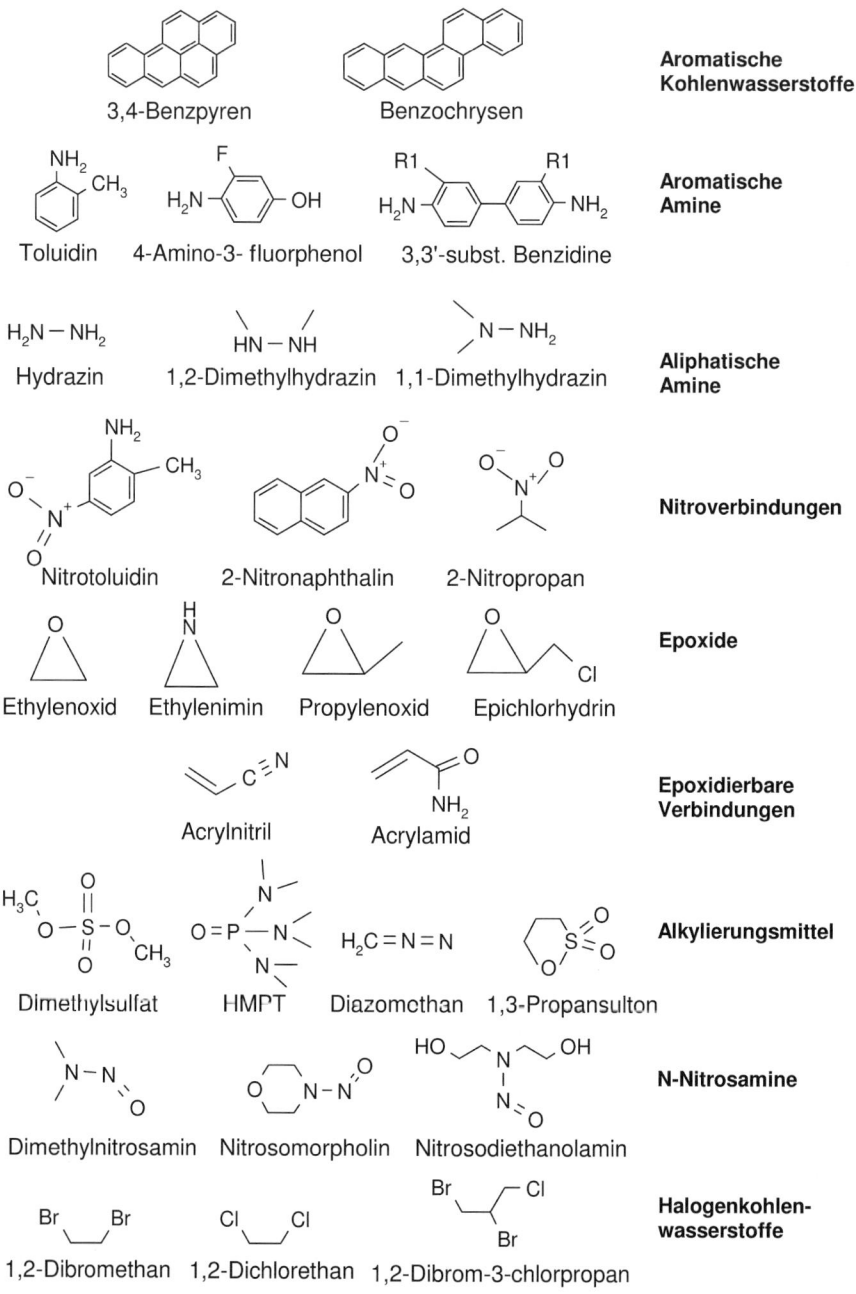

96 | *3 Einstufung und Kennzeichnung von Stoffen und Zubereitungen*

3,4-Benzpyren, Benzochrysen	**Aromatische Kohlenwasserstoffe**
Toluidin, 4-Amino-3-fluorphenol, 3,3'-subst. Benzidine	**Aromatische Amine**
Hydrazin, 1,2-Dimethylhydrazin, 1,1-Dimethylhydrazin	**Aliphatische Amine**
Nitrotoluidin, 2-Nitronaphthalin, 2-Nitropropan	**Nitroverbindungen**
Ethylenoxid, Ethylenimin, Propylenoxid, Epichlorhydrin	**Epoxide**
Acrylnitril, Acrylamid	**Epoxidierbare Verbindungen**
Dimethylsulfat, HMPT, Diazomethan, 1,3-Propansulton	**Alkylierungsmittel**
Dimethylnitrosamin, Nitrosomorpholin, Nitrosodiethanolamin	**N-Nitrosamine**
1,2-Dibromethan, 1,2-Dichlorethan, 1,2-Dibrom-3-chlorpropan	**Halogenkohlenwasserstoffe**

Abb. 3.16 Kanzerogene der Kategorie 2 nach EU-Einstufung [33].

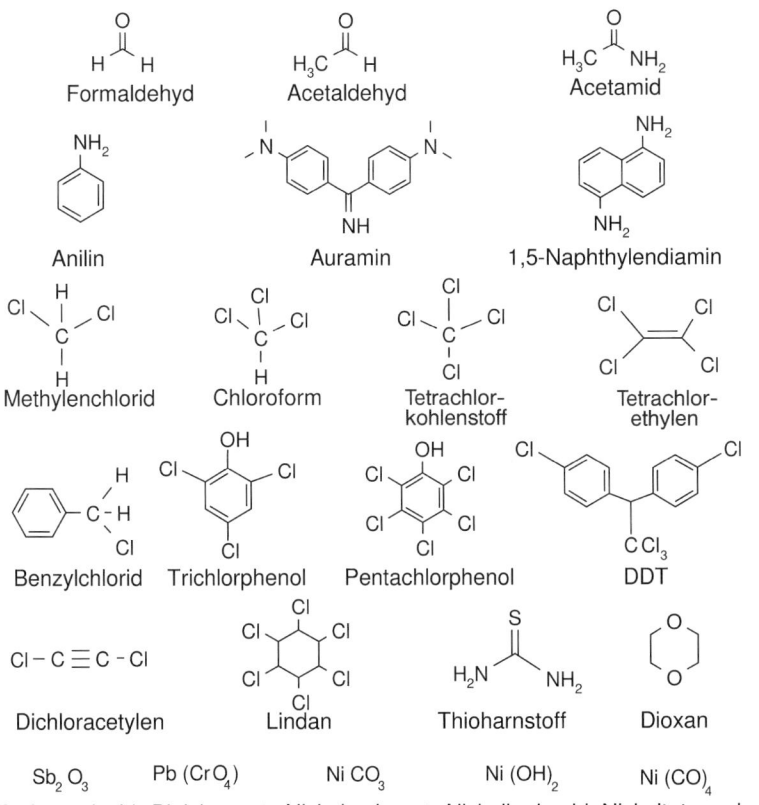

Abb. 3.17 Stoffe der Kategorie 3, krebserzeugend gemäß EU-Einstufung [33].

diese Stoffe als **Minimalkarzinogene** bezeichnet, die unter üblichen, vorschriftsmäßigen Bedingungen nicht krebsauslösend sind.

> **Kategorie 3b:** Stoffe, die noch nicht hinreichend untersucht sind.

Demgegenüber besteht bei Stoffen der Kategorie 3b noch erheblicher Klärungsbedarf. Die vorliegenden Untersuchungsergebnisse erlauben noch keine eindeutige Aussage; zur endgültigen Abklärung der krebserzeugenden Wirkung müssen weitere tierexperimentelle Untersuchungen durchgeführt werden. Grundsätzlich ist sowohl eine Umstufung nach Kategorie 2 als auch eine Herausnahme aus einer Krebskategorie denkbar, falls in weiteren Untersuchungen der Anfangsverdacht vollständig entkräftet werden kann. Stoffe der Kategorie 3 können Abbildung 3.17 entnommen werden.

Stoffe der **Kategorie 3**, sowohl der Kategorie 3a als auch 3b, werden mit dem Gefahrensymbol **Xn** (Andreaskreuz) und der Gefahrenbezeichnung „**gesundheitsschädlich**" gekennzeichnet. Zur Unterscheidung von den als akut „gesundheitsschädlich" eingestuften Stoffen ist R 40 zu benutzen.

Xn
Gesundheitsschädlich

R 40: Verdacht auf krebserzeugende Wirkung

Einteilung der „MAK-Kommission"
Die deutsche MAK-Kommission [35] hat die Einteilung krebserzeugender Stoffe seit 1998 um zwei weitere Kategorien erweitert. Während die Definition der Kategorien 1 bis 3 sich nicht von der EU unterscheidet, stellen die Kategorien 4 und 5 eine Erweiterung um Stoffe mit geringem krebserzeugendem Potenzial dar. Bei Einhaltung der MAK-Werte kann dieses krebserzeugende Potenzial als vernachlässigbar klein angesehen werden.

In **Kategorie 4** wurden bislang eingestuft:
- *Dioxan,*
- *Hexachlorbenzol,*
- *Lindan (γ-Hexachlorcyclohexan),*
- *Polyacrylsäure,* vernetzt,
- *Schwefelsäure,*
- *2,3,7,8-Tetrachlordibenzodioxin,*
- *Tetrachlormethan,*
- *Tri-n-butylphosphat* und
- *Trichlormethan (Chloroform).*

In **Kategorie 5** wurden bislang eingestuft:
- *Ethanol,*
- *Acetaldehyd* und
- *Styrol.*

Abbildung 3.18 fasst die Einteilung der MAK-Kommission kurz zusammen.

Einteilung nach TRGS 905
Die MAK-Kommission bewertet unabhängig von den Gremien der EU (siehe oben) ebenfalls bezüglich eines krebserzeugenden, erbgutverändernden oder ent-

Kategorie 1:	analog EU-Einstufung
Kategorie 2:	
Kategorie 3:	

Kategorie 4:
Nicht genotoxische Kanzerogene mit geringer Wirkungsstärke mit vernachlässigbarem Krebsrisiko beim MAK-Wert

Beispiele: Dioxan, Schwefelsäure, TCDD(Dioxin), Formaldehyd

Kategorie 5:
Genotoxische Kanzerogene mit geringer Wirkungsstärke mit vernachlässigbarem Krebsrisiko beim MAK-Wert

Beispiele: Ethanol, Acetaldehyd, Styrol

Abb. 3.18 Einteilung krebserzeugender Stoffe durch die MAK-Kommission.

wicklungsschädigenden Potenzials. Diese Stoffeinteilungen, eventuell ergänzt um Vorschläge anderer Gremien, werden in Deutschland im „Ausschuss für Gefahrstoffe", offiziell AGS abgekürzt, beraten. Gemäß § 21 Gefahrstoffverordnung [34] berät der AGS das Bundesministerium für Arbeit und Soziales (BMAS) in Fragen zu Gefahrstoffen.

Die wissenschaftliche Überprüfung auf Konformität zu den EU-Kriterien übernimmt im AGS künftig der Unterausschuss III „Stoffbewertung". Bevorzugt sollten noch nicht von der EU eingestufte Stoffe eingeteilt werden. Mittels eines Stoffdossiers ist eine einheitliche Einstufung in der EU anzustreben. Leider wurden (und werden) jedoch wiederholt Stoffe abweichend von der EU als krebserzeugend, erbgutverändernd oder fortpflanzungsgefährdend eingestuft. Die hieraus für die Praxis resultierenden Schwierigkeiten stellen für mittlere und kleinere Betriebe ein nicht mehr durchschaubares Problem dar.

Nach Verabschiedung durch den AGS werden diese Stoffeinteilungen in der TRGS 905 [21] veröffentlicht. Die Vorgaben der TRGS sind bei Stoffen mit abweichender Legaleinstufung (siehe Abschnitt 3.2.1) nicht für die Kennzeichnung, sondern nur für die Festlegung der Schutzmaßnahmen relevant. Eine ausführlichere Diskussion hierzu findet sich in Abschnitt 3.2.

3.1.2.4 Erbgutverändernd

Einstufungen der EU-Kommission
Stoffe werden als „erbgutverändernd" eingestuft, wenn sie grundsätzlich in der Lage sind, das Erbgut von Mensch oder Tier zu schädigen. Die Mechanismen, die zu einer Schädigung der Erbanlagen führen, unterscheiden sich nicht prinzipiell von denen vieler krebserzeugender Stoffe. Da die genotoxischen krebserzeugenden Stoffe die Erbanlagen der Körperzellen (somale DNS) schädigen, ist auch mit einer Schädigung der Keimzellen-DNS zu rechnen, wenn die Erbanlagen er-

reicht werden. Die Einstufung in die Kategorien 1 bis 3 entspricht den allgemeinen Grundsätzen gemäß Abschnitt 3.1.2.1.

> **Kategorie 1:** Stoffe, die beim Menschen bekanntermaßen erbgutverändernd sind.

Zur Einstufung in die **Kategorie 1** sind epidemiologische Untersuchungen über Mutationen beim Menschen erforderlich. Bislang konnte für keinen Stoff eine erbgutverändernde Wirkung beim Menschen nachgewiesen werden. Grundsätzlich ist der Nachweis erbgutverändernder Wirkung bei Menschen sehr schwierig. Da in der menschlichen Bevölkerung bereits eine große Anzahl von Erbkrankheiten mit höchst unterschiedlichen Ursachen auftreten, können durch Chemikalien ausgelöste erbgutverändernde Effekte nur schwer nachgewiesen werden [37]. Aus Untersuchungen der Strahlenopfer nach den Angriffen auf Hiroshima und Nagasaki 1945 in Japan kann geschlossen werden, dass die Wahrscheinlichkeit für Erbfehler beim Menschen als sehr klein anzusehen ist [37]. Bedingt durch die Prüfmechanismen bei der Zellteilung der befruchteten Eizelle nisten sich stark geschädigte Eizellen mit gravierenden Mutationen normalerweise nicht in die Gebärmutter ein (siehe Abschnitt 2.1.6).

> **Kategorie 2:** Stoffe, die auf Grund von Tierversuchen als erbgutverändernd angesehen werden sollten.

Stoffe der **Kategorie 1 und 2** werden mit dem Gefahrensymbol **T** („Totenkopf") und der Gefahrenbezeichnung **"giftig"** gekennzeichnet. Zur Unterscheidung von den akut toxischen Stoffen wird die Einstufung als erbgutverändernd mit dem R-Satz 46 ausgedrückt. Da bislang kein Stoff in die Kategorie 1 eingestuft wurde, ist R 46 gleichbedeutend mit Kategorie 2.

> **R 46:** Kann vererbbare Schäden verursachen

Zur Einstufung in Kategorie 2 werden aus Gründen des Tierschutzes und wegen experimenteller Schwierigkeiten keine vererbbaren Effekte an den Nachkommen untersucht. Die benötigte Tierzahl würde hierfür jegliches vertretbare Maß spren-

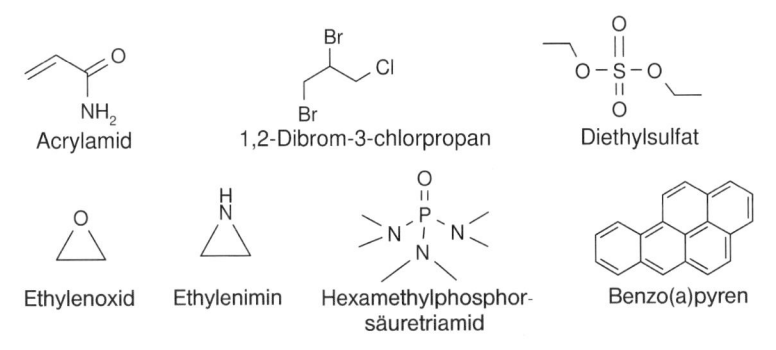

Acrylamid — **1,2-Dibrom-3-chlorpropan** — **Diethylsulfat**

Ethylenoxid — **Ethylenimin** — **Hexamethylphosphorsäuretriamid** — **Benzo(a)pyren**

Abb. 3.19 Erbgutverändernde Stoffe der Kategorie 2 nach EU-Einstufung.

gen. Alle Untersuchungen sind somit nur indirekte Beweise und zielen auf Veränderungen ab, die einen genetischen Schaden bei den Nachkommen vermuten lassen. Abbildung 3.19 zeigt eine Auswahl der Stoffe der Kategorie 2. Reichen die vorliegenden Untersuchungsergebnisse zur Einstufung in Kategorie 1 oder 2 nicht aus, erfolgt in der Regel Einstufung in Kategorie 3.

> **Kategorie 3:** Stoffe mit Verdacht auf erbgutverändernde Wirkung.

Zur Einstufung in **Kategorie 3** werden Untersuchungen zur Mutagenität an Somazellen von Säugern herangezogen. Werden lediglich Untersuchungen in vitro durchgeführt (d. h. in aller Regel Bakterientests, siehe Abschnitt 2.1.9), sind Untersuchungen an mindestens zwei Bakterienstämmen notwendig. Zur Einstufung in Kategorie 3 reicht nur ein positiver Mutagenitätstest in vitro („Ames-Test") in aller Regel nicht aus. Gemäß den Einstufungskriterien sind zusätzlich entweder
- Mutagenitätsuntersuchungen oder
- Untersuchungen zu DNS-Wechselwirkungen in vivo

notwendig.

Stoffe der **Kategorie 3**, werden mit R 68, dem Andreaskreuz **Xn** und der Gefahrenbezeichnung „**gesundheitsschädlich**" gekennzeichnet.

> **R 68:** Irreversibler Schaden möglich

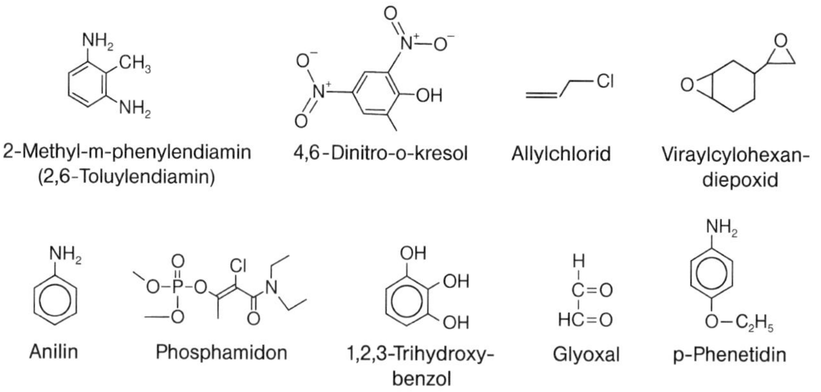

Abb. 3.20 Erbgutverändernde Stoffe der Kategorie 3 nach EU-Einstufung [33].

Für Stoffe, die bei einmaliger Verabreichung in Mengen, die für gesundheitsschädliche Stoffe festgelegt wurden, schwer wiegende, nicht letale Gesundheitsschäden auslösen, ist der R 68 ebenfalls zu verwenden. Der R 68 muss bei diesen zusätzlich mit der Angabe des Aufnahmeweges ergänzt werden (siehe Abschnitt 3.1.1.3), so dass eine eindeutige Unterscheidung von den erbgutverändernden Stoffen der Kategorie 3 gegeben ist. Abbildung 3.20 zeigt wichtige Stoffe der Kategorie 3.

Einstufungen der MAK-Kommission
Analog der Einstufung krebserzeugender Stoffe hat die deutsche MAK-Kommission die EU-Kategorien 1 bis 3 um die Kategorie 5 erweitert: Da erbgutverändernde Stoffe per definitionem ein genotoxisches Potenzial besitzen, ist eine analoge Festlegung von Kategorie 4 nicht möglich.

> **Kategorie 5:** Erbgutverändernde Stoffe mit einer so geringen Wirkungsstärke, dass beim MAK-Wert keine erbgutverändernde Wirkung befürchtet werden muss.

Mit der 43. Mitteilung der MAK-Kommission [35] wurde bislang lediglich *Ethanol*, *Acetaldehyd*, *Formaldehyd* in die Kategorie 5 eingeteilt, weitere Stoffeinstufungen sind angekündigt.

3.1.3
Umweltgefährliche Eigenschaften

Das Gefährlichkeitsmerkmal „umweltgefährlich" wurde erstmals 1992 mit der Richtlinie 92/32/EWG (7. Änderungsrichtlinie zur Rahmenrichtlinie 67/548 EWG [32]) eingeführt. Zur Charakterisierung von Stoffen, die die Umwelt schädigen können, ist das Gefahrensymbol „N" mit der Gefahrenbezeichnung **umweltgefährlich** zu benutzen. Das Symbol mit dem verdorrten Baum und dem toten Fisch soll auf die beiden hauptsächlichen Schutzgruppen hinweisen: auf Tiere und Pflanzen im Wasser und auf den Boden. Die Wirkung umweltgefährlicher Stoffe wird unterschieden nach den Auswirkungen im aquatischen und im nicht aquatischen System.

3.1.3.1 Wirkung auf Gewässer

Zur Prüfung der Wirkung auf aquatische Systeme werden die Toxizitäten auf Fisch, Daphnie (Wasserfloh) oder Alge herangezogen. Zur Bewertung der akuten Toxizität auf Fische wird die letale Konzentration LC_{50} herangezogen, bei der die Hälfte der Fische stirbt. Die Wirkung auf Daphnien erfolgt unter Angabe der Konzentration, bei der die Hälfte der Tiere einen spezifischen Effekt zeigt, z. B. Schwimmunfähigkeit oder Hemmung der Reproduktion (EC_{50}). Als Bewertungsgrundlage für Algen wird die Konzentration, bei der die Hälfte der Pflanzen einen Hemmeffekt zeigt (IC_{50}), benutzt. Tabelle 3.12 gibt die Konzentrationen für die Einstufung wieder. Die Dauer der Untersuchungen beträgt bei Fischen 96 Stunden, bei Daphnien 48 Stunden und bei Algen 72 Stunden.

Für die vorgenannten akuten Eigenschaften werden die folgenden R-Sätze benutzt:

R 50: Sehr giftig für Wasserorganismen
R 51: Giftig für Wasserorganismen
R 52: Schädlich für Wasserorganismen

Stoffe, die in Gewässern nur langsam abgebaut werden und ein toxisches Potenzial besitzen, werden mit R 53 gekennzeichnet. Exakte Definition und Ausführungen zum Abbauverhalten können den EU-Einstufungsrichtlinien [32] entnommen werden.

R 53: Kann in Gewässern längerfristig schädliche Wirkungen haben

---

Tabelle 3.12 Konzentrationsangaben für die akuten aquatischen Toxizitäten.

Einstufung	Fisch	Daphnie	Alge
sehr giftig	$LC_{50} \leq 1$ mg/L	$EC_{50} \leq 1$ mg/L	$IC_{50} \leq 1$ mg/L
giftig	1 mg/L $< LC_{50} \leq 10$ mg/L	1 mg/L $< EC_{50} \leq 10$ mg/L	1 mg/L $< IC_{50} \leq 10$ mg/L
schädlich	10 mg/L $< LC_{50} \leq 100$ mg/L	10 mg/L $< EC_{50} \leq 100$ mg/L	10 mg/L $< IC_{50} \leq 100$ mg/L

LC_{50}: Letal concentration: Letale Konzentration, bei der die Hälfte der Fische stirbt.
EC_{50}: Effective concentration: Konzentration, bei der die Hälfte der Untersuchungsobjekte einen spezifischen Effekt zeigt, z. B. Schwimmunfähigkeit, Hemmung der Reproduktion.
IC_{50}: Inhibitory concentration: Konzentration, bei der die Hälfte der Pflanzen oder Tiere einen Hemmeffekt zeigt, z. B. Hemmung des Wachstums.

Stoffe werden als **umweltgefährlich** eingestuft und mit dem Gefahrensymbol **N** gekennzeichnet, wenn sie entweder
- akut sehr giftig (R 50) für einen Wasserorganismus sind oder
- akut sehr giftig (R 50) und chronisch schädigend (R 53) wirken oder
- akut giftig (R 51) und chronisch schädigend (R 53) wirken.

Umweltgefährlich

Abbildung 3.21 zeigt eine Auswahl von Stoffen, die als sehr giftig für Wasserorganismen eingestuft wurden, wichtige giftige Stoffe sind in Abbildung 3.22 zusammengefasst. In Abbildung 3.23 sind Stoffe mit R 52 abgebildet. Da bislang nur die Einstufungskriterien für die aquatischen Toxizitäten festgelegt wurden, sind, bis auf wenige Ausnahmen, nur toxische Stoffe für Wasserorganismen enthalten.

Stoffe, die nur akut giftig und nicht zusätzlich schädlich für Wasserorganismen sind, werden nicht als umweltgefährlich eingestuft und somit nicht mit dem Gefahrensymbol N gekennzeichnet. Desgleichen werden für Wasserorganismen schädliche Stoffe, unabhängig von einer zusätzlichen längerfristigen Wirkung, nicht mit dem Gefahrensymbol N gekennzeichnet.

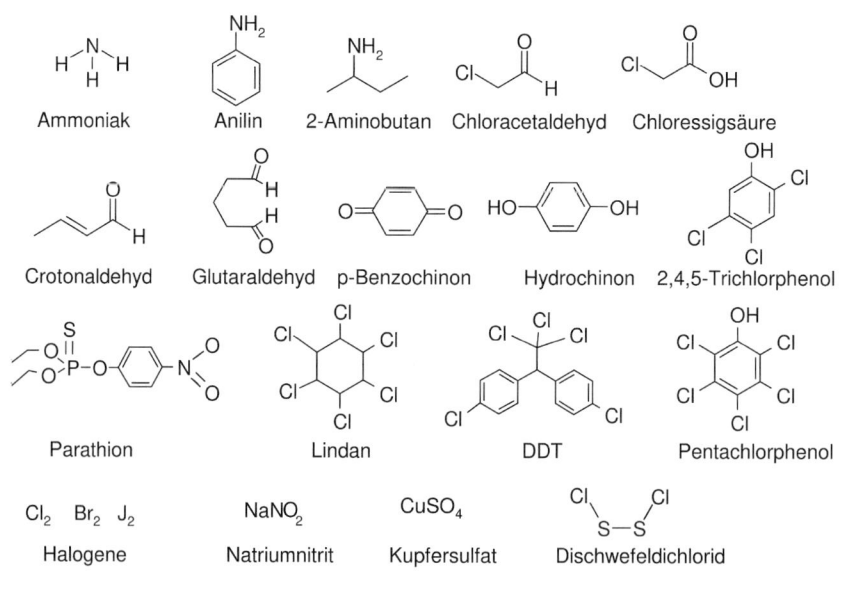

Abb. 3.21 Für Wasserorganismen sehr giftige Stoffe (R 50) nach EU-Einstufung [33].

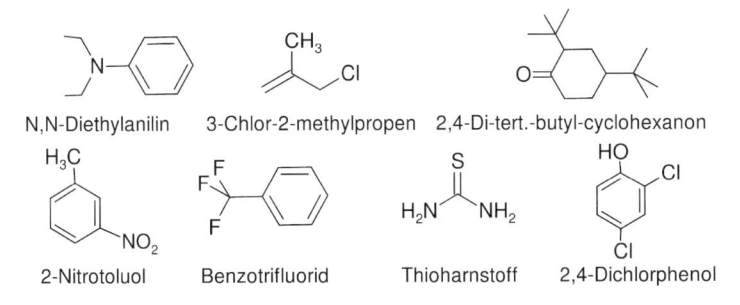

N,N-Diethylanilin 3-Chlor-2-methylpropen 2,4-Di-tert.-butyl-cyclohexanon

2-Nitrotoluol Benzotrifluorid Thioharnstoff 2,4-Dichlorphenol

Abb. 3.22 Für Wasserorganismen giftige Stoffe (R 51-53) nach EU-Einstufung [33].

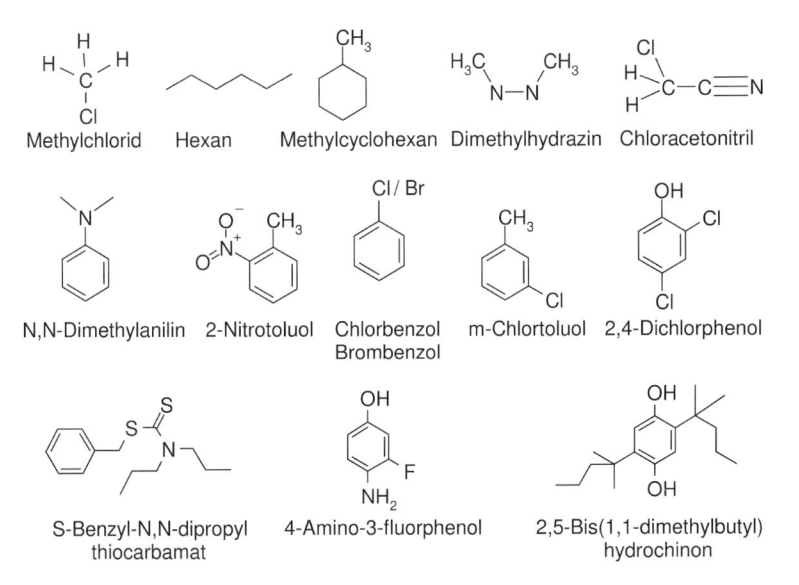

Methylchlorid Hexan Methylcyclohexan Dimethylhydrazin Chloracetonitril

N,N-Dimethylanilin 2-Nitrotoluol Chlorbenzol m-Chlortoluol 2,4-Dichlorphenol
                                   Brombenzol

S-Benzyl-N,N-dipropyl 4-Amino-3-fluorphenol 2,5-Bis(1,1-dimethylbutyl)
thiocarbamat   hydrochinon

Abb. 3.23 Stoffe mit längerfristiger schädlicher Wirkung auf Wasserorganismen (R 52-53) nach EU-Einstufung [33].

Die R-Sätze R 51 (ohne Kombination mit R 53), R 52 und R 53 werden nur bei Stoffen mit angegeben, die auf Grund anderer gefährlicher Eigenschaften bereits eingestuft wurden.

3.1.3.2 Nicht aquatische Umwelt
Auf Grund der Eigenschaften bezüglich der
- Toxizität,
- Persistenz,
- Akkumulierbarkeit und
- vorhergesagter oder beobachtbarer Umweltbelastung

in Bezug auf eine
- unmittelbare,
- längerfristige und
- später einsetzende Gefahr

für das natürliche Ökosystem werden die Stoffe gemäß den unten aufgeführten R-Sätzen zu kennzeichnen sein.

Die exakten Kriterien für die Auswahl der folgenden R-Sätze sind in der 7. Änderungsrichtlinie 92/32/EWG zur Rahmenrichtlinie [32] noch nicht festgelegt worden und deshalb im EU-Einstufungsleitfaden, Anhang VI der Richtlinie 67/548/EWG [32], noch nicht enthalten. Die R-Sätze 54 bis 57 werden zur Zeit noch nicht benutzt und sollen künftig auf eine Umweltgefährdung hinweisen.

Der Gefahrenhinweis R 58 weist auf eine kumulative Wirkung des Stoffes in der Umwelt hin. Diese Stoffe werden in der Umwelt nur sehr langsam abgebaut und werden als persistent bezeichnet. Stoffe, die eine Gefahr für die Struktur oder das Funktionieren der stratosphärischen Ozonschicht darstellen, werden mit dem R 59 gekennzeichnet. Die auf Grund nicht aquatischer Toxizitäten eingestuften Stoffe können Abbildung 3.24 entnommen werden.

R 54: Giftig für Pflanzen
R 55: Giftig für Tiere
R 56: Giftig für Bodenorganismen
R 57: Giftig für Bienen
R 58: Kann längerfristig schädliche Wirkungen auf die Umwelt haben
R 59: Gefährlich für die Ozonschicht

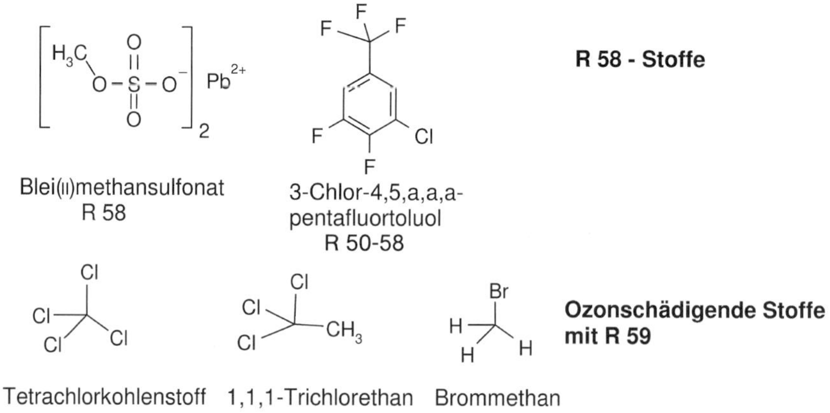

Blei(II)methansulfonat
R 58

3-Chlor-4,5,a,a,a-pentafluortoluol
R 50-58

R 58 - Stoffe

Tetrachlorkohlenstoff   1,1,1-Trichlorethan   Brommethan

Ozonschädigende Stoffe mit R 59

Abb. 3.24 Chronisch und ozonschädigende Stoffe nach [33].

3.1 Gefährliche Stoffeigenschaften | 107

3.1.4
Physikalisch-chemische Eigenschaften

3.1.4.1 Hochentzündlich

Stoffe werden als hochentzündlich eingestuft, wenn ihr Flammpunkt und Siedepunkt die Kriterien der Tabelle 3.13 erfüllen. Das Gefahrensymbol **F+** und die Gefahrenbezeichnung „**hochentzündlich**" ist zu benutzen. Mit Ausnahme weniger Flüssigkeiten, z. B. Propylenoxid, fallen primär brennbare Gase unter die Kriterien hochentzündlicher Stoffe. Die Definition des Begriffes „Flammpunkt" wurde in Abschnitt erläutert. Abbildung 3.25 zeigt eine Auswahl hochentzündlicher Stoffe.

R 12: Hochentzündlich

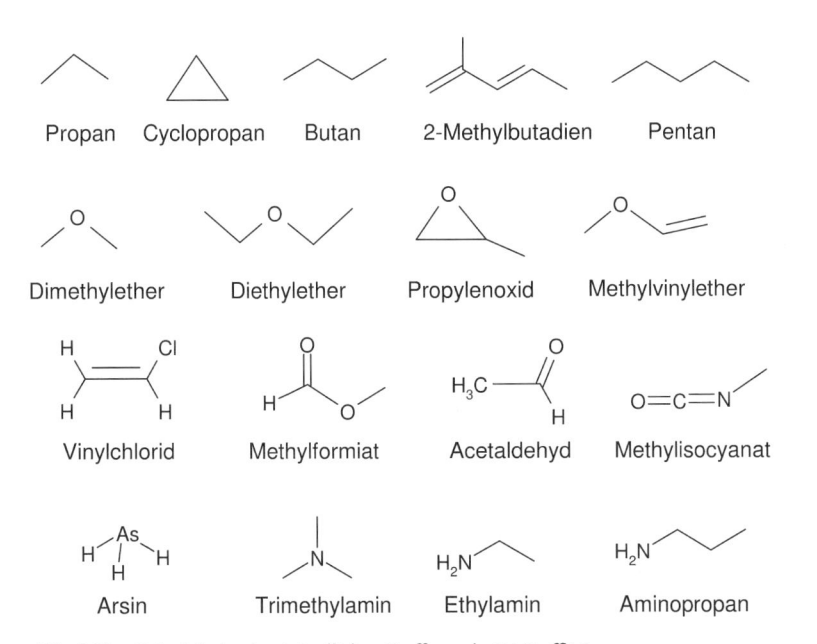

Propan   Cyclopropan   Butan   2-Methylbutadien   Pentan

Dimethylether   Diethylether   Propylenoxid   Methylvinylether

Vinylchlorid   Methylformiat   Acetaldehyd   Methylisocyanat

Arsin   Trimethylamin   Ethylamin   Aminopropan

Abb. 3.25 Beispiele hochentzündlicher Stoffe nach EU-Stoffliste.

Tabelle 3.13 Einstufung hochentzündlicher Stoffe gemäß EU-Kriterien [32].

Stoff	Kriterien
Flüssigkeiten	Flammpunkt $\leq$ 0 °C, Siedepunkt $\leq$ 35 °C
Gasförmige Stoffe	reagieren bei gewöhnlichen Temperaturen und Drücken bei Luftkontakt entzündlich

3.1.4.2 Leichtentzündlich

Zur Einteilung als leichtentzündliche Flüssigkeit wird ebenfalls der Flammpunkt herangezogen. Die Kennzeichnung erfolgt mit dem Gefahrensymbol **F** und der Gefahrenbezeichnung „**leichtentzündlich**". Stoffe oder Zubereitungen gelten als leichtentzündlich, wenn die Kriterien der Tabelle 3.14 zutreffen (falls die Kriterien für „hochentzündlich" nicht erfüllt sind). Flüssigkeiten mit einem Flammpunkt unter 21 °C werden als leichtentzündlich eingestuft, zur Kennzeichnung wird R 11 benutzt.

Als die bekanntesten Vertreter leichtentzündlicher Flüssigkeiten seien die Alkohole (*Methanol* bis *Pentanol*), *Aceton*, *Benzol*, *Toluol* und *Ethylacetat* genannt. Die meisten Lösemittel sind leichtentzündliche Flüssigkeiten.

Ist der Flammpunkt nicht bekannt, hat sich die folgende Faustformel zur groben Orientierung bewährt (insbesondere stark polare Verbindungen, z. B. *Alkohole*, weichen von dieser einfachen Faustformel stärker ab):

> **Faustformel:** Stoffe mit einem Siedepunkt unter 140 °C fallen meistens unter die leichtentzündlichen Flüssigkeiten.

Stoffe und Zubereitungen, die mit Wasser oder feuchter Luft größere Mengen (mindestens 1 L Gas/kg Stoff pro Stunde) hochentzündliche Gase bilden, werden ebenfalls als leichtentzündlich gekennzeichnet. Neben den meisten *metallorganischen Verbindungen* fallen auch viele *Metallhydride* (z. B. *Lithiumallanat*, *Natriumhydrid*) in diese Kategorie. Zur Unterscheidung von Flüssigkeiten mit einem Flammpunkt unter 21 C wird der R-Satz 15 gewählt.

Tabelle 3.14 Einstufung leichtentzündlicher Stoffe nach EU-Einstufung [33].

Stoff	Bedingung	R-Satz
Flüssigkeit	Flammpunkt $\leq$ 21 °C	R 11
Mit Feuchtigkeit hochentzündliche Gase bildend	Bildung $>$ 1 L Gas/kg Stoff	R 15
Bei Normaltemperatur spontan an Luft entzündend	(selbstentzündlich)	R 17

Stoffe, die sich bei Normaltemperatur spontan an der Luft entzünden, werden ebenfalls als leichtentzündlich eingestuft und zur Unterscheidung mit R 17 gekennzeichnet.

Als Vertreter dieser Stoffklasse sind einige *Metallcarbonyle, metallorganische Verbindungen* sowie *pyrophore Metallstäube*, z. B. *Raney-Nickel* oder *reduziertes Eisen*, zu nennen.

> **R 11:** Leichtentzündlich
> **R 15:** Reagiert mit Wasser unter Bildung hochentzündlicher Gase
> **R 17:** Selbstentzündlich an der Luft

Auf Grund der großen Anzahl leichtentzündlicher Stoffe wird an dieser Stelle auf die Darstellung einer Auswahl verzichtet. Mit R 15 sind gemäß Anhang I der EU-Stoffrichtlinie [33] eingestuft: *Aluminium, Aluminiumphosphid, Calcium, Calciumcarbid, -hydrid, -phosphid, Diethyl(ethylmethylsilanolato)aluminium, Kalium, Lithium, Lithiumaluminiumhydrid, Natrium, Natriumhydrid, Trizinkdiphosphid, Zinkpulver* und *Zirkonium*.

Als selbstentzündlich an der Luft mit dem R 17 sind nach EU-Stoffrichtlinie [33] eingestuft: *Aluminium, Aluminiumalkyle, Diethyl-* und *Dimethylzink, Magnesium, Magnesiumalkyle, Tetraphosphor, Trialkylborane, Trichlorsilan, Zinkpulverstaub* und *Zirkonium*.

3.1.4.3 Entzündlich

Flüssige Stoffe und Zubereitungen werden auf Grund ihres Flammpunktes als „entzündlich" eingestuft:

> Flüssigkeiten: 21 °C $<$ Flammpunkt $\leq$ 55 °C

Zur Kennzeichnung wird lediglich der R 10 benutzt. Als einziges Gefährlichkeitsmerkmal hat „entzündlich" **kein Gefahrensymbol**.

> **R 10:** Entzündlich

3.1.4.4 Brandfördernd

Stoffe oder Zubereitungen, die in Abwesenheit von Luft(sauerstoff) eine Verbrennung unterhalten, werden mit dem Gefahrensymbol O und der Gefahrenbezeichnung „**brandfördernd**" gekennzeichnet. Chemisch handelt es sich bei diesen Verbindungen um Oxidationsmittel, die leicht Sauerstoff abspalten können. Je nach Stoffeigenschaften werden die nachstehenden R-Sätze verwendet:

[Gefahrensymbol O: Brandfördernd]

R 8: Feuergefahr bei Berührung mit brennbaren Stoffen
R 9: Explosionsgefahr bei Mischung mit brennbaren Stoffen

Zu den wichtigsten brandfördernden Stoffklassen mit R 8 zählen:
- *Bariumperoxid,*
- *Chrom(III)chromat, Chromoxychlorid, Chromtrioxid, Natriumdichromat,*
- *Dikaliumperoxydisulfat,*
- *Kalium- und Natriumnitrit,*
- *Kaliumpermanganat,*
- *Natriumperoxid,*
- *Perchlorsäure,*
- *Salpetersäure,*
- *flüssiger Sauerstoff, flüssige Luft* oder
- *Dichlorisocyanursäure* und ihre Salze.

Nach 67/548/EWG, Anhang I [33] sind mit R 9 zu kennzeichnen:
- *Natriumchlorat,*
- *Natriumperchlorat* und *Kaliumperchlorat.*

3.1.4.5 Explosionsgefährlich

Stoffe oder Zubereitungen, die gegen Schlag oder Reibung empfindlicher reagieren als *Dinitrobenzol*, werden als explosionsgefährlich bezeichnet; desgleichen Stoffe oder Zubereitungen, die mittels Zündquelle (Feuer) zur Explosion gebracht werden können. Selbstverständlich fallen alle so genannten Sprengstoffe unter diese Kategorie. Für Sprengstoffe gilt als „lex specialis" das Sprengstoffgesetz, das deutlich strengere Forderungen an die Herstellung, Lagerung und den Umgang stellt als die Gefahrstoffverordnung. Für explosionsgefährliche Stoffe/Zubereitungen, die nicht unter das Sprengstoffgesetz fallen, gelten die Bestim-

3.1 Gefährliche Stoffeigenschaften | 111

mungen der Gefahrstoffverordnung, insbesondere die speziellen Bestimmungen zur Lagerung.

Explosionsgefährlich

Es wird unterschieden zwischen den explosionsgefährlichen Stoffen, die mit dem R-Satz 2 zu kennzeichnen sind, und den brisanten, besonders explosionsgefährlichen Stoffen (Sprengstoffen), die mit dem R 3 zu kennzeichnen sind.

> **R 2:** Durch Schlag, Reibung, Feuer oder andere Zündquellen explosionsgefährlich
> **R 3:** Durch Schlag, Reibung, Feuer oder andere Zündquellen besonders explosionsgefährlich

Zu den explosionsgefährlichen Stoffen (**R 2**) zählen:
- *Ethylnitrit,*
- *Ethylnitrat,*
- *Dibenzoylperoxid,*
- *Dichloracetylen,*
- *Glykoldinitrat,*
- *3-Azidosulfonylbenzoesäure,*
- *Pikrinsäure (2,4,6-Trinitrophenol),*
- *Trinitrobenzol,*
- *2,4,6-Trinitrotoluol (TNT),*
- *Trinitrokresol,*
- *Trinitroxyl,*
- *Tetranitronaphthalin* und
- *2,4,6-Trinitroresorcin.*

Als besonders explosionsgefährliche Stoffe (**R 3**) sind eingestuft:
- *Bleiazid,*
- *Quecksilberfulminat (Knallquecksilber),*
- *Diethylenglykoldinitrat,*
- *Glycerintrinitrat (Nitroglycerin),*
- *Hydrazintrinitromethan,*
- *Pentaerythrittetranitrat (Nitropenta),*
- *Nitrozellulose mit mehr als 12,66% N,*
- *Mannithexanitrat* und
- *Pikrinsäure* und ihre Salze.

Bei Stoffen und Zubereitungen, die in Lösung oder in feuchter Form in den Verkehr gebracht werden und in trockenem Zustand explosionsgefährlich reagieren, ist der R-Satz 1 (siehe Abschnitt 3.1.4.6) zu verwenden.

3.1.4.6 Sonstige physikalisch-chemische Eigenschaften

Stoffe, die bereits auf Grund physikalisch-chemischer oder toxischer Eigenschaften eingestuft sind, sind mit den folgenden Gefahrenhinweisen zusätzlich zu kennzeichnen, wenn die nachfolgenden Kriterien erfüllt sind:

- **R 1: In trockenem Zustand explosionsgefährlich**
  Für explosionsgefährliche Stoffe und Zubereitungen, die in Lösung oder in feuchter Form in den Verkehr gebracht werden. Beispiele: *Jodylbenzol, Ammonium-bis(2,4,6-trinitrophenyl)amin, Ammoniumdichromat, 2-Amino-4,6-dinitrophenol, Jodylbenzoat, Tetranitrocarbazol.*
- **R 4: Bildet hochempfindliche explosionsgefährliche Metallverbindungen**
  Anzuwenden für Stoffe und Zubereitungen, die hochempfindliche explosionsgefährliche Metallverbindungen bilden können, z. B. *Pikrinsäure, Stychninsäure.*
- **R 5: Beim Erwärmen explosionsfähig**
  Gilt für wärmeinstabile Stoffe und Zubereitungen, die nicht als explosionsgefährlich eingestuft sind, z. B. *Perchlorsäure* > 50%.
- **R 6: Mit und ohne Luft explosionsfähig**
  Für Stoffe und Zubereitungen, die bei Umgebungstemperatur instabil sind, z. B. *Acetylen* oder *Chlordioxid*.
- **R 7: Kann Brand verursachen**
  Anzuwenden für reaktive Stoffe und Zubereitungen. Beispiele: *Fluor, Natriumhydrosulfit, Natriumdithionit* oder *Dicumylperoxid*.
- **R 14: Reagiert heftig mit Wasser**
  Gilt für alle Stoffe und Zubereitungen, die heftig mit Wasser reagieren. Beispiele: *Acetylchlorid, Alkalimetalle, Alkalialkoholate, Bortrihalogenide, Phosphorhalogenide, Schwefelchloride* und *Schwefeloxychloride, Titantetrachlorid* und *Trichlorsilan.*
- **R 16: Explosionsgefährlich in Mischung mit brandfördernden Stoffen**
  Beispiel: *Roter Phosphor.*
- **R 18: Bei Gebrauch Bildung explosionsfähiger/leichtentzündlicher Dampf-Luft-Gemische möglich**
  Für Zubereitungen, die als solche nicht als entzündlich eingestuft sind, die jedoch flüchtige, in der Luft entzündliche Bestandteile enthalten.
- **R 19: Kann explosionsfähige Peroxide bilden**
  Beispiele: *Diethylether, Diisopropylether, 1,2-Dimethoxypropan, Dioxan, THF.*
- **R 30: Kann bei Gebrauch leichtentzündlich werden**
  Für Zubereitungen, die als solche nicht als entzündlich eingestuft sind, die jedoch durch den Verlust nicht entzündlicher flüchtiger Bestandteile leichtentzündlich werden können.
- **R 44: Explosionsgefährlich bei Erhitzen unter Einschluss**
  Anzuwenden auf Stoffe und Zubereitungen, die nicht als explosionsgefährlich

eingestuft sind, in der Praxis aber dennoch explodieren können, wenn sie unter ausreichendem Einschluss erwärmt werden. Beispielsweise zersetzen sich bestimmte Stoffe beim Erhitzen in einer Stahlblechtrommel explosionsartig, nicht jedoch in schwächerer Verpackung.

3.2
Einstufung von Stoffen

Nach EU-Recht existieren zwei verschiedene Einstufungsgrundsätze:
1. Legaleinstufung
2. Einstufung nach dem Definitionsprinzip

Eine Wahlfreiheit zwischen beiden Verfahren besteht nicht. Einstufungen von Stoffen gemäß Anhang I der EU-Stoffrichtlinie [33] sind verbindlich und müssen grundsätzlich übernommen werden. Alle Stoffe, die nicht verbindlich von der EU eingestuft sind, muss der Hersteller, Inverkehrbringer oder Einführer eigenverantwortlich einstufen.

3.2.1
Legaleinstufung (Listenprinzip)

Die in Anhang I der Stoffrichtlinie 67/548/EWG [33] festgelegte Einstufung von Stoffen ist für alle Mitgliedsstaaten der EU bindend, da Regelungen des freien Warenverkehrs nach Maßgabe von Artikel 95 des EU-Vertrages national nicht geändert werden dürfen.

Anhang I der Stoffrichtlinie, in der Urfassung aus dem Jahr 1967, wird ständig dem fortschreitenden Stand von Wissenschaft und Technik angepasst. Diese Fortschreibungen werden vom Anpassungsausschuss der EU-Kommission (TPC) erlassen und sind als Anpassungsrichtlinien, abgekürzt ATP (<u>a</u>mmandmend on the <u>t</u>echnical <u>p</u>rogress), bekannt. Zum Zeitpunkt der Drucklegung dieses Buches ist die 29. ATP [33] gültig, einen Ausschnitt zeigt Tabelle 3.15.

Üblicherweise wird von der EU-Kommission bei Verabschiedung einer neuen Anpassungsrichtlinie eine Umsetzungsfrist von 18 Monaten gewährt, innerhalb derer noch die bisherigen Einstufungen zulässig sind. Durch den gleitenden Verweis in § 5 Gefahrstoffverordnung darf die jeweilige Anpassungsrichtlinie mit Veröffentlichung im EU-Amtsblatt angewendet werden, nach Ablauf des in der Richtlinie aufgeführten Datums müssen die neuen Einstufungen und Kennzeichnungen benutzt werden. Daher sollten Hersteller von Chemikalien möglichst bald nach Verabschiedung der Anpassungsrichtlinie ihre Einstufungen und Kennzeichnungen anpassen, damit innerhalb der Handelskette genügend Zeit zur Umsetzung bleibt.

Die EU-Stoffliste enthält neben der Einstufung des Stoffes zur besseren Stoffidentifikation die EU- (EINECS- oder ELINCS-Nr., siehe Abschnitt 5.2) und CAS-Nummern.

Tabelle 3.15 Ausschnitt aus der 29. ATP [33].

Stoffidentität EU-Nr. CAS-Nr.	Einstufung Gefahrensymbol R-Sätze	Kennzeichnung Gefahrensymbol R-Sätze S-Sätze	Konzentrations-grenzen [%]	Einstufung/ Kennzeichnung Gefahrensymbol R-Sätze
Cadmiumfluorid, Anm. E 232-222-0 7790-79-6 (25.)	R45 Carc. Cat. 2 R46 Mut. Cat. 2 R60-61 Repro. Cat. 2 T+; R26 T; R25-48/23/25 N; R50-53	T+, N R: 45-46-60-61-25-26-48/23/25-50/53 S: 53-45-60-61	$10 \leq C$ $7 \leq C < 10$ $1 \leq C < 7$ $0{,}5 \leq C < 1$ $0{,}1 \leq C < 0{,}5$ $0{,}01 \leq C < 0{,}1$	T+; R45-46-60-61-25-26-48/23/25 T+; R45-46-60-61-22-26-48/23/25 T; R45-46-60-61-22-23-48/20/22 T; R45-46-60-61-20/22-48/20/22 T; R45-46-20/22-48/20/22 T; R45
Calciumchlorid 233-140-8 10034-52-4	Xi; R36	Xi R: 36 S: (2) –22-36/37/39		
Calciumcarbid 200-848-3 75-20-7	F; R15	F R15 S:(2) 8-43	$10 \leq C$ $5 \leq C < 10$ $1 \leq C < 5$	Xn: R21/22-41-43 Xn: R21/22-36-43 Xi: R43

Ergänzend zur Einstufung der Stoffe, ausgedrückt durch die verbindlichen R-Sätze, wird bei krebserzeugenden, erbgutverändernden und fortpflanzungsgefährdenden Stoffen die jeweilige Kategorie mit angegeben, da diese dem R-Satz nicht entnommen werden kann, z. B.:
- Carc. Cat. 1 für krebserzeugend Kategorie 1 oder
- Muta. Cat. 2 für erbgutverändernd Kategorie 2.

Zusätzlich enthält die Stoffliste die stoffspezifischen Konzentrationsgrenzen zur Einstufung von Zubereitungen, die vorrangig vor den allgemeinen Konzentrationsgrenzen benutzt werden müssen.

Bei Tätigkeiten mit krebserzeugenden, erbgutverändernden oder fortpflanzungsgefährdenden Stoffen ist in Deutschland zusätzlich TRGS 905 [22] zu beachten. Diese enthält sowohl Einstufungen von Stoffen, die noch nicht legal von der EU eingestuft wurden, zu den vorgenannten Gefährlichkeitsmerkmalen als auch abweichende Festlegungen bezüglich dieser Gefährlichkeitsmerkmale. Die Festlegungen in letzterem Fall gelten nicht für die Einstufung und Kennzeichnung beim Inverkehrbringen, da die Einstufungen der EU verbindlich sind, diese Erkenntnisse müssen jedoch im Rahmen der Gefährdungsbeurteilung berücksichtigt werden. Bei Stoffen ohne Legaleinstufung ist die TRGS 905 gesicherte wissenschaftliche Erkenntnis und daher bei der Einstufung und Kenn-

Tabelle 3.16 Abweichende Einstufung zwischen EU-Einstufung [33] und TRGS 905 [22].

Stoff	K	M	R_E	R_F	Legaleinstufung
1-Allyloxy-2,3-epoxypropan	2			3	C2
Cadmiumjodid	2				nur T
3-Chlor-2-methylpropen	3				nur Xn
Dichloracetylen	2				nur K3
1,2-Epoxybutan	2				C3
Ethen		3			nur F+
Ozon	3				–

K: krebserzeugend, M: erbgutverändernd, R_E: entwicklungsschädigend
R_F: fortpflanzungsschädigend

zeichnung beim Inverkehrbringen zu berücksichtigen. TRGS 905 enthält zur Zeit 94 Stoffeinträge mit abweichender oder zusätzlicher Einstufung. Tabelle 3.16 zeigt eine Auswahl von Stoffen mit abweichender Einstufung bezüglich des krebserzeugenden Potenzials.

3.2.2
Einstufung nach dem Definitionsprinzip

Alle Stoffe, die nicht von der EU rechtsverbindlich eingestuft wurden, hat der Hersteller oder Einführer eigenverantwortlich einzustufen und dabei alle verfügbaren Informationen heranzuziehen:
- Informationen auf Grund praktischer Erfahrungen,
- Ergebnisse von eigenen Prüfungen oder von Dritten,
- gesicherte wissenschaftliche Erkenntnisse, z. B.
  - Informationen aus den verschiedenen Altstoffprogrammen,
  - sonstige Veröffentlichungen und
- die in Zulassungsverfahren gewonnenen Erkenntnisse,
  - z. B. nach Pflanzenschutzmittelgesetz.

Wie ausgeführt, sind die **gesicherten wissenschaftlichen Erkenntnisse** der Bekanntmachungen des Bundesministeriums für Arbeit und Soziales (BMAS), hier speziell der TRGS 905, bei der Selbsteinstufung zu berücksichtigen. Das BMAS gibt nach Beratung durch den „Ausschuss für Gefahrstoffe" (AGS) gemäß § 21 Abs. 3 Gefahrstoffverordnung die Stoffe bekannt, die nach gesicherter wissenschaftlicher Erkenntnis als krebserzeugend, erbgutverändernd oder fortpflanzungsgefährdend anzusehen sind. Diese Überprüfung berücksichtigt neben den wissenschaftlichen Kriterien die Einhaltung entsprechender EU-Vorgaben; hierdurch übernimmt das BMAS die politische Verantwortung für diese Festlegung.

Die Begründungen der neueren Festlegungen der TRGS 905 sollten auf der Homepage der BAuA (www.baua.de) [22] publiziert werden. Konsequenterweise müssten alle Festlegungen der TRGS 905 der EU-Kommission zur abschließenden Bewertung vorgelegt und nach erfolgter abschließender Einstufung aus der TRGS 905 herausgenommen werden. Leider sind jedoch viele Stoffe bereits seit Jahrzehnten in der TRGS 905, ohne dass eine abschließende Bewertung der EU-Kommission erfolgt wäre!

Für die überwiegende Anzahl der Industriechemikalien liegt weder eine Einstufung durch die EU-Kommission noch eine nationale Bewertung vor. In diesen Fällen muss der Hersteller oder Inverkehrbringer die Stoffe oder Zubereitungen auf Basis der verfügbaren Eigenschaften eigenverantwortlich einstufen. Eine Prüfverpflichtung nicht bekannter Eigenschaften (Fachjargon: Endpunkte) besteht nicht, allerdings existiert eine Informationspflicht anhand der neueren, einschlägigen Fachliteratur. Deren Bewertung erfordert große Fachkenntnis und kann in aller Regel nur von Spezialisten geleistet werden.

3.3
Einstufungen von Zubereitungen

Die Einstufung von Zubereitungen ist nach den Vorschriften der EU-Zubereitungsrichtlinie 1999/45/EG [38] vorzunehmen. Analog den Regelungen zur Einstufung von Stoffen finden sich in der Gefahrstoffverordnung keine konkreten Vorgaben für Zubereitungen, durch den gleitenden Verweis zur EU-Richtlinie ist diese unmittelbar geltendes Recht. Für Biozidprodukte sind ergänzend die Vorgaben der EU-Biozidrichtlinie [39] zu beachten.

Wie in Abschnitt 5.2 ausgeführt, ist die Entscheidung, ob das vorliegende Produkt als Stoff oder Zubereitung betrachtet werden muss, im Einzelfall nicht immer eindeutig, für die praktischen Konsequenzen jedoch sehr bedeutsam.

Der Einstufung von Zubereitungen liegt ein sehr umfassendes und komplexes Regelwerk zugrunde, im Rahmen dieses Lehrbuches kann nur eine kurze Einführung gegeben werden. Die Einstufung von Zubereitungen auf Grund toxischer Eigenschaften kann grundsätzlich durch
- experimentelle Prüfung oder mittels
- der konventionellen Methode

erfolgen.

3.3.1
Experimentelle Prüfung

Die Ergebnisse der experimentellen Prüfungen haben stets Vorrang vor den Ergebnissen der konventionellen Methode. Auf Grund der teuren und zeitaufwendigen Tierexperimente sowie aus Gründen des Tierschutzes wird bei Industriechemikalien üblicherweise auf die tierexperimentelle Prüfung verzichtet. Die speziellen toxischen Eigenschaften

- krebserzeugend,
- erbgutverändernd und
- fortpflanzungsgefährdend

dürfen nicht tierexperimentell geprüft werden, die Anwendung der konventionellen Methode ist obligatorisch! Würde bei diesen Eigenschaften experimentell geprüft, könnte daraus eine deutliche Unterbewertung der möglichen Gefährdung resultieren; bei kleinen Konzentrationen wäre nur in Ausnahmefällen ein entsprechendes Potenzial nachweisbar. Bei allen anderen toxikologischen Eigenschaften besteht Wahlfreiheit zwischen beiden Verfahren.

Im Gegensatz hierzu müssen die

- physikalisch-chemischen Eigenschaften, Ausnahmen existieren für Gasmischungen,

stets experimentell geprüft werden, die konventionelle Methode darf nicht angewendet werden. Die Abschätzung eines Flammpunktes oder einer brandfördernden Eigenschaft aus den Einzelkomponenten ist nicht sinnvoll möglich, daher ist die experimentelle Prüfung obligatorisch.

Werden die Eigenschaften von Zubereitungen experimentell geprüft, ist der Einstufungsleitfaden von Anhang VI der Stoffrichtlinie 67/548/EWG [32] analog zu Stoffen zur Einstufung der Zubereitung heranzuziehen.

3.3.2
Konventionelle Methode

Die konventionelle Methode ist ein pragmatisches Verfahren zur Berechnung der Einstufung von Zubereitungen gemäß den Grundprinzipien der Verdünnungsregeln. Man unterscheidet zwischen additiven und nicht additiven Eigenschaften.

Die **additiven** Eigenschaften werden in die folgenden Gruppen unterteilt:
- akut letale Wirkung (Kennzeichnung mit R 20 bis R 28),
- akut nicht letale Wirkung nach einmaliger Exposition (R 39 und R 68),
- schwerwiegende Wirkung nach wiederholter oder längerer Exposition (R 48),
- ätzende oder reizende Wirkung (R 34, R 35, R 36 bis R 38 und R 41) und
- umweltgefährlich (R 50 bis R 53).

Unter die **nicht additiven** Eigenschaften fallen die
- sensibilisierenden (R 42 und R 43),
- krebserzeugenden (R 45, R 49 und R 40),
- erbgutverändernden (R 46 und R 68) und
- fortpflanzungsgefährdenden (R 60 bis R 63) Eigenschaften.

Vorgehensweise
Bei der konventionellen Methode erfolgt die Bewertung der Gesundheits- oder Umweltgefahren unter Anwendung entweder der stoffspezifischen oder allgemein gültigen Konzentrationsgrenzen nach folgender Vorgehensweise:

1. Primär sind die stoffspezifischen Konzentrationsgrenzen gemäß Anhang I der EU-Stoffrichtlinie [33], in der jeweils aktuellen Fassung, anzuwenden (siehe Abschnitt 3.3.2.2).
2. Wurden keine stoffspezifischen Konzentrationsgrenzen festgelegt, sind die allgemein gültigen Konzentrationsgrenzen der EU-Zubereitungsrichtlinie [38] anzuwenden (siehe Abschnitt 3.3.2.1).
3. Zur Bestimmung der Einstufung additiver Eigenschaften sind diese innerhalb der gleichen Gruppe (z. B. akut letale Wirkung) gewichtet zu addieren (siehe Abschnitt 3.3.2.3).
4. Besitzen Stoffe Eigenschaften aus unterschiedlichen Gruppen, z. B. akut letal und ätzend/reizend, ist das Berechnungsverfahren für jede Eigenschaft getrennt durchzuführen (siehe Abschnitt 3.3.2.3).
5. Überschreitet die Konzentration einer einzelnen Komponente die allgemeinen oder stoffspezifischen Konzentrationsgrenzen einer nicht additiven Eigenschaft, erfolgt die entsprechende Einstufung; eine Addition der gleichen Eigenschaft, z. B. krebserzeugend, erfolgt nicht.
6. Noch nicht vollständig geprüfte Stoffe müssen gemäß den bekannten Eigenschaften berücksichtigt werden.

3.3.2.1 Allgemeine Konzentrationsgrenzen

Die allgemeinen Konzentrationsgrenzen werden für die toxischen Eigenschaften unterteilt in
- akut letale Wirkung (siehe Tabellen 3.17 und 3.18),
- irreversible nicht letale Wirkung nach einmaliger Exposition (R 39 bzw. R 68),
- schwerwiegende Wirkung nach wiederholter oder längerer Exposition (Stoffe mit R 48),
- ätzende Wirkung (siehe Tabellen 3.19 und 3.20),
- reizende Wirkung (siehe Tabellen 3.19 und 3.20),
- krebserzeugende Wirkung (siehe Tabelle 3.21),
- erbgutverändernde Wirkung (siehe Tabelle 3.21),
- fortpflanzungsgefährdende Wirkung (siehe Tabelle 3.21) und
- sensibilisierende Wirkung (siehe Tabelle 3.22).

Die angegebenen Konzentrationsgrenzen werden bei festen und flüssigen Stoffen in Gewichts-% angegeben, bei gasförmigen Zubereitungen in Volumen-%.

Die entzündlichen Eigenschaften von Gasgemischen dürfen nur in Sonderfällen nach der konventionellen Methode bestimmt werden. Die hierfür geltenden Berechnungsformeln werden wegen ihrer nur geringen Bedeutung nicht weiter besprochen.

Enthält eine Zubereitung nur einen gefährlichen Stoff, der eine oder mehrere Konzentrationsgrenzen der Tabellen 3.17 bis 3.20 überschreitet, ist die Zubereitung entsprechend dieser Eigenschaft einzustufen.

Besteht eine Zubereitung aus mehreren gefährlichen Inhaltsstoffen, kann zur Einstufung der Zubereitung nicht in allen Fällen ein direkter Vergleich mit den

Tabelle 3.17 Einstufung fester Zubereitungen auf Grund akut letaler Wirkung nach EU-Zubereitungsrichtlinie [38].

Einstufung Stoff	Einstufung feste Zubereitung [c_G: Gew. %]		
	T+	T	Xn
T+	$c_G \geq 7$	$1 \leq c_G < 7$	$0{,}1 \leq c_G < 1$
T		$c_G \geq 25$	$3 \leq c_G < 25$
Xn			$c_G \geq 25$

Tabelle 3.18 Einstufung gasförmiger Zubereitungen nach EU-Zubereitungsrichtlinie.

Einstufung Stoff	Einstufung gasförmige Zubereitung [c_V: Vol. %]		
	T+	T	Xn
T+	$c_V \geq 1$	$0{,}2 \leq c_V < 1$	$0{,}02 \leq c_V < 0{,}2$
T		$c_V \geq 5$	$0{,}5 \leq c_V < 5$
Xn			$c_V \geq 5$

Tabelle 3.19 Einstufungsgrenzen fester Zubereitungen (ätzende, reizende Inhaltsstoffe).

Einstufung Stoff	Einstufung Zubereitung [c_G: Gew. %]			
	C, R 35	C, R 34	Xi, R 41	Xi, R 36-38
C, R 35	$c_G \geq 10$ R 35 zwingend	$5 \leq c_G < 10$ R 34 zwingend	$c_G \geq 5$	$1 \leq c_G < 5$ R 36/38 zwingend
C, R 34		$c_G \geq 10$ R 34 zwingend	$c_G \geq 10$	$0{,}5 \leq c_G < 5$ R 36/38 zwingend
Xi, R 41			$c_G \geq 10$ R 41 zwingend	$c_G \geq 25$ R 36 zwingend
Xi, R 36-38				$c_G \geq 20$ R 36, 37 oder R 38

Konzentrationsgrenzen der Tabellen 3.17 bis 3.20 herangezogen werden. Bei den nicht additiven Eigenschaften (sensibilisierend, krebserzeugend, erbgutverändernd und fortpflanzungsgefährdend) wird die Zubereitung eingestuft, wenn die Konzentration eines Inhaltsstoffes entweder die stoffspezifischen oder die allgemeinen Konzentrationsgrenzen gemäß den Tabellen 3.21 und 3.22 überschreitet.

Tabelle 3.20 Einstufung gasförmiger Zubereitungen (ätzende, reizende Inhaltsstoffe).

Einstufung Stoff	Einstufung Zubereitung [c_V: Vol. %]			
	C, R 35	C, R 34	X, R 41	Xi, R 36-38
C, R 35	$c_V \geq 1$ R 35 zwingend	$0{,}2 \leq c_V < 1$ R 34 zwingend	$c_V \geq 0{,}2$	$0{,}02 \leq c_V < 0{,}2$ R 37 zwingend
C, R 34		$c_V \geq 5$ R 34 zwingend	$c_V \geq 5$	$0{,}5 \leq c_V < 5$ R 36 zwingend
Xi, R 41			$c_V \geq 5$ R 41 zwingend	$0{,}5 \leq c_V < 5$ R 36 zwingend
Xi, R 36-38				$c_V \geq 5$ R 36, 37 oder R 38

Tabelle 3.21 Einstufung auf Grund krebserzeugender, erbgutverändernder, fortpflanzungsgefährdender Eigenschaften.

Einstufung Stoff	Einstufung feste/flüss. Zubereitung		Einstufung gasförmige Zubereitung	
	Kat. 1 oder 2	Kat. 3	Kat. 1 oder 2	Kat. 3
C 1 und C 2	$c_G \geq 0{,}1$		$c_V \geq 0{,}1$	
C 3		$c_G < 1$		$c_V < 1$
M 1 und M 2	$c_G \geq 0{,}1$		$c_V \geq 0{,}1$	
M 3		$c_G \geq 1$		$c_V \geq 1$
R_E 1 oder 2	$c_G \geq 0{,}2$		$c_V \geq 0{,}5$	
R_E 3		$c_G \geq 5$		$c_V \geq 1$
R_F 1 oder 2	$c_G \geq 0{,}5$		$c_V \geq 2$	
R_F 3		$c_G \geq 5$		$c_V \geq 1$

C 1, C 2, C 3: krebserzeugend Kategorie 1, 2, 3; M 1, M 2, M 3: erbgutverändernd Kategorie 1, 2, 3
R_E 1, R_E 2, R_E 3: entwicklungsschädigend; R_F 1, R_F 2, R_F 3: fortpflanzungsschädigend Kategorie 1, 2, 3
c_G: Gewichtsprozent des Inhaltsstoffes, c_V: Volumenprozent des Inhaltsstoffes in der Zubereitung

Demgegenüber wird bei den additiven Eigenschaften die Einstufung der Zubereitung nach einem speziellen Berechnungsverfahren, separat für jede gefährliche Eigenschaft, bestimmt.

Die allgemeinen Konzentrationsgrenzen für die akut toxischen, nicht letalen Wirkungen nach einmaliger Exposition (R 39 und R 68), die schwerwiegenden Wirkungen nach wiederholter oder längerer Exposition (R 48) sowie die umweltgefährlichen Eigenschaften sollen im Rahmen dieser Einführung nicht weiter behandelt werden.

Tabelle 3.22 Einstufungsgrenzen von Zubereitungen mit sensibilisierenden Inhaltsstoffen.

Einstufung Stoff	Einstufung feste Zubereitung R 42	R 43	Einstufung gasförmige Zubereitung R 42	
R 42	$c_G \geq 1$		$c_V \geq 0{,}2$ R 42 zwingend	
R 43		$c_G \geq 1$ R 43 zwingend		$c_V \geq 0{,}2\%$ R 43 zwingend
R 42/43	$c_G \geq 1$ R 42/43 zwingend		$c_V \geq 0{,}2$ R 42/43 zwingend	

c_G: Gew. %, c_V: Vol.-%

3.3.2.2 Stoffspezifische Konzentrationsgrenzen

Die allgemeinen Konzentrationsgrenzen dürfen nur dann angewandt werden, wenn keine stoffspezifischen Konzentrationsgrenzen festgelegt wurden. Diese werden für eine zunehmende Anzahl von gefährlichen Stoffen von der Europäischen Union im Rahmen der Einstufung von Stoffen [33] festgelegt. Es werden sowohl größere (Tabelle 3.23) als auch kleinere Konzentrationsgrenzen (Tabelle 3.24) als die allgemeinen Konzentrationsgrenzen festgelegt. Im ersteren Fall deutet dies auf eine stärker ausgeprägte Wirkung als der typischen Vertreter dieser Eigenschaft hin, im letzteren auf eine schwächere Ausprägung.

In Abhängigkeit von der gefährlichen Eigenschaft können, abgestuft, mehrere Konzentrationsgrenzen festgelegt werden. Die Tabellen 3.23 und 3.24 zeigen hierfür einige Beispiele.

Tabelle 3.23 Stoffe mit größeren stoffspezifischen Konzentrationsgrenzen gemäß [33].

Stoff	Konzentrationsgrenzen	Einstufung
Bromwasserstoff	$c_G \geq 40$	C, R 34-37
	$10 \leq c_G < 40$	Xi, R 36/37/38
1-Chlor-2,3-epoxypropan	$c_G \geq 10$	T, R 45-23/24/25-34-43
(Epichlorhydrin)	$5 \leq c_G < 10$	T, R 45-23/24/25-36/38-43
	$1 \leq c_G < 5$	T, R 45-23/24/25-43
	$0{,}1 \leq c_G < 1$	Xn, R 20/21/22
Mesitylen	$c_G \geq 25$	Xi, N, R 37-51/53
	$2{,}5 \leq c_G < 25\%$	R 52/53
Essigsäure	$c_G \geq 90$	C, R 35
	$5 \leq c_G < 25$	Xi, R 37/38-41
	$1 \leq c_G < 5$	Xi, R 36

c_G: Konzentration in Gew.-%

Tabelle 3.24 Stoffe mit kleineren stoffspezifischen Konzentrationsgrenzen gemäß [33].

Stoff	Konzentrationsgrenzen	Einstufung
Bis(chlormethyl)ether	$c_G \geq 25$	T+, R 45-22-24-26
	$7 \leq c_G < 25$	T+, R 45-21-26
	$3 \leq c_G < 7$	T, R 45-21-23
	$1 \leq c_G < 3$	T, R 45-23
	$0{,}1 \leq c_G < 1$	T, R 45-20
	$0{,}001 \leq c_G < 0{,}1$	T, R 45
Polychlorierte Biphenyle	$c_G \geq 0{,}0005$	Xn, R 33
	$c_G \geq 25$	Xn, N, R 33-50/53
	$2{,}5 \leq c_G < 25$	Xn, N, R 33-51/53
	$0{,}25 \leq c_G < 2{,}5$	Xn, N, R 33-52/53
	$0{,}005 \leq c_G < 0{,}25$	Xn, R 33
Methyltrichlorsilan	$c_G \geq 1$	Xi, R 36/37/38
β-Naphthylamin	$c_G \geq 25$	T, N, R 45-22-51/53
	$2{,}5 \leq c_G < 25$	T, R 45-52/53
	$0{,}01 \leq c_G < 2{,}5$	T, R 45
Natriumhydroxid	$c_G \geq 5$	C, R 35
	$2 \leq c_G < 5$	C, R 34
	$0{,}5 \leq c_G < 2$	Xi, R 36/38
2,4-Toluidendiisocyanat	$c_G \geq 25$	T+, R 26-36/37/38-40-42/43-52/53
	$20 \leq c_G < 25$	T+, R 26-36/37/38-40-42/43
	$7 \leq c_G < 20$	T+, R 26-40-42/43
	$1 \leq c_G < 7$	T, R 23-40-42/43
	$0{,}1 \leq c_G < 1$	Xn, R 20-42

c_G: Gewichtsprozent in der Zubereitung

3.3.2.3 Berechnung der Einstufung bei mehreren gefährlichen Inhaltsstoffen

Enthält eine Zubereitung mehrere Stoffe mit gefährlichen Eigenschaften, kann die Einstufung der Zubereitung durch einen einfachen Vergleich der Konzentrationsgrenzen jedes Inhaltsstoffes mit dem für ihn gültigen Grenzwert nicht ermittelt werden, mit Ausnahme der nicht additiven Eigenschaften. Bei den additiven Stoffeigenschaften ist stattdessen mittels einer Summenformel die Einstufung der Zubereitung zu ermitteln. In diese Summengleichung müssen alle Inhaltsstoffe mit einem Gewichtsanteil über einer pauschalen Konzentrationsgrenze, der so genannten **Berücksichtigungsgrenze**, aufgenommen werden. Konzentrationen unterhalb dieser Berücksichtigungsgrenze bleiben unberücksichtigt und werden zur Ermittlung der Einstufung nicht herangezogen.

Die Berücksichtigungsgrenze ist eine für die Praxis wichtige Konzentrationsgrenze, Verunreinigungen oder Inhaltsstoffe mit niedrigerer Konzentration brauchen in den Bewertungsverfahren nicht berücksichtigt zu werden. Mit

Tabelle 3.25 Allgemein gültige Berücksichtigungsgrenzen nach Zubereitungsrichtlinie [38].

Symbol, R-Sätze		Berücksichtigungsgrenzen	
		Gase [Vol.-%]	Feststoffe, Flüssigkeiten [Gew.-%]
T+	R 26, 27, 28, 39/[a]	0,02	0,1
T	R 23, 24, 25 39/[a], 48/[a]	0,5	0,1
T	R 45, 46, 49	0,1	0,1
T	R 60, 61	0,2	0,5
Xn	R 20, 21, 22, 40/[a], 48/[a]	5	1
Xn	R 40, 62, 63	1	1
Xn	R 42, 42/43	0,2	1
C	R 35	0,02	1
C	R 34	0,5	1
Xi	R 41	0,5	1
Xi	R 36, 37, 38	5	1
Xi	R 43		1

[a] Expositionsweg muss durch Angabe des speziellen R-Satzes angegeben werden.

der Festlegung der Berücksichtigungsgrenze wurden praxisnahe Regelungen für Bagatellkonzentrationen eingeführt. Die Berücksichtigungsgrenzen variieren in Abhängigkeit von den Stoffeigenschaften sowie des Aggregatzustandes und können Tabelle 3.25 entnommen werden.

Die Einstufung von Zubereitungen mit mehreren gefährlichen Inhaltsstoffen erfolgt in mehreren Schritten:
1. Für jeden Inhaltsstoff Berechnung des Quotienten aus Prozentgehalt [P] des Stoffes in der Zubereitung und seinem (stoffspezifischen oder allgemein gültigen) Grenzwert [L],
2. diese Quotientenbildung ist für jede additive Eigenschaft getrennt durchzuführen,
3. für jede additive Eigenschaft sind die einzelnen Quotienten getrennt aufzusummieren und
4. die Zubereitung muss gemäß der betrachteten Eigenschaft eingestuft werden, wenn die Summe dieser Quotienten größer oder gleich eins ist.

Die Berechnungsformeln für die akut toxischen Eigenschaften können den Abbildungen 3.26 bis 3.28 entnommen werden. Die Berechnung der ätzenden, reizenden oder umweltgefährlichen Eigenschaften erfolgt grundsätzlich nach dem gleichen Prinzip und soll im Rahmen dieses Lehrbuches nicht weiter ausgeführt werden.

Bei Anwendung der Formeln gemäß Abbildungen 3.26 bis 3.28 haben selbstverständlich die stoffspezifischen Konzentrationsgrenzen gemäß Anhang I der EU-Stoffliste [33] Vorrang vor den allgemein gültigen Konzentrationsgrenzen.

Eine Zubereitung ist als sehr giftig einzustufen, wenn die Summe aller Quotienten der Konzentrationen der sehr giftigen Inhaltsstoffe mit den stoffspezifischen oder allgemein gültigen Grenzwerten größer eins ist:

$$\sum \left(\frac{P_{T+}}{L_{T+}} \right) \geq 1$$

P_{T+}: Gewichtsprozent jedes sehr giftigen Stoffes in der Zubereitung
L_{T+}: der für jeden sehr giftigen Stoff festgelegte Grenzwert [%]

Abb. 3.26 Summationsformel für sehr giftige Zubereitungen.

Eine Zubereitung ist als giftig einzustufen, wenn die Summe der Quotienten der sehr giftigen Stoffe bezogen auf die Grenzwerte für sehr giftige Stoffe allein unter 1 liegt, aber die Summe der Quotienten mit dem Grenzwert für eine giftige Einstufung, eventuell zuzüglich des Quotienten für die sehr giftigen Stoffe, größer oder gleich eins ist:

$$\sum \left(\frac{P_{T+}}{L_T} + \frac{P_T}{L_T} \right) \geq 1$$

P_{T+}: Gewichtsprozent jedes sehr giftigen Stoffes in der Zubereitung
P_T: Gewichtsprozent jedes giftigen Stoffes in der Zubereitung
L_T: der für jeden sehr giftigen oder giftigen Stoff festgelegte Grenzwert [%]

Abb. 3.27 Summationsformel für giftige Zubereitungen.

Analog der Einstufung giftiger Stoffe erfolgt die Berechnung für gesundheitsschädliche Stoffe:

$$\sum \left(\frac{P_{T+}}{L_{Xn}} + \frac{P_T}{L_{Xn}} + \frac{P_{Xn}}{L_{Xn}} \right) \geq 1$$

P_{T+}: Gewichtsprozent jedes sehr giftigen Stoffes in der Zubereitung
P_T: Gewichtsprozent jedes giftigen Stoffes in der Zubereitung
P_{Xn}: Gewichtsprozent jedes gesundheitsschädlichen Stoffes in der Zubereitung
L_{Xn}: der für jeden sehr giftigen, giftigen, gesundheitsschädlichen Stoff festgelegte Grenzwert [%].

Abb. 3.28 Summationsformel für gesundheitsschädliche Zubereitungen.

Die Berechnungsmethoden zur Bestimmung der Einstufung als umweltgefährlich sind sehr komplex, nicht widerspruchsfrei und sollen im Rahmen dieses Lehrbuches nicht näher dargelegt werden. Die grundsätzliche Vorgehensweise unterscheidet sich jedoch nicht von der vorher beschriebenen.

Tabelle 3.26 Prinzip der Auswahl der R-Sätze bei Zubereitungen gemäß TRGS 200 [40].

T+		T		Xn		
R 26	→	R 23	→	R 20		
R 27	→	R 24	→	R 21		
R 28	→	R 25	→	R 22		
R 39/26	→	R 39/23	→	R 40/20		
R 39/27	→	R 39/24	→	R 40/21		
R 39/28	→	R 39/25	→	R 40/22		
		R 48/23	→	R 48/20		
		R 48/24	→	R 48/21		
		R 48/25	→	R 48/22		
C		C		Xi		Xi
R 35	→	R 34	→	R 41	→	R 36, 38

Erfolgt bei Inhaltsstoffen mit gefährlichen Eigenschaften auf Grund der geringen Konzentration eine schwächere Einstufung, da z. B. ein giftiger Stoff in Konzentrationen zwischen 3% und 25% enthalten ist, müssen die R-Sätze entsprechend angepasst werden. Tabelle 3.26 zeigt ein einfaches Schema, nach dem die entsprechenden R-Sätze auszuwählen sind.

Beispiel 1: Stoffspezifische Konzentrationsgrenzen nach EU-Einstufungsliste [42]
Eine Zubereitung besteht aus den folgenden Inhaltsstoffen:

Inhaltsstoffe	Prozent	Einstufung nach Stoffliste nach § 4a	
Acetonitril	15%	T : > 20%	Xn : 3–20%
Cadmiumcyanid	5%	T+ : > 7% T : 1 – 7%	Xn : 0,1–1%
Cyclohexanon	80%		Xn: > 20%

1. Prüfung auf Einstufung als T+:
   $5/7 < 1$ $\Rightarrow$ nicht T+
2. Prüfung auf Einstufung als T:
   $15/20 + 5/1 + 0 = 5{,}75$ größer 1 $\Rightarrow$ T

Beispiel 2: Stoffspezifische Konzentrationsgrenzen nach EU-Einstufungsliste [43]

Inhaltsstoffe	Prozent	Einstufung nach Stoffliste nach § 4a	
Dimethylanilin	3%	T : > 5%	Xn : 1–5%
Furfural	4%	T : > 5%	Xn : 1–5%
n-Hexanol	93%		Xn: > 25%

1. Prüfung auf Einstufung als T:
   $3/5 + 4/5 = 1{,}4$ größer 1 $\Rightarrow$ T

Beispiel 3: Stoffspezifische Konzentrationsgrenzen nach EU-Einstufungsliste [42]

Inhaltsstoffe	Prozent	Einstufung nach Stoffliste nach § 4a	
Schwefelsäure	10%	C, R 35: > 15%	Xi : 5–15%
Phosphorsäure	15%	C, R 34: > 25%	Xi: 10–25%
Salzsäure	10%	C, R 34: > 25%	Xi: 10–25%

1. Prüfung auf stark ätzende Einstufung:
   10/15 kleiner 1: $\Rightarrow$ nicht R 35
2. Prüfung auf ätzende Einstufung:
   10/15 + 15/25 + 10/25 = 1,75 $\Rightarrow$ C, R 34

Beispiel 4: Keine stoffspezifischen Konzentrationsgrenzen [42]

Inhaltsstoffe	Prozent	Einstufung nach Stoffliste nach § 4a
Natriumazid	0,5%	T+, R 28, 32
Nikotin	0,9%	T+, R 27, R 25
Wasser:	98,6%	

1. Prüfung auf Einstufung als T+:
   0,5/7 + 0,9/7 = kleiner 1 $\Rightarrow$ nicht T+
2. Prüfung auf Einstufung als T:
   0,5/1 + 0,9 /1 = 1,4 $\Rightarrow$ Einstufung als T

Beispiel 5: Keine stoffspezifischen Konzentrationsgrenzen [42]

Inhaltsstoffe	Prozent	Einstufung nach Stoffliste nach § 4a
Benzol	0,05%	F, T, R 45-11-48/23/24/25
o-Toluidin	0,06%	T, N, R 45-23/25-37-50

1. Prüfung auf Einstufung als T, Xn $\Rightarrow$ keine Einstufung, da Berücksichtigungsgrenzen unterschritten
2. Prüfung auf Einstufung als R 45 $\Rightarrow$ keine Einstufung, da Einstufungsgrenze (0,1%) unterschritten und keine Additionsregel anzuwenden ist

3.4
Kennzeichnung von Stoffen und Zubereitungen

3.4.1
Kennzeichnung gefährlicher Stoffe und Zubereitungen

Die Einstufung und Kennzeichnung soll der Allgemeinheit und den Beschäftigten erste wesentliche Informationen über gefährliche Stoffe und Zubereitungen vermitteln. Die Kennzeichnung weist auf die beim Umgang mit Stoffen und Zubereitungen möglichen Gefahren hin. Des Weiteren soll sie auf ausführlichere Informationen, wie das Sicherheitsdatenblatt oder Produktinformationen der Hersteller, aufmerksam machen.

Aus diesem Anspruch muss die Kennzeichnung alle potenziellen Gefahren, die bei der gebräuchlichen Handhabung und Verwendung gefährlicher Stoffe und

Zubereitungen auftreten können, berücksichtigen. In der Regel beziehen sich diese Informationen nur auf die Form, in der die gefährlichen Stoffe und Zubereitungen in den Verkehr gebracht werden. Da der Hersteller nicht immer die beabsichtigte Verwendung kennt, beziehen sich die Informationen nicht unbedingt auf die Form, in der diese Stoffe und Zubereitungen letztendlich benutzt werden. Durch Verdünnung können die Gefahren gegenüber der in Verkehr gebrachten Form beim Umgang kleiner werden, gelegentlich können auch Zusatzgefahren auftreten. Selbstverständlich müssen die Gefährdungen durch die Verdünnungsmittel separat betrachtet werden, z. B. bei der Verwendung brennbarer Flüssigkeiten.

Die Gefahrensymbole weisen auf die Hauptgefahren hin. Zur Mitteilung der wesentlichen gefährlichen Eigenschaften werden standardisierte Bezeichnungen der besonderen Gefahren, die so genannten R-Sätze, benutzt. Hinweise auf notwendige Vorsichtsmaßnahmen werden durch Sicherheitsratschläge, die so genannten S-Sätze, gegeben.

Für die Inhalte der Kennzeichnung ist gemäß § 5 Gefahrstoffverordnung [34] die EG-Stoffrichtlinie [32] in der jeweils gültigen Fassung heranzuziehen. Abbildung 3.29 gibt die wesentlichen Inhalte wieder, in Abbildung 3.30 sind exemplarisch die Kennzeichnungselemente dargestellt.

Die **Bezeichnung** von legal eingestuften Stoffen muss übernommen werden. Sind in der Stoffliste mehrere Namen genannt, kann einer davon ausgewählt werden. Altstoffe, die nicht legal eingestuft sind, sollten gemäß der Bezeichnung in der EINECS-Liste [10] angeführt werden, angemeldete neue Stoffe gemäß der ELINCS-Liste [11]. Nicht in diesen Listen aufgeführte Stoffe sind nach einer international anerkannten Nomenklatur zu benennen, z. B. gemäß der Bezeichnung nach „Chemical Abstract Service".

Bezeichnung des Stoffes	Bei Listenstoffen: Angabe des EG-Namens
Gefahrensymbol mit Gefahrenbezeichnung Rangfolge: T+ > T > C > Xn > Xi E > F+ > F > O N	
R-Sätze (Gefahrenhinweise)	beschreiben die gefährlichen Eigenschaften und geben die Einstufung wieder
S-Sätze (Sicherheitsratschläge)	geben die wichtigsten Schutzmaßnahmen und Verhaltensregeln wieder
→ Name → Anschrift → Telefonnummer	des Inverkehrbringers oder Importeurs
EG-Nummer	EINECS oder ELINCS
"EG-Kennzeichnung"	bei Listenstoffen nach 67/548/EWG Anhang I

Abb. 3.29 Inhalte der Kennzeichnung gemäß EG-Richtlinie [32]

3 Einstufung und Kennzeichnung von Stoffen und Zubereitungen

| | **Schwefelwasserstoff** | 231-977-3 | EG-Nr. |
| | | EG-Kennzeichnung | (EINECS) |

T+ / Sehr giftig

R 12   Hochentzündlich
R 26   Sehr giftig beim Einatmen

Gefahrenhinweise (R-Sätze)

S 1/2 Unter Verschluss und für Kinder unzugänglich aufbewahren

F+ / Hochentzündlich

S 7/9 Behälter dicht geschlossen an einem gut belüfteten Ort aufbewahren.
S 16   Von Zündquelle fernhalten – Nicht rauchen
S 45   Bei Unfall oder Unwohlsein sofort Arzt hinzuziehen (wenn möglich dieses Etikett vorzeigen)

Sicherheitsratschläge (S-Sätze)

Chemikalien KG
Chemiestraße 1
09228 Chemnitz
Tel. 089/020 000

Adresse mit Telefonnummer

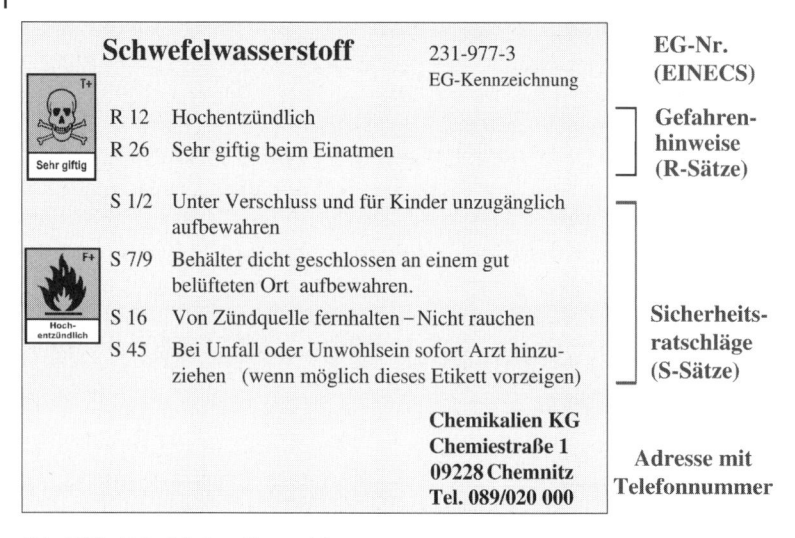

Abb. 3.30   Beispiel einer Kennzeichnung.

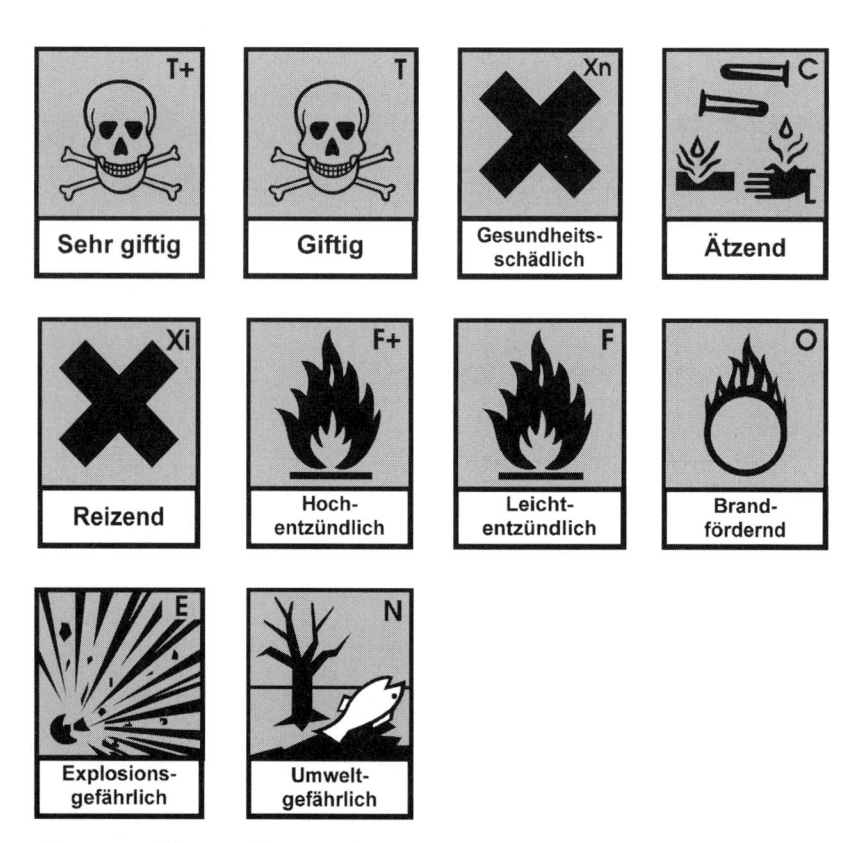

T+ Sehr giftig | T Giftig | Xn Gesundheitsschädlich | C Ätzend

Xi Reizend | F+ Hochentzündlich | F Leichtentzündlich | O Brandfördernd

E Explosionsgefährlich | N Umweltgefährlich

Abb. 3.31   Gefahrensymbole mit Gefahrenbezeichnung.

3.4 Kennzeichnung von Stoffen und Zubereitungen

Die **Gefahrensymbole** und die **Gefahrenbezeichnungen** von Stoffen aus der Stoffliste nach [32] sind zu übernehmen. In Abbildung 3.31 sind alle Gefahrensymbole aufgeführt. Die Festlegung bei nicht gelisteten Stoffen erfolgt gemäß den Kriterien des Einstufungsleitfadens in Anhang I (siehe Abschnitt 3.1). Das Gefahrensymbol muss in schwarzem Aufdruck auf orangegelbem Grund angebracht werden.

Aus den vorgenannten Gründen können zwei Gefahrensymbole, unter Berücksichtigung der Umweltgefährlichkeit neuerdings auch drei, auf dem Etikett notwendig sein. Für die insgesamt 15 gefährlichen Eigenschaften stehen 10 Gefahrensymbole zur Verfügung:
- akut toxische Eigenschaften: fünf Gefahrensymbole,
- physikalisch-chemische Eigenschaften: vier Gefahrensymbole,
- spezielle toxische Eigenschaften: kein eigenes Gefahrensymbol und
- umweltgefährliche Eigenschaft: ein Gefahrensymbol.

Die Benutzung der Gefahrenbezeichnung ist bindend und darf nicht, auch nicht zur Klarstellung der tatsächlichen Einstufung, verändert werden.

Grundsätzlich können maximal drei Gefahrensymbole auf der Kennzeichnung notwendig sein:
- ein Gefahrensymbol auf Grund der toxikologischen Eigenschaft gemäß folgender Priorisierung: T+ > T > C > Xn > Xi
- ein Gefahrensymbol auf Grund der physikalisch-chemischen Eigenschaften nach folgender Rangfolge: E > F+ > F > O
- sowie gegebenenfalls N.

Die Zuordnung der gefährlichen Eigenschaften (Einstufung) zu den Gefahrensymbolen (mit den dazugehörigen Gefahrenbezeichnungen) kann Abbildung 3.32 entnommen werden. Irrtümlicherweise werden krebserzeugende, erbgutverändernde oder fortpflanzungsgefährdende Stoffe der Kategorie 1 und 2 oft zu den giftigen Stoffen gezählt, da sie mit dem Totenkopf mit der Gefahrenbezeichnung „giftig" gekennzeichnet werden. Wie bereits in Abschnitt 3.1 erläutert, kann die

Symbol	Eigenschaft			
Giftig (T)	giftig	R23	R24	R25
	krebserzeugend, Kategorie 1 oder 2		R45	R49
	erbgutverändernd, Kategorie 1 oder 2			R46
	entwicklungsschädigend, R_E, Kategorie 1 oder 2			R61
	entwicklungsschädigend, R_F, Kategorie 1 oder 2			R60
Gesundheitsschädlich (Xn)	gesundheitsschädlich	R20	R21	R22
	atemwegssensiblisierend			R42
	krebserzeugend, Kategorie 3			R40
	erbgutverändernd, Kategorie 3			R68
	entwicklungsschädigend, R_E, Kategorie 3			R63
	entwicklungsschädigend, R_F, Kategorie 3			R62

Abb. 3.32 Zuordnung der toxischen Eigenschaften zu den Gefahrensymbolen.

Tabelle 3.27 Gesundheitsgefährliche Eigenschaften, zugeordnetes Gefahrensymbol und die entsprechende Einstufung.

R-Satz	Gefahrenhinweis	Symbol	Gefahrenbezeichnung
R 20	Gesundheitsschädlich beim Einatmen	Xn	gesundheitsschädlich
R 21	Gesundheitsschädlich bei Berührung mit d. Haut	Xn	gesundheitsschädlich
R 22	Gesundheitsschädlich beim Verschlucken	Xn	gesundheitsschädlich
R 23	Giftig beim Einatmen	T	giftig
R 24	Giftig bei Berührung mit der Haut	T	giftig
R 25	Giftig beim Verschlucken	T	giftig
R 26	Sehr giftig beim Einatmen	T+	sehr giftig
R 27	Sehr giftig bei Berührung mit der Haut	T+	sehr giftig
R 28	Sehr giftig beim Verschlucken	T+	sehr giftig
R 39	Ernste Gefahr irreversiblen Schadens	T, T+	giftig, sehr giftig [a]
R 48	Gefahr ernster Gesundheitsschäden bei längerer Exposition	Xn, T	gesundheitsschädlich, giftig [a]
R 36	Reizt die Augen	Xi	reizend
R 37	Reizt die Atmungsorgane	Xi	reizend
R 38	Reizt die Haut	Xi	reizend
R 41	Gefahr ernster Augenschäden	Xi	reizend
R 34	Verursacht Verätzungen	C	ätzend
R 35	Verursacht schwere Verätzungen	C	ätzend
R 42	Sensibilisierung durch Einatmen möglich	Xn	reizend
R 43	Sensibilisierung durch Hautkontakt möglich	Xn	reizend
R 40	Irreversibler Schaden möglich	Xn	a) gesundheitsschädlich b) krebserzeugend, C 3 c) erbgutverändernd, M 3
R 62	Kann möglicherweise die Fortpflanzungsfähigkeit beeinträchtigen	Xn	fortpflanzungsgefährdend, R_F3
R 63	Kann das Kind im Mutterleib möglicherweise schädigen	Xn	fortpflanzungsgefährdend, R_E3
R 45	Kann Krebs erzeugen	T	krebserzeugend (C 1, C 2)
R 49	Kann Krebs erzeugen beim Einatmen	T	krebserzeugend (C 1, C 2)
R 46	Kann vererbbare Schäden verursachen	T	erbgutverändernd (M 1, M 2)
R 60	Kann die Fortpflanzungsfähigkeit beeinträchtigen	T	fortpflanzungsgefährdend, R_F1, R_F2
R 61	Kann das Kind im Mutterleib schädigen	T	fortpflanzungsgefährdend, R_E1, R_E2

[a] In Abhängigkeit der Gesundheitsgefahren ist die zutreffende Einstufung auszuwählen.

Einstufung eines Stoffes nicht der Gefahrenbezeichnung entnommen werden, sondern nur dem R-Satz. Ist ein Stoff nur mit R 45 gekennzeichnet, so weist dies auf einen krebserzeugenden Stoff der Kategorie 1 oder 2 hin, Beschränkungen für giftige Stoffe müssen nicht berücksichtigt werden.

Während die Gefahrensymbole nur die Hauptgefahren wiedergeben können, sollen die speziellen Gefahren durch die standardisierten R-Sätze erläutert werden. Die auf Grund der gefährlichen Eigenschaften zu ergreifenden Vorsichtsmaßnahmen werden durch die ebenfalls standardisierten S-Sätze ausgedrückt. Diese R- und S-Sätze gelten, übersetzt in die jeweilige Landessprache, in allen EG-Ländern.

Bei von der EG [32] eingestuften Stoffen müssen die vorgeschriebenen R-Sätze übernommen werden, auch wenn eigene Untersuchungen eine schwächere Kennzeichnung ratsam erscheinen lassen. Werden auf Grund eigener Erkenntnisse eine strengere Einstufung und Kennzeichnung vorgenommen, ist ein entsprechender Hinweis im Sicherheitsdatenblatt (siehe Abschnitt 5.1.6) notwendig. Die Angabe „EG-Kennzeichnung" muss dann selbstverständlich entfallen. Tabelle 3.27 ordnet den Gefahrensymbolen mit ihren Gefahrenbezeichnungen die möglichen gesundheitsgefährlichen Eigenschaften und die zugehörigen R-Sätzen zu.

Hat ein Stoff oder eine Zubereitung mehrere gefährliche Eigenschaften, sind die R-Sätze nach folgenden Kriterien auszuwählen:

- Durch die R- und S-Sätze müssen alle erforderlichen Informationen mitgeteilt werden. Zur besseren Übersicht sollen die notwendigen Informationen in möglichst wenigen Sätzen ausgedrückt werden.
- Zur Angabe der Gesundheitsgefahren
  - muss der R-Satz, der zur Auswahl des Gefahrensymbols geführt hat, angegeben werden,
  - müssen die Gesundheitsgefahren, die nicht durch das Symbol ausgedrückt sind, mit aufgeführt werden.
- Bei den physikalisch-chemischen Eigenschaften können die R-Sätze für
  - hochentzündlich oder
  - leichtentzündlich

  entfallen, wenn die gefährliche Eigenschaft auch ohne sie hinreichend beschieben ist.
- Bei Zubereitungen sind in der Regel zur Beschreibung der besonderen Gefahren fünf R-Sätze und fünf S-Sätze ausreichend; alle wesentlichen Gefahren müssen jedoch abgedeckt sein.

Die teilweise notwendigen und vorgeschriebenen Kombinationssätze gelten nur als ein R-Satz. Grundsätzlich ist die Regel zu beachten, dass zwei aufeinander folgende R-Sätze durch einen Bindestrich (–) getrennt werden, während eine Kombination von R-Sätzen durch den Schrägstrich (/) symbolisiert wird.

Beispiel:
R 38-41: zwei getrennte R-Sätze: R 38 und R 41, die R-Sätze 39 und 40 sind nicht zutreffend, das Zeichen „–" darf nicht als „bis" fehlinterpretiert werden
R 36/38: Kombination der R-Sätze 36 und 38 (reizt die Augen und die Haut)

Tabelle 3.28 Obligatorische S-Sätze auf Grund akut toxischer Eigenschaft.

Nr.	S-Satz	Anzuwenden bei
S 1	Unter Verschluss aufbewahren (wenn für öffentlichkeit bestimmt)	T+, T, C
S 7	Behälter dicht geschlossen halten Stoffe, die Gase mit diesen Eigenschaften freisetzen können	T+, T, Xn, F+
S 13	Von Nahrungsmitteln, Getränken und Futtermitteln fernhalten	T+, T, Xn
S 22	Staub nicht einatmen	gesundheitsgefährliche Stäube
S 24	Berührung mit der Haut vermeiden	gesundheitsgefährliche hautresorptive Stoffe
S 25	Berührung mit den Augen vermeiden	C, Xi
S 26	Bei Berührung mit den Augen sofort gründlich mit Wasser abspülen und Arzt konsultieren	C, Xi, wenn R 41, R 6
S 28	Bei Berührung mit der Haut sofort abwaschen mit viel ..... (muss konkretisiert werden)	T+, T, C
S 36	Bei der Arbeit geeignete Schutzkleidung tragen	T+, T, Xn, cmr
S 37	Geeignete Schutzhandschuhe tragen	T+, T, Xn, cmr
S 39	Schutzbrille/Gesichtsschutz tragen	T+, T
S 45	Bei Unfall oder Unwohlsein sofort Arzt zuziehen (wenn möglich dieses Etikett vorzeigen)	T+, T, C
S 46	Bei Verschlucken sofort ärztlichen Rat einholen und Verpackung oder Etikett vorzeigen	alle außer T+, T, C, N
S 53	Exposition vermeiden – vor Gebrauch besondere Anweisungen einholen	cmr

c: krebserzeugende Stoffe der Kategorie 1 oder 2
m: erbgutverändernde Stoffe der Kategorie 1 oder 2
r: fortpflanzungsgefährdende Stoffe der Kategorie 1 oder 2

Die Auswahl der R-Sätze erfolgt bei nicht von der EG eingestuften Stoffen gemäß den Vorgaben des Kennzeichnungsleitfadens der EG [32] Die Auswahl der S-Sätze ist nach den gleichen Grundsätzen durchzuführen: Bei Stoffen mit Legaleinstufung sind sie der jeweils gültigen Stoffliste [32] zu entnehmen, bei noch nicht von der EG eingestuften Stoffen gemäß dem Kennzeichnungsleitfaden. Die S-Sätze sollen auf die wichtigsten Arbeitsschutzmaßnahmen hinweisen. Die wichtigsten S-Sätze auf Grund akut toxischer Eigenschaften gibt Tabelle 3.28 wieder.

Tabelle 3.29 Vorgeschriebene S-Sätze auf Grund physikalisch-chemischer Eigenschaften.

Nr.	S-Satz	Anzuwenden bei
S 3	Kühl aufbewahren	organische Peroxide, Stoffe mit Sdp. < 40 °C
S 5	Unter ... aufbewahren (inertes Gas vom Hersteller anzugeben)	metallorganische Verbindungen
S 14	Von ... fernhalten	organische Peroxide, spezielle reaktive Stoffe
S 15	Vor Hitze schützen	Monomere
S 16	Von Zündquellen fernhalten – Nicht rauchen	hochentzündliche Stoffe (F+), leichtentzündliche Stoffe (F)
S 33	Maßnahmen gegen elektrostatische Aufladung treffen	hochentzündliche Stoffe (F+), leichtentzündliche Stoffe (F)

Da die S-Sätze standardisiert sind und nur in begrenzter Auswahl zu Verfügung stehen, können sie zwangsläufig nur orientierenden Charakter haben. Deutlich darüber hinausgehende Informationen sind dem Sicherheitsdatenblatt zu entnehmen.

Die wichtigsten Verhaltensregeln beim Umgang mit Stoffen auf Grund physikalisch-chemischer Eigenschaften, können Tabelle 3.29 entnommen werden. Tabelle 3.30 listet die obligatorischen S-Sätze auf Grund der jeweiligen Stoffeigenschaften vollständig auf.

Werden Stoffe in Verkehr gebracht, die gemäß § 5 Chemikaliengesetz von der Prüfpflicht (siehe Abschnitt 5.4) ausgenommen sind und noch nicht vollständig untersucht wurden, musste nach Artikel 8 der Stoffrichtlinie 67/548/EWG [32] die Aufschrift

> Achtung – noch nicht vollständig geprüfter Stoff

angebracht werden. Desgleichen war nach der Zubereitungsrichtlinie 1999/45/EG [37] ein entsprechender Vermerk

> Achtung – diese Zubereitung enthält einen noch nicht vollständig geprüften Stoff

auf der Kennzeichnung anzubringen. Da gleichzeitig mit der REACH-Verordnung [41] beide Richtlinien geändert und diese Artikel aufgehoben wurden, besteht keine gesetzliche Verpflichtung zum Anbringen dieser Hinweise mehr. Es wird jedoch dringend empfohlen, auch weiterhin diese Hinweise auf die Kenn-

Tabelle 3.30 Obligatorische S-Sätze in Abhängigkeit der Stoffeigenschaften.

Symbol	R-Satz	Obligatorische S-Sätze
–	10	–
F, F+	11-12	16-(33)-(29)
Xn	20	22 (bei Pulver/Feststoff)
		23 (bei Flüssigkeit (Dampf/Aerosol))
Xn	21	(36)-37
Xn	22	–
T	23	(38)-45-(63)
T	24	36/37-(28)
T	25	22 (bei Pulver)-45
T+	26	38-45-(63)
T+	27	36/37-28-45
T+	28	22 (bei Pulver)-45
C	34	36/37/39-26-45-(64)
	35	36/37/39-26-28-45-(64)
Xi	36	(26)
Xi	37	–
Xi	38	(37)
Xn	40	36/37
Xi	41	39-26
Xn	42	22 (bei Pulver/Feststoff)-(63)
		23 (bei Flüssigkeiten (Dampf/Aerosol))-(63)
Xi	43	(22)-(24) (bei Pulver/Feststoff)
		37 (bei Flüssigkeiten)
T	46	53
T	45-46-47-49-60-61	53
Xn	62-63	(53) 36/37
Xn	65	(52) (wenn nicht schon S 45 vergeben)

zeichnung von Stoffen bzw. Zubereitungen anzubringen, die nicht vollständig/nicht ausreichend geprüfte Stoffe enthalten.

Die Kennzeichnung von Zubereitungen hat grundsätzlich analog der Kennzeichnung von Stoffen zu erfolgen. Neben der Bezeichnung der Zubereitung müssen die chemischen Bezeichnungen der gefährlichen Stoffe angegeben werden.

Verharmlosende Angaben auf der Kennzeichnung, wie
- nicht giftig,
- nicht gesundheitsschädlich,
- nicht kennzeichnungspflichtig,
- nicht schädlich bei bestimmungsgemäßem Gebrauch und
- nicht umweltgefährlich

sind nicht zulässig.

Die **Größe der Kennzeichnung** ist gemäß EG-Stoffrichtlinie [32] festgelegt. Die Kennzeichnung ist so anzubringen, dass sie
- augenfällig und
- für den Verwender gut lesbar ist,

wenn die Verpackung in der vorgesehenen Weise abgestellt wird.

Kennzeichnungen für Kleinstmengen unter 250 mL müssen angemessen groß sein, bei größeren Gebinden sind die Mindestabmessungen je nach Verpackungsgröße festgelegt. In Mengen über 500 L muss die Kennzeichnung mindestens DIN-A5-Format besitzen.

Für spezielle Zubereitungen und Erzeugnisse existieren nach verschiedenen EG-Richtlinien, insbesondere der Beschränkungsrichtlinie 76/769/EWG [42] und der Zubereitungsrichtlinie [38], spezielle Kennzeichnungsvorschriften.

3.4.2
Sonderkennzeichnungen

Sonderkennzeichnungen sind im Anhang V Nr. B der Zubereitungsrichtlinie [38], Nr. 1 bis 12 und in der EG-Beschränkungsrichtlinie [11] festgelegt. Verpackungen, die die im Folgenden aufgeführten Stoffe enthalten, müssen mit einer Sonderkennzeichnung versehen sein:

1. **Chlorierte Kohlenwasserstoffe und Teeröle**
   Zubereitungen und Erzeugnisse, die
   - Chloroform, Tetrachlormethan, Trichlorethan, Tetrachlorethan, Pentachlorethan, Dichlorethen in Konzentrationen über 0,1 % oder
   - Teeröle (Kreosot, Krosotöl, Destillate), Naphthalinöl, Anthracenöl, Teersäuren enthalten:

   > Nur zur Verwendung in Industrieanlagen.

2. **Krebserzeugende und erbgutverändernde Stoffe**
   Krebserzeugende oder erbgutverändernde Stoffe und Zubereitungen der Kategorie 1 oder 2:

   > Nur für gewerbliche Verwender.

3. **Aromatische Amino- und Nitroverbindungen**
   Die folgenden aromatischen Amino- und Nitroverbindungen:
   - β-Naphthylamin, 4-Aminobiphenyl, Benzidin, 4-Nitrobiphenyl oder deren Salze sowie Zubereitungen, die diese enthalten:

   > Nur für gewerbliche Verbraucher.

4. Bleihaltige Zubereitungen

Die Kennzeichnung von Anstrichmittel und Farben, deren Gesamtbleigehalt 0,15% überschreiten, müssen zusätzlich gekennzeichnet werden mit:

> Enthält Blei. Nicht für den Anstrich von Gegenständen verwenden, die von Kindern gekaut oder gelutscht werden können.

Verpackungen unter 125 mL ist anzugeben: „Achtung! Enthält Blei".

5. Cyanacrylathaltige Zubereitungen

Die Verpackung von Klebstoffen, die unmittelbar auf Cyanacrylat basieren, müssen folgenden Aufschrift enthalten:

> Cyanacrylat. Gefahr. Klebt innerhalb von Sekunden Haut und Augenlider zusammen. Darf nicht in die Hände von Kindern gelangen.

Der Verpackung sind geeignete Sicherheitsratschläge beigefügt werden.

6. Isocyanathaltige Zubereitungen

Auf der Kennzeichnung isocyanathaltiger Zubereitungen, unabhängig ob als Monomer, Oligomer oder Prepolymer oder in Gemsichen, ist zusätzlich anzugeben:

> Enthält Isocyanate. Hinweise des Herstellers beachten.

7. Epoxidhaltige Zubereitungen

Bei epoxidhaltigen Zubereitungen mit einem mittleren Molekulargewicht ≤ 700 muss das Kennzeichnungsschild zusätzlich mit der Aufschrift versehen sein:

> Enthält epoxidhaltige Zubereitungen. Hinweise des Herstellers beachten.

8. Zubereitungen mit Aktivchlor

Die Verpackung von Zubereitungen, die mehr als 1% Aktivchlor enthalten und im Einzelhandel angeboten werden, muss folgende Aufschrift tragen:

> Vorsicht: Nicht zusammen mit anderen Produkten verwenden, da gefährliche Gase (Chlor) freigesetzt werden können.

3.4 Kennzeichnung von Stoffen und Zubereitungen

9. **Cadmiumhaltige Zubereitungen (Legierungen) zum Löten oder Schweißen**
   Folgende Aufschrift muss auf der Verpackung derartiger Produkte angegeben werden:

   > Achtung! Enthält Cadmium. Bei der Anwendung entstehen gefährliche Dämpfe. Anweisungen des Herstellers beachten. Sicherheitsanweisungen einhalten.

10. **Nicht als sensibilisierend eingestufte Zubereitungen, die aber einen sensibilisierenden Stoff enthalten**
    Die Verpackung von Zubereitungen, die einen sensibilisierenden Stoff über 0,1% enthalten, muss folgende Aufschrift tragen:

    > Enthält (*Name des sensibilisierenden Stoffes*). Kann allergische Reaktionen hervorrufen.

11. **Flüssige Stoffe, die Halogenkohlenwasserstoffe enthalten**
    Zubereitungen, die entweder keinen oder einen Flammpunkt über 55 °C haben, einen Halogenkohlenwasserstoff beinhalten und mehr als 5% entzündliche oder leichtentzündliche Inhaltsstoffe besitzen, sind, falls zutreffend, zu kennzeichnen mit:

    > Kann bei Gebrauch leicht entzündlich werden. *oder* Kann bei Verwendung entzündlich werden.

12. **Asbesthaltige Zubereitungen und Erzeugnisse**
    Asbesthaltige Erzeugnisse müssen mit einem speziellen Kennzeichen versehen sein. In Anhang II der Beschränkungsrichtlinie [11] sind detaillierte Kennzeichnungsvorschriften zu finden.

    a
    ACHTUNG
    ENTHÄLT
    ASBEST

    Gesundheitsgefährdung
    beim Einatmen
    von Asbeststaub

    Sicherheitsvorschriften
    beachten

13. **Zinnorganische Zubereitungen**
    Zinnorganische Verbindungen als Antifoulingmittel:

    > Nicht zu verwenden bei Schiffen mit einer Gesamtlänge von weniger als 25 m, Schiffen jeder Länge, die überwiegend auf Binnenwasserstraßen und Seen eingesetzt werden, sowie bei Geräten und Einrichtungen jeder Art, die in der Fisch- und Muschelzucht eingesetzt werden.
    > Nur zur berufsmäßigen Verwendung.

14. **Pentachlorphenolhaltige Zubereitungen**
    Die Verwendung und das Inverkehrbringen von pentachlorphenolhaltigen Zubereitungen ist, von wenigen Ausnahmen abgesehen, weitgehend verboten. Zubereitungen, die unter die Ausnahmeregelungen fallen, müssen folgende Zusatzkennzeichnung tragen:

    > Nur für gewerbliche Anwender/Fachleute.

15. **Zubereitungen, die polychlorierte Biphenyle enthalten**
    Polychlorierte Biphenyle und Terphenyle unterliegen weitgehenden Verwendungs- und Abgabeverboten. Zusätzlich zur Kennzeichnung muss das spezielle Kennzeichnungsschild aufgebracht werden (schwarze Schrift auf gelbem Grund).

    PCB

16. **Zubereitungen in Aerosolform**
    Aerosolhaltige Zubereitungen sind in Anwendung der Richtlinie 75/324/EWG zusätzlich zu kennzeichnen mit:

    > Behälter steht unter Druck. Vor Sonnenbestrahlung und Temperaturen über 50 °C schützen. Auch nach Gebrauch nicht gewaltsam öffnen oder verbrennen.
    > Nicht gegen Flammen oder auf glühenden Gegenstand sprühen.
    > Von Zündquellen fernhalten, nicht Rauchen.
    > Außer Reichweite von Kindern aufbewahren.

17. **Zubereitungen, die nicht vollständig geprüfte Stoffe enthalten**
    Zubereitungen, die einen Stoff über 1% enthalten, der mit der Aufschrift „Achtung, noch nicht vollständig geprüfter Stoff" gemäß Stoffrichtlinie 67/548/EWG zu kennzeichnen ist (für Stoffe im Anmeldeverfahren):

    > Achtung, diese Zubereitung enthält einen nicht vollständig geprüften Stoff.

    Da diese Sonderkennzeichnung sich auf den aufgehobenen Artikel 14 bezieht, handelt es sich nicht mehr um eine gesetzliche Vorschrift, sondern ist nur noch als freiwillige Sonderkennzeichnung anzusehen.

18. **Zubereitungen die einen Stoff enthalten, der mit R 67 gekennzeichnet ist**
    Zubereitungen, die einen mit R 67 gekennzeichneten Inhaltsstoff in Konzentrationen über 15% enthalten, sind mit dem Wortlaut des R 67 zu kennzeichnen:

    > Dämpfe können Schläfrigkeit und Benommenheit bewirken.

    Ausnahme: Die Zubereitung ist bereits mit R 20, R 23, R 26, R 68/20, R 39/23 oder R 39/26 gekennzeichnet oder die Verpackung enthält weniger als 125 mL.

19. **Zement und Zementzubereitungen**
    Die Verpackung von Zement oder Zementzubereitungen mit mehr als 0,0002% löslichem $Cr_{(VI)}$, bezogen auf das Trockengewicht, müssen gekennzeichnet werden mit:

    > Enthält $Chrom_{(VI)}$. Kann allergische Reaktionen hervorrufen.

    falls sie nicht bereits mit dem R 43 gekennzeichnet ist.

3.5 Gefahrstoff

§ 19 Chemikaliengesetz definiert übergreifend für seine Verordnungen den Begriff „Gefahrstoff". Die exakte Unterscheidung von „Gefahrstoff" und „gefährlichem Stoff" ist in der Praxis von erheblicher Bedeutung, irrtümlicherweise werden beide Begriffe oft als Synonyme angesehen. Im Gegensatz zum Begriff „gefährlicher Stoff", der nach eindeutigen Kriterien definiert ist, folgt die Definition von „Gefahrstoff" keinen eindeutigen naturwissenschaftlich festlegbaren Kriterien. Gefahrstoff ist der Oberbegriff für alle als gefährlich eingestuften Stoffe und Zubereitungen. Desgleichen umfasst er alle nicht eingestuften Stoffe, Zubereitungen oder Erzeugnisse, die unter Arbeitsplatzbedingungen gefährliche Stoffe freisetzen können.

Nach Chemikaliengesetz sind Gefahrstoffe
1. gefährliche Stoffe und Zubereitungen nach § 3a sowie Stoffe und Zubereitungen, die sonstige chronisch schädigende Eigenschaften besitzen,
2. Stoffe, Zubereitungen und Erzeugnisse, die explosionsfähig sind,
3. Stoffe, Zubereitungen und Erzeugnisse, aus denen bei der Herstellung oder Verwendung Stoffe oder Zubereitungen nach Nummer 1 oder 2 entstehen oder freigesetzt werden können,
4. sonstige gefährliche chemische Arbeitsstoffe im Sinne des Artikels 2 Buchstabe b in Verbindung mit Buchstabe a der Richtlinie 98/24/EG des Rates vom 7. April 1998 zum Schutz von Gesundheit und Sicherheit der Arbeitnehmer vor der Gefährdung durch chemische Arbeitsstoffe bei der Arbeit (ABl. EG Nr. L 131 S. 11),
5. Stoffe, Zubereitungen und Erzeugnisse, die erfahrungsgemäß Krankheitserreger übertragen können.

Die Begriffe gefährlicher Stoff und gefährliche Zubereitung sind in Abschnitt 3.1 ausführlich beschrieben.

Unter Punkt 3 fallen insbesondere nicht kennzeichnungspflichtige Zubereitungen oder auch Erzeugnisse, die bei der spezifischen Handhabung/Verwendung Stoffe mit gefährlichen Eigenschaften freisetzen. Wird beispielsweise eine nicht einstufungs- und kennzeichnungspflichtige Zubereitung, die unter 25% eines gesundheitsschädlichen Inhaltsstoffes enthält, auf den Siedepunkt dieses Inhaltsstoffes erhitzt, wird dieser üblicherweise freigesetzt und kann ein Arbeitsplatzrisiko darstellen. Desgleichen entsteht beim Schleifen von Buchenholz krebserzeugender Buchenholzstaub. Unterbleiben derartige Bearbeitungsvorgänge, wie es bei der üblichen Verwendung als Möbelstück der Fall ist, wird aus dem gleichen Gegenstand kein Gefahrstoff. Die besondere Verwendung/Handhabung entscheidet somit, ob aus einem Gegenstand ein Gefahrstoff wird. Auch die oft als Beispiel herangezogene Schweißelektrode wird erst beim Schweißen zum Gefahrstoff und nicht bereits beim Lagern.

Desgleichen ist die Definition unter Punkt 4 nicht gerade als präzise oder verständlich zu bezeichnen. Bedeutsam ist, anzumerken, dass in der EG-Agenzienrichtlinie 98/24/EG [43] die Eigenschaft ausdrücklich ausgeschlossen wird. Im 3. Anstrich von Artikel 2 Nr. b werden chemische Gefahrstoffe zusätzlich beschrieben als:

„alle chemischen Arbeitsstoffe, die die Kriterien für die Einstufung als „gefährlich" nach den Ziffern i) und ii) nicht erfüllen, aber auf Grund ihrer physikalisch-chemischen, chemischen oder toxikologischen Eigenschaften und der Art und Weise, wie sie am Arbeitsplatz verwendet werden oder dort vorhanden sind, für die Sicherheit und die Gesundheit der Arbeitnehmer ein Risiko darstellen können; dies gilt auch für alle chemischen Arbeitsstoffe, denen im Rahmen des Artikels 3 ein Arbeitsplatzgrenzwert zugewiesen wurde."

Die Auslegung dieser vollkommen unbestimmten Formulierung lässt einen weiten Bereich von Interpretationen zu. Bei extremer Auslegung, wie bereits geschehen, erfüllt sogar Wasser diese Kriterien. Zweifelsfrei sind jedoch Stoffe,

3.5 Gefahrstoff

Gefährliche Stoffe oder gefährliche Zubereitungen

- **Explosionsfähige Stoffe, Zubereitungen oder Erzeugnisse**
- **Stoffe, Zubereitungen oder Erzeugnisse, die gefährliche Stoffe bei der Verwendung freisetzen**
- **Stoffe, die erfahrungsgemäß Krankheitserreger übertragen können (kein Kriterium nach Gefahrstoffverordnung)**
- **Stoffe, die ein Risiko für die Sicherheit und Gesundheit darstellen können oder einen EG-Arbeitsplatzgrenzwert haben**

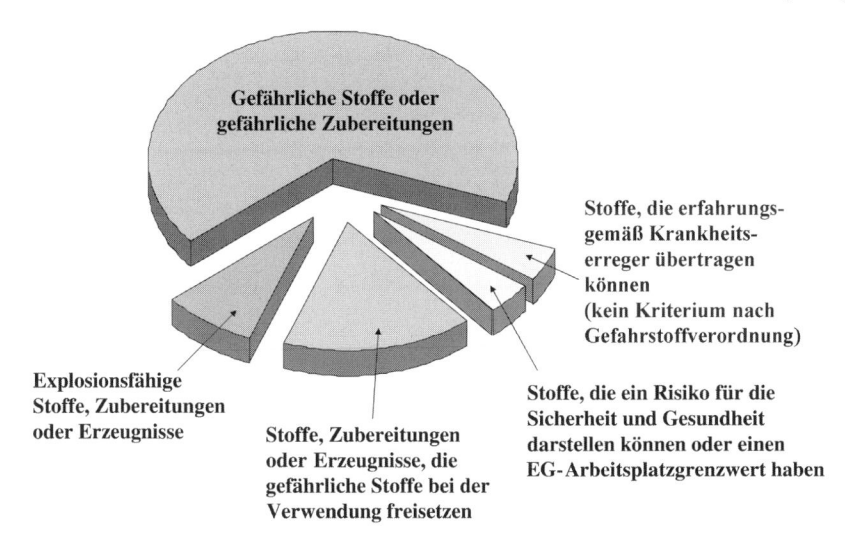

Abb. 3.33 Zusammensetzung von Gefahrstoffen nach Chemikaliengesetz und Gefahrstoffverordnung (ohne Krankheitserreger übertragende Stoffe/Zubereitungen/Erzeugnisse).

für die ein EG-Arbeitsplatzgrenzwert aufgestellt wurde, unter diese Definition zu subsumieren. Wenn daher, analog Deutschland, für die einatembaren und alveolengängigen inerten, wasserunlöslichen Stäube ein EG-Grenzwert festgelegt wird, sind auch diese Stäube Gefahrstoffe.

Nach § 3 Abs. 9 Gefahrstoffverordnung sind Stoffe oder Zubereitungen **explosionsfähig**,

- wenn sie auch ohne Luft durch Zündquellen wie äußere thermische Einwirkungen, mechanische Beanspruchungen oder Detonationsstöße zu einer chemischen Umsetzung gebracht werden können, bei der hochgespannte Gase in so kurzer Zeit entstehen, dass ein sprunghafter Temperatur- und Druckanstieg hervorgerufen wird, oder
- wenn im Gemisch mit Luft nach Wirksamwerden einer Zündquelle eine selbsttätig sich fortpflanzende Flammenausbreitung stattfindet, die im Allgemeinen mit einem sprunghaften Temperatur- und Druckanstieg verbunden ist.

Abbildung 3.33 stellt die Zusammensetzung von Gefahrstoffen grafisch dar.

4
Gefährdungsbeurteilung und Beurteilungsgrundlagen

4.1
Rechtliche Grundlagen

§ 5 Arbeitsschutzgesetz [44] verpflichtet den Arbeitgeber die mit der Arbeit verbundenen Gefährdungen zu ermitteln und die notwendigen Schutzmaßnahmen festzulegen. Absatz 2 konkretisiert, dass bei gleichartigen Tätigkeiten die Beurteilung eines Arbeitsplatzes ausreicht. Das Ergebnis der Gefährdungsbeurteilung, die festgelegten Schutzmaßnahmen sowie deren Wirksamkeitsüberprüfung ist nach § 6 Arbeitsschutzgesetz zu dokumentieren.

In Konkretisierung der Forderung des Arbeitsschutzgesetzes nimmt die Ermittlung und Beurteilung der Gefährdungen bei Tätigkeiten mit Gefahrstoffen nach § 7 Gefahrstoffverordnung [34] eine zentrale Rolle ein. Durch weitgehend wörtliche Übernahme der EG-Agenzienrichtlinie 98/24/EG [43] sind die folgenden Einflussparameter bei der Gefährdungsbeurteilung zu berücksichtigen:

1. gefährliche Eigenschaften der Stoffe oder Zubereitungen,
2. Informationen des Herstellers oder Inverkehrbringers zum Gesundheitsschutz und zur Sicherheit insbesondere im Sicherheitsdatenblatt nach § 6,
3. Ausmaß, Art und Dauer der Exposition unter Berücksichtigung aller Expositionswege; dabei sind die Ergebnisse nach § 9 Abs. 4 und § 10 Abs. 2 zu berücksichtigen,
4. physikalisch-chemische Wirkungen,
5. Möglichkeiten einer Substitution,
6. Arbeitsbedingungen und Verfahren, einschließlich der Arbeitsmittel und der Gefahrstoffmenge,
7. Arbeitsplatzgrenzwerte und biologische Grenzwerte,
8. Wirksamkeit der getroffenen oder zu treffenden Schutzmaßnahmen,
9. Schlussfolgerungen aus durchgeführten arbeitsmedizinischen Vorsorgeuntersuchungen.

Darüber hinaus ist festgelegt, dass Tätigkeiten mit Gefahrstoffen erst durchgeführt werden dürfen, wenn die Gefährdungsbeurteilung durchgeführt und die notwendigen Schutzmaßnahmen umgesetzt wurden.

4.2
Durchführung der Gefährdungsbeurteilung

Zur Durchführung der Gefährdungsbeurteilung sind zuerst alle Gefahrstoffe zu ermitteln und in einem Verzeichnis der Gefahrstoffe aufzunehmen. Auch wenn keine generelle Verpflichtung zur Auflistung aller hergestellten und verwendeten Stoffe existiert wird empfohlen, auch die nicht gekennzeichneten Stoffe und Zubereitungen aufzuführen. Wie bereits in Abschnitt 3.5 ausgeführt, können auch aus nicht eingestuften Stoffen und Zubereitungen bei der Verwendung gefährliche Stoffe entstehen oder freigesetzt werden. Die Inhalte des **Gefahrstoffverzeichnisses** sind in der Gefahrstoffverordnung nicht mehr festgelegt, in der Praxis haben sich die bis zum 1.1.2005 gültigen Inhalte bewährt. Neben der Bezeichnung des Stoffes/der Zubereitung sind dies:
- die Einstufung, bevorzugt durch Angabe der R-Sätze,
- die Gefahrensymbole,
- der Mengenbereich und
- der Arbeitsbereich/Betriebsteil.

Zur vereinfachten Identifikation ist die Aufnahme von betriebsinternen Produktnummern und die CAS-Nummer hilfreich, desgleichen haben sich in der Praxis weitere zusätzliche produktspezifische Angaben, wie z. B. die Wassergefährdungsklasse (siehe Abschnitt 6.8) bewährt. Zu den hergestellten oder verwendeten Mengen reicht die Angabe in logarithmischer Darstellung, z. B. 1 bis 10 t/a, 10 bis 100 t/a. Bagatellmengen müssen nach der neuen Gefahrstoffverordnung ebenfalls aufgeführt werden, falls nicht nur eine „geringe Gefährdung" gemäß § 8 vorliegt. In Anwendung des Zumutbarkeitsprinzips und der Intention der Verordnung kann auf die Auflistung von Kleinmengen verzichtet werden, wenn von ihnen unter den Verwendungsbedingungen keine Gefährdung ausgehen kann. Beispielsweise kann bei Arbeiten in Laboratorien bei Beachtung der Vorgaben der Laborrichtlinie üblicherweise eine geringe Gefährdung unterstellt werden. Ohne Ausnahmemöglichkeit ist ein Gefahrstoffverzeichnis in den unterschiedlichen Gefahrstofflagern, z. B. Lager für brennbare Flüssigkeiten oder Gefahrstoffe, zu führen.

Gemäß Agenzienrichtlinie [43] muss das Gefahrstoffverzeichnis einen Hinweis auf die Sicherheitsdatenblätter enthalten, die den Beschäftigten zugänglich sein müssen. Dies kann z. B. durch Zugriff auf ein internes Datenbanksystem umgesetzt werden oder durch Nennung einer Zentralstelle, bei der alle Sicherheitsdatenblätter aufbewahrt werden und für die Mitarbeiter einsehbar sind.

Die Ermittlung der Stoffeigenschaften kann mit größerem Aufwand verbunden sein. Neben der Kennzeichnung und dem übermittelten Sicherheitsdatenblatt sind alle üblicherweise zugängliche Informationsquellen zu nutzen. Hierzu zählen neben den
- einschlägigen EU-Richtlinien (insbesondere Anhang I Stoffrichtlinie 67/548/EWG [32] und der Zubereitungsrichtlinie 1999/45/EG [38]) die
- Verordnungen der Berufsgenossenschaften (BGV),

- Informationen und Regeln der Berufsgenossenschaften (BGI und BGR),
- Merkblätter der Berufsgenossenschaften (M-Merblätter) und die
- einschlägige Fachliteratur.

Stoffeigenschaften können über zahlreiche Datenbanken eruiert werden, z. B.
- Hommel, Handbuch der gefährlichen Güter [45],
- RTECS [46] und
- Tox-line [47]

sowie die über das Internet zugänglichen Datenbanken
- GisChem der BG-Chemie [48] und
- GESTIS vom Hauptverband der Berufsgenossenschaften [49].

Bei gekennzeichneten Stoffen oder Zubereitungen ist die Informationsermittlung in der Regel einfach. Grundsätzlich kann davon ausgegangen werden, dass die Angaben auf der Kennzeichnung und im Sicherheitsdatenblatt zutreffen; es sei denn, es liegen Anhaltspunkte von gegenteiligen Erkenntnissen vor.

Bei nicht gekennzeichneten Produkten kann sich die Ermittlung der Stoffeigenschaften schwieriger und komplizierter erweisen. Zumindest auf Nachfrage ist jedoch auch bei nicht gekennzeichneten Zubereitungen mit gefährlichen Inhaltsstoffen oberhalb der Berücksichtigungsgrenze ein Sicherheitsdatenblatt gemäß REACH-Verordnung [41] Artikel 31 Nr. 3 zu übermitteln (die Berücksichtigkeitsgrenze beträgt in der Regel 1 %, nähere Details siehe Abschnitt 3.3). Verbleiben Unklarheiten bezüglich möglicher Gefährdungen, hat der Inverkehrbringer die für den Arbeitsschutz notwendigen Informationen dem Verwender auf Anfrage auch für nicht gekennzeichnete Stoffe und Zubereitungen mitzuteilen.

Auf Basis der Stoffeigenschaften und der Kenntnis der durchzuführenden Tätigkeiten sind im nächsten Schritt die Gefährdungen zu ermitteln und zu beurteilen. Bei der Gefährdungsermittlung sind neben den Stoffeigenschaften zu berücksichtigen
- die Sicherheitsinformationen des Herstellers/Inverkehrbringers,
- Ausmaß, Art, Dauer der Exposition,
- die physikalisch-chemischen Wirkungen,
- die Möglichkeit der Substitution,
- die Arbeitsbedingungen, Verfahren, Arbeitsmittel und Stoffmenge,
- die Arbeitsplatzgrenzwerte und biologische Grenzwerte,
- die Wirksamkeit der getroffenen oder zu treffenden Schutzmaßnahmen und
- Schlussfolgerungen aus durchgeführten arbeitsmedizinischen Vorsorgeuntersuchungen.

Separat ist zu prüfen, ob durch die Verwendung der Produkte eine Brand- oder Explosionsgefahr gegeben ist. In der Gefährdungsbeurteilung sind nicht nur die
- inhalativen, sondern auch
- dermale und
- physikalisch-chemische Gefährdungen

unabhängig voneinander zu beurteilen und zusammenfassend zu bewerten. Die Gefährdungsbeurteilung muss vor Aufnahme der Tätigkeiten durchgeführt werden und ist zu dokumentieren. In der Dokumentation sind die Gefährdungen zu beschreiben und die Maßnahmen darzulegen, die zum Schutz der Mitarbeiter zu ergreifen sind. Eine Aktualisierung ist bei maßgeblichen Änderungen vorzunehmen oder auf Grund der Ergebnisse arbeitsmedizinischer Vorsorgeuntersuchungen.

> Arbeiten ohne vorliegende Gefährdungsbeurteilung sind nicht zulässig!

Die Gefahrstoffverordnung verfolgt formal einen Grenzwert-unabhängigen Schutzstufenansatz. Die konkrete Ermittlung der Expositionssituation am Arbeitsplatz ist in der Praxis jedoch ohne quantitative oder zumindest halbquantitative Expositionsermittlung selten möglich. Zur Beurteilung der ermittelten Arbeitsplatzexpositionen sind akzeptierte Bewertungsmaßstäbe notwendig. Abschnitt 4.3 beschreibt die unterschiedlichen nationalen, europäischen und internationalen Arbeitsplatzgrenzwerte in der Luft am Arbeitsplatz, die biologischen Grenzwerte können Abschnitt 4.4 entnommen werden.

Wegen der zentralen Bedeutung der Gefährdungsbeurteilung muss sie von fachkundigen Personen durchgeführt werden. Als Betreiberpflicht obliegt sie grundsätzlich dem Arbeitgeber. Besitzt dieser selbst nicht die notwendige Fachkunde, muss er sich fachkundig beraten lassen. Als Fachkundige werden exemplarisch die Sicherheitsfachkraft und der Betriebsarzt in der Verordnung benannt. Führen andere Personen die Gefährdungsbeurteilung durch, müssen sie in Bezug auf die Gefährdungsbeurteilung über deren Kenntnisse verfügen. In mehreren Gremien wurden wiederholt Zweifel an der Fachkunde von Sicherheitsfachkräften chemiefremder Branchen, z. B. der Baubranchen, oder von Betriebsärzten geäußert; Versuche zur Beschreibung dieser Fachkunde sind auf Grund der unterschiedlichen Anforderungen der unterschiedlichen Branchen gescheitert.

Konkretisierungen der allgemeinen Vorgaben der Gefahrstoffverordnung können der TRGS 400 „Gefährdungsbeurteilung bei Tätigkeiten mit Gefahrstoffen" [50] entnommen werden. Hierbei wird unterschieden zwischen

- Gefährdungsbeurteilung bei vorgegebenen Maßnahmen – standardisierte Arbeitsverfahren – und
- Gefährdungsbeurteilung ohne vorgegebene Maßnahmen.

4.2.1
Gefährdungsbeurteilung bei vorgegebenen Maßnahmen

Zu den Gefährdungsbeurteilungen bei vorgegebenen Maßnahmen zählen die mitgelieferten Gefährdungsbeurteilungen des Lieferanten, die standardisierten Arbeitsverfahren der **verfahrens- und stoffspezifische Kriterien (VSK)**, zusammengestellt im Anhang der TRGS 420 [51] sowie weitere stoff- und anwendungsbezogene technischen Regeln für Gefahrstoffe.

Während zurzeit die mitgelieferten Gefährdungsbeurteilungen der Lieferanten, abgesehen von endverbrauchernahen Anwendungen, nur selten zur Anwendung kommen, werden diese künftig unter REACH [41] eine deutlich wichtigere Rolle einnehmen; für weitere Details siehe Abschnitt 5.1.5. Die Anwendung einer mitgelieferten Gefährdungsbeurteilung setzt zwingend voraus, dass der Anwender überprüft, ob seine Anwendungsbedingungen den vom Lieferanten beschriebenen entsprechen. Dies ist plausibel zu begründen und als wesentlicher Bestandteil der eigenen Gefährdungsbeurteilung zu dokumentieren.

Auf Grund der hohen Anforderungen an VSK, insbesondere ausgelöst durch die so genannte Vermutungswirkung der technischen Regeln, ist in absehbarer Zeit nicht mit der Verabschiedung einer relevanten Anzahl von VSKs zu rechnen; im Gegenteil wurden die bisher erarbeiteten zurückgezogen, um sie einer erneuten Evaluierung zu unterziehen. Mit baldiger Publikation einer relevanten Anzahl von VSKs ist nach aller Erfahrung nicht zu rechnen.

Eine umfassende Sammlung von empfohlenen Verfahren mit berufsgenossenschaftlich überprüften Gefährdungsbeurteilungen für spezielle Tätigkeiten können den **BG/BGIA-Empfehlungen** entnommen werden. Die aktuelle Liste ist im Internet [52] verfügbar.

Bisher wurden die folgenden BG/BGIA-Empfehlungen publiziert:
- Abgasuntersuchung (AU) in Prüfstellen
- Anästhesiearbeitsplätze
- Desinfektion von Endoskopen und anderen Instrumenten
- Einsatz von Bautenlacken
- Einsatz von Bis-(N-cyclohexyldiazeniumdioxy)kupfer-(CuHDO)-haltigen Holzschutzmitteln
- Einsatz von dichlormethanhaltigen Abbeizmitteln
- Einsatz von Kühlschmierstoffen bei der spanenden Metallbearbeitung
- Ethylenoxid-Sterilisation im medizinischen Bereich
- Flächendesinfektion in Krankenhausstationen
- Galvanotechnik und Eloxieren
- Hauptuntersuchungen und Sicherheitsprüfungen von Kfz in Prüfstellen amtlich anerkannter Überwachungsinstitutionen
- Heißverarbeiten von Bitumen im Gießverfahren zum Verkleben von Dämmstoffen und Bitumenbahnen
- Herstellung und Transport von Asphalt
- Herstellung und Transport von Bitumen
- Herstellung von Bitumendach- und -dichtungsbahnen
- Illustrationstiefdruck
- Instandhaltungsarbeiten an Personenkraftwagen in Werkstätten
- manuelle Zerlegung von Bildschirm- und anderen Elektrogeräten
- Mehlstaub in Backbetrieben
- Minimalmengenschmierung bei der Metallzerspanung
- Oberflächenbehandlung von Parkett und anderen Holzfußböden
- Schweißen von Bitumenbahnen

- Spritzlackieren von Hand bei der Holzbe- und -verarbeitung
- Textilglasweberei
- Verarbeiten von Walzasphalt im Straßenbau
- Verwendung von reaktiven PUR-Schmelzklebstoffen bei der Verarbeitung von Holz, Papier und Leder
- Verwendung von Trichlorethylen bei der Prüfung von Asphalt – Siebturmverfahren
- Verwendung von Trichlorethylen bei der Prüfung von Asphalt – Waschtrommelverfahren
- Vorstriche und Klebstoffe für Bodenbeläge
- Weichlöten mit dem Lötkolben an elektrischen und elektronischen Baugruppen oder deren Einzelkomponenten (Kolbenlöten)
- Wolfram-Inertgas-Schweißen (WIG-Schweißen).

Bei Einhaltung der in den Empfehlungen beschriebenen Arbeitsverfahren und Schutzmaßnahmen erfüllen diese die Anforderungen an die Gefährdungsbeurteilung. Analog der mitgelieferten Gefährdungsbeurteilung ist im Einzelfall zu prüfen, ob die eigenen Verwendungsbedingungen denen der VSK oder der BG/BGIA-Empfehlung entsprechen. In der Dokumentation ist zu beschreiben, welche VSK bzw. Empfehlung zur Bewertung der eigenen Arbeitsplätze herangezogen wurde mit einer kurzen Begründung, warum die eigene Arbeitsplatzsituation diesen inhaltlich entspricht.

4.2.2
Gefährdungsbeurteilung ohne vorgegebene Maßnahmen

Die Beurteilung der inhalativen Exposition stellt die wichtigste Maßnahme zur Überprüfung der Wirksamkeit der durchgeführten Schutzmaßnahmen dar. Mittels geeigneter Verfahren ist zu überprüfen, ob eine Gesundheitsgefährdung vorliegt oder auszuschließen ist. Kann eine inhalative Exposition am Arbeitsplatz bei der Herstellung oder Verwendung von Gefahrstoffen nicht ausgeschlossen werden, ist die Konzentration der Stoffe in der Luft der Beschäftigten zu ermitteln und zu beurteilen. Mit Ausnahme bei nur „geringer Gefährdung" (siehe Abschnitt 6.2.3) ist nach Gefahrstoffverordnung die Ermittlung der Gefährdung und deren Beurteilung vorgeschrieben.

Die Methoden der Ermittlung bei inhalativer Exposition sowie deren Beurteilung wird in der TRGS 402 [53] beschrieben.

Als Methoden zur Ermittlung der Exposition stehen zur Verfügung:
- Messung der Konzentration in der Luft am Arbeitsplatz,
- Vergleich mit bekannten Expositionen an ähnlichen Arbeitsplätzen und
- Berechnung.

Im Gegensatz zur häufig vertretenen Auffassung fordert die Gefahrstoffverordnung nicht ausschließlich die Messung der Gefahrstoffkonzentration. Insbesondere der **Vergleich** mit ähnlichen Arbeitsplätzen spielt in der Praxis eine große Rolle. Werden mehrere gleichartige Anlagen betrieben, muss nur eine Anlage messtechnisch überprüft werden; die Ermittlungsergebnisse können unmittelbar auf die Tochteranlagen übertragen werden. Bei weniger offensichtlicher Vergleichbarkeit sind die jeweiligen Verfahrens- und Anlagenparameter darzulegen und zu begründen.

Der **Berechnung** der Exposition sind enge Grenzen gesetzt. Auch wenn bei bekannter Stoffmenge mittels der bekannten Freisetzungsraten die Luftkonzentration im Gleichgewichtszustand problemlos berechnet werden kann, sind die vorausgesetzten idealen Lüftungsverhältnisse oft nicht gegeben. Gleichwohl kann mittels der Rechenmethoden in vielen Fällen die Größenordnung der Exposition in guter Näherung abgeschätzt werden; die Berechnung liefert somit wertvolle Informationen für die weitere Messstrategie.

Bei unbekannten oder komplexen Konzentrationssituationen stellt die **messtechnische Ermittlung** der Gefahrstoffexposition die wichtigste Methode zur Gefährdungsermittlung dar. Die korrekte Messstrategie ist entscheidend für Güte und Qualität der ermittelten Messergebnisse. Vom Leiter einer Messstelle wird daher eine spezielle Fachkunde gefordert, sowohl für eine innerbetriebliche als auch speziell für eine außerbetriebliche Messstelle; siehe hierzu TRGS 402 [53].

Werden die Arbeitsplatzexpositionen unter repräsentativen Arbeitsplatzbedingungen mit validen Bestimmungsverfahren ermittelt, werden zur Bewertung der Exposition adäquate Beurteilungsmaßstäbe benötigt. Vom deutschen Gesetzgeber sind hierzu primär die Arbeitsplatzgrenzwerte (siehe Abschnitt 4.3.1) nach TRGS 900 [54] heranzuziehen. Da die zurzeit gültige TRGS 900 nur noch ca. 300 Grenzwerte umfasst, zum Vergleich waren in der Ausgabe von 8/2005 noch ca. 650 Grenzwerte gelistet, stehen für den überwiegenden Teil der hergestellten und verwendeten Stoffe keine offiziellen Arbeitsplatzgrenzwerte zur Verfügung.

Zur Beurteilung der Arbeitsplatzexposition werden daher alternative Maßstäbe benötigt. Als geeignete Grundlagen können die mittlerweile ausgesetzten, in der Ausgabe der TRGS 900 von 8/2005 noch aufgeführten Luftgrenzwerte dienen. Ergänzend hierzu wird die Anwendung von Grenzwerten relevanter Länder empfohlen; die z. B. vom Hauptverband der gewerblichen Berufsgenossenschaften im Internet [55] publiziert werden.

Luftgrenzwerte am Arbeitsplatz werden fast ausschließlich als **Schichtmittelwerte** festgesetzt. Der Schichtmittelwert repräsentiert die durchschnittliche Exposition über einen Arbeitstag von acht Stunden. Da die realen Konzentrationen naturgemäß im Laufe eines Arbeitstages starken Schwankungen unterworfen sind, müssen zum Schutz der Gesundheit der Beschäftigten zusätzlich die Expositionsspitzen überprüft werden.

Die Expositionsspitzen werden im Allgemeinen entweder als Absolutkonzentration oder als Vielfaches (Überschreitungsfaktor) vom Schichtmittelwert festgelegt; nähere Details werden bei den Luftgrenzwerten besprochen (siehe Abschnitte 4.3.1 bis 4.3.3).

Grenzwerte werden zurzeit fast ausschließlich für Einzelstoffe aufgestellt. Auf Grund der unbegrenzten Kombinationsmöglichkeiten kann die Wirkung mehrerer Stoffe auf den Organismus experimentell nicht mit vertretbarem Aufwand ermittelt werden. Gleichwohl soll nach § 7 Abs. 5 der Gefahrstoffverordnung [34] „eine mögliche Wechsel- oder Kombinationswirkung der Gefahrstoffe mit Einfluss auf die Gesundheit der Beschäftigten" berücksichtigt werden. Die Regelungen der TRGS 402 [53] zeigte hierfür einen pragmatischen Ansatz auf, der sich in der Praxis einigermaßen bewährt hat. Gemäß dem Grundprinzip der TRGS 402 werden die Arbeitsplatzgrenzwerte gewichtet addiert (Addition der Brüche der ermittelten Expositionen mit den zugehörigen Arbeitsplatzgrenzwerten). Eine Überscheitung der Summwertbedingung liegt vor, wenn die Summe der Brüche größer eins ist. Hierbei wird ein additiver Wirkmechanismus unterstellt, als Kompromiss zwischen fehlender Wechselwirkung und überadditiver Wirkung. Bei Unterschreitung der Luftgrenzwerte kann bei der Mehrzahl der Stoffe davon ausgegangen werden, dass keine verstärkende Stoffwirkung der Mischung gegenüber den Einzelstoffen gegeben ist. Eine eindeutig überadditive Wirkung ist z. B. bei Einwirkung von Stäuben oder Faserstäuben und Rauchen nachgewiesen.

Unabhängig von der inhalativen ist stets eine mögliche dermale Exposition zu ermitteln. Die grundsätzliche Vorgehensweise zur Ermittlung der dermalen Gefährdung wird in der TRGS 401 [56] **„Gefährdung durch Hautkontakt** – Ermittlung, Beurteilung, Maßnahmen" beschrieben. Den unterschiedlichen Wirkungen und Gefährdungen durch lokale Ätz- oder Reizwirkung im Gegensatz zur Gefährdung durch resorptiv wirkende Stoffe wird ausgiebig Rechnung getragen. Ausführlich werden die unterschiedlichen Methoden zur Auswahl der geeigneten Chemikalien-Schutzhandschuhe beschrieben. Ein eigenes Kapitel ist den Hautschutzmitteln gewidmet. Nach dem Stand der Wissenschaft besteht Einigkeit, dass Hautschutzmittel in der Regel kein Ersatz für Schutzhandschuhe darstellen und von Ausnahmen abgesehen, z. B. Metallbearbeitung an drehenden Apparaten, kein adäquater Hautschutz sind. Durch eine verstärkte Resorption kann im Gegenteil die Aufnahme von Stoffen über die Haut deutlich verbessert werden. Die Auswahl erfordert daher Spezialkenntnisse, fachkundiger Rat sollte hinzugezogen werden. Da bislang für die Beurteilung der dermalen Gefährdung geeignete Beurteilungsmaßstäbe fehlen, ist auch in der TRGS hierzu keine aussagefähige Strategie zu finden.

Die **Dokumentation** der Gefährdungsbeurteilung ist eine wichtige unternehmerische Aufgabe. In Ergänzung zur allgemeinen Dokumentationspflicht nach § 6 Arbeitsschutzgesetz [44] fordert § 7 Gefahrstoffverordnung detaillierter die Dokumentation für Gefahrstoffe. Ein wesentliches Element der Dokumentation sind die schriftlichen Betriebsanweisungen nach § 14 Gefahrstoffverordnung sowie der Messbericht zur Expositionsbeurteilung. Wird auf Messungen verzichtet, da auf Gefährdungsbeurteilungen bei vorgegebenen Maßnahmen gemäß Abschnitt 4.2.1 zurückgegriffen wird, sind die Begründungen zur Anwendung dieser mitgelieferten bzw. vorgegebenen Maßnahmen ebenfalls ein wesentliches Element der Dokumentation.

4.3
Luftgrenzwerte am Arbeitsplatz

Zur Bewertung der inhalativen Exposition am Arbeitsplatz stellen Luftgrenzwerte eine wesentliche Bezugsgröße dar. Neben den derzeit sehr begrenzten nationalen Grenzwerten sind zur qualifizierten Bewertung die Grenzwerte anderer Länder mit fachkundigen Grenzwertkommissionen heranzuziehen; eine Auswahl findet sich auf der Homepage des BGIA [55].

Die Konzentration (C) eines Stoffes in der Luft kann entweder als Masse pro Volumeneinheit oder bei Gasen und Dämpfen auch als Volumen pro Volumeneinheit angegeben werden. In der Regel werden die Angaben auf einen Kubikmeter Atemluft bezogen, somit resultieren bei Massenkonzentrationen mg/m^3 oder $\mu g/m^3$ als Einheit und bei Volumenkonzentrationen mL/m^3 oder $\mu L/m^3$. Die Umrechnung erfolgt gemäß der Formel in Abbildung 4.1.

Unter Normbedingungen, 20 °C und 101,3 hPa, ergibt sich dann die vereinfachte Gleichung gemäß Abbildung 4.2.

Für die Einheit mL/m^3 wird häufig die Abkürzung **ppm** (parts per million, ein Millionstel) benutzt; auch wenn sie keine offizielle Einheit mehr ist.

Die Konzentration 1 ppm entspricht in etwa der von einem Würfelzucker in einem Schwimmbecken eines Hallenbades oder einem Menschen in der Millionenstadt München („Preuße pro München"). Abbildung 4.3 verdeutlicht die Größenordnung der unterschiedlichen Konzentrationen. Die Konzentration von Fasern wird im Gegensatz hierzu in der Einheit Fasern pro m^3 angegeben.

Üblicherweise werden die Luftgrenzwerte als maximal erlaubte Konzentration in der Luft am Arbeitsplatz bei einer kontinuierlichen achtstündigen Belastung festgelegt. Da dies der üblichen Schichtlänge entspricht, wird dies häufig als Schichtmittelwert bezeichnet. Da die reale Konzentration über einen Tagesverlauf starken Schwankungen unterworfen ist, müssen zum Ausschluss einer Gesundheitsgefährdung die **Expositionsspitzen** begrenzt werden. Die unterschiedlichen Grenzwertkommissionen verfolgen hierbei verschiedene Ansätze. Allen Systemen ist jedoch gemeinsam, dass die Dauer der erhöhten Exposition 15 Minuten und die Anzahl erhöhter Expositionen pro Schicht maximal vier beträgt.

$$C\ (mL/m^3) = \frac{\text{Molvolumen in Liter}}{\text{Molmasse in g}}\ C\ (mg/m^3)$$

C: Konzentration des Stoffes in der Atemluft

Abb. 4.1 Umrechnung von mL/m^3 in mg/m^3.

$$C\ (mL/m^3) = \frac{22{,}41}{\text{Molmasse in g}}\ C\ (mg/m^3)$$

Abb. 4.2 Umrechnung von mL/m^3 auf mg/m^3 unter Normbedingungen.

4 Gefährdungsbeurteilung und Beurteilungsgrundlagen

Ein Stück Würfelzucker aufgelöst in

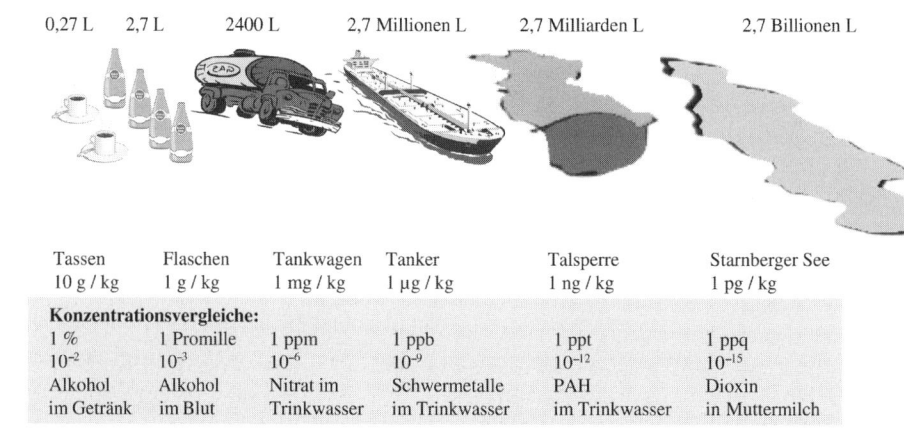

	0,27 L	2,7 L	2400 L	2,7 Millionen L	2,7 Milliarden L	2,7 Billionen L
	Tassen	Flaschen	Tankwagen	Tanker	Talsperre	Starnberger See
	10 g / kg	1 g / kg	1 mg / kg	1 µg / kg	1 ng / kg	1 pg / kg
Konzentrationsvergleiche:						
	1 %	1 Promille	1 ppm	1 ppb	1 ppt	1 ppq
	10^{-2}	10^{-3}	10^{-6}	10^{-9}	10^{-12}	10^{-15}
	Alkohol	Alkohol	Nitrat im	Schwermetalle	PAH	Dioxin
	im Getränk	im Blut	Trinkwasser	im Trinkwasser	im Trinkwasser	in Muttermilch

Abb. 4.3 Konzentrationsvergleiche.

4.3.1
Arbeitsplatzgrenzwerte

Der Arbeitsplatzgrenzwert (AGW) wird in § 3 Abs. 6 Gefahrstoffverordnung [34] definiert als:

> „Der ‚Arbeitsplatzgrenzwert' ist der Grenzwert für die zeitlich gewichtete durchschnittliche Konzentration eines Stoffes in der Luft am Arbeitsplatz in Bezug auf einen gegebenen Referenzzeitraum. Er gibt an, bei welcher Konzentration eines Stoffes akute oder chronische schädliche Auswirkungen auf die Gesundheit im Allgemeinen nicht zu erwarten sind."

Die Arbeitsplatzgrenzwerte gemäß dieser Definition werden in der TRGS 900 [54] veröffentlicht.

Nach heutigem Stand der Diskussion kann davon ausgegangen werden, dass alle neueren MAK-Werte der MAK-Kommission [35] als Arbeitsplatzgrenzwert übernommen werden. Auf Grund der zurzeit gültigen hohen Anforderungen an AGWs erfüllt nur noch ein Bruchteil der früheren Luftgrenzwerte der TRGS 900 von 8/2005 die heutigen Anforderungen. Für über die Hälfte der ca. 650 Luftgrenzwerte der TRGS 900 (Stand August 2005) gilt entweder:
- es lagen keine adäquaten gesundheitsbasierten Begründungen vor (z. B. bei zahlreichen Luftgrenzwerten anderer Länder, die Mitte der 1990iger Jahre übernommen wurden, oder bei von der EG-Kommission erlassenen Grenzwerten) oder

- sie wurden zwischenzeitlich von der MAK-Kommission wegen Datenlücken ausgesetzt oder
- es wurde zwischenzeitlich eine Einstufung in die Kategorie 1, 2 oder 3 krebserzeugender oder erbgutverändernder Stoffe vorgenommen oder
- sie werden wegen qualifizierter Einsprüche wissenschaftlich überprüft.

Hierdurch resultiert eine Reduzierung der Anzahl der Stoffe mit Luftgrenzwert von über 650 auf unter 300. Für den praktischen Arbeitsschutz wird dringend empfohlen, alle Luftgrenzwerte der TRGS 900 mit Stand 8/2005 als Beurteilungsgrundlage für die Arbeitsplätze so lange weiter zu verwenden bis neuere Erkenntnisse vorliegen. Hinweise, dass bei den ausgesetzten Luftgrenzwerten eine Gesundheitsgefährdung zu befürchten ist, wurden bisher nicht bekannt.

Die Festlegung der AGWs in der TRGS 900 folgt dem üblichen Verfahren des AGS: Nach Vorschlag in der Regel der MAK-Kommission oder der EG-Kommission berät der Unterausschuss „Gefahrstoffbewertung" (UA III) die Grenzwerte und empfiehlt dem AGS entweder den MAK-Wert oder einen modifizierten Grenzwert als AGW zu übernehmen. Von seltenen Ausnahmen abgesehen, folgt der AGS dem Votum des UA III und das Bundesministerium für Arbeit und Soziales (BMAS) übernimmt die Vorschläge in die TRGS 900. Grundsätzlich können auch andere Grenzwertvorschläge über diesen Weg Eingang in die TRGS 900 finden, was bisher aber nur selten realisiert wurde.

Die von der EU festgelegten indikativen Arbeitsplatzgrenzwerte (siehe Abschnitt 4.3.2) sind gemäß Agenzienrichtlinie 98/24/EG [43] bei den national festzulegenden Grenzwerten zu berücksichtigen. Wird in einem Mitgliedstaat der EU für einen dieser Stoffe kein eigener nationaler Grenzwert festgelegt, sind diese Werte national zu übernehmen. Für die in Tabelle 4.1 aufgeführten Stoffe mit EG-Grenzwerten wurden kein deutscher AGW festgelegt, gemäß der Verweistechnik von Anhang I Gefahrstoffverordnung sind diese Grenzwerte unmittelbar wirksam, ohne dass sie in der TRGS 900 aufgeführt sind!

Desgleichen müssen die bindenden EG-Grenzwerte, mit Ausnahme von Blei aufgelistet in Anhang II der Krebsrichtlinie 2004/37/EG [57] (siehe Tabelle 4.2), unmittelbar beachtet werden.

Da die Arbeitsplatzgrenzwerte als Schichtmittelwerte definiert sind, werden zur Begrenzung der Expositionsspitzen die Überschreitungsfaktoren zusätzlich festgelegt. Diese geben an, um das Wievielfache der Arbeitsplatzgrenzwert in 15 Minuten überschritten werden darf, ohne dass eine Gesundheitsgefährdung befürchtet werden muss. Hierbei sind zwei unterschiedlich Arten von Überschreitungsfaktoren zu unterscheiden:

n: In einem Messzeitraum von 15 Minuten darf der Schichtmittelwert maximal um das n-fache überschritten werden.
=m=: Der Schichtmittelwert darf zu keinem Zeitpunkt um das m-fache überschritten werden.

Die Werte von n und m variieren typischerweise von 1 – keine Überschreitung – bis zu 8 bei ausschließlich chronisch wirkenden Stoffen.

4 Gefährdungsbeurteilung und Beurteilungsgrundlagen

Tabelle 4.1 EG-Grenzwerte ohne Auflistung in TRGS 900 (Stand: 12/2007).

1. GW-RL 2000/39/EG CAS-Nr.	Stoff	8 Stunden mg/m³	ppm	STEL mg/m³	ppm	Bemerk.
67-66-3	Chloroform	10	2			
79-09-4	Propionsäure	31	10	62	20	
95-47-6	o-Xylol	221	50	442	100	Haut
110-85-0	Piperazin	0,1		0,3		
123-02-2	Isopentylacetat	270	50	540	100	
142-82-5	n-Heptan	2085	500			
7664-39-3	Fluorwasserstoff	1,5		2,5	3	
7664-38-2	Phosphorsäure	1		2		
7664-41-7	Ammoniak, wasserfrei	14	20	36	50	
7783-07-5	Dihydrogenacelenid	0,07	0,02	0,17	0,05	
10035-10-6	Bromwasserstoff			6,7	2	
2. GW-RL 2006/15/EG CAS-Nr.	Stoff	8 Stunden mg/m³	ppm	STEL mg/m³	ppm	Bemerk.
54-11-5	Nikotin	0,5				Haut
75-00-3	Chlorethan	268	100			
98-95-3	Nitrobenzol	1	0,2			Haut
108-46-3	Resorcin	45	10			Haut
111-77-3	2-(2-Methoxyethoxy)ethanol	50,1	10			Haut
144-62-7	Oxalsäure	1				
1314-56-3	Diphosphorpentaoxid	1				
1314-80-3	Diphosphorpentasulfid	1				
	Barium (lösliche Verb. als Ba)	0,5				
7726-95-6	Brom	0,7	0,1			
10026-13-8	Phosphorpentachlorid	1				
	Cr-Metall, anorgan. Cr(II)-Verbindungen und anorgan. Cr(III)-Verbindungen (unlösl.)	2				

Tabelle 4.2 Bindende EG-Grenzwerte.

Krebsrichtlinie 2004/37/EG CAS-Nr.	Stoff	8 Stunden mg/m³	ppm	Bemerkung
71-43-2	Benzol	3,25	1	Haut
75-01-1	Vinylchlorid	7,77	3	
	Hartholzstäube	5		
Agenzien-RL 98/24/EWG				
	anorgan. Blei und seine Verbindungen	0,15		
Asbest: EG-Asbest-RL 83/477/EWG TRGS 519		100 000 F/m³ (15 000 F/m³)		

4.3.2
EG-Grenzwerte

In der Agenzienrichtlinie 98/24/EG [43] hat die Europäische Union die Aufstellung von <u>O</u>ccupational <u>E</u>xposure <u>L</u>imits (OEL) – Grenzwerten zum Schutz vor berufsbedingten Erkrankungen – etabliert. Gemäß Artikel 3 der Agenzienrichtlinie ist zu unterscheiden zwischen

- Arbeitsplatz-Richtgrenzwerten, <u>I</u>ndicative <u>O</u>ccupational <u>E</u>xposure <u>L</u>imit <u>V</u>alues (abgekürzt IOELV), nach Absatz 3 und
- verbindlichen Arbeitsplatzgrenzwerten, <u>B</u>inding <u>O</u>ccupational <u>E</u>xposure <u>L</u>imit <u>V</u>alues (abgekürzt BOELV), nach Absatz 4.

Die indikativen Arbeitsplatz-Richtgrenzwerte IOELV folgen im Grundsatz den gleichen Prinzipien wie die Arbeitsplatzgrenzwerte: Bei Einhaltung müssen keine Gesundheitsgefahren oder unangemessene Belästigungen der Beschäftigten befürchtet werden. Auch sie werden als Schichtmittelwerte festgelegt, ergänzend werden Kurzzeitwerte für einen Zeitraum von 15 Minuten erarbeitet. Neben diesen gesundheitsbasierten Ableitungskriterien müssen die IOELVs messtechnisch überwacht werden können, was in der Vergangenheit nicht bei allen Stoffen im vorgegebenen Konzentrationsbereich gemäß den EG-Vorgaben beachtet wurde. Unter der Agenzienrichtlinie wurden bisher die 1. Grenzwertrichtlinie 2000/39/EG [58] und die 2. Grenzwertrichtlinie 2006/15/EG [59] erlassen (siehe Tabellen 4.1 und 4.2).

Im Gegensatz hierzu werden bei den BOELVs sozio-ökonomische Faktoren berücksichtigt. Der Stand der Technik in den unterschiedlichen Industrie- und Gewerbebereichen sowie Kosten und Möglichkeiten zur Reduzierung vorhandener Expositionen sind zu berücksichtigen. Als bislang einziger verbindlicher Arbeitsplatzgrenzwert eines nicht krebserzeugenden Stoffes wurde ein BOELV für anorganische Bleiverbindungen festgelegt, neben drei Grenzwerten für krebserzeugende Stoffe, die im Anhang der Krebsrichtlinie [57] festgelegt sind (siehe Tabelle 4.2). Die Definition der BOELVs entspricht somit weitgehend den früheren deutschen TRK-Werten.

Die Vorgehensweise der EU-Kommission zur Festlegung der Arbeitsplatzgrenzwerte ist sehr komplex und unterscheidet sich bei den beiden Grenzwerttypen deutlich. Gemeinsam ist beiden Verfahren, dass der Vorschlag der wissenschaftlichen Expertengruppe SCOEL (Scientific Comittee for Occupational Exposure Limits, eine multinationale Expertenkommission von Wissenschaftlern aus Behörden oder Hochschulen verschiedener EU-Länder, die in etwa der deutschen MAK-Kommission entspricht) im so genannten „Beratenden Ausschuss für Sicherheit, Arbeitshygiene und Gesundheitsschutz" der Generaldirektion Beschäftigung und Soziales beraten wird. Nach Diskussion in den zuständigen Arbeitskreisen leitet der Beratende Ausschuss seine Empfehlungen an die Kommission weiter. Die nachgeschalteten Entscheidungen im „Technischen Anpassungsausschuss" (TPC), besetzt durch die zuständigen Fachexperten der Mitgliedsstaaten, haben für die Beschlüsse der Kommission eine nicht unerhebliche Bindung. Im aktuellen Fall des IOELV von Stickstoffmonoxid hat dies bereits zu einer Verschiebung der Entscheidung um mehrere Jahre geführt, was deutlich macht, wie notwendig eine Reform dieser Entscheidungsprozesse ist.

Im Gegensatz zu den IOELVs werden die BOELVs nicht vom Technischen Anpassungsausschuss entscheidend beraten, sondern vom Europäischen Parlament. Nicht zuletzt ist es auf diese sehr mühsame Vorgehensweise zurückzuführen, dass bislang lediglich vier verbindliche Arbeitsplatzgrenzwerte festgelegt wurden.

Die IOELVs müssen bei der nationalen Festsetzung von Grenzwerten berücksichtigt werden, Abweichungen sind grundsätzlich in beide Richtungen möglich. Demgegenüber stellen die BOELV Obergrenzen dar, höhere nationale Grenzwerte sind nicht zulässig.

Zur Festlegung der Expositionsspitzen legt die EU typischerweise die maximal zulässige Konzentration fest, die für einen Zeitraum von 15 Minuten erreicht werden darf.

4.3.3
Grenzwerte der MAK-Kommission

Die „Senatskommission zur Prüfung gesundheitsschädlicher Arbeitsstoffe in der deutschen Forschungsgemeinschaft" kurz MAK-Kommission genannt, hat zurzeit (43. Mitteilung aus dem Jahr 2007 [35]) für ca. 300 Einzelstoffe MAK-Werte verabschiedet, vor einigen Jahren waren es noch fast ein Drittel mehr. Auf Grund der gestiegenen Anforderungen an die Ableitung von MAK-Werten wurden in den letzten Jahren deutlich mehr Werte ausgesetzt und in Abschnitt IIb für Stoffe mit ungenügender Datenlage aufgenommen als neue Werte aufgestellt.

Nichtsdestotrotz wird empfohlen, als Grundlage für die Gefährdungsbeurteilung die früheren und zwischenzeitlich ausgesetzten MAK-Werte als beste Wissensbasis heranzuziehen.

Für krebserzeugende Stoffe werden definitionsgemäß keine MAK-Werte aufgestellt, wenn keine Wirkschwelle vorhanden ist. Vor der Feststellung der krebserzeugenden Wirkung eines Stoffes aufgestellte MAK-Werte werden deshalb mit der Einstufung in die Kategorie 1 oder 2 (siehe Abschnitt 3.1.2.3) ausgesetzt. In Abhängigkeit von der Datenlage werden bei Stoffen der Kategorie 3 (Stoffe mit Verdacht auf krebserzeugendes Potenzial) in der Regel die MAK-Werte beibehalten oder ausgesetzt.

Die MAK-Werte der MAK-Kommission sind wie folgt definiert:

> „Der MAK-Wert (maximale Arbeitsplatz-Konzentration) ist die höchstzulässige Konzentration eines Arbeitsstoffes als Gas, Dampf oder Schwebstoff in der Luft am Arbeitsplatz, die nach dem gegenwärtigen Stand der Kenntnis auch bei wiederholter und langfristiger, in der Regel 8-stündiger Exposition, jedoch bei Einhaltung einer durchschnittlichen Wochenarbeitszeit von 40 Stunden im Allgemeinen die Gesundheit der Beschäftigten nicht beeinträchtigt und diese nicht unangemessen belästigt (z. B. durch ekelerregenden Geruch). In der Regel wird der MAK-Wert als Durchschnittswert über Zeiträume bis zu einem Arbeitstag oder einer Arbeitsschicht angegeben. Bei Aufstellung von MAK-Werten sind in erster Linie die Wirkungscharakteristika der Stoffe berücksichtigt, daneben aber auch – soweit möglich – praktische Gegebenheiten der Arbeitsprozesse bzw. der durch diese bestimmten Expositionsmuster. Maßgebend sind dabei wissenschaftlich fundierte Kriterien des Gesundheitsschutzes, nicht die technischen und wirtschaftlichen Möglichkeiten der Realisation in der Praxis."

Auch wenn die Begriffsbestimmung des Arbeitsplatzgrenzwertes der Gefahrstoffverordnung sehr unkonkret ist, darf davon ausgegangen werden, dass letztendlich die gleiche Zielsetzung wie bei den MAK-Werten verfolgt wird. Gemäß deren Kriterien darf die Gesundheit der Beschäftigten bei Exposition während des ganzen Erwerbslebens (d. h. vom 15. bis zum 65. Lebensjahr) bei arbeitstäglich 8-stündiger Exposition nicht beeinträchtigt werden. Deshalb muss der MAK-Wert unter der in Abschnitt 2.1.4 diskutierten Wirkschwelle, dem NOAEL, liegen. In Abhängigkeit von der Datenlage (inhalative oder orale Daten, subakute oder chronische Untersuchungen) oder der Schwere der Effekte beim „Lowest Observable Effect Level" (LOEL = niedrigste Dosis, bei der eine toxische Wirkung festgestellt wurde) werden vom NOAEL unterschiedliche Sicherheitsfaktoren zur Festlegung des MAK-Wertes zur Wirkschwelle benutzt.

Für die Übertragbarkeit des MAK-Wertes auf andere Bereiche, z. B. Innenräume, muss berücksichtigt werden, dass er für
- gesunde Menschen
- im erwerbsfähigen Alter
- bei täglich achtstündiger Exposition

festgelegt wurde.

Manche Stoffe wirken bereits deutlich unterhalb der Wirkschwelle in hohem Maße reizend auf die Schleimhäute. In diesen Fällen orientiert sich der MAK-Wert an dieser „Reizschwelle" und nicht an der toxikologisch feststellbaren Wirkschwelle. Typische Vertreter dieser Reizstoffe sind *Ammoniak, Chlor* oder *Aldehyde*.

Eine Korrelation zwischen **Geruchsschwelle** und MAK-Wert ist entgegen anders lautender Annahme grundsätzlich nicht gegeben. Manche Stoffe sind bei der Konzentration des MAK-Wertes deutlich wahrnehmbar und besitzen z. T. einen markanten Geruch. Viele Lösemittel (z. B. *Ethylacetat, Butylacetat, Aceton*) und organische Verbindungen mit speziellen funktionellen Gruppen (z. B. *Mercaptane, Amine*), aber auch die Reizgase *Ammoniak, Chlor* und *Formaldehyd* besitzen eine Geruchsschwelle, die weit unter dem MAK-Wert liegt. Auch wenn diese Konzentrationen in Einzelfällen als unangenehm empfunden werden, ist eine „unangemessene Belästigung" im Sinne der Kriterien zur Ableitung der MAK-Werte in aller Regel damit nicht zwingend verbunden. Andererseits liegt die Geruchsschwelle bei einigen sehr giftigen Stoffen bereits im Bereich der akut toxischen Konzentration, und andere können überhaupt nicht mit dem Geruchssinn wahrgenommen werden. Viele Menschen können *Blausäure* (MAK = 2 ppm) selbst bei hohen Konzentrationen nur sehr unzulänglich wahrnehmen, bereits bei einer leichten Erkältung kann die Geruchswahrnehmung gänzlich versagen. Weitere Beispiele sind *Phosgen* (MAK = 0,1 ppm), *Kohlenmonoxid* (MAK = 30 ppm) (das vollkommen geruchlos ist) und *Schwefelwasserstoff* (MAK = 10 ppm). Bei Letzterem ist von besonderer Bedeutung, dass Konzentrationen unter 10 % des MAK-Wertes gut wahrgenommen werden können. Da jedoch eine sehr schnelle Gewöhnung eintritt, werden bei kontinuierlich steigender Konzentration selbst letale Konzentrationen nicht mehr erkannt.

Während früher viele arbeitsmedizinische und industriehygienische Erfahrungen zur Aufstellung von MAK-Werten herangezogen werden konnten (d. h. durch Krankheitssymptome am Arbeitsplatz), stützen sich die neueren Festlegungen fast ausschließlich auf toxikologische Untersuchungen. Der Grundsatz, dass Erfahrungen am Menschen Vorrang vor Tierversuchen haben, ist bereits seit Längerem nur noch theoretischer Natur. Abbildung 4.4 gibt die wichtigsten Kriterien zur Festlegung von MAK-Werten wieder, Abbildung 4.5 fasst die Kriterien zur Ableitung von MAK-Werten zusammen.

Die Begründungen zu den Festlegungen der MAK-Kommission erscheinen seit 1972 regelmäßig. In diesen „Toxikologisch-arbeitsmedizinischen Begründungen von MAK-Werten" [60] können die zur Festlegung der MAK-Werte herangezogenen Untersuchungsergebnisse nachgelesen werden. Zum eingehenden Studium

4.3 Luftgrenzwerte am Arbeitsplatz

Allg. Wirkungscharakter —— Qualitative Symptombeschreibung

Pharmakokinetik —— Metabolismus

Erfahrungen beim Menschen
- Epidemiologische Studien
- Arbeitsmedizinische Untersuchungen
- Erfahrung beim Umgang
- Industriehygienische Erfahrung
- Expositionsuntersuchungen

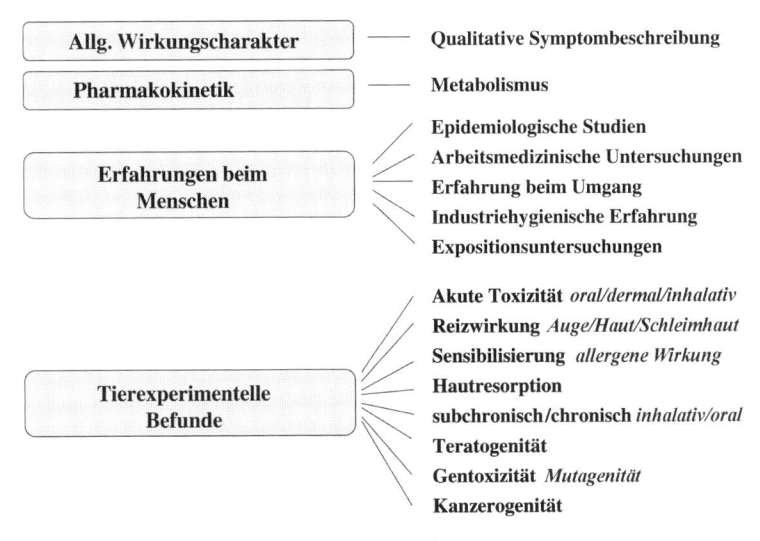

Tierexperimentelle Befunde
- Akute Toxizität *oral/dermal/inhalativ*
- Reizwirkung *Auge/Haut/Schleimhaut*
- Sensibilisierung *allergene Wirkung*
- Hautresorption
- subchronisch/chronisch *inhalativ/oral*
- Teratogenität
- Gentoxizität *Mutagenität*
- Kanzerogenität

Abb. 4.4 Kriterien zur Ableitung von Arbeitsplatzgrenzwerten.

Die <u>M</u>aximale <u>A</u>rbeitsplatz-<u>K</u>onzentration

ist die Konzentration in der Luft am Arbeitsplatz, bei der

⇒ **keine Gesundheitsbeeinträchtigung**

⇒ **keine unangemessene Belästigung für**

  ⇒ gesunde Arbeitnehmer
  ⇒ im erwerbsfähigen Alter

→ **bei täglich maximal 8-stündiger und**

→ **wöchentlich 40-stündiger Exposition**

→ **als Durchschnittskonzentration über einen Tag** (*Schichtmittelwert*)

⊃ **(im Allgemeinen) befürchtet werden muss.**

> **Grundlagen:**
> ⇨ toxikologische Untersuchungen und
> ⇨ arbeitsmedizinische Erfahrungen

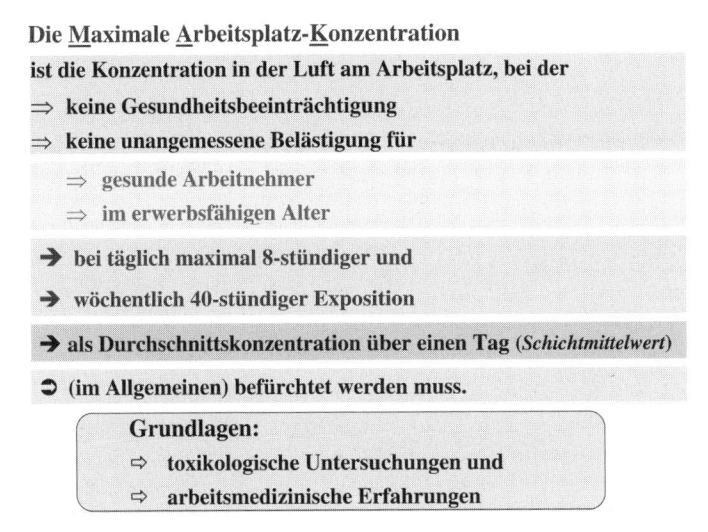

Abb. 4.5 Die wesentlichen Kriterien der MAK-Werte.

über die Eigenschaften eines Stoffes sind diese Dokumentationen sehr zu empfehlen.

Wie bereits in Abschnitt 3.1.2.3 ausgeführt, hat die MAK-Kommission die Einstufung krebserzeugender und erbgutverändernden Stoff um die Kategorien 4 und 5 ergänzt. Gemäß der Definition dieser zusätzlichen Kategorien besteht bei Einhaltung der MAK-Werte kein krebserzeugendes Potenzial. Die Existenz einer Wirkschwelle wird für diese Kanzerogene und Mutagene somit eindeutig

Tabelle 4.3 MAK-Werte von Stoffen der Kategorie 4 und 5 krebserzeugend.

Stoff	mg/m³	ppm	Kategorie
Dioxan	3,25	1	C 4
Hexachlorbenzol	7,77	3	C 4
Lindan (γ-Hexachlorcyclohexan)	5		C 4
Polyacrylsäure, vernetzt	0,05 A		C 4
Schwefelsäure	0,1 E		C 4
2,3,7,8-Tetrachlordibenzodioxin	0,000.000.01		C 4
Tetrachlormethan	3,2	0,5	C 4
Tri-n-butylphosphat	11	1	C 4
Trichlormethan	2,5	0,5	C 4
Formaldehyd	0,37	0,3	C 4
Ethanol	960	500	C 5
Acetaldehyd	91	50	C 5
Styrol	86	20	C 5

bejaht. Tabelle 4.3 können diese MAK-Werte entnommen werden. Auch wenn die EU-Kommission bei der Einstufung nicht die Kategorien 4 und 5 aufgenommen hat, folgt die europäische Grenzwertkommission SCOEL einem ähnlichen Ansatz: Wenn eine Wirkschwelle wissenschaftlich nachgewiesen wurde, werden für diese Stoffe ebenfalls gesundheitsbasierte IOELV festgelegt.

Grundsätzlich müssen für MAK-Werte nicht zwingend Analyseverfahren zur Bestimmung der Konzentration in der Luft an den Arbeitsplätzen vorhanden sein.

Die MAK-Kommission setzt sich fast ausschließlich aus anerkannten Fachleuten aus den Gebieten Arbeitsmedizin und Toxikologie zusammen. Mandat und Arbeitsweise der Senatskommission sowie die Mitglieder werden jährlich mit der Stoffliste veröffentlicht. Die MAK-Liste wird jährlich zur Jahresmitte fortgeschrieben, die ausführlichen MAK-Begründungen folgen mit größerer Zeitverzögerung. Gemäß neuem Übereinkommen sollen die Begründungen der MAK-Werte sowie der Einstufungen als krebserzeugend oder erbgutverändernd künftig der wissenschaftlichen Öffentlichkeit für sechs Monate zur Diskussion gestellt werden. Nach Bewertung der Einwände werden die vorläufigen Festlegungen finalisiert.

MAK-Werte werden als Durchschnittskonzentrationen über einen Arbeitstag definiert, daher der häufig benutzte Ausdruck **Schichtmittelwert**. Zur Vermeidung von Gesundheitsgefahren müssen daher auch die Expositionsspitzen begrenzt werden. Auf Basis des spezifischen Wirkungscharakters werden die Stoffe in zwei **Spitzenwertkategorien** eingeteilt.

- Für Stoffe der Spitzenwertkategorie I repräsentiert der MAK-Wert auch gleichzeitig die Expositionsspitzen, d. h. der MAK-Wert darf innerhalb eines Referenzzeitraums von 15 Minuten nicht überschritten werden. Typischerweise werden diese Reizgase beim MAK-Wert sehr gut geruchlich wahrgenommen. Bekannte Vertreter dieser Kategorie sind z. B.:
Ammoniak, Brom, Chlor, Jod, Chlorwasserstoff, Schwefeldioxid, Ozon, Schwefelsäure, Salpetersäure, Essigsäure, Ameisensäure, Ätznatron, Formaldehyd, Acetaldehyd, Phenol, Formiate und *Isocyanate*, ferner *Aceton* und *Ethylacetat*.
- In der Spitzenwertkategorie II darf der MAK-Wert innerhalb des Referenzzeitraums von 15 Minuten um den Faktor 2 bis 8 überschritten werden, die genaue Angabe findet sich in der MAK-Liste. Insgesamt dürfen pro Schicht (normalerweise achtstündiger Arbeitstag) vier Phasen mit erhöhter Exposition mit somit insgesamt einer Stunde Dauer vorkommen.

Stoffe, bei denen die Aufnahme über die Haut wesentlich zur Stoffaufnahme beitragen kann, werden in der MAK-Liste mit **H** markiert. Bei diesen gut hautresorptiven Stoffen kann die Penetration durch die Haut die inhalative Stoffaufnahme deutlich übersteigen. Die Bedeutung der Hautresorption für Vergiftungsgefahren von Stoffen wurde in Abschnitt 2.1.1.2 bereits ausführlich behandelt. Wegen der großen Bedeutung sei nochmals darauf hingewiesen, dass bei diesen Stoffen die Aufnahme über die Haut sehr effektiv ist; die Einhaltung des MAK-Wertes allein gewährleistet keine ausreichende Sicherheit am Arbeitsplatz. Der weitgehende Ausschluss von Hautkontakt hat absolute Priorität! Eine Gefährdung durch Hautkontakt kommt einer Überschreitung der Arbeitsplatzgrenzwerte nach § 9 Abs. 5 Gefahrstoffverordnung [34] gleich.

Stoffe mit atemwegsallergisierender Wirkung werden in der MAK-Liste [32] mit einem **Sa** gekennzeichnet, Hautallergene mit **Sh**. Stoffe, die sowohl eine Sensibilisierung der Atemwege als auch der Haut auslösen können, werden mit **Sah** markiert. Findet eine Allergisierung durch einen Stoff erst nach zuvor erfolgter Photoreaktion mit Licht statt, werden diese Stoffe mit **SP** in der MAK-Liste hervorgehoben. Bei Einhaltung der MAK-Werte ist die Gefahr der Induktion einer atemwegsallergischen Reaktion (Bronchitis, Asthma, Alveolitis, Rhinitis) als niedrig zu bezeichnen, auf Grund der sehr großen individuellen Unterschiede aber nicht vollständig ausgeschlossen. Demgegenüber reagieren bereits Sensibilisierte häufig bereits bei deutlich niedrigeren Konzentrationen. Für weitere Information sei auf Abschnitt 2.1.5 verwiesen.

Die durch Stoffe ausgelösten Befindlichkeitsstörungen sind erfahrungsgemäß schwierig zu bewerten, umso mehr der Ausschluss einer unangemessenen Belästigung. Erschwerend ist zu berücksichtigen, dass Gewöhnungseffekte gelegentlich eine nicht unwesentliche Rolle spielen können und unterschiedliche Individuen sehr differenziert auf Gerüche reagieren. Auch wenn in aktueller Literatur über neue Ansätze zur Objektivierung berichtet wird, bleibt dies ein wissenschaftlich nur schwer zugänglicher Einflussfaktor.

Bei der Anwendung der MAK-Werte sind zusätzlich zu berücksichtigen:

→ Zusätzliche Stoffaufnahme bei Hautresorption

→ Allergene Reaktionen bei Atemwegsallergenen bei bereits sensibilisierten Menschen möglich

→ Einhaltung der Expositionsspitzen:
   Der Überschreitungsfaktor gibt an, um wie viel der MAK-Wert für 15 Minuten, 4-mal pro Schicht, überschritten werden darf!

→ Stoffgemische sind nach den Vorgaben der TRGS 403 zu bewerten

Schutz des ungeborenen Kindes nur bei Stoffen der Schwangerschaftsgruppe C
(TRGS 900: "Y" in Spalte 'Bemerkungen')

Abb. 4.6 Grenzen der MAK-Werte.

Abbildung 4.6 zeigt die wichtigsten Randbedingungen bei der Anwendung von MAK-Werten. Zur Vermeidung von Fehlgebrauch sei ausdrücklich darauf hingewiesen, dass MAK-Werte nicht herangezogen werden dürfen zur Beurteilung der Exposition
- von Schadstoffen im häuslichen Bereich mit möglicher 24-stündiger Exposition,
- in der Umwelt,
- bei Kindern oder älteren Menschen,
- bei Kranken sowie
- bei relevanter dermaler Aufnahme von Stoffen.

Für die Bewertung der inhalativen Exposition in Innenräumen können die Richtwerte der „Innenraumlufthygiene-Kommission" (IRK) [61] oder die umfassenden NIK-Werte des „Ausschusses für gesundheitliche Bewertung von Bauprodukten" [62] herangezogen werden.

4.3.4
DNEL/DMEL

Im Rahmen von REACH [41] (siehe Abschnitt 5.1) müssen bei der Registrierung von Stoffen, die in Mengen über zehn Tonnen pro Jahr hergestellt oder importiert werden, für alle Anwendungsbereiche Grenzwertempfehlungen ausgearbeitet werden. Speziell für den Arbeitsplatz sind dies der
- Derived No Effect Level (DNEL) für Stoffe mit Wirkschwelle bzw.
- Derived Maximum Exposure Level (DMEL) für genotoxische Kanzerogene oder Mutagene.

Diese können sowohl für eine kontinuierliche Exposition analog dem AGW oder MAK-Wert abgeleitet werden als auch für eine nur kurzzeitige Exposition, wenn keine langandauernde oder wiederkehrende Exposition möglich ist.

Als Basisinformation zur Ableitung eines DNEL wird die subakute Studie gefordert. Da diese unter 10 t/a gemäß Anhang VII nicht vorgelegt werden muss, ist die Ableitung eines Arbeitsplatzgrenzwertes erst ab 10 t/a möglich.

Die klassische Basis zur Erarbeitung von Arbeitsplatzgrenzwerten ist der NOAEL auf Grundlage des subchronischen Versuchs. Gemäß den REACH-Vorgaben ist dieser Test ab 100 t/a durchzuführen.

Im Rahmen der unterschiedlichen „REACH Implementation Projects" (RIP) wurden die detaillierten Ausführungsbestimmungen (engl.: TGD, technical guidance documents) erarbeitet. Hierin werden die unterschiedlichen Unsicherheitsfaktoren in Abhängigkeit von den durchgeführten toxikologischen Tests festgelegt. Bei unreflektierter Anwendung dieser Unsicherheitsfaktoren resultieren sehr niedrige DNELs, die weder in der betrieblichen Praxis einhaltbar noch mit existierenden Grenzwerten des gleichen Stoffes vergleichbar sind. Ohne toxikologischen Sachverstand, gepaart mit praktischer Erfahrung und dem nötigen Pragmatismus, werden größtenteils nicht praxisgerechte DNELs resultieren. Abbildung 4.7 zeigt schematisch die Vorgehensweise zur Ableitung der DNELs in Abhängigkeit von den vorliegenden toxikologischen Daten auf. In den künftigen Sicherheitsdatenblättern nach Artikel 31 REACH-Verordnung müssen die DNELs aufgeführt werden; somit wird sich durch REACH die Anzahl der Stoffe mit Arbeitsplatzgrenzwerten in den nächsten Jahren deutlich erhöhen.

Für genotoxische Kanzerogene und Mutagene ohne experimentell feststellbare Wirkschwelle werden keine DNELs abgeleitet. Nach einem risikobasierten Ansatz sind ersatzweise die Konzentrationen festzulegen, die zur Minimierung der Ar-

Subakute Studie:
Zeit-Skalierung
UF: 1 - 10

⇒

Startpunkt: NOAEL

Alometrische Skalierung
KGW Ratte ⇒ KGW Mensch

⇐

Subchronische Studie:
Zeit-Skalierung
UF: 1 - 3

⇩

Aufnahmeweg-Skalierung
oral/dermal ⇒ inhalativ
UF: 1–10

⇩

Interspezies-Skalierung
Tier ⇒ Mensch
UF: 3–10

⇩

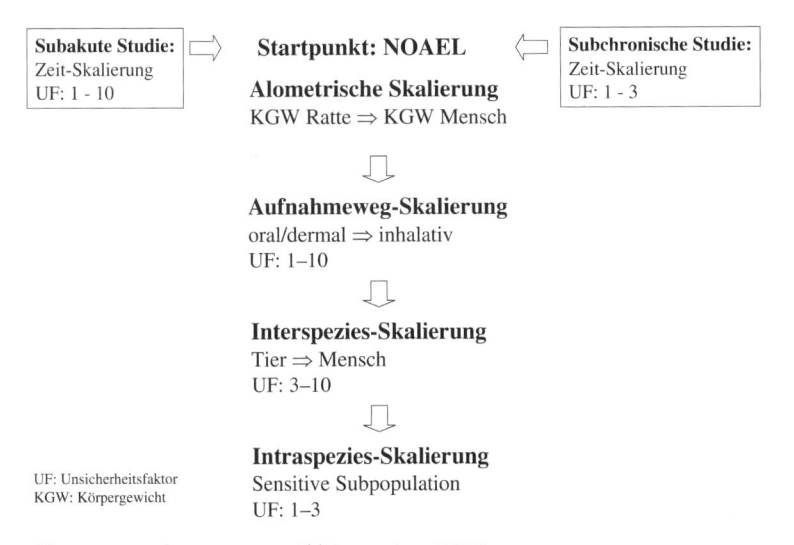

Intraspezies-Skalierung
Sensitive Subpopulation
UF: 1–3

UF: Unsicherheitsfaktor
KGW: Körpergewicht

Abb. 4.7 Vorgehensweise zur Ableitung eines DNEL.

beitsplatzrisiken unterschritten werden sollten. Diese DMELs sind eine wesentliche Grundlage für die Zulassung dieser Stoffe gemäß Artikel 60 der REACH-Verordnung. Nähere Ausführungen hierzu siehe Abschnitt 5.1.4.

4.3.5
Internationale Grenzwerte

Neben den bereits in den Abschnitten 4.3.1 und 4.3.3 aufgeführten nationalen Grenzwerten existieren eine Vielzahl weiterer Arbeitsplatzgrenzwerte, die von unterschiedlichen Grenzwertkommissionen weltweit abgeleitet werden. Als Bewertungsmaßstab für die Gefährdungsbeurteilung stellen diese eine wertvolle Grundlage dar. Auf Basis einer durchgeführten Untersuchung wurde festgestellt, dass international für ca. 1000 Stoffe oder Stoffgruppen valide Grenzwerte existieren. Diese können u. a. den Sicherheitsdatenblättern international agierender Firmen entnommen werden.

Der umfassenden Datenbank des berufsgenossenschaftlichen Instituts für Arbeitsschutz [55] können Grenzwerte entnommen werden, die festgelegt wurden von:
- Allgemeine Unfallversicherungsanstalt (AUVA), Österreich
- ENI Corporate, Italien
- Eurofins Danmark A/S, Dänemark
- Health and Safety Laboratory (HSL), Großbritannien
- Hungarian Institute of Occupational Health, Chemical Laboratory (HIOH), Ungarn
- Institut National de Recherche et de Sécurité (INRS), Frankreich
- Institut de recherche Robert Sauvé en santé et en sécurité du travail (IRSST), Kanada
- Institute for Applied Environmental Research, Air Pollution Laboratory (ITM), Schweden
- Instituto Nacional de Seguridad e Higiene en el Trabajo (INSHT), Spanien
- Japan International Center for Occupational Safety and Health (JICOSH), Japan
- National Institute for Occupational Safety and Health (NIOSH), USA
- Royal Haskoning, Niederlande
- Schweizerische Unfallversicherungsanstalt (Suva), Schweiz
- Senatskommisssion zur Prüfung gesundheitsschädlicher Arbeitsstoffe (DFG).

Ergänzend sind die nationalen Grenzwerte folgender Länder aufgeführt:
- Argentinien (spanisch)
- Australien (englisch)
- Belgien (flämisch, französisch)
- Brasilien (portugiesisch)
- Estland (estnisch)
- Finnland (finnisch und schwedisch)

- Indien (englisch, Homepage des Anbieters)
- Kanada
- Alberta (englisch)
- British Columbia (englisch)
- Ontario (englisch)
- Lettland (lettisch)
- Litauen (litauisch)
- Neuseeland (englisch)
- Norwegen (norwegisch)
- Polen (polnisch)
- Slowakei (slowakisch)
- Südafrika (englisch)
- Tschechische Republik (tschechisch)

4.4
Biologische Grenzwerte

Im Gegensatz zur Bewertung der inhalativen Gefährdung liegen bei dermaler Exposition bisher keine analogen Grenzwerte vor; zur Ermittlung und Bewertung können die biologischen Grenzwerte herangezogen werden.

4.4.1
Der biologische Grenzwert

Bei Überschreitung der Arbeitsplatzgrenzwerte in Anhang V der Gefahrstoffverordnung aufgeführten Stoffe müssen arbeitsmedizinische Vorsorgeuntersuchungen gemäß § 16 durchgeführt werden. Im Rahmen dieser Vorsorgeuntersuchungen ist die Konzentration des Stoffes im Körper zu untersuchen und zu bewerten. Zur Beurteilung der durch „Biological Monitoring" (abgekürzt: BM) ermittelten individuellen Konzentrationen sind die biologischen Grenzwerte (BGW) heranzuziehen. Die Gefahrstoffverordnung [34] definiert den „biologischen Grenzwert" in § 3 Abs. 7:

> „Der ‚biologische Grenzwert' ist der Grenzwert für die toxikologisch-arbeitsmedizinisch abgeleitete Konzentration eines Stoffes, seines Metaboliten oder eines Beanspruchungsindikators im entsprechenden biologischen Material, bei dem im Allgemeinen die Gesundheit eines Beschäftigten nicht beeinträchtigt wird."

Analog dem MAK-Wert ist bei Unterschreitung des BGW eine
- Gesundheitsgefahr
- nach heutigem Stand der Wissenschaft

nicht zu befürchten.

Die Ableitung erfolgt wie bei den MAK-Werten auf Basis arbeitsmedizinisch-toxikologischer Kriterien. Die BGW werden in Deutschland vom Ausschuss für Gefahrstoffe (AGS) nach Beratung durch die zuständigen Unterausschüsse festgelegt und vom Ministerium für Arbeit und Soziales (BMAS) verabschiedet und im Rahmen der TRGS 903 [63] veröffentlicht. Zurzeit sind alle BGWs nach TRGS 903 identisch mit den BAT-Werten der MAK-Kommission [35].

Zur Festlegung der BAT-Werte wurde die gleiche Expositionsdauer wie bei den MAK-Werten zu Grunde gelegt:
- täglich 8 Stunden und
- wöchentlich 40 Stunden.

Auch die BGWs werden nur für gesunde Menschen aufgestellt und gelten definitionsgemäß nur für Einzelstoffe. Da sich viele Stoffe im Laufe eines Arbeitstages auf Grund der spezifischen Pharmakokinetik bereits zu einem großen Teil chemisch umwandeln, metabolisiert werden (siehe Abschnitt 2.1.2), dient als Untersuchungsparameter für viele Stoffe die Konzentration des Umwandlungsproduktes. Der Einfachheit halber werden viele Stoffe bzw. deren Abbauprodukte im Urin bestimmt, bei einigen Stoffen ist eine Analyse im Blut unvermeidbar. Tabelle 4.4 zeigt für wichtige Chemikalien den BGW mit den zugehörigen Untersuchungsparametern.

Tabelle 4.4   BGW einiger Stoffe mit Angabe des Untersuchungsparameters [49].

Arbeitsstoff	Untersuchungsparameter	BAT	Untersuchungsmaterial	Probenahme
Anilin	Anilin (ungebunden)	1 mg/L	Urin	b, c
	Anilin (Hämoglobin-Konjugat)	100 µg/L	Vollblut	b, c
Blei	Blei	400 µg/L	Blut	a
		100 µg/L [d]	Blut	a
Kohlenmonoxid	CO-Hämoglobin	5 %	Vollblut	b
Methanol	Methanol	30 mg/L	Urin	c, b
Styrol	Mandelsäure	600 mg/g Kreatinin	Urin	b
Xylol	Xylol	1,5 mg/L	Blut	b
	Methylhippursäure	2 g/L	Urin	b

[a] Keine Beschränkung
[b] Expositionsende bzw. Schichtende
[c] Bei Langzeitexposition: nach mehreren vorangegangenen Schichten
[d] Dieser Wert gilt nur für Frauen unter 45 Jahren

Insbesondere bei hautresorptiven Stoffen (siehe Abschnitt 2.1.1.2) kann mit Hilfe des Biological Monitoring die tatsächliche Exposition besser als mit den Methoden der Konzentrationsbestimmung in der Luft festgestellt werden. Somit ergänzen sich beide Methoden, teilweise kann sogar bei Messung sowohl der Konzentration eines Stoffes in der Luft als auch im Körper der Anteil der Hautresorption qualitativ abgeschätzt werden.

Gemäß der Begriffsbestimmung darf davon ausgegangen werden, dass die BAT-Werte der MAK-Kommission wie in der Vergangenheit üblich auch künftig als biologische Grenzwerte in das staatliche Regelwerk übernommen werden. Ob sie wieder als TRGS 903 [63] veröffentlicht werden, kann zum derzeitigen Zeitpunkt noch nicht beantwortet werden.

4.4.2
Der biologische Arbeitsplatztoleranzwert

Analog den MAK-Werten legt die MAK-Kommission auch Grenzwerte im biologischen Material, die so genannten biologischen Arbeitsplatztoleranzwerte (BAT-Werte) fest.

So wie bei Konzentrationsmessungen in der Luft der Vergleich mit dem MAK-Wert die Aussage erlaubt, ob eine Gesundheitsbeeinträchtigung zu befürchten ist, dient der von der MAK-Kommission [35] festgelegte BAT-Wert dazu, die im Körper gemessene Konzentration zu beurteilen. Analog dem MAK-Wert ist bei Unterschreitung des BAT-Wertes eine
- Gesundheitsgefahr
- nach heutigem Stand der Wissenschaft

nicht zu befürchten. Die Definition des BAT-Wertes kann Abbildung 4.8 entnommen werden.

Der biologische ist die Arbeitsplatzkonzentrationswert (BAT)

Ist die Konzentration
⇒ von Stoffen
⇒ oder ihren Umwandlungsprodukten im Körper, die die Gesundheit nicht beeinträchtigt
⇒ bei gesunden Arbeitnehmer im erwerbsfähigen Alter

→ bei täglich max. 8-stündiger und wöchentlich 40-stündiger Exposition *als Schichtmittelwert*

Untersuchte Körperflüssigkeiten:
➢ Urin (überwiegend)
➢ Blut

Kriterien: ⇨ toxikologische Erkenntnisse und
⇨ arbeitsmedizinische Erfahrungen

Abb. 4.8 Der biologische Arbeitsplatztoleranzwert.

Tabelle 4.5 EKA-Werte für Benzol [64].

Konzentration in der Luft	Konzentration im Körper nach Expositionsende im	
	Vollblut (Benzol)	Urin (Phenylmerkaptursäure)
0,6 ppm	2,4 µg/L	0,025 mg/g Kreatinin
1 ppm	5 µg/L	0,045 mg/g Kreatinin
2 ppm	14 µg/L	0,09 mg/g Kreatinin
4 ppm	38 µg/L	0,18 mg/g Kreatinin
6 ppm	–	0,27 mg/g Kreatinin

Analog den MAK-Werten werden auch für krebserzeugende Stoffe keine BAT-Werte angegeben, da keine Dosis festgelegt werden kann, die als gesundheitlich unbedenklich anzusehen ist. Die MAK-Kommission berechnet für diese Stoffe auf Basis einer angenommenen Resorption die **Expositionsäquivalente für krebserzeugende Arbeitsstoffe**, abgekürzt EKA-Werte. Diese geben an, welcher Luftkonzentration eines im Körper festgestellten Stoffes bei rein inhalativer Aufnahme entspricht. Da viele krebserzeugende Arbeitsstoffe gut hautresorptiv sind, z. B. *aromatische Amine* oder *Nitroverbindungen*, kann durch Bestimmung der Konzentration des Stoffes im Körper und in der Luft eine Aussage über die Wirksamkeit der getroffenen Arbeitsschutzmaßnahmen (z. B. Körperschutz) gemacht werden. Exemplarisch ist diese Gegenüberstellung in Tabelle 4.5 für *Benzol* aufgezeigt. EKA-Werte wurden bisher nur von der MAK-Kommission festgelegt und nicht in das technische Regelwerk übernommen.

4.5
Methoden der Expositionsermittlung

Die Durchführung von **Gefahrstoffmessungen** setzt Fachkenntnisse und die notwendigen Einrichtungen voraus; Einzelheiten werden in der Neufassung der TRGS 402 [53] konkretisiert. Die korrekte Messstrategie hat einen wesentlichen Einfluss auf das Messergebnis und muss daher sorgfältig geplant werden. Die mittels stationärer Probenahmesysteme ermittelten Arbeitsplatzkonzentrationen unterscheiden sich häufig deutlich von denen, die mittels personenbezogener Probenahmesysteme ermittelt wurden und die üblicherweise die tatsächliche Gefahrstoffbelastung korrekter wiedergeben.

4.5.1
Direktanzeigende Messgeräte

4.5.1.1 Probenahmeröhrchen

Das verbreitetste Probenahmeverfahren stellen die direktanzeigenden Probenahmeröhrchen dar, im Fachjargon häufig als „Dräger Röhrchen" bezeichnet. Abbildung 4.9 zeigt eine Auswahl aus dem reichhaltigen Sortiment unterschiedlicher Probenahmeröhrchen.

Mittels einer Pumpe (siehe Abbildung 4.10) wird eine definierte Luftmenge über ein Nachweisreagenz gesaugt. Der zu identifizierende Stoff reagiert mit dem Nachweisreagenz in einer möglichst spezifischen Farbreaktion.

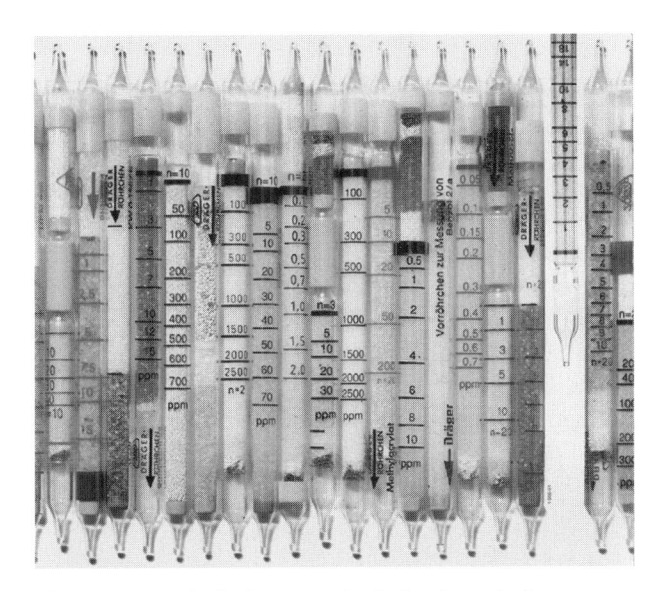

Abb. 4.9 Beispiele direktanzeigender Probenahmeröhrchen.

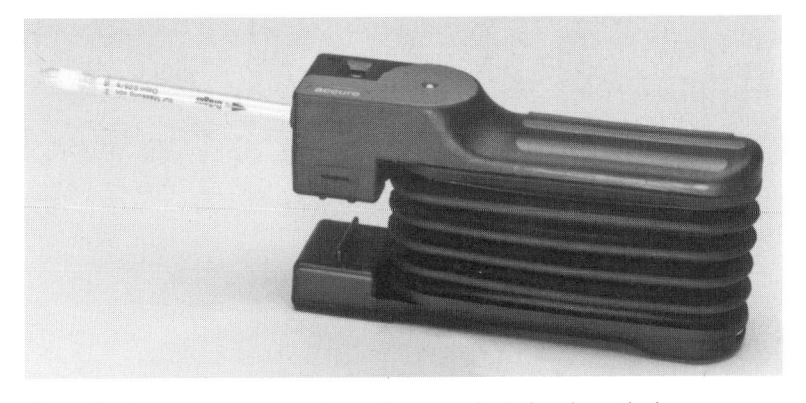

Abb. 4.10 Probenahmepumpen für direktanzeigende Probenahmeröhrchen.

Die Länge der Verfärbungszone ist für die quantitative Auswertung proportional zur Konzentration des Stoffes in der Luft. Mittels einer auf den Röhrchen aufgebrachten Skalierung kann die Konzentration in Abhängigkeit vom durchgesaugten Luftvolumen abgelesen werden. Nicht immer verläuft der Farbverlauf senkrecht zur Längsachse des Röhrchens (siehe Abbildung 4.11). Grundsätzlich werden die Röhrchen nach folgenden Prinzipien kalibriert:

1. Bei senkrecht zur Längsachse verlaufender scharfer Farbgrenze kann die Konzentration unmittelbar abgelesen werden (siehe Abbildung 4.11a).
2. Verläuft die Farbgrenze schräg, stellt der Mittelwert des Farbverlaufs die Schadstoffkonzentration dar (siehe Abbildung 4.11b).
3. Bei nicht einheitlich verlaufender Verfärbungszone wird die Konzentration dort abgelesen, wo eine noch schwache Verfärbung gerade sichtbar ist (siehe Abbildung 4.11c).

Zur möglichst selektiven Bestimmung einer Vielzahl unterschiedlicher Gefahrstoffe wurden viele Spezialröhrchen am Markt angeboten. Zum spezifischen Nachweis wurden Vorzonen und zusammengesetzte Reaktionszonen entwickelt. Bei Letzteren wird der zu bestimmende Stoff im ersten Teilröhrchen oxidiert, reduziert oder derivatisiert. In der nachgeschalteten Anzeigezone erfolgt die spezifische Farbreaktion des Reaktionsprodukts mit dem Nachweisreagenz. Dieser Teil trägt die Kalibrierung zum Ablesen der Konzentration (siehe Abbildung 4.12). Spezialfälle der zusammengesetzten Röhrchen stellen die Systeme mit Reagenzampulle dar. Bei diesen befindet sich in einer vorgeschalteten Ampulle eine Reagenzlösung, die unmittelbar vor der Probenahme mit dem Hauptagens durch Brechen der Ampulle reagiert und das eigentliche Nachweisreagenz bildet.

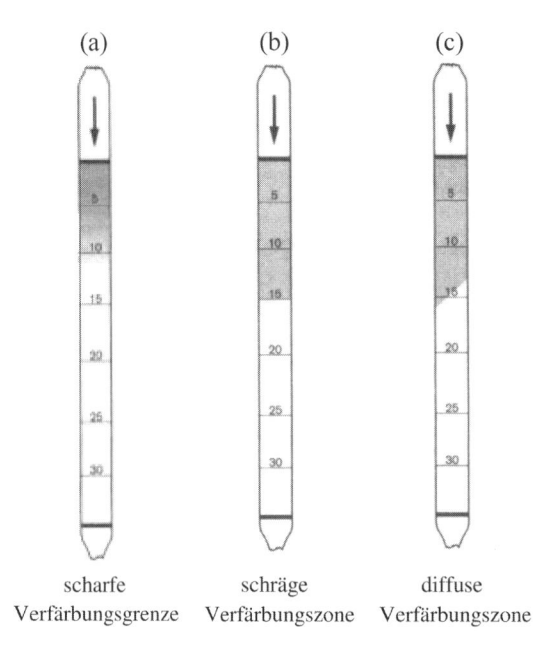

Abb. 4.11 Unterschiedliche Verfärbungsgrenzen direktanzeigender Probenahmeröhrchen.

(a) scharfe Verfärbungsgrenze
(b) schräge Verfärbungszone
(c) diffuse Verfärbungszone

4.5 Methoden der Expositionsermittlung | 171

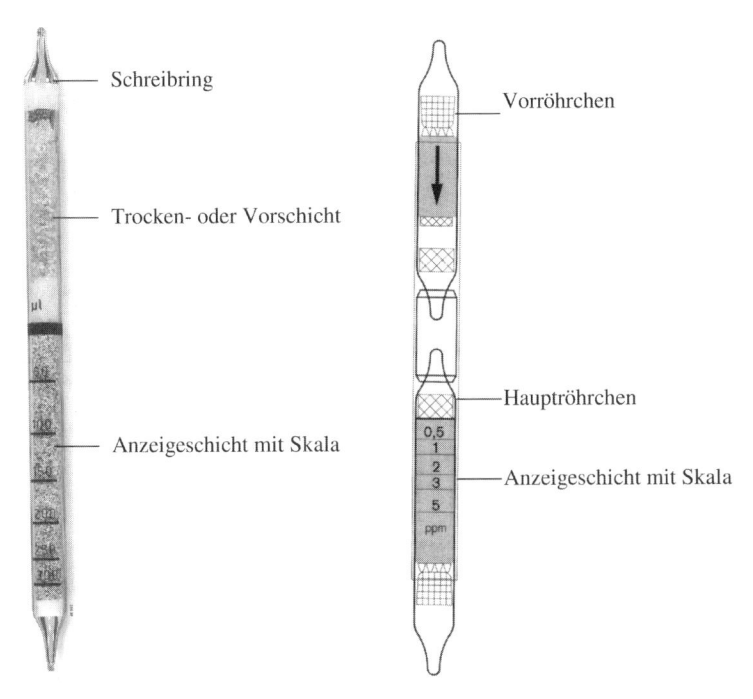

- Schreibring
- Trocken- oder Vorschicht
- Anzeigeschicht mit Skala

- Vorröhrchen
- Hauptröhrchen
- Anzeigeschicht mit Skala

Abb. 4.12 Spezielle Anzeigeröhrchen.

Auf Basis der bekannten direktanzeigenden Probenahmeröhrchen wurde das Chip-Mess-System (CMS-Analyzer; siehe Abbildung 4.13) entwickelt. Im Gegensatz zu Ersteren entfällt hierbei das manuelle Ablesen, die Ermittlung der Konzentration erfolgt optoelektronisch bei ansonsten ähnlichem Detektionsverfahren.

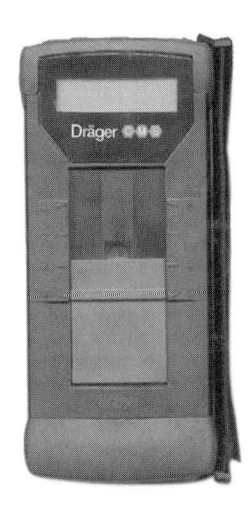

Abb. 4.13 CMS-Analyzer.

Grundvoraussetzung der direktanzeigenden Probenahmesysteme ist die Existenz einer möglichst spezifischen Farbreaktion des Schadstoffes mit einem Adsorbens. Als spezifische Nachweisreaktionen werden benutzt:

- **Redoxreaktion**
  Oxidation oder Reduktion einer funktionellen Gruppe unter
  – Bildung eines farbigen Chromophors oder
  – Bildung einer modifizierten funktionellen Gruppe, die ihrerseits eine Farbreaktion mit einem zweiten Agens eingeht. Ein Beispiel für eine Redoxreaktion ist die Oxidation der Methylgruppe von *Toluol* mit *Selendioxid* in schwefelsaurer Umgebung zu einem braunvioletten Reaktionsprodukt.
- **Farbreaktion**
  Manche funktionellen Gruppen gehen mit dem auf dem Trägermaterial befindlichen Agens eine Farbreaktion ein.
  Beispiel: Bildung von *Hydrazonen* oder *Semicarbazonen* aus *Carbonylverbindung* und *Amin*.

Die Unterlagen und Handbücher der Prüfröhrchenhersteller beschreiben zum Teil ausführlich und detailliert die unterschiedlichen Reaktionsmechanismen. Auf eine weitergehende Beschreibung kann deshalb an dieser Stelle verzichtet werden.

Auf Grund der chemischen Nachweisverfahren ist nur in den wenigsten Fällen eine vollkommene Selektivität möglich. In der Regel bestehen **Querempfindlichkeiten** gegen ähnliche Stoffe, d. h. Stoffe mit ähnlichem Reaktionsverhalten ergeben ebenfalls eine Anzeige. Da die Kalibrierung nur für den reinen, zu bestimmenden Stoff durchgeführt wird, kann bei vorhandenem Störstoff von der Anzeige nicht auf die Konzentration des Schadstoffes geschlossen werden. Oft sind diese Querempfindlichkeiten nur schwer vorhersehbar. Die tatsächliche Konzentration des Stoffes ist meist niedriger, als die Prüfröhrchen anzeigen, d. h. die Anzeige ist falsch positiv. Bei manchen Stoffen zeigen die Röhrchen allerdings auch falsch negative Werte an, d. h. die reale Konzentration ist höher. Der Einsatz der Prüfröhrchen ist aus diesem Grund bei unbekannter Stoffzusammensetzung stark eingeschränkt. Die Röhrchenhersteller weisen in den Gebrauchsanweisungen auf bekannte Störstoffe hin, diese müssen in der Praxis unbedingt beachtet werden. Tabelle 4.6 gibt die Querempfindlichkeiten häufig benutzter Chemikalien an.

Der Haupteinsatzbereich der direktanzeigenden Probenahmeverfahren ist im Bereich der Messung von Konzentrationsspitzen zu suchen. Zur Bestimmung des Schichtmittelwertes sind eine Vielzahl von Einzelmessungen durchzuführen, TRGS 402 [53] beschreibt eine empfohlene Vorgehensweise.

Grundsätzlich ähnlich wie die Prüfröhrchen werden die **direktanzeigenden Diffusionsröhrchen** verwendet; im Gegensatz zu diesen wird keine Pumpe benötigt. Auf Basis der Diffusionsgesetze kann die mittlere Konzentration über einen längeren Zeitraum bestimmt werden. Typischerweise liegen die Probenahmezeiten zwischen einer und acht Stunden. Bei Einhaltung der vorgegebenen Expositionszeiten kann nach der Probenahme die mittlere Konzentration mittels

Tabelle 4.6 Querempfindlichkeiten bekannter Prüfröhrchen.

Röhrchen	Querempfindlich mit	Keine Querempfindlichkeit gegenüber
Aceton	Ketonen und Aldehyden	Estern
Toluol	Xylolen, Benzol	Methanol, Ethanol, Aceton, Ethylacetat
Ethylacetat	Alkoholen, Aromaten, Estern	
Chlor	Brom, Stickstoffdioxid, Chlordioxid	
Methanol	anderen Alkoholen, Estern, Aromaten	
nitrose Gase	Chlor, Ozon	
Salzsäure	Mineralsäuren	Schwefelwasserstoff, Schwefeldioxid

Farbumschlag direkt abgelesen werden. Analog den Langzeitröhrchen werden die Dosimeter-Röhrchen an der Kleidung, möglichst in Atemnähe, getragen. Hierfür stehen spezielle Probenahmehalter zur Verfügung. Als Nachteil dieser einfachen Handhabung müssen bei Diffusionsröhrchen einige prinzipielle Nachteile berücksichtigt werden.

4.5.1.2 Papierindikatoren

Das Grundprinzip der Reaktionspapiere ist den Probenahmeröhrchen sehr ähnlich: Auf einem Träger ist ein Agens aufgetragen, das mit der zu analysierenden Verbindung eine Farbreaktion eingeht. Die Intensität der Farbreaktion ist ein Maß für die Konzentration des Gefahrstoffes in der Luft. Die Auswertung kann durch visuellen Vergleich mit einer geeichten Farbskala erfolgen (siehe Abbildung 4.14).

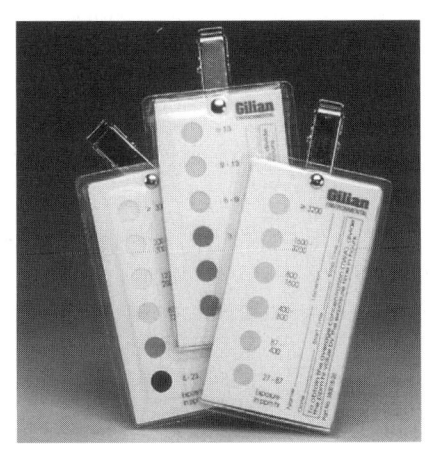

Abb. 4.14 Indikatorpapiere.

Die Indikatorpapiere stehen nur für eine kleine Anzahl von Gefahrstoffen zur Verfügung, für spezielle Anwendungsfälle haben sie sich in der betrieblichen Praxis hervorragend bewährt, z. B. zur Expositionsermittlung von *Phosgen* in der chemischen Industrie, zur personenbezogenen Dosisermittlung sowie zur Ermittlung der persönlichen Belastung von *Formaldehyd* oder *Ethylenoxid* im klinischen Bereich.

Werden solche Reagenzpapiere auf einer motorgetriebenen Endlosrolle eingesetzt und mit einer photometrischen Auswertung samt Datenschreiber gekoppelt, können kontinuierliche Arbeitsplatzmessungen durchgeführt werden (siehe Abbildung 4.15). Dieses einfache Messverfahren hat sich zur Daueriiberwachung

Messzelle   photometrisches Analysengerät

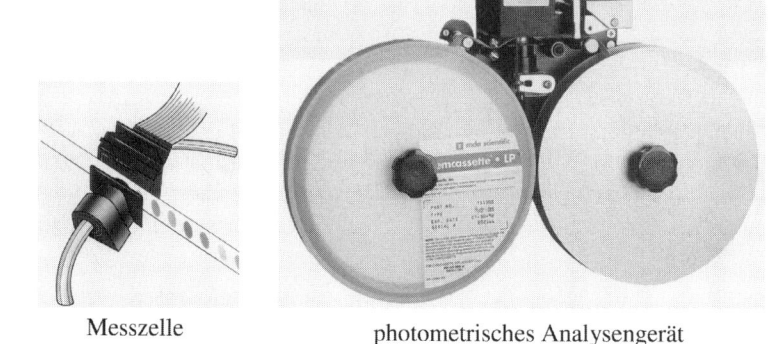

Abb. 4.15 Analysengerät zur photometrischen Auswertung von Indikatorpapieren.

Tabelle 4.7 Nachweisgrenzen von Indikatorpapieren.

Stoff	Anzeigebereich [ppm]
Ammoniak	3–75
Brom	0,01–0,300
Chlor	0,1–3
Blausäure	1–30
Fluorwasserstoff	1–10
Ozon	0,03–0,3
Phosgen	0,01–0,3
Schwefeldioxid	0,2–10
TDI	0,002–0,06
MDI	0,002–0,06

von vielen industriell wichtigen Diisocyanaten bewährt, beispielhaft sind *Toluidendiisocyanat (TDI), Methylendiisocyanat (MDI), Isophorondiisocyanat (IPDI), Naphthylendiisocyanat (NDI)* und *Hexamethylendiisocyanat (HMDI)* aufgeführt.

Auf Grund spezifischer Farbreaktionen stehen für die Dauerüberwachung von *Ammoniak, Brom, Chlor, Blausäure, Fluorwasserstoff, Ozon, Phosgen, Schwefeldioxid* und *Schwefelwasserstoff* ebenfalls Indikatorpapiere mit photometrischer Auswertung zur Verfügung. Durch die teilweise sehr farbintensiven Anzeigen können mit diesem Messprinzip Nachweisgrenzen bis in den unteren ppb-Bereich erzielt werden. Tabelle 4.7 gibt einen Überblick über Bestimmungsbereiche und Nachweisgrenzen. Zur Vermeidung schwer wiegender Messfehler ist beim Einsatz dieser photometrisch arbeitenden Analysengeräte in jedem Einzelfall zu prüfen, ob vorhandene Gase durch Oxidation, Reduktion oder Bildung einer andersfarbigen Reaktionskomponente die Anzeige stören.

4.5.1.3 Elektrochemische Sensoren

In der täglichen Betriebspraxis haben sich Gasmessgeräte mit elektrochemischen Sensoren vielfach bewährt. Diese kompakten Geräte können direkt am Körper getragen werden und eignen sich zur persönlichen Konzentrationsüberwachung (siehe Abbildung 4.16). Mittels eines akustischen Signalgebers wird der Träger bei Grenzwertüberschreitung alarmiert. Die modernen Geräte verfügen darüber hinaus über einen eingebauten Datenspeicher, der eine spätere Auswertung der Expositionsdaten am Computer erlaubt. Entsprechende Programme werden von den Geräteherstellern angeboten.

Das Messprinzip elektrochemischer Sensoren beruht auf einer elektrochemischen Reaktion des zu bestimmenden Gases mit einem Elektrolyten, Tabelle 4.8 zeigt einige Beispiele. Das sich hierbei bildende elektrische Potenzial ist gasspezifisch und nach den Gesetzen der Elektrochemie der Konzentration proportional. Für die notwendige gasselektive Anzeige ist eine spezifische Elektrodenreaktion des Gases Voraussetzung. Auf Grund der nur begrenzten

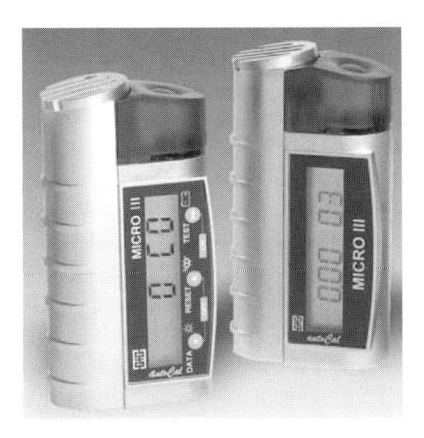

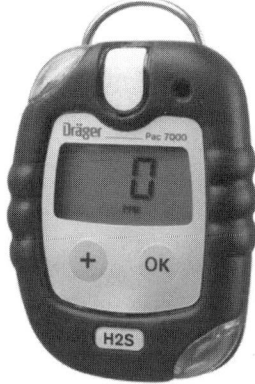

Abb. 4.16 Elektrochemische Eingas-Gasdetektoren.

Tabelle 4.8 Anoden-, Kathodenmaterial und elektrochemische Reaktionen von Gasdetektoren.

Gas	Anode	Kathode	Anodenreaktion	Kathodenreaktion
O_2	Pb	Au	$4OH^- + 2Pb \rightarrow 2PbO + 2H_2O + 4e^-$	$O_2 + 2H_2O + 4e^- \rightarrow 4OH^-$
CO	Pt	C	$CO + H_2O \rightarrow CO_2 + 2H^+ + 2e^-$	$\frac{1}{2}O_2 + 2H^+ + 2e^- \rightarrow H_2O$
H_2S	Ag	Ag	$H_2S + 2Ag^+ \rightarrow Ag_2S + 2H^+$ $2Ag^\circ \rightarrow 2Ag^+ + 2e^-$	$\frac{1}{2}O_2 + 2H^+ + 2e^- \rightarrow H_2O$
SO_2	Au	Pt	$SO_2 + 2H_2O \rightarrow H_2SO_4 + 2H^+ + 2e^-$	$\frac{1}{2}O_2 + 2H^+ + 2e^- \rightarrow H_2O$
NO_2	C	Au	$C + H_2O \rightarrow CO + 2H^+ + 2e^-$	$NO_2 + 2H^+ + 2e^- \rightarrow NO + H_2O$
Cl_2	Pt	Au	$Cl_2 + 2Br^- \rightarrow Br_2 + 2Cl^-$ $Br_2 + 2e^- \leftrightarrow 2Br^-$	$H_2O \rightarrow \frac{1}{2}O_2 + 2H^+ + 2e^-$
HCN	Ag	Ag	$2HCN + 2Ag^+ \rightarrow 2AgCN + 2H^+$ $2Ag^\circ \rightarrow 2Ag^+ + 2e^-$	$\frac{1}{2}O_2 + 2H^+ + 2e^- \rightarrow H_2O$
$COCl_2$	Ag	Ag	$COCl_2 + H_2O \rightarrow CO_2 + 2HCl$ $2HCl + 2Ag^+ \rightarrow 2AgCl + 2H^+$ $2Ag^\circ \rightarrow 2Ag^+ + 2e^-$	$\frac{1}{2}O_2 + 2H^+ + 2e^- \rightarrow H_2O$

spezifischen Nachweisreaktionen stehen nur für ca. zehn Gase entsprechende Geräte zur Verfügung. Desgleichen stehen entsprechende Geräte zur Ermittlung der Sauerstoffkonzentration und der explosionsfähigen Atmosphäre zur Verfügung.

Da elektrochemische Reaktionen nur bedingt gasspezifisch sind, müssen auch bei diesen Detektoren Querempfindlichkeiten berücksichtigt werden. Höhere Salzsäurekonzentrationen geben z. B. an einem Phosgendetektor ebenfalls ein positives Messsignal. Durch die elektrochemische Reaktion werden Anode und Kathode erschöpft; die Haltbarkeit der Messzelle ist normalerweise auf ein halbes bis zu einem Jahr begrenzt. Zur exakten Konzentrationsmessung müssen die Geräte in regelmäßigen Zeitabständen mit Prüfgasen kalibriert werden.

Zur gleichzeitigen Detektion mehrerer Gase wurden Kombinationsgeräte mit mehreren elektrochemischen Messzellen entwickelt (siehe Abbildung 4.17).

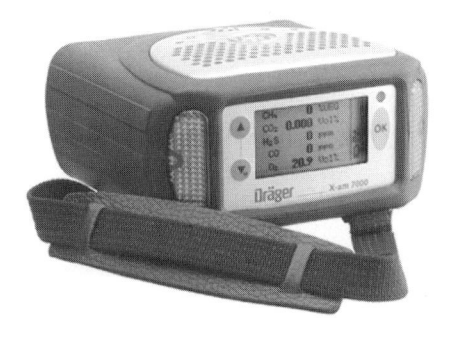

Abb. 4.17 Elektrochemischer Multigas-Gasdetektor.

4.5.1.4 **Photoionisationsdetektor**

Photoionisationsdetektoren (PID) werden zur Bestimmung der Summe organischer Verbindungen eingesetzt. Eine Entladeröhre spaltet alle Moleküle mit einem Ionisationspotenzial unter 10,6 eV in Ionen. Der hierdurch resultierende Ionenstrom wird zwischen zwei Elektroden gemessen. Da der Ionenstrom proportional der Stoffkonzentration ist, kann mit diesem Messprinzip die Konzentration bestimmt werden. Neben der Stoffkonzentration hängt der Ionenstrom von der chemischen Struktur der Moleküle ab. Wird das Messsignal mittels Eichgas kalibriert, kann die Konzentration bei bekanntem Stoff direkt abgelesen werden. Die Zusammensetzung von Stoffgemischen kann somit nicht bestimmt werden. Auf Grund der sehr handlichen und einfachen Bedienung sowie der kurzen Ansprechzeit von nur ca. drei Sekunden eignen sich Photoionisationsdetektoren besonders für die Lecksuche oder die direkte Konzentrationsbestimmung eines Gefahrstoffes in der Luft an Arbeitsplätzen. Abbildung 4.18 zeigt typische Photoionisationsdetektoren. Alle Moleküle mit einem Ionisationspotenzial über 10,6 eV werden nicht detektiert. Neben den permanenten Gasen *Stickstoff*, *Sauerstoff* oder *Wasserdampf* können die niedermolekularen *Chlorkohlenwasserstoffe*, wie z. B. *Chloroform* oder *Methylchlorid*, nicht gemessen werden. Die einfachen Kohlenwasserstoffe *Methan*, *Ethan*, *Propan* sowie *Acrylnitril* und *Formaldehyd* besitzen ebenfalls wie einige *FCKW*s Ionisationspotenziale über 10,6 eV, stören die Bestimmung anderer Moleküle nicht und können selbst nicht gemessen werden.

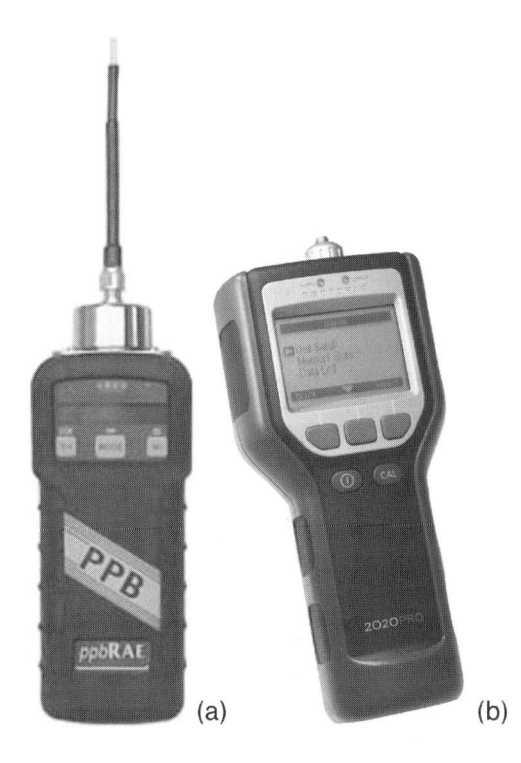

Abb. 4.18 Photoionisationsdetektoren.

Photoionisationsdetektoren erlauben Konzentrationsmessungen, in Abhängigkeit von den Gefahrstoffen, im Bereich von ca. 1 ppb bis 100 ppm.

4.5.1.5 Personal Air Sampling für Gase und Dämpfe

PAS-Methoden (Personal Air Sampling) sind indirekte Bestimmungsverfahren, bei denen die zu analysierende Luft mittels Probenahmepumpe über ein Sammelsystem gesaugt wird. Je nach Messaufgabe ist zwischen festen und flüssigen Sammelphasen auszuwählen. Für spezielle Anwendungszwecke kann die zu analysierende Luft auch direkt in einen Behälter ohne Sammelphase eingesaugt werden (Laborjargon: Gasmaus); eine Anreicherung des Stoffes findet hierbei nicht statt.

Zum Nachweis einer breiten Stoffpalette stehen verschiedene Sammelphasen mit unterschiedlichen Adsorbenzien zur Verfügung. Für organische Gase und Dämpfe werden meist feste Sammelphasen verwendet; Tabelle 4.9 gibt die wichtigsten wieder. Am häufigsten werden Röhrchen mit 150 oder 600 mg Adsorptionsmaterial eingesetzt, gemäß der Spezifikation des amerikanischen Instituts NIOSH. Abbildung 4.19a zeigt eine Auswahl häufig eingesetzter Adsorptionsröhrchen.

Gase und Dämpfe von Säuren und Laugen werden meist mit Flüssigphasen in Waschflaschen, auch Impinger genannt, gesammelt. Abbildung 4.19b zeigt den Flüssigabsorber B 70. Als Flüssigkeit kann z. B. normale Säure- oder Basenlösung eingesetzt werden. Desgleichen können mit einem modifizierten Absorber sowohl Flüssig- als auch Feststoffaerosole gesammelt werden, wenn die Geometrie der Ansaugöffnung den Bedingungen der Probenahme für die einatembare Staubfraktion (Ansauggeschwindigkeit 2,1 m/s) entspricht.

Als häufigste Sammelphase wird *Aktivkohle* eingesetzt. Auf Grund ihrer großen inneren Oberfläche und ihres unpolaren Charakters kann sie zur Absorption der meisten organischen Substanzen eingesetzt werden. Für polare Verbindungen, z. B. *Alkohole, Amine, Aldehyde*, stehen eine Vielzahl polarer Sammelphasen zur Verfügung, z. B. *Aluminiumoxid* oder *Kieselgel*. Zum Nachweis reaktiver Verbindungen können speziell imprägnierte Adsorbenzien verwendet werden. Die Konzentrationsmessung mittels persönlicher Probenahme stellt die beste Methode zur individuellen Expositionsermittlung dar.

Tabelle 4.9 Einsatzspektrum fester Sammelphasen.

Sammelphase	Stoffe
Aktivkohle	Aliphatische und einfache aromatische Verbindungen, aliphatische Amine, Ester, Methylenchlorid, Chloroform, Alkylenoxid, Glykole
Silicagel	Alkohole, aromatische Amine, Dimethylsulfat, Phenole
XAD-Röhrchen	Diazomethan, Formaldehyd, Acrolein

(a)

(b)

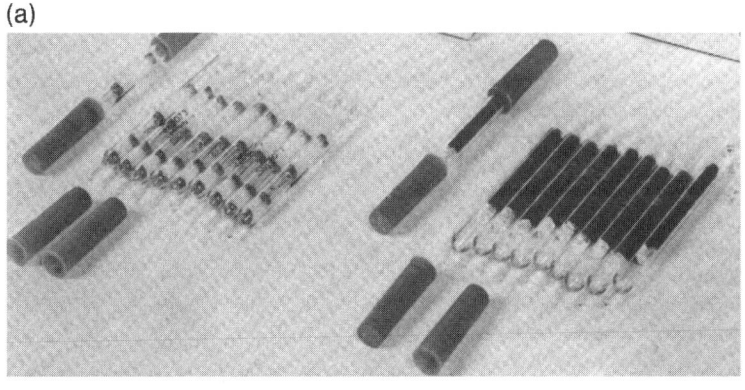

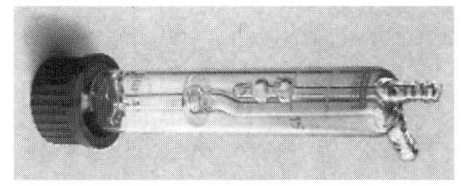

Abb. 4.19 Auswahl von Sammelsystemen für PAS.

Für die aktive Probenahme können aus einem reichhaltigen Angebot standardisierte PAS-Pumpen ausgewählt werden, die auch für den Einsatz in EX-Zone 1 oder 2 (siehe Abschnitt 6.6.1) eingesetzt werden können. Mittels eines Schlauches werden die Röhrchenhalter mit den Pumpen verbunden.

Die typischen Probenahmevolumen betragen zwischen 10 und 60 L/h bzw. 150 und 1000 mL/min. Pumpen zur Staub- und Fasermessung unterscheiden sich von den Pumpen für Gase und Dämpfe durch ein deutlich höheres Saugvolumen. Während Letztere die Größe eines Rasierapparates haben und inklusive Akku nur ca. 300 bis 400 g wiegen, sind die Staubpumpen deutlich größer und belasten den Träger mit einem Gewicht von ca. 1000 g stärker.

Die Sauggeschwindigkeit der Probenahmepumpen kann zur Erzielung einer niedrigeren Nachweisgrenze nicht beliebig erhöht werden; bei zu hohen Saugvolumina findet nur noch teilweise Adsorption auf den Sammelröhrchen statt (Fachjargon: die Stoffe „schlagen durch"). Abbildung 4.20 zeigt eine Auswahl häufig verwendeter Probenahmepumpen für die Analyse von Gasen und Dämpfen.

Zur Ermittlung der maximalen Sauggeschwindigkeit und der Wiedergewinnungsrate sollten die PAS-Verfahren mittels Prüfgasatmosphäre validiert werden. Nach der Probenahme werden die belegten Röhrchen im Analysenlabor mit einer geeigneten Flüssigkeit desorbiert bzw. eluiert. Nach der Desorption wird das Eluat entweder weiter aufgearbeitet, z. B. derivatisiert, oder direkt analysiert. Als häufigstes Analysenverfahren wird die Gaschromatografie (GC-Analyse) oder die Hochdruckflüssigkeitschromatografie (HPLC) für polare Verbindungen

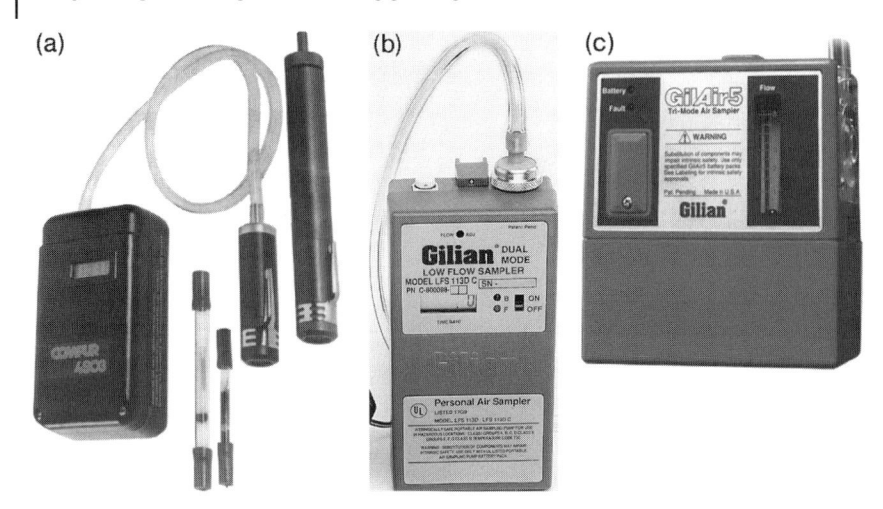

Abb. 4.20 Probenahmepumpen für PAS.

eingesetzt. Als Chromatografiesäulen stehen eine große Auswahl von Glas- und Kapillarsäulen zur Verfügung. Zur Vermeidung von Fehlinterpretationen sollte die Doppelkapillartechnik verwendet werden. Bei dieser wird das zu analysierende Eluat sowohl über eine polare als auch eine unpolare Säule chromatografiert. Eine Verbindung gilt als identifiziert, wenn beide Säulentypen die Verbindung nachweisen. Die zufällige Überlagerung mehrerer Verbindungen auf einem Säulentyp kann hierdurch weitestgehend ausgeschlossen werden.

Spezielle Derivatisierungsverfahren sind u. a. für die Analyse reaktiver Verbindungen notwendig. Durch Überführung in stabile Derivate ist eine chromatografische Bestimmung auch von thermolabilen und chemisch instabilen Stoffen möglich. Zum Nachweis der chromatografisch getrennten Einzelkomponenten muss der geeignete Detektor ausgewählt werden. Die meisten Analysenverfahren benutzen den Flammenionisationsdetektor (FID), ferner stehen Leitfähigkeitsdetektoren, Photoionisationsdetektoren und elementspezifische Detektoren zur Verfügung. Abbildung 4.21 zeigt schematisch die Arbeitsschritte bei der personenbezogenen Gefahrstoffanalyse von Gasen und Dämpfen.

Eine weitere Steigerung der analytischen Nachweisgrenzen kann mittels der Thermodesorption erreicht werden. Hierbei entfällt die Desorption mittels Lösemittel. Thermisch stabile Verbindungen werden direkt durch Verdampfung von dem Sammelröhrchen auf die Chromatografiesäule überführt.

Die wichtigsten Analysenverfahren und Probenahmeverfahren sind zusammengefasst in:
- den DFG-Analysenverfahren [64],
- im BGIA-Handbuch [65] und
- in der BGIA-Arbeitsmappe [66].

4.5 Methoden der Expositionsermittlung

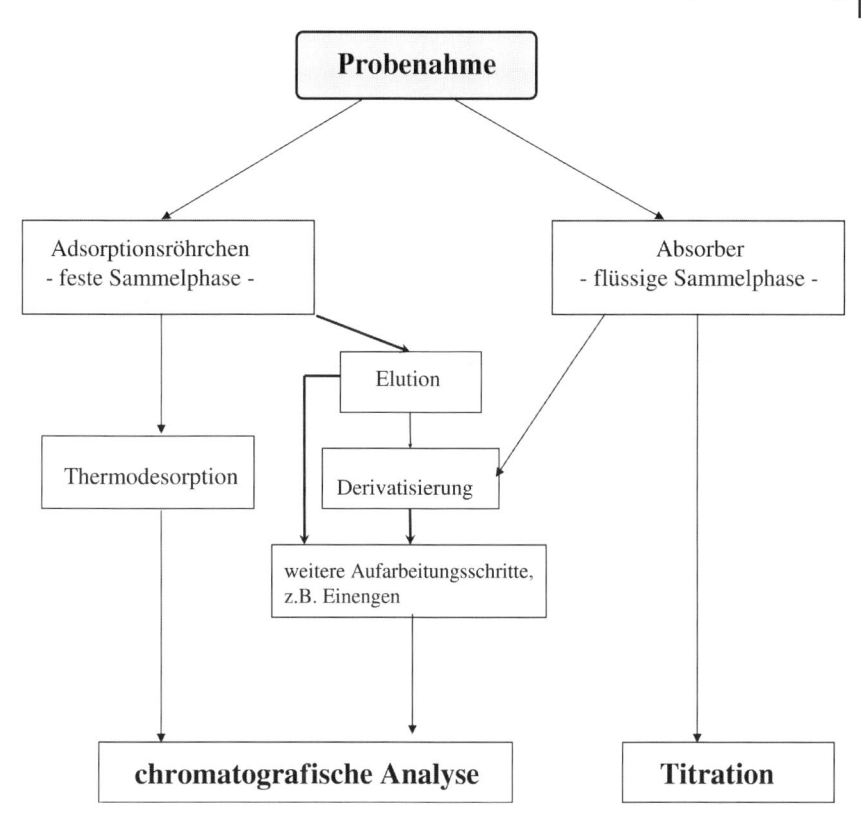

```
                    Probenahme
                   /          \
      Adsorptionsröhrchen    Absorber
      - feste Sammelphase -  - flüssige Sammelphase -
              |
           Elution
              |
        Derivatisierung
              |
   weitere Aufarbeitungsschritte,
   z.B. Einengen
              |
   chromatografische Analyse    Titration
              |
         Thermodesorption
```

Abb. 4.21 Arbeitsschritte bei PAS-Verfahren.

Als preiswerte Alternative zur aktiven Probenahme mittels Pumpen stehen Diffusionssammler zur Verfügung. Das Grundprinzip der Diffusionssammler unterscheidet sich nur geringfügig von den im vorigen Abschnitt besprochenen PAS-Verfahren: Auf einem Adsorbens werden die in der Luft befindlichen Schadstoffe abgeschieden und in einem nachgeschalteten Arbeitsschritt analysiert. Im Gegensatz zu den aktiven Probenahmeverfahren wird die zu analysierende Luft nicht mit einer Pumpe über das Adsorbens gesaugt; die Luftbestandteile diffundieren auf Grund des Konzentrationsgefälles auf die Sammelphase.

Die physikalischen Vorgänge zur Abscheidung auf der Sammelphase gehorchen den Diffusionsgesetzen. Neben der Konzentration der Stoffe in der Luft sind als weitere Parameter die Lufttemperatur, der Luftdruck und die Luftfeuchtigkeit von Bedeutung. Da die Diffusion ein langsamer Reaktionsschritt ist, können schnelle Konzentrationsänderungen nicht vollständig erfasst werden.

Während unter Laborbedingungen eine gute Übereinstimmung zwischen aktiven und passiven Probenahmesystemen festgestellt wurde, sind unter realen Betriebsbedingungen oft erhebliche Unterschiede feststellbar. Insbesondere bei

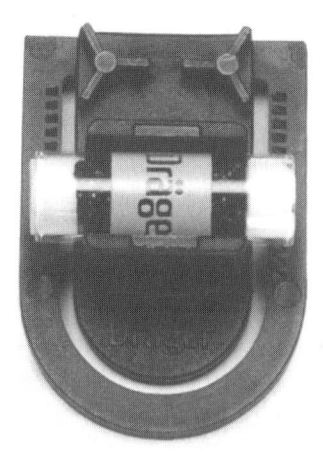

Abb. 4.22 Diffusionsröhrchen für PAS.

großen Konzentrationsänderungen, starken Temperatur- und Luftfeuchtigkeitsschwankungen erreichen Diffusionssammler ihre Leistungsgrenzen.

Als Vorteil passiver Probenahmesysteme ist neben dem Verzicht auf Probenahmepumpen die einfache Handhabung zu nennen. Müssen zur Ermittlung der Schadstoffkonzentration mehrere Probenahmesysteme eingesetzt werden, können problemlos vom gleichen Probanden mehrere Diffusionsröhrchen gleichzeitig getragen werden, was auf Grund der Probenahmepumpe bei aktiven Systemen nur selten möglich ist.

Die Form der Diffusionsröhrchen (siehe Abbildung 4.22) unterscheidet sich deutlich von den Sammelröhrchen für die aktive Probenahme. Die weitere Aufarbeitung der Probenahme dagegen unterscheidet sich nicht grundlegend von der aktiver Probenahmesysteme.

4.5.1.6 Bestimmung fester Partikel

Fein- und Gesamtstaub müssen auf Grund ihrer unterschiedlichen Wirkung getrennt bestimmt und beurteilt werden. An vielen Arbeitsplätzen mit Staubbelastung können daher sowohl Fein- als auch Gesamtstaubmessungen notwendig sein, auch wenn in der Regel die Ermittlung einer Staubart ausreichend ist. Zur Definition von Fein- und Gesamtstaub sowie zur toxikologischen Wirkung von Stäuben siehe Abschnitt 2.1.10. Die Belastung der Atemluft mit vorhandenen biobeständigen lungengängigen Fasern muss getrennt gemessen und beurteilt werden.

Gesamtstaubmessungen

Gemäß der Gesamtstaubdefinition gelten alle festen Partikeln als Gesamtstaub, die bei einer Ansauggeschwindigkeit von 2,1 m/s erfasst werden. Die vom berufsgenossenschaftlichen Institut für Arbeitssicherheit (BGIA) empfohlenen Gesamtstaubköpfe erfüllen diese Forderung bei Einhaltung der vorgeschriebenen Saugleistung der Staubpumpen. Für die persönliche Probenahme werden Staubpumpen mit einer Saugleistung von bis zu 5 L/min eingesetzt, bei achtstündiger Probenahme errechnet sich somit ein Saugvolumen bis zu 2,4 m^3. Auf Grund der höheren Saugleistung sind Staubpumpen größer und schwerer als die PAS-Pumpen für die Bestimmung von Gasen und Dämpfen (siehe Abbildung 4.20b).

Die verschiedenen Staubköpfe müssen zur Ermittlung der Gesamtstaubkonzentration mit unterschiedlichen Filtern bestückt werden. Für den BGIA-Gesamtstaubkopf werden Filter mit einem Durchmesser von 22,5 mm eingesetzt. In Abhängigkeit von den nachgeschalteten Aufbereitungsschritten und Analysenverfahren werden Papier- oder Acetatfilter verwendet. Soll der Gesamtstaub nur gravimetrisch unspezifisch bestimmt werden, können einfache Papierfilter verwendet werden (siehe Abbildung 4.23a).

Bei allen gravimetrischen Bestimmungen spielt die Konditionierung der Filter eine entscheidende Rolle. Werden die Filter vor und nach der Probenahme nicht gleich behandelt, sind größere Messfehler unvermeidlich. Hierzu gehören im Wesentlichen die Tara- und Bruttowägung unter gleichen Luftfeuchtigkeitsbedingungen. Mehrstündiges Temperieren im Autoklaven ist unbedingt empfehlenswert, die exakte Konditionierung der beprobten und unbeprobten Filter ist wesentlicher Bestandteil der Probenahmevorschriften.

Für Feststoffe mit relevantem Dampfdruck muss zur Vermeidung von Fehlmessungen sowohl der gasförmige als auch der Feststoffanteil bestimmt werden. Hierfür steht der GGP-Messkopf zur Verfügung (siehe Abbildung 4.23b). Hierbei wird dem Gesamtstaubfilter eine Filterpatrone mit geeignetem Adsorbens nachgeschaltet.

Ist zur stoffspezifischen Bestimmung eine chromatografische Analyse notwendig, muss das Filtermaterial in Abhängigkeit von dem zu bestimmenden Stoff ausgewählt werden. Mit einem geeigneten Lösemittel wird der auf dem Filter niedergeschlagene Staub heruntergelöst und, nach eventuell notwendigen Aufarbeitungsschritten, chromatografisch analysiert. Die Anforderungen an diese

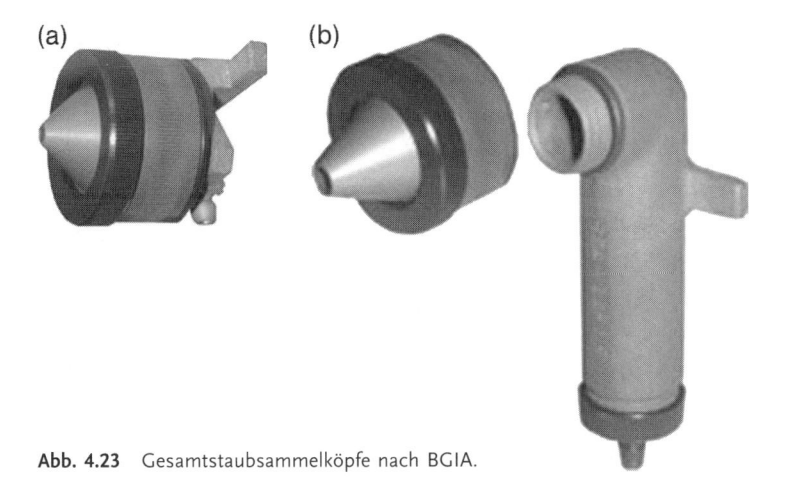

Abb. 4.23 Gesamtstaubsammelköpfe nach BGIA.

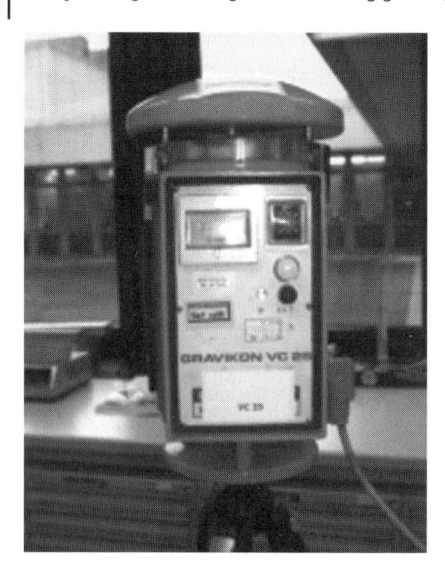

Abb. 4.24 Gravikon VC 25 mit Gesamtstaubsammelkopf.

Analysenverfahren unterscheiden sich nicht wesentlich von den PAS-Verfahren für Gase und Dämpfe. Reichen die mittels des Gesamtstaubkopfes nach BGIA gesammelten Staubmengen für eine nachgeschaltete Spurenanalytik nicht aus, ist die Verwendung des Gravikon VC 25 (siehe Abbildung 4.24) mit einem Saugvolumen von 22,5 m^3 pro Stunde empfehlenswert. Auf Grund der Geräteabmessungen kann dieses nur für stationäre Messungen eingesetzt werden. Der Filterdurchmesser beträgt 12,5 cm.

Abb. 4.25 Feintaubsammelkopf nach BGIA.

Feinstaubmessungen

Zur personenbezogenen Feinstaubsammlung werden überwiegend Zyklone eingesetzt. Die Abtrennung des Feinstaubes vom Gesamtstaub erfolgt nach dem Prinzip der Zentrifugalabscheidung. Bei einer Wiegegrenze von 0,1 mg absolut beträgt die Nachweisgrenze von Zyklonen bei achtstündiger Probenahme 0,1 mg/m^3. Niedrigere Feinstaubmessungen erfordern modifizierte Verfahren bzw. andere Messprinzipien. Auf Grund des Zentrifugalabscheideprinzips stören starke Körperbewegungen die Zentrifugalabscheidung. Stoffe mit ausgeprägten Adhäsionseigenschaften können nur eingeschränkt mit dem Zyklon bestimmt werden. Abbildung 4.25 zeigt den Feinstaubsammelkopf nach BGIA.

Für eine stoffspezifische Analyse muss meist auf stationäre Analysenverfahren zurückgegriffen werden. Hiefür steht das Gravikon VC 25 mit Feinstaubaufsatz zur Verfügung (siehe Abbildung 4.26a). Wie alle Geräte zur Feinstaubbestimmung erfüllt dieses stationäre Gerät die Forderungen der Johannesburger Konvention (siehe Abschnitt 2.1.10). Zur Trennung der Feinstaubfraktion von den größeren Partikeln muss nach der Probenahme mit Hilfe eines Filterschneidegerätes (siehe Abbildung 4.26b) die Feinstaubzone ausgeschnitten werden. Nähere Einzelheiten sind der Anleitung des VC 25 zu entnehmen.

Abb. 4.26 VC 25 mit Feinstaubsammelkopf und Schneidegerät.

Für spezielle Anwendungszwecke stehen noch mehrere stationäre Staubmessgeräte mit den unterschiedlichsten Abscheideverfahren zur Verfügung. So bilden sowohl die Elutriatoren als auch die Impaktoren das Abscheideverhalten im Atemtrakt deutlich besser ab als die vorgenannten Sammelsysteme und erlauben darüber hinaus die simultane Bestimmung mehrerer Staubfraktionen. Auf die Behandlung dieser speziellen Geräte wird aus Platzgründen verzichtet.

4.5.1.7 Fasermessungen

Zur Bestimmung von lungengängigen Fasern existieren mehrere Verfahren. Für die Messung von *Asbestfasern* können sowohl unspezifische lichtmikroskopische Methoden nach BGI 505.31 [67] als auch hochempfindliche röntgenspektroskopische Verfahren eingesetzt werden. Eine Unterscheidung von inerten Fasern, z. B. von Gipsfasern, ist nur bei Letzteren möglich. Im Vergleich zu den spezifischen Verfahren sind lichtmikroskopische Analysen preiswerter. Zur Bestimmung der Summe aller lungengängigen Fasern eignen sich diese Verfahren, insbesondere z. B. zur Konzentrationsbestimmung künstlicher *Mineralfasern*.

Für eine aussagekräftige Beurteilung verschiedener Fasernarten müssen spezielle Analysengeräte eingesetzt werden. Zur Charakterisierung von Asbestfasern wird üblicherweise die Rasterelektronenmikroskopie (REM) eingesetzt. Unter Verwendung der energiedispersiven Röntgenmikroanalyse (EDX) können Asbestfasern bis in den unteren Konzentrationsbereich gemessen werden. Diese in der BGI 505.46 [68] bzw. in der VDI 3492 [69] festgeschriebene Methode erfordert einen sehr hohen und teuren apparativen Aufwand und kann ausschließlich von spezialisierten erfahrenen Analysenstellen durchgeführt werden. Abbildung 4.27 zeigt zwei häufig bei personenbezogener Probenahme eingesetzte Fasersammelköpfe.

Zur Durchführung einer rasterelektronenmikroskopischen Analyse müssen spezielle Monitore eingesetzt werden. Die üblicherweise verwendeten goldbedampften Kernporenfilter können sowohl für eine persönliche Probenahme

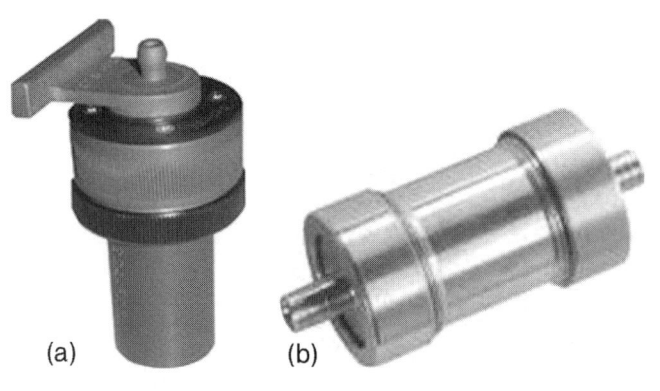

Abb. 4.27 Fasersammelköpfe.

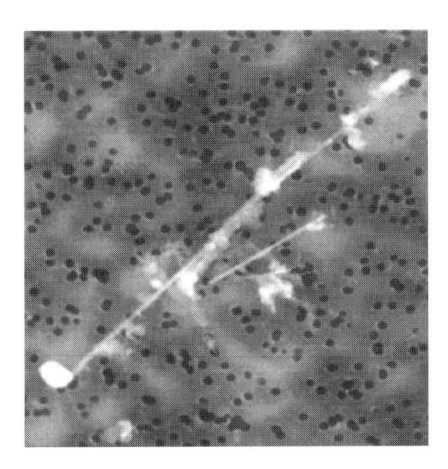

Abb. 4.28 Asbestfasern auf Kernporenfilter.

als auch für stationäre Messung verwendet werden. Bei stationärer Probenahme können mit Spezialpumpen Faserkonzentrationen unter 200 Fasern pro m^3, das entspricht ca. 0,000 000 1 mg/m^3 oder 0,000 1 µg/m^3 bzw. 0,1 ng/m^3, bestimmt werden. Die Notwendigkeit, diese Nachweisgrenze weiter zu senken, dürfte durch die Angabe der Gewichtskonzentration deutlich werden! Abbildung 4.28 zeigt einen goldbedampften Kernporenfilter mit Asbestfasern.

5
Europäische Regelungen

5.1
REACH

Neue Stoffe, die nicht im Altstoffinventar EINECS [10] gelistet waren, mussten ab 1981 gemäß EU-Stoffrichtlinie 67/548/EWG [32] vor dem Inverkehrbringen bei der Anmeldestelle der BAuA (Bundesanstalt für Arbeitsmedizin und Arbeitsschutz, mit Sitz in Dortmund) angemeldet werden. In Abhängigkeit von der Herstellmenge mussten für die Anmeldung physikalisch-chemische, toxikologische und umweltschädigende Eigenschaften ermittelt werden. Die angemeldeten Neustoffe wurden im Neustoffinventar ELINCS [11] gelistet. Die Definitionen dieser Begriffe sind in Abschnitt 1.3 aufgeführt.

Für Altstoffe, gelistet im Altstoffinventar EINECS, waren keine generellen Prüfpflichten vorgeschrieben. Zur Abklärung der bekanntermaßen vorhandenen Datenlücken, insbesondere in Bezug auf die toxikologischen Eigenschaften, wurden in verschiedenen Ländern unterschiedliche Altstoffprogramme initiiert. So wurden vom „Beraterkreis umweltrelevante Altstoffe" (BUA) [70] in einer freiwilligen Initiative der chemischen Industrie gemeinsam mit dem zuständigen Ministerium und den wissenschaftlichen Forschungseinrichtungen bereits seit 1982 Altstoffe auf ihre umweltgefährdenden Eigenschaften untersucht. Analog wurden von der BG-Chemie im „Beraterkreis Altstoffe" [71] zahlreiche industriell wichtige Chemikalien bezüglich der Arbeitsplatzrelevanz bewertet.

1993 hat die EU-Kommission die systematische Bewertung von Altstoffen mit der Altstoffverordnung 793/93/EWG [72] begonnen. Ziel der Altstoffverordnung war die umfassende Bewertung von Altstoffen in einem überschaubaren Zeitrahmen zur Abklärung vorhandener Datenlücken. Bedingt durch die detaillierten, sehr weitgehenden Wünsche und Forderungen der Bewertungsstellen der unterschiedlichen Behörden konnten seit Inkrafttreten der Altstoffverordnung gerade einmal 100 Stoffe bewertet werden. Die Evaluierung der ca. 100 000 Altstoffe ist somit bei gleichbleibendem Bearbeitungstempo in einem akzeptablen, überschaubaren Zeitrahmen nicht denkbar.

Von den ca. 100 000 in EINECS gelisteten Altstoffen besitzt die Mehrheit keine praktische Bedeutung, sie setzt sich wie folgt zusammen:

Das Gefahrstoffbuch, 3. Auflage. Herbert F. Bender
Copyright © 2008 WILEY-VCH Verlag GmbH & Co. KGaA, Weinheim
ISBN: 978-3-527-32067-7

- ca. 70 000 Stoffe haben keine oder nur sehr begrenzte Bedeutung, d. h. sie werden in Mengen kleiner eine Tonne pro Jahr (jato) gehandhabt;
- ca. 30 000 Stoffe werden in Mengen größer eine Tonne pro Jahr hergestellt und in Verkehr gebracht, hiervon zählen
  - 1000 Stoffe zu den tatsächlichen Großstoffen (engl.: HVP, high volume products) mit Jahresmengen über 1000 jato sowie in etwa die gleiche Anzahl von Stoffen, die in
  - 100 bis 1000 jato hergestellt oder vermarktet werden.

Um die große Anzahl auf dem Markt befindlichen Stoffen in überschaubarem Zeitrahmen einer Bewertung zu unterziehen, wurde nach langjährigen, kontroversen Diskussionen zwischen Industrie, Kommission und zahlreichen nicht regierungsamtlichen Interessenverbänden (NGO, non-governmental organisations) am 18. Dezember 2006 die REACH-Verordnung [41] im EU-Amtsblatt veröffentlicht.

Die Abkürzung REACH steht für:
R: Registration (Registrierung)
E: Evaluation (Bewertung)
A: Authorisation (Zulassung)
CH: Chemicals (Chemikalien)

Abbildung 5.1 fasst die Kernelemente von REACH übersichtlich zusammen.

In Umkehrung der bisherigen Vorgehensweise soll mit REACH die Verantwortlichkeit der Hersteller oder Importeure von Chemikalien in den Vordergrund rücken. In Anlehnung an die bisherigen Prüfpflichten von Neustoffen sind künftig auch alle wirtschaftlich relevanten Altstoffe in einem vorgegebenen, mengenabhängig gestaffelten Zeitfenster zu untersuchen. Die derzeitigen oft beklagten Unterschiede zwischen Neustoffen mit (weitestgehend) gut untersuch-

---

(Registration, Evaluation and Authorisation of Chemicals)

R – Registrierung aller Stoffe über 1 t/a in einer zentralen Datenbank (ca. 30.000 Stoffe)
  ⇨ Keine Vermarktung ohne Registrierung

E – Bewertung (Evaluierung) aller Stoffe ab 10 t/a
  ⇨ Risikobewertung
  ⇨ Festlegung weiterer Prüfanforderungen und Maßnahmen

A – Einführung eines behördlichen Zulassungsverfahrens (Autorisierung) für besonders besorgniserregende Stoffe

Ch – Chemicals

Abb. 5.1 Kernelemente von REACH.

ten Stoffeigenschaften und den teilweise nur sehr unvollkommen geprüften Altstoffen entfallen somit.

In der Vergangenheit wurden die hohen Prüfkosten bei Neustoffen vielfach als Innovationshemmnis bei der Vermarktung von Neustoffen beklagt. Durch die Anhebung der Mengenschwelle von 10 bzw. 100 kg auf 1 t pro Jahr wurden diese Nachteile für Neustoffe zumindest teilweise beseitigt.

Vor REACH waren primär zwei unterschiedliche Arten von Stoffen zu unterscheiden:
- Altstoffe und
- Neustoffe.

Zumindest für eine Übergangsfrist von elf Jahren ist jetzt zu unterscheiden zwischen
- vorregistrierten Stoffen,
- registrierten Stoffen,
- Phase-in-Stoffen sowie
- Nicht-Phase-in-Stoffen.

Nicht-Phase-in-Stoffe sind alle Stoffe, die weder in EINECS noch in ELINCS gelistet sind, nicht in einem Mitgliedsland hergestellt wurden und nicht vorregistriert wurden.

Ab dem 1.12.2018 entfallen diese Differenzierungen und alle Stoffe sind grundsätzlich gleich. Mit diesem Datum ist diese Übergangszeit, die Phase-in-Periode, beendet, in der unterschiedliche Stoffdefinitionen existieren.

Neben der Registrierpflicht für alle Stoffe über 1 jato wurde gleichzeitig eine Zulassungspflicht für alle besonders besorgniserregenden Stoffe eingeführt. Als besonders besorgniserregend gelten
- krebserzeugende Stoffe der Kategorie 1 und 2,
- erbgutverändernde Stoffe der Kategorie 1 und 2,
- fortpflanzungsgefährdende Stoffe der Kategorie 1 und 2,
- persistente und bioakkumulierbare toxische Stoffe (PBT) und
- sehr persistente und sehr bioakkumulierbare Stoffe (vPvB).

Mehrerer Verordnungen und Richtlinien wurden in die REACH-Verordnung überführt und außer Kraft gesetzt:
- EG-Altstoffverordnung 793/93/EWG [72], ersetzt durch die Registrier- und Prüfpflichten,
- Sicherheitsdatenblattrichtlinie 91/151/EWG [73], ersetzt durch Anhang II,
- Beschränkungsrichtlinie 76/769/EWG [42], ersetzt durch Anhang XVII,
- Stoffrichtlinie 67/548/EWG [32], Artikel 7 bis 20 sowie 27 und Anhänge V, VII A, VII B, VII C, VII D und VIII ersetzt durch Titel II der Verordnung und die Anhänge VII–X.

Da das Anmeldeverfahren neuer Stoffe als Nicht-Phase-in-Stoffe nach den REACH-Vorschriften zu erfolgen hat, musste auch die Stoffrichtlinie geändert werden. Sie wird vermutlich nach Ablauf der Übergangsfrist 2015 durch die für 2008 erwartete GHS-Verordnung außer Kraft gesetzt.

Auf Grund des komplexen umfangreichen Gesetzgebungsverfahrens blieben zahlreiche Regelungen dem Kompromissfindungsprozess geschuldet sehr unkonkret, unverständlich und interpretationsfähig. Im Rahmen der so genannten „REACH Implementation Projects" (RIP) wurden die notwendigen Ausführungsbestimmungen und „Technical Guideline Documents" (TGD) erarbeitet, die wie alle nachgelagerten Regelungen nicht verbindlich sind. Auf Grund der unterschiedlichen Interessenvertretungen der einzelnen RIPs sind die TGDs nicht einheitlich und teilweise nicht in Einklang mit der Verordnung. Letztendlich ausschließlich bindend ist nur die Verordnung. Die TGDs können von der Homepage der Chemikalienagentur in Helsinki heruntergeladen werden (www.echa.eu/home_de.html).

5.1.1
Anwendungsbereich

Der Anwendungsbereich von REACH ist weit gefasst. Grundsätzlich unterliegen alle Stoffe der Verordnung, unabhängig ob als
- Stoff als solcher,
- in Zubereitungen oder
- in Erzeugnissen

hergestellt, importiert oder verwendet.

Ausdrücklich ausgenommen sind gemäß Artikel 2
- radioaktive Stoffe, sofern sie unter den Geltungsbereich der Richtlinie 96/29/Euratom fallen,
- Stoffe, Zubereitungen oder Erzeugnisse, die der zollamtlichen Überwachung unterliegen und nicht in irgendeiner Weise verwendet oder bearbeitet werden,
- nicht-isolierte Zwischenprodukte und
- Abfälle, soweit sie unter den Geltungsbereich der Richtlinie 2006/12/EG fallen.

Desgleichen sind die Regelungen von REACH nicht auf die Beförderung gefährlicher Stoffe oder Zubereitungen anzuwenden.

Von der Registrierpflicht, den Pflichten für die nachgeschalteten Verwender in der Lieferkette, der Bewertung durch die Agentur und dem Zulassungsverfahren befreit sind:
- Human- und Tierarzneimittel sowie
- Lebens- und Futtermittel.

Ein Sicherheitsdatenblatt muss nicht übermittelt werden bei für den Endverbraucher bestimmten Zubereitungen in Form von Fertigerzeugnissen von
- Human- oder Tierarzneimitteln,
- kosmetischen Mitteln und
- Lebens- und Futtermitteln.

Die Mengenschwellen zur Anwendung der REACH-Verordnung unterscheiden sich vom jeweiligen Regelungsbereich. Während für die Registrierung eine Mengenschwelle von einer Tonne pro Jahr pro Firma (Hersteller, Importeur, Verwender) gilt, wurde für die Zulassungspflicht keine Mengenschwelle festgelegt. Somit sind alle Produkte ohne untere Mengenschwelle zulassungspflichtig, wenn die festgelegten Konzentrationsschwellen (entweder nach Anhang I der Stoffrichtlinie 67/548/EWG oder der Zubereitungsrichtlinie 1999/45/EG) überschritten werden. Näheres wird von der EU-Kommission festgelegt. Desgleichen müssen die Beschränkungen beim Inverkehrbringen, bei der Herstellung und beim Verwenden bei Überschreitung der in Anhang XVII aufgeführten Konzentrationen beachtet werden.

Grundsätzlich regelt REACH Stoffe, Zubereitungen und Erzeugnisse, die Stoffe enthalten. Erzeugnisse fallen nur dann unter die Registrierungspflicht, wenn sie bestimmungsgemäß oder unter vernünftigerweise vorhersehbaren Verwendungsbestimmungen freigesetzt werden. Alle Hersteller, Produzenten von Erzeugnissen oder Importeure, die Stoffe in Verkehr bringen, müssen – unabhängig von einer Mengenschwelle – der Agentur die Einstufung und Kennzeichnung von Stoffen anzeigen.

REACH legt eindeutig fest, dass die folgenden Richtlinien zum Arbeits- und Umweltschutz auch nach Inkrafttreten weiterhin gültig und zusätzlich zu beachten sind:
- Rahmenrichtlinie 89/391/EWG [74] zum Arbeits- und Umweltschutz, einschließlich der erlassenen Einzelrichtlinien, z. B. der PSA-Benutzungsrichtlinie,
- Agenzienrichtlinie 98/24/EG [43], einschließlich der Grenzwertrichtlinien,
- Krebsrichtlinie 2004/37/EG [57] sowie die
- Wasserrahmenrichtlinie 2000/60/EG [75].

In zahlreichen Regelungsbereichen gelten widersprüchliche Vorschriften, die von den rechtsunterworfenen Unternehmen pragmatisch und sachdienlich umzusetzen sind. Konfliktpotenziale mit Behörden und anderen Interessenvertretern sind damit vorprogrammiert. Ob dies im Interesse der vielfach beschworenen Klein- und Mittelständigen Unternehmen (KMU) ist, darf bezweifelt werden.

5.1.2
Begriffsbestimmungen

Nach dem bisherigen europäischen Stoffrecht musste zwischen
- Altstoffen, gelistet in EINECS,
- den angemeldeten Neustoffen, gelistet in ELINCS, und den
- nicht angemeldeten Neustoffen

unterschieden werden. Mit der Inkraftsetzung von REACH bis zum Ende der Phase-in-Periode müssen zusätzliche Differenzierungen unterschieden werden. Im Folgenden sind wichtige Begriffsbestimmungen der Verordnung von Artikel 3 wörtlich wiedergegeben, auf eine Wiedergabe aller Begriffsdefinitionen wird verzichtet. Allgemein gültige Definitionen sind in Abschnitt 1.3 aufgeführt.

Als **Phase-in-Stoff** wird ein Stoff bezeichnet, der mindestens einem der folgenden Kriterien entspricht:
- Der Stoff ist im Europäischen Verzeichnis der auf dem Markt vorhandenen chemischen Stoffe (EINECS) aufgeführt.
- Der Stoff wurde in der Gemeinschaft oder in den am 1. Januar 1995 oder am 1. Mai 2004 der Europäischen Union beigetretenen Ländern hergestellt, vom Hersteller oder Importeur jedoch in den 15 Jahren vor Inkrafttreten dieser Verordnung nicht mindestens einmal in Verkehr gebracht, vorausgesetzt, der Hersteller oder Importeur kann dies durch Unterlagen nachweisen.
- Der Stoff wurde in der Gemeinschaft oder in den am 1. Januar 1995 oder am 1. Mai 2004 der Europäischen Union beigetretenen Ländern vor dem Inkrafttreten dieser Verordnung vom Hersteller oder Importeur in Verkehr gebracht und galt als angemeldet im Sinne des Artikels 8 Absatz 1 erster Gedankenstrich der Richtlinie 67/548/EWG, entspricht jedoch nicht der Definition eines Polymers nach der vorliegenden Verordnung, vorausgesetzt, der Hersteller oder Importeur kann dies durch Unterlagen nachweisen.

Ein **angemeldeter Stoff** ist ein Stoff, der gemäß der Richtlinie 67/548/EWG angemeldet wurde und in Verkehr gebracht werden darf.

Der Hersteller oder Importeur eines Stoffes oder Produzent oder Importeur eines Erzeugnisses, der ein Registrierungsdossier für einen Stoff einreicht, ist der **Registrant**.

Der **nachgeschaltete Anwender** ist eine natürliche oder juristische Person mit Sitz in der Gemeinschaft, die im Rahmen ihrer industriellen oder gewerblichen Tätigkeit einen Stoff als solchen oder in einer Zubereitung verwendet, mit Ausnahme des Herstellers oder Importeurs. Händler oder Verbraucher sind keine nachgeschalteten Anwender. Ein auf Grund des Artikels 2 Abs. 7 Buchstabe c ausgenommener Reimporteur gilt als nachgeschalteter Anwender.

Unter der **identifizierten Verwendung** ist die Verwendung eines Stoffes als solchem oder in einer Zubereitung oder die Verwendung einer Zubereitung zu verstehen, die ein Akteur der Lieferkette, auch zur eigenen Verwendung, beabsichtigt oder die ihm schriftlich von einem unmittelbar nachgeschalteten Anwender mitgeteilt wird.

Pro Jahr bedeutet pro Kalenderjahr, sofern nicht anders angegeben; für Phase-in-Stoffe, die in mindestens drei aufeinander folgenden Jahren eingeführt oder hergestellt wurden, werden die Mengen pro Jahr auf der Grundlage des Durchschnitts der Produktions- bzw. Importmengen in den drei unmittelbar vorhergehenden Kalenderjahren berechnet.

Das **Expositionsszenario** ist die Zusammenstellung von Bedingungen einschließlich der Verwendungsbedingungen und Risikomanagementmaßnahmen, mit denen dargestellt wird, wie der Stoff hergestellt oder während seines Lebenszyklus verwendet wird und wie der Hersteller oder Importeur die Exposition von Mensch und Umwelt beherrscht oder den nachgeschalteten Anwendern zu beherrschen empfiehlt. Diese Expositionsszenarien können ein spezifisches

> **Chemische Reaktion von 2 Stoffen**
>
> $$A + B \; \rightleftarrows \; C + D$$
>
> Reaktionsprodukt: Stoff oder Zubereitung?
>
> **Stoff:** In einem Herstellungsverfahren gewonnen, einschließlich der durch das Verfahren bedingten Verunreinigungen!
>
> **Zubereitung:** Gemisch von Stoffen
>
> **Beispiele:**
>
> Dichlorierung von Benzol liefert das Isomerengemisch Dichlorbenzol mit folgender Zusammensetzung:
>
> ca. 40% 1,2-,   ca. 5% 1,3-   und   ca. 55% 1,4-Dichlorbenzol
>
> Nitrierung von Toluol liefert die Zubereitung Nitrotoluol roh folgender Zusammensetzung:
>
> ca. 60% 1,2-,   ca. 5% 1,3-   und   ca. 35% 1,4-Nitrotoluol

Abb. 5.2 Reaktionsprodukt: Stoff – Zubereitung.

Verfahren oder eine spezifische Verwendung oder gegebenenfalls verschiedene Verfahren oder Verwendungen abdecken.

Die **Verwendungs- und Expositionskategorie** ist das Expositionsszenario, das ein breites Spektrum von Verfahren oder Verwendungen abdeckt, wobei die Verfahren oder Verwendungen zumindest in Form der kurzen, allgemeinen Angaben zur Verwendung bekanntgegeben werden.

Die Abgrenzung zwischen **Stoff** und **Zubereitung** wird seit langem kontrovers diskutiert, in den zuständigen RIPs wurden Klärungen versucht. Führt eine chemische Reaktion nicht zu einer einheitlichen Substanz, sondern zu einem Gemisch verschiedener Substanzen (siehe Abbildung 5.2) so kann dies entweder
- als Stoff, hergestellt in einer chemischen Reaktion mit Verunreinigungen betrachtet werden, oder aber auch
- als Gemisch aus zwei oder mehr Stoffen.

Während beim Stoff nur eine Registrierung des Reaktionsproduktes notwendig ist, müssen bei Behandlung als Zubereitung alle Reaktionskomponenten einzeln registriert werden. Sowohl im Rahmen der bisherigen Neustoffanmeldung als auch im Altstoffverzeichnis EINECS finden sich zahlreiche Beispiele derartiger „Mischungen" von Stoffen. Da darüber hinaus bei Betrachtung als Zubereitung die Einzelstoffe registriert werden müssen, diese jedoch nicht notwendigerweise in EINECS oder ELINCS gelistet sind, können diese den Status als Phase-in-Stoffe verlieren und müssten dann sofort registriert werden, ohne dass die Übergangsfristen gemäß dem Tonnageband genutzt werden könnten. Die Nachteile,

> → Umbenennung einer Vielzahl von Stoffen gegenüber den Bezeichnungen in EINECS oder ELINCS
>
> → viele Stoffe sind in der neuen Klassifizierung und Benennung nicht länger EINECS gelistet, da „Mischung aus..." nicht EINECS gelistet wurden
>
> → Verlust des „Phase-in-Status"
>
> → als „Nicht-Phase-in-Stoffe" keine Vorregistrierung möglich
>
> → durch Verlust des „Phase-in-Status" werden sie zu nicht EINECS oder ELINCS gelisteten Neustoffen, die unverzüglich zum 01.06.2008 der Verpflichtung zur Vollregistrierung unterliegen!

Abb. 5.3 Konsequenzen bei der Betrachtung von Reaktionsgemischen als Zubereitung.

die bei der Betrachtung von Reaktionsgemischen als Zubereitung wirksam werden, sind in Abbildung 5.3 zusammengefasst.

In Anlehnung an die bisherige Praxis bei der Neustoffanmeldung wurde in RIP 3.10 „well-defined substances" definiert, die aus Hauptkomponenten bestehen. Hierbei wird unterschieden zwischen

- „mono-constituent substance" mit einer Hauptkomponente mit einem Gehalt von über 80 %,
- „multi-constituent substance", die aus mehreren Hauptkomponenten besteht, deren Gehalt zwischen 10 und 80 % beträgt.

Um den Bedürfnissen der Praxis und den tatsächlichen Gegebenheiten gerecht werden zu können, wurden so genannte UVCB-Stoffe (substances of unknown or variable composition, complex reaction products or biological materials) definiert. Die Zusammensetzung von UVCB-Stoffen ist nicht eindeutig definierbar und variiert, die Anzahl der Inhaltsstoffe kann sehr hoch sein und ist oft unbekannt. Die Zusammensetzung ist in der Regel weitgehend nicht bekannt, sehr variabel und kaum vorhersehbar. Abbildung 5.4 fast die Definitionen kurz zusammen. Da gemäß den Zielsetzungen von REACH die Verantwortung für Einstufung, Kennzeichnung und der Informationsfluss in der Lieferkette allein auf Hersteller, Importeur und Verwender übertragen wurde, müssen diese im Rahmen ihrer gesetzlichen Pflichten selbst festlegen, ob die von ihnen hergestellten oder in Verkehr gebrachten Produkte als Stoffe oder Zubereitung zu betrachten sind. Die vorgenannten Ausführungen sind Empfehlungen und nicht bindend, da die REACH-Verordnung keine entsprechenden Festlegungen getroffen hat.

Erzeugnisse werden nur begrenzt den Regelungen von REACH unterworfen, insbesondere der Registrierpflicht (siehe Abschnitt 5.1.3); die Abgrenzung zwischen Stoff, Zubereitung und Erzeugnis ist daher bedeutsam. Zur Vermeidung nicht gerechtfertigter Ausnahmen wurden in den RIPs insbesondere von Behörden der Begriff „Erzeugnis" äußerst eng und im Widerspruch zur langjäh-

> **Well defined substances:**   100% der Zusammensetzung definiert

⇨ **Mono-constituent substance**:   eine Hauptkomponente ≥ 80%

⇨ **Multi-constituent substance**: zwei oder mehr Hauptkomponenten zwischen 10 und 80%

> **UVCB-Stoffe:**

Substances of **U**nknown or **V**ariable composition, **C**omplex reaction products or **B**iological materials

⇒ kaum definierte Stoffe oder Stoffe mit wechselnder Zusammensetzung

→ die Anzahl der Komponenten ist relativ hoch und/oder
→ Zusammensetzung ist weitgehend unbekannt, sehr variabel und kaum vorhersehbar

Abb. 5.4 Unterschiedliche Stoffdefinitionen unter REACH.

rigen Praxis ausgelegt. Bisher klassisch als Erzeugnis definierte Produkte wurden mit der neuen Begriffsschöpfung „Stoffe in Container" belegt, die dann vollkommen den Vorschriften für Stoffe unterliegen. So soll z. B. ein Akku nicht als Erzeugnis angesehen werden, sondern als Stoff in einem Container, und somit die Inhaltsstoffe der Registrierpflicht unterliegen. Derart befremdend anmutende Definitionen sind nicht dazu angetan, REACH praxisgerecht und zum Wohl von Verbraucher, Umwelt und Wirtschaft umzusetzen.

Es sei nochmals darauf hingewiesen, dass die Festlegungen der RIPs nicht rechtlich bindend sind und ausschließlich Hilfen für die Umsetzung darstellen und nicht in Widerspruch zur Verordnung und den Intentionen von REACH stehen dürfen. Artikel 1 Ziel und Geltungsbereich legt fest:

> „Zweck dieser Verordnung ist es, ein hohes Schutzniveau für die menschliche Gesundheit und für die Umwelt sicherzustellen, einschließlich der Förderung alternativer Beurteilungsmethoden für von Stoffen ausgehende Gefahren sowie den freien Verkehr von Stoffen im Binnenmarkt zu gewährleisten und gleichzeitig Wettbewerbsfähigkeit und Innovation zu verbessern."

5.1.3
Die Registrierung

Ein zentraler Teil von REACH ist die Verpflichtung, alle Stoffe und Zubereitungen die registrierpflichtige Stoffe enthalten, bei der „Europäischen Agentur für chemische Stoffe" (ECHA) in Helsinki zu registrieren. Dies gilt grundsätzlich ausnahmslos für alle Stoffe, somit wird ein einheitliches System für Alt- und Neustoffe geschaffen, d. h. in der Terminologie von REACH gleiche Anforderungen für Phase-in-Stoffe und Nicht-Phase-in-Stoffe.

5 Europäische Regelungen

(a)

>1000 t/a + CMR 1+2 (> 1 t/a)

>100 t/a

> 1 t/a

REACH tritt in Kraft

Präregistrierung

Registrierung
Evaluation

Registrierung
Evaluation

Registrierung
Evaluation

Ende Phase-in

Beschränkungen

„Nicht-Phase-in-Stoffe"

(b) 6/2007 2008 2009 2010 2011 2012 2013 2014 2015 2016 2017 2018

Zulassungspflichtige Stoffe (CMR, PBT, vPvB, Endocrine disrupters)

↓

Firmen müssen für die Stoff-Anwendung eine Zulassung beantragen

↓

Risiko adäquat kontrolliert? —Nein→ Überwiegen sozio-ökonomische Vorteile das Risiko?

↓Ja   ↓Ja

EU-Kommission erteilt Zulassung   EU-Kommission kann eine zeitlich befristete Zulassung erteilen (zusätzlich: Substitutionsplan)

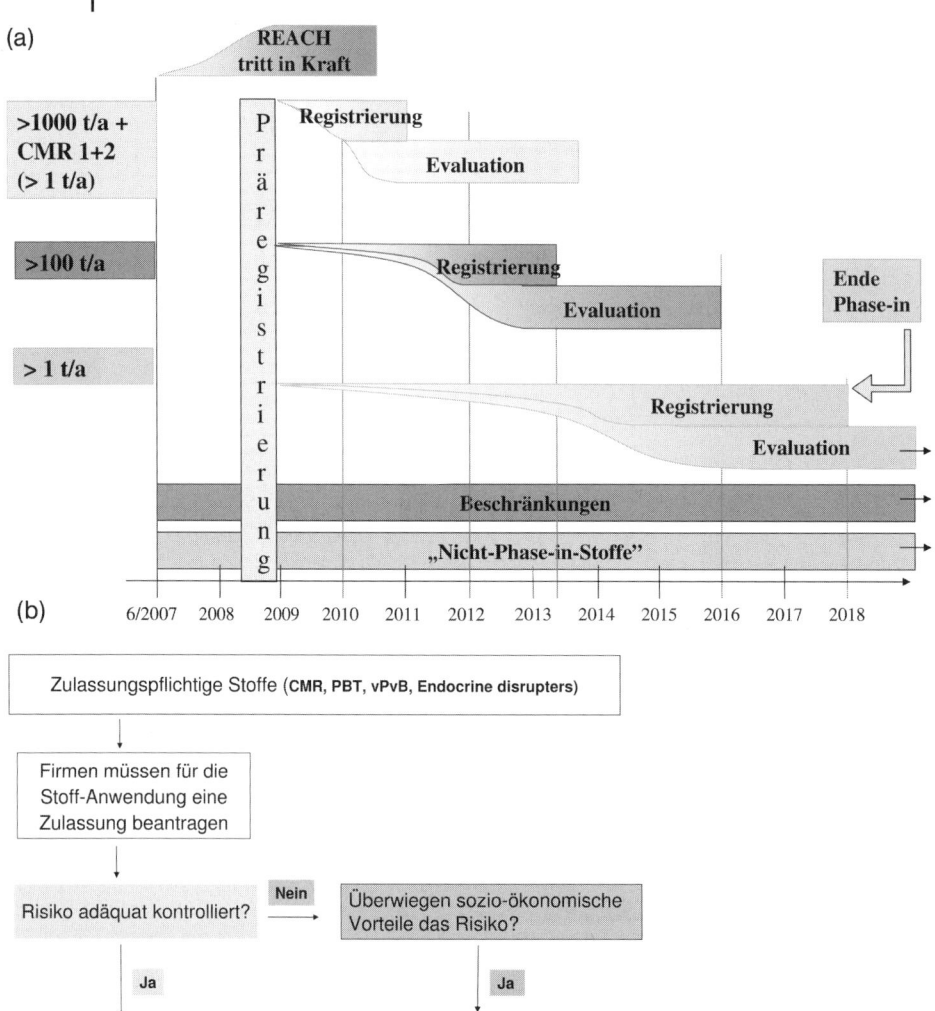

Abb. 5.5 Fristen unter REACH.

Grundsätzlich müssen alle Stoffe, die in Mengen größer einer Tonne pro Jahr und pro Hersteller oder Importeur hergestellt, importiert oder verwendet werden, bei der Europäischen Agentur ECHA registriert werden. Desgleichen müssen Stoffe in Zubereitungen ebenso registriert werden, wenn die Menge des Stoffes in der Zubereitung eine Tonne pro Jahr und Hersteller oder Importeur übersteigt. Stoffe in Erzeugnissen unterliegen der Registrierpflicht, wenn der Stoff unter normalen oder vernünftigerweise vorhersehbaren Verwendungsbedingungen freigesetzt wird.

5.1 REACH | 199

> Alle
> → Stoffe
> → Stoffe in Zubereitungen oder
> → in Erzeugnissen
> in Mengen > 1 t/a
> ⇒ hergestellt in der Europäischen Union
> ⇒ in Verkehr gebracht oder importiert
> müssen unter REACH registriert werden
>
> **Erzeugnisse** unterliegen nur dann REACH,
> ⇒ wenn die Stoffe bestimmungsgemäß unter normalen und vernünftigerweise vorhersehbaren Bedingungen freigesetzt werden
>
> **Ohne Daten, keine Registrierung!**
> **Ohne Registrierung, keine Vermarktung!**

Abb. 5.6 Grundprinzip der Registrierpflichten.

Mit Inkrafttreten von REACH dürfen Stoffe, Zubereitungen bzw. Erzeugnisse, die registrierpflichtige Stoffe enthalten, nach Ablauf der mengenabhängigen Übergangsfrist nicht mehr vermarktet werden.

Die bei der Registrierung vorzulegenden Daten und Angaben sind mengenabhängig unterschiedlich. Für die Phase-in-Stoffe müssen diese Angaben spätestens nach Ablauf der mengenabhängigen Übergangsfristen eingereicht werden. Hierfür gelten folgende Fristen:
- 1.6.2008 bis 1.12.2008:   Vorregistrierung
- bis 1.12.2010:   Registrierung der 1000-t/a-Stoffe sowie der besonders besorgniserregenden Stoffe (cmr, PBT, vPvB)
- bis 1.6.2013:   Registrierung der Stoffe von 100 bis 1000 t/a
- bis 1.6.2018:   Registrierung der Stoffe von 1 bis 100 t/a

Eine übersichtliche Darstellung der Fristen unter REACH ist in Abbildung 5.5 dargestellt, Abbildung 5.6 fasst die wesentlichen Grundprinzipien der Registrierung zusammen.

5.1.3.1 Vorregistrierung
Um die Übergangsfristen für die Phase-in-Stoffe unter REACH nutzen zu können, müssen gemäß Artikel 28 diese in der Zeit vom
- Juni 2008 bis 1.Dezember 2008

vorregistriert werden.

Alle Stoffe, die in diesem Zeitraum nicht vorregistriert werden, verlieren ihren Phase-in-Status und müssen vor der weiteren Herstellung, Import, Verwendung registriert werden. Die Vorregistrierung
- verpflichtet nicht zur späteren Registrierung und
- ist kostenlos.

Phase-in-Stoffe können von potenziellen Registranten mit Sitz in der EU, d. h. Hersteller oder Importeure, vorregistriert werden, nicht jedoch von nachgeschalteten Verwendern. Mengenschwellen für die Vorregistrierung existieren nicht, es können daher auch Stoffe unter 1 t/a vorregistriert werden. Da auch nicht angemeldete Neustoffe, z. B. nur betriebsintern verwendete Zwischenprodukte, oder Stoffe, die die bisherigen Ausnahmen für Forschung und Entwicklung nutzten, oder Naturstoffe zu den Phase-in-Stoffen zählen können, sollten auch diese vorregistriert werden.

Bei der Vorregistrierung sind die folgenden Angaben bei der Agentur einzureichen:
- Stoffname,
- Name des Registrierenden mit Anschrift und Nennung einer Kontaktperson,
- die vorgesehene Frist für die Registrierung,
- der Mengenbereich und
- ggf. Nennung eines Stoffes, auf den im Rahmen von Analogiebetrachtungen Bezug genommen wird.

Spätestens am 1.1.2009 veröffentlicht die Agentur eine Liste der vorregistrierten Stoffe mit Angabe der ersten vorgesehenen Frist für die Registrierung. Sind Stoffe nicht gelistet, die für nachgeschaltete Verwender bedeutsam sind, können sie der Agentur ihr Interesse an diesem Stoff mitteilen, eine spätere Registrierung unter Wahrung der mengenabhängigen Zeitfristen ist dann noch möglich.

Alle potenziellen Registranten und nachgeschalteten Anwender, die Informationen im Rahmen der Vorregistrierung übermittelt haben, müssen am Forum zum Austausch von Stoffinformationen (**SIEF**, **s**ubstance **i**nformation **e**xchange **f**orum) teilnehmen. Ziel des SIEF ist der Austausch von Informationen zur Vermeidung experimenteller Studien sowie eine einheitliche Einstufung und Kennzeichnung der Stoffe.

Sind gemäß den Registrieranforderungen zusätzliche experimentelle Untersuchungen durchzuführen (siehe Abschnitt 5.1.3.2), muss ein SIEF-Teilnehmer prüfen, ob einschlägige Studien zur Verfügung stehen. Sind geeignete Studien vorhanden, ist bei Versuchen mit Wirbeltieren grundsätzlich die Durchführung erneuter Test nicht zulässig; die Nutzung der Studienergebnisse unter angemessener Kostenbeteiligung ist vorzusehen. Der Grundsatz von REACH zur Vermeidung zusätzlicher (Wirbeltier)Versuche „one substance, one registration" (OSOR) hat Vorrang vor neuen Untersuchungen.

Im Rahmen des SIEF ist anzustreben, dass Firmen, die den gleichen Stoff vorregistrieren, sich zu einem Konsortium zusammenschließen und das Registrier-

> **Nutzung der Übergangsfristen für Phase-in-Stoffe: nur bei Vorregistrierung**
>
> → **Einzureichende Daten**
>   ⇨ Stoffname
>   ⇨ Registrant (Hersteller oder Importeur)
>   ⇨ vorgesehene Frist für die Registrierung
>   ⇨ Mengenbereich für die Registrierung
>
> → **Ohne Vorregistrierung keine Übergangsfristen!**
>
> → **Bestandsschutz (Übergangsfrist) gilt nur für die jeweilige (eine) Rechtsperson, die vorregistriert hat.**
>
> → **Vorregistrant / Rechtsperson muss Sitz in der EU haben**
>
> **Vorregistrierungszeitraum:**
>
> 01. Juni 2008 bis 31. Dezember 2008

Abb. 5.7 Die Vorregistrierung.

dossier von einem federführenden Registranten im Namen aller Mitglieder eingereicht wird. Die wichtigsten Inhalte der Vorregistrierung sind in Abbildung 5.7 zusammengefasst.

> Zur Wahrung des Phase-In Status sollte in Zweifelsfällen stets vorregistriert werden! Verpflichtungen sind damit nicht verbunden.

5.1.3.2 Registrieranforderungen

Phase-in-Stoffe dürfen nach Ablauf der mengenabhängigen Übergangsfristen nur noch hergestellt oder in Verkehr gebracht werden, wenn sie gemäß den Anforderungen von Artikel 6 für Stoffe und Zubereitungen sowie Artikel 7 für Stoffe in Erzeugnissen registriert wurden. Diese Registrierpflicht gilt für alle Stoffe, die in Mengen über einer Tonne pro Jahr (t/a) und Hersteller/Importeur hergestellt oder eingeführt werden. Analog müssen Stoffe in Zubereitungen oder in Erzeugnissen nur registriert werden, wenn der Stoff in der Zubereitung bzw. im Erzeugnis pro Hersteller/Importeur 1 t/a überschreitet.

Für die Registrierung ist ein Registrierdossier einzureichen, Umfang und Inhalte sind in Artikel 10 beschrieben, die mengenabhängige Informationsanforderungen sind in Artikel 12 festgelegt, die konkreten Details stehen in den Anhängen VII bis X. Unabhängig vom Mengenband sind die folgenden Informationen im Registrierdossier einzureichen:

- Registrant: Name, Anschrift, Telefonnummer, Kontaktperson, bei federführenden Registranten die gleichen Angaben für die übrigen Registranten.
- Zu registrierender Stoff: Stoffnamen, Identifizierungsnummern, Zusammensetzung, Spektraldaten, Analysenmethoden.

- Informationen zu Herstellung und Verwendung.
- Einstufung und Kennzeichnung.
- Leitlinien für die sichere Verwendung: diese Angaben müssen mit Sicherheitsdatenblatt Kapitel 6 bis 8 und 13 übereinstimmen.
- Studienzusammenfassungen: Angabe der vorhandenen experimentellen Studien.
- Versuchsvorschläge, falls Datenlücken gemäß den mengenabhängigen Informationsanforderungen vorhanden sind.
- Stoffsicherheitsbericht ab 10 t/a (CSR, chemical safety report).

Da die vorgenannten Informationen, mit Ausnahme der Nennung des Registranten, der Versuchsvorschläge und des Stoffsicherheitsberichtes, von der Agentur im Internet kostenlos der Allgemeinheit zur Verfügung gestellt werden, ist begründet darzulegen, falls einzelne Angaben der Vertraulichkeit unterliegen.

In Anlehnung an die bisherigen Forderungen bei der Neustoffanmeldung nach der Stoffrichtlinie [32] sind mengenabhängige experimentelle Daten vorzulegen. Mit Ausnahme des Tonnagebandes von 1 bis 10 t/a sind diese Registrieranforderungen für Nicht-Phase-in-Stoffe und Phase-in-Stoffe identisch.

Grundsätzlich sollen gemäß den Zielsetzungen von REACH Versuche an Wirbeltieren erst nach Ausschöpfen aller alternativer Methoden eingesetzt werden. Hierzu zählen

- in-vitro Untersuchungen (die jedoch nach derzeitigem Stand der Wissenschaft nicht oder nur sehr begrenzt zur Verfügung stehen),
- historische Humandaten (Voraussetzung: exakte Beschreibung der zu den beschriebenen Effekten zugehörige Expositionen; die leider nur in Ausnahmefällen vorhanden sind),
- validierte Struktur-Wirkungs-Beziehungen (QSAR, qualified structure-activity-relationship) und
- Daten von strukturell verwandten Stoffen (Analogiekonzept).

Nachdem in der Vergangenheit insbesondere die beiden letzten Alternativverfahren von den Behörden nur zögerlich akzeptiert wurden, sollte von diesen Möglichkeiten zur Reduzierung tierexperimenteller Untersuchungen im Rahmen von REACH verstärkt Gebrauch gemacht werden können.

Die im Folgenden aufgeführten Prüfanforderungen stellen die für den jeweiligen Mengenbereich geforderten Basisinformationen dar. Abweichungen sind unter den im jeweiligen Anhang in Spalte 2 aufgeführten Bedingungen in Abhängigkeit von der Expositionssituation möglich. Abweichungen von den Basisanforderungen müssen im Stoffsicherheitsbericht begründet werden.

Für alle Stoffe, die im Mengenbereich zwischen **1 und 10 t/a** pro Hersteller oder Importeur hergestellt oder importiert werden, sind gemäß Anhang VII die
- vorliegenden physikalisch-chemischen und
- toxikologischen und ökotoxikologischen Informationen

im technischen Dossier für die Registrierung mitzuteilen. Zusätzliche Untersuchungen sind derzeit nicht gefordert.

Bei Nicht-Phase-in-Stoffen ist folgender Basisset gefordert, fehlende Daten sind mittels geeigneter Methoden zu ermitteln:
- akute Toxizität,
- Ätz-, Reizwirkung, ermittelt in in-vitro-Tests,
- Hautsensibilisierung, bevorzugt ermittelt durch lokalen Lymphknotentest (LLNA) an Mäusen,
- Mutagenitätstest (in-vitro),
- akute aquatische Toxizität, geprüft an Daphnien oder Algenwachstum,
- leichte biologische Abbaubarkeit,
- Stoffkenndaten wie Siede-, Schmelzpunkt, Dichte, Dampfdruck, Wasserlöslichkeit, Verteilungskoeffizeint n-Oktanol/Wasser sowie die
- relevanten sicherheitstechnischen Kenndaten Flammpunkt, Selbstentzündungstemperatur, Entzündlichkeit, Explosionsfähigkeit und brandfördernde Eigenschaft sowie Granulometrie bei Feststoffen.

Bei Überschreitung einer Mengenschwelle von **10 bis unter 100 t/a** sind gemäß Anhang VIII zusätzlich folgende Informationen vorzulegen:
- akute Toxizität, zusätzlich inhalativ oder dermal,
- Ätz-, Reizwirkung (in-vitro),
- Hautsensibilisierung (lokaler Lymphknotentest (LLNA) an Mäusen),
- Mutagenitätstest (in-vitro-Zytogenitätsuntersuchungen),
- sub-akute Untersuchung (28-d-Test)
- Reproduktions- und Entwicklungstoxizität, ermittelt in Screeningtests
- akute aquatische Toxizität am Fisch,
- Hemmung des Belebtschlamms und die
- biologische Abbaubarkeit.

Fehlende Stoffdaten sind mittels geeigneter experimenteller Studien gemäß den GLP-Grundsätzen zu ermitteln.

Im Gegensatz hierzu müssen ab 100 t/a bei fehlenden Untersuchungen an Wirbeltieren Versuchsvorschläge eingereicht werden.

Ergänzend sind nach Anhang IX bei Herstellung/Import von Stoffen in Mengen über **100 bis 1000 t/a** Informationen zu ermitteln über die
- subchronische Eigenschaft (90-d-Test),
- Reproduktionstoxizität, pränatale Entwicklungstoxizität und Zweigenerationsstudie an einer Tierart,
- aquatische Langzeittoxizität an Daphnien und Fischen,
- Entwicklungsstörung von Fischen,
- biologische Abbaubarkeit im Boden und in Sedimenten sowie
- Verbleib und Verhalten in der Umwelt.

Beträgt die hergestellte oder importierte Stoffmenge **über 1000 t/a**, müssen nach Anhang X folgende Eigenschaften überprüft sein:
- Kanzerogenität,
- Reproduktionstoxizität, Zweigenerationsstudie an männlichen und weiblichen Tieren einer Art,
- Mutagenitätsuntersuchung (in-vivo),
- biologische Abbaubarkeit,
- ergänzende Untersuchungen zum Verhalten und Verbleib in der Umwelt,
- Wirkung auf terrestrische Organismen sowie
- Langzeittoxizität für im Sediment lebende Organismen und für Vögel.

5.1.3.3 Stoffsicherheitsbericht

Für alle registrierpflichtigen Stoffe ist eine Stoffsicherheitsbeurteilung (engl.: CSA, chemical safety assessment) zu erstellen, wenn die hergestellte oder importierte Menge 10 t/a pro Hersteller/Importeur übersteigt.

Für Stoffe in Zubereitungen ist eine Stoffsicherheitsbeurteilung vorgeschrieben, wenn die Konzentration des Stoffes eine der nachfolgend aufgeführten Konzentrationen übersteigt:
- die allgemeinen Berücksichtigungsgrenzen von Tabelle 5.1,
- stoffspezifische Einstufungsgrenzen nach Anhang I der Stoffrichtlinie 67/548/EWG [32],
- die allgemeinen Einstufungsgrenzen der Zubereitungsrichtlinie 1999/45/EG [38] (siehe Abschnitt 3.3.2.1),
- Einstufungs- und Kennzeichnungsverzeichnis gemäß Artikel 114 von REACH oder
- 0,1 % bei Stoffen mit PBT- oder vPvB-Eigenschaften.

Im Stoffsicherheitsbericht (engl.: CSR, chemical safety report) sind die Risiken bei Herstellung und Verwendung des Stoffes, in Zubereitungen oder in Erzeugnissen zu beurteilen und bei gefährlichen Stoffen (definiert durch die Kriterien der Stoffrichtlinie 67/548/EWG [32]) Schutzmaßnahmen zu empfehlen. Anhang I der Verordnung beinhaltet ausführliche Angaben zum Inhalt und zur Vorgehensweise bei der Erstellung des Stoffsicherheitsberichtes, einschließlich des vorgegebenen Formats und der Gliederung. Im Stoffsicherheitsbericht müssen die schädlichen Wirkungen auf die Gesundheit von Menschen dargelegt werden, die physikalisch-chemischen Eigenschaften sowie mögliche schädliche Wirkungen auf die Umwelt einschließlich möglicher PBT- oder vPvB-Eigenschaften.

Bei gefährlichen Stoffen sind bei der Beurteilung der Exposition von Personen alle möglichen Aufnahmepfade (oral, dermal, inhalativ) zu berücksichtigen und das sowohl bei der Herstellung, als auch bei allen identifizierten Verwendungen und auch bei der Aufnahme über die Umwelt; analog gilt das auch für die Beurteilung möglicher Umweltrisiken. Als Ergebnis der Risikobeurteilung sind Expositionsszenarien oder gegebenenfalls Verwendungs- und Expositionskategorien abzuleiten. Auf Grund der zentralen Bedeutung der Stoffsicherheitsberichte müs-

Tabelle 5.1 Allgemeingültige Berücksichtigungsgrenzen nach Zubereitungsrichtlinie [38].

Symbol	R-Sätze	Berücksichtigungsgrenzen Gase [Vol.-%]	Feststoffe, Flüssigkeiten [Gew.-%]
T+	R 26, 27, 28, 39/(*)	0,02	0,1
T	R 23, 24, 25 39/(*), 48/(*)	0,02	0,1
T	R 45, 46, 49	0,02	0,1
T	R 60, 61	0,02	0,1
Xn	R 20, 21, 22, 40/(*), 48/(*)	0,2	1
Xn	R 40, 62, 63	0,2	1
Xn	R 42, 42/43	0,2	1
C	R 35	0,02	1
C	R 34	0,02	1
Xi	R 41	0,2	1
Xi	R 36, 37, 38	0,2	1
Xi	R 43	0,2	1
N	R 50 oder 50/53		0,1
N	R 51/53		0,1
	R 52/53		1
	R 53		1
N	R 59	0,1	0,1
	R 59	0,1	0,1

a) Expositionsweg muss durch Angabe des speziellen R-Satzes angegeben werden.

sen diese nach Anhang I von sachkundigen Personen erstellt werden, die über entsprechende Erfahrungen verfügen, entsprechend geschult werden und mittels Auffrischungskursen weitergebildet werden. Abbildung 5.8 fasst die wichtigsten Inhalte des Stoffsicherheitsberichtes zusammen.

Die Expositionsbewertung aller möglicher Expositionen des Menschen bei Herstellung und Verwendung sowie die Risikobewertung für die Umwelt ist sehr aufwändig und erfordert detaillierte Kenntnisse. Das von der EG-Kommission im Rahmen der Neustoffbewertung entwickelte EASE-Modell führt erfahrungsgemäß zu extrem konservativen Ergebnissen bei Abschätzung der Exposition bei

Stoffsicherheitsbericht

→ **Notwendige Qualifikation für CSA + CSR**
⇒ Fachkundige Personen mit
⇒ angemessener Erfahrung und
⇒ ausreichender Ausbildung, einschließlich Auffrischungstraining

→ **Inhalt des CSA**
1. Bewertung der toxikologischen Risiken ⇒ **DNEL**
2. Bewertung der physikalisch-chemischen Risiken
3. Bewertung der Umweltgefahren ⇒ **PNEC**
4. PBT and vPvB Bewertung
5. Expositionsbewertung
   5.1. Ableitung von Expositionsszenarien, Expositionskategorien
   5.2. Abschätzung der Exposition
6. Risikocharakterisierung

Abb. 5.8 Inhalte des Stoffsicherheitsberichtes.

Expositionsbewertung

⇨ Expositionsniveau aller Menschen (Beschäftigte, Verbraucher)
⇨ angemessene Bestimmung, repräsentative Expositionsdaten,
⇨ Dauer und Häufigkeit der Expositionen,
⇨ Tätigkeiten der Beschäftigten; Exposition: Dauer + Häufigkeit,
⇨ Tätigkeiten der Endverbraucher; Exposition: Dauer + Häufigkeit
⇨ Stoffemissionen in die unterschiedlichen Umweltkompartimente
⇨ wahrscheinliche Expositionspfade und die Höhe der Stoffaufnahme beim Menschen

Abb. 5.9 Einflussfaktoren bei der Expositionsbewertung.

industrieller und gewerblicher Herstellung und Verwendung. Valide Expositionsmessungen sind zur Vermeidung negativer Auswirkungen in der überwiegenden Anzahl der Praxisfälle vermutlich unvermeidlich. Die bei der Expositionsbewertung relevanten Einflussgrößen sind in Abbildung 5.9 zusammengefasst.

Im Stoffsicherheitsbericht sind darüber hinaus für alle identifizierten Verwendungen (Verwendungen, die vom Hersteller unterstützt werden und als sicher bewertet gelten)
- Expositionsbeurteilungen durchzuführen,
- Expositionsszenarien bzw. Verwendungs- und Expositionskategorien zu erarbeiten und
- eine Risikobeschreibung durchzuführen.

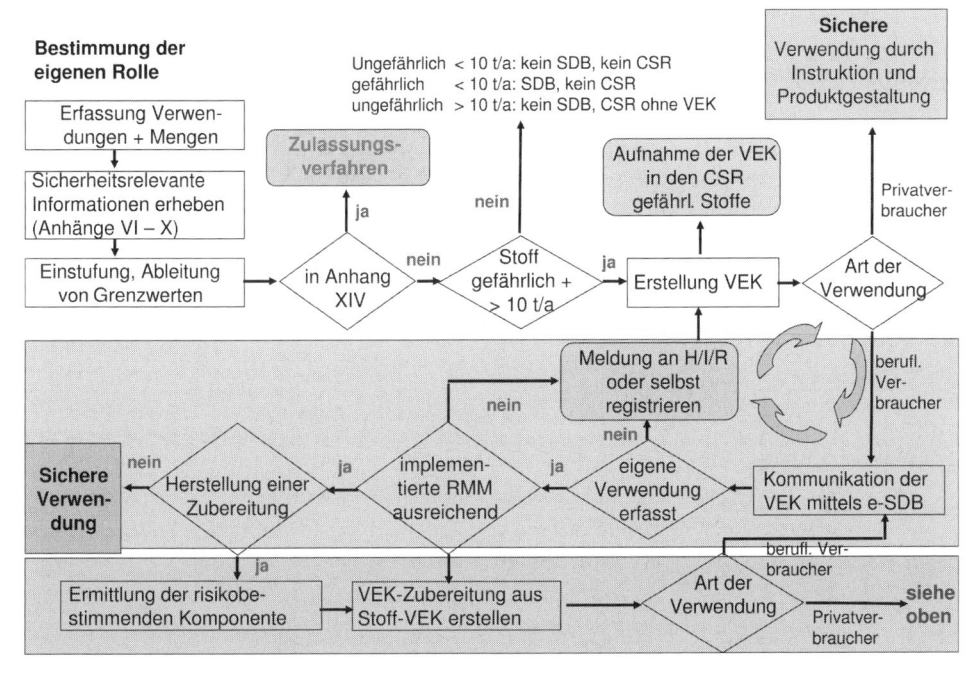

Abb. 5.10 Workflow zur Festlegung der VEKs für die nachgeschalteten Anwender.

In den Expositionsszenarien bzw. Verwendungs- und Expositionskategorien (VEK) für den nachgeschalteten Verwender sind Maßnahmen zur sicheren Verwendung zu empfehlen. In den RIP-Verfahren wurden umfassende Leitfäden über Inhalte, Detaillierungsgrad und Format der Expositionsszenarien ausgearbeitet. Da die Expositionsszenarien bzw. VEKs den Sicherheitsdatenblättern als Anhang beizufügen sind, ist eine standardisierte, mit minimalem Aufwand in alle Amtssprachen übersetzbare Vorgehensweise unerlässlich. Es werden daher branchenübergreifende VEKs angestrebt, die sich an den relevanten stoffintrinsischen Eigenschaften orientieren, wie z. B. akute Toxizität, Dampfdruck etc. Weiterhin ist eine Bibliothek von Risikomanagementmaßnahmen (engl.: risk management measures, RMM) im Rahmen des RIP-Verfahrens in Erarbeitung. Dieser wird, wie auch die Leitfäden für das Erstellen der VEKs auf der künftigen Homepage der Agentur in Helsinki (www.echa.eu) verfügbar sein. Der in Abbildung 5.10 abgebildete Workflow wurde dem VCI-Leitfaden entnommen, auf dessen Basis der EG-Leitfaden erarbeitet wird.

Die folgende Matrix für das Erstellen der VEKs wird empfohlen:
- Verwendungskategorie
  – industriell
  – gewerblich
  – privat

	Industriell	Gewerblich	Privat
Human, Oral, Kurzzeit	keine	keine	nicht zutreffend
Human, Oral, Langzeit	keine	keine	nicht zutreffend
Human, Dermal, Kurzzeit	PVC-Schutzhandschuhe, 0,2 mm	PVC-Schutzhandschuhe, 0,2 mm	nicht zutreffend
Human, Dermal, Langzeit	Nitril-Schutzhandschuhe, 0,5 mm	Nitril-Schutzhandschuhe, 0,5 mm	nicht zutreffend
Human, Inhalativ, Kurzzeit	Quellenabsaugung (RMM-I1)	Quellenabsaugung (RMM-I1)	nicht zutreffend
Human, Inhalativ, Langzeit	geschlossene Anlage	nicht zutreffend	nicht zutreffend

Abb. 5.11 Beispiel einer VEK-Matrix für eine Industriechemikalie.

- Expositionspfad
  - Mensch: inhalativ, dermal, oral
  - Umwelt: Luft, Wasser, Boden
- Expositionsdauer
  - Mensch: Kurz- und Langzeit
  - Umwelt: einmalig, kontinuierlich

Gemäß dieser Matrix können dann in einem zweiten Schritt die empfohlenen Schutzmaßnahmen in Abhängigkeit von den stoffintrinsischen Eigenschaften den Matrixelementen zugeordnet werden. Abbildung 5.11 zeigt exemplarisch die Vorgehensweise für einen Stoff, der als Industriechemikalie nur für wenige Anwendungsfälle den gewerblichen Benutzer erreicht, nicht jedoch den Endverbraucher.

Gemäß Anhang I sind die Inhalte und das Format des Stoffsicherheitsberichtes vorgegeben:

Teil A:
1. Überblick über die Risikomanagementmaßnahmen.
2. Erklärung, dass die Risikomanagementmaßnahmen durchgeführt wurden.
3. Erklärung, dass die Risikomanagementmaßnahmen mitgeteilt werden.

Teil B:
   1. Identität und physikalisch-chemische Eigenschaften des Stoffes.
   2. Herstellung und Verwendung.
   3. Einstufung und Kennzeichnung.
   4. Verbleib und Verhalten des Stoffes in der Umwelt.
   5. Ermittlung schädlicher Wirkungen auf die Gesundheit des Menschen.
   6. Ermittlung schädlicher Wirkungen auf die Gesundheit des Menschen durch physikalisch-chemische Eigenschaften.

7. Ermittlung schädlicher Wirkungen auf die Umwelt.
8. Ermittlung des PBT- und vPvB-Eigenschaften.
9. Ermittlung der Exposition.
10. Risikobeschreibung.

5.1.3.4 Forschung und Entwicklung
Unter REACH existieren unterschiedliche Regelungen für
- die wissenschaftliche Forschung und Entwicklung und
- die produkt- und verfahrensorientierte Forschung und Entwicklung (abgekürzt als PPORD: product and process oriented research and development).

Nach Artikel 3 Nr. 22 sind PPORD definiert:

> „produkt- und verfahrensorientierte Forschung und Entwicklung: mit der Produktentwicklung oder der Weiterentwicklung eines Stoffes als solchem, in Zubereitungen oder Erzeugnissen zusammenhängende wissenschaftliche Entwicklung, bei der zur Entwicklung des Produktionsprozesses und/oder zur Erprobung der Anwendungsmöglichkeiten des Stoffes Versuche in Pilot- oder Produktionsanlagen durchgeführt werden",

sowie nach Nr. 23:

> „Wissenschaftliche Forschung und Entwicklung: unter kontrollierten Bedingungen durchgeführte wissenschaftliche Versuche, Analysen oder Forschungsarbeiten mit chemischen Stoffen in Mengen unter 1 Tonne pro Jahr".

REACH bietet im Vergleich zu den bisherigen Ausnahmetatbeständen für Forschung und Entwicklung nach der Stoffrichtlinie deutliche Vorteile. Während bei der Neustoffanmeldung beim Inverkehrbringen bisher Ausnahmen von den Anmeldepflichten für die wissenschaftliche Forschung und Entwicklung nur für ein Jahr, begrenzt auf eine Tonne, möglich waren sowie für die verfahrens- und produktspezifische Entwicklung ohne Mengenbegrenzung für ebenfalls nur ein Jahr, auf Antrag verlängerbar um ein weiteres Jahr, wurden in REACH deutlich längere, praxisgerechtere Fristen festgelegt. Im Gegensatz zu den bisherigen Regelungen gelten die neuen Vorgaben allerdings nicht nur beim Inverkehrbringen, sondern auch bereits bei der Herstellung und der innerbetrieblichen Verwendung.

Für die produkt- und verfahrensorientierte Forschung und Entwicklung gelten nach Artikel 9 für einen Zeitraum von fünf Jahren Ausnahmen von den allgemeinen Registrierpflichten, insbesondere von den geforderten physikalisch-chemischen, toxikologischen und ökotoxikologischen Untersuchungen gemäß den Registierungsanforderungen.

Die produkt- und verfahrensorientierte Forschung und Entwicklung ist für die Herstellung und Verwendung auch bei Mengen über 1 t/a für fünf Jahre von den Registierpflichten ausgenommen. Um diese Vorteile nutzen zu können, ist eine Mitteilung an die Agentur mit folgenden Inhalten notwendig:
- Angabe der Hersteller/Importeurs sowie des hergestellten/importierten Stoffes,
- Einstufung und Kennzeichnung,
- Mengenbereich und
- Verzeichnis der Kunden mit Namen und Anschriften.

Nach Prüfung durch die Agentur können zusätzliche Auflagen erlassen werden, insbesondere zu den festgelegten Schutzmaßnahmen („angemessen kontrollierte Bedingungen"). Desgleichen ist davon auszugehen, dass diese Stoffe in der Regel nicht der breiten Öffentlichkeit zugänglich gemacht werden dürfen und dass nach Ablauf der Ausnahmefrist verbleibende Mengen sachgerecht gesammelt und entsorgt werden müssen. Zwei Wochen nach Eingang des Ausnahmeantrags darf mit der Herstellung oder dem Import begonnen werden, falls keine gegenteilige Benachrichtigung erfolgt.

5.1.3.5 Zwischenprodukte

In den Begriffsbestimmungen von Artikel 3 Nr. 15 wird unterschieden zwischen
- nicht-isolierten Zwischenprodukten,
- standortinternen isolierten Zwischenprodukten und
- transportierten isolierten Zwischenprodukten.

> „Zwischenprodukt: Stoff, der für die chemische Weiterverarbeitung hergestellt und hierbei verbraucht oder verwendet wird, um in einen anderen Stoff umgewandelt zu werden (nachstehend „Synthese" genannt).
> a) *Nichtisoliertes Zwischenprodukt:* Zwischenprodukt, das während der Synthese nicht vorsätzlich aus dem Gerät, in dem die Synthese stattfindet, entfernt wird (außer für Stichprobenzwecke). Derartiges Gerät umfasst Reaktionsbehälter und die dazugehörige Ausrüstung sowie jegliches Gerät, das der Stoff/die Stoffe in einem kontinuierlichen oder diskontinuierlichen Prozess durchläuft/durchlaufen, sowie Rohrleitungen zum Verbringen von einem Behälter in einen anderen für den nächsten Reaktionsschritt; nicht dazu gehören Tanks oder andere Behälter, in denen der Stoff/die Stoffe nach der Herstellung gelagert wird/werden.
> b) *Standortinternes isoliertes Zwischenprodukt:* Zwischenprodukt, das die Kriterien eines nichtisolierten Zwischenprodukts nicht erfüllt, dessen Herstellung und die Synthese eines anderen Stoffes/anderer Stoffe aus ihm am selben, von einer oder mehreren Rechtspersonen betriebenen Standort durchgeführt wird.
> c) *Transportiertes isoliertes Zwischenprodukt:* Zwischenprodukt, das die Kriterien eines nichtisolierten Zwischenprodukts nicht erfüllt und an andere Standorte geliefert oder zwischen diesen transportiert wird".

Der Standort wird definiert als ein Ort, in dem ein oder auch mehrere Hersteller bestimmte Teile der Infrastruktur und der Anlagen gemeinsam nutzen.

Während nicht-isolierte Zwischenprodukte nicht unter den Geltungsbereich von REACH fallen und daher nicht registriert werden müssen, können für isolierte Zwischenprodukte deutlich reduzierte Informationsanforderungen in Anspruch genommen werden. Das Registrierungsdossier für isolierte Zwischenprodukte muss folgende Angaben enthalten:
- Angaben zum Hersteller/Importeur,
- Angaben zum Zwischenprodukt,
- Einstufung,
- vorhandene Informationen zu den physikalisch-chemischen, toxischen und umwelttoxischen Eigenschaften,
- Beschreibung der Verwendungen und
- detaillierte Angaben zu den Risikomanagementmaßnahmen.

Zusätzliche experimentelle Untersuchungen gemäß den ansonsten geforderten Informationen in Abhängigkeit von der produzierten/importierten Menge sind nicht gefordert.

Voraussetzung zur Nutzung dieser Erleichterungen sind bei den standortinternen isolierten Zwischenprodukten, dass der Stoff unter streng kontrollierten Bedingungen hergestellt und verwendet wird. Weiterhin wird nach Artikel 17 gefordert, dass der Stoff während seines gesamten Lebenszyklus durch technische Mittel strikt eingeschlossen wird. Da für viele Zwischenprodukte bereits aussagefähige Stoffbewertungen vorliegen, die eine Risikobewertung bei vorhandener Exposition erlauben, z. B. da ein DNEL abgeleitet werden kann, sollten diese Forderungen unter diesem allgemeinen Risikobewertungsaspekt bewertet werden.

Die Anforderungen für transportierte isolierte Zwischenprodukte, um die Ausnahmen der Registrierungsanforderungen nutzen zu können, sind gemäß Artikel 18 dass
- der Stoff während seines gesamten Lebenszyklus durch technische Mittel strikt eingeschlossen ist,
- die verwendeten Verfahrens- und Überwachungstechnologien zur Minimierung der Emissionen und Expositionen führen,
- die Verwendung des Stoffes streng kontrolliert erfolgt,
- der Stoff nur von ordnungsgemäß ausgebildetem Personal gehandhabt wird und
- die Handhabung des Stoffes sorgfältig dokumentiert und vom Standortbetreiber streng überwacht wird.

Bei transportierten isolierten Zwischenprodukten in Mengen über 1000 t/a sind zumindest die Informationen nach Anhang VII entsprechend den Forderungen für Stoffe in einer Menge von 1 bis 10 t/a zu ermitteln.

5.1.3.6 Expositionsbedingter Verzicht auf Untersuchungen

Nach der REACH-Verordnung kann auf experimentelle Untersuchungen verzichtet werden, wenn auf Grund nachgewiesener Expositionssituationen ein Risiko für Gesundheit oder die Umwelt ausgeschlossen werden kann. Dieses als „**exposure based waiving**" (EBW) im Rahmen der RIP-Prozesse bezeichnete Konzept wird in Spalte 2 der Anhänge VIII bis X konkretisiert. Soll auf die Ermittlung anderer Eigenschaften als die in Spalte 2 der vorgenannten Anhänge aufgeführten Tatbestände auf Grund der Expositionsverhältnisse verzichtet werden, müssen die Voraussetzungen der Ausnahmetatbestände von Anhang XI erfüllt sein.

Die Kriterien zur Anwendung von expositionsbezogenem Verzicht sollen ebenfalls im Rahmen der RIP-Prozesse bestimmt werden. Die bisher vorliegenden Entwürfe zur EBW erlauben keine eindeutige Entscheidung, letztendlich müssen die Registranten den Bezug auf die Anhänge eigenverantwortlich darlegen und im Registrierungsdossier begründen.

Im Stoffsicherheitsbericht ist jeweils nachvollziehbar zu begründen, dass eine relevante Exposition für die vollständige Lieferkette ausgeschlossen ist. Desgleichen sind in Anhang VII bis X Spalte 2 spezifische Voraussetzungen aufgeführt, die auf Grund der bekannten Stoffeigenschaften erfüllt sein müssen. Abbildung 5.12 fasst die wichtigsten Untersuchungen zusammen, auf die expositionsabhängig verzichtet werden kann.

Sollen die allgemeineren Kriterien von Anhang XI Nr. 3 herangezogen werden, müssen die bis zum 1.12.2008 von der Kommission zu veröffentlichenden Kriterien erfüllt sein. Im Rahmen der laufenden RIP-Prozesse befinden diese sich zur Zeit in der Ausarbeitung.

Verzicht auf tierexperimentelle Untersuchung bei nicht relevanter Exposition beim Menschen

- **Mengenbereich 10–100 t/a (nach Anhang VIII)**
  - ⇒ die subakute Untersuchung (Nr. 8.6.1)
  - ⇒ Screeningtest auf Reproduktions-/Entwicklungstoxizität (Nr. 8.7.1)

- **Mengenbereich 100–1000 t/a (nach Anhang IX)**
  - ⇒ die subchronische Untersuchung (Nr. 8.6.2)
    Voraussetzung: vorliegende subakute Prüfung
  - ⇒ Reproduktionstoxizität
    - → pränatale Entwicklungstoxizität (Nr. 8.7.2)
    - → Zweigenerationsstudie an einer Tierart (Nr. 8.7.3)
    Voraussetzung: nur geringe toxische Aktivität

- **Mengenbereich > 1000 t/a (nach Anhang X)**
  - ⇒ Reproduktionstoxizität
    - → Entwicklungstoxizität (Nr. 8.7.2)
    - → Zweigenerationsstudie an männlichen und weiblichen Tieren (Nr. 8.7.3)
    Voraussetzung: nur geringe toxische Aktivität

Abb. 5.12 Exposure based waiving.

5.1.3.7 Ausnahmen von der Registrierpflicht

Gemäß dem allgemeinen Anwendungsbereich von REACH unterliegen alle Stoffe, die in Mengen unter einer Tonne pro Jahr hergestellt oder importiert werden, nicht der Verordnung und müssen daher nicht registriert werden.

Wirkstoffe und Formulierungshilfsstoffe, die ausschließlich zur Verwendung in **Pflanzenschutzmitteln** hergestellt oder eingeführt werden, gelten automatisch als registriert und müssen nicht nochmals gemäß den Artikeln 6 und 7 registriert oder nach Artikel 28 vorregistriert werden, wenn sie
- im Anhang I der Richtlinie 91/414/EWG [76],
- in der Verordnung 3600/92/EWG [77], 703/2001/EG [78], 1490/2002/EG [79] oder
- in der Entscheidung 2003/565/EG [80] aufgeführt sind.

Analog müssen Wirkstoffe, die ausschließlich in Biozid-Produkten eingesetzt werden und im Anhang I, IA oder IB der RL 98/8/EG [39] aufgeführt sind, nicht registriert werden.

Gemäß des Anwendungsbereiches von Artikel 2 ist für die folgenden Stoffe Kapitel II der REACH-Verordnung (Vorschriften zur Registrierung) nicht anzuwenden, somit müssen Stoffe oder Zubereitungen mit diesen Stoffen für diese Einsatzzwecke weder vorregistriert noch registriert zu werden:
- Human- und Tierarzneimittel,
- Lebensmittel oder Futtermittel, Lebensmittelzusatzstoffe, Aromastoffe, Zusatzstoffe für Tierernährung.

Desgleichen müssen gemäß Artikel 2 Nr. 7a die in Anhang IV aufgeführten Stoffe nicht registriert werden, da davon ausgegangen wird, dass ausreichende Informationen für die Bewertung vorliegen und dass von ihnen nur ein minimales Risiko ausgeht. Bei diesen Stoffen handelt es sich primär um Naturstoffe oder aus diesen hergestellte Stoffe und nicht um Chemikalien im eigentlichen Sinne.

Desgleichen sind Stoffe von der Registrierungspflicht ausgenommen, die unter die in Anhang V genannte Kriterien fallen. Dabei handelt es sich weitestgehend um Stoffe, die unbeabsichtigter Weise entstehen und nicht gezielt hergestellt werden.

Polymere, die die Definition in Artikel 3 Nr. 5 erfüllen sind von der Registrierungspflicht ausgenommen, wenn alle Monomere registriert sind, aus denen sie synthetisiert wurden.

Stoffe, die nach der Stoffrichtlinie 67/548/EWG [32] bereits angemeldet wurden, müssen nicht noch einmal registriert werden. Von der Agentur wird den anzumeldenden Stoffen bis zum 1.12.2008 eine Registriernummer zugewiesen, wodurch ihr Status als registrierte Stoffe, z. B. im Sicherheitsdatenblatt, erkennbar wird. Selbstverständlich sind bei Überschreitung der nächsten Mengenschwelle die jeweiligen Untersuchungen gemäß den REACH-Vorgaben vorzulegen bzw. Prüfvorschläge einzureichen.

5.1.4
Zulassungspflicht

Hersteller und Importeure von Stoffen, die in Anhang XIV der REACH-Verordnung aufgeführt sind, dürfen nur verwendet oder in Verkehr gebracht werden, wenn der Stoff einschließlich der beabsichtigten Verwendung gemäß Artikel 60 von der Kommission zugelassen wurde. Dem Zulassungsverfahren werden unterworfen:
- krebserzeugende Stoffe der Kategorie 1 und 2,
- erbgutverändernde Stoffe der Kategorie 1 und 2,
- fortpflanzungsgefährdende Stoffe der Kategorie 1 und 2,
- persistente und bioakkumulierbare toxische Stoffe (PBT),
- sehr persistente und sehr bioakkumulierbare Stoffe (vPvB) und
- Stoffe mit vergleichbaren besorgniserregenden Eigenschaften, wie z. B. endokrin wirkende Stoffe.

Ausnahmen von der Zulassungspflicht gelten für
- die wissenschaftliche Forschung und Entwicklung (siehe Abschnitt 5.1.3.4),
- die produkt- und verfahrensorientierte Forschung und Entwicklung (PPORD) sowie für Stoffe zur Verwendung als
- Pflanzenschutzmittel,
- Biozid-Produkt,
- Motorkraftstoff oder
- Mineralölerzeugnis als Brennstoff in beweglichen oder ortsfesten Feuerungsanlagen und
- Verwendung als Brennstoff in geschlossenen Systemen.

Die erste Liste zur Aufnahme von Stoffen in Anhang XIV wird auf Vorschlag der Agentur bis spätestens 1.6.2009 zusammengestellt und im Internet (http://ec.europa.eu/echa/home_de.html) veröffentlicht. Nach Anhörung der betroffenen Kreise beschließt und veröffentlicht die Kommission die in Anhang XIV aufzunehmenden Stoffe. Mit der Stoffliste wird gleichzeitig ein Ablauftermin veröffentlicht, ab wann ohne erteilte Zulassung die Verwendung bzw. das Inverkehrbringen verboten ist.

Zur fristgerechten Bearbeitung der Zulassungsanträge müssen diese mindestens 18 Monate vor dem Ablauftermin bei der Agentur eingegangen sein. Abbildung 5.13 fasst die wesentlichen Inhalte des Zulassungsverfahrens kurz zusammen. Gemäß Artikel 62 müssen die Zulassungsanträge folgende Angaben enthalten:
- Name von Stoff und Antragsteller,
- Beschreibung der Verwendung, für den die Zulassung beantragt wird,
- Stoffsicherheitsbericht, falls nicht bereits bei der Registrierung eingereicht,
- Beschreibung alternativer Stoffe oder Verfahren, einschließlich Forschungs- und Entwicklungstätigkeiten und ggf.
- sozioökonomische Analyse bei Stoffen ohne Schwellenwert sowie bei PBT- und vPvB-Stoffen.

> ➔ Durch die Kommission zulassungspflichtige Stoffe, gemäß Anhang XIV:
>   ⇒ CMR Kategorie 1 und 2
>   ⇒ PBTs und vPvBs
>   ⇒ sonstige besorgniserregende Stoffe
>   (z.B. mit endokriner Wirkung)
> ➔ 1. Vorschlagsliste: Veröffentlichung spätestens am 1.6.2009 unter Nennung des Ablauftermins für die Verwendung ohne Zulassung
> ➔ fristgerechter Zulassungantrag: spätestens 18 Monate vor Ablauftermin
> ➔ Stoffe werden nur für dezidierte Verwendungen zugelassen
> ➔ Zulassungen werden befristet erteilt („review periods")
> ➔ verstärkt Forderung nach Substitution

Abb. 5.13 Grundlagen des Zulassungsverfahrens.

Für krebserzeugende, erbgutverändernde, fortpflanzungsgefährdende Stoffe oder Stoffe mit sonstigen besorgniserregenden Eigenschaften mit Schwellenwert wird eine Zulassung erteilt, wenn die Risiken für die menschliche Gesundheit oder die Umwelt bei der Herstellung oder der Verwendung der Stoffe angemessen beherrscht werden. Davon ist auszugehen, wenn während des gesamten Lebenszyklus die abgeleiteten Grenzwerte DNEL oder PNEC unterschritten werden. Dies ist im Stoffsicherheitsbericht auszuführen, der bei der Registrierung oder mit dem Zulassungsantrag eingereicht wird, einschließlich der Beschreibung der ergriffenen und den nachgeschalteten Verwendern empfohlenen Risikomanagementmaßnahmen. Desgleichen sind die Risiken von Alternativen zu beschreiben. Über die Zulassung entscheidet ein von der Kommission einzusetzender „Ausschuss für Risikobeurteilung".

Für Stoffe der vorgenannten Eigenschaften ohne Schwellenwert (d. h. genotoxische Kanzerogene und genotoxische Mutagene, siehe Abschnitt 2.1.8) sowie für die PBT- und vPvB-Stoffe wird eine Zulassung nur erteilt, wenn der sozioökonomische Nutzen die Risiken überwiegt. Diese Beurteilung wird vom „Ausschuss für Risikobeurteilung" und vom „Ausschuss für sozioökonomische Analyse" durchgeführt. Neben der Beschreibung der Risiken bei der Verwendung der Stoffe ist der sozioökonomische Nutzen darzulegen und ein Substitutionsplan zu erarbeiten und mögliche Alternativstoffe zu bewerten.

Die Zulassung kann mit Auflagen verbunden werden sowie mit zusätzlichen Überwachungsregelungen und unterliegt einer befristeten Überprüfung. Die Überprüfungsfrist wird jeweils einzelfallbezogen festgelegt.

Die Voraussetzungen zur Erteilung der Zulassung sind in Abbildung 5.14 dargestellt.

> → CMR-Stoffe und endokrin wirkende Stoffe mit Schwellenwert
>   ⇒ Risiken werden angemessen beherrscht
>   ⇒ Bewertung erfolgt durch „Ausschuss für Risikobeurteilung"
>
> → PBT-, vPvB-Stoffe und CMR-Stoffe ohne Schwellenwert
>   ⇒ sozioökonomischer Nutzen überwiegt Risiken
>   ⇒ Substitutionsplan
>   ⇒ Bewertung durch „Ausschuss für Risikobeurteilung" und „Ausschuss für sozioökonomische Analyse"
>
> → Zulassung
>   ⇒ wird befristet erteilt
>   ⇒ ggf. unter Auflagen und nur für spezielle Verwendungen und
>   ⇒ ggf. mit zusätzlichen Überwachungsregelungen

Abb. 5.14 Voraussetzung zur Erteilung der Zulassung.

5.1.5
Informationen in der Lieferkette

Die Beziehungen zwischen Hersteller/Lieferant und Kunden werden durch REACH neu geregelt. Im Gegensatz zu den bisherigen Regelungen bestehen zwischen Lieferant und Kunden neue Verantwortlichkeiten und Abhängigkeiten. Nach den Artikeln 31 bis 39 ergeben sich sowohl für den Lieferanten als auch für den Verwender von Stoffen klar abgegrenzte, unterschiedliche Aufgaben und Verantwortungen. Im Interesse einer effizienten Vorgehensweise sollten beide kooperativ zusammenarbeiten.

Die Verwendung von Stoffen oder von Stoffen in Zubereitungen ist grundsätzlich nur für die im Stoffsicherheitsbericht beschriebenen Anwendungen, den so genannten identifizierten Verwendungen, zulässig. Der nachgeschaltete Verwender kann gemäß Artikel 37 seinem Lieferanten die notwendigen Angaben seiner Verwendung mitteilen, damit diese zur identifizierten Verwendung werden. Hierbei müssen die Informationen mitgeteilt werden, die für eine Bewertung der bei der Verwendung resultierenden Risiken für die Beschäftigten und die Umwelt notwendig sind. Zum Informationsaustausch zwischen Lieferant und Kunde können die z. B. im Internet des Verbandes der chemischen Industrie (www.vci.de) zur Verfügung stehenden Musterbriefe genutzt werden.

Bewertet der Lieferant die Risiken bei der Verwendung als angemessen beherrscht, handelt es sich um eine identifizierte Verwendung, die er nach Artikel 14 in den Stoffsicherheitsbericht aufzunehmen hat (siehe Abschnitt 5.1.3.3) und für die ein Expositionsszenario ausgearbeitet werden muss. Bei bereits registrierten Stoffen sind diese Verpflichtungen bis zur nächsten Lieferung bzw. innerhalb eines Monats zu erfüllen, bei Phase-in-Stoffen spätestens bis zum Ablauf der für die Mengenschwelle gültigen Registrierungsfrist.

Identifizierte Verwendung	Ablehnung als identifizierte Verwendung
→ Aufnahme in seinen Stoffsicherheitsbericht ⇒ innerhalb Monatsfrist bzw. bis zur nächsten Lieferung bei registrierten Stoffen ⇒ bis Ablauf der Registrierungsfrist bei Phase-in-Stoffen	⇒ Unterrichtung der Agentur ⇒ Unterrichtung des nachgeschalteten Verwenders über die Ablehnungsgründe ⇒ Aufnahme der Ablehnungsgründe in den Stoffsicherheitsbericht ⇒ Aufnahme der abgelehnten Verwendung in das Sicherheitsdatenblatt, Abschnitt 16, vor nächster Lieferung

Abb. 5.15 Pflichten des Lieferanten von Stoffen.

Erachtet der Lieferant die Verwendung als nicht sicher, unabhängig ob aus Arbeits- oder Umweltschutzgründen, und kann er die Verwendung nicht als identifizierte Verwendung unterstützen, muss er sowohl die Agentur als auch den Kunden unter Angabe der Gründe hiervon unterrichten. Vor einer erneuten Lieferung an diesen Kunden ist diese nicht empfohlene Verwendung unter Abschnitt 16 in das Sicherheitsdatenblatt aufzunehmen. Die Pflichten des Lieferanten sind Abbildung 5.15 zusammengefasst.

Der nachgeschaltete Verwender muss vor der Verwendung von Stoffen oder Zubereitungen prüfen, ob die von ihm beabsichtigte Verwendung und die geplanten Schutzmaßnahmen mit den im Sicherheitsdatenblatt empfohlenen übereinstimmen. Insbesondere ist zu prüfen, ob die Vorgaben des Expositionsszenarios im Anhang des Sicherheitsdatenblattes erfüllt sind. Ist dies der Fall, treffen ihn keine zusätzlichen Verpflichtungen nach REACH.

Im Gegensatz hierzu muss der nachgeschaltete Verwender selbst einen Stoffsicherheitsbericht gemäß den Vorgaben von Anhang XII erstellen, wenn

- die beabsichtigte Verwendung von der im Sicherheitsdatenblatt abweicht und seine Risikomanagementmaßnahmen nicht mindestens eine vergleichbare Sicherheit gewährleisten oder
- der Lieferant von dieser Verwendung abrät.

Desgleichen muss er einen Stoffsicherheitsbericht erstellen, wenn er seine Verwendung dem Lieferanten nicht mitteilt, z. B. zum Schutz von Geschäftsgeheimnissen und seine Verwendung nicht den Expositionsszenarien im Sicherheitsdatenblatt entspricht.

In diesen Fällen ist ein Stoffsicherheitsbericht nach Artikel 38 zu erstellen und der Agentur zu mit folgendem Inhalt übermitteln:
- Angabe des Lieferanten,
- Beschreibung der Verwendung sowie
- ggf. Vorschläge für ergänzende Wirbeltieruntersuchungen, falls diese zur Abklärung der Risiken notwendig sind.

→ Verwendung als identifizierte Verwendung

⇒ Ermittlung der Expositionsszenarien im SDB

⇒ Installation der vom Lieferanten empfohlenen Maßnahmen

⇒ Umsetzung der Vorschriften nach Gefahrstoffverordnung

→ Verwendung als nicht identifizierte Verwendung

⇒ Erstellen eines Stoffsicherheitsberichtes nach Anhang XII

⇒ Mitteilung an die Agentur unter Angabe
  ▻ der Verwendung und Verwendungsbedingungen
  ▻ des Lieferanten

⇒ Vorschlag zur Durchführung ergänzender Versuche an Wirbeltieren, falls als notwendig erachtet

---

Abb. 5.16 Pflichten des nachgeschalteten Verwenders.

Letzteres kann beispielsweise notwendig sein, wenn die inhalative Toxizität eines Stoffes ohne relevanten Dampfdruck nicht untersucht wurde und eine Verwendung als Aerosol beabsichtigt ist. Abbildung 5.16 gibt einen Überblick über die Pflichten des nachgeschalteten Verwenders.

5.1.6
Sicherheitsdatenblatt

Gemäß Artikel 31 muss beim Inverkehrbringen von
- gefährlichen Stoffen,
- gefährlichen Zubereitungen,
- persistenten und bioakkumulierbaren (PBT, vPvB) Stoffen sowie Zubereitungen, die diese enthalten, sowie
- Erzeugnissen, die krebserzeugende, erbgutverändernde oder fortpflanzungsgefährdende Stoffe der Kategorie 1 oder 2 oder Stoffe mit PBT- oder vPvB-Eigenschaften über 0,1 % enthalten,

der Lieferant dem Abnehmer ein Sicherheitsdatenblatt zur Verfügung stellen; auf der ersten Seite ist das Erstelldatum aufzuführen.

Das Sicherheitsdatenblatt ist zu aktualisieren, wenn neue Informationen vorliegen, die Auswirkungen auf die Risikomanagementmaßnahmen haben, z. B. wenn
- sich die Einstufung ändert,
- neue Grenzwerte festgelegt wurden,
- eine Zulassung erteilt oder verweigert wurde oder
- Beschränkungen festgelegt wurden.

Das aktualisierte Sicherheitsdatenblatt ist allen Abnehmern des letzten Jahres kostenlos zu übersenden mit dem Zusatz:

„überarbeitet .... (Datum)"

Gemäß Artikel 31 Absatz 5 muss das Sicherheitsdatenblatt in deutscher Sprache übermittelt werden.

Nach Artikel 31 Absatz 3 ist auf Anforderung von berufsmäßigen Verwendern auch für nicht eingestufte Zubereitungen ein Sicherheitsdatenblatt zu übermitteln, wenn die Zubereitung

- gesundheitsgefährdende oder umweltgefährliche Inhaltsstoffe in einer Konzentration über 1 % bei festen und flüssigen bzw. 0,2 % bei gasförmigen Inhaltsstoffen,
- nicht gasförmige Stoffe mit PBT- oder vPvB-Eigenschaften in Konzentrationen über 0,1 % oder
- einen Stoffe mit einem von der EG festgelegten Grenzwert (siehe Abschnitt 4.3.2) enthält.

Bei Abgabe von Stoffen oder Zubereitungen an den Endverbraucher muss kein Sicherheitsdatenblatt übermittelt werden, wenn sie mit ausreichenden Sicherheitsinformationen versehen sind, damit der Benutzer die notwendigen Maßnahmen zum Schutz der Gesundheit und der Umwelt ergreifen kann.

Muss ein Stoffsicherheitsbericht erstellt werden (siehe Abschnitt 5.1.3.3) ist dem Sicherheitsdatenblatt ein Anhang beizufügen, in dem die einschlägigen Expositionsszenarien und die identifizierten Verwendungen beschrieben werden.

Nach Anhang II der REACH-Verordnung muss das Sicherheitsdatenblatt folgende Informationen beinhalten:

1. Bezeichnung des Stoffes bzw. der Zubereitung und Firmenbezeichnung
2. Mögliche Gefahren
3. Zusammensetzung/Angaben zu Bestandteilen
4. Erste-Hilfe-Maßnahmen
5. Maßnahmen zur Brandbekämpfung
6. Maßnahmen bei unbeabsichtigter Freisetzung
7. Handhabung und Lagerung
8. Begrenzung und Überwachung der Exposition/Persönliche Schutzausrüstung
9. Physikalische und chemische Eigenschaften
10. Stabilität und Reaktivität
11. Angaben zur Toxikologie
12. Umweltbezogene Angaben
13. Hinweise zur Entsorgung
14. Angaben zum Transport
15. Rechtsvorschriften
16. Sonstige Angaben

Mit Inkrafttreten von REACH am 1.6.2007 wurde die bisher gültige Sicherheitsdatenblatt-Richtlinie 91/151/EWG [73] aufgehoben. Bis zur Registrierung unterscheidet sich die bisherige EG-Richtlinie im Wesentlichen nur durch Vertauschen der Abschnitte 2 und 3. Da dies keine sicherheitsrelevante Änderung darstellt, ist damit keine Verpflichtung zu Aktualisierung und Nachsenden überarbeiteter Datenblätter verbunden. Mit der Registrierung von Stoffen, für die ein Stoffsicherheitsbericht gefordert ist, sind allerdings umfangreichere Ergänzungen notwendig; beispielsweise sind zu ergänzen

- die Registrierungsnummer,
- der DNEL in Abschnitt 8,
- evtl. zusätzliche Risikomanagementmaßnahmen in Übereinstimmung mit dem Stoffsicherheitsbericht in den Abschnitten 6 bis 8 sowie
- die identifizierten Verwendungen und ggf. nicht empfohlene Verwendungen sowie die Expositionsszenarien im neuen Anhang.

Die Reihenfolge der Gliederungspunkte ist jetzt nicht mehr optional.

Im Interesse einer EU-einheitlichen Auslegung dürfen EU-Verordnungen nicht durch technische Regeln ausgelegt, interpretiert und konkretisiert werden. Daher wurde die TRGS 220 „Sicherheitsdatenblatt" vom Bundesministerium für Arbeit und Soziales (BMAS) zurückgezogen und nach entsprechender Anpassung an REACH als „Bekanntmachung 220" des AGS veröffentlicht; der über die Internetseite der BAuA [81] zugänglich ist. Diese Bekanntmachung enthält im Anhang eine Auflistung von Themen, die ein umfassend Fachkundiger kennen sollte. In Abhängigkeit von den tatsächlichen konkreten Anforderungen an ein Sicherheitsdatenblatt müssen nicht alle Themen im Einzelfall fachlich abgedeckt werden, desgleichen können die Anforderungen im Sinne einer arbeitsteiligen Organisation von unterschiedlichen Personen wahrgenommen werden. Die mit dem Erstellen beauftragten Personen müssen nach Anhang II der REACH-Verordnung entsprechend geschult werden und Auffrischungskurse erhalten. Konkrete und sehr detaillierte Hilfestellungen zum Erstellen bietet der Leitfaden des Verbandes der chemischen Industrie (www.vci.de/Publikationen).

5.1.6.1 Bezeichnung des Stoffes bzw. der Zubereitung und Firmenbezeichnung

Die Bezeichnung des Stoffes oder der Zubereitung muss mit den Vorgaben der Stoffrichtlinie 67/548/EWG [32] übereinstimmen. Weitere Bezeichnungen, z. B. Synonyme, können zusätzlich aufgeführt werden. Bei Listenstoffen nach Anhang I der Stoffrichtlinie muss die chemische Bezeichnung gemäß der Stoffliste erfolgen, ansonsten ist die Bezeichnung nach der Altstoffliste EINECS [10] oder Neustoffliste ELINCS [11] zu verwenden. Ergänzend sind international anerkannte Nomenklaturen hilfreich. Bei Handelsnamen sind mindestens die Bestandteile unter den entsprechenden Punkten aufzuführen, die zu einer Einstufung des Handelsprodukts geführt haben.

Die bekannten Verwendungen sind aufzuführen; bei zahlreichen Verwendungsmöglichkeiten müssen nur die wichtigsten oder häufigsten genannt werden. Ergänzend ist die Wirkung des Stoffes oder der Zubereitung kurz zu beschreiben, z. B. Flammschutzmittel oder Antioxidans. Bei registrierten Stoffen mit Stoffsicherheitsbericht müssen die identifizierten Verwendungen aufgeführt werden, die für den Abnehmer relevant sind.

Bei Bezeichnung des Unternehmens ist die verantwortliche Person mit Name, Anschrift und Telefonnummer aufzuführen. Zusätzlich ist die E-Mail-Adresse der fachkundigen Person mitzuteilen, die für das Sicherheitsdatenblatt verantwortlich ist. Zusätzlich ist die Notrufnummer des Unternehmens und/oder der zuständigen öffentlichen Beratungsstelle anzugeben. Die Notrufnummer muss nicht zwingend 24 Stunden erreichbar sein; falls sie nur in den Bürozeiten verfügbar, ist dies anzugeben.

5.1.6.2 Mögliche Gefahren

Die Einstufung des Stoffes oder der Zubereitung ist aufzuführen. Hierbei soll der Text der relevanten R-Sätze aufgeführt werden, der die Eigenschaften des Produkts am besten charakterisiert. Vorrangig sollen die Eigenschaften und Gefährdungen beschrieben werden, die bei den zu treffenden Maßnahmen primär zu berücksichtigen sind.

Es sind die wichtigsten
- schädlichen physikalisch-chemischen Wirkungen,
- schädlichen Wirkungen auf die menschliche Gesundheit und die Umwelt sowie
- die Symptome, die bei einem möglichen Missbrauch zu erwarten sind,

zu beschreiben

Stoffeigenschaften, die nicht bei der Kennzeichnung berücksichtigt werden mussten, sollten an dieser Stelle zur vollständigen Gefahrenbeschreibung ergänzt werden. Beispielsweise sollen eine mögliche Erstickungsgefahr, Gefahr von Erfrierung oder Hautveränderungen erwähnt werden.

Bei nicht eingestuften Stoffen und Zubereitungen kann der Hinweis „entfällt" oder „keine gefährliche Zubereitung nach Richtlinie 67/548/EWG" genügen.

5.1.6.3 Zusammensetzung/Angaben zu Bestandteilen

Anhand der Angaben soll der Abnehmer ohne Schwierigkeiten die Gefährdung durch den Stoff oder die Zubereitung erkennen. Die vollständige Zusammensetzung von Zubereitungen muss nicht mitgeteilt werden, eine allgemeine Beschreibung nicht kennzeichnungspflichtiger Inhaltsstoffe und ihr Konzentrationsbereich ist ausreichend. Grundsätzlich unterscheiden sich die notwendigen Angaben für Inhaltsstoffe oder Verunreinigungen von Stoffen nicht von Zubereitungen.

Gemäß Anhang II von REACH müssen zusätzlich alle Inhaltsstoffe mit einem gemeinschaftlichen Expositionsgrenzwert am Arbeitsplatz (IOELV, BOELV und biologische Grenzwerte, siehe Abschnitt 4.3.2) aufgeführt werden, auch wenn es sich nicht um gefährliche Stoffe handelt. Es wird empfohlen, diese Stoffe ab einer Konzentration von 1 % aufzuführen. Da gemäß den nationalen Vorgaben der jeweiligen EU-Mitgliedsstaaten in Abschnitt 8 die nationalen Arbeitsplatzgrenzwerte aufzuführen sind (d. h. in Deutschland die AGW nach TRGS 900 [54]), sollten diese hier auch mit aufgeführt werden.

Besteht z. B. bei leichtflüchtigen oder sehr geruchsintensiven Stoffen unter Anwendungsbedingungen die Gefahr, dass die Arbeitsplatzgrenzwerte überschritten werden, sollten diese sowohl in Abschnitt 3 als auch 8 genannt werden.

Stoffe unter der Berücksichtigungsgrenze (siehe Tabelle 5.1) müssen nicht aufgeführt werden, daher besteht keine gesetzliche Pflicht zur Mitteilung der exakten Rezeptur.

Die Inhaltsstoffe sind unter Angabe
- der Bezeichnung,
- der CAS-Nr., der EINECS- oder ELINCS-Nr.,
- der Konzentration oder des Konzentrationsbereiches und
- der Einstufung unter Angabe des Kennbuchstabens des Gefahrensymbols und den R-Sätzen

aufzuführen. Zugeteilte Registriernummern sind anzugeben.

Als nationale deutsche Besonderheit sind Stoffe, die in der TRGS 905 [22] mit niedrigeren Konzentrationsgrenzen gelistet sind, bei deren Überschreitung ebenfalls aufzuführen.

Zur Wahrung von Geschäftsgeheimnissen kann bei gesundheitsschädlichen oder reizenden Stoffen analog der Kennzeichnung anstatt der exakten chemischen Bezeichnung ein generischer Namen verwendet werden, wenn dieser bei der Anmeldestelle bei der BAuA angemeldet und zugelassen wurde. So kann die Zusammensetzung mittels eines allgemeinen Begriffs für eine Stoffklasse (*Amine, Alkohole, Ester* etc.) erfolgen: „Enthält bis zu 1 % höherkettige aliphatische Amine" oder „enthält ethoxilierte Fettsäuren bis zu 10 %".

5.1.6.4 Erste-Hilfe-Maßnahmen

Die Angaben zur Ersten Hilfe sollen alle relevanten Gefährdungen behandeln, auf notwendige sofortige ärztliche Hilfe ist gegebenenfalls hinzuweisen.

Auf Grund der besonderen Situation bei einem Unfall sollten die Angaben sowohl für den Verunglückten als auch für die Erste-Hilfe-Leistenden kurz, knapp, präzise und unmissverständlich formuliert sein. Symptome und Auswirkungen sollen kurz und verständlich beschrieben werden. Für den Laien unbekannte Fachausdrücke sind zu vermeiden, eventuell notwendige Informationen für den behandelnden Arzt, z. B. spezifisches Antidot oder Verbot bestimmter Medikamente, sind unter „Hinweise für den Arzt" aufzuführen.

Grundsätzlich sind die Erste-Hilfe-Maßnahmen für jeden möglichen Expositionsweg – Einatmen, Haut- und Augenkontakt sowie Verschlucken – getrennt aufzuführen. Die Gliederung der Angaben gemäß
- allgemeine Hinweise,
- Maßnahmen nach Einatmen,
- Maßnahmen nach Hautkontakt,
- Maßnahmen nach Augenkontakt,

- Maßnahmen nach Verschlucken und
- Hinweise für den Arzt

wird empfohlen.

Bei augenreizenden oder ätzenden Stoffen sollte unbedingt auf ausreichend lange (10 bis 15 min) Augenspülung mit fließendem Wasser hingewiesen werden. Des Weiteren ist bei hautresorptiven Stoffen mit toxischem Potenzial, z. B. *Phenole* und *Amine*, auf das sofortige Wechseln der kontaminierten Kleidung und das gründliche Abwaschen der verunreinigten Hautpartien hinzuweisen. Zusätzliche Angaben zu speziellen Reinigungsmitteln, wie z. B. bei *Phenolen* üblich, können hilfreich sein.

Sollte am Arbeitsplatz besondere Ausstattung für eine gezielte und sofortige Behandlung verfügbar sein, ist diese aufzuführen.

5.1.6.5 Maßnahmen zur Brandbekämpfung

Bei den Angaben zur Brandbekämpfung sollen sowohl geeignete als auch ungeeignete Löschmittel genannt werden. Speziell ist darauf hinzuweisen, wenn Wasser als Löschmittel nicht eingesetzt werden darf, wie z. B. bei *Alkalimetallen*, *Hydriden* und vielen *Organometallverbindungen*. Ferner ist auf die Entstehung gefährlicher Brandgase hinzuweisen, z. B. *Cyanwasserstoff* bei manchen *Nitrilverbindungen* oder *Stickoxide* bei vielen *Aminen*.

Die Angaben sollten gegliedert werden in:
- geeignete Löschmittel,
- ungeeignete Löschmittel,
- besondere Gefährdungen durch den Stoff oder die Zubereitung im Brandfall (z. B. bei Stoffen, die bei erhöhter Temperatur zum explosionsartigem Zerfall neigen),
- Hinweise auf gefährliche Verbrennungsprodukte und entstehende Gase und
- zusätzliche Hinweise.

Sind spezielle Maßnahmen zur Schadensbegrenzung im Brandfall oder Informationen zur Umgebungssicherung notwendig, können diese unter dem Gliederungspunkt „Zusätzliche Hinweise" mitgeteilt werden.

5.1.6.6 Maßnahmen bei unbeabsichtigter Freisetzung

Die Maßnahmen bei unbeabsichtigter Freisetzung sollten untergliedert werden in:
- Personenbezogene Vorsichtsmaßnahmen, beispielhaft seien genannt:
  – Entfernen von Zündquellen,
  – Herstellung einer ausreichenden (zusätzlichen) Belüftung,
  – Vermeidung von Staubaufwirbelung,
  – konkrete Beschreibung der notwendigen persönlichen Schutzausrüstung, z. B. Einsatz von Atemschutz mit konkreten Angaben der einzusetzenden Filter (z. B. Partikelfilter der Schutzstufe FFP2, filtrierende Halbmaske mit B-Filter), Schutzkleidung oder Augenschutz,

- Technische Schutzmaßnahmen wie z. B.
  - Belüftung oder
  - Vermeidung von Zündquellen,
- Umweltschutzmaßnahmen, z. B.
  - Verhütung der Verunreinigung der Kanalisation oder des Erdreiches

und
- Verfahren zur Reinigung, z. B.
  - Angabe von Bindemitteln oder
  - Niederschlagen von Gas und Rauch mit Wasser,
  - Verdünnung mit (*Stoff angeben*),
  - Hinweise zu Mitteln, die keinesfalls verwendet werden dürfen, sind im konkreten Einzelfall für die Einsatzkräfte sehr wertvoll.

Eine Wiederholung analoger Angaben in nachfolgenden Abschnitten, z. B. in Abschnitt 7, 8 oder 13, ist nicht notwendig, ein Verweis auf den zutreffenden Abschnitt ist ausreichend.

5.1.6.7 Handhabung und Lagerung

Es sind Informationen für den sicheren Umgang zum Schutz der menschlichen Gesundheit und der Umwelt einschließlich Empfehlungen für technische Schutzmaßnahmen aufzuführen. Die Angaben sind auf den bestimmungsgemäßen Gebrauch zu begrenzen, die speziellen Maßnahmen bei Betriebsstörungen sind in Abschnitt 6 aufzuführen. Ist ein Stoffsicherheitsbericht zu erstellen, müssen die Angaben mit den identifizierten Verwendungen und den im Anhang aufgeführten Expositionsszenarien übereinstimmen.

Bei den technischen Maßnahmen zur sicheren Handhabung ist auf notwendige
- Quellenabsaugung,
- Maßnahmen zur Vermeidung von Staub- oder Aerosolbildung,
- vorbeugende Brandschutzmaßnahmen und
- stoffspezifisch empfohlene oder ungeeignete Arbeitsverfahren und Geräte

hinzuweisen.

Die für eine sichere Lagerung notwendigen Anforderungen an die technische Ausstattung der Lagerräume und der Behälter, wie z. B.
- Rückhalteräume,
- Belüftung,
- unverträgliche Materialien,
- maximale Lagertemperatur,
- Feuchtigkeitsbereiche,
- Lichtausschluss,
- Maßnahmen zur Vermeidung elektrostatischer Aufladung (z. B. Erdung) oder
- besondere Anforderungen an die elektrischen Anlagen (Ex-Schutz)

sind anzugeben.

Zusätzliche Informationen über
- geeignete bzw. ungeeignete Verpackungsmaterialien und
- Angaben über geeignete Materialien für Behältnisse oder Korrosionsverhalten von Materialien,

die zum Schutz als sinnvoll und notwendig erachtet werden, sind ergänzend aufzuführen.

Auf die Zusammenlagerungsverbote und eventuelle Mengenbegrenzungen in Abhängigkeit von den Lagerbedingungen ist hinzuweisen, die Mitteilung der VCI-Lagerklasse [82] wird empfohlen.

5.1.6.8 Begrenzung und Überwachung der Exposition/ Persönliche Schutzausrüstung

Grundsätzlich sind alle Maßnahmen des Arbeitsschutzes beim Umgang mit Stoffen aufzuführen und möglichst konkret zu beschreiben. Die Maßnahmen zur Ermittlung der Exposition am Arbeitsplatz sowie der Maßnahmen zur Minimierung der Exposition der Beschäftigten bei der Verwendung sind aufzuführen. Für die Arbeitsplatzüberwachung relevante Parameter, wie z. B. Grenzwerte in der Luft oder im biologischen Material, sind anzugeben.

Die Angaben sollten untergliedert werden in
- Expositionsgrenzwerte und
- Begrenzung und Überwachung der Exposition, getrennt nach Arbeitsplatz und Umwelt.

Expositionsgrenzwerte

Die geltenden nationalen Expositionsgrenzwerte der in Abschnitt 3 aufgeführten Inhaltsstoffe sind aufzuführen. Hierbei ist auf die offiziellen Grenzwertlisten, d. h. auf die Arbeitsplatzgrenzwerte nach TRGS 900 [54] und die biologischen Grenzwerte nach TRGS 903 [63] zu verweisen. Sind in einer Zubereitung Inhaltsstoffe unterhalb der Berücksichtigungsgrenze enthalten, bei denen unter Bearbeitungsbedingungen die Grenzwerte am Arbeitsplatz erreicht oder überschritten werden können, sollten diese Inhaltsstoffe ebenfalls aufgeführt werden.

Zusätzlich müssen die Grenzwerte der europäischen Gemeinschaft mit aufgeführt werden, auch wenn sie nicht in der TRGS 900 aufgeführt sind (siehe Abschnitt 4.3.2).

Desgleichen sind nicht gefährliche Inhaltsstoffe mit einem AGW ab einer Konzentration von 1 % aufzuführen. Dies trifft neben Kohlendioxid hauptsächlich auf die Feststoffe zu, die unter den Anwendungsbereich der allgemeinen Staubgrenzwerte fallen. Zusätzlich zu den Grenzwerten sind die aktuell empfohlenen Überwachungsverfahren anzugeben. Da bislang hierzu keine Ausführungsrichtlinien existieren, sind diese Angaben nach der eigenen fachkundigen Expertise anzugeben.

Bei Stoffen mit biologischen Grenzwerten empfiehlt es sich, die zu bestimmenden Parameter mit anzugeben.

Ist für Stoffe ein Stoffsicherheitsbericht gefordert, sind die entsprechenden DNEL-Werte für die im Anhang des Sicherheitsdatenblattes aufgeführten Expositionsszenarien zu vermerken.

Folgende Grenzwerte müssen also aufgeführt werden:
- AGW nach TRGS 900 [54],
- BGW nach TRGS 903 [63],
- BOELV nach 2004/37/EG [57],
- IOELV nach 98/24/EG [43],
- DNEL.

Eine Verpflichtung zur Angabe weiterer Grenzwerte, die nicht in den offiziellen nationalen Grenzwertlisten aufgeführt sind, wie z. B. die MAK- oder BAT-Werte, existiert nicht. Da diese als wissenschaftliche Erkenntnisse einer breiten Fachöffentlichkeit bekannt sind, sollte die ergänzende Angabe in jedem Einzelfall geprüft werden.

Zusätzlich sind nach der REACH-Verordnung Überwachungsmethoden für die Überprüfung der Grenzwerte zu ergänzen.

Begrenzung und Überwachung der Exposition

Maßnahmen zur Begrenzung und Überwachung der Exposition haben zum Ziel, die Exposition der Arbeitnehmer und der Umwelt so gering wie möglich zu halten. Wenn ein Stoffsicherheitsbericht gefordert ist, sind die Risikomanagementmaßnahmen für die identifizierten Verwendungen zusammenzufassen.

In Abhängigkeit der von den Stoffen ausgehenden Risiken sind Angaben notwendig
- zur Gestaltung geeigneter Arbeitsverfahren und technischer Steuerungseinrichtungen sowie Verwendung geeigneter Arbeitsmittel und Materialien,
- zur Durchführung kollektiver Schutzmaßnahmen an der Gefahrenquelle, z. B. ausreichende Belüftung,
- zu geeigneten organisatorischen Maßnahmen und
- zur Durchführung individueller Schutzmaßnahmen, einschließlich persönlicher Schutzausrüstung.

Zur Vermeidung von Doppelnennungen sollte auf die Angaben im vorherigen Abschnitt verwiesen werden, falls die gleichen Schutzmaßnahmen notwendig sind.

Persönliche Schutzausrüstung

Die persönlichen Schutzausrüstungen sind nach Art, Typ und Klasse konkret zu spezifizieren; ein Verweis auf die einschlägigen DIN/EN-Normen ist empfehlenswert (siehe Kapitel 7).
- **Atemschutz**
  Es ist zu unterscheiden zwischen Umgebungsluft-unabhängigem und filtrierendem Atemschutz. Bei filtrierendem Atemschutz ist zu unterscheiden zwischen Partikelfilter und Filter zum Schutz vor Gasen und Dämpfen. Der Filtertyp ist exakt zu bezeichnen, z. B. Filtertyp A, B, E, K, P; bei Partikelfiltern ist zusätzlich das Rückhaltevermögen mit anzugeben, z. B. FFP 3.

- **Handschutz**
  Chemikalienschutzhandschuhe müssen exakt beschrieben werden unter Angabe
  – des Handschuhmaterials,
  – der Materialstärke und
  – die Durchbruchszeit des Handschuhmaterials, bevorzugt unter Nennung der Schutzstufe.
  Erfüllen nur teure Handschuhmaterialien (z. B. Butylkautschuk oder Fluorkautschuk) die Schutzstufe 6, ist die zusätzliche Nennung preiswerterer Materialien hilfreich, die mindestens die Schutzstufe 1, besser 2, erfüllen.
  Die konkrete Nennung eines Handschuhtyps eines dezidierten Herstellers ist nicht notwendig.
- **Augenschutz**
  Der erforderliche Augenschutz ist klar zu spezifizieren: Gestellbrille oder Korbbrille. Sind zusätzlich Gesichtsschutzschilde oder Schutzschirme zu verwenden, ist dies zusätzlich aufzuführen
- **Körperschutz**
  Sind neben dem Augen- und Handschutz weitere Körperpartien zu schützen, sind diese anzugeben, z. B. Säureschürze, Stiefel, Schutzanzug, Vollschutz.
  Zusätzliche Maßnahmen zum Schutz der Haut, z. B. Anwendung von Hautschutzmittel, oder spezielle Hygienemaßnahmen können ergänzend hilfreich sein.

Angaben unter „Schutz- und Hygienemaßnahmen" sind dann empfehlenswert, wenn keine persönliche Schutzausrüstung notwendig ist, aber allgemeine Maßnahmen sinnvoll sind.

Detaillierte Angaben zur persönlichen Schutzausrüstung sind immer notwendig, wenn Stoffe mit den folgenden Eigenschaften bei inhalativer oder dermaler Exposition enthalten sind:
- gesundheitsschädlich, giftig, sehr giftig (R 20, 21, 23, 24, 26, 27, 39, 48, 68),
- reizend, ätzend, sensibilisierend (R 34 bis 38, 41, 42, 43),
- krebserzeugend, erbgutverändernd, fortpflanzungsgefährdend (R 40, 45, 46, 49, 68, 60 bis 63).

Begrenzung und Überwachung der Umweltexposition
Die Maßnahmen zur Erfüllung der Umweltschutzvorschriften der EG sind aufzuführen. Wenn ein Stoffsicherheitsbericht gefordert ist, ist eine Zusammenfassung der Risikomanagementmaßnahmen der im Anhang des Sicherheitsdatenblattes beschriebenen Expositionsszenarien notwendig.

5.1.6.9 Physikalische und chemische Eigenschaften
Die einschlägigen physikalischen und chemischen Eigenschaften sind vollständig aufzuführen und möglichst gemäß dem nachfolgenden Schema zu gliedern. Es ist eindeutig zu unterscheiden, ob Untersuchungsergebnisse nicht vorliegen oder ob die Untersuchungen zu einem negativen Prüfergebnis geführt haben.

1. Allgemeine Angaben
   - Form: Beschaffenheit der Handelsware, z. B. Gas, Flüssigkeit, Pulver, Granulat, Paste.
   - Farbe:
   - Geruch: Beschreibung eines wahrnehmbaren Geruchs, falls bekannt ist die Angabe der Geruchsschwelle hilfreich.
2. Sicherheitsrelevante Daten
   Die Ermittlung dieser Daten sollte nach den Kriterien der Prüfnachweisverordnung oder einer vergleichbaren Methode erfolgen.
   - pH: Anzugeben ist der pH-Wert im Lieferzustand oder in wässriger Lösung, bei Letzterem unter Angabe der Konzentration, von Raumtemperatur abweichende Temperaturen sind aufzuführen.
   - Schmelzpunkt bzw. Schmelzbereich: [°C]
   - Siedetemperatur bzw. Siedebereich: [°C] ggf. unter zusätzlicher Nennung des Druckes in [hPa]
   - Flammpunkt: [°C]
   - Zündtemperatur: [°C]
   - Entzündlichkeit:
   - Selbstentzündlichkeit:
   - Brandfördernde Eigenschaft:
   - Explosionsgefahr: untere Explosionsgrenze und obere Explosionsgrenze, in [g/m^3] bzw. [%]
   - Dampfdruck: in [hPa], unter Angabe der Bestimmungstemperatur in [°C]
   - Gleichgewichtsdampfkonzentration: [mL/m^3]
   - Dampfdichte:
   - Verdampfungsgeschwindigkeit:
   - Dichte: unter Angabe der Bestimmungstemperatur in [°C], bei Feststoffen Angabe der Schüttdichte
   - Löslichkeit: Löslichkeit in Wasser in [mg/L] unter Angabe der Bestimmungstemperatur in [°C], bei Löslichkeit in organischen Lösemitteln unter Angabe des Lösemittels
   - Viskosität: sowohl qualitative Beschreibung (z. B. zähfließend) als auch eine quantitative Angabe sind möglich, ggf. unterschieden in dynamische [mPa s] bzw. kinematische Viskosität [mm^2/s].
   - Verteilungskoeffizient n-Octanol/Wasser: [log pOW], bei Zubereitungen Angabe der Einzelkomponenten
   - Lösemittelgehalt:
   - Lösemitteltrennprüfung:
3. Sonstige Angaben
   Weitere Angaben können bei bestimmten Stoffen oder Stoffgruppen sinnvoll sein, so z. B. Mischbarkeit, Fettlöslichkeit (Lösemittel angeben), Leitfähigkeit, Gasgruppe.
   Die Angabe der Brennbarkeit bei Feststoffen (Abbrandgeschwingkeit, -zeit), Verdunstungszahl, Dissoziationskonstanten, Oberflächenspannung, Adsorptions-/

Desorptionsverhalten oder Mischbarkeit bei manchen Flüssigkeiten können zusätzlich wichtige Informationen für den Anwender sein.

5.1.6.10 Stabilität und Reaktivität

Notwendig sind Informationen zur Stabilität und Reaktivität und von gefährlichen Reaktionen unter Angabe der Bedingungen, z. B. Temperatur oder Druck, bei denen diese einsetzen. Gefährliche Reaktionen mit anderen Stoffen sind aufzuführen, notwendige Stabilisatoren zu nennen sowie gefährliche Zersetzungsprodukte, z. B. bei Kontakt mit Wasser.

- Zu vermeidende Bedingungen:
  Kritische Bedingungen (wie z. B. Temperatur, Druck, Licht, Erschütterungen), die zu gefährlichen Reaktionen führen können, sind aufzuführen. Die Art der Gefährdung (z. B. Entzündung oder Bersten von Behältern) ist zu nennen, und die Reaktion möglichst kurz zu beschreiben. Äußere Änderungen bei vorhersehbarem nicht bestimmungsgemäßem Gebrauch, die zu einer gefährlichen Reaktion führen können, sind ebenfalls aufzuführen.
- Zu vermeidende Stoffe:
  Alle Stoffe sind aufzuführen, die zu einer gefährlichen Reaktion führen können, insbesondere Wasser, Luft, Säuren, Basen oder Oxidationsmittel. Die Reaktion sollte möglichst kurz beschrieben und ggf. die Art der Gefährdung spezifiziert werden.
- Gefährliche Zersetzungsprodukte:
  Die bei einer Zersetzung in kritischen Mengen entstehenden Stoffe sind darzulegen. Insbesondere sind aufzuführen
  - Notwendigkeit und Vorhandensein von Stabilisatoren,
  - Möglichkeit einer gefährlichen exothermen Reaktion,
  - Auswirkung einer Änderung des Aggregatzustands auf die Sicherheit,
  - mögliche Verarmung oder Anreicherung einzelner Komponenten, die zu einer gefährlichen Situation führen können (z. B. fehlender Stabilisator im Sublimat),
  - verfahrensbedingte Anreicherung von kritischen Fremdstoffen,
  - gefährliche Zersetzungsprodukte bei Kontakt mit Wasser,
  - Möglichkeit der Zersetzung zu instabilen Produkten und
  - Stabilitätsgrenzen unter Angabe der Rahmenbedingungen, wie z. B. Druck, Sauerstoffkonzentration oder Mindestwassergehalt.

5.1.6.11 Angaben zur Toxikologie

Bei den Angaben zur Toxikologie ist eine vollständige und verständliche Beschreibung der verschiedenen toxikologischen Wirkungen bei der Verwendung in Abhängigkeit von den unterschiedlichen Aufnahmewegen notwendig. Eine Aufteilung in toxikologische Prüfungen und Erfahrungen aus der Praxis ist empfehlenswert. Es sind sowohl die akuten wie auch verzögert einsetzende Wirkungen, sowohl bei einmaliger als auch wiederholter Exposition anzugeben (wie z. B.

Sensibilisierungen, narkotische Wirkungen, krebserzeugende oder erbgutverändernde Wirkung, mögliche Entwicklungsschädigungen oder Beeinträchtigungen der Fruchtbarkeit). Die Angaben müssen getrennt nach den möglichen Expositionswegen erfolgen. Alle einstufungsrelevanten Daten sind aufzuführen. Insbesondere ist zu unterscheiden, ob zu einem Punkt keine Prüfungen vorliegen oder aber ob diese Eigenschaft geprüft wurde und nicht vorhanden ist. Bei registrierten Stoffen ist eine Zusammenfassung der geforderten Untersuchungen oder Bewertungen gemäß den Anhänge VII bis XI gefordert. Zusätzlich ist das Ergebnis der Prüfung auf mögliche krebserzeugende, erbgutverändernde oder fortpflanzungsgefährdende Eigenschaft aufzuführen.

Informationen sind zu folgenden Gruppen potenzieller Wirkungen notwendig:

- **Akute Wirkung**
  - LD_{50}, LC_{50}: getrennt nach oral, dermal, inhalativ, unter Angabe der Spezies und der Bestimmungsmethode
  - Spezifische Symptome: relevante, charakteristische und spezifische Symptome, z. B. irreversibler Schaden bei einmaliger Exposition,
  - Reiz-/Ätzwirkung: konkrete Angaben zur Wirkung an der Haut und/oder am Auge
- **Sensibilisierung**
  differenziert nach Haut und Atemwege
- **Toxizität bei wiederholter Aufnahme**
  Die Wirkung nach wiederholter oder länger andauernder Exposition sind zu beschreiben, d. h. Angaben zur subakuten, subchronischen und chronischen Toxizität. Ermittelte Wirkschwellen unter Angabe der Versuchsdauer sind aufzuführen.
- **CMR-Wirkungen**
  Untersuchungen zur krebserzeugenden, erbgutverändernden, entwicklungsschädigenden und fruchtbarkeitsschädigenden Wirkung sind zu beschreiben. Untersuchungen, die nicht zur Einstufung herangezogen wurden, können ergänzend aufgeführt werden. Unter anderem können Aussagen zu einem möglichen mutagenen Potenzial auf Grund von Bakterientests (z. B. Ames-Test) aufgeführt werden oder nicht als valide erachtete Untersuchungen zu einem möglichen kanzerogenen Potenzial. Diese Informationen sind mit einer nachvollziehbaren Bewertung zu ergänzen.
- **Erfahrungen aus der Praxis**
  Einstufungsrelevante Beobachtungen zur Wirkung auf den Menschen sind zu beschreiben, insbesondere Hinweise auf krebserzeugende, erbgutverändernde oder fortpflanzungsgefährdende Wirkung.
  Sonstige Beobachtungen von Wirkungen auf den Menschen, die sich nicht aus den tierexperimentellen Untersuchungen ableiten lassen, wie z. B. narkotische Wirkung, Verursachung von Kopfschmerzen, Übelkeit oder Reizwirkung auf die Atemwege, sollten zusätzlich aufgeführt werden. Auf pharmakologisch wirksame Stoffe, z. B. Arzneimittel oder Schädlingsbekämpfungsmittel, ist hinzuweisen. Am Menschen beobachtete Wirkungen, die im Gegensatz zu tierexperimentellen Ergebnissen stehen, sind zu interpretieren.

Wurde auf Grund von Analogiebetrachtungen bei nicht oder nicht hinreichend untersuchten Stoffen eine Zuordnung zu gefährlichen Eigenschaften vorgenommen, sollte der Referenzstoff mitgeteilt werden.

Erfolgte die Einstufung von Zubereitungen mittels der konventionellen Methode, ist dies darzulegen.

5.1.6.12 Umweltbezogene Angaben

Die Angaben zur Ökologie sollen das Verhalten des Stoffes/der Zubereitung in der Umwelt beschreiben, getrennt nach Luft, Wasser und Boden. Dabei ist in Abhängigkeit von der Beschaffenheit und der Anwendungsbereiche zwischen Mobilität, Persistenz und Abbaubarkeit, Bioakkumulationspotenzial, aquatischer Toxizität und weiteren Daten über die Ökotoxizität, z. B. in Abwasserbehandlungsanlagen, zu unterscheiden. Es sind Angaben zu den folgenden Punkten enthalten:

- **Ökotoxizität**

  Anzugeben sind akute und chronische Daten zur aquatischen Toxizität für Fische, Krebstiere, Algen und andere Wasserpflanzen. Falls vorhanden, sind Daten über die Mikro- und Makroorganismen im Boden, Vögel, Bienen und Pflanzen zu beschreiben. Auf bekannte Aktivitätshemmungen auf Mikroorganismen ist hinzuweisen, insbesondere auf mögliche Auswirkungen auf Kläranlagen.

  Zur aquatischen Toxizität sind Prüfergebnisse von Fisch, Daphnie und Alge (siehe Abschnitt 3.1.3) gefordert. Versuchsdauer und Testmethode sind mit aufzuführen.

  Das Verhalten in Kläranlagen kann durch die Bakterientoxizität und die Wirkung auf Belebtschlamm beschrieben werden.

- **Mobilität**

  Anzugeben ist das Potenzial eines Stoffes, nach Freisetzung in die Umwelt in das Grundwasser einzudringen oder über weite Strecken transportiert zu werden. Untersuchungsergebnisse zur
  - bekannten oder erwarteten Verteilung auf Umweltkompartimente,
  - Oberflächenspannung,
  - Adsorption/Desorption

  sind mitzuteilen; ergänzend finden sich Angaben zu entsprechenden physikalisch-chemischen Eigenschaften in Abschnitt 9.

- **Persistenz und Abbaubarkeit**

  Die Angaben sollten getrennt für
  - den abiotischen Abbau, d. h. durch Hydrolyse, Photolyse und Photooxidation, und
  - den biologischen Abbau gemäß den einschlägigen Richtlinien, entweder von der EU oder nach den analogen OECD-Guidelines,

  aufgeführt werden. Möglichst sind die Abbau-Halbwertszeiten anzugeben.

- **Bioakkumulationspotenzial**

  Die Möglichkeit eines Stoffes, sich in der Umwelt anzusammeln oder über die Nahrungskette anzureichern, ist mittels der Angaben des Verteilungs-

koeffizienten n-Oktanol-Wasser (K_{OW}) und des Biokonzentrationsfaktors BCF zu beschreiben.
- **PBT-Eigenschaften**
  Ist ein Stoffsicherheitsbericht vorzulegen, sind die Ergebnisse der Untersuchung bezüglich PBT-Eigenschaft darzulegen.
- **Andere schädliche Wirkungen**
  Sind weitere Erkenntnisse über schädliche Umwelteinwirkungen bekannt, sind diese aufzuführen. Insbesondere sind Informationen zum Ozonabbaupotenzial, dem photochemischen Ozonbildungspotenzial und/oder dem Treibhauspotenzial bedeutsam.

5.1.6.13 Hinweise zur Entsorgung

Ist bei der Entsorgung eines Produkts (Restmenge oder Abfälle aus der absehbaren Verwendung) eine Gefährdung erkennbar, müssen die Rückstände genannt und Hinweise zur gefahrlosen Handhabung mitgeteilt werden. Es sind neben geeigneten Entsorgungsverfahren auch Hinweise für verunreinigtes Verpackungsmaterial (z. B. Verbrennung, Wiederverwertung oder Deponie) aufzuführen, gegebenenfalls auch geeignete Reinigungsverfahren und -mittel. Für Restmengen und eventuell ausgehärtete Produkte sind ebenfalls Entsorgungsverfahren aufzuführen. Bei Produkten mit Abfallschlüssel-Nummer sollte dies mit der zugehörigen Abfallbezeichnung und ggf. Nennung der Nachweispflicht erfolgen.

5.1.6.14 Angaben zum Transport

Die Transportangaben sollen alle notwendigen Vorschriften sowohl zum innerbetrieblichen als auch zum Transport auf öffentlichen Straßen beinhalten. Informationen gemäß internationaler Übereinkommen, insbesondere den UN-Empfehlungen über die Beförderung und die Verpackung gefährlicher Güter, sind für den Verwender eine wertvolle Hilfe. Die Angaben sind getrennt für die jeweiligen Transportträger aufzulisten. Anzugeben sind:
- UN-Nummer,
- Klasse,
- Proper Schipping Name,
- Verpackungsgruppe,
- Meeresschadstoff (engl.: marine pollutant) und
- sonstige einschlägige Angaben.

Für den Landtransport sind aufzuführen: ADR/RID/GGVSE-Klasse, mit Angabe der Ziffer und des Buchstabens, der Warntafel mit Gefahr-Nr. und Stoff-Nr. sowie der Bezeichnung des Gutes.

Für den Binnenschiffstransport sind die ADN/ADNR-Klasse unter Angabe der Ziffer und des Buchstabens der Kategorie und der Bezeichnung des Gutes anzugeben.

Für den Seeschiffstransport müssen ergänzt werden: IMDG/GGVSee-Klasse, „Emergency Schedule" (EmS) und der „Medical First Aid Guide" (MFAG).

Für den Lufttransport sind die ICAO/IATA-Klasse, die PG und der richtige technische Namen aufzuführen.

Angaben zu nicht relevanten Transportwegen können entfallen.

5.1.6.15 Rechtsvorschriften

Wurde für den Stoff bzw. für einen Inhaltsstoff in einer Zubereitung eine Stoffsicherheitsbeurteilung durchgeführt, ist darauf hinzuweisen.

Die Kennzeichnung des Stoffes oder der Zubereitung ist aufzuführen unter Angabe
- des Gefahrensymbols mit der Gefahrenbezeichnung (für die Gefahren bestimmende Komponente gemäß Etikett),
- der R-Sätze,
- der S-Sätze und
- der besonderen Kennzeichnungsvorschriften bestimmter Zubereitungen.

Bestehende Beschränkungen, insbesondere gemäß Anhang XVII der REACH-Verordnung, in Bezug auf Herstellung, Import oder Verwendung des Stoffes oder einzelner Komponenten einer Zubereitung sind aufzuführen.

Weitere relevante nationale Vorschriften sollten zusätzlich aufgeführt werden, z. B.
- Auflistung in der Störfallverordnung,
- Emissionswerte nach TA-Luft,
- Wassergefährdungsklasse oder
- Beschränkungen und Verbote beim Inverkehrbringen, z. B. nach Chemikalien-Verbotsverordnung.

5.1.6.16 Sonstige Angaben

Alle weiteren Informationen, die für die sichere Handhabung und Verwendung des Produktes wichtig sein können, sind an dieser Stelle aufzuführen. Beispielhaft seien genannt:
- empfohlene Verwendung und Beschränkungen,
- Auflistung der relevanten R-Sätze (aufzuführen ist der vollständige Wortlaut aller aufgeführten R-Sätze),
- Schulungshinweise,
- empfohlene Einschränkungen der Anwendung als nichtbindende Empfehlungen des Lieferanten,
- weiter Informationen, z. B. schriftliche Quellen und Kontaktstellen für technische Informationsschriften, und
- Angabe der wichtigsten Quellen der Daten, die zur Erstellung des Sicherheitsdatenblattes verwendet wurden.

Wurden bei Überarbeitung des Sicherheitsdatenblattes nicht bereits in den einzelnen Abschnitten die geänderten Angaben kenntlich gemacht, müssen die Änderungen aufgelistet werden.

5.1.7
Verbote beim Inverkehrbringen

Die bisher in der Beschränkungsrichtlinie 76/769/EWG [42] gelisteten Verbote und Beschränkungen bei Herstellung, Import und Verwendung von Stoffen, in Zubereitungen oder in Erzeugnissen wurden in Anhang XVII der REACH-Verordnung überführt. Anhang XVII tritt am 1.6.2009 in Kraft, zum gleichen Zeitpunkt wird die Beschränkungsrichtlinie aufgehoben und die Chemikalien-Verbotsverordnung der neuen EG-Gesetzgebung angepasst, d. h. § 1 sowie der Anhang sind aufzuheben.
Ausnahmen von diesen Verboten und Beschränkungen gelten nach Artikel 67 für
- die wissenschaftliche Forschung und Entwicklung,
- die produkt- und verfahrensorientierte Forschung und Entwicklung und
- die Verwendung der Stoffe in kosmetischen Mitteln im Sinne der Richtlinie 76/768/EWG [83].

Derzeit gültige strengere nationale Verbote und Beschränkungen dürfen noch bis zum 1.6.2013 in Kraft bleiben. Dies trifft auf die Beschränkungen nach Abschnitt 4 „Dioxine und Furane" des Anhangs der Chemikalien-Verbotsverordnung zu. Diese nationalen Besonderheiten werden in einem Verzeichnis der Kommission zusammengefasst und spätestens am 1.6.2009 veröffentlicht.
Da die Struktur von Anhang XVII schwer lesbar und teilweise nicht verständlich ist und alle Verbote und Beschränkungen bis mindestens Mitte 2009 in Kraft bleiben, soll an dieser Stelle nicht weiter darauf eingegangen werden. Die entsprechenden Regelungen zum Inverkehrbringen von Stoffen, Zubereitungen und Erzeugnissen finden sich in Abschnitt 6.3 „Chemikalien-Verbotsverordnung", die Regelungen zur Herstellung und Verwendung in Abschnitt 6.2 „Gefahrstoffverordnung".

5.1.8
Meldepflichten

Gemäß Artikel 112 müssen der Agentur
- alle registrierungspflichtigen Stoffe und
- alle nicht registrierten, als gefährlich eingestuften Stoffe sowie Zubereitungen, die diese oberhalb der Kennzeichnungsgrenze enthalten,

vom Hersteller von Stoffen oder Produzenten von Erzeugnissen unter der Angabe folgender Informationen gemeldet werden:
- Name, Anschrift des Herstellers/Produzenten,
- Stoff,
- Einstufung und Kennzeichnung des Stoffes und
- ggf. der stoffspezifischen Konzentrationsgrenze bei der Einstufung.

Bei divergierenden Angaben haben Registranten bzw. Anmelder nach Möglichkeit eine Einigung herbeizuführen. Die Agentur veröffentlicht eine Liste der Stoffe mit Angaben der Einstufung und Kennzeichnung.

Anders als bei der REACH-Verpflichtung zur Registrierung und Zulassung gilt diese Meldepflicht nicht erst ab 1 t/a. Somit sind grundsätzlich alle hergestellten, gefährlichen Stoffe der Agentur zu melden.

5.2 Stoffrichtlinie

Die **Stoffrichtlinie** 67/548/EWG [32] wurde durch die Richtlinie 2006/121/EG [84] an die REACH-Verordnung angepasst. Die bisherigen Artikel zur Anmeldung neuer Stoffe wurden gestrichen, da die entsprechenden Vorschriften nun in REACH geregelt sind. Mit Inkraftsetzung der GHS-Verordnung, vorgesehen für Anfang 2009, wird die Stoffrichtlinie ebenso wie die Zubereitungsrichtlinie entfallen. Somit regelt die Stoffrichtlinie nunmehr fast ausschließlich die Einstufung und Kennzeichnung von Stoffen.

Im Anwendungsbereich wird bestimmt, dass sie nicht gilt für
- Arzneimittel für den Menschen und Tierarzneimittel,
- kosmetische Mittel,
- Stoffgemische als Abfälle im Anwendungsbereich der Abfallrahmenrichtlinie und der Altölrichtlinie,
- Lebensmittel,
- Futtermittel,
- Schädlingsbekämpfungsmittel,
- radioaktive Stoffe und
- andere Stoffe oder Zubereitungen, für die gemeinschaftliche Anmelde- oder Genehmigungsverfahren bestehen und für die Anforderungen gelten, die den in dieser Richtlinie festgelegten Anforderungen gleichwertig sind.

Artikel 4 regelt, dass Stoffe auf Basis ihrer Stoffeigenschaften einzustufen sind; Verunreinigungen sind hierbei zu berücksichtigen, wenn sie die Einstufungsgrenzen überschreiten (siehe Abschnitt 3.2). Die Kriterien zur Einstufung selbst sind in Anhang VI, dem so genannten Einstufungsleitfaden, beschrieben. Der Einstufungsleitfaden ist allerdings nicht auf Stoffe anzuwenden, die in Anhang I im Sinne einer Legaleinstufung aufgeführt sind.

Nach Artikel 6 hat jeder Hersteller, Importeur oder Lieferant gefährlicher Stoffe, die im EINECS-Verzeichnis aufgeführt sind, eine Nachforschungspflicht zur Ermittlung der einschlägigen Stoffeigenschaften.

Artikel 22 regelt die grundsätzlichen Anforderungen an die Verpackung von gefährlichen Stoffen, Artikel 23 bis 25 die Kennzeichnungsvorschriften. Die Inhalte beider Artikel sind auch in Deutschland durch den gleitenden Verweis in der Gefahrstoffverordnung unmittelbar geltendes Recht; folgerichtig fehlen entsprechende Regelungen in nationalen gesetzlichen Vorschriften. Detaillierte Ausführungen hierzu finden sich in den Abschnitten 3.2 und 3.4.

Anhang I beinhaltet die bereits mehrfach zitierte Stoffliste der legal eingestuften Stoffe. Die Bedeutung der Stoffliste und die Prozeduren zur Anpassung an den technischen Fortschritt wurden in Abschnitt 3.2 beschrieben. Nach dem derzeit vorliegendem Entwurf zur GHS-Verordnung soll Anhang I als Tabelle 3.1 in Anhang VI von GHS überführt werden.

Anhang II zeigt die Gefahrensymbole mit den Gefahrenbezeichnungen und den Kennbuchstaben.

Anhang III listet alle R-Sätze auf, einschließlich der Kombinationssätze, analog sind in **Anhang IV** die S-Sätze vollständig nachzulesen.

Der Einstufungsleitfaden für Stoffe von **Anhang VI** ist ausführlich in Abschnitt 3.2 beschrieben.

Anhang IX A beschreibt die Vorschriften für kindergesicherte Verschlüsse, **Anhang IX B** die Vorschriften für tastbare Warnzeichen.

Die Anhänge V, VII und VIII wurden mit REACH aufgehoben.

5.3
Zubereitungsrichtlinie

In Abgrenzung zur Stoffrichtlinie regelt die Zubereitungsrichtlinie 1999/45/EG [38] die Einstufung und Kennzeichnung von Zubereitungen. Substanzielle Regelungen der Zubereitungsrichtlinie wurden durch REACH nicht geändert, erst mit Inkrafttreten der GHS-Verordnung im Jahr 2009 wird sie ersetzt. Leider wurde nach Anpassung der Stoffrichtlinie an REACH nicht gleichzeitig die Zubereitungsrichtlinie angepasst, so dass heute mehrere Bezüge zur Stoffrichtlinie auf mittlerweile aufgehobenen Paragraphen und Anhängen beruhen.

Der Anwendungsbereich unterscheidet sich nicht grundsätzlich von der Stoffrichtlinie, die Ausnahmen gelten sinngemäß auch für die Zubereitungsrichtlinie. Die Berücksichtigungsgrenzen für Zubereitungen unterscheiden sich nicht von den Stoffen, Tabelle 5.1 ist auch für Zubereitungen gültig (siehe Abschnitt 5.1.3.3).

Artikel 14 regelt die grundsätzlichen Anforderungen an Sicherheitsdatenblätter, die mittlerweile durch die REACH-Verordnung aufgehoben und irrtümlicherweise nicht gleichzeitig mit aufgehoben wurden.

Anhang II stellt den wichtigsten Regelungsinhalt der EG-Richtlinie dar. Er regelt die Einstufung von Zubereitungen mit gefährlichen Inhaltsstoffen, falls für diese keine stoffspezifischen Konzentrationsgrenzen im Anhang I der Stoffrichtlinie festgelegt wurden und die allgemeinen Konzentrationsgrenzen anzuwenden sind. Nähere Ausführungen zur Einstufung von Zubereitungen finden sich in Abschnitt 3.3.

Anhang III beinhaltet die Methoden zur Beurteilung von umweltgefährlichen Eigenschaften einer Zubereitung nach Artikel 7.

Anhang IV regelt die besonderen Bestimmungen für Behälter von Zubereitungen, die im Einzelhandel angeboten werden bzw. für jedermann erhältlich sind.

Im Gegensatz zum vorigen Anhang besitzt **Anhang V** für Wirtschaft und Handel eine bedeutende Rolle. Zahlreiche Sonderbestimmungen für die Kennzeichnung von Zubereitungen mit speziellen Inhaltsstoffen werden geregelt, die im Anhang IV der Gefahrstoffverordnung vor 2005 noch aufgeführt und im deutschen Rechtsraum einfach nachvollziehbar waren. Diese Sonderkennzeichnungen sind zusammen mit den anderen Vorschriften zur Kennzeichnung in Abschnitt 3.4 aufgeführt.

Anhang VI regelt die Bestimmungen zur vertraulichen Behandlung der chemischen Identität von Stoffen im Sicherheitsdatenblatt und auf der Kennzeichnung. Die mit dem Antrag einzureichenden Angaben werden konkretisiert. Im Teil B des Anhangs findet sich ein umfangreicher Leitfaden für die Festlegung von Ersatzbezeichnungen, den so genannten generischen Namen.

5.4
Agenzienrichtlinie

1998 wurde die Richtlinie 98/24/EG [43] verabschiedet, die Arbeitsschutzmaßnahmen sowohl für toxikologische als auch physikalisch-chemische Eigenschaften beinhalten. Als Konsequenz wurde 2005 vier Jahre nach der festgesetzten Umsetzungsfrist, die Gefahrstoffverordnung entsprechend angepasst.

Im Anwendungsbereich der Agenzienrichtlinie sind gemäß Artikel 3 sowohl gesundheitsbasierte Arbeitsplatzgrenzwerte bei inhalativer Stoffaufnahme als auch biologische Grenzwerte festzulegen. Zwischenzeitlich sind zwei Grenzwertrichtlinien bei inhalativer Exposition mit jeweils ca. 20 Stoffen von der Kommission erlassen worden sowie lediglich 1 biologischer Grenzwert (für *Blei*). Basis der indikativen Arbeitsplatzgrenzwerte (nähere Details siehe Abschnitt 4.3.2) sind gesundheitsbasierte Begründungen, neben den messtechnischen Möglichkeiten. Technische Möglichkeiten sowie sozioökonomische Argumente werden nicht berücksichtigt.

Die Ermittlung der Gefährdung bei Tätigkeiten mit Arbeitsstoffen ist zentraler Bestandteil der Richtlinie. Hierbei sind alle Risiken am Arbeitsplatz zu berücksichtigen; die toxikologischen Risiken gleichwertig neben den physikalisch-chemischen und den Risiken bei speziellen Tätigkeiten wie Reparatur und Wartung. Die Rangfolge der Schutzmaßnahmen folgt dem üblichen Schema: TOP, technische vor organisatorische und persönlichen Schutzmaßnahmen.

Bei vorhandenen Gesundheitsrisiken sind adäquate arbeitsmedizinische Vorsorgeuntersuchungen durchzuführen. Neben den bestimmungsgemäßen Betriebszuständen sind gleichwertig Maßnahmen bei Unfällen, Zwischenfällen oder Notfallmaßnahmen festzulegen. Die Unterrichtung und Unterweisung der Arbeitnehmer (Artikel 8) besitzt nicht den gleichen Stellenwert wie in der Gefahrstoffverordnung; im Gegensatz zur Gefahrstoffverordnung ist die Betriebsanweisung lediglich fakultativ, als Ersatz müssen die Beschäftigten Zugriff auf die Sicherheitsdatenblätter haben.

Im Anhang III finden sich Verbote bei der Herstellung und Verwendung, die in Anhang IV der Gefahrstoffverordnung in nationales Recht überführt wurden.

5.5
Krebsrichtlinie

Die Krebsrichtline 2004/37/EG [75] beinhaltet zusätzliche Maßnahmen für krebserzeugende oder erbgutverändernde Stoffe der Kategorie 1 oder 2. Sowohl die fortpflanzungsgefährdenden als auch die Stoffe der Kategorie 3 unterliegen nicht den Vorschriften dieser Richtlinie; gleichwohl laufen zurzeit Bestrebungen von Seiten der Kommission, Erstere mit zu implementieren.

In ihren Grundsätzen fordert die Krebsrichtlinie die Substitution von krebserzeugenden und erbgutverändernden Stoffen durch Stoffe, die keine krebserzeugende oder erbgutverändernde Eigenschaft besitzen. Ist eine Substitution nicht möglich, sind die Stoffe in geschlossenen Systemen einzusetzen. Die zusätzlichen Schutzmaßnahmen entsprechen weitgehend dem traditionellen Ansatz des Arbeitsschutzes.

Für Stoffe im Anwendungsbereich der Krebsrichtlinie werden keine indikativen, sondern bindende Arbeitsplatzgrenzwerte festgelegt (siehe Abschnitt 4.3.2).

Anhang I listet Stoffe und Verfahren auf, die als krebserzeugend oder erbgutverändernd anzusehen sind:
1. Herstellung von *Auramin*.
2. Arbeiten, bei denen die betreffenden Arbeitnehmer *polycyclischen aromatischen Kohlenwasserstoffen* ausgesetzt sind, die in *Steinkohlenruß*, *Steinkohlenteer* oder *Steinkohlenpech* vorhanden sind.
3. Arbeiten, bei denen die betreffenden Arbeitnehmer Staub, Rauch oder Nebel beim Rösten oder bei der elektrolytischen Raffination von *Nickelmatte* ausgesetzt sind.
4. Starke-Säure-Verfahren bei der Herstellung von *Isopropylalkohol*.
5. Arbeiten, bei denen die betreffenden Arbeitnehmer *Hartholzstäuben* ausgesetzt sind.

Seit Anfang 2007 sind diese Tätigkeiten in der neugeschaffenen TRGS 906 [85] aufgenommen, desgleichen eine Liste von Hartholzarten, deren Stäube ebenfalls als krebserzeugend beim Menschen anzusehen sind.

5.6
Verordnung 304/2003/EG

Am 10.9.1998 wurde ein Übereinkommen zur Ein- und Ausfuhr von Chemikalien, Pflanzenschutz- und Schädlingsbekämpfungsmitteln in Rotterdam (daher auch als **Rotterdamer Übereinkommen** bekannt) erlassen, das am 24.2.2004 in Kraft getreten ist. Zurzeit sind über 111 Staaten dem Übereinkommen beigetreten.

Zentrales Anliegen des Rotterdamer Übereinkommens ist, zu gewährleisten, dass Staaten, die gefährliche Chemikalien importieren, ausreichende Daten über die gefährlichen Eigenschaften und die notwendigen Maßnahmen erhalten. Die dem Übereinkommen unterliegenden Chemikalien sind nicht alle vollständig verboten, sondern werden teilweise einem qualifizierten Informations- und Notifizierungssystem unterworfen: dem Verfahren der vorherigen Zustimmung nach Inkenntnissetzung (engl.: $\underline{p}$rior $\underline{i}$nformed $\underline{c}$onsent, PIC), daher wird es auch als **PIC-Übereinkommen** bezeichnet. Der Export in ein Land, das dem PIC-Übereinkommen beigetreten ist, ist erst zulässig, wenn der betroffene Staat seine Zustimmung zur Einfuhr erteilt hat. Mit Stand vom 24.10.2006 waren 24 Pestizide, 11 Industriechemikalien und 4 besonders gefährliche Pflanzenschutz- und Schädlingsbekämpfungsmittel-Formulierungen hiervon betroffen. Die vierte Vertragsstaatenkonferenz ist für den 20.–25.10.2008 in Rom vorgesehen.

Die EG-Verordnung 304/2003 [86] vom 28.1.2003 über die Aus- und Einfuhr gefährlicher Chemikalien setzt das PIC-Übereinkommen unmittelbar in allen EG-Mitgliedsstaaten um. In Ergänzung zum PIC-Übereinkommen wurden weitere Stoffe in den Regelungsbereich der EG-Verordnung mit aufgenommen, die nicht im Rotterdamer Übereinkommen geregelt sind. Der Geltungsbereich umfasst daher
- die 39 Chemikalien, die dem PIC-Übereinkommen unterliegen (siehe Tabelle 5.2) sowie
- bestimmte gefährliche Stoffe, die in der EG verboten oder strengen Beschränkungen unterworfen sind.

Ausgenommen von der Verordnung sind:
- Suchtstoffe und psychotrope Substanzen,
- radioaktive Stoffe,
- Abfälle, die unter die Richtlinie 75/442/EWG fallen,
- chemische Waffen, geregelt in Verordnung 1334/2000,
- Lebensmittel und Lebensmittelzusätze gemäß Richtlinie 89/397/EWG,
- Futtermittel, die unter die Verordnung (EG) Nr. 178/2002 fallen,
- genetisch veränderte Organismen gemäß Richtlinie 2001/18/EG,
- Arzneimittel und Tierarzneimittel nach Richtlinie 2001/83/EG sowie
- Chemikalien für Forschungs- oder Analysezwecke in Mengen bis 10 kg.

Die Verordnung hat insgesamt sechs Anhänge, Anhang I enthält drei Stofflisten, für die unterschiedliche Beschränkungen und Verbote existieren.

5 Europäische Regelungen

Tabelle 5.2 Stoffe, die unter das PIC-Übereinkommen fallen.

Stoff	CAS-Nr.	Kategorie
2,4,5-T	93-76-5	Pestizid
Aldrin (*)	309-00-2	Pestizid
Binapacryl	485-31-4	Pestizid
Captafol	2425-06-1	Pestizid
Chlordan (*)	57-74-9	Pestizid
Chlordimeform	6164-98-3	Pestizid
Chlorbenzilat	510-15-6	Pestizid
DDT (*)	50-29-3	Pestizid
Dieldrin (*)	60-57-1	Pestizid
Dinoseb und Dinosebsalze	88-85-7	Pestizid
1,2-Dibromethan (EDB)	106-93-4	Pestizid
Ethylendichlorid	107-06-2	Pestizid
Ethylenoxid	75-21-8	Pestizid
Fluoracetamid	640-19-7	Pestizid
HCH (gemischte Isomere)	608-73-1	Pestizid
Heptachlor (*)	76-44-8	Pestizid
Hexachlorbenzol (*)	118-74-1	Pestizid
Lindan	58-89-9	Pestizid
Quecksilberverbindungen (anorganisch, Alkyl-, Alkyloxyalkyl- und Arylquecksilberverbindungen)		Pestizid
Pentachlorphenol	87-86-5	Pestizid
Toxaphen (*)	8001-35-2	Pestizid
Methamidophos	10265-92-6	sehr gefährliche Pestizidformulierung
Methylparathion	298-00-0	sehr gefährliche Pestizidformulierung
Monocrotophos	6923-22-4	sehr gefährliche Pestizidformulierung
Parathion	56-38-2	sehr gefährliche Pestizidformulierung
Phosphamidon	13171-21-6	sehr gefährliche Pestizidformulierung
Krokydolith	12001 28-4	Industriechemikalie
polybromierte Biphenyle (PBB)	36355-01-8	Industriechemikalie
polychlorierte Biphenyle (PCB) (*)	1336-36-3	Industriechemikalie
polychlorierte Terphenyle (PCT)	61788-33-8	Industriechemikalie
Tris(2,3-dibrompropyl)phosphat	126-72-7	Industriechemikalie

(*) Diese Stoffe unterliegen einem Ausfuhrverbot gemäß Artikel 14 und Anhang V.

Gemäß den grundlegenden Vorschriften der PIC-Verordnung muss die nationale Behörde vor dem erstmaligen Export von Stoffen, die im Anhang I (siehe Tabelle 5.3) aufgeführt sind, mindestens 30 Tage vor der Ausfuhr unterrichtet werden. Hierfür sind die Angaben und die Anforderungen von Anhang III zu beachten.

Bei wiederholter Ausfuhr muss eine Anzeige jeweils 15 Tage vor dem Export erfolgen. Die in Anhang I Nr. 2 oder 3 aufgeführten Chemikalien dürfen nur ausgeführt werden, wenn eine ausdrückliche Zustimmung zur Einfuhr beantragt wurde und eine Zustimmung sowohl der deutschen nationalen Behörde als auch des Bestimmungslandes vorliegt.

„Verbotene Chemikalien" werden in Artikel 3 Nr. 9 definiert als Chemikalien,
- deren Verwendung für alle Zwecke innerhalb einer oder mehrerer Kategorien oder Unterkategorien aus Gesundheits- oder Umweltschutzgründen durch unmittelbar geltende Rechtsvorschriften der Gemeinschaft verboten ist oder
- für deren erstmalige Verwendung die Zulassung verweigert worden ist oder die von der Industrie entweder in der Gemeinschaft vom Markt genommen oder von einer weiteren Berücksichtigung bei einem Notifikations-, Registrierungs- oder Genehmigungsverfahren zurückgezogen worden sind, wobei erkenntlich sein muss, dass die betreffende Chemikalie Bedenken hinsichtlich der menschlichen Gesundheit oder der Umwelt verursacht.

„Strengen Beschränkungen unterliegende Chemikalien" sind in Nr. 10 definiert:
- Chemikalien, deren Verwendung innerhalb einer oder mehrerer Kategorien oder Unterkategorien für praktisch alle Zwecke aus Gesundheits- oder Umweltschutzgründen durch unmittelbar geltende Rechtsvorschriften verboten, für bestimmte Verwendungen jedoch zugelassen ist, oder
- Chemikalien, für deren Verwendung für praktisch alle Zwecke die Zulassung verweigert worden ist oder die von der Industrie entweder in der Gemeinschaft vom Markt genommen oder von einer weiteren Berücksichtigung bei einem Notifikations-, Registrierungs- oder Genehmigungsverfahren zurückgezogen worden sind, wobei erkenntlich sein muss, dass die betreffende Chemikalie Bedenken hinsichtlich der menschlichen Gesundheit oder der Umwelt verursacht.

Gemäß dieser Unterteilung wird zwischen Pestiziden und Chemikalien unterschieden, die Unterkategorien sind:
- p(1):   Pflanzenschutzmittel,
- p(2):   sonstige Pestizide, einschließlich Biozide,
- i(1):   Industriechemikalie zur Verwendung durch Fachleute und
- i(2):   Industriechemikalie zur Verwendung durch die Öffentlichkeit.

Folgende Beschränkungen werden unterschieden:
- Sr: strenge Beschränkungen,
- b: Verbot (in der betreffenden Unterkategorie/den betreffenden Unterkategorien) gemäß dem Gemeinschaftsrecht.

In Liste 1 im Anhang I der PIC-Verordnung ist eine Gesamtliste von den Chemikalien aufgeführt unter Nennung ihrer Unterkategorie und der Beschränkung, die unter die Verordnung fallen. Tabelle 5.3 gibt diese Liste verkürzt wieder.

Tabelle 5.3 Chemikalien gemäß Anhang I Liste 1 304/2003/EG.

Chemikalie	CAS-Nr	Unterkategorie	Beschränkung	Liste
1,1,1-Trichlorethan	71-55-6	i(2)	b	2
1,2-Dibromethan	106-93-4	P(1)	b	2
1,2-Dichlorethan(Ethylidendichlorid)	107-06-2	P(1) I(2)	b b	2
2-Naphthylamin und seine Salze+	91-59-8	i(1) i(2)	b b	2
2,4,5-T	93-76-5			3
4-Aminobiphenyl und seine Salze	92-67-1	i(1)	b	2
4-Nitrobiphenyl+	92-92-3	i(1) i(2)	b b	2
Arsenverbindungen		p(2)	sr	
Asbestfasern		i(1)–i(2)	b–b	2
Azinphos-ethyl	2642-71-9	p(1)	b	
Benzol	71-43-2	i(2)	sr	
Benzidin und seine Salze Benzidinderivate	92-87-5	(1)–i(2)	sr–b	2
Binapacryl#	485-31-4	p(1) i(2)	b b	3
Cadmium und Cadmiumverbindungen	7440-43-9	i(1)	sr	
Captafol#	2425-06-1	p(1)–p(2)	b–b	3
Kohlenstofftetrachlorid	56-23-5	i(2)	b	
Chlordimeform#	6164-98-3			3

Tabelle 5.3 Fortsetzung.

Chemikalie	CAS-Nr.	Unter-kategorie	Beschränkung	Liste
Chlorfenapyr	122453-73-0	p(1)	b	2
Chlorbenzilat#	510-15-6			3
Chloroform	67-66-3-200	i(2)	b	
Chlozolinat+	84332-86-5	p(1)	b	2
Kreosot und mit Kreosot verwandte Stoffe	8001-58-9	i(2)	b	
Cyhalothrin	68085-85-8	p(1)	b	
DBB (Di-µ-oxo-di-n-butyl-stanniohydroxyboran)	75113-37-0	i(1)	b	
Dicofol mit < 1 g/kg DDT und mit DDT verwandte Verbindungen	115-32-2	p(1)	b	2
Dinoseb, Acetate und Salze	88-85-7	p(1) i(2)	b b	3
Dinoterb	1420-07-1	p(1)	b	2
DNOC	534-52-1	p(1)	b	2
Endrin	72-20-8	P	B	2
Ethylenoxid (Oxiran)	75-21-8	p(1)	b	3
Fentinacetat	900-95-8	p(1)	b	2
Fentinhydroxid	76-87-9	p(1)	b	2
Fenvalerat	51630-58-1	p(1)	b	
Ferbam	14484-64-1	p(1)	b	
Fluoracetamid	640-19-7			3
HCH mit weniger als 99,0 % des Gammaisomers	608-73-1	b		3
Hexachlorethan	67-72-1	i(1)	sr	
Lindan (c-HCH)#	58-89-9	p(1)	b	3
a) Maleinhydrazid und seine Salze außer Cholin, Kalium- und Natriumsalze b) Cholin, Kalium- und Natriumsalze von Maleinhydrazid mit über1 mg/kg freiem Hydrazin	123-33-1 1542-52-0	p(1)	b	

Tabelle 5.3 Fortsetzung.

Chemikalie	CAS-Nr.	Unterkategorie	Beschränkung	Liste
Quecksilberverbindungen	–	p(1)–p(2)	b–sr	3
Methamidophos	10265-92-6			3
Methylparathion	298-00-0			3
Monocrotophos	6923-22-4			3
Monolinuron	1746-81-2	p(1)	b	
Monomethyldibromdiphenylmethan (DBBT)	99688-47-8	i(1)	b	2
Monomethyldichlordiphenylmethan, Ugilec 121 oder 21	400-140-6	i(1)–i(2)	b–b	2
Monomethyltetrachlordiphenylmethan, Ugilec 141	76253-60-6	i(1)–i(2)	b–b	2
Nitrofen	1836-75-5	p(1)	b	2
Parathion	56-38-2	p(1)	b	2
Pentachlorphenol	87-86-5			3
Permethrin	52645-53-1	p(1)	b	
Phosphamidon	13171-21-6			
polybromierte Biphenyle (PBB)		i(1)	sr	3
polychlorierte Terphenyle (PCT)	61788-33-8	i(1)	b	3
Propham	122-42-9	p(1)	b	
Pyrazophos	13457-18-6	p(1)	b	2
Quintozen	82-68-8	p(1)	b	2
Tecnazen	117-18-0	p(1)	b	2
zinnorganische Dreifachverbindungen		p(2) i(2)	sr sr	
Tris(2,3-dibrompropyl)phosphat	126-72-7	i(1)	sr	3
Tri(aziridin-1-yl)phosphinoxid	545-55-1	i(1)	sr	
Zineb	12122-67-7	p(1)	b	

Liste 2: Kandidaten für das PIC-Übereinkommen.
Liste 3: Chemikalien, die dem PIC-Übereinkommen ganz oder teilweise unterliegen.
Chemikalie, die dem internationalen PIC-Verfahren teilweise oder vollständig unterliegt.
+ Chemikalie, die Kandidat für die PIC-Notifikation ist.

5.7 Verordnung 3677/90/EWG

Die Verordnung 3677/90/EWG [87] „Maßnahmen gegen die Abzweigung bestimmter Stoffe zur unerlaubten Herstellung von Suchtstoffen und psychotropen Substanzen" regelt sowohl Stoffe mit derartigen Wirkungen als auch Ausgangsstoffe zu ihrer Synthese. Sowohl der Import und Export als auch der Transit der im Anhang der Verordnung aufgeführten Stoffe muss exakt dokumentiert werden.

Nur mit Erlaubnis der zuständigen Behörde dürfen ausgeführt werden:
- *1-Phenyl-2-propanon,*
- *Acetylanthranilsäure,*
- *Isosafrole* (cis + trans),
- *3,4-Methylendioxyphenylpropan-2-on,*
- *Piperonal,*
- *Safrol,*
- *Ephedrin,*
- *Pseudoephedrin,*
- *Norephedrin,*
- *Ergometrin,*
- *Ergotamin* und
- *Lysergsäure.*

Einer Ausfuhrerlaubnis in Länder, in denen eine unerlaubte Herstellung von Drogen oder psychotropen Stoffen bekannt ist, wird benötigt für:
- *Kaliumpermanganat,*
- *Essigsäureanhydrid,*
- *Phenylessigsäure,*
- *Anthranilsäure* und
- *Piperidin.*

In Länder, die unerlaubt Heroin oder Kokain herstellen, dürfen nicht ausgeführt werden:
- *Salzsäure,*
- *Schwefelsäure,*
- *Toluol,*
- *Ethylether,*
- *Aceton* und
- *Methylethylketon* (MEK).

5.8
Verordnung 2037/2000/EG

Die „Verordnung über Stoffe, die zum Abbau der Ozonschicht führen" 2037/2000/EG [88] wurde verabschiedet, um das Montrealer Abkommen zur Reduzierung der Stoffe, die die Ozonschicht schädigen, in europäisches Recht zu überführen.

Die Herstellung dieser Stoffe ist grundsätzlich verboten, desgleichen sind strenge Vorschriften bei der Entsorgung und dem Recycling zu beachten. Die regulierten Stoffe sind in Abhängigkeit von ihrer chemischen Zusammensetzung in neun Gruppen unterteilt:

Gruppe 1: Chlorfluorkohlenwasserstoffe (CFC)
Gruppe 2: andere, vollständig halogenierte Chlorfluorkohlenwasserstoffe
Gruppe 3: Halone
Gruppe 4: Kohlenstofftetrachlorid
Gruppe 5: 1,1,1-Trichlorethan
Gruppe 6: Methylbromid
Gruppe 7: Bromfluorkohlenwasserstoffe
Gruppe 8: Chlorfluorkohlenwasserstoffe und
Gruppe 9: Chlorbrommethan

Auf die weitere Diskussion der Verordnung wird verzichtet, da diese halogenierten Verbindungen nur noch eine sehr begrenzte Bedeutung besitzen.

5.9
Die POP-Verordnung

Mit der Verordnung über persistente organische Schadstoffe 850/2004/EG [89] wurde das Stockholmer Übereinkommen über persistente organische Schadstoffe (engl.: persistent organic pollutants, POP) in das europäische Recht übernommen. Die in Anhang I der Verordnung aufgeführten Stoffe dürfen weder hergestellt, noch verwendet oder in Verkehr gebracht werden, unabhängig ob als Stoff, in Verbindungen oder in Artikeln (siehe Tabelle 5.4). Ausnahmen gelten für Forschung und Entwicklung.

Für die folgenden Stoffe müssen die Mitgliedsstaaten ein Emissionskataster erstellen:
- polychlorierte Dibenzo-p-dioxine und Dibenzofurane (PCDD/PCDF)
- Hexachlorbenzol (HCB) (CAS-Nr.: 118-74-1)
- polychlorierte Biphenyle (PCB)
- polycyclische aromatische Kohlenwasserstoffe (PAK)

Bei der Herstellung und Verwendung ist mit vernünftigerweise möglichen Maßnahmen Verunreinigungen der in Tabelle 5.5 aufgeführten Stoffe zu vermeiden. Abfälle, die diese Stoffe enthalten, müssen so behandelt werden, dass die POP-Verbindungen zerstört werden.

Tabelle 5.4 Chemikalien, die ohne Ausnahmen gemäß Anhang I der Verordnung 850/2004/EG verboten sind.

Chemikalie	CAS-Nr.	EC-Nr.	Erläuterung
Aldrin	309-00-2	206-215-8	–
Chlordan	57-74-9	200-349-0	–
Dieldrin	60-57-1	200-484-5	–
Endrin	72-20-8	200-775-7	–
Heptachlor	76-44-8	200-962-3	–
Hexachlorbenzol	118-74-1	200-273-9	–
Mirex	2385-85-5	219-196-6	–
Toxaphen	8001-35-2	232-283-3	–
polychlorierte Biphenyle (PCB)	1336-36-3	215-648-1	[1]
	und andere	und andere	
DDT (1,1,1-Trichlor-2,2-bis(4-chlorphenyl)ethan)	50-29-3	200-024-3	[2]
Chlordecon	143-50-0	205-601-3	–
Hexabrombiphenyl	36355-01-8	252-994-2	–
HCH, einschließlich Lindan	608-73-1	210-168-9	–
	58-89-9	200-401-2	[3]

[1] Unbeschadet der Richtlinie 96/59/EG dürfen Artikel, die zum Zeitpunkt des Inkrafttretens dieser Verordnung bereits verwendet wurden, weiter verwendet werden.

[2] Die Mitgliedsstaaten können die jeweils auf einen bestimmten Standort beschränkte bestehende Herstellung und Verwendung von DDT als Zwischenprodukt bei der Herstellung von Dicofol in einem geschlossenen System in Übereinstimmung mit Artikel 4 Abs. 3 dieser Verordnung bis zum 1.1.2014 zulassen.

Die Kommission überprüft diese Ausnahme bis zum 31.12.2008 anhand des Ergebnisses der Bewertung im Rahmen der Richtlinie 91/414/EWG (1).

[3] Die Mitgliedsstaaten können folgende Verwendungszwecke als Ausnahmen zulassen:
a) bis zum 1.9.2006:
  – professionelle Schutzbehandlung und industrielle Behandlung von Schnitt-, Bau- und Rundholz,
  – industrielle und private Anwendung in Innenräumen;
b) bis zum 31.12.2007:
  – technisches HCH zur Verwendung als Zwischenprodukt in der Chemieproduktion;
  – Produkte, bei denen mindestens 99 % des HCH-Isomers in der Gamma-Form vorliegen (d. h. Lindan), sind auf den Einsatz als Insektizid im öffentlichen Gesundheitswesen und im Veterinärwesen beschränkt.

Tabelle 5.5 Chemikalien, die unter die Abfallregelungen von Anhang IV der Verordnung 850/2004/EG, fallen.

Chemikalie	CAS-Nr.	EG-Nr.
Aldrin	309-00-2	206-215-8
Chlordan	57-74-9	200-349-0
Dieldrin	60-57-1	200-484-5
Endrin	72-20-8	200-775-7
Heptachlor	76-44-8	200-962-3
Hexachlorbenzol	118-74-1	200-273-9
Mirex	2385-85-5	219-196-6
Toxaphen	8001-35-2	232-283-3
polychlorierte Biphenyle (PCB)	1336-36-3	215-648-1
DDT (1,1,1-Trichlor-2,2-bis(4-chlorphenyl)ethan)	50-29-3	200-024-3
Chlordecon	143-50-0	205-601-3
polychlorierte Dibenzo-p-dioxine und Dibenzofurane (PCDD/PCDF)	608-73-1	210-168-9
HCH, einschließlich Lindan	58-89-9	200-401-2
Hexabrombiphenyl	36355-01-8	252-994-2

6
Deutsche Regelungen

Wie bereits einführend ausgeführt, sind alle nationalen staatlichen Vorschriften zu Chemikalien in entsprechenden Richtlinien der EU begründet. Auch wenn der nationale Spielraum bei allen nach Artikel 137 erlassenen EG-Richtlinien klein ist, überführt der Gesetzgeber diese in nationale Regelungen. Da nationale Änderungen bei EG-Richtlinien nach Artikel 95 des EG-Vertrages nicht zulässig sind, werden diese häufig durch gleitende Verweise unmittelbar übernommen, ohne dass diese in deutschen Vorschriften nachprüfbar sind. Diese Vorgehensweise ist gesetzestechnisch einfach und plausibel, erschwert aber insbesondere Klein- und Mittelständigen Unternehmen (KMU), die geltenden Vorschriften nachzuvollziehen.

6.1
Das Chemikaliengesetz

Am 1.1.1982 ist das „Gesetz zum Schutz vor gefährlichen Stoffen" (Chemikaliengesetz, abgekürzt ChemG) [31] in Kraft getreten. Die derzeit gültige Fassung wurde Ende 2006 in Kraft gesetzt und ist Basis der folgenden Ausführungen. Grundlage des Chemikaliengesetzes ist die EG-Stoffrichtlinie 67/548/EWG [32] aus dem Jahre 1967. Diese Richtlinie wurde zwischenzeitlich mehrfach novelliert. Durch die Registrierungspflichten und das Zulassungsverfahren von REACH [41] am 1.6.2008 (siehe Abschnitt 5.1) wird eine umfassende Überarbeitung des Chemikaliengesetzes notwendig. Die Vorschriften zur Anmeldung von neuen Stoffen werden zum vorgenannten Termin unwirksam und durch die REACH-Vorschriften ersetzt; diese Vorschriften werden daher nicht mehr behandelt.

6.1.1
Aufbau des Chemikaliengesetzes

Ziel des Chemikaliengesetzes [31] ist (§ 1).

> „Menschen und die Umwelt vor schädlichen Einwirkungen gefährlicher Stoffe und Zubereitungen zu schützen, insbesondere sie erkennbar zu machen, sie abzuwenden und ihrem Entstehen vorzubeugen".

Das Gefahrstoffbuch, 3. Auflage. Herbert F. Bender
Copyright © 2008 WILEY-VCH Verlag GmbH & Co. KGaA, Weinheim
ISBN: 978-3-527-32067-7

Das Chemikaliengesetz kann in mehrere Regelungsbereiche untergliedert werden:
- Anmeldung neuer Stoffe,
- Zulassung von Biozid-Produkten,
- Vorschriften zur Einstufung, Kennzeichnung und Verpackung,
- Mitteilungspflichten,
- Ermächtigungsgrundlagen und
- Vorschriften von GLP.

Der erste Bereich regelt die wichtigen Vorschriften beim Inverkehrbringen von neuen Stoffen. Die für die Praxis essenziellen Vorschriften zur Anmeldung und Prüfung neuer Stoffe beinhalten die zentralen Regelungen des Chemikaliengesetzes. Des Weiteren werden grundlegende Definitionen vorgegeben (siehe Abschnitt 1.3), und es beinhaltet die Mitteilungspflichten für neue und alte Stoffe. Die Ermächtigung für Verbote und Beschränkungen bestimmter gefährlicher Stoffe, Zubereitungen und Erzeugnisse finden sich ebenfalls in diesem Bereich.

Im zweiten Bereich werden die grundlegenden Kennzeichnungsvorschriften geregelt. Des Weiteren finden sich die Basisvorschriften für die Sicherheitsdatenblätter sowie die Mitteilungspflichten für Stoffe bei neuen Erkenntnissen an die Anmeldebehörde.

Der dritte Bereich enthält die Ermächtigungsgrundlagen für weitergehende Vorschriften zum Inverkehrbringen und zum Arbeitsschutz von gefährlichen Stoffen und Gefahrstoffen, die weitestgehend in der Chemikalien-Verbotsverordnung, der Gefahrstoffverordnung und der Biostoffverordnung umgesetzt wurden.

An dieser Stelle soll nicht weiter auf den vierten Bereich eingegangen werden. Obwohl die Regelungen zur Guten Laborpraxis (GLP) für die Prüfung der intrinsischen Eigenschaften von Stoffen und Zubereitungen von grundlegender Bedeutung sind, sollen sie im Weiteren nicht behandelt werden, da sie nur für einen kleinen Expertenkreis von Relevanz sind.

Das Chemikaliengesetz gliedert sich in acht Abschnitte und zwei Anhänge:
1. Abschnitt (§§ 1–3a): Zweck, Anwendungsbereich und Begriffsbestimmungen
2. Abschnitt (§§ 4–12): Anmeldung neuer Stoffe
3. Abschnitt (§§ 13–15): Einstufung, Verpackung und Kennzeichnung von gefährlichen Stoffen, Zubereitungen und Erzeugnissen
4. Abschnitt (§ 16a–e): Mitteilungspflichten
5. Abschnitt (§§ 17–19): Ermächtigung zu Verboten und Beschränkungen sowie zu Maßnahmen zum Schutz von Beschäftigten
6. Abschnitt (§ 19a–d): Gute Laborpraxis
7. Abschnitt (§§ 20–27): Allgemeine Vorschriften
8. Abschnitt (§§ 28–31): Schlussvorschriften
Anhang 1: Grundsätze der Guten Laborpraxis (GLP)
Anhang 2: GLP-Bescheinigung

6.1.2
Anwendungsbereich und Begriffsbestimmungen

Grundsätzlich sollte das Chemikaliengesetz als allgemeines Gesetz zur Regelung der Handhabung von Chemikalien alle chemischen Stoffe umfassen. Da jedoch spezielle Gesetze bereits abschließend Teilbereiche aus dem Chemikaliengesetz regeln, sind diese aus dem Geltungsbereich des Chemikaliengesetzes ausgenommen. Die Stoffe und Chemikalien, die in Teilbereichen aus dem Anwendungsbereich ausgenommen wurden, können Tabelle 6.1 entnommen werden. Da in § 19 Chemikaliengesetz der Schutz der Beschäftigten verankert ist, gilt u. a. § 19 generell auch in diesen Rechtsbereichen.

§ 3 Chemikaliengesetz definiert wesentliche Begriffe, die zum Verständnis des Gesetzes wichtig sind. In § 3a wird der zentrale Begriff „gefährlicher Stoff" allgemein definiert; eine etwas konkretisierende Darstellung der Gefährlichkeitsmerkmale findet sich dann in § 4 der Gefahrstoffverordnung. Die exakte Definition der Gefährlichkeitsmerkmale erfolgt in Anhang VI der EG-Stoffrichtlinie. Für die Praxis ist zu beachten, dass nicht jeder Gegenstand oder Stoff, von dem letztendlich eine Gefahr ausgehen kann, als „gefährlicher Stoff" bezeichnet wird. So ist Wasser mit Sicherheit der Stoff, durch den die meisten Menschen umgekommen sind: durch Ertrinken. Trotzdem fällt Wasser nicht unter die gefährlichen Stoffe, da kein Kriterium der Gefährlichkeitsmerkmale erfüllt ist. Desgleichen ist reiner Stickstoff für den Menschen innerhalb weniger Minuten beim Einatmen absolut tödlich, gleichwohl ist es kein „gefährlicher Stoff" im Sinne des Gesetzes. Andererseits sind einige „gefährliche Stoffe" des alltäglichen Lebens nicht tatsächlich gefährlich für den Menschen (bei verantwortungsvollem Umgang!), fallen aber trotzdem unter die kennzeichnungspflichtigen „gefährlichen Stoffe". Manche erfreuen sich sogar als Lebensmittel (Alkohol) großer Beliebt-

Tabelle 6.1 Stoffe, die in Teilgebieten aus dem Regelungsbereich des Chemikaliengesetzes ausgenommen sind.

Stoff	Gesetz
Lebensmittel	Lebensmittel- und Bedarfsgegenständegesetz
Tabakerzeugnisse	Lebensmittel- und Bedarfsgegenständegesetz
Kosmetische Mittel	Lebensmittel- und Bedarfsgegenständegesetz
Futtermittel	Futtermittelgesetz
Arzneimittel	Arzneimittelgesetz
Medizinprodukte	Medizinproduktegesetz
Abfälle, Altöle	Kreislaufwirtschafts- und Abfallgesetz
Radioaktive Abfälle	Atomgesetz
Abwasser	Abwasserabgabengesetz

heit! Gleichwohl sind bei Missbrauch sowohl gesundheitliche Probleme zahlreich dokumentiert als auch durch unsichere Handhabung (z. B. Grill anzünden) größere Schäden bekannt. Somit erscheint es sehr wichtig, dass der Begriff „gefährlicher Stoff" als Terminus technicus stets korrekt benutzt wird!

> Aus der Zuordnung eines Stoffes zu den „gefährlichen Stoffen" kann nicht zwingend eine Gefährlichkeit im Sinne eines erheblichen Risikos abgeleitet werden! Die **Gefahr**, die von einem Stoff ausgeht, wird von seinen Stoffeigenschaften bestimmt. Das tatsächliche **Risiko** hängt ganz wesentlich von der Exposition, den Umgebungsbedingungen und von der Eintrittswahrscheinlichkeit ab!

6.1.3
Anmeldung neuer Stoffe und von Bioziden

Die §§ 4 bis 12 regeln das Anmeldeverfahren neuer Stoffe. Mit Wirkung vom 1.6.2008 werden die bisherigen Regelungen der EG-Stoffrichtlinie 67/548/EWG [32] zur Anmeldung neuer Stoffe aufgehoben und durch die REACH-Verordnung [41] ersetzt.

Nicht mit aufgehoben werden die Vorschriften zur Zulassung und Prüfung von Bioziden, geregelt in Abschnitt IIa, § 12a bis 12j. Diese Regelungen dienen zur Umsetzung der EG-Richtlinie 98/8/EG [39].

Biozid-Produkte sind definiert in § 3b als Biozid-Wirkstoffe und Zubereitungen, die einen oder mehrere Biozid-Wirkstoffe enthalten und in der Form, in welcher sie zum Verwender gelangen, dazu bestimmt sind, auf chemischem oder biologischem Wege Schadorganismen zu zerstören, abzuschrecken, unschädlich zu machen, Schädigungen durch sie zu verhindern oder sie in anderer Weise zu bekämpfen, und die
1. einer Produktart zugehören, die in Anhang V der Richtlinie 98/8/EG [39] aufgeführt ist, und
2. nicht unter einen der in Artikel 1 Abs. 2 der Richtlinie 98/8/EG aufgeführten Ausnahmebereiche fallen.

Abbildung 6.1 stellt die Definition von Bioziden zusammenfassend dar.

Ein **Biozid-Wirkstoff** ist definiert als ein Stoff mit allgemeiner oder spezifischer Wirkung auf oder gegen Schadorganismen, der zur Verwendung als Wirkstoff in Biozid-Produkten bestimmt ist; als derartige Stoffe gelten auch Mikroorganismen einschließlich Viren oder Pilzen mit entsprechender Wirkung und Zweckbestimmung.

Ein **bedenklicher Stoff** ist jeder Stoff, der kein Biozid-Wirkstoff ist, der aber auf Grund seiner Beschaffenheit nachteilige Wirkungen auf Mensch, Tier oder Umwelt haben kann und in einem Biozid-Produkt in hinreichender Konzentration enthalten ist oder entsteht, um eine solche Wirkung hervorzurufen; dies ist in der Regel der Fall bei einem gefährlichen Stoff, dessen Vorhandensein in dem

> **Biozide sind Wirkstoffe**, die dazu bestimmt sind, auf
> ⇨ chemischem oder biologischem Wege
> ⇨ Schadorganismen
> ⇨ zu zerstören, abzuschrecken, unschädlich zu machen oder
> ⇨ Schädigungen durch sie zu verhindern oder sie in anderer Weise zu bekämpfen

Abb. 6.1 Definition von Biozid-Produkten.

Biozid-Produkt dazu beiträgt, dass das Biozid-Produkt selbst als gefährliche Zubereitung einzustufen ist.

Unter **Schadorganismen** werden Organismen verstanden, die für den Menschen, seine Tätigkeiten oder für Produkte, die er verwendet oder herstellt, oder für Tiere oder die Umwelt unerwünscht oder schädlich sind.

Ein **Biozid-Produkt mit niedrigem Risikopotenzial** ist ein Biozid-Produkt, das als Biozid-Wirkstoff oder als Biozid-Wirkstoffe nur einen oder mehrere der in Anhang IA der Richtlinie 98/8/EG aufgeführten Biozid-Wirkstoffe und im Übrigen keine bedenklichen Stoffe enthält; von dem betreffenden Biozid-Produkt darf, wenn es den Verwendungsvorschriften entsprechend eingesetzt wird, nur ein niedriges Risiko für Mensch, Tier und Umwelt ausgehen.

Grundstoff ist ein in Anhang IB der Richtlinie 98/8/EG aufgeführter Stoff, dessen hauptsächliche Verwendung nicht die Bekämpfung von Schadorganismen ist, der jedoch in geringerem Maße – entweder unmittelbar oder in einem Produkt, das den Stoff sowie ein einfaches Verdünnungsmittel, das seinerseits kein bedenklicher Stoff ist, enthält – als Biozid-Produkt zum Einsatz gelangt und nicht direkt für diese Verwendung vermarktet wird.

Biozid-Produkte dienen gemäß EG-Richtlinie zum
- Zerstören,
- Abschrecken,
- Unschädlichmachen von Schadorganismen oder dazu,
- Schädigungen durch sie zu verhindern oder
- sie in andere Weise zu bekämpfen.

Biozid-Produkte dürfen nur in Verkehr gebracht werden, wenn sie von der Zulassungsstelle zugelassen wurden. Zulassungsstelle in Deutschland ist die Bundesanstalt für Arbeitsschutz und Arbeitsmedizin (BAuA) in Dortmund.

Die Zulassung wird erteilt, wenn
1. das Biozid-Produkt im Anhang I oder IA der EG-Biozidrichtlinie 98/8/EG [39] aufgeführt ist und die dort aufgeführten Anforderungen erfüllt,
2. unter den Anwendungsbedingungen hinreichend wirksam ist; keine unannehmbare Auswirkungen auf die Zielorganismen, z. B. Resistenzen, hat;

keine unmittelbaren oder mittelbaren unannehmbaren Auswirkungen auf die Gesundheit von Mensch und Tier hat; keine unannehmbaren Auswirkungen auf die Umwelt zeigt,
3. Art und Menge des Wirkstoffs, einschließlich relevanter Verunreinigungen und Rückstände gemäß den Bestimmungen der Anhänge IIA, IIB, IIIA, IIIB, IVA oder IVB der Richtlinie 98/8/EG bestimmt werden können,
4. die physikalisch-chemischen Eigenschaften ermittelt und als annehmbar bewertet wurden sowie
5. Belange des Arbeitsschutzes und andere öffentlich-rechtliche Vorschriften einer Zulassung des Biozid-Produkts nicht entgegenstehen.

Nicht zugelassen werden müssen
1. Biozid-Produkte mit niedrigem Risikopotenzial, die nach § 12f registriert worden sind,
2. Grundstoffe,
3. Biozid-Produkte, die ausschließlich zu Zwecken der wissenschaftlichen oder verfahrensorientierten Forschung und Entwicklung in den Verkehr gebracht und verwendet werden, sofern die Anforderungen nach § 12i eingehalten sind, sowie
4. Biozid-Produkte, die in einem anderen Mitgliedsstaat der EU bereits zugelassen wurden.

Biozid-Produkte mit krebserzeugenden, erbgutverändernden oder fortpflanzungsgefährdenden Eigenschaften der Kategorie 1 oder 2 dürfen nicht zur Verwendung für den privaten Endverbraucher zugelassen werden.

Im Rahmen des Zulassungsverfahrens entscheidet die Zulassungsstelle über den zulässigen Verwendungszweck sowie über die Verwenderkategorie. Die Zulassung kann mit Auflagen und zeitbefristet erteilt werden. Die Zulassung wird maximal für zehn Jahre erteilt, anschließend ist eine Neuzulassung zu beantragen.

Beim Zulassungsantrag ist die Verwenderkategorie anzugeben:
- industriell,
- berufsmäßig oder
- nicht berufsmäßig.

Biozid-Produkte sind in 4 Hauptgruppen und 23 Produkttypen untergliedert:
- Hauptgruppe 1: Desinfektionsmittel und allgemeine Biozid-Produkte
  - Produktart 1: Biozid-Produkte für die menschliche Hygiene
  - Produktart 2: Desinfektionsmittel für den Privatbereich und den Bereich des öffentlichen Gesundheitswesens sowie andere Biozid-Produkte
  - Produktart 3: Biozid-Produkte für die Hygiene im Veterinärbereich
  - Produktart 4: Desinfektionsmittel für den Lebens- und Futtermittelbereich
  - Produktart 5: Trinkwasserdesinfektionsmittel

- Hauptgruppe 2: Schutzmittel
  - Produktart 6: Topf-Konservierungsmittel
  - Produktart 7: Beschichtungsschutzmittel
  - Produktart 8: Holzschutzmittel
  - Produktart 9: Schutzmittel für Fasern, Leder, Gummi und polymerisierte Materialien
  - Produktart 10: Schutzmittel für Mauerwerk
  - Produktart 11: Schutzmittel für Flüssigkeiten in Kühl- und Verfahrenssystemen
  - Produktart 12: Schleimbekämpfungsmittel
  - Produktart 13: Schutzmittel für Metallbearbeitungsflüssigkeiten

- Hauptgruppe 3: Schädlingsbekämpfungsmittel
  - Produktart 14: Rodentizide
  - Produktart 15: Avizide
  - Produktart 16: Molluskizide
  - Produktart 17: Fischbekämpfungsmittel
  - Produktart 18: Insektizide, Akarizide und Produkte gegen andere Arthropoden
  - Produktart 19: Repellentien und Lockmittel

- Hauptgruppe 4: Sonstige Biozid-Produkte
  - Produktart 20: Schutzmittel für Lebens- und Futtermittel
  - Produktart 21: Antifouling-Produkte
  - Produktart 22: Flüssigkeiten für Einbalsamierung und Taxidermie
  - Produktart 23: Produkte gegen sonstige Wirbeltiere.

6.1.4
Mitteilungspflichten

Der Anmeldebehörde sind alle relevanten Änderungen zu Angaben zum Anmeldeverfahren unverzüglich mitzuteilen. Dies sind insbesondere:
- Informationen zu Verunreinigungen,
- Änderungen bei Herstellung, Verwendung, Exposition und Verbleib,
- Überschreitung der Mengenschwellen der Grundprüfung sowie der 1. und 2. Zusatzprüfung und
- neue Erkenntnisse über die Wirkungen des Stoffes auf Mensch und Umwelt.

Bei Stoffen, die für **Forschung und Entwicklung** für maximal ein Jahr von der Anmeldung nach § 5 ausgenommen sind, müssen der Anmeldebehörde die folgenden Informationen vor Inverkehrbringen mitgeteilt werden:
- die Identitätsmerkmale,
- Menge des Stoffes,
- Hinweise zur Verwendung,

- bei gefährlichen Stoffen Empfehlungen über die notwendigen Schutzmaßnahmen,
- bei sehr giftigen, giftigen, krebserzeugenden oder erbgutverändernden Stoffen die vorliegenden toxikologischen Daten,
- das Programm für Forschung und Entwicklung,
- Begründung für die eingesetzten Mengen und
- eine Liste der sachkundigen Personen, die mit dem Stoff umgehen.

Diese weitgehenden Forderungen dienen dem Schutz der Mitarbeiter, die mit diesen Stoffen arbeiten. Grundsätzlich sind Stoffe mit unbekanntem Wirkprofil unter besonderen Schutzmaßnahmen zu verwenden. So werden diese Stoffe üblicherweise in der chemischen Forschung und Entwicklung in geschlossenen Anlagen gehandhabt, die eine relevante Exposition ausschließen.

6.1.5
Ermächtigungsgrundlagen

In § 17 Chemikaliengesetz wird die Bundesregierung ermächtigt, die Herstellung und Verwendung bestimmter Stoffe und Zubereitungen zu verbieten. Sowohl in der Chemikalien-Verbotsverordnung (Verbote des Inverkehrbringens) als auch in der Gefahrstoffverordnung (Herstellung und Verwendung) wurde von der Möglichkeit des Verbots Gebrauch gemacht. § 17 ermöglicht nicht nur das Verbot bestimmter Stoffe, Zubereitungen und Erzeugnisse, sondern ist ebenso die gesetzliche Basis für die Anzeige und die Erlaubnis zum Inverkehrbringen. Ferner können zur Abgabe bestimmter Stoffe, Zubereitungen oder Erzeugnisse eine Sachkunde sowie weitere Einschränkungen bei der Abgabe verlangt werden. Diese Ermächtigung wird in der Chemikalien-Verbotsverordnung [36] umgesetzt.

Zum Schutz der Beschäftigten können nach § 19 spezielle Maßnahmen beim Umgang mit Gefahrstoffen erlassen werden. Die Gefahrstoffverordnung [35] setzt die Ermächtigungen von § 19 fast vollständig um.

6.1.6
Verordnungen des Chemikaliengesetzes

Unterhalb der Normungsebene des Chemikaliengesetzes existieren eine Vielzahl von Verordnungen, die alle als Ermächtigungsgrundlage das Chemikaliengesetz haben. Abbildung 6.2 fasst alle Verordnungen zusammen. Die wichtigsten sind die **Gefahrstoffverordnung** [35], die **Chemikalien-Verbotsverordnung** [36] und die **Biostoffverordnung** [25], die im Rahmen dieses Buches ausführlich behandelt werden (in den Abschnitten 6.2 bis 6.4).

Die **FCKW-Halon-Verbotsverordnung** [90] ist als einzige Verbotsverordnung zum Inverkehrbringen bestimmter Stoffe und Zubereitungen nicht in die Chemikalien-Verbotsverordnung überführt worden.

Die **Giftinformationsverordnung** [91] (Ermächtigungsgrundlage: § 16e) regelt die Mitteilungspflichten für die Informations- und Behandlungszentren für Vergif-

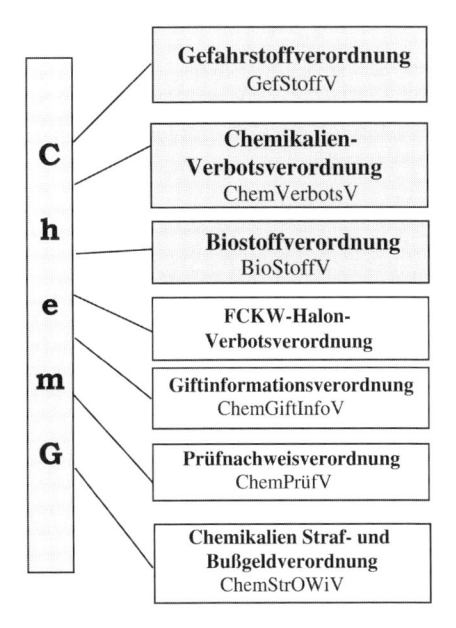

Abb. 6.2 Die Verordnungen des Chemikaliengesetzes.

ChemG:
- Gefahrstoffverordnung (GefStoffV)
- Chemikalien-Verbotsverordnung (ChemVerbotsV)
- Biostoffverordnung (BioStoffV)
- FCKW-Halon-Verbotsverordnung
- Giftinformationsverordnung (ChemGiftInfoV)
- Prüfnachweisverordnung (ChemPrüfV)
- Chemikalien Straf- und Bußgeldverordnung (ChemStrOWiV)

tungen. Die an das Bundesinstitut für Risikobewertung (BfR) zu übermittelnden Daten werden ebenso geregelt wie die Mitteilungspflichten behandelnder Ärzte beim Vorliegen von durch Chemikalien ausgelösten Vergiftungssymptomen.

Die **Chemikalien Straf- und Bußgeldverordnung** [92] regelt spezielle Straftatbestände und Ordnungswidrigkeiten auf Grundlage entsprechender EU-Richtlinien, die nicht im Chemikaliengesetz oder einer der Verordnungen geregelt sind. Die wesentlichsten Regelungsinhalte betreffen Stoffe, die zum Abbau der Ozonschicht führen können.

Die bei der Anmeldung neuer Stoffe anfallenden Kosten und Gebühren sind in der **Chemikalien-Kostenverordnung** [93] aufgelistet.

6.2
Die Gefahrstoffverordnung

Die „**Verordnung zum Schutz vor gefährlichen Stoffen**", allgemein als „Gefahrstoffverordnung" (abgekürzt „GefStoffV") [35] bekannt, ist die wichtigste Verordnung des Chemikaliengesetzes. Die erste Fassung ist als Verordnung über gefährliche Stoffe am 1.10.1986 in Kraft getreten und hat die bis dahin gültige „Arbeitsstoffverordnung" abgelöst.

Durch Übernahme der EU-Agenzienrichtlinie 98/24/EG [43] in nationales Recht wurde die Gefahrstoffverordnung vollständig überarbeitet, neu strukturiert und ist mit neuem Aufbau und Schutzkonzept Anfang 2005 in Kraft getreten.

Die Verordnung gliedert sich in sieben Abschnitte sowie fünf Anhänge:
Abschnitt 1: §§ 1–3   Anwendungsbereich und Begriffsbestimmungen
Abschnitt 2: §§ 4–6   Gefahrstoffinformation
Abschnitt 3: §§ 7–9   Allgemeine Schutzmaßnahmen
Abschnitt 4: §§ 10–17   Ergänzende Schutzmaßnahmen
Abschnitt 5: § 18   Verbote und Beschränkungen
Abschnitt 6: §§ 19–22   Vollzugsregelungen und Schlussvorschriften
Abschnitt 7: §§ 23–26   Ordnungswidrigkeiten und Straftaten
Anhang I: Mitgeltende EU-Richtlinien
Anhang II: Besondere Vorschriften zur Information, Kennzeichnung und Verpackung
Anhang III: Besondere Vorschriften für bestimmte Gefahrstoffe und Tätigkeiten
Anhang IV: Herstellungs- und Verwendungsverbote
Anhang V: Arbeitsmedizinische Vorsorgeuntersuchungen

6.2.1
Anwendungsbereich und Begriffsbestimmungen

Ziel der Gefahrstoffverordnung ist gemäß § 1 Abs. 1 Anwendungsbereich:

> „Diese Verordnung gilt für das Inverkehrbringen von Stoffen, Zubereitungen und Erzeugnissen, zum Schutz der Beschäftigten und anderer Personen vor Gefährdungen ihrer Gesundheit und Sicherheit durch Gefahrstoffe und zum Schutz der Umwelt vor stoffbedingten Schädigungen."

Der Anwendungsbereich der Gefahrstoffverordnung bezüglich der Regelungen zum Inverkehrbringen, zweiter Abschnitt, unterscheidet sich von den folgenden Abschnitten. Die Vorschriften der §§ 4 bis 6 beim Inverkehrbringen wurden auf Grundlage von § 2 Chemikaliengesetz [31] erlassen; es gelten daher die gleichen Ausnahmeregelungen, auch wenn diese nicht mehr mit aufgeführt sind. Nicht eingestuft und gekennzeichnet werden folgende Produkte, auch wenn sie gefährliche Eigenschaften besitzen:
- generell Erzeugnisse, mit Ausnahme der speziell in EU-Richtlinien aufgeführten,
- Tabakerzeugnisse und kosmetische Mittel (im Sinne des Lebensmittel- und Bedarfsgegenständegesetzes),
- Arzneimittel (solche, die einem Zulassungs- oder Registrierungsverfahren nach dem Arzneimittelgesetz oder nach dem Tierseuchengesetz unterliegen, sowie sonstige Arzneimittel, soweit sie nach § 21 Abs. 2 des Arzneimittelgesetzes einer Zulassung nicht bedürfen oder in einer zur Abgabe an den Verbraucher bestimmten Verpackung abgegeben werden),
- Medizinprodukte (im Sinne des § 3 des Medizinproduktegesetzes) und ihr Zubehör,

- Abfälle zur Beseitigung im Sinne des § 3 Abs. 1 Satz 2 zweiter Halbsatz des Kreislaufwirtschafts- und Abfallgesetzes,
- radioaktive Abfälle im Sinne des Atomgesetzes,
- Abwasser im Sinne des Abwasserabgabengesetzes, soweit es in Gewässer oder Abwasseranlagen eingeleitet wird,
- Lebensmittel, die an den Endverbraucher abgegeben werden, und
- Futtermittel und Zusatzstoffe, die für den unmittelbaren Verzehr vorgesehen sind.

Die Vorschriften des dritten bis sechsten Abschnitts sind immer anzuwenden, wenn
- Tätigkeiten mit Stoffen, Zubereitungen oder Erzeugnissen durchgeführt werden oder
- diese bei Tätigkeiten entstehen.

Da oft erst in der Gefährdungsermittlung entschieden werden kann, ob die benutzten Stoffe Gefahrstoffe sind, ist der Anwendungsbereich der Verordnung ausdrücklich nicht auf Gefahrstoffe beschränkt.

Die grundlegenden Schutzmaßnahmen des dritten Abschnittes sind auch bei der Beförderung gefährlicher chemischer Stoffe und Zubereitungen zu beachten.

Der zentrale Begriff „Gefahrstoff" ist in der Gefahrstoffverordnung abweichend vom Chemikaliengesetz definiert, da in der Definition nach Chemikaliengesetz die biologischen Arbeitsstoffe eingeschlossen sind, nicht jedoch nach Gefahrstoffverordnung. **Gefahrstoffe** sind nach § 3 Abs. 1 Gefahrstoffverordnung definiert als

1. „gefährliche Stoffe und Zubereitungen nach § 3a des Chemikaliengesetzes sowie Stoffe und Zubereitungen, die sonstige chronisch schädigende Eigenschaften besitzen,
2. Stoffe, Zubereitungen und Erzeugnisse, die explosionsfähig sind,
3. Stoffe, Zubereitungen und Erzeugnisse, aus denen bei der Herstellung oder Verwendung Stoffe oder Zubereitungen nach Nummer 1 oder 2 entstehen oder freigesetzt werden können,
4. sonstige gefährliche chemische Arbeitsstoffe im Sinne des Artikels 2 Buchstabe b in Verbindung mit Buchstabe a der Richtlinie 98/24/EG des Rates vom 7. April 1998 zum Schutz von Gesundheit und Sicherheit der Arbeitnehmer vor der Gefährdung durch chemische Arbeitsstoffe bei der Arbeit."

Nach Nummer 4 fallen alle chemischen Arbeitsstoffe unter die Gefahrstoffe, die auf Grund ihrer physikalisch-chemischen, chemischen oder toxikologischen Eigenschaften und der Art und Weise, wie sie am Arbeitsplatz verwendet werden oder dort vorhanden sind, für die Sicherheit und die Gesundheit der Arbeitnehmer ein Risiko darstellen können oder für die ein EU-Arbeitsplatzgrenzwert festgelegt wurde. In Abbildung 6.3 ist die Zusammensetzung von Gefahrstoffen nach § 3 Gefahrstoffverordnung dargestellt.

6 Deutsche Regelungen

Gefährliche Stoffe, gefährliche Zubereitungen

- Explosionsfähige Stoffe, Zubereitungen oder Erzeugnisse
- Beim Umgang gefährliche Stoffe freisetzend (aus Stoffen, Zubereitungen, Erzeugnissen)
- Stoffe, die ein Risiko für die Sicherheit und Gesundheit darstellen können oder einen Arbeitsplatzgrenzwert haben

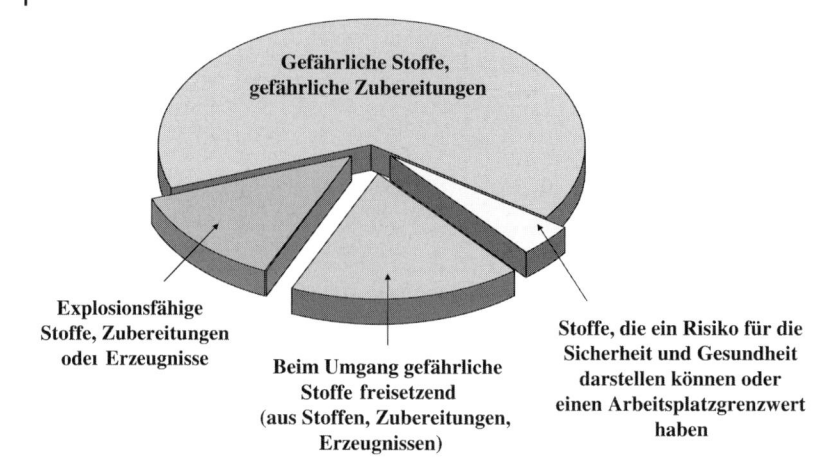

Abb. 6.3 Zusammensetzung von Gefahrstoffen nach § 3 Gefahrstoffverordnung.

Die Definition für „explosionsfähig" nach § 3 Abs. 9 wurde bereits in Abschnitt 3.5 beschrieben, die übergreifende Definition für „Arbeitsplatzgrenzwert" in Abschnitt 1.3.

Krebserzeugend, erbgutverändernd oder **fruchtbarkeitsgefährdend** im Sinne des dritten und vierten Abschnittes der GefStoffV ist

1. ein Stoff, der die in Anhang VI der Richtlinie 67/548/EWG [32] genannten Kriterien für die Einstufung als krebserzeugender, erbgutverändernder oder fruchtbarkeitsgefährdender Stoff erfüllt;
2. eine Zubereitung, die einen oder mehrere der in Nummer 1 genannten Stoffe enthält, sofern die Konzentration eines oder mehrerer der einzelnen Stoffe die Anforderungen für die Einstufung einer Zubereitung als krebserzeugend, erbgutverändernd oder fruchtbarkeitsgefährdend erfüllt. Die Konzentrationsgrenzen sind festgelegt:
    a) in Anhang I der Richtlinie 67/548/EWG oder
    b) in Anhang II der Richtlinie 1999/45/EG [38], sofern der Stoff oder die Stoffe in Anhang I der Richtlinie 67/548/EWG nicht oder ohne Konzentrationsgrenzen aufgeführt sind,
3. ein Stoff, eine Zubereitung oder ein Verfahren, die in einer Bekanntmachung des Bundesministeriums für Wirtschaft und Arbeit nach § 21 Abs. 4 GefStoffV als krebserzeugend, erbgutverändernd oder fruchtbarkeitsgefährdend bezeichnet werden.

Als **Tätigkeit** gilt jede Arbeit, bei der Stoffe, Zubereitungen oder Erzeugnisse im Rahmen eines Prozesses einschließlich Produktion, Handhabung, Lagerung, Beförderung, Entsorgung und Behandlung verwendet werden oder verwendet werden sollen, entstehen oder auftreten. Da speziell auf „Verwenden" gemäß Chemikaliengesetz verwiesen wird, fallen unter den Begriff Tätigkeiten ebenso das

6.2 Die Gefahrstoffverordnung

- Gebrauchen,
- Verbrauchen,
- Lagern,
- Aufbewahren,
- Be- und Verarbeiten,
- Abfüllen,
- Umfüllen,
- Mischen,
- Entfernen,
- Vernichten und
- das innerbetriebliche Transportieren.

Gemäß § 4 GefStoffV sind gefährliche Stoffe definiert als Stoffe, die mindestens eine der im Anhang VI der EU-Einstufungsrichtlinie 67/548/EWG [32] definierten Eigenschaften besitzen. Diese Gefährlichkeitsmerkmale wurden ausführlich im Kapitel 3 beschrieben. Die verbalen Definitionen nach § 4 lauten: Stoffe sind

1. explosionsgefährlich, wenn sie in festem, flüssigem, pastenförmigem oder gelatinösem Zustand auch ohne Beteiligung von Luftsauerstoff exotherm und unter schneller Entwicklung von Gasen reagieren können und unter festgelegten Prüfbedingungen detonieren, schnell deflagrieren oder beim Erhitzen unter teilweisem Einschluss explodieren;
2. brandfördernd, wenn sie in der Regel selbst nicht brennbar sind, aber bei Berührung mit brennbaren Stoffen oder Zubereitungen, überwiegend durch Sauerstoffabgabe, die Brandgefahr und die Heftigkeit eines Brandes beträchtlich erhöhen;
3. hochentzündlich, wenn sie
   a) in flüssigem Zustand einen extrem niedrigen Flammpunkt und einen niedrigen Siedepunkt haben,
   b) als Gase bei gewöhnlicher Temperatur und Normaldruck in Mischung mit Luft einen Explosionsbereich haben;
4. leichtentzündlich, wenn sie
   a) sich bei gewöhnlicher Temperatur an der Luft ohne Energiezufuhr erhitzen und schließlich entzünden können,
   b) in festem Zustand durch kurzzeitige Einwirkung einer Zündquelle leicht entzündet werden können und nach deren Entfernen in gefährlicher Weise weiterbrennen oder weiterglimmen,
   c) in flüssigem Zustand einen sehr niedrigen Flammpunkt haben,
   d) bei Berührung mit Wasser oder mit feuchter Luft hochentzündliche Gase in gefährlicher Menge entwickeln;
5. entzündlich, wenn sie in flüssigem Zustand einen niedrigen Flammpunkt haben;
6. sehr giftig, wenn sie in sehr geringer Menge bei Einatmen, Verschlucken oder Aufnahme über die Haut zum Tode führen oder akute oder chronische Gesundheitsschäden verursachen können;

7. giftig, wenn sie in geringer Menge bei Einatmen, Verschlucken oder Aufnahme über die Haut zum Tode führen oder akute oder chronische Gesundheitsschäden verursachen können;
8. gesundheitsschädlich, wenn sie bei Einatmen, Verschlucken oder Aufnahme über die Haut zum Tode führen oder akute oder chronische Gesundheitsschäden verursachen können;
9. ätzend, wenn sie lebende Gewebe bei Berührung zerstören können;
10. reizend, wenn sie – ohne ätzend zu sein – bei kurzzeitigem, länger andauerndem oder wiederholtem Kontakt mit Haut oder Schleimhaut eine Entzündung hervorrufen können;
11. sensibilisierend, wenn sie bei Einatmen oder Aufnahme über die Haut Überempfindlichkeitsreaktionen hervorrufen können, so dass bei künftiger Exposition gegenüber dem Stoff oder der Zubereitung charakteristische Störungen auftreten;
12. krebserzeugend (karzinogen), wenn sie bei Einatmen, Verschlucken oder Aufnahme über die Haut Krebs erregen oder die Krebshäufigkeit erhöhen können;
13. fortpflanzungsgefährdend (reproduktionstoxisch), wenn sie bei Einatmen, Verschlucken oder Aufnahme über die Haut
    a) nicht vererbbare Schäden der Nachkommenschaft hervorrufen oder deren Häufigkeit erhöhen (fruchtschädigend) oder
    b) eine Beeinträchtigung der männlichen oder weiblichen Fortpflanzungsfunktionen oder -fähigkeit zur Folge haben können (fruchtbarkeitsgefährdend);
14. erbgutverändernd (mutagen), wenn sie bei Einatmen, Verschlucken oder Aufnahme über die Haut vererbbare genetische Schäden zur Folge haben oder deren Häufigkeit erhöhen können;
15. umweltgefährlich, wenn sie selbst oder ihre Umwandlungsprodukte geeignet sind, die Beschaffenheit des Naturhaushaltes, von Wasser, Boden oder Luft, Klima, Tieren, Pflanzen oder Mikroorganismen derart zu verändern, dass dadurch sofort oder später Gefahren für die Umwelt herbeigeführt werden können.

6.2.2
Vorschriften zum Inverkehrbringen

Die wesentlichen Vorschriften zum Inverkehrbringen stellen die Einstufung und Kennzeichnung von Gefahrstoffen und das Sicherheitsdatenblatt dar. Diese inhaltlichen Vorschriften sind fast ausschließlich in EG-Recht konkretisiert, substanzielle nationale Ergänzungen sind nicht zulässig.

§ 5 Gefahrstoffverordnung verweist bezüglich der Einstufung und Kennzeichnung
- von Stoffen auf die EU-Stoffrichtlinie 67/548/EWG [32] und
- von Zubereitungen auf die EU-Zubereitungsrichtlinie 1999/45/EG [38]

in der jeweils gültigen Fassung. In der Verordnung selbst finden sich keine konkreten Vorgaben zur Einstufung, selbst im Anhang II „Besondere Vorschriften zur Information, Kennzeichnung und Verpackung" finden sich keine entsprechenden.

In den Abschnitten 3.2 und 3.3 sind die EU-Vorgaben ausführlich dargelegt, auf eine Abhandlung wird daher an dieser Stelle verzichtet.

Die Kennzeichnung soll der Allgemeinheit und den Beschäftigten erste wesentliche Informationen über gefährliche Stoffe und Zubereitungen vermitteln. Die Kennzeichnung weist auf die beim Umgang mit Stoffen und Zubereitungen möglichen Gefahren hin. Des Weiteren soll sie auf ausführlichere Informationen, wie das Sicherheitsdatenblatt oder Produktinformationen der Hersteller, aufmerksam machen.

Nach diesem Anspruch muss die Kennzeichnung alle potenziellen Gefahren, die bei der gebräuchlichen Handhabung und Verwendung gefährlicher Stoffe und Zubereitungen auftreten können, berücksichtigen. In der Regel beziehen sich diese Informationen nur auf die Form, in der die gefährlichen Stoffe und Zubereitungen in Verkehr gebracht werden. Da Hersteller und Inverkehrbringer nicht unbedingt die beabsichtigte Verwendung kennen (bzw. eine große Anzahl unterschiedlicher Verwendungsmöglichkeiten mehr die Regel als die Ausnahme darstellen), müssen die Informationen üblicherweise allgemein gehalten werden.

Analog zur Einstufung finden sich in der Gefahrstoffverordnung keine detaillierten Angaben zur Kennzeichnung mehr; im Sinne des gleitenden Verweises wird auf die Stoffrichtlinie 67/548/EWG [32] bzw. die Zubereitungsrichtlinie 1999/45/EG [38] verwiesen. Eine ausführliche Beschreibung findet sich in Abschnitt 3.4, einschließlich der umfangreichen Sonderkennzeichnungsvorschriften aus weiteren EG-Vorschriften.

Bei Stoffen oder Zubereitungen in Mengen bis zu **125 mL** mit den Eigenschaften
- gesundheitsschädlich: Xn (falls nicht für jedermann erhältlich)
- reizend: Xi
- brandfördernd: O
- leichtentzündlich: F
- entzündlich: (R 10)

kann nach Artikel 23 Nr. 3 der EU-Stoffrichtlinie [32] auf die Angabe der
- Gefahrenhinweise (R-Sätze) und
- Sicherheitsratschläge (S-Sätze)

verzichtet werden, wenn keine Gefährdung bei der Verwendung befürchtet werden muss. Nähere Konkretisierungen finden sich in der TRGS 200 [40]. Die restlichen Kennzeichnungsvorschriften bleiben von diesen Erleichterungen unberührt.

Gemäß § 20 Gefahrstoffverordnung kann auf Antrag bei der zuständigen Behörde auf eine Kennzeichnung beim Inverkehrbringen ganz oder teilweise für Stoffe oder Zubereitungen mit den Eigenschaften
- brandfördernd,
- leichtentzündlich,

- entzündlich,
- gesundheitsschädlich,
- reizend und
- umweltgefährlich

verzichtet werden, wenn auf Grund der geringen Menge eine Gefährdung nicht befürchtet werden muss. Nähere Angaben dazu sind in der TRGS 200 [40] zu finden.

Gemäß § 6 Gefahrstoffverordnung wird in Konkretisierung von Artikel 31 der REACH-Verordnung [41] festgelegt, dass ein Sicherheitsdatenblatt in deutscher Sprache geliefert werden muss. Die bisher gültige TRGS 220 musste durch die weitestgehend inhaltsgleiche „Bekanntmachung 220" des BMAS [94] ersetzt werden, da EU-Verordnungen nicht durch nationale technische Regeln konkretisiert werden dürfen.

Eine ausführliche Diskussion der Vorschriften zum Sicherheitsdatenblatt findet sich in Abschnitt 5.1.6.

6.2.3
Informationsermittlung und Gefahrstoffbeurteilung

In der Gefahrstoffverordnung nimmt die Informationsermittlung und die darauf aufbauende Gefährdungsbeurteilung eine zentrale Rolle ein. Vor Aufnahme von Tätigkeiten mit Stoffen, Zubereitungen oder Erzeugnissen sind deren Eigenschaften zu ermitteln. Neben der Kennzeichnung und dem übermittelten Sicherheitsdatenblatt sind alle einschlägigen und üblicherweise zugänglichen Informationsquellen zu nutzen. Nähere Einzelheiten sind in Abschnitt 4.2 zu finden.

Auf Basis der Stoffeigenschaften und der Kenntnis der durchzuführenden Tätigkeiten sind die Gefährdungen zu ermitteln und zu beurteilen. Bei der Gefährdungsermittlung sind die bereits in Abschnitt 4.2 aufgeführten Einflussparameter zu ermitteln.

Bei Tätigkeiten mit Gefahrstoffen ist nach § 7 Abs. 8 ein **Verzeichnis der Gefahrstoffe** zu führen. Inhalt des Gefahrstoffverzeichnisses sind in der Verordnung, im Gegensatz zur Vorversion, nicht festgelegt. Gemäß TRGS 400 [50] sollte das Verzeichnis folgenden Angaben enthalten:
- Stoffbezeichnung und
- Angaben der gefährlichen Eigenschaften relevanter Inhaltsstoffe (Einstufung).

Für die weitere Vorgehensweise der Gefährdungsbeurteilung sind die
- gehandhabten Stoffmengen

ebenso von großer Bedeutung und sollten im Gefahrstoffverzeichnis aufgenommen werden. Desgleichen hat sich bewährt, das Verzeichnis
- arbeitsbereichsbezogen, zumindest aber betriebsbezogen, zu führen.

Das Gefahrstoffverzeichnis muss den betroffenen Beschäftigten und ihren Vertretern zugänglich sein und auf die entsprechenden Sicherheitsdatenblätter verweisen.

Stoffname	Synonym	CASNr	GefSym	R-Satz	WGK	Jato	HoldUp	Arbeitsbereich
Ammoniak wasserfrei		7 664 417	T, N	10 23 34 50	2	-	<= 1 t	Synthese 1
Chlor		7 782 505	T, N	23 36/37/38 50	2	> 100 000 t	-	Synthese 1
1,2-Dichlorethan		107 062	F, T	45 11 22 36/37/38	3	> 100 000 t	<= 1 000 t	Synthese 1
Diquecksilberdichlorid (Kalomel)		10 112 911	Xn, N	22 36/37/38 50/53	3	-	-	Synthese 1
Eisen(III)-chlorid, wasserfrei		7 705 080	Xn	22 38 41	1		<= 5 t	Synthese 1
Ethen	Ethylen	74 851	F+	12 67		<= 50 000 t	-	Synthese 1
Kalilauge 48 % (46 - 50 %)		1 310 583	C	22 35	1	<= 50 000 t		Synthese 1
Natriumhydrogensulfit..%	Natriumbisulfit Lsg.	7 631 905	Xn	22 31	1	<= 100 t	-	Synthese 1
Natriumcarbonat		497 198	Xi	36	1	<= 5 t	<= 10 t	Synthese 1
Natriumchlorid-Sole		7 647 145		n.k.	1	-	<= 10 000 cbm	Synthese 1
Natriumhydrogensulfid		16 721 805	C	22 31 34	2	<= 10 t	-	Synthese 1
Natriumhypochlorit-Lsg 13 - 16 %	Natronbleichlauge	7 681 529	C	31 34	2	<= 100 t	-	Synthese 1
Natronlauge 25 %		1 310 732	C	35		<= 500 t	<= 100 t	Synthese 1
Natronlauge 50 %		1 310 732	C	35	1	> 100 000 t	-	Synthese 1
Quecksilber		7 439 976	T, N	23 33 50/53	3	-	<= 500 t	Synthese 1
Salzsäure 10 bis < 25 %		7 647 010	Xi	36/37/38	1	<= 1 000 t	<= 5 t	Synthese 1
Schwefelsäure		7 664 939	C	35	1	<= 2 000 t	-	Synthese 1
Wasserstoff		1 333 740	F+	12		<= 5 000 t	-	Synthese 1

Abb. 6.4 Beispiel eines Gefahrstoffverzeichnisses.

Sollen beispielsweise aus Gründen der Übersichtlichkeit oder zur Nutzung für weitere Aufgaben, weitere Angaben im Gefahrstoffverzeichnis aufgenommen werden, z. B. Arbeitsplatzgrenzwerte, relevante physikalisch-chemische Eigenschaften wie Dampfdruck oder untere und obere Explosionsgrenze oder Wassergefährdungsklasse, ist dies selbstverständlich zulässig. Abbildung 6.4 zeigt ein Beispiel eines Gefahrstoffverzeichnisses mit zusätzlichen Angaben. Kein Gefahrstoffverzeichnis muss geführt werden, wenn auf Grund der Stoffmengen und der Stoffeigenschaften die Grundmaßnahmen von § 8 Gefahrstoffverordnung (siehe Abschnitt 6.2.4) ausreichen. Von Ausnahmen abgesehen, sind die vorgenannten Voraussetzungen für Laboratorien gültig.

Wegen der zentralen Bedeutung der Gefährdungsbeurteilung muss sie von **fachkundigen Personen** durchgeführt werden. Fachkundige nach § 7 Abs. 7 Gefahrstoffverordnung für die Durchführung der Gefährdungsbeurteilung sind Personen, die auf Grund ihrer fachlichen Ausbildung oder Erfahrung ausreichende Kenntnisse über Tätigkeiten mit Gefahrstoffen haben und mit den Vorschriften soweit vertraut sind, dass sie die Arbeitsbedingungen vor Beginn der Tätigkeit beurteilen und die festgelegten Schutzmaßnahmen bei der Ausführung der Tätigkeiten bewerten oder überprüfen können. Umfang und Tiefe der notwendigen Kenntnisse können in Abhängigkeit von der zu beurteilenden Tätigkeit unterschiedlich sein und müssen nicht in einer Person vereinigt sein. Als Fachkundige werden in der Verordnung exemplarisch die Sicherheitsfachkraft und der Betriebsarzt genannt.

Wird vom Lieferanten eine Gefährdungsbeurteilung mitgeliefert, muss geprüft werden, ob die eigenen Verwendungsbedingungen und Schutzmaßnahmen mit denen in der **mitgelieferten Gefährdungsbeurteilung** übereinstimmen. Ist dies der Fall, gegebenenfalls nach Anpassung der Schutzmaßnahmen oder der Verwendungsbedingungen, kann diese benutzt werden. Wenn die künftig unter REACH im erweiterten Sicherheitsdatenblatt geforderten Expositionsszenarien die Vorgaben an mitgelieferte Gefährdungsbeurteilungen erfüllen, steht künftig eine große Anzahl derartiger vorgegebener Maßnahmen zur Verfügung. Im Rahmen der Dokumentation ist nachvollziehbar darzulegen, dass die Arbeitsplatzbedingungen denen der mitgelieferten Gefährdungsbedingungen entsprechen.

Können die **verfahrens- und stoffspezifischen Kriterien** (VSK) gemäß TRGS 420 [51] eingesetzt werden, kann davon ausgegangen werden, dass die Anforderungen der Gefahrstoffverordnung bezüglich Gefährdungsermittlung sowie der adäquaten Schutzmaßnahmen erfüllt sind. Dies darf analog bei Arbeiten gemäß den **BG/BGIA-Empfehlungen** [52] unterstellt werden, für weitere Informationen siehe Abschnitt 4.2.1. Die Gleichwertigkeit der eigenen Arbeitsbedingungen mit den vorgenannten ist ebenfalls zu dokumentieren.

Stehen Anwendungsempfehlungen von Branchen, Innungen oder Fachverbänden zur Verfügung, können diese ebenfalls unter den vorgenannten Bedingungen übernommen werden.

6.2.4
Schutzmaßnahmen bei Tätigkeiten mit Gefahrstoffen

Im Rahmen der Gefährdungsbeurteilung sind die Schutzmaßnahmen festzulegen. Bei der Auswahl ist dem Grundsatz zu folgen, dass bei Tätigkeiten mit Gefahrstoffen die Gesundheit und die Sicherheit der Beschäftigten sichergestellt werden muss sowie die Umwelt nicht geschädigt werden darf. Auch wenn in der Gefahrstoffverordnung §§ 8 bis 11 hierzu ein von den intrinsischen toxikologischen Stoffeigenschaften ausschließlich ausgelöstes Schutzstufenkonzept beschrieben wird, besteht in den einschlägigen Fachgremien Einigung, dass die Schutzmaßnahmen in Abhängigkeit von den tatsächlichen Arbeitsplatzrisiken festzulegen sind. Gemäß dem Ergebnis der Gefährdungsbeurteilung sind die Schutzmaßnahmen in Abhängigkeit von der betrieblichen Situation und den toxikologischen und physikalisch-chemischen Stoffeigenschaften auszuwählen.

Bei allen Tätigkeiten mit Gefahrstoffen, unabhängig von ihren Stoffeigenschaften, sind die **grundlegenden Maßnahmen von** § 8 zu ergreifen:
1. zweckmäßige Gestaltung des Arbeitsplatzes und Arbeitsorganisation,
2. Bereitstellung geeigneter Arbeitsmittel für Tätigkeiten mit Gefahrstoffen und entsprechende Wartungsverfahren zur Gewährleistung der Gesundheit und Sicherheit der Beschäftigten bei der Arbeit,
3. Begrenzung der Anzahl der exponierten Beschäftigten,
4. Begrenzung der Dauer und des Ausmaßes der Exposition,
5. angemessene Hygienemaßnahmen, insbesondere die regelmäßige Reinigung des Arbeitsplatzes,

6. Begrenzung der am Arbeitsplatz vorhandenen Gefahrstoffe auf die erforderliche Menge,
7. Auswahl geeigneter Arbeitsmethoden und Verfahren sowie Vorkehrungen für die sichere Handhabung, Lagerung und Beförderung von Gefahrstoffen und von Abfällen.

Diese Grundmaßnahmen von § 8 werden in der Gefahrstoffverordnung als

> „Grundsätze für die Verhütung von Gefährdungen; Tätigkeiten mit geringer Gefährdung (Schutzstufe 1)"

bezeichnet.

Als allgemein gültige Hygienemaßnahme ist die Kontamination des Arbeitsplatzes so gering wie möglich zu halten. Die Funktion und Wirksamkeit technischer Schutzmaßnahmen muss regelmäßig überprüft werden. Die Überprüfungsfristen können in der Gefährdungsbeurteilung festgelegt werden, als maximale Wartungsdauer nennt die Verordnung drei Jahre. Kürzere Prüffristen nach anderen Rechtsvorschriften, z. B. Druckbehälter nach Betriebssicherheitsverordnung, bleiben hiervon selbstverständlich unbeeinflusst.

Innerbetriebliche Kennzeichnung
Gemäß § 8 Abs. 4 Gefahrstoffverordnung müssen alle Stoffe, die am Arbeitsplatz verwendet werden, identifizierbar sein. Weitergehende Präzisierungen wurden in der Verordnung nicht getroffen, daher reicht z. B. die Angabe eines eindeutigen Namens oder eine definierte Farbgebung oder ein bekanntes Symbol.

Bei der Kennzeichnung gefährlicher Stoffe und Zubereitungen müssen darüber hinaus wesentliche Informationen
- zur Einstufung,
- den Gefahren bei der Handhabung und
- den zu ergreifenden Sicherheitsmaßnahmen

enthalten sein.

Obwohl nach § 8 Abs. 4 die Kennzeichnung nach den Vorschriften beim Inverkehrbringen auch innerbetrieblich empfohlen wird, ist dies in der Regel weder zweckmäßig noch notwendig. Gemäß TRGS 200 [40] sind alle isolierten Produkte zumindest mit der
- Stoffbezeichnung und
- dem Gefahrensymbol einschließlich der Gefahrenbezeichnung

zu kennzeichnen, da die weiteren Angaben der zu ergreifenden Schutzmaßnahmen sowie die konkretisierenden Stoffeigenschaften der Betriebsanweisung nach § 14 Gefahrstoffverordnung entnommen werden können.

Analog sind auch Apparate und Rohrleitungen, die Gefahrstoffe enthalten, zu kennzeichnen. Die Bezeichnung des Reaktionsansatzes im Labor oder die Partieoder Chargennummer in der Produktion erfüllen diese Voraussetzungen ebenfalls, wenn über die jederzeit zugänglichen Laborjournale oder Herstellvorschrif-

Die Kennzeichnung muss die

→ enthaltenen Gefahrstoffe und

→ die davon ausgehenden Gefahren

identifizierbar machen!

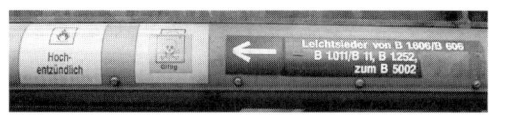

Abb. 6.5 Innerbetriebliche Kennzeichnung von Apparaten und Rohrleitungen.

ten, gegebenenfalls in Kombination mit der Betriebsanweisung, die weitergehenden Informationen erhältlich sind. Abbildung 6.5 zeigt exemplarisch eine bewährte Kennzeichnungsmethode von Rohrleitungen.

Lagerung
Gefahrstoffe müssen so aufbewahrt oder gelagert werden, dass sie weder die Gesundheit noch die Umwelt gefährden. Konsequenterweise dürfen deshalb Gefahrstoffe nicht in Behältern aufbewahrt werden, die normalerweise für Lebensmittel benutzt werden oder eine Verwechslungsgefahr befürchten lassen. Sie müssen übersichtlich geordnet werden und dürfen nicht in der Nähe von Arznei-, Lebens- oder Futtermitteln gelagert werden. Ferner sind Vorkehrungen zu treffen, um Missbrauch oder Fehlgebrauch zu verhindern.

Behälter mit Restmengen, somit auch nicht gereinigte Verpackungen, sind analog zu kennzeichnen und sicher zu handhaben. Gefahrstoffe, die nicht mehr benötigt werden, sind vom Arbeitsplatz zu entfernen, sicher zu lagern oder sachgerecht zu entsorgen. Detaillierte Lagervorschriften werden in Kapitel 8 beschrieben.

Nach § 7 Abs. 9 Gefahrstoffverordnung sind, unabhängig von der Gefährdungsbeurteilung, nur dann keine weiteren Schutzmaßnahmen notwendig, wenn der Tatbestand der „**geringen Gefährdung**" vorliegt. Die Maßnahmen der Schutzstufen 2 bis 4 sowie die weiteren Schutzmaßnahmen der §§ 12 bis 17 GefStoffV, müssen dann nicht ergriffen werden.

Eine geringe Gefährdung im Sinne der Gefahrstoffverordnung liegt vor, wenn auf Grund
1. von Arbeitsbedingungen,
2. der geringen Stoffmenge und
3. eine nach Höhe und Dauer niedrige Exposition gegeben ist.

Werden Tätigkeiten mit
- sehr giftigen,
- giftigen,
- krebserzeugenden (Kategorie 1 oder 2),
- erbgutverändernden (Kategorie 1 oder 2) oder
- fruchtbarkeitsgefährdenden (Kategorie 1 oder 2)

Gefahrstoffen durchgeführt, liegt keine geringe Gefährdung vor, unabhängig von der tatsächlichen Exposition, und die Erleichterung von § 7 Abs. 9 können formal nicht genutzt werden.

In wissenschaftlichen Forschungslabors sind die Forderungen der Gefährdungsbeurteilung nicht umsetzbar, da die Eigenschaften neu synthetisierter Stoffe nicht bekannt sind. Hier gilt eine Ausnahme vom Beschäftigungsverbot bei nicht vorliegender Gefährdungsbeurteilung, wenn eine Exposition gegenüber diesen Stoffen vermieden wird.

Reichen die grundlegenden Maßnahmen von § 8 nicht aus, um eine Gefährdung der Beschäftigten auszuschließen, sind weitergehende Maßnahmen zu ergreifen. Unter der Voraussetzung, dass keine giftigen, sehr giftigen sowie krebserzeugenden, erbgutverändernden oder fortpflanzungsgefährdenden Stoffe der Kategorie 1 oder 2 verwendet werden, sind die Maßnahmen von § 9 anzuwenden. § 9 ist mit

> „Grundmaßnahmen zum Schutz der Beschäftigten (Schutzstufe 2)"

überschrieben

Der bereits in § 8 festgeschriebene Grundsatz, dass durch die festzulegenden Maßnahmen eine Gefährdung der Beschäftigten auszuschließen oder auf ein Minimum zu reduzieren ist, gilt auch hier.

Vorrangige Maßnahme ist die Substitution von Gefahrstoffen durch Stoffe, Zubereitungen oder Erzeugnisse, die unter den jeweiligen Verwendungsbedingungen nicht oder weniger gefährlich sind. Zusätzlich sollen Tätigkeiten mit Gefahrstoffen vermieden werden. Wird auf eine mögliche Substitution verzichtet, ist dies in der Dokumentation der Gefährdungsbeurteilung zu begründen.

Kann durch die grundlegenden Maßnahmen der Schutzstufe 1 die Gefährdung am Arbeitsplatz nicht beseitigt werden und ist eine Substitution der Gefahrstoffe nicht möglich, sind die Schutzmaßnahmen in der folgenden Rangfolge zu ergreifen:
- kollektive Schutzmaßnahmen, z. B. geschlossene Systeme, Quellenabsaugung,
- organisatorische Schutzmaßnahmen, z. B. Arbeitsorganisation,
- individuelle Schutzmaßnahmen, z. B. Atemschutz.

Bereitgestellte persönliche Schutzausrüstung muss gemäß den Anweisungen in der Betriebsanweisung von den Beschäftigten benutzt werden. Das Tragen belastender persönlicher Schutzausrüstung (beispielsweise Vollmaske mit Gasfilter oder Vollschutzanzug) darf keine Dauermaßnahme und kein Ersatz für technische Maßnahmen sein. Partikelfiltrierende Halbmasken der Schutzstufe 1 oder 2 (FFP1–2) oder umgebungsluftunabhängige Atemschutzhauben oder -helme gelten nicht als belastender Atemschutz.

Kann die Privatkleidung durch die Arbeitskleidung kontaminiert werden, müssen getrennte Aufbewahrungsmöglichkeiten bereitgestellt werden. Eine Kontamination ist insbesondere bei Feststoffen oder mit Flüssigkeit benetzter Arbeitskleidung möglich, selten bei gas- oder dampfförmigen Stoffen.

Im Rahmen der Gefährdungsbeurteilung ist nach § 9 Abs. 4 zu überprüfen, ob die Arbeitsplatzgrenzwerte eingehalten werden. Dies kann durch Arbeitsplatzmessungen oder andere, gleichwertige Beurteilungsmethoden erfolgen. Hierfür können z. B. herangezogen werden:
- Vergleich mit ähnlichen Anlagen bekannter Exposition,
- Berechnungen auf Grund des Dampfdrucks oder
- Anwendung von Schätzmodellen, wie z. B. EASE.

Werden Arbeitsplatzmessungen zur Ermittlung der Arbeitsplatzsituation eingesetzt, müssen diese fachkundig durchgeführt werden. Nähere Angaben zur Fachkunde, zur apparativen Ausstattung einer Messstelle sowie zur Vorgehensweise bei der Ermittlung der Gefahrstoffkonzentration an Arbeitsplätzen sind in Abschnitt 4.5 beschrieben. Wer nicht über die geforderten Voraussetzungen zur Ermittlung der Arbeitsplatzexposition verfügt und eine akkreditierte Messstelle [95] beauftragt, kann davon ausgehen, dass die festgestellten Erkenntnisse zutreffen.

Werden Arbeiten gemäß den „verfahrens- und stoffspezifischen Kriterien" (VSK) [51] durchgeführt, kann davon ausgegangen werden, dass die Anforderungen der Verordnung und die Arbeitsplatzgrenzwerte eingehalten werden.

Bei Überschreitung der Arbeitsplatzgrenzwerte bzw. bei Gefährdung durch Hautkontakt mit hautresorptiven, reizenden, ätzenden oder hautsensibilisierenden Gefahrstoffen, sind zusätzliche Schutzmaßnahmen zu ergreifen. Nach Ausschöpfen der kollektiven Maßnahmen sind das primär die persönlichen Schutzausrüstungen.

Liegen für Stoffe keine Arbeitsplatzgrenzwerte vor (das gilt für über 99 % aller Stoffe!), ist die Wirksamkeit der Schutzmaßnahmen mittels geeigneter Beurteilungsmaßnahmen durchzuführen. Hierfür können z. B. Überprüfung der Wirksamkeit von Absaugungen, Dichtheitsprüfungen von Apparaten etc. genutzt werden. Liegen keine geeigneten Beurteilungsmethoden vor, sind Messungen durchzuführen. Zur Bewertung der ermittelten Messergebnisse wird empfohlen:
- Verwendung der ausgesetzten Luftgrenzwerte, die in der TRGS 900, i. d. F. vom August 2005, noch aufgeführt waren,
- Berücksichtigung der bindenden EG-Arbeitsplatzgrenzwerte (BOELV) und der empfohlenen Richtgrenzwerte (IOELV) (siehe Abschnitt 4.3.2),
- Nutzung valider Luftgrenzwerte anderer Länder (eine Zusammenstellung findet sich z. B. auf der Internetseite des Hauptverbands der Berufsgenossenschaften [55]; siehe Abschnitt 4.3.5),
- firmeninterne Richtwerte.

Namhafte Chemieunternehmen führen die oben aufgeführten Grenzwerte ganz oder teilweise im Kapitel 8 des Sicherheitsdatenblattes auf. Da ab einer Mengenschwelle von 10 t/a unter REACH künftig DNELs abgeleitet werden müssen, wird sich die Anzahl von Stoffen mit Grenzwert ab 2009 deutlich erhöhen (siehe Abschnitt 4.3.4).

In Arbeitsbereichen mit möglicher Gefahr der Kontamination durch Gefahrstoffe, gilt nach § 8 Abs. 9 Verbot von Essen und Trinken; hierfür geeignete Bereiche müssen zur Verfügung gestellt werden.

Reichen die Grundmaßnahmen von § 9 nicht aus, um eine Gefährdung der Mitarbeiter auszuschließen, müssen die ergänzenden Schutzmaßnahmen von § **10** ergriffen werden. Nach § 7 Abs. 10 sind

> „Ergänzende Schutzmaßnahmen bei Tätigkeiten mit hoher Gefährdung (Schutzstufe 3)"

unabhängig von der Gefährdungsbeurteilung zu ergreifen, wenn Stoffe verwendet werden, die mit dem Gefahrensymbol T oder T+ gekennzeichnet sind; Stoffe, die

- giftig,
- sehr giftig,
- krebserzeugend (Kategorie 1 oder 2),
- erbgutverändernd (Kategorie 1 oder 2) oder
- fruchtbarkeitsgefährdend (Kategorie 1 oder 2)

sind oder die gemäß TRGS 905 [22] in die Kategorie 1 oder 2 krebserzeugend, erbgutverändernd oder fruchtbarkeitsgefährdend eingestuft sind. Die für Risiken von weiblichen Beschäftigten deutlich relevantere Eigenschaft „entwicklungsschädigend" muss bei der Festlegung der Schutzmaßnahmen nicht berücksichtigt werden!

Stoffe im Regelungsbereich von § 10 sind grundsätzlich in geschlossenen Systemen zu handhaben. Ist dies aus technischen Gründen nicht möglich, ist die Gefährdung der Beschäftigten nach dem Stand der Technik zu minimieren. Da eine Gefährdung eine Exposition in gesundheitsgefährdendem Ausmaß voraussetzt, sind diese Vorgaben bei Einhaltung gesundheitsbasierter Luftgrenzwerte, z. B. der AGWs, der DNELs oder der IOELVs, obsolet.

Lagerung, Aufbewahrung und Transport dieser Stoffe sollte möglichst in geschlossenen Behältnissen erfolgen. Diese Stoffe müssen entweder unter Verschluss aufbewahrt werden oder so, dass nur Fachkundige Zugang haben. Analoge Regelungen gelten bei der Beseitigung von Abfällen und von Behältern mit Restmengen. Konkretisierende Angaben finden sich in der TRGS 514 [96], nähere Ausführungen sind in Kapitel 8 zu finden.

Die Einhaltung der Arbeitsplatzgrenzwerte muss durch **Messung** der Konzentration der Stoffe in der Luft an den Arbeitsplätzen oder durch Verwendung alternativer Nachweismethoden überprüft werden. Die Messergebnisse müssen dokumentiert und aufbewahrt werden. Im Gegensatz zur bisherigen Regelung existieren keine Aufbewahrungsfristen mehr, insbesondere bei krebserzeugenden und erbgutverändernden Stoffen wird empfohlen, die früher geltende 30-Jahre-Frist weiterhin zu beachten. Werden Arbeiten nach den verfahrens- und stoffspezifischen Kriterien (VSK) nach TRGS 420 [51] durchgeführt, kann auf Messungen verzichtet werden, da die Grenzwerteinhaltung als gesichert gelten kann.

Bei Überschreitung der Arbeitsplatzgrenzwerte, insbesondere bei Abbruch-, Sanierungs- und Instandhaltungsarbeiten, ist die Exposition der Beschäftigten nach dem Stand der Technik zu reduzieren. Das Tragen von persönlicher Schutzausrüstung ist verbindlich. Arbeitsbereiche dürfen nur den Beschäftigten zugänglich sein, die Tätigkeiten mit diesen Stoffen oder Zubereitungen durchführen.

Bei Tätigkeiten mit
- krebserzeugenden,
- erbgutverändernden oder
- fruchtbarkeitsschädigenden Stoffen der Kategorie 1 oder 2

müssen die zusätzlichen Maßnahmen von § 11 ergriffen werden:

> „Ergänzende Schutzmaßnahmen bei Tätigkeiten mit krebserzeugenden, erbgutverändernden und fruchtbarkeitsgefährdenden Gefahrstoffen (Schutzstufe 4)"

Diese Maßnahmen sind nicht notwendig, wenn vorhandene Arbeitsplatzgrenzwerte eingehalten oder Arbeiten nach verfahrens- oder stoffspezifischen Kriterien durchgeführt werden.

Die Exposition muss grundsätzlich mittels Gefahrstoffmessung ermittelt werden, die Verwendung alternativer Beurteilungsmethoden ist in der Verordnung nicht aufgeführt.

Die Arbeitsbereiche müssen von anderen Arbeitsbereichen abgegrenzt und zumindest mit dem Warn- und Sicherheitszeichen

Rauchen verboten

gekennzeichnet werden.

Abgesaugte Luft darf nur dann zurückgeführt werden, wenn sie mit behördlich oder berufsgenossenschaftlich anerkannten Verfahren oder Geräten ausreichend gereinigt wurde, nähere Ausführungen enthält TRGS 560 [97].

Nach § 14 Abs. 4 muss für diese Stoffe ein aktualisiertes Verzeichnis der Beschäftigten mit
- Angabe der durchgeführten Tätigkeiten,
- den Ergebnissen der Gefährdungsbeurteilung und
- den Ergebnissen von Expositionsmessungen, falls diese durchgeführt wurden,

geführt werden.

Entgegen der häufig geäußerten Annahme besteht keine Verpflichtung, die Schutzstufe von Betrieben, Arbeitsbereichen festzulegen. Der Begriff Schutzstufen wird lediglich im Klammerausdruck der Überschriften verwendet, im Übrigen können Arbeitsbereiche normalerweise keiner einheitlichen „Schutzstufe" zugeordnet werden.

> Die Festlegung der Schutzmaßnahmen und deren Beurteilung ist eine Arbeitgeberpflicht, nicht die Zuordnung zu formalen Schutzstufen!

Abbildung 6.6 zeigt eine mögliche Vorgehensweise zur Festlegung der Schutzmaßnahmen nach dem „Schutzstufenkonzept".

Der in der Gefahrstoffverordnung zentrale Begriff „Gefährdung" ist leider bisher immer noch nicht definiert. Obwohl im Rahmen der Diskussion im zuständigen Unterausschuss die eindeutige Festlegung getroffen wurde, dass „Gefährdung" mit dem englischen Begriff „risk" kongruent ist, wurde dies vom Bundesministerium für Arbeit und Soziales ohne Angabe von Gründen nicht übernommen. Aus Gründen der Rechtssicherheit ist die Definition und Erläuterung dieses Begriffes unabdingbar, die Beurteilung einer Gefährdung setzt logischerweise voraus, dass definiert ist, was bewertet werden soll!

Der Änderungsbedarf der Gefahrstoffverordnung ist offenkundig, nicht nur das Schutzstufenkonzept muss den Erfordernissen der Praxis angepasst werden. Die nicht korrekte Umsetzung der EG-Krebs- und Agenzienrichtlinie sowie die im Ansatz aus britischen COSHH-Ansatz übernommene Konzept hat sich in der Praxis nicht bewährt und bedarf einer dringenden Überarbeitung.

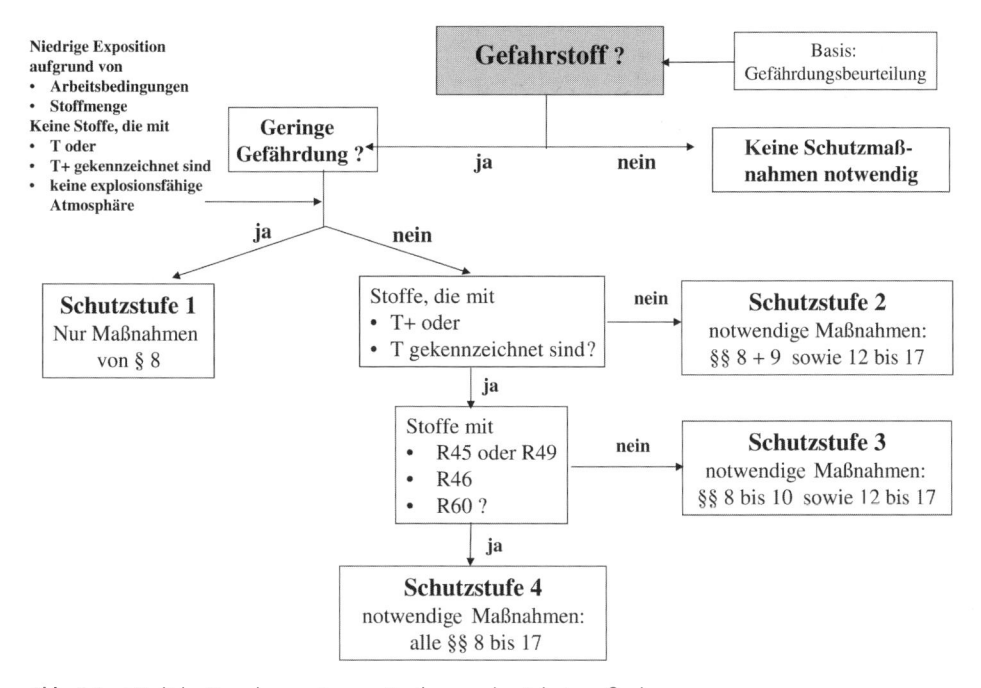

Abb. 6.6 Mögliche Vorgehensweise zur Festlegung der Schutzmaßnahmen.

In Umsetzung der EU-Agenzienrichtlinie sind in der Gefahrstoffverordnung die grundlegenden Maßnahmen des Explosionsschutzes in § 12

> „Ergänzende Schutzmaßnahmen gegen physikalisch-chemische Einwirkungen, insbesondere gegen Brand- und Explosionsgefahren"

verankert. Die in § 12 festgeschriebene Rangfolge stellt die allgemein akzeptierte Vorgehensweise beim Auftreten explosionsfähiger Atmosphäre bei der Verwendung brennbarer Stoffe dar:

Vermeidung von Brand- und Explosionsgefahren durch
1. Einsatz so geringer Mengen, dass keine Brand- oder Explosionsgefahr besteht,
2. Ausschluss von Zündquellen oder
3. Verwendung von druckfesten oder druckstoßfesten Apparaten und Behältern, die im Falle einer Explosion im Innern eine Gefährdung außerhalb ausschließen.

Diese allgemeinen Prinzipien werden in Anhang III Nr. 1 der Verordnung näher ausgeführt. Praxisnähere Konkretisierungen finden sich in TRGS 720, 721 und 722 [98], die identisch mit den entsprechenden technischen Regeln des Ausschusses für Betriebssicherheit sind.

Für den Fall von **Betriebsstörungen, Unfällen oder Notfällen** sind gemäß § 13 zusätzliche Notfallmaßnahmen zum den Schutz der Beschäftigten zu ergreifen. Hierzu sind regelmäßige Sicherheitsübungen durchzuführen und geeignete Erste-Hilfe-Einrichtungen bereitzustellen.

Treten die vorgenannten Notfallsituationen ein, müssen sofort die notwendigen Maßnahmen zur Wiederherstellung des Normalzustandes getroffen werden. Betroffene Arbeitsbereiche dürfen nur mit zusätzlicher Schutzausrüstung von den mit den Arbeiten betrauten Mitarbeitern betreten werden. Das Betreten dieser Bereiche von nicht geschützten Personen ist nicht zulässig.

Geeignete Warn- und Kommunikationssysteme müssen vorhanden sein, um die Beschäftigten über eine erhöhte Gefährdung informieren zu können. Hierzu zählen Telefonanlagen, innerbetriebliche Lautsprecher, Warnsignale und so weiter.

Die benötigten Informationen über die Notfallmaßnahmen müssen beschafft werden und im Betrieb und bei den zuständigen innerbetrieblichen Unfall- und Notfalldiensten verfügbar sein. Ergänzend wird gefordert, dass auch die außerbetrieblichen Notfalldienste, z. B. Feuerwehr und ärztliche Rettungsdienste, Zugang zu diesen Informationen haben.

Diesen Diensten sind Vorabmitteilungen zur Verfügung zu stellen, die Informationen über

- die einschlägigen Gefahren bei den durchzuführenden Arbeiten,
- die Methoden zur Ermittlung der Gefahren und
- die Vorsichtsmaßregeln und Verfahren

beinhalten und zur Vorbereitung der Notfallmaßnahmen benötigt werden. Ferner sind die inner- und außerbetrieblichen Notfalldienste über spezifische Gefahren zu informieren, die bei einem Einsatz auftreten können.

Somit ergänzt die Gefahrstoffverordnung entsprechende Vorschriften der Störfallverordnung zum Schutz des Betriebspersonals.

6.2.5
Betriebsanweisung und Unterweisung

Eine wesentliche Säule des Arbeitsschutzes ist die Unterrichtung und Information der Mitarbeiter. Im Gegensatz zur EU-Agenzienrichtlinie [43] muss nach § 14 GefStoffV für alle Tätigkeiten mit Gefahrstoffen eine schriftliche Betriebsanweisung vorliegen. Die Inhalte der Betriebsanweisung sind in der derzeitigen Gefahrstoffverordnung neu gefasst, zusätzliche Forderungen sind hieraus jedoch nicht abzuleiten.

Im Gegensatz zu den Sicherheitsdatenblättern richten sich die Betriebsanweisungen nicht an die Arbeitgeber, sondern an die Mitarbeiter, die unmittelbar mit den Stoffen arbeiten bzw. diesen ausgesetzt sind. Daher müssen sie
- arbeitsbereichsbezogen und
- in verständlicher Sprache

verfasst werden.

Gemäß § 14 Abs. 1 müssen sie folgende Angaben beinhalten:
1. Informationen über die am Arbeitsplatz auftretenden Gefahrstoffe, wie z. B. Bezeichnung der Gefahrstoffe, ihre Kennzeichnung sowie Gefährdungen der Gesundheit und der Sicherheit,
2. Informationen über angemessene Vorsichtsmaßregeln und Maßnahmen, die der Beschäftigte zu seinem eigenen Schutz und zum Schutz der anderen Beschäftigten am Arbeitsplatz durchzuführen hat. Dazu gehören insbesondere
   a) Hygienevorschriften,
   b) Informationen über Maßnahmen, die zur Verhütung einer Exposition zu ergreifen sind,
   c) Informationen zum Tragen und Benutzen von Schutzausrüstung und Schutzkleidung,
3. Informationen über Maßnahmen, die von den Beschäftigten, insbesondere von Rettungsmannschaften, bei Betriebsstörungen, Unfällen und Notfällen und zur Verhütung von diesen durchzuführen sind.

Die langjährig bewährten Inhalte und Form der Betriebsanweisungen nach TRGS 555 [99] stehen nicht in Widerspruch zu den neuen Vorgaben und können daher auch weiterhin unverändert übernommen werden:
- Gefahren für Mensch und Umwelt,
- erforderliche Schutzmaßnahmen,
- Verhalten im Gefahrfall,
- Erste Hilfe und
- sachgerechte Entsorgung.

Die vorgenannten Gliederungspunkte sollten in den Betriebsanweisungen alle behandelt werden. Die Form der Betriebsanweisungen ist nicht festgelegt und kann den eigenen Bedürfnissen angepasst werden.

Im Mittelpunkt der Betriebsanweisungen stehen konkrete, spezifische **Handlungsanweisungen** an speziellen Arbeitsplätzen bei Tätigkeiten mit Gefahrstoffen. Die vollständige Erstellung der Betriebsanweisungen in einer Zentralstelle und die Übernahme auf alle Arbeitsplätze sind somit nicht möglich.

Sicherheitsdatenblätter können keine Betriebsanweisungen ersetzen, da sie keinesfalls konkrete Handlungsanweisungen für den speziellen Arbeitsplatz geben. Die Sicherheitsdatenblätter richten sich an die betrieblichen Vorgesetzten, die Betriebsanweisungen an die unmittelbar betroffenen Mitarbeiter. Gleichwohl sind die Sicherheitsdatenblätter eine wichtige Informationsquelle für die Erstellung der Betriebsanweisungen.

Die Betriebsanweisung von *Aceton* für den Arbeitsbereich „Tankwagenbefüllung, Kesselbefüllung" mittels geschlossener Rohrleitung wird sich gravierend bezüglich der Sicherheitsmaßnahmen von der Betriebsanweisung für den Arbeitsbereich „Gerätereinigung" mit offenem Umgang von *Aceton* unterscheiden.

Betriebsanweisungen richten sich grundsätzlich an die unmittelbar mit den Stoffen tätigen Mitarbeiter. Deshalb müssen sie in einer **Sprache** abgefasst werden, die die Mitarbeiter verstehen. Aus diesem Grunde ist die Benutzung einer wissenschaftlichen Ausdrucksweise nur in den seltensten Fällen (z. B. in Laboratorien mit gut ausgebildetem Personal) angezeigt. Alle verwendeten Begriffe müssen den Mitarbeitern verständlich sein. Die häufig gestellte Frage, ob Betriebsanweisungen bei ausländischen Mitarbeitern in die jeweilige Muttersprache übersetzt werden müssen, kann nicht allgemein gültig beantwortet werden. Grundsätzlich ist davon auszugehen, dass auch ausländische Arbeitnehmer, die innerbetrieblich Gefahrstoffe verwenden, der deutschen Sprache ausreichend mächtig sein müssen. Die weiteren gesetzlichen Forderungen, z. B. regelmäßige Betriebsunterweisungen nach § 14, Abs. 2 Gefahrstoffverordnung, können andernfalls nicht ausreichend erfüllt werden. Da aber auf keinen Fall akzeptiert werden kann, dass uninformierte Mitarbeiter mit Gefahrstoffen umgehen, kann in seltenen Fällen, z. B. bei zeitlich befristeten Tätigkeiten von Fremdfirmenpersonal, die Übersetzung in die Muttersprache notwendig sein.

Da auch manche gesetzliche Formulierungen für die betrieblichen Mitarbeiter schwer bzw. nicht verständlich sind, müssen diese in die „Sprache der Mitarbeiter" übersetzt werden. Beispielhaft sei der R-Satz 68 „Irreversibler Schaden möglich" angeführt. Da dieser R-Satz meistens nur für Stoffe mit Verdacht auf erbgutverändernde Wirkung benutzt wird, sollte besser von Stoffen mit Verdacht auf erbgutverändernde Wirkung gesprochen werden. Diese Begriffe bedürfen selbstverständlich im Rahmen der Betriebsunterweisungen der Erläuterung; die verschiedenen Kategorien erbgutverändernder Stoffe sollten den Mitarbeitern ebenfalls erklärt werden.

Grundsätzlich dürfen in Betriebsanweisungen keine Interpretationsspielräume verbleiben, die Formulierungen müssen deshalb unzweideutig und klar sein.

Formulierungen wie
- geeignete Löschmittel benutzen,
- geeignete Handschuhe benutzen,
- chemikalienbeständige Handschuhe verwenden oder
- säurebeständige Stulpen tragen

sind nicht zulässig. Wie soll schließlich der Mitarbeiter vor Ort entscheiden, was ein geeignetes Löschmittel ist, welche Schutzhandschuhe chemikalienbeständig oder welche Stulpen säurebeständig sind. Diese Begriffe müssen von den betrieblichen Vorgesetzten eindeutig beschrieben und benannt werden. So können die chemikalienbeständigen Schutzhandschuhe als die „blauen Schutzhandschuhe" bezeichnet werden, wenn keine weiteren blauen Handschuhe mit anderen Eigenschaften vorhanden sind.

Betriebsanweisungen müssen nicht zwingend an jedem Arbeitsplatz, an dem mit Gefahrstoffen umgegangen wird, ausgehängt werden. Gleichwohl kann es in einigen Fällen von großem Vorteil sein, wenn die Betriebsanweisungen so für alle jederzeit nachlesbar sind. Die z. B. nach den Laborrichtlinien geforderte permanente Aufsichtspflicht von chemischen Reaktionen kann unter anderem hiermit sinnvoll erfüllt werden. Für die Mitarbeiter müssen sie jedoch jederzeit ohne Probleme verfügbar sein. Mit Sicherheit erfüllt das Betriebsleiterzimmer diese Forderung in aller Regel nicht. In vielen Fällen werden die Betriebsanweisungen in einem eigenen Ordner im Meisterzimmer oder Schichtführerzimmer aufbewahrt. Im Sinne einer aufgeschlossenen Betriebskultur sollten die Mitarbeiter immer von Neuem aufgefordert werden, diesen Ordner zu benutzen und mit ihm zu arbeiten. Da das Erstellen der Betriebsanweisungen dem betrieblichen Vorgesetzten viel Arbeit abverlangt, wäre das einfache „Abheften" teuer beschriebenes Papier!

Um bei den Mitarbeitern eine hohe Akzeptanz zu erreichen, hat sich das gemeinsame Erarbeiten der Betriebsanweisungen in der Praxis sehr bewährt.

Gruppenbetriebsanweisungen

In Abhängigkeit vom Wissensstand der Mitarbeiter lassen sich Gefahrstoffe mit vergleichbaren Eigenschaften zu Gruppen zusammenfassen. So können beispielsweise die *aliphatischen Amine* in einer Betriebsanweisung beschrieben werden, anstatt mehrere gleich lautende Betriebsanweisungen für die Einzelsubstanzen zu erstellen; die Einzelsubstanzen sind allerdings in der Gruppenbetriebsanweisung zu nennen. Sollen in einem Arbeitsbereich z. B. für alle *Alkohole* die gleichen Maßnahmen gelten, können auch diese in einer Gruppenbetriebsanweisung „Alkohole" zusammengefasst werden. Unter „Gefahrstoffbezeichnung" müssen in diesem Fall jedoch unbedingt alle Alkohole aufgeführt werden, die an den Arbeitsplätzen benutzt werden. Nur so kann der Mitarbeiter zweifelsfrei erkennen, dass die Gruppenbetriebsanweisung „Alkohole" auch auf die von ihm benutzte Chemikalie *2-Propanol* angewendet werden muss. Obwohl das Zusammenfassen ähnlicher Chemikalien zu Gruppenbetriebsanweisungen eine empfehlenswerte Methode zur Vermeidung Ordner füllender Einzelbetriebsanweisungen ist, darf nicht unerwähnt bleiben, dass mit deren Anwendung eine erhöhte Unterweisungspflicht

Betriebsanweisung nach Gefahrstoffverordnung

Abteilung: _____ Labor: _____
Laborstand: _____ Datum: _____

Giftige Gefahrstoffe

Gefahren für Mensch und Umwelt

- Giftig beim Einatmen und Verschlucken
- Vergiftungsgefahr bei Berührung mit der Haut oder den Schleimhäuten
- Abwassergefährdung

Schutzmaßnahmen und Verhaltensregeln

- Einatmen, Verschlucken und Berührung mit der Haut und den Schleimhäuten unbedingt vermeiden
- Schutzhandschuhe tragen
- Umsetzungen nur im Abzug oder in geschlossenen Apparaturen durchführen
- Abgase über Waschflasche reinigen
- Verschmutzte Laborgeräte im Abzug vorreinigen. Umfüllen nur im Abzug oder unter Absaugung
- Gebinde stets geschlossen halten

Verhalten im Gefahrfall

- Sofort Vorgesetzten informieren – Mitarbeiter warnen
- Beim Verschütten flüchtiger oder staubförmiger Verbindungen: Labor räumen nur unter Atemschutz entsorgen. Gründlich dekontaminieren
- Beim Verschütten nichtflüchtiger Verbindungen: sorgfältig aufnehmen und verschmutzte Bereiche gründlich reinigen
- Bei größeren Schadensfällen Feuerwehr alarmieren

Erste Hilfe

- Verunreinigte Haut gründlich mit viel Wasser reinigen
- Ambulanz anfordern
- Augen: 10-15 Minuten gründlich mit Wasser spülen
- Augenarzt aufsuchen
- Verunreinigte Kleidung sofort ablegen, bei großflächiger
- Hautkontamination Notdusche benutzen
- Erbrechen herbeiführen

Sachgerechte Entsorgung

- Abfälle nach besonderer Anweisung vernichten oder
- in dafür vorgesehenen Gefäßen sammeln, zur Entsorgung geben

Abb. 6.7 Gruppenbetriebsanweisung für giftige Stoffe in Laboratorien.

verbunden ist. Nur wenn die Mitarbeiter wissen, welche Betriebsanweisung für jede Chemikalie angewendet werden muss, dürfen diese eingesetzt werden:

Die Verwendung von Gruppenbetriebsanweisungen erfordert gut unterwiesene Mitarbeiter! Vor dem allzu großzügigen Zusammenfassen zu Gruppenbetriebsanweisungen sei ausdrücklich gewarnt! Soll z. B. die Gruppenbetriebsanweisung „Alkohole" an einem Arbeitsplatz benutzt werden, an denen auch Methanol eingesetzt wird, müssen sich alle Schutzmaßnahmen an dem als giftig eingestuften Methanol orientieren!

In chemischen Laboratorien mit ausschließlicher Beschäftigung von ausgebildetem Personal (Laborwerker oder Chemielaboranten) haben sich Gruppenbetriebsanweisungen für

- giftige,
- gesundheitsschädliche,
- ätzende,
- reizende,
- leichtentzündliche,
- entzündliche,
- brandfördernde,
- explosionsgefährliche,
- umweltgefährliche,
- entwicklungsschädigende Stoffe oder
- Stoffe mit Verdacht auf krebserzeugende Wirkung

bewährt. Abbildung 6.7 zeigt eine Gruppenbetriebsanweisung für giftige Stoffe, die in Laboratorien verwendet werden kann.

Nur für die wirklich kritischen Stoffe, z. B. für sehr giftige oder krebserzeugende Stoffe, werden in diesen Laboratorien stoffbezogene Betriebsanweisungen benötigt.

Gefahren für Mensch und Umwelt

Unter „Gefahren für Mensch und Umwelt" müssen die beim Umgang mit den Gefahrstoffen verbundenen Gefahren aufgeführt werden.

Diese können in erster Linie den R-Sätzen entnommen werden. Im Bestreben möglichst kurzer und prägnanter R-Sätze haben einige an Anschaulichkeit und Verständlichkeit verloren. Wie bereits erwähnt, sollte der R-Satz 68 auf jeden Fall umformuliert werden. Auch andere R-Sätze müssen nicht zwangsläufig wörtlich übernommen werden. Im Sinne der Formulierungen in der Sprache der Beschäftigten kann es notwendig sein, die vorgegebenen R-Sätze mit einfacheren Formulierungen wiederzugeben.

Erste Anhaltspunkte zu Gefahren für Mensch und Umwelt liefert die Kennzeichnung. Weitergehende Informationen können den Abschnitten 2 und 12 des Sicherheitsdatenblattes entnommen werden. Verbleiben noch Unklarheiten, sollten diese unmittelbar mit dem Lieferanten der Chemikalie geklärt werden. Namhafte Chemikalienlieferanten bieten mit den technischen Merkblättern wertvolle zusätzliche Informationen, die häufig auch konkrete Hinweise zu gefährlichen Stoffen beinhalten, die bei der Verwendung entstehen. Der Lieferant ist nach Gefahrstoffverordnung auskunftspflichtig, soweit die Auskünfte zum gefahrlosen Verwenden der Gefahrstoffe notwendig sind.

Bei der Produktion von Gefahrstoffen kommt als Informationsquelle der EG-Stoffliste eine wichtige Bedeutung zu. Bei nicht legal eingestuften Stoffen muss in der umfangreichen Sicherheitsliteratur, einschließlich spezieller Datenbanken, recherchiert werden. Selbstverständlich sind eigene weitergehende Erkenntnisse zu berücksichtigen. Als weitere Informationsquelle kann häufig die spezielle Sicherheitsliteratur weiterhelfen. Beispielhaft sei die in Abschnitt 4.2 erwähnte Fachliteratur angeführt.

Schutzmaßnahmen und Verhaltensregeln
Die wichtigsten Informationen der Betriebsanweisung sind in diesem Abschnitt zu finden. Während die Gefahren für Mensch und Umwelt grundsätzlich für alle Arbeitsbereiche gleich sind, unterscheiden sich insbesondere die Schutzmaßnahmen und Verhaltensregeln bei verschiedenen Arbeitsplätzen. Diese sind auf den konkreten Arbeitsplatz spezifisch abzustimmen.

Die geforderte Eindeutigkeit bei der Formulierung ist insbesondere bei den Schutzmaßnahmen und Verhaltensregeln von großer Bedeutung. Die persönlichen Schutzausrüstungen
- Augenschutz (siehe Abschnitt 7.1),
- Handschutz (siehe Abschnitt 7.2),
- Körperschutz (siehe Abschnitt 7.3),
- Atemschutz (siehe Abschnitt 7.4)

sind verwechslungsfrei zu bezeichnen. Abbildung 6.8 zeigt eine Übersicht der häufigsten persönlichen Schutzeinrichtungen.

	Augenschutz:	**Gestellbrille, Korbbrille, Gesichtsschutzschirm**
	Handschutz:	**Chemikalienschutzhandschuhe, Säure-Schutzhandschuhe** (Handschuhmaterial und Nutzungsdauer angeben)
	Atemschutz:	**Partikelfilter, Gasfilter, Isolationsgeräte** (exakt bezeichnen: Maskentyp, Filtertyp, Schutzstufe)
	Körperschutz:	**Gesichtsschutzschirm, Säureschürze, Schutzanzug, Vollschutzanzug**
	Explosionsschutz:	**Erdung, Feuerverbot, Absaugung**
	Technik:	**Absaugung einschalten**

Abb. 6.8 Angaben zu Schutzmaßnahmen und Verhaltensregeln in der Betriebsanweisung.

Häufig werden speziell die persönlichen Schutzausrüstungen nur sehr unvollständig beschrieben. Die Aussage „Atemschutz benutzen" ist nur in den Fällen ausreichend, wo lediglich ein einziger Atemschutztyp vorhanden ist. Sie sollte immer konkretisiert werden im Sinne von Partikelfilter, Gasfilter und so weiter. Ferner muss bei Vorhandensein mehrerer Filtertypen der jeweils zu verwendende exakt spezifiziert werden. Desgleichen müssen die Schutzbrillen verwechslungsfrei bezeichnet werden, z. B. Gestellbrille, Korbbrille, Gesichtsschutzschirm.

Kein Handschuh ist gegen alle Chemikalien beständig, deshalb muss der konkrete Chemikalienschutzhandschuh eindeutig beschrieben werden. Da die Angabe des Handschuhmaterials nur selten einfach erkennbar ist, empfiehlt sich die Angabe von Handschuhfarben, falls eine Farbe jeweils stellvertretend für ein Handschuhmaterial steht.

Sind zum gefahrlosen Betreiben von Anlagen oder Anlagenteilen technische Maßnahmen notwendig, sind diese anzuführen; z. B. das Anschließen von Erdungseinrichtungen beim Abfüllen brennbarer Flüssigkeiten oder das Einschalten der Quellenabsaugung beim Einfüllen von Flüssigkeiten. Auf Rauch- und Feuerverbot beim Umgang mit brennbaren Flüssigkeiten ist besonders hinzuweisen. Die entsprechenden Piktogramme (siehe Abbildung 6.8) müssen nicht zwangsläufig aufgeführt werden, sind aber empfehlenswert.

Bei den Schutzmaßnahmen und Verhaltensregeln können Verweise auf die Betriebsvorschriften sinnvoll sein.

Während die R-Sätze die wesentlichsten Gefahren in aller Regel aufführen, lassen sich die S-Sätze meist nur als grobes Gerippe und Basis für die Schutzmaßnahmen nutzen.

Für weitergehende Informationen sind die Sicherheitsdatenblätter hilfreich. Insbesondere stehen in Abschnitt 7 (Handhabung und Lagerung) und Abschnitt 8 (Expositionsbegrenzung und persönliche Schutzausrüstung) konkretere Maßnahmen als in den S-Sätzen. Auf die Auskunftspflicht des Lieferanten zu Fragen des Arbeitsschutzes sei nochmals hingewiesen.

Verhalten im Gefahrfall

Da trotz aller Vorsichtsmaßnahmen Betriebsstörungen und Unfälle nicht ausgeschlossen werden können, müssen in diesem Abschnitt die Verhaltensmaßnahmen bei den denkbaren, vernünftigerweise vorhersehbaren Unfällen beschrieben werden.

Insbesondere sind Angaben zu
- unbeabsichtigtem Produktaustritt,
- Brand und
- Explosionen

notwendig.

Für den Fall einer Leckage und des unbeabsichtigten Produktaustritts sollte die Meldekette vollständig in der Betriebsanweisung aufgeführt sein, so dass die Rettungskräfte ohne Zeitverzug benachrichtigt werden können. Da meist auch noch die betrieblichen Führungskräfte informiert werden müssen, empfiehlt sich ein Verweis auf den Alarm- oder Gefahrenabwehrplan.

Bei chemischen Reaktionen können, falls nicht in der Betriebsvorschrift geschehen, Hinweise auf die zu ergreifenden Maßnahmen bei abweichendem Temperaturprofil oder bei Überdruck bzw. zu niedrigem Betriebsdruck sehr wichtig sein.

Für den Fall von Bränden sollten in den Betriebsanweisungen Informationen über verwendbare Löschmittel und nicht geeignete Löschmittel nachlesbar sein. Speziell sollte immer aufgeführt werden, wenn zum Löschen kein Wasser verwendet werden darf.

Die wichtigsten Informationsquellen sind wiederum die Sicherheitsdatenblätter, speziell Abschnitt 5 (Maßnahmen zur Brandbekämpfung) und Abschnitt 6 (Maßnahmen bei unbeabsichtigter Freisetzung). Weitere Angaben finden sich in den bereits erwähnten Alarmplänen sowie in den Flucht- und Rettungsplänen. Die für den Transport vorgeschriebenen Unfallmerkblätter können ebenfalls als Informationsquelle herangezogen werden.

Erste Hilfe
Die Angaben zur Ersten Hilfe sollten in Informationen zu
- Augenkontakt
- Hautkontakt
- Brand und
- Verschlucken

gegliedert werden.

Abbildung 6.9 zeigt für viele Chemikalien zutreffende Erste-Hilfe-Maßnahmen. Sind spezifische Antidote bekannt, sind diese nur nach Rücksprache mit dem Betriebsarzt aufzuführen. Speziell bei diesem Abschnitt ist bei den Angaben zu

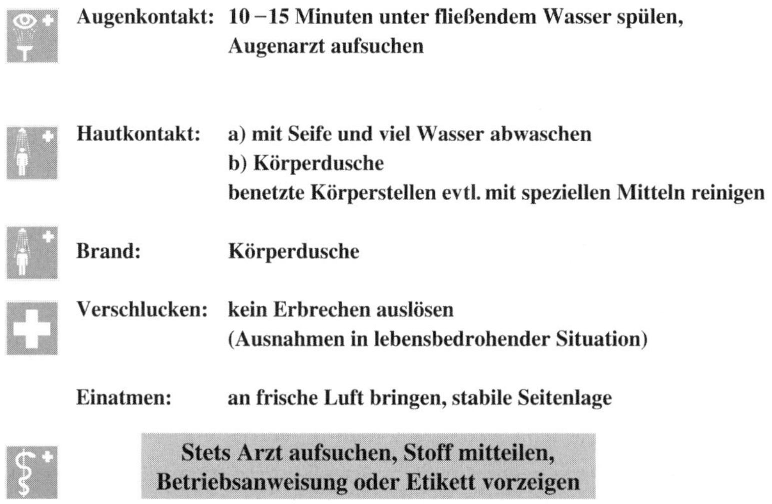

	Augenkontakt:	10–15 Minuten unter fließendem Wasser spülen, Augenarzt aufsuchen
	Hautkontakt:	a) mit Seife und viel Wasser abwaschen b) Körperdusche benetzte Körperstellen evtl. mit speziellen Mitteln reinigen
	Brand:	Körperdusche
	Verschlucken:	kein Erbrechen auslösen (Ausnahmen in lebensbedrohender Situation)
	Einatmen:	an frische Luft bringen, stabile Seitenlage
	Stets Arzt aufsuchen, Stoff mitteilen, Betriebsanweisung oder Etikett vorzeigen	

Abb. 6.9 Angaben zur Erste Hilfe in der Betriebsanweisung.

berücksichtigen, dass keine Fachkräfte (Ärzte) angesprochen werden, sondern die betrieblichen Mitarbeiter. Informationen, die nicht verstanden werden, sollten nicht aufgenommen werden. Da in jedem Betrieb gemäß der Unfallverhütungsvorschrift 50 Ersthelfer verfügbar sein müssen, können für diesen Personenkreis weitergehende Angaben sinnvoll sein.

Entsprechende Informationen können wiederum in erster Linie dem Sicherheitsdatenblatt, Abschnitt 4 (Erste-Hilfe-Maßnahmen) entnommen werden. Zusätzliche Informationen finden sich gelegentlich noch in Abschnitt 11 (Toxikologie) und Abschnitt 16 (Sonstige Angaben).

Sachgerechte Entsorgung
Die Angaben zur sachgerechten Entsorgung betreffen die bei jeglichem Umgang mit Gefahrstoffen meist unvermeidbar entstehenden Reststoffe oder Abfälle. Die Entsorgung bei unbeabsichtigt entstehenden Stoffen, z. B. durch Leckage, muss ebenfalls geregelt werden. Insbesondere sind die zu verwendenden Bindemittel exakt zu bezeichnen. Sind hierbei persönliche oder technische Schutzmittel zu benutzen, müssen diese ebenfalls aufgeführt werden. Die weitere Entsorgung von mit Produktresten dekontaminierten Bindemitteln ist anzugeben.

Da Restmengen meist getrennt gesammelt werden müssen, bevor sie zur weiteren Entsorgung gegeben werden, sind die jeweiligen Sammelbehälter zu kennzeichnen. Die weitere Entsorgung dieser Sammelbehälter muss beschrieben werden, wenn sie von betrieblichen Mitarbeitern selbst durchgeführt wird. Stehen hierfür spezielle Firmen oder Abteilungen zur Verfügung, können diese Angaben entfallen. Desgleichen müssen Angaben zur Reinigung der Behälter und des Verpackungsmaterials nur genannt werden, falls dies nicht von speziellen Kräften übernommen wird. Die Angaben zur sachgerechten Entsorgung können bei einer stark arbeitsteiligen Betriebsstruktur kurz ausfallen. So kann die Angabe der Sammelbehälter und Informationen zum Verschütten ausreichen.

Insbesondere umweltgefährdende oder wassergefährdende Stoffe erfordern zusätzliche Maßnahmen zum Schutz der Umwelt. Bei wassergefährdenden Stoffen ist z. B. auf das Verschließen der Kanaleinläufe hinzuweisen.

Als wichtigste Informationsquelle dient Abschnitt 13 des Sicherheitsdatenblattes „Hinweise zur Entsorgung".

Eine wesentliche Säule des Arbeitsschutzes ist die **Unterrichtung der Mitarbeiter** über die gefährlichen Eigenschaften und die zu ergreifenden Schutzmaßnahmen. Diese Unterweisungen sind nach § 14 Abs. 2 vor der Neuaufnahme von Gefahrstoffen durchzuführen, mindestens jedoch einmal jährlich. Inhalt der Unterweisung sind primär die Betriebsanweisungen; diese sind bei dieser Gelegenheit zu erläutern und verständlich darzulegen. Großen Wert sollte auf die arbeitsplatzbezogenen Erklärungen gelegt werden. Ziel der Unterweisung ist, die Mitarbeiter über alle für ihre Tätigkeiten wichtigen Stoffinformationen und die vorgeschriebenen Schutzmaßnahmen und Verhaltensregeln zu informieren. Entgegen früheren Ablehnungen erscheint es durchaus sinnvoll festzustellen, ob die Mitarbeiter die unterwiesenen Inhalte in ausreichendem Maß verstanden haben.

Zusätzlich müssen die Beschäftigten zum sicheren Umgang mit Gefahrstoffen unterrichtet werden. Hiermit ist eine Fort- und Weiterbildungspflicht in sicheren Arbeitstechniken unmittelbar verbunden.

Im Rahmen der geforderten allgemeinen arbeitsmedizinisch-toxikologischen Beratung ist insbesondere auf die Möglichkeit von Angebotsuntersuchungen bei Tätigkeiten mit den in Anhang V Nr. 1 genannten Gefahrstoffen sowie auf besondere Gesundheitsgefahren bei Stoffen mit speziellen Risiken hinzuweisen. Sinn und Zweck dieser Beratung ist nicht eine wissenschaftlich medizinische Erläuterung der toxikologischen Stoffwirkungen, sondern vielmehr das Erkennen stoffbedingter Erkrankungen. Diese Unterweisungen müssen nicht zwangsläufig durch Arbeitsmediziner oder Toxikologen erfolgen, ggf. sollten die Spezialisten im Vorfeld konsultiert werden, die Unterweisung ist für die Mitarbeiter verständlich, einfach und nachvollziehbar darzustellen. Abbildung 6.10 fasst die wesentlichen Inhalte der Betriebsunterweisung zusammen.

Um die Bedeutung der Information der Mitarbeiter zu unterstreichen, müssen
- Inhalt und
- Zeitpunkt

der Unterweisung schriftlich festgehalten werden. Die Unterwiesenen müssen dies durch Unterschrift bestätigen. Der Nachweis der Unterweisung sollte mindestens zwei Jahre aufbewahrt werden. Mit der Unterschrift bestätigen die Mitarbeiter nicht nur ihre Anwesenheit bei der Unterweisung, sondern auch, dass die aufgeführten Lehrinhalte vermittelt und erklärt wurden. Aus diesem Grunde sind die Unterweisungsinhalte möglichst konkret und detailliert aufzuführen.

Bei größeren Betrieben mit einer großen Anzahl von Gefahrstoffen können auch halbjährlichen Unterweisungen unzureichend sein. Zur Vermeidung von monotonem Frontalunterricht sind kürzere Zeitintervalle mit begrenzten Lehr-

---

Mündliche Unterweisung

→ **Inhalt: Betriebsanweisung**

→ **Wie: verständliche Form und Sprache, arbeitsplatzbezogen**

→ **Wann: vor Aufnahme der Beschäftigung, mindestens jährlich**

→ **Inhalt und Zeitpunkt sind zu dokumentieren,**
  Beschäftige müssen die Unterweisung per
  Unterschrift bestätigen

→ **allgemeine arbeitsmedizinisch-toxikologische Beratung**
  ($\Rightarrow$ Angebots-, Pflichtuntersuchung,
      stoffbedingte Krankheitssymptome)

→ **bei cmr_F-Stoffen (Kategorie 1 oder 2):**
  $\Rightarrow$ aktualisiertes Verzeichnis der Beschäftigten
  $\Rightarrow$ falls verfügbar: Angabe der Exposition

Abb. 6.10 Inhalte der Betriebsunterweisung.

inhalten vorzuziehen. In Produktionsbetrieben der Großchemie haben sich monatliche (Kurz)Unterweisungen bewährt. Kurzgespräche der Betriebsleitung mit den Mitarbeitern direkt am Arbeitsplatz erlauben darüber hinaus eine individuelle Unterweisung des Mitarbeiters und eine eingehendere Beschäftigung mit den Inhalten.

Frauen im gebärfähigen Alter sollten zusätzlich über die zusätzlichen Gefahren für das ungeborene Kind beim Umgang mit entwicklungsschädigenden Stoffen (siehe hierzu Abschnitt 3.1.2.2) informiert werden, auch wenn derartige Verpflichtungen in der Mutterschutzverordnung (siehe Abschnitt 6.5) nicht mehr gefordert werden. Darüber hinausgehend sind die Beschäftigungsbeschränkungen für schwangere Frauen und werdende Mütter zu erläuten, nähere Angaben sind in zu finden. Insbesondere erscheint es wichtig, dass Frauen auf die besonderen Probleme der Entwicklungsschädigung innerhalb der ersten sechs Wochen der Schwangerschaft hingewiesen und auf die umgehende Informationspflicht der Vorgesetzten nach Bekanntwerden einer Schwangerschaft hingewiesen werden. Nur bei sofortiger Information einer vorliegenden Schwangerschaft können die notwendigen Arbeitsschutzmaßnahmen eingeleitet werden! Da Alkoholgenuss und Rauchen die wichtigsten Ursachen von Entwicklungsschädigungen sind, sollte auf diese wichtigen Einflussfaktoren gebührend eingegangen werden.

6.2.6
Arbeitsmedizinische Vorsorge

Mit der neuen Gefahrstoffverordnung wurde die arbeitsmedizinische Vorsorge in Anlehnung an die Regelungen der Biostoffverordnung vollkommen neu geregelt. Erstmalig wird im Gefahrstoffrecht zwischen Angebots- und Pflichtuntersuchungen unterschieden.

Arbeitsmedizinische Vorsorgeuntersuchungen werden in § 15 wie folgt definiert:

> „Bei Tätigkeiten mit Gefahrstoffen gehören dazu insbesondere
> 1. die arbeitsmedizinische Beurteilung gefahrstoff- und tätigkeitsbedingter Gesundheitsgefährdungen einschließlich der Empfehlung geeigneter Schutzmaßnahmen,
> 2. die Aufklärung und Beratung der Beschäftigten über die mit der Tätigkeit verbundenen Gesundheitsgefährdungen einschließlich solcher, die sich aus vorhandenen gesundheitlichen Beeinträchtigungen ergeben können,
> 3. arbeitsmedizinische Vorsorgeuntersuchungen zur Früherkennung von Gesundheitsstörungen und Berufskrankheiten,
> 4. arbeitsmedizinisch begründete Empfehlungen zur Überprüfung von Arbeitsplätzen und zur Wiederholung der Gefährdungsbeurteilung,
> 5. die Fortentwicklung des betrieblichen Gesundheitsschutzes bei Tätigkeiten mit Gefahrstoffen auf der Grundlage gewonnener Erkenntnisse."

Es wird zwischen
- Erstuntersuchungen vor Aufnahme von Tätigkeiten mit Gefahrstoffen,
- Nachuntersuchungen während dieser Tätigkeiten,
- Nachuntersuchungen nach Beendigung dieser Tätigkeiten,
- Nachuntersuchungen bei Tätigkeiten mit krebserzeugenden oder erbgutverändernden Stoffen der Kategorie 1 oder 2 nach Beendigung der Beschäftigung und
- Untersuchungen aus besonderem Anlass

unterschieden.

Arbeitsmedizinische Vorsorgeuntersuchungen dürfen nur von Fachärzten für Arbeitsmedizin oder von Ärzten mit der Zusatzbezeichnung Betriebsmedizin durchgeführt werden. Umfang der Vorsorgeuntersuchung und Aufgaben der Fachärzte ist in der Gefahrstoffverordnung beschrieben.

Den Beschäftigten müssen arbeitsmedizinische Vorsorgeuntersuchungen angeboten werden (**Angebotsuntersuchungen**), wenn sie
- Tätigkeiten mit den in Anhang V Nr. 1 genannten Stoffen (siehe Abschnitt 6.2.9) ausüben, wenn eine Exposition vorhanden ist, unabhängig von der Einhaltung des Arbeitsplatzgrenzwertes und
- bei den in Anhang V Nr. 2.2 (siehe Abschnitt 6.2.9) aufgeführten Tätigkeiten.

Beschäftigte müssen arbeitsmedizinisch untersucht werden (**Pflichtuntersuchungen**), wenn
- die Arbeitsplatzgrenzwerte bei Tätigkeiten mit den in Anhang V Nr. 1 aufgeführten Stoffen nicht eingehalten werden,
- bei Tätigkeiten mit in Anhang V Nr. 1 aufgeführten hautresorptiven Stoffen eine Gesundheitsgefährdung durch Hautkontakt besteht oder
- wenn Tätigkeiten durchgeführt werden, die in Anhang V Nr. 2.1 aufgeführt sind.

Die hautresorptiven Stoffe nach Anhang V Nr. 1 wurden in der TRGS 401 [56] benannt:
- *Acrylnitril,*
- *aromatische Nitro-* und *Aminoverbindungen,*
- *Benzol,*
- *Bleitraethyl* und *Bleitetramethyl,*
- *Dimethylformamid,*
- *Glycerintrinitrat* und *Glykoldinitrat,*
- *Kohlenstoffdisulfid,*
- *Methanol,*
- *polycyclische aromatische Kohlenwasserstoffe,*
- *Tetrachlorethen,*
- *Toluol* und
- *Xylol.*

Tabelle 6.2 Auswahl von G-Grundsätzen [100].

G-Grundsatz	Stoff/Untersuchungsgrund
G 1,1	silikogener Staub
G 1,2	asbesthaltiger Staub
G 2	Blei oder seine Verbindungen (mit Ausnahme der Bleialkyle)
G 3	Bleialkyle
G 4	Hautkrebs
G 5	Nitroglyzerin oder Nitroglykol
G 6	Schwefelkohlenstoff
G 7	Kohlenmonoxid
G 8	Benzol
G 9	Quecksilber oder seine Verbindungen
G 10	Methanol
G 11	Schwefelwasserstoff
G 12	Phosphor (weißer)
G 13	Tetrachlormethan (Tetrachlorkohlenstoff)
G 14	Trichlorethylen
G 15	Chrom(VI)-Verbindungen
G 16	Arsen oder seine Verbindungen
G 17	Tetrachlorethylen
G 18	Tetrachlorethan oder Pentachlorethan
G 22	Säureschaden der Zähne
G 23	obstruktive Atemwegserkrankungen
G 24	Hauterkrankungen (mit Ausnahme von Hautkrebs)
G 26	Atemschutzgeräte
G 27	Isocyanate
G 28	Monochlormethan (Methylchlorid)
G 29	Benzolhomologe (Toluol, Xylole)
G 32	Cadmium oder seine Verbindungen
G 33	aromatische Nitro- oder Aminoverbindungen
G 34	Fluor oder seine anorganischen Verbindungen
G 36	Vinylchlorid
G 38	Nickel oder seine Verbindungen
G 39	Schweißrauche
G 40	krebserzeugende Gefahrstoffe – allgemein
G 43	Biotechnologie
G 44	Buchen- und Eichenholzstaub

Für einige Stoffe in Anhang V existieren stoffspezifische Untersuchungsmethoden, die die Abweichung eines biologischen Indikators von der Norm zeigen. Diese vom Hauptverband der gewerblichen Berufsgenossenschaften herausgegebenen so genannten „G-Grundsätze" [100] sind in vielen Betrieben seit Langem bewährt. Neben den durchzuführenden Untersuchungen werden die Zeitintervalle zwischen den einzelnen arbeitsmedizinischen Vorsorgeuntersuchungen festgelegt. Tabelle 6.2 zeigt eine Auswahl von stoffbezogenen G-Grundsätzen.

6.2.7
Zusammenarbeit verschiedener Firmen

Einem allgemeinen Trend folgend wurden im letzten Jahrzehnt auch in der chemischen Industrie zahlreiche Firmen in kleinere Einheiten aufgespalten, die in so genannten Industrie- oder Chemieparks auf einem größeren Industriegelände zusammenarbeiten. Regelungen zur Zusammenarbeit verschiedener Firmen, einschließlich Kontraktoren für Reparatur- und Wartungsarbeiten, wurden daher im neuen § 17 aufgenommen.

Fremdfirmen dürfen zur Durchführung von Tätigkeiten mit Gefahrstoffen nur beauftragt werden, wenn sie die hierfür notwendigen Fachkenntnisse und Erfahrung besitzen. Der Auftraggeber muss den Auftragnehmer über die Gefahrenquellen und die notwendigen Verhaltensregeln informieren. Auf Basis dieser Informationen obliegt es den Beauftragten, eigenverantwortlich ihre Gefährdungsbeurteilung durchzuführen und die notwendigen Schutzmaßnahmen und Verhaltensregeln festzulegen.

Besteht die Möglichkeit der gegenseitigen Beeinflussung verschiedener Firmen, muss vom Auftraggeber ein Koordinator zur Verfügung gestellt werden, dem alle sicherheitsrelevanten Informationen und die Gefährdungsbeurteilungen mitgeteilt werden müssen. Alle tätigen Firmen sind in ein bestehendes Sicherheits- und Warnsystem des Betriebes zu integrieren.

Bei allen Arbeiten mit möglicher Gefährdung durch Gefahrstoffe müssen Arbeitgeber, Auftraggeber und Auftragnehmer zusammenarbeiten und sich abstimmen. Besteht die Möglichkeit der gegenseitigen Beeinflussung, müssen die eingesetzten Stoffe aufeinander abgestimmt werden, unter Berücksichtigung der denkbaren Wechselwirkungen; z. B. bei (leicht)entzündlichen Stoffe eine mögliche Explosionsgefahr. Die Ergebnisse der gemeinsamen Gefährdungsbeurteilung sind von allen Beteiligten zu dokumentieren.

Werden Abbruch-, Sanierungs- oder Instandhaltungsarbeiten durchgeführt, ist zu ermitteln, ob Gefahrstoffe vorhanden sind, für die gemäß Anhang IV Herstellungs- und Verwendungsverbote existieren.

6.2.8
Unterrichtung der Behörde

Der zuständigen Behörde ist unverzüglich anzuzeigen
- jeder Unfall oder jede Betriebsstörung bei Tätigkeiten mit Gefahrstoffen, die zu einer ernsten Gesundheitsschädigung von Beschäftigten geführt hat, und
- Krankheits- oder Todesfälle, bei denen konkrete Anhaltspunkte für einen kausalen Zusammenhang mit Gefahrstoffeinwirkung bestehen.

Auf Verlangen der zuständigen Behörde müssen dieser mitgeteilt werden:
- das Ergebnis der Gefährdungsbeurteilung, einschließlich der zugrundeliegenden Informationen,
- Tätigkeiten mit möglicher oder tatsächlicher Exposition, einschließlich der Anzahl der Beschäftigten,
- die durchgeführten Schutz- und Vorsorgemaßnahmen sowie
- die verantwortliche Person nach § 13 Arbeitsschutzgesetz.

Bei Tätigkeiten mit krebserzeugenden, erbgutverändernden oder fruchtbarkeitsgefährdenden Gefahrstoffen der Kategorie 1 oder 2 sind zusätzlich mitzuteilen:
- das Ergebnis der Substitutionsprüfung,
- sachdienliche Informationen über durchgeführte Tätigkeiten und angewandte industrielle Verfahren,
- die Gründe für die Verwendung dieser Gefahrstoffe,
- Menge der hergestellten oder verwendeten Gefahrstoffe,
- Art der verwendeten Schutzausrüstung,
- Art und Grad der Exposition und
- Fälle von Substitution.

6.2.9
Die Anhänge der Gefahrstoffverordnung

Anhang I listet die EU-Richtlinien auf, die gemäß § 2 durch die bereits oben erwähnte Verweistechnik in der jeweils gültigen Fassung unmittelbar als mitgeltendes Regelwerk gültig sind. Die in Tabelle 6.3 aufgeführten EG-Richtlinien sind im Anhang I aufgeführt und sind ebenso wie die Verordnung rechtsverbindlich, ohne dass die substanziellen Forderungen dieser Richtlinien wiedergegeben werden.

Im **Anhang II** sind die „Besonderen Vorschriften zur Information, Kennzeichnung und Verpackung" dargelegt. Die in Nr. 1 zusammengefassten Grundpflichten sind allerdings ebenfalls nur sehr ungenau und verweisen größtenteils auf die Einstufungs- und Kennzeichnungsvorschriften der Europäischen Union für Stoffe 67/548/EWG [32] und Zubereitungen [38]. Die unter Nr. 2 zu findenden „Zusätzlichen Kennzeichnungs- und Verpackungsvorschriften" verweisen leider ebenfalls nur auf die zusätzlichen Kennzeichnungsvorschriften der EU und geben nur für *Pentachlorphenol* hiervon abweichende Regelungen.

Tabelle 6.3 Nach Anhang I derzeit gültige EG-Richtlinien.

EG-Nr.	Basisrichtlinie	Derzeit gültige Fassung
67/548/EWG	Stoffrichtlinie	2004/73/EG (29. ATP)
1999/45/EWG	Zubereitungsrichtlinie	2004/66/EG
76/769/EWG	Beschränkungsrichtlinie	2004/53/EG + 2004/21/EG
96/59/EG	PCB-Richtlinie	
98/8/EG	Biozid-Richtlinie	
91/155/EWG	Sicherheitsdatenblatt-RL	aufgehoben durch REACH-Verordnung

In **Anhang III** finden sich „Besondere Vorschriften für bestimmte Gefahrstoffe und Tätigkeiten". Spezielle Vorschriften finden sich unter der angegebenen Nummer für

Nr. 1: Brand- und Explosionsgefahren,
Nr. 2: Partikelförmige Gefahrstoffe,
Nr. 3: Tätigkeiten in Räumen und Behältern,
Nr. 4: Schädlingsbekämpfung,
Nr. 5: Begasungen,
Nr. 6: Ammoniumnitrat.

Die Vorschriften von Nr. 1 regeln den **Brand- und Explosionsschutz** sowohl bei der Herstellung und Verwendung von Stoffen als auch Lagerung und Abfüllung unterhalb der Mengenschwellen der Betriebssicherheitsverordnung [101]. Nähere Ausführungen sind in Abschnitt 6.6 zu finden.

In Nr. 2 finden sich die allgemeinen Arbeitsgrundsätze bei Tätigkeiten mit **einatembaren partikelförmigen Gefahrstoffen**, die weitgehend der TRGS 500 [102] entlehnt wurden. In Nr. 2.4 sind die speziellen Regelungen bei möglicher oder tatsächlicher Exposition gegenüber *Asbest*, einschließlich besonderer Regelungen bei Abbruch-, Sanierungs- und Instandhaltungsarbeiten (ASI-Arbeiten), dargestellt. Die bisherigen Regelungen zur Durchführung von ASI-Arbeiten mit *Asbest* bleiben weitgehend erhalten und erfordern eine spezielle Sachkunde, die in der TRGS 519 [103] näher beschrieben wird.

Tätigkeiten in **Räumen und Behältern** nach Nr. 3 gilt für folgende Tätigkeiten an Innenflächen und Einbauten von Räumen einschließlich Schiffsräumen und Behältern:
1. Reinigen einschließlich Restmengenbeseitigung,
2. Tätigkeiten zum Aufbringen von Beschichtungen. Hierzu gehören auch
3. Anstrichtätigkeiten,
4. Klebetätigkeiten und
5. Nebenarbeiten im Zusammenhang mit Tätigkeiten nach Nummer 1 bis 3, wenn dabei mit Gefahrstoffen umgegangen wird.

Schädlingsbekämpfungen mit sehr giftigen, giftigen oder gesundheitsschädlichen Stoffen oder Zubereitungen dürfen nur durch spezielle, sachkundige Personen durchgeführt werden und sind der Behörde schriftlich anzuzeigen, wenn sie
- gewerbsmäßig oder selbständig bei einem anderen Betrieb oder
- nicht nur gelegentlich und in geringem Umfang im eigenen Betrieb, in dem Lebensmittel hergestellt, behandelt oder in Verkehr gebracht werden, oder in einer in § 36 des Infektionsschutzgesetzes genannten Einrichtung

erfolgen. Konkretere Angaben enthält Anhang III Nr. 4, detaillierte Regelungen finden sich TRGS 523 [104].

Bei **Begasungen** mit
1. Hydrogencyanid (Cyanwasserstoff, Blausäure) und Hydrogencyanid-entwickelnden Stoffen und Zubereitungen,
2. Phosphorwasserstoff und Phosphorwasserstoff-entwickelnden Stoffen und Zubereitungen,
3. Ethylenoxid,
4. Formaldehyd sowie Stoffen und Zubereitungen, die zum Entwickeln oder Verdampfen von Formaldehyd dienen, oder
5. Sulfuryldifluorid (Sulfurylfluorid)

sind die Vorschriften in Anhang III Nr. 5 anzuwenden. Begasungen dürfen nur von Personen mit einer speziellen Sachkunde durchgeführt werden, die über eine Erlaubnis der Behörde verfügen. Diese Vorschriften sind auch beim Begasen mit anderen sehr giftigen oder giftigen Begasungsmitteln als Biozid-Produkten, Pflanzenschutzmitteln oder Schädlingsbekämpfungsmitteln zu beachten. Neben den Voraussetzungen zum Erwerb der Erlaubnis und der Sachkunde zur Durchführung von Begasungen werden grundlegende Schutzmaßnahmen beschrieben. Konkretisierende Ausführungen finden sich in der TRGS 512 [105] und TRGS 522 [106].

Die Vorschriften nach Nr. 6 geben den Stand der Erkenntnisse zur Lagerung von **Ammoniumnitrat** und ammoniumnitrathaltigen Düngemitteln wieder. Auf Grund zahlreicher schwerer Explosionen – die letzte Explosion ereignete sich 2001 in Toulouse/Frankreich –, ist die Einhaltung dieser Regelungen dringend geboten. Weitere Konkretisierungen sind in der TRGS 511 [107] zu finden.

Anhang IV regelt die speziellen Herstellungs- und Verwendungsverbote von Gefahrstoffen. Die im Anhang geregelten Stoffe sind mit den Verboten des Inverkehrbringens nach § 1 Chemikalien-Verbotsverordnung weitgehend identisch. Tabelle 6.4 fasst die wichtigsten Verbote zusammen, ohne auf Details eingehen zu können.

Anhang V konkretisiert die Regelungen der arbeitsmedizinischen Vorsorge bezüglich Angebots- und Pflichtuntersuchungen in § 16.
- Anhang V Nr. 1: Liste der Gefahrstoffe, bei denen die Arbeitnehmer bei Überschreitung des Arbeitsplatzgrenzwertes arbeitsmedizinisch untersucht werden müssen:
  – *Acrylnitril*,
  – *Alkylquecksilber*,

- alveolengängiger Staub (A-Staub),
- aromatische Nitro- und Aminoverbindungen,
- Arsen und Arsenverbindungen,
- Asbest,
- Benzol,
- Beryllium,
- Blei und anorganische Bleiverbindungen,
- Bleitetraethyl und Bleitetramethyl,
- Cadmium und Cadmiumverbindungen,
- Chrom(vi)-Verbindungen,
- Dimethylformamid,
- einatembarer Staub (E-Staub),
- Fluor und anorganische Fluorverbindungen,
- Glycerintrinitrat und Glykoldinitrat (Nitroglycerin/Nitroglykol),
- Hartholzstaub,
- Nickel und Nickelverbindungen,
- polycyclische aromatische Kohlenwasserstoffe (Pyroloyseprodukte aus organischem Material),
- Mehlstaub,
- Kohlenstoffdisulfid,

Tabelle 6.4 Verwendungs- und Herstellungsverbote nach Anhang IV.

Nr.	Stoffe	Regelung
1.	Asbest	Herstellung und Verwendung
2.	β-Naphthylamin, 4-Aminobiphenyl, Benzidin, 4-Nitrobiphenyl (sowie deren Salze)	Herstellung und Verwendung
3.	Arsen und seine Verbindungen	umfassende Verwendungsverbote
4.	Benzol	Verwendungsverbote
5.	Hexachlorhexan	Verbot als biozider Wirkstoff
6.	Bleikarbonate	Einsatz in Farben
7.	Quecksilber und seine Verbindungen	spezielle Verwendungsverbote
8.	Zinnorganische Verbindungen	Verwendungsverbot für Wasseraufbereitung, Antifoulingmittel
9.	Di-µ-oxo-di-n-butylstanniohydroxyboran	Herstellungs-, Verwendungsverbot
10.	Dekorationsgegenstände mit flüssigen gefährlichen Stoffen/Zubereitungen	Herstellungsverbot
11.	Aliphatische Kohlenwasserstoffe [a]	Verwendung nur in geschlossenen Anlagen

Tabelle 6.4 Fortsetzung.

Nr.	Stoffe	Regelung
12.	Pentachlorphenol und seine Verbindungen	Herstellungs-, Verwendungsverbote
13.	Teeröle	Verwendungsverbot in Holzschutzmitteln
14.	Polychlorierte Biphenyle, Terphenyle, Monomethyl-halogeno-diphenylmethane	Herstellungs-, Verwendungsverbote
15.	Vinylchlorid	Verwendungsverbot als Treibgas
16.	Starke-Säure-Verfahren	Herstellungsverbot für Isopropanol
17.	Cadmium und seine Verbindungen	umfangreiche Verwendungsverbote
18.	Kurzkettige Chlorparaffine	Verwendungsverbot bei Metallbearbeitung, Lederbehandlung
19.	Kühlschmierstoffe	Verwendungsverbote nitrosierender Agenzien
20.	DDT	Herstellungs-, Verwendungsverbot
21.	Hexachlorethan	Verwendungsverbot bei Bearbeitung von Nichteisenmetallen
22.	Biopersistente Fasern	Verwendungsverbot spezieller künstlicher Mineralfasern
23.	Besonders gefährliche krebserzeugende Stoffe	Verwendung ausschließlich in geschlossenen Anlagen
24.	Flammschutzmittel	Verbot der Verwendung bromierter Diphenylether
25.	Azofarbstoffe	Verbot von zwei Azofarbstoffen
26.	Alkylphenole	Anwendungsverbote für Nonylphenol und Nonylphenolethoxylat
27.	Chromathaltiger Zement	Verbot bei manueller Verarbeitung
28.	Polycyclische aromatische Kohlenwasserstoffe (PAK)	Verbot der Verwendung in Reifen
29	Toluol	Verbot der Verwendung in Klebstoffen, Sprühfarben ab 0,1 %
30	1,2,4-Trichlorbenzol	Verwendungsverbot ab 0,1 %
31	Korrosionsschutzmittel	Verwendungsverbot nitrosierender Stoffe und krebserzeugender N-Nitrosamine

[a] Tetrachlormethan, 1,1,2,2-Tetrachlorethan, 1,1,1,2-Tetrachlorethan, Pentachlorethan

- *Kohlenmonoxid,*
- *Methanol,*
- weißer *Phosphor* (*Tetraphosphor*),
- *Platinverbindungen,*
- *Quecksilber* und *anorganische Quecksilberverbindungen,*
- *Schwefelwasserstoff,*
- silikogener Staub,
- *Styrol,*
- *Tetrachlorethen,*
- *Toluol,*
- *Trichlorethen,*
- *Vinylchlorid* und
- *Xylol.*

- Anhang V Nr. 2: Listen der Tätigkeiten
  - Nr. 2.1: Tätigkeiten, bei denen Vorsorgeuntersuchungen zu veranlassen sind
    1. Feuchtarbeit von regelmäßig 4 Stunden oder mehr pro Tag,
    2. Schweißen und Trennen von Metallen bei Überschreitung einer Luftkonzentration von 3 mg/m^3 Schweißrauch,
    3. Tätigkeiten mit Belastung durch Getreide- und Futtermittelstäube bei Überschreitung einer Luftkonzentration von 4 mg/m^3 einatembarem Staub,
    4. Tätigkeiten mit Belastung durch *Isocyanate*, bei denen ein regelmäßiger Hautkontakt nicht vermieden werden kann oder eine Luftkonzentration von 0,05 mg/m^3 überschritten wird,
    5. Tätigkeiten mit Belastung durch Labortierstaub in Tierhaltungsräumen und -anlagen,
    6. Tätigkeiten mit Benutzung von Naturgummilatex-Handschuhen mit mehr als 30 µg Protein pro Gramm im Handschuhmaterial,
    7. Tätigkeiten mit Belastung durch unausgehärtete *Epoxidharze* und Kontakt über die Haut oder die Atemwege.
  - Nr. 2.2: Tätigkeiten, bei denen Vorsorgeuntersuchungen anzubieten sind
    1. Schädlingsbekämpfung nach Anhang III Nr. 4,
    2. Begasungen nach Anhang III Nr. 5,
    3. Tätigkeiten mit folgenden Stoffen oder deren Gemischen: *n-Hexan, n-Heptan, 2-Butanon, 2-Hexanon, Methanol, Ethanol, 2-Methoxy-ethanol, Benzol, Toluol, Xylol, Styrol, Dichlormethan, 1,1,1-Trichlorethan, Trichlorethen* und *Tetrachlorethen,*
    4. Tätigkeiten mit krebserzeugenden oder erbgutverändernden Stoffen oder Zubereitungen der Kategorie 1 oder 2,
    5. Feuchtarbeit von regelmäßig mehr als 2 Stunden,
    6. Schweißen und Trennen von Metallen bei Einhaltung einer Luftkonzentration von 3 mg/m^3 Schweißrauch,
    7. Tätigkeiten mit Belastung durch Getreide- und Futtermittelstäube bei Überschreitung einer Luftkonzentration von 1 mg/m^3 einatembarem Staub.

6.3
Die Chemikalien-Verbotsverordnung

Die „Verordnung über die Neuordnung und Ergänzung der Verbote und Beschränkungen des Herstellens, Inverkehrbringens und Verwendens gefährlicher Stoffe, Zubereitungen und Erzeugnisse nach § 17 Chemikaliengesetz", kurz Chemikalien-Verbotsverordnung [36] (abgekürzt: ChemVerbotsV), regelt ausschließlich das Inverkehrbringen von Stoffen, Zubereitungen und Erzeugnissen auf Grund der Ermächtigungsgrundlage im Chemikaliengesetz.

Von wenigen Ausnahmen abgesehen, gelten die gleichen Verbote beim Inverkehrbringen in allen EG-Staaten, da sie auf der EG-Verbotsrichtlinie 76/769/EWG [42] basieren. Die EG-Verbotsrichtlinie wurde zur Regelung des freien Warenverkehrs in der Europäischen Gemeinschaft auf Basis von Artikel 95 des EG-Vertrages erlassen und darf als bindende Richtlinie national nicht abgeändert werden. Gemäß Artikel 139 der REACH-Verordnung [41] wird die EG-Verbotsrichtlinie mit Wirkung vom 1.6.2009 aufgehoben, Anhang XVII der REACH-Verordnung gilt dann unmittelbar in allen Mitgliedsstaaten. Die Chemikalien-Verbotsverordnung muss zum gleichen Zeitpunkt novelliert werden und der Anhang aufgehoben werden.

Die Chemikalien-Verbotsverordnung gliedert sich in acht Paragraphen und einen Anhang:
§ 1:   Verbote
§ 2:   Erlaubnis- und Anzeigepflichten
§ 3:   Informations- und Aufzeichnungspflichten bei der Abgabe an Dritte
§ 4:   Selbstbedienungsverbot
§ 5:   Sachkunde
§ 5a: Betankungseinrichtungen
§ 6:   Normen
§ 7:   Ordnungswidrigkeiten
§ 8:   Straftaten
Anhang zu § 1 Chemikalien-Verbotsverordnung

Die Chemikalien-Verbotsverordnung kann in drei Teile unterteilt werden (siehe Abbildung 6.11):
- Teil 1 beinhaltet die Verbote beim Inverkehrbringen bestimmter Stoffe, Zubereitungen und Erzeugnisse.
- Teil 2 erlaubt die Abgabe von Stoffen und Zubereitungen, die mit T oder T+ gekennzeichnet sind, nur mit Erlaubnis der zuständigen Behörde.
- Teil 3 verbietet die Abgabe bestimmter Stoffe oder Zubereitungen in Selbstbedienung an den Endverbraucher.

Sie regelt ausschließlich Verbote und Beschränkungen beim Inverkehrbringen, die Vorschriften zur Einstufung, Kennzeichnung, Verpackung und Informationsweitergabe von Stoffen und Zubereitungen sind in der Gefahrstoffverordnung zu finden.

```
┌─────────────────────────────────────────────┐
│   Verbot des Inverkehrbringens              │
│   ━━▷    spezieller Gefahrstoffe            │
└─────────────────────────────────────────────┘
┌─────────────────────────────────────────────┐
│   Inverkehrbringen nur mit                  │
│   Erlaubnis der Behörde                     │
│   ━━▶    Kennzeichnung mit: T und T+        │
└─────────────────────────────────────────────┘
┌─────────────────────────────────────────────┐
│   Selbstbedienungsverbot von Gefahrstoffen  │
│   ⇨    T+, T, F+, C, O, Stoffe der Kategorie 3 │
└─────────────────────────────────────────────┘
```

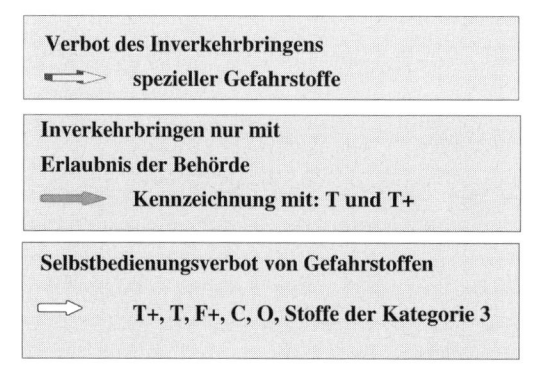

Abb. 6.11 Struktur der Chemikalien-Verbotsverordnung.

Da die Chemikalien-Verbotsverordnung nur beim Inverkehrbringen zu beachten ist und nicht bei der innerbetrieblichen Abgabe, ist die exakte Kenntnis des Tatbestandes „Inverkehrbringen" von entscheidender Bedeutung, in Abschnitt 1.3 findet sich die legale Begriffsdefinition. Zum Inverkehrbringen zählt auch die Abgabe an eine Joint-Venture-Gesellschaft oder ein 100%iges Tochterunternehmen. Die Abgabe an eine andere Betriebsstätte des gleichen Unternehmens in einem anderen Ort fällt im Gegensatz hierzu nicht unter den Tatbestand des Inverkehrbringens.

6.3.1
Verbote des Inverkehrbringens

Gemäß § 1 der Chemikalien-Verbotsverordnung dürfen die im Anhang in Spalte 1 aufgeführten Stoffe nicht unter den in Spalte 2 bezeichneten Bedingungen in Verkehr gebracht werden. Spalte 3 regelt Ausnahmen von den Verboten des Inverkehrbringens von Spalte 2, die aus Erfordernissen der Praxis notwendig sind. Der **Anhang** gliedert sich in 26 Abschnitte und ist weitestgehend mit den Verboten der EG-Verbotsrichtlinie [42] identisch. Für die gleichen Stoffe, Zubereitungen oder Erzeugnisse wurden entsprechende Herstellungs- und Verwendungsverbote im Anhang IV der Gefahrstoffverordnung [35] erlassen (siehe Abschnitt 6.2).

§ 1 verbietet das Inverkehrbringen von bestimmten Stoffen, Zubereitungen oder Erzeugnissen, die im Anhang exakt spezifiziert sind. Diese sind:
1. *DDT*,
2. *Asbest*,
3. *Formaldehyd*,
4. *Dioxine* und *Furane*,
5. *Gefährliche krebserzeugende flüssige Stoffe und Zubereitungen*,
6. *Benzol*,
7. *Aromatische Amine*,
8. *Bleikarbonate* und *-sulfate*,

9. *Quecksilberverbindungen,*
10. *Arsenverbindungen,*
11. *Zinnorganische Verbindungen,*
12. *Di-μ-oxo-di-n-butyl-stanniohydroxyboran,*
13. *Polychlorierte Biphenyle* und *polychlorierte Terphenyle,* und *Monomethyltetrachlordiphenylmethan, Monomethyldichlordiphenylmethan, Monomethyldibromdiphenylmethan*
14. *Vinylchlorid,*
15. *Pentachlorphenol,*
16. *Aliphatische Chlorkohlenwasserstoffe,*
17. *Teeröle,*
18. *Cadmium,*
19. Krebserzeugende, erbgutverändernde und fortpflanzungsgefährdende Stoffe,
20. Entzündliche, leichtentzündliche und hochentzündliche Stoffe,
21. *Hexachlorethan*
22. Biopersistente Fasern
23. *Kurzkettige Chlorparaffine*
24. Flammschutzmittel
25. *Azofarbstoffe*
26. *Alkylphenole*
27. *Chromathaltiger Zement*
28. *Polycyclische aromatische Kohlenwasserstoffe* (PAK)
29. *Toluol*
30. *1,2,4-Trichlorbenzol*

Der Anhang ist in drei Spalten untergliedert, in **Spalte 1** werden die Stoffe genannt, für die die speziellen Verbote von Spalte 2 gelten. Die Verbote in Spalte 2 gelten häufiger nur für einen sehr eingeschränkten Verwendungsbereich, Spalte 1 darf daher in Zusammenhang mit Spalte 2 gelesen werden.

Spalte 2 bestimmt den Umfang der Verbote, der – wie beim DDT – vollumfassend oder auch nur sehr eingeschränkt sein kann, wie z. B. beim Vinylchlorid nur für das Inverkehrbringen als Treibgas in Aerosolpackungen.

Spalte 3 des Anhangs führt spezielle Ausnahmen von den Verboten von Spalte 2 auf. Voraussetzung zur Anwendung dieser Ausnahmen im dort bezeichnetem Umfang ist, dass ein ausreichender Schutz für Mensch und Umwelt getroffen wird und eine geordnete Entsorgung gewährleistet ist.

Grundsätzlich gelten die Verbote des Inverkehrbringens nach § 1 Spalte 2 nicht für folgende **allgemeine Ausnahmen**:
- Forschungszwecke,
- wissenschaftliche Lehr- und Ausbildungszwecke und
- Analysezwecke

in den dafür erforderlichen Mengen sowie die
- ordnungsgemäße Abfallentsorgung.

Das Inverkehrbringen der Stoffe, Zubereitungen oder Erzeugnisse entgegen den Verboten des Anhangs sind Straftaten. Desgleichen zählt als Straftat, wenn keine Erlaubnis zum Inverkehrbringen der genannten Stoffe gemäß § 2 vorliegt. Verstöße gegen die restlichen Vorschriften der Chemikalien-Verbotsverordnung werden als Ordnungswidrigkeiten mit einem Bußgeld geahndet.

Im Folgenden sollen die Verbote des Anhangs kurz im Überblick wiedergegeben werden:

- **Abschnitt 1: DDT**

  Für *1,1,1-Trichlor-2,2-bis-(4-chlorphenyl)-ethan* (DDT) und seine Isomeren gelten umfassende Verbote beim Inverkehrbringen, es wurden weder Konzentrationsgrenzen noch Ausnahmen in Spalte 3 festgelegt. Gleichwohl besteht insbesondere bei den tropischen Ländern wieder ein zunehmendes Interesse an diesem sehr wirkungsvollen, aber persistenten Insektizid.

  Die Ausnahmen nach § 1 gelten in Abweichung der Verordnung nicht für Forschungs-, wissenschaftliche Lehr- und Ausbildungszwecke sowie für Analysezwecke. Ausnahmen sind nur nach schriftlicher Genehmigung durch das Bundesamt für Verbraucherschutz und Lebensmittelsicherheit zulässig. Als Zwischenprodukt darf *DDT* ebenfalls nur nach Zustimmung des vorgenannten Bundesinstituts eingesetzt werden.

- **Abschnitt 2: Asbest**

  *Asbest*haltige Stoffe mit Faserstruktur und Zubereitungen mit mehr als **0,1 %** an
  - *Aktinolith*,
  - *Amosit*,
  - *Anthrophyllit*,
  - *Chrysotil*,
  - *Krokydolith* oder
  - *Tremolit*

  sowie Erzeugnisse, die die vorgenannten Stoffe enthalten, dürfen nicht in Verkehr gebracht werden.

  Die meisten Übergangsregelungen von Spalte 3 sind zwischenzeitlich abgelaufen und brauchen deshalb hier nicht mehr aufgeführt werden. Die folgenden speziellen Ausnahmeregelungen gelten noch weiterhin:
  - *Chrysotil*haltige **Ersatzteile** für die **Instandhaltung** dürfen dann weiter in Verkehr gebracht werden, wenn geeignete asbestfreie Ersatzteile nicht verfügbar sind.
  - *Chrysotil*haltige **Diaphragmen** für Elektrolyseprozesse sowie die zur Herstellung benötigten Rohstoffe dürfen noch bis zum 31.12.1999 hergestellt und eingesetzt werden.
  - *Chrysotil*haltige **Diaphragmen** für die Chloralkalielektrolyse dürfen noch bis zum 31.12.2010 hergestellt und eingesetzt werden. Da bis zum Ablauf dieser Frist aus heutiger Sicht nicht mit Ersatzmaterialien gerechnet werden kann, darf von einer erneuten Verlängerung dieser Frist ausgegangen werden.
  - Fahrzeuge, Geräte und Anlagen dürfen auch dann erneut wieder in Verkehr gebracht werden, wenn sie *asbest*haltige Erzeugnisse enthalten und vor dem

Inkrafttreten des Verbotes (in Abhängigkeit des Gerätes unterschiedlich, als Anhaltspunkt kann das Jahr 1993 dienen) hergestellt wurden. Diese Ausnahme gilt nicht für Elektrospeichergeräte.

- **Abschnitt 3: Formaldehyd**
  - Holzwerkstoffe und aus Holzwerkstoffen hergestellte Möbel, die unter standardisierten Prüfbedingungen eine Luftkonzentration von über **0,1 ppm** *Formaldehyd* verursachen, dürfen nicht in Verkehr gebracht werden.
  - Wasch-, Reinigungs- und Pflegemittel mit einem Gehalt von über **0,2 %** *Formaldehyd* dürfen nicht in Verkehr gebracht werden. Industriereinigungsmittel sind von diesem Verbot ausgenommen; spezielle Kennzeichnungsvorschriften sind zu beachten (siehe Abschnitt 3.4.2).
- **Abschnitt 4: Dioxine und Furane**

Die unterschiedlichen *halogenierten Dibenzodioxine* und *Dibenzofurane* werden auf Grund ihrer unterschiedlichen toxikologischen Eigenschaften in fünf Gruppen unterteilt. Innerhalb jeder Gruppe müssen die Konzentrationen jeder Verbindung aufsummiert werden. Die Summe dieser Einzelkonzentrationen darf die jeweilige Summenkonzentration nicht überschreiten.

1. Summenkonzentration: 1 µg/kg

2,3,7,8-	Tetrachlordibenzodioxin (TCDD)
2,3,7,8-	Tetrachlordibenzofuran
1,2,3,7,8-	Pentachlordibenzodioxin
2,3,4,7,8-	Pentachlordibenzofuran

2. Summenkonzentration: 5 µg/kg

1,2,3,4,7,8-	Hexachlordibenzodioxin
1,2,3,7,8-	Pentachlordibenzofuran
1,2,3,7,8,9-	Hexachlordibenzodioxin
1,2,3,4,7,8-	Hexachlordibenzofuran
1,2,3,6,7,8-	Hexachlordibenzodioxin
1,2,3,7,8,9-	Hexachlordibenzofuran
2,3,4,6,7,8-	Hexachlordibenzofuran
1,2,3,6,7,8-	Hexachlordibenzofuran

3. Summenkonzentration: 100 µg/kg

1,2,3,4,6,7,8-	Heptachlordibenzodioxin
1,2,3,4,6,7,8-	Heptachlordibenzofuran
1,2,3,4,7,8,9-	Heptachlordibenzofuran
1,2,3,4,6,7,8,9-	Octachlordibenzodioxin
1,2,3,4,6,7,8,9-	Octachlordibenzofuran

4. Summenkonzentration: 1 µg/kg

2,3,7,8-	Tetrabromdibenzodioxin
2,3,7,8-	Tetrabromdibenzofuran
1,2,3,7,8-	Pentabromdibenzodioxin
2,3,4,7,8-	Pentabromdibenzofuran

5. Summenkonzentration: 5 µg/kg

1,2,3,7,8-	Pentabromdibenzofuran
1,2,3,4,7,8-	Hexabromdibenzodioxin
1,2,3,7,8,9-	Hexabromdibenzodioxin
1,2,3,6,7,8-	Hexabromdibenzodioxin

Spezielle Ausnahmen gelten u. a. für chemische Zwischenprodukte. Der Behörde ist das Inverkehrbringen der Zwischenprodukte anzuzeigen, unter Mitteilung des Abnehmers, sofern er in Deutschland seinen Sitz hat.

- **Abschnitt 5: Gefährliche flüssige Stoffe und Zubereitungen**
  Stoffe und Zubereitungen, die als gefährlich eingestuft wurden, dürfen nicht in
  – Dekorationsgegenständen und
  – Spielen
  in Verkehr gebracht werden und Stoffe und Zubereitungen, die mit dem R 65 (Gesundheitsschädlich: kann beim Verschlucken Lungenschäden hervorrufen) gekennzeichnet sind, nicht
  – als Brennstoffe in Zierlampen oder
  – als Farb- oder Duftstoffe.
  Die Begriffe „gefährlicher Stoff/Zubereitung" werden gemäß der Gefahrstoffverordnung definiert (siehe Kapitel 3).

- **Abschnitt 6: Benzol**
  Benzol darf in Zubereitungen über 0,1 % nur
  – für Treibstoffe und
  – zur Verwendung in industriellen Prozessen in geschlossenen Anlagen
  in Verkehr gebracht werden.
  Auf Grund der großen wirtschaftlichen Bedeutung von *Benzol* kann dieses Verbot nur durch mehrere Ausnahmen aufrechterhalten werden:
  – Treibstoffe, die zum Betrieb von Verbrennungsmotoren bestimmt sind, dürfen auch bei Überschreitung der vorgenannten Konzentrationsgrenze in Verkehr gebracht werden. Da damit für den Bereich, wo die wenigsten Schutzmaßnahmen eingehalten werden und die größten dermalen (und häufig auch inhalativen) Expositionsgefahren gegeben sind – beim Tanken von Benzin, insbesondere Superbenzin –, die großzügigsten Ausnahmen gewährt werden, kann offensichtlich nicht der Arbeits- oder der Gesundheitsschutz der Allgemeinbevölkerung der Leitgedanke dieses Verbotes gewesen sein.
  – Rohöl, Rohbenzin und Treibstoffkomponenten zur Herstellung von Treibstoffen für Verbrennungsmotoren sind folgerichtig ebenfalls vom Verbot ausgenommen.
  – Stoffe oder Zubereitungen, die in industriellen Verfahren in **geschlossenen Systemen** eingesetzt werden, dürfen ebenfalls bei Überschreitung der Konzentrationsgrenze von 0,1 % in Verkehr gebracht werden.
  – Für Lehr- und Ausbildungszwecke dürfen sowohl benzolhaltige Zubereitungen als auch *Benzol* selbst ebenfalls in Verkehr gebracht werden.

- **Abschnitt 7: Aromatische Amine**
  Die folgenden aromatischen Amine
  - β-*Naphthylamin* sowie seine Salze,
  - *4-Aminobiphenyl* und seine Salze,
  - *Benzidin* und seine Salze und
  - *4-Nitrobiphenyl*

  dürfen in Zubereitungen mit einem Gehalt von mehr als 0,1 % nicht in Verkehr gebracht werden.
- **Abschnitt 8: Bleikarbonate und -sulfate**
  Wasserfreies neutrales
  - *Bleikarbonat,*
  - *Bleihydrogenkarbonat* und
  - *Bleisulfat*

  dürfen nicht zur Verwendung als Farben in den Verkehr gebracht werden, außer zur originalgetreuen Wiederherstellung von Kunstwerken, historischen Bestandteilen oder von denkmalgeschützten Gebäuden, falls keine Ersatzstoffe verfügbar sind.
- **Abschnitt 9: Quecksilberverbindungen**
  Quecksilberverbindungen dürfen nicht in den Verkehr gebracht werden als
  - Antifoulingfarben,
  - zum Schutz von Holz,
  - zur Imprägnierung von industriellen Textilien oder
  - zur Wasseraufbereitung.
- **Abschnitt 10: Arsenverbindungen**
  Arsenverbindungen und arsenhaltige Zubereitungen dürfen nicht in Verkehr gebracht werden als
  - Antifoulingfarben,
  - zum Schutz von Holz oder
  - zur Wasseraufbereitung.

  Ausgenommen von diesem Verbot sind Kupfer-Chrom-Arsen-Salze zur Imprägnierung von Hölzern.
- **Abschnitt 11: Zinnorganische Verbindungen**
  Zinnorganische Verbindungen und Zubereitungen dürfen als
  - Antifoulingfarben oder
  - zur Wasseraufbereitung

  nicht in den Verkehr gebracht werden.
- **Abschnitt 12: Di-μ-oxo-di-n-butyl-stanniohydroxyboran**
  Di-μ-oxo-di-n-butyl-stanniohydroxyboran darf in Stoffen und Zubereitungen mit einem Massengehalt von mehr als 0,1 % nicht in den Verkehr gebracht werden.
- **Abschnitt 13: Polychlorierte Biphenyle und polychlorierte Terphenyle sowie Monomethyltetrachlordiphenylmethan, Monomethyldichlordiphenylmethan und Monomethyldibromdiphenylmethan**
  Tri- und höherchlorierte Biphenyle (PCB) und *polychlorierte Terphenyle (PCT)*, sowie *Monomethyltetrachlordiphenylmethan, Monomethyldichlordiphenylmethan* und *Monomethyldibromdiphenylmethan* dürfen in

– Zubereitungen mit einem Gehalt von mehr als 50 mg/kg (ppm) und in
  – Erzeugnissen

  nicht in Verkehr gebracht werden.

  Ausnahmen:
  – Die außerbetriebliche Instandhaltung, Beförderung, Neubefüllung oder Reinigung von Transformatoren fallen nicht unter dieses Verbot.
  – Auf schriftlichen Antrag können für zwei Jahre für die chemische Umwandlung Ausnahmen erlassen werden.
  – Für Hydraulikflüssigkeiten können für untertägige Bergwerksanlagen und für Transformatoren zum Ausgleich des normalen Schwunds in begründeten Einzelfällen die Behörden nach schriftlichem Antrag Ausnahmen genehmigen.

- **Abschnitt 14: Vinylchlorid**
  Vinylchlorid darf in Aerosolen nicht als Treibgas verwendet werden.
- **Abschnitt 15: Pentachlorphenol**
  Pentachlorphenol sowie seine Salze dürfen nicht in Verkehr gebracht werden sowie Zubereitungen mit einem Massengehalt von mehr als 0,01 % und Erzeugnisse mit mehr als 5 mg/kg.
- **Abschnitt 16: Aliphatische Chlorkohlenwasserstoffe**
  Die aliphatischen chlorierten Kohlenwasserstoffe
  – *Tetrachlormethan*,
  – *1,1,2,2-* und *1,1,1,2-Tetrachlorethan*,
  – *Trichlormethan* (Chloroform)
  – *1,1,2-* und *1,1,1-Trichlorethan*
  – *1,1-Dichrlorethylen* und
  – *Pentachlorethan*

  sowie Zubereitungen, die einen Gehalt von mehr als 0,1 % dieser Stoffe enthalten, dürfen nur zur industriellen Verwendung in geschlossenen Anlagen in Verkehr gebracht werden.
- **Abschnitt 17: Teeröle**
  Holzschutzmittel, die *Teeröle* oder Bestandteile aus Teerölen, insbesondere
  – *Kreosot*, *Kresosotöl*, Destillate (*Kohlenteer*), *Naphthalinöl*, Kreosotöl Acenaphthenfraktion, höhersiedende Destillate, *Anthracenöl*, *Teersäuren* und Niedrigtemperatur-Kohleteeralkalin

  enthalten dürfen nicht in Verkehr gebracht werden.

  Ausnahmen gelten,
  – wenn die Teeröle in geschlossenen Anlagen angewendet und ausschließlich für die gewerbliche Wiederverwendung vor Ort eingesetzt werden, der Gehalt an *Benzo(a)pyren* unter 5 mg/kg und an wasserlöslichen *Phenolen* unter 3 % liegt und die Gebindegröße mindestens 20 L beträgt.
  – Erzeugnisse, die mit Teerölen behandelt wurden und ausschließlich für gewerbliche oder industrielle Zwecke bestimmt sind (z. B. Eisenbahnschwellen, Telegrafenmasten etc.).

- **Abschnitt 18: Cadmium**
  Cadmium und *Cadmiumverbindungen* dürfen nicht
  - zum Einfärben von speziellen, namentlich aufgeführten Kunststofferzeugnissen,
  - zur Herstellung von Anstrichfarben und Lacken mit einem Gehalt über 0,01 %,
  - als Stabilisatoren für Erzeugnisse aus Vinylchloridpolymeren und Vinylchloridcopolymeren mit einem Gehalt größer 0,01 % für spezielle Anwendungsbereiche und
  - für die Oberflächenbehandlung der im Anhang aufgeführten Erzeugnisse

  verwendet werden. Da für Cadmiumverbindungen sehr umfangreiche und komplexe Verbote mit Ausnahmen gelten, muss im konkreten Einzelfall intensiv der Anhang konsultiert werden.
- **Abschnitt 20: Krebserzeugende, erbgutverändernde und fortpflanzungsgefährdende Stoffe**
  Krebserzeugende, erbgutverändernde und fortpflanzungsgefährdende Stoffe der Kategorie 1 oder 2, die im Anhang I Nr. 29–31 der EG-Verbotsrichtlinie 76/769/EWG [42] aufgeführt sind, dürfen nicht an den privaten Endverbraucher abgegeben werden (Ausnahme: Künstlerfarben, benzolhaltige Treibstoffe!).
- **Abschnitt 21: Entzündliche, leichtentzündliche und hochentzündliche Stoffe**
  Entzündliche, leichtentzündliche und hochentzündliche Stoffe dürfen in
  - Aerosolpackungen für Unterhaltungs- und Dekorationszwecke (z. B. zur Erzeugung von metallischen Glanzeffekten für Festlichkeiten, künstlichem Schnee und Reif, sich verflüchtigenden Schäumen und Flocken, künstlichen Spinnweben, Geräuschen und Horntönen zu Vergnügungszwecken, Luftschlangen),

  nicht an den privaten Endverbraucher abgegeben werden.
  Ausnahmen gelten für Aerosolpackungen, die die folgenden Anforderungen der EG-RL 75/324/EWG erfüllen:
  „Aerosolpackung ist jeder nicht wiederverwendbare Behälter aus Metall, Glas oder Kunststoff, einschließlich des darin enthaltenen verdichteten, verflüssigten oder unter Druck gelösten Gases mit oder ohne Flüssigkeit, Paste oder Pulver, der mit einer Entnahmevorrichtung versehen ist, die es ermöglicht, seinen Inhalt in Form von in Gas suspendierten festen oder flüssigen Partikeln als Schaum, Paste, Pulver oder in flüssigem Zustand austreten zu lassen."
- **Abschnitt 22: Hexachlorethan**
  Hexachlorethan darf zur Herstellung oder Verarbeitung von Nichteisenmetallen nicht in den Verkehr gebracht werden.
- **Abschnitt 23: Biopersistente Fasern**
  Künstliche Mineralfasern, die aus ungerichteten glasigen (Silikat-)Fasern mit einem Massengehalt von über 18 % an Oxiden von Natrium, Kalium, Calcium, Magnesium und Barium bestehen, dürfen in Erzeugnisse mit mehr als 0,1 % nicht in Verkehr gebracht werden. Dieses weitgehende Verbot gilt nicht, wenn sie die in Spalte 3 festgelegten Kriterien erfüllen.
- **Abschnitt 24: Kurzkettige Chlorparaffine**
  Chlorierte Alkane mit 10 bis 13 C-Atomen dürfen zur Metallver- und -bearbeitung sowie zur Lederbehandlung nicht in Verkehr gebracht werden.

- **Abschnitt 25: Flammschutzmittel**
  - *Pentabromdiphenylether* $C_{12}H_5Br_5O$ und
  - *Octabromdiphenylether* $C_{12}H_2Br_8O$

  dürfen als Stoffe, Zubereitungen mit einem Gehalt von über 0,1 % sowie Erzeugnisse, die mit diesen Stoffen als Flammschutzmittel ausgerüstet wurden, dürfen nicht in Verkehr gebracht werden.
- **Abschnitt 26: Azofarbstoffe**

  Blauer Farbstoff bestehend aus einem Gemisch aus:
  - *Dinatrium(6-(4-anisidino-3-sulfonato-2-(3,5-dinitro-2-oxido-phenylazo)-1-naphtholato)(1-(5-chlor-2-oxido-phenyl-azo)-2-naphtholato)chromat* ($C_{39}H_{23}ClCrN_7O_{12}S$ 2Na) und
  - *Trinatrium-bis(6-(4-anisidino)-3-sulfonato-2-(3,5-dinitro-2-oxido-phenylazo)-1-naphtholato)chromat* ($C_{46}H_{30}CrN_{10}O_{20}S_2$ 3Na)

  dürfen nicht zum Färben von Textil- und Ledererzeugnissen in Verkehr gebracht werden.
- **Abschnitt 27: Alkylphenole**

  Stoffe und Zubereitungen, die
  - *Nonylphenol* oder
  - *Nonylphenolethoxylate*

  in Gehalten über 0,1 % enthalten, dürfen nicht zur industriellen, gewerblichen und Haushaltsreinigung, zur Textil- und Lederverarbeitung, zur Metallverarbeitung, zur Herstellung von Zellstoff und Papier, als Bestandteil in kosmetischen oder Körperpflegemitteln sowie als Formulierungshilfsstoff in Pflanzenschutzmitteln in Verkehr gebracht werden.
- **Abschnitt 28: Chromathaltiger Zement**

  Zement und zementhaltige Zubereitungen dürfen nicht in Verkehr gebracht werden, wenn der Gehalt an *Chrom(VI)* 2 mg/kg Trockenmasse übersteigt und ein Hautkontakt, z. B. bei maschineller Verarbeitung, nicht ausgeschlossen werden kann.
- **Abschnitt 29: Polycyclische aromatische Kohlenwasserstoffe (PAK)**

  Weichmacheröle für die Herstellung von Reifen oder Reifenbestandteilen, die mehr als
  - 1 mg/kg *Benzo(a)pyren* oder
  - mehr als 10 mg/kg als Summenwert von *Benzo(e)pyren, Benzo(a)anthracen, Chrysen, Benzo(b)fluoranthen, Benzo(j)fluoranthen, Benzo(k)fluoranthen* und *Dibenzo(a,h)anthracen*

  enthalten, dürfen ab dem 1.1.2010 nicht mehr in Verkehr gebracht werden.
- **Abschnitt 30: Toluol**

  Klebstoffe und Sprühfarben mit einem Massegehalt von 0,1 % oder mehr *Toluol* dürfen nicht an den privaten Endverbraucher abgegeben werden.
- **Abschnitt 31: 1,2,4-Trichlorbenzol**

  1,2,4-Trichlorbenzol und Zubereitungen mit einem Massengehalt von mehr als 0,1 % dürfen nicht in Verkehr gebracht werden.

6.3.2
Erlaubnis- und Anzeigepflichten

Das Inverkehrbringen von Stoffen, die mit den Gefahrensymbolen

T	(giftig)
T+	(sehr giftig)

gekennzeichnet sind, ist im Rahmen wirtschaftlicher Unternehmungen nur mit Erlaubnis der zuständigen Behörde gestattet.

Da die Erlaubnis zum Inverkehrbringen nicht an die Einstufung als giftig bzw. sehr giftig, sondern an die Kennzeichnung geknüpft ist, fallen prinzipiell alle Stoffe mit einer Einstufung gemäß Tabelle 6.5 unter die Erlaubnispflicht. Die Erlaubnis wird von der Behörde erteilt,
- wenn im Betrieb mindestens eine Person mit Sachkunde nach § 5 beschäftigt wird,
- welche die erforderliche Zuverlässigkeit besitzt und
- die mindestens 18 Jahre alt ist.

In Unternehmen mit mehreren Betrieben muss in jeder Betriebsstätte eine sachkundige Person vorhanden sein. Abbildung 6.12 fasst die wichtigsten Forderungen der Erlaubnispflicht zusammen.

Voraussetzung für die behördliche Erlaubnis:
- eine Person mit Sachkunde nach § 5
- erforderliche Zuverlässigkeit
- Mindestalter 18 Jahre

In Unternehmen mit mehreren Betrieben muss
in jeder Betriebsstätte eine Person mit Sachkunde vorhanden sein.

Das Inverkehrbringen ohne Erlaubnis ist ein Straftatbestand!

Wer keine Erlaubnis nach § 2 Abs. 5 benötigt, muss der zuständigen Behörde
⇨ das erstmalige Inverkehrbringen von Stoffen oder Zubereitungen
⇨ vor Aufnahme dieser Tätigkeit
⇨ schriftlich anzeigen.

In der Anzeige muss mindestens eine
➜ sachkundige Person benannt werden!
(über 18 Jahre alt, mit der erforderlichen Zuverlässigkeit)

Abb. 6.12 Erlaubnis- und Anzeigepflicht.

Keine Erlaubnis der Behörde zum Inverkehrbringen benötigen grundsätzlich alle Gewerbetreibende, die an berufsmäßige Verwender und nicht an den privaten Endverbraucher abgeben. Diese werden in der Verordnung wie folgt aufgelistet:
- Apotheken,
- Hersteller, Einführer und Händler, die mit T oder T+ gekennzeichnete Stoffe und Zubereitungen nur an
  - Wiederverkäufer,
  - gewerbliche Verbraucher und
  - öffentliche Forschungs-, Untersuchungs- oder Lehranstalten abgeben und
- Tankstellen und sonstige Betankungseinrichtungen von Ottokraftstoffen zum unmittelbaren Verbrauch.

Wer auf Grund der vorgenannten Ausnahmen keine Erlaubnis zum Inverkehrbringen von mit T oder T+ gekennzeichneten Stoffen und Zubereitungen benötigt, muss der zuständigen Behörde das erstmalige Inverkehrbringen schriftlich anzeigen. In der Anzeige muss ebenfalls eine Person genannt werden, die die Sachkunde nach § 5 Chemikalien-Verbotsverordnung und die erforderliche Zuverlässigkeit besitzt. Abbildung 6.13 fasst die wichtigsten Forderungen der Erlaubnis- und Anzeigepflicht zusammen. Nichtbeachtung dieser Forderungen ist eine Ordnungswidrigkeit und kann mit Bußgeld geahndet werden.

Aus Praktikabilitätsgründen sind Tankstellen für die Abgabe von Kraftstoffen von der Erlaubnispflicht für die Abgabe von Ottokraftstoffen ausgenommen, wie auch von den weiteren Beschränkungen der Verbotsverordnung.

Da gemäß Abschnitt 20 des Anhangs krebserzeugende, erbgutverändernde und fortpflanzungsgefährdende Stoffe (die in der EG-Verbotsrichtlinie 76/769/EWG im Anhang I aufgeführt sind) nicht an den Endverbraucher abgegeben werden dürfen, ist die Erlaubnis nur bei Abgabe von Stoffen, die als giftig oder sehr giftig eingestuft sind (in Tabelle 6.5, Zeilen 1 und 2), an den privaten Endverbraucher notwendig.

Demgegenüber erstreckt sich die Anzeigepflicht bei Abgabe an gewerbs- oder berufsmäßige Verwender auf alle Stoffe entsprechend Tabelle 6.5.

Keine Erlaubnis benötigen :

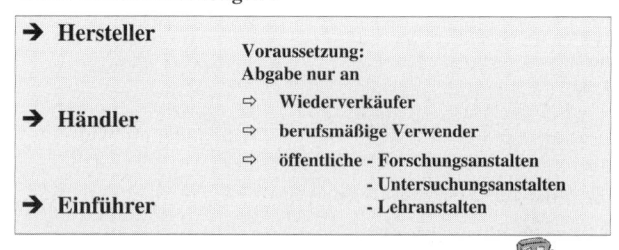

→ **Hersteller**

→ **Händler**

→ **Einführer**

Voraussetzung: Abgabe nur an
- Wiederverkäufer
- berufsmäßige Verwender
- öffentliche - Forschungsanstalten
  - Untersuchungsanstalten
  - Lehranstalten

⊃ **Tankstellen** für die Abgabe von Ottokraftstoff

⊃ **Apotheken**

Abb. 6.13 Ausnahmen von der Erlaubnispflicht.

Tabelle 6.5 Stoffe, die mit T oder T+ gekennzeichnet werden.

Kennz.	R-Satz	Einstufung
T	23, 24, 25	Giftig (beim Einatmen, Berühren mit der Haut, Verschlucken)
T+	26, 27, 28	Sehr giftig (beim Einatmen, Berühren mit der Haut, Verschlucken)
	45, 49	Krebserzeugend, Kategorie 1 und 2
	46	Erbgutverändernd, Kategorie 1 und 2
	60	Fortpflanzungsgefährdend (fruchtbarkeitsgefährdend, Kategorie 1 und 2)
	61	Fortpflanzungsgefährdend (Entwicklungsschädigung, Kategorie 1 und 2)

6.3.3
Informations- und Aufzeichnungspflichten

Die mit den Gefahrensymbolen
- T (giftig)
- T+ (sehr giftig)
- O (brandfördernd)
- F+ (hochentzündlich)
- Xn mit – R 40 (Stoff der Kategorie 3 krebserzeugend),
  – R 62 oder R 63 (Stoff der Kategorie 3 reproduktionstoxisch) oder
  – R 68 (Stoff der Kategorie 3 erbgutverändernd)

gekennzeichneten Stoffe oder Zubereitungen, dürfen privaten Endverbraucher **nicht in Selbstbedienung** angeboten werden.

Die Abgabe ist nur zulässig, wenn
- sich der Erwerber ausgewiesen hat bzw. wenn er bekannt ist (ist nur bei Stoffen mit T oder T+ notwendig),
- der Endabnehmer sie in erlaubter Weise verwenden will und keine Anhaltspunkte für eine unerlaubte Weiterveräußerung oder Verwendung bestehen,
- der Erwerber mindestens 18 Jahre alt ist und
- der Erwerber über
  – die mit der Verwendung verbundenen Gefahren,
  – die notwendigen Schutzmaßnahmen beim bestimmungsgemäßem Gebrauch,
  – die Maßnahmen bei unvorhergesehenem Verschütten oder Freisetzen sowie
  – über die ordnungsgemäße Entsorgung
  durch eine im Betrieb beschäftigte Person unterrichtet wurde.

Um diese Anforderungen zu erfüllen, muss die
- Abgabe durch den Sachkundigen erfolgen.

Die Delegation an unterwiesene oder beauftragte Personen, analog der Abgabe an Gewerbetreibende, ist nicht zulässig. Somit muss bei Unternehmen mit mehreren Verkaufsstellen mit Abgabe an den privaten Endverbraucher in jeder Filiale mindestens eine sachkundige Personen beschäftigt werden. Das Verbot der Abgabe in Selbstbedienung gilt analog für die Abgabe in Automaten oder im Versandhandel.

Bei der Abgabe von Begasungsmitteln muss der Erwerber eine Erlaubnis oder einen Befähigungsschein nach Anhang III Gefahrstoffverordnung vorlegen (siehe Abschnitt 6.2.9). Eine Erlaubnis oder ein Befähigungsschein ist nicht notwendig, wenn Präparate abgeben werden, die portionsweise verpackt sind, bei bestimmungsgemäßer Verwendung nicht mehr als 15 g *Phosphorwasserstoff* entwickeln und zur Schädlingsbekämpfung im Freien bestimmt sind.

Im Gegensatz zur Abgabe an den Endverbraucher muss bei der Abgabe an Handelsgewerbetreibende dem Abgebenden bekannt sein oder eine Bestätigung vorliegen, dass

- der Erwerber bei Abgabe von giftigen oder sehr giftigen Stoffen an den Endverbraucher im Besitz der notwendigen Erlaubnis ist bzw. das Inverkehrbringen an berufliche Verwender angezeigt hat und
- er die Abgabe an den privaten Endverbraucher durch eine sachkundige Person erfolgen lässt.

Die Abgabe an Gewerbetreibende oder berufsmäßige Verwender darf durch beauftragte Personen erfolgen, die
- mindestens 18 Jahre alt und
- zuverlässig sind und
- mindestens jährlich über die zu beachtenden Vorschriften belehrt werden.

Die Belehrung muss schriftlich bestätigt werden. Die Beschäftigung mindestens einer sachkundigen Person ist unabhängig hiervon nach § 2 gefordert.

Bei der Abgabe von als giftig oder sehr giftig eingestuften Stoffen oder Zubereitungen (Kennzeichnung mit einem der R-Sätze 23 bis 28) an den privaten Endverbraucher ist ein **Abgabebuch** mit folgendem Inhalt zu führen:
- Art und Menge der Stoffe/der Zubereitungen,
- Datum der Abgabe,
- Verwendungszweck,
- Name und Anschrift des Erwerbers und
- Name des Abgebenden.

Der Empfang der Stoffe muss vom Erwerber im Abgabebuch durch Unterschrift bestätigt werden. Das Abgabebuch muss mindestens drei Jahre aufbewahrt werden. Bei der Abgabe an Gewerbetreibende oder berufsmäßige Verwender müssen die entsprechenden Daten entweder auf Grund vorhandener Geschäftsunterlagen zu entnehmen sein oder separat aufgezeichnet werden. Auch diese Unterlagen sind drei Jahre aufzubewahren. Bei der Abgabe an öffentliche Einrichtungen ist zusätzlich aufzuzeichnen, ob die Abgabe zu Forschungs-, Analyse-, Ausbildungs- oder Lehrzwecken erfolgt.

Ausnahmen von Selbstbedienungsverboten an den privaten Endverbraucher gelten für
1. hochentzündliche oder brandfördernde Gase (z. B. Campinggas),
2. Klebstoffe, Härter, Mehrkomponentenkleber und Mehrkomponenten-Reparaturspachtel, die auf Grund ihrer Zusammensetzung nach der Gefahrstoffverordnung mit dem Gefahrensymbol O (brandfördernd) zu kennzeichnen sind, sowie
3. Experimentierkästen für chemische oder ähnliche Versuche,
4. Mineralien für Sammlerzwecke
5. Heizöl und Dieselkraftstoffe
6. Sonderkraftstoffe für motorbetriebene Arbeitsgeräte, die nach der Gefahrstoffverordnung mit dem Gefahrensymbol F+ (hochentzündlich) zu kennzeichnen sind, sowie
7. Photochemikalien mit den Gefahrensymbolen Xn und R 40/R 68 in Verpackungen mit kindergesicherten Verschlüssen.

Da nach EG-Stoffrichtlinie ätzende Stoffe und Zubereitungen nur noch in kindergesicherten Verpackungen an den privaten Endverbraucher abgegeben werden dürfen, sind die Selbstbedienungsverbote für ätzende Produkte entfallen.

Die Abgabe von Stoffen an **Handelsgewerbetreibende** ist nur zulässig, wenn dem Abgebenden bekannt ist oder er sich vom Erwerber hat bescheinigen lassen, dass er als Handelsgewerbetreibender bei der Abgabe von Stoffen oder Zubereitungen, die als
- T oder T+ gekennzeichnet sind,
  - im Besitz einer Erlaubnis ist oder
  - das Inverkehrbringen der Behörde angezeigt hat.

Desgleichen muss er Kenntnis besitzen oder im Besitz einer Bestätigung sein, dass der Erwerber bei Stoffen oder Zubereitungen, die als
- brandfördernd, hochentzündlich oder krebserzeugend, erbgutverändernd oder fortpflanzungsgefährdend Kategorie 3 eingestuft sind,
die Abgabe an den Endverbraucher durch einen Sachkundigen erfolgen lässt.

Stoffe, die unter das Selbstbedienungsverbot fallen, dürfen an Handelsgewerbetreibende auch durch eine beauftragte Person abgegeben werden. Als Handelsgewerbetreibende im Sinne der Chemikalien-Verbotsverordnung gelten Firmen oder Betriebe, die nicht unmittelbar an den Endverbraucher abgeben.

6.3.4
Sachkunde

Die für die Abgabe der unter Abschnitt 6.3.2 und 6.3.3 bezeichneten Stoffe benötigte Sachkunde besitzen
- Apotheker (Approbation),
- Apothekerassistent,
- Pharmazieingenieur,
- Pharmazeutisch-technischer Assistent,

- Drogist (Voraussetzung: die Abschlussprüfung wurde nach dem 30.6.1992 abgelegt),
- geprüfter Schädlingsbekämpfer,
- Hochschulbesucher, die im Rahmen ihres Studiums eine entsprechende Lehrveranstaltung besucht und eine entsprechende Prüfung bestanden haben, und
- wer eine von der zuständigen Behörde durchgeführte Prüfung bestanden hat.

Wer keine der vorgenannten Berufsausbildungen und keine Prüfung nach einer früheren Vorschrift absolviert hat, muss eine entsprechende Prüfung bei der zuständigen Behörde absolvieren. Von verschiedenen Organisationen werden entsprechende Seminare mit anschließender Prüfung in Anwesenheit der jeweiligen Behörde angeboten.

Die Prüfung der Sachkunde erstreckt sich auf die
- allgemeinen Kenntnisse über die wesentlichen Eigenschaften der gefährlichen Stoffe und Zubereitungen,
- mit der Verwendung verbundenen Gefahren und
- einschlägigen Vorschriften.

Die Sachkundeprüfung kann unter Berücksichtigung vorhandener nachgewiesener Vorkenntnisse auf die einschlägigen Vorschriften beschränkt werden.

Eine Anerkennung oder ein Zeugnis der Pflanzenschutz-Sachkundeverordnung wird als Sachkundenachweis für das Inverkehrbringen von Pflanzenschutzmitteln anerkannt.

Ferner besitzen alle Personen die Sachkenntnis, die eine Sachkenntnisprüfung nach der bis 1993 geltenden Vorschrift der Gefahrstoffverordnung bestanden haben und gemäß der damals geltenden Fassung nach § 11 Abs. 7 der Behörde benannt wurden.

6.3.5
Anhang

Der Anhang der Chemikalien-Verbotsverordnung setzt die EG-Beschränkungsrichtlinie 76/769/EWG [42] in nationales Recht um. Da die Beschränkungsrichtlinie auf Basis von Artikel 95 des EG-Vertrages zur Regelung des freien Warenverkehrs erlassen wurde, sind nationalstaatliche Abweichungen grundsätzlich nicht zulässig. In allen Staaten der Europäischen Gemeinschaft gelten daher die gleichen Verbote des Inverkehrbringens wie in Deutschland.

6.3.6
Straftaten, Ordnungswidrigkeiten

Nach Chemikalien-Verbotsverordnung begeht Straftaten, wer
- Stoffe, Zubereitungen oder Erzeugnisse entgegen § 1 in Verkehr bringt gemäß den im Anhang näher beschriebenen Verboten oder
- Stoffe an den privaten Endverbraucher abgibt, ohne die notwendige Erlaubnis der Behörde zu besitzen.

Als Ordnungswidrigkeiten wird geahndet:
- die Abgabe von Stoffen oder Zubereitungen, die mit T oder T+ gekennzeichnet sind, an berufliche Verwender oder an Gewerbetreibende ohne Anzeige an die Behörde,
- die Abgabe von Stoffen, die unter das Selbstbedienungsverbot fallen, ohne dass die Voraussetzungen zur Abgabe erfüllt sind,
- wenn Stoffe, die unter das Selbstbedienungsverbot fallen, von einer Person abgegeben werden, die nicht betriebsangehörig, sachkundig oder 18 Jahre alt ist,
- wenn das Selbstbedienungsverbot missachtet wird oder
- wenn das Abgabebuch nicht oder nicht korrekt geführt wird.

6.4 Die Biostoffverordnung

6.4.1 Grundprinzipien der Verordnung

Die „Verordnung über Sicherheit und Gesundheitsschutz bei Tätigkeiten mit biologischen Arbeitsstoffen" [25] ist Anfang 1999 in Kraft getreten und dient zur Umsetzung der EG-Richtlinie 90/769/EWG [25] zum „Schutz der Arbeitnehmer gegen Gefährdung durch biologische Arbeitsstoffe bei der Arbeit" in deutsches Recht. Mit Verabschiedung der Biostoffverordnung wurden die Stoffe, die Krankheitserreger übertragen können, aus dem Geltungsbereich der Gefahrstoffverordnung herausgenommen. Inhalt und Aufbau lehnen sich eng an die EG-Richtlinie an.

Die Biostoffverordnung ist keine Verordnung zum Gentechnikgesetz, sondern zum Chemikaliengesetz. Bestehen nach dem Gentechnikgesetz strengere Regelungen, sind diese vorrangig zu beachten.

Alle biologischen Arbeitsstoffe sind in eine der vier Risikogruppen einzustufen. In Anhang III der Richtlinie 90/679/EWG [25] findet sich eine nicht abschließende Liste, die ständig dem Stand der Wissenschaft angepasst und erweitert wird. Diese Einteilung basiert auf entsprechenden Empfehlungen der Weltgesundheitsorganisation (WHO). Eine umfassende Zuordnung von Pilzen, Viren und Bakterien findet sich in den B-Merkblättern der BG-Chemie [27]–[30], [108], [109].

Die Biostoffverordnung unterscheidet zwischen gezieltem und nicht gezieltem Umgang. **Gezielter Umgang** liegt vor, wenn
1. biologische Arbeitsstoffe mindestens der Spezies nach bekannt sind,
2. die Tätigkeiten auf einen oder mehrere biologische Arbeitsstoffe unmittelbar ausgerichtet sind und
3. die Exposition der Beschäftigten im Normalbetrieb hinreichend bekannt oder abschätzbar ist.

Ist eines der vorgenannten Kriterien nicht erfüllt, handelt es sich um **nicht gezielten Umgang**. Grundsätzlich sind auch beim nicht gezielten Umgang die adäquaten Schutzmaßnahmen zu ergreifen. Hierfür wurden, in Anlehnung an die vier Risikogruppen, vier Schutzstufen definiert.

Vor Umgang mit biologischen Arbeitsstoffen muss eine Gefährdungsbeurteilung durchgeführt werden. Für eine umfassende Gefährdungsbeurteilung sind folgende Informationen notwendig:
- Identität, Einstufung und Infektionspotenzial der vorkommenden biologischen Arbeitsstoffe sowie vorhandene sensibilisierende oder toxische Eigenschaften,
- Informationen über die Betriebsabläufe und die Arbeitsverfahren,
- Art und Dauer der Tätigkeiten, die möglichen Übertragungswege der Krankheitserreger sowie die Exposition der Beschäftigten und
- Erfahrungen aus vergleichbaren Belastungs- und Expositionssituationen und über bekannte tätigkeitsbezogene Erkrankungen sowie die dort ergriffenen Gegenmaßnahmen.

Im Rahmen der Gefährdungsermittlung sind die biologischen Agenzien den Risikogruppen zuzuordnen. Es sind jeweils die den Risikogruppen adäquaten Schutzstufen zu ergreifen.

Den biologischen Arbeitsstoffen
- der Risikogruppe 2 sind die Sicherheitsmaßnahmen der Schutzstufe 2,
- der Risikogruppe 3 die Sicherheitsmaßnahmen der Schutzstufe 3 und
- der Risikogruppe 4 die Sicherheitsmaßnahmen der Schutzstufe 4

zuzuordnen.

Bei nicht gezieltem Umgang sind die Schutzstufen so auszuwählen, dass die Gefährdung für die Mitarbeiter so weit wie möglich reduziert ist.

Grundsätzlich sind die **allgemeinen Hygieneanforderungen**, auch bei biologischen Arbeitsstoffen der Risikogruppe 1, zu beachten. Aus diesen in der TRBA 500 [110] zusammengefassten Maßnahmen müssen die jeweils geeigneten ausgewählt werden. Sie sind unterteilt in
1. technische und bauliche Maßnahmen,
2. organisatorische Maßnahmen und
3. persönliche Schutzausrüstung.

Beim Umgang mit biologischen Arbeitsstoffen, die eine Gesundheitsgefahr für die Beschäftigten darstellen, sind diese gemäß § 10 nach dem Stand der Technik durch weniger gefährliche Stoffe zu ersetzen. Die Arbeitsverfahren und die Schutzmaßnahmen sind grundsätzlich so festzulegen, dass die biologischen Arbeitsstoffe im bestimmungsgemäßen Betrieb nicht freigesetzt werden.

Die Arbeitsplätze und die Gefahrenbereiche sind mit dem Symbol für Biogefährdung zu kennzeichnen (siehe Abbildung 6.14). Vor Aufnahme der Tätigkeiten sind geeignete Vorkehrungen gegen Unfälle und Betriebsstörungen zu treffen. Bei Stoffen der Risikogruppen 3 und 4 ist ein Gefahrenabwehrplan für den Fall zu erstellen, dass die Krankheitserreger freigesetzt werden, z. B. durch Versagen der Einschließung. Beim Einsatz biologischer Arbeitsmittel in technischen Anlagen müssen diese stets dem Stand der Technik angepasst werden. Somit gelten hier die gleichen Anforderungen wie für krebserzeugende Gefahrstoffe.

Abb. 6.14 Symbol für Biogefährdung.

In Abhängigkeit von den Ergebnissen der Gefährdungsbeurteilung müssen geeignete Maßnahmen zur Desinfektion und Dekontamination getroffen werden. Die persönliche Schutzkleidung muss getrennt von anderen Kleidungsstücken aufbewahrt und in stets einwandfreiem Zustand gehalten werden.

Tätigkeiten mit biologischen Arbeitsstoffen der Risikogruppen 2, 3 und 4 sind der zuständigen Behörde 30 Tage vorher schriftlich anzuzeigen. Die Anzeige muss enthalten:

1. Name und Anschrift des Arbeitgebers und seines Vertreters (gemäß § 13 Abs. 1 Nr. 1 bis 3 Arbeitsschutzgesetz),
2. Name und Befähigung der für Sicherheit und Gesundheitsschutz am Arbeitsplatz verantwortlichen Personen,
3. das Ergebnis der Gefährdungsbeurteilung,
4. die Art des biologischen Arbeitsstoffes,
5. die vorgesehenen Maßnahmen zum Arbeitsschutz.

Die Anzeige muss nach relevanten Änderungen wiederholt werden, insbesondere wenn biologische Arbeitsstoffe der Risikogruppen 3 oder 4 neu eingesetzt werden.

Beim gezielten Umgang mit biologischen Arbeitsstoffen der Risikogruppen 3 oder 4 ist ein Verzeichnis mit folgendem Inhalt zu führen:
- Art der Tätigkeiten,
- die verwendeten biologischen Arbeitsstoffe sowie
- Unfälle und Betriebsstörungen.

Das Verzeichnis muss nach Beendigung der Tätigkeiten mindestens zehn Jahre aufbewahrt werden, in Abhängigkeit von der Latenzzeit der Krankheitserreger kann die Aufbewahrungsdauer bis zu 40 Jahre betragen.

Bei Arbeiten in den aufgeführten Bereichen sind arbeitsmedizinische Vorsorgeuntersuchungen vor Aufnahme der Tätigkeiten durchzuführen, wenn eine Gefährdung mit einem der im Anhang IV der Biostoffverordnung gelisteten Krankheitserreger besteht. Die Untersuchungen sind in regelmäßigen Abständen zu wiederholen. Die Vorsorgeuntersuchungen sind durchzuführen
- in der Human-, Zahnmedizin, Wohlfahrtspflege sowie in Notfall- und Rettungsdiensten,

- in der Medizinprodukte- und Arzneimittelherstellung,
- in der Veterinärmedizin bei Tätigkeiten mit tollwutverdächtigen Tieren und
- bei Tätigkeiten in Endemiegebieten in der Land-, Forst- und Holzwirtschaft, im Gartenbau, Tierhandel, der Jagd und in Bereichen mit tierischen und pflanzlichen Rohstoffen für Nichtlebensmittelzwecke einschließlich Lehr- und Versuchsanstalten sowie sonstigen Bereichen der Wissenschaft.

Des Weiteren sind beim Umgang mit biologischen Arbeitsstoffen der Risikogruppe 3 arbeitsmedizinische Vorsorgeuntersuchungen anzubieten. Die Beratungsfunktion des Arztes hat in der Biostoffverordnung eine besondere Bedeutung. Dies gilt auch für eventuell anzuratende Impfungen. Arbeitsplatzbewertungen sollten grundsätzlich gemeinsam von den Arbeitsmedizinern und der Fachkraft für Arbeitssicherheit durchgeführt werden.

6.4.2
Schutzmaßnahmen

Beim Arbeiten mit biologischen Stoffen müssen in Abhängigkeit von den Gefährdungsgruppen unterschiedliche Schutzmaßnahmen ergriffen werden. In Anlehnung an die Risikogruppen werden biologische Laboratorien unterschieden in die Klassen L1 bis L4. In L1-Labors darf nur mit Stoffen der Risikogruppe 1 umgegangen werden, in L4-Labors hingegen darf mit allen Risikogruppen gearbeitet werden. Analog werden für die Produktion von Stoffen mittels biotechnischer Verfahren die Produktionsanlagen in P1 bis P4 unterteilt.

Ausführliche und detaillierte Beschreibungen von Ausstattung und organisatorischen Maßnahmen von Laboratorien können dem Merkblatt B 002 [108] und B 003 [109] für Produktionsbetriebe der BG-Chemie entnommen werden.

6.4.2.1 Schutzmaßnahmen für die Risikogruppe 1
Arbeiten mit biologischen Materialien der Risikogruppe 1 sind in so genannten L1-Labors möglichst in Sicherheitswerkbänken mindestens der Klasse 1 (siehe Abbildung 6.15) durchzuführen. Analog erfordert die Produktion von Stoffen mittels biologischer Verfahren Maßnahmen der Sicherheitsstufe P1. Die Schutzmaßnahmen der Schutzstufe 1 sind im Wesentlichen die allgemeinen Hygieneregeln, die in der TRBA 500 [110] aufgeführt sind. Sie sind unterteilt in technische und bauliche Maßnahmen sowie in die persönliche Schutzausrüstung:
- Die **baulichen Maßnahmen** sind
  - leicht zu reinigende Oberflächen für Fußböden und Arbeitsmittel (z. B. Maschinen, Betriebseinrichtungen) im Arbeitsbereich, soweit dies im Rahmen der betrieblichen Möglichkeiten liegt,
  - Maßnahmen zur Vermeidung/Reduktion von Aerosolen, Stäuben und Nebel,
  - Waschgelegenheiten und
  - vom Arbeitsplatz getrennte Umkleidemöglichkeiten.

6.4 Die Biostoffverordnung

- Die folgenden **organisatorischen Maßnahmen** müssen eingehalten werden:
  - Vor Eintritt in die Pausen und nach Beendigung der Tätigkeit sind die Hände zu waschen.
  - Mittel zum hygienischen Reinigen und Trocknen der Hände sowie ggf. Hautschutz- und Hautpflegemittel müssen zur Verfügung gestellt werden.
  - Es sind Möglichkeiten vorzusehen, Pausenverpflegung getrennt von den Arbeitsstoffen aufzubewahren und Essen und Trinken ohne Beeinträchtigung der Gesundheit zu sich zu nehmen.
  - Arbeitskleidung und persönliche Schutzausrüstung sind regelmäßig und bei Bedarf zu reinigen oder zu wechseln.
  - Straßenkleidung ist von Arbeitskleidung und persönlicher Schutzausrüstung getrennt aufzubewahren.
  - Arbeitsräume sind regelmäßig und bei Bedarf mit geeigneten Methoden zu reinigen.
  - Pausen- oder Bereitschaftsräume bzw. Tagesunterkünfte sollten nicht mit stark verschmutzter Arbeitskleidung betreten werden.
  - Abfälle mit biologischen Arbeitsstoffen sind in geeigneten Behältnissen zu sammeln.
  - Mittel zur Wundversorgung sind bereitzustellen.
- Folgende **persönliche Schutzausrüstung** kann notwendig werden:
  - Hautschutz,
  - Handschutz,
  - Augenschutz/Gesichtsschutz,
  - Partikelschutzfilter.

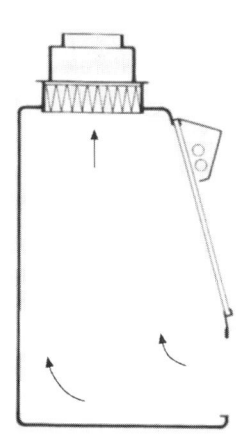

Abb. 6.15 Sicherheitswerkbank der Klasse 1.

6.4.2.2 Schutzmaßnahmen für die Risikogruppe 2 bis 4

Für Arbeiten mit Stoffen der Risikogruppe 2, 3 und 4 sind in Abhängigkeit vom Gefährdungspotenzial im Vergleich zur Risikogruppe 1 erheblich schärfere Maßnahmen zu ergreifen.

Material der Risikogruppe 2 erfordert in Laboratorien mindestens Sicherheitswerkbänke der Klasse 2 nach DIN 12950. Abbildung 6.16 zeigt das Wirkprinzip dieser Werkbänke. Die grundlegenden Sicherheitsmaßnahmen können Tabelle 6.6 entnommen werden. Die für die Produktion geltenden Maßnahmen fasst Tabelle 6.7 zusammen.

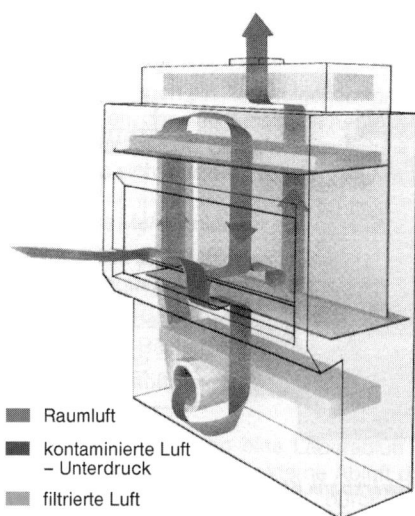

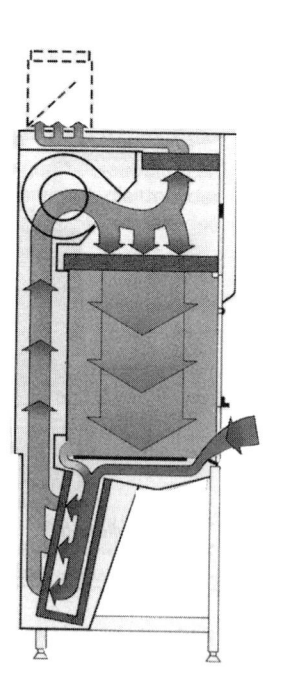

- Raumluft
- kontaminierte Luft – Unterdruck
- filtrierte Luft

Abb. 6.16 Sicherheitswerkbank der Klasse 2.

Tabelle 6.6 Maßnahmen der Schutzstufen 2 bis 4 für Laboratorien oder laborähnliche Einrichtungen mit Umgang mit biologischen Arbeitsstoffen.

Nr.	Sicherheitsmaßnahmen	Schutzstufen		
		2	3	4
1	Der Arbeitsplatz ist von anderen Tätigkeiten in demselben Gebäude abzutrennen	nein	verbindlich, wenn die Infizierung über die Luft erfolgen kann	verbindlich
2	Zu- und Abluft am Arbeitsplatz müssen durch Hochleistungsschwebstoff-Filter oder eine vergleichbare Vorrichtung geführt werden	nein	verbindlich für Abluft	verbindlich für Zu- und Abluft
3	Der Zugang ist auf benannte Beschäftigte zu beschränken	verbindlich	verbindlich	verbindlich mit Luftschleuse
4	Der Arbeitsplatz muss zum Zweck der Desinfektion hermetisch abdichtbar sein	nein	empfohlen	verbindlich
5	Spezifische Desinfektionsverfahren	verbindlich	verbindlich	verbindlich
6	Am Arbeitsplatz muss ein Unterdruck aufrechterhalten werden	nein	verbindlich, wenn die Infizierung über die Luft erfolgen kann	verbindlich
7	Wirksame Vektorkontrolle, z.B. Nagetiere und Insekten	verbindlich	verbindlich	verbindlich
8	Wasserundurchlässige und leicht zu reinigende Oberflächen	verbindlich für Werkbänke	verbindlich für Werkbänke und Böden	verbindlich für Werkbänke, Wände, Böden und Decken
9	Gegen Säuren, Laugen, Lösungs- und Desinfektionsmittel widerstandsfähige Oberflächen	empfohlen	verbindlich	verbindlich
10	Sichere Aufbewahrung eines biologischen Arbeitsstoffes	verbindlich	verbindlich	verbindlich unter Verschluss
11	Der Raum muss mit einem Beobachtungsfenster oder einer vergleichbaren Vorrichtung versehen sein, damit die im Raum anwesenden Personen bzw. Tiere beobachtet werden können	empfohlen	verbindlich	verbindlich

Tabelle 6.6 Fortsetzung.

Nr.	Sicherheitsmaßnahmen	Schutzstufen		
		2	3	4
12	Jedes Laboratorium muss über eine eigene Ausrüstung verfügen	nein	empfohlen	verbindlich
13	Der Umgang mit infiziertem Material, einschließlich aller Tiere, muss in einer Sicherheitswerkbank oder einem Isolierraum oder einem anderen geeigneten Raum erfolgen	wo angebracht	verbindlich, wenn die Infizierung über die Luft erfolgt	verbindlich
14	Verbrennungsofen für Tierkörper	empfohlen	verbindlich, zugänglich	verbindlich vor Ort

In Abhängigkeit von den Schutzstufen werden biologische Laboratorien als L2-, L3- oder L4-Labors bzw. analog die Produktionsbetriebe als P2, P3 oder P4 bezeichnet.

Wegen der Pathogenität von Materialien der Risikogruppe 3 und 4, werden bei Arbeiten in der Sicherheitsstufe 3 und 4 Maßnahmen notwendig, die zum Teil deutlich über die der Schutzstufe 2 hinausgehen. Labor- und Produktionsbereiche sind mit einer zweitürigen Schleuse von den restlichen Bereichen abzutrennen. In den Schleusen sind Handwaschbecken mit Ellenbogen, Fuß- oder Sensorbetätigung zu installieren, gegebenenfalls können auch Duschen notwendig sein. Die Türen müssen mit einer Schließvorrichtung ausgestattet sein. In L3-Labors sind alle mit einer Freisetzung von Mikroorganismen verbundenen Arbeiten in einer Sicherheitswerkbank der Klasse 2 durchzuführen (siehe Abbildung 6.16).

Arbeiten mit Viren der Risikogruppe 4 erfordern Labors der Sicherheitsstufe 4. Auf Grund des extrem hohen Gefährdungspotenzials dürfen diese Arbeiten nur in Sicherheitswerkbänken der Klasse 3 durchgeführt werden. Diese sind nach dem Prinzip der Glovebox konstruiert (siehe Abbildung 6.17).

Die weiteren Schutzmaßnahmen der Stufen 3 und 4 sind für den Laborbereich in Tabelle 6.6 aufgelistet, für die Produktion in Tabelle 6.7.

Tabelle 6.7 Maßnahmen der Schutzstufen 2 bis 4 beim Umgang im Produktionsmaßstab mit biologischen Arbeitsstoffen.

Nr.	Sicherheitsmaßnahmen	Schutzstufen 2	Schutzstufen 3	Schutzstufen 4
1	Arbeiten mit lebensfähigen Organismen müssen in einem System durchgeführt werden, das den Prozess physisch von der Umwelt trennt	verbindlich	verbindlich	verbindlich
2	Abgase aus dem abgeschlossenen System müssen so behandelt werden, dass	das Freiwerden minimal gehalten wird	das Freiwerden verhütet wird	das Freiwerden verhütet wird
3	Sammlung von Proben, Hinzufügung von Werkstoffen zu einem abgeschlossenen System und übertragung lebensfähiger Organismen in ein anderes abgeschlossenes System müssen so durchgeführt werden, dass	das Freiwerden minimal gehalten wird	das Freiwerden verhütet wird	das Freiwerden verhütet wird
4	Kulturflüssigkeiten dürfen nicht aus dem abgeschlossenen System genommen werden, wenn die lebensfähigen Organismen nicht	durch erprobte Mittel inaktiviert worden sind	durch erprobte chemische oder physikalische Mittel inaktiviert worden sind	durch erprobte chemische oder physikalische Mittel inaktiviert worden sind
5	Der Verschluss der Kulturgefäße muss so ausgelegt sein, dass	ein Freiwerden minimal gehalten wird	ein Freiwerden verhütet wird	ein Freiwerden verhütet wird
6	Abgeschlossene Systeme müssen innerhalb kontrollierter Bereiche angesiedelt sein	empfohlen	empfohlen	verbindlich
	a) Biogefahrenzeichen müssen angebracht sein	empfohlen	verbindlich	verbindlich
	b) der Zugang muss ausschließlich auf das dafür vorgesehene Personal beschränkt sein	empfohlen	verbindlich	verbindlich über Luftschleuse
	c) Dekontaminations- und Waschanlagen müssen für das Personal bereitstehen	verbindlich	verbindlich	verbindlich
	d) das Personal muss vor dem Verlassen des kontrollierten Bereiches duschen	nein	empfohlen	verbindlich

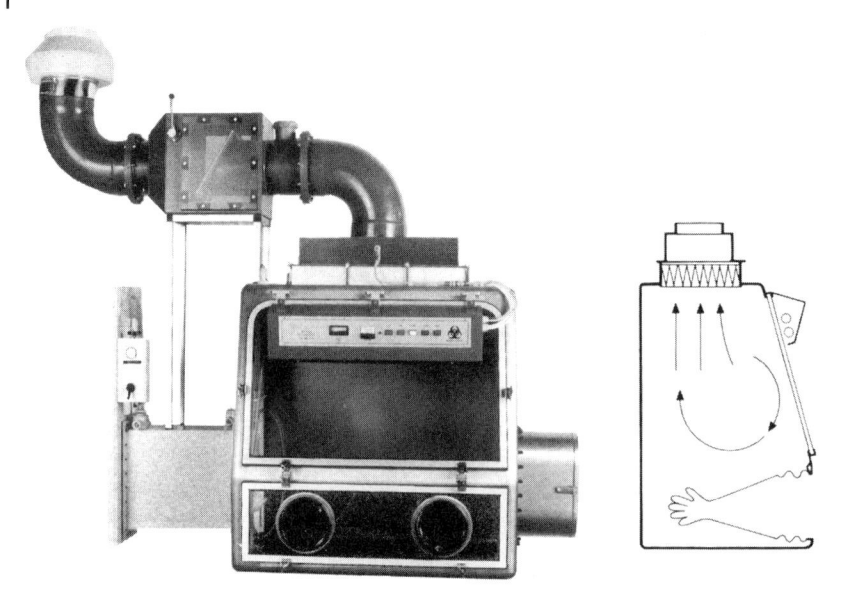

Abb. 6.17 Sicherheitswerkbank der Klasse 3.

6.5
Die Mutterschutzverordnung und das Jugenarbeitsschutzgesetz

Die Beschäftigungsbeschränkungen für werdende Mütter basieren ebenfalls auf einer entsprechenden EU-Richtlinie. Mit der Überführung in nationales Recht in der **Verordnung zum Schutz der Mütter am Arbeitsplatz** (MuSchArbV) [111] wurden gegenüber der EU-Richtlinie 92/85/EWG [112] einige bedeutsame Verschärfungen eingeführt, die sich in der Praxis als eindeutig beschäftigungshemmend erwiesen haben, ohne ein höheres Schutzniveau zu gewährleisten. Mit dem Wegfall der früher in der Gefahrstoffverordnung geforderten Unterweisungspflicht von Frauen im gebärfähigen Alter über die besonderen Gefahren beim Umgang mit entwicklungsschädigenden Stoffen wurde das Schutzniveau reduziert. Sinnvollerweise sollte diese Betriebsunterweisung auch weiterhin durchgeführt werden. Da das Gefährlichkeitsmerkmal „fruchtschädigend" bereits seit über einem Jahrzehnt nicht mehr existiert und durch entwicklungsschädigend abgelöst wurde ist davon auszugehen, dass rechtlich die Forderungen für entwicklungsschädigend eingestufte Stoffe oder Zubereitungen gelten.

Die Mutterschutz-Richtlinienverordnung legt in § 4 fest, dass werdende oder stillende Mütter nicht mit Arbeiten beschäftigt werden dürfen, bei denen die Gefährdungsbeurteilung eine Gefahr der Gesundheit von Mutter oder Kind durch chemische Gefahrstoffe, biologische Arbeitsstoffe, physikalische Schadfaktoren oder die Arbeitsbedingungen nach Anlage 2 dieser Verordnung ergeben hat.

§ 5 konkretisiert diese allgemeinen Grundsätze beim Umgang mit Gefahrstoffen. Eine Beschäftigung ist bei Überschreitung der Grenzwerte von sehr giftigen,

giftigen, gesundheitsschädlichen oder in sonstiger Weise schädigenden Gefahrstoffen nicht zulässig. Diese eher allgemein gültige Forderung sollte grundsätzlich eingehalten werden und ist mit Sicherheit keine übertriebene Schutzvorschrift.

Allerdings gehen die Expositionsverbote für werdende Mütter gegenüber krebserzeugenden, entwicklungsschädigenden oder erbgutverändernden Stoffen sehr viel weiter und können in der betrieblichen Praxis oft nur durch Beschäftigungsaufgabe umgesetzt werden. Diese Verbote gelten auch für die Verdachtsstoffe der Kategorie 3, da diese nicht aus dem Geltungsbereich ausgenommen wurden und formal nach den gleichen Kriterien wie die Stoffe der Kategorie 1 oder 2 eingestuft sind (siehe Abschnitt 3.1.2). Somit dürfen schwangere Frauen keine ethanol- oder formaldehydhaltigen Reinigungsmittel verwenden, da eine Exposition selten ausgeschlossen werden kann, auch wenn die gültigen Arbeitsplatzgrenzwerte weit unterschritten sind.

Das Expositionsverbot gilt auch für die entwicklungsschädigenden Stoffe, bei denen bei Einhaltung des Arbeitsplatzgrenzwertes kein Risiko für das ungeborene Kind befürchtet werden muss, da sie von der MAK-Kommission in die Schwangerschaftsgruppe C (sind in der TRGS 900 [54] in der Spalte „Bemerkungen" mit „Y" markiert) eingestuft wurden. Die weiteren Beschäftigungsbeschränkungen für werdende und stillende Mütter können Abbildung 6.18 entnommen werden.

Es sei noch darauf hingewiesen, dass die vorgenannten Regelungen auf den bestimmungsgemäßen Umgang abzielen. Andernfalls kämen sie einem generellen Arbeitsverbot gleich, da eine Exposition bei nicht bestimmungsgemäßen Betriebszuständen grundsätzlich nicht ausgeschlossen werden kann. Bei Abweichungen vom bestimmungsgemäßen Betrieb, wenn z. B. Substanzen verschüttet

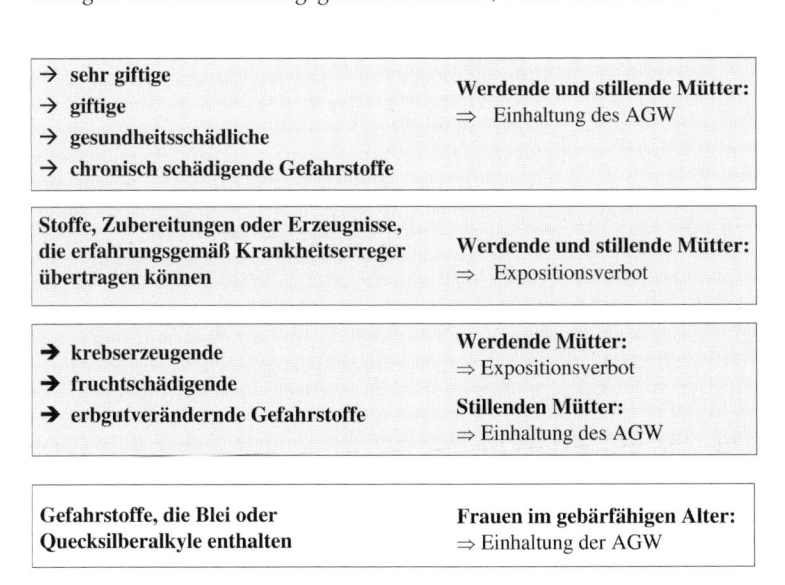

→ sehr giftige → giftige → gesundheitsschädliche → chronisch schädigende Gefahrstoffe	**Werdende und stillende Mütter:** ⇒ Einhaltung des AGW
Stoffe, Zubereitungen oder Erzeugnisse, die erfahrungsgemäß Krankheitserreger übertragen können	**Werdende und stillende Mütter:** ⇒ Expositionsverbot
→ krebserzeugende → fruchtschädigende → erbgutverändernde Gefahrstoffe	**Werdende Mütter:** ⇒ Expositionsverbot **Stillenden Mütter:** ⇒ Einhaltung des AGW
Gefahrstoffe, die Blei oder Quecksilberalkyle enthalten	**Frauen im gebärfähigen Alter:** ⇒ Einhaltung der AGW

Abb. 6.18 Beschäftigungsbeschränkungen für werdende und stillende Mütter nach § 5 MuSchArbV [111].

> **Jugendliche dürfen mit Gefahrstoffen nur arbeiten, wenn sie**
> ➔ **keiner schädlichen Einwirkung ausgesetzt sind!**

Ausnahmen gelten, wenn
- ⇒ die Luftgrenzwerte eingehalten werden
- ⇒ ihr Schutz durch die Aufsicht eines Fachkundigen gewährleistet ist und
- ⇒ der Umgang im Rahmen der Ausbildung notwendig ist

Abb. 6.19 Beschäftigungsbeschränkungen für Jugendliche.

oder Produkte bei chemischen Umsetzungen ungewollt freigesetzt wurden, müssen besondere Arbeitsschutzmaßnahmen ergriffen werden.

Die Beschäftigungsbeschränkungen für Jugendliche sind in § 22 **Jugendarbeitsschutzgesetz** [113] zu finden. Jugendliche dürfen nach § 22 Abs. 1 Nr. 6 nicht mit Arbeiten beschäftigt werden, „bei denen sie schädlichen Einwirkungen von Gefahrstoffen ausgesetzt sind". Eine Beschäftigung ist nur erlaubt, wenn
1. dies zur Erreichung ihres Ausbildungszieles erforderlich ist,
2. ihr Schutz durch die Aufsicht eines Fachkundigen gewährleistet ist und
3. die Luftgrenzwerte bei gefährlichen Stoffen unterschritten werden.

Bei Stoffen ohne Luftgrenzwert ist eine Gefährdungsbeurteilung durchzuführen; die Beschäftigung der Jugendlichen ist zulässig, wenn keine besondere Gefährdung erkennbar ist. Abbildung 6.19 fasst die wichtigsten Beschäftigungsbeschränkungen für Jugendliche beim Umgang mit Gefahrstoffen zusammen.

6.6
Die Betriebssicherheitsverordnung

Die Betriebssicherheitsverordnung [101] wurde 2002 erlassen und hat mehrere davor geltende Verordnungen unter dem Gerätesicherheitsgesetz zusammengefasst. Im Gegensatz zu diesen stützt sich die Betriebssicherheitsverordnung auf das Arbeitsschutzgesetz [44] und das Chemikaliengesetz [31]. Während die Betriebssicherheitsverordnung den Umgang mit brennbaren Flüssigkeiten erst bei Überschreitung bestimmter Mengenschwellen regelt, sind die Vorschriften der Gefahrstoffverordnung im Anhang III Nr. 1 stets bei möglicher Bildung explosionsfähiger Atmosphäre zu beachten.

Zum besseren Verständnis der Vorschriften müssen einige grundlegende Begriffe definiert werden. Viele dieser Begriffe sind als so genannte Sicherheitstechnische Kennzahlen weit über den Anwendungsbereich der Betriebssicherheitsverordnung hinaus von großer Bedeutung.

Die Lagerregelungen brennbarer Flüssigkeiten, bis 2002 in der „Verordnung über die Lagerung brennbarer Flüssigkeiten zu Lande und auf Schiff" zusammengefasst, wurden in die Betriebssicherheitsverordnung überführt, die Technischen Regeln brennbarer Flüssigkeiten gelten bis zur Überführung in das technische Regelwerk zur Betriebssicherheitsverordnung weiter. Insbesondere die TRbF 20 „Läger" [114] ist bezüglich der baulichen, sicherheitstechnischen und organisatorischen Vorschriften von Bedeutung. Die konkreten Regelungen werden in Kapitel 8 behandelt.

Die Erläuterung und Definition wichtiger Begriffe und der sicherheitstechnischen Kenndaten ist in Abschnitt 2.2.1 ausführlich dargestellt.

6.6.1
Ex-Zonen-Einteilung

Explosionsgefährdete Bereiche werden nach der **Wahrscheinlichkeit** des Auftretens gefährlicher explosionsfähiger Atmosphäre in so genannte Ex-Zonen eingeteilt.

- Die Zonen 0, 1 und 2 umfassen Bereiche, in denen gefährliche explosionsfähige Atmosphäre durch **Gase, Dämpfe oder Nebel** (feinverteilte Flüssigkeitströpfchen) hervorgerufen werden kann:
  - Zone 0: Bereiche, in denen die explosionsfähige Atmosphäre ständig und langzeitig vorhanden ist.
    Beispiele: das Innere von Behältern (Lagerbehälter, Rührkolben, Rohrleitung etc.).
  - Zone 1: Bereiche, in denen die explosionsfähige Atmosphäre gelegentlich auftritt.
    Beispiele: die nähere Umgebung der Zone 0; der nähere Bereich um Füll- und Entleerungseinrichtungen; Lagerräume, in denen umgefüllt wird.
  - Zone 2: Bereiche, in denen die explosionsfähige Atmosphäre nur selten und dann nur kurzzeitig auftritt.
    Beispiele: Lagerräume ohne Umfüllvorgänge; Flanschverbindungen bei Rohrleitungen in Räumen; Bereiche, die sich an die Zone 1 anschließen.
- Wird die gefährliche explosionsfähige Atmosphäre durch brennbare **Stäube** ausgelöst, erfolgt die Einteilung in die Ex-Zonen 20 bis 22.
  - Zone 20: Bereiche, in denen die explosionsfähige Atmosphäre durch Staub langzeitig oder häufig vorhanden ist.
    Beispiele: das Innere von Mühlen, Trocknern, Mischern, Förderleitungen, Silos.
  - Zone 21: Bereiche, in denen damit zu rechnen ist, dass gelegentlich durch Aufwirbeln abgelagerten Staubes explosionsfähige Atmosphäre kurzzeitig auftritt.
    Beispiele: die Umgebung Staub enthaltender, nicht dichter Apparaturen.
  - Zone 22: Bereiche, in denen selten und dann kurzfristig, damit zu rechnen ist, dass durch Aufwirbeln abgelagerten Staubes explosionsfähige Atmosphäre auftritt.

6.6.2
Maßnahmen des Explosionsschutzes

Die Maßnahmen des **primären Explosionsschutzes** sollen die Bildung einer explosionsfähigen Atmosphäre verhindern oder einschränken.
- **Substitution**
  - Substitution des brennbaren Stoffes gegen einen nicht brennbaren Stoff,
  - Verwendung von Stoffen mit einem Flammpunkt oberhalb der höchsten Betriebstemperatur.
- **Inertisierung**
  - Ausschluss von Luftsauerstoff durch inerte Gase, z. B. *Stickstoff, Edelgase, Kohlendioxid.*
- **Konzentrationsbegrenzung**
  - im Konzentrationsbereich unterhalb der unteren Explosionsgrenze (UEG) oder oberhalb der oberen Explosionsgrenze (OEG) besteht keine explosionsgefährliche Atmosphäre.
- **Vermeidung von Staubablagerung**
  - austretenden Staub sofort wegsaugen,
  - regelmäßige Reinigung.

Die Maßnahmen des **sekundären Explosionsschutzes** (siehe Abbildung 6.20) zielen auf den Ausschluss der Zündquellen:
- Vermeidung von
  - offenem Feuer,
  - Rauchen,
  - Schweißen und
  - Trennarbeiten mit funkenziehenden Geräten (z. B. Trennschleifer);
- Einsatz von explosionsgeschützten Geräten
  - Lichtschalter in Ex-Ausführung und
  - gekapselte Motoren;
- Einhaltung der maximalen Oberflächentemperaturen
  - Auswahl von Geräten gemäß den Temperaturklassen und
  - Temperaturüberwachung zum Schutz vor heißlaufenden Antriebsmotoren;
- Benutzung von funkenarmen Werkzeugen (Messing);
- Ausschluss elektrostatischer Aufladung durch
  - Erdung,
  - leitfähige Geräte,
  - leitfähige Kleidung und
  - sichere Arbeitstechniken, z. B. Unterspiegelbefüllung (siehe Abbildung 6.20).

Verbot von
⇒ offenem Feuer
⇒ Rauchen
⇒ Schweißen
⇒ Trennarbeiten mit funkenziehenden Geräten (z. B. Trennschleifer)

Einsatz von explosionsgeschützten Geräten
⇒ Lichtschalter in Ex-Ausführung
⇒ gekapselte Motoren
Benutzung funkenarmer Werkzeuge, z.B. ⇒ Messing

Ausschluss elektrostatischer Aufladung durch
⇒ Erdung
⇒ leitfähige Geräte
⇒ leitfähige Kleidung
⇒ sichere Arbeitstechniken (Unterspiegelbefüllung, langsames Ausgießen)

Einhaltung der maximalen Oberflächentemperaturen
⇒ Auswahl von Geräten gemäß den Temperaturklassen
⇒ Temperaturüberwachung zum Schutz vor heißlaufenden Antriebsmotoren

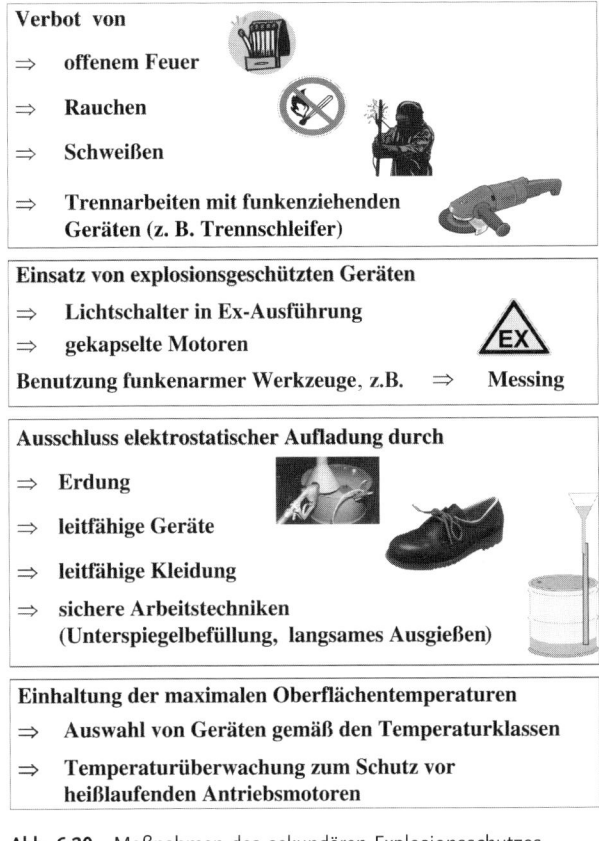

Abb. 6.20 Maßnahmen des sekundären Explosionsschutzes.

6.6.3
Sichere Reaktionsführung

Auch bei Einhaltung der Maßnahmen zum Schutz vor explosionsfähiger Atmosphäre durch Gase, Dämpfe, Nebel und Stäube können Explosionen nicht vollständig ausgeschlossen werden. Gefährliche chemische Reaktionen können ebenfalls zu Explosionen führen. Zur sicheren Reaktionsführung müssen deshalb grundlegende Untersuchungen durchgeführt werden.

Die wichtigste sicherheitstechnische Kenngröße jeder chemischen Reaktion ist die Reaktionsenthalpie. Sie gibt die Wärmemenge an, die bei einer chemischen Reaktion entsteht (exotherme Reaktion) bzw. zugeführt werden muss (endotherme Reaktion).

Im Fall exothermer Reaktionen muss diese Wärmemenge gefahrlos abgeführt werden. Zur orientierenden Untersuchung hat sich die **Differentialthermoanalyse** (DTA) bewährt. Den schematischen Aufbau einer DTA-Apparatur zeigt Abbildung 6.21. Mit nur geringen Substanzmengen (wenigen Milligramm) wird die Tempera-

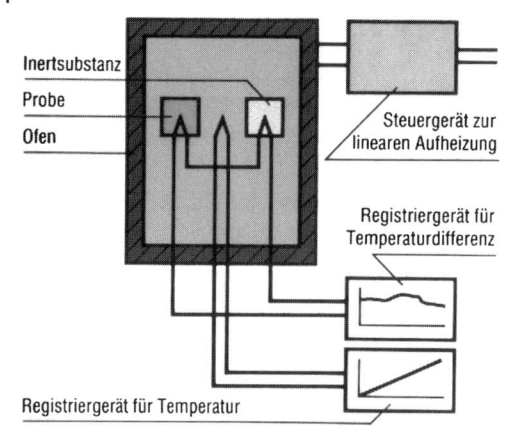

Abb. 6.21 DTA-Apparatur.

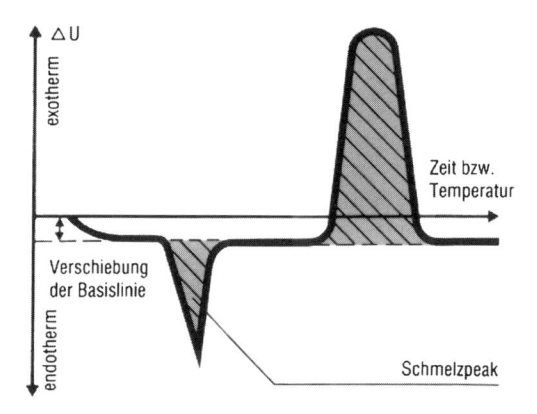

Abb. 6.22 DTA-Kurve.

turdifferenz zwischen einer inerten Probe und der Untersuchungssubstanz bei gleichmäßiger Aufheizrate unter Luftausschluss bestimmt. Bei gleicher Wärmekapazität von Inertprobe und Untersuchungssubstanz ist die Temperaturdifferenz der Wärmerate der Reaktion proportional. Bleibt die Temperatur der Untersuchungssubstanz hinter der Vergleichssubstanz zurück, können physikalische Umwandlungsprozesse (z. B. Schmelzvorgänge) oder endogene Reaktionsvorgänge vorliegen. Eine höhere Temperatur der Untersuchungssubstanz weist auf eine exotherme Reaktion hin. Die Fläche unter der Kurve ist ein direktes Maß für die freigewordene Wärmemenge. Abbildung 6.22 zeigt eine idealisierte DTA-Kurve.

Zur Festlegung der notwendigen Sicherheitsmaßnahmen ist auch die Dauer der Wärmefreisetzung von großer Bedeutung. Zur Ermittlung der freigesetzten Wärmemenge in Abhängigkeit von der Zeit haben sich **Reaktionskalorimeter** bewährt. Nur wenn die Reaktionsenthalpie gefahrlos abgeführt werden kann, z. B. durch Kühlung mittels Kühlwasser oder Siedekühlung, ist eine sichere

Tabelle 6.8 Exemplarische Reaktionsenthalpien typischer Reaktionen.

Reaktion	Reaktionsenthalpie [kJ/mol]
Neutralisation (HCl)	55
Nitrierung	130
Zersetzung von Nitroverbindungen	400
Sulfierung	150
Hydrierung	560
Diazotierung	65
Zersetzung von Diazoverbindungen	140
Verbrennungswärme von Kohlenwasserstoffen	900

Reaktionsführung möglich. Tabelle 6.8 gibt für einige wichtige Reaktionen die Reaktionsenthalpien wieder.

Ist die Wärmeproduktionsrate größer als die Kühlrate, wird eine Temperaturerhöhung der Reaktionsmischung resultieren. Gemäß den physikalisch-chemischen Gesetzmäßigkeiten bewirkt diese Temperaturerhöhung eine Erhöhung der Reaktionsgeschwindigkeit und somit die Freisetzung von noch mehr Wärme. Im Falle einer **Wärmeexplosion** übersteigt die Wärmeproduktion die Wärmeabfuhr erheblich. Die Kenntnis solcher gefährlicher Reaktionszustände ist für eine sichere Reaktionsführung äußerst wichtig. Bereits aus der DTA kann eine Reaktion mit hoher Wärmeproduktionsrate erkannt werden, bei der so genannten On-set-Temperatur beginnt diese stark exotherme Zersetzungsreaktion. Die maximale Reaktionstemperatur muss einen ausreichenden Abstand, ohne zusätzliche Maßnahmen mindestens 50 bis 100 °C, von dieser kritischen Temperatur haben. In der einschlägigen Literatur sind eine Vielzahl von Reaktionen beschrieben, die zu stark exothermen Neben- und Zersetzungsreaktionen neigen. Eine Diskussion würde den Rahmen dieses Buches bei Weitem sprengen, beispielhaft seien die

- Nitrierung,
- Diazotierung und
- Oxidation

genannt.

Zur Feststellung des Reaktionsverhaltens bei Kühlungsausfall ist die **adiabatische Temperaturerhöhung** von großer Bedeutung. Sie gibt an, bis auf welche maximale Temperatur sich unter diesen Bedingungen die Reaktionsmischung erhitzen kann. Wird dabei die Temperatur erreicht, bei der eine exotherme Reaktion oder Zersetzung einsetzt (On-set-Temperatur), sind sicherheitstechnische Maßnahmen zur Reaktionsführung notwendig. Da der Dampfdruck mit steigender Temperatur ebenfalls zunimmt, ist die **adiabatische Druckerhöhung** ebenfalls von sicherheitstechnischer Bedeutung. Reaktionen im technischen Maßstab zeigen auf Grund der kleinen Kühlfläche in Relation zum Behältervolumen bei Ausfall der Kühlung ein nahezu adiabatisches Verhalten.

Die Gasbildungsrate hängt entscheidend von Reaktionstemperatur, -druck und -verlauf ab. Bei unzulässig hohen Temperaturen können die Abgasströme sehr stark zunehmen. Der zeitliche Verlauf der Abgasströme ist somit ebenfalls eine wichtige verfahrenstechnische Größe; er kann in speziellen Reaktionskalorimetern bestimmt werden.

Eine weitere Gefahr ist die Neigung mancher Stoffe, sich während der Lagerung bei erhöhter Temperatur zu zersetzen. Da diese spontane Produktzersetzung gelegentlich erst mit Verzögerung einsetzt, ist diese gefährliche Eigenschaft nicht immer offensichtlich. Nicht selten beginnt die Zersetzung erst nach mehreren Stunden oder sogar Tagen; der dann einsetzende Druck- und Temperaturanstieg erfolgt nach anfänglich sehr langsamem Anstieg gegen Ende der Zersetzungsphase sehr schnell und drastisch. Es sind Stoffe bekannt, die nach eintägiger Lagerung bei 60 °C (Temperatur bei direkter Sonneneinstrahlung im Sommer) Drücke von über 50 bar und Temperaturen von weit über 200 °C erreichen. Zum Nachweis dieser Stoffeigenschaft hat sich die Druckwärmestauprüfung, auch Warmlagerversuch genannt, bewährt.

6.7
Das Bundes-Immissionsschutzgesetz und seine Verordnungen

6.7.1
Das Bundes-Immissionsschutzgesetz

Das Bundes-Immissionsschutzgesetz [115] hat in Deutschland eine über 20-jährige Tradition. Die ursprüngliche Fassung des Bundes-Immissionsschutzgesetzes stammt aus dem Jahr 1974 und wurde seitdem mehrfach novelliert und ergänzt.

> **„Gesetz zum Schutz vor schädlichen Umwelteinwirkungen durch Luftverunreinigungen, Geräusche, Erschütterungen und ähnliche Vorgänge"**
> (Bundes-Immissionsschutzgesetz, abgekürzt: BImSchG).

Bereits durch diesen Titel wird der Regelungsinhalt des Bundes-Immissionsschutzgesetzes deutlich. In § 1 des Gesetzes wird der Zweck wie folgt angegeben:

> „Zweck dieses Gesetzes ist es, **Menschen**, **Tiere** und **Pflanzen**, den **Boden**, das **Wasser**, die **Atmosphäre** sowie **Kultur-** und sonstige **Sachgüter** vor schädlichen Umwelteinwirkungen und soweit es sich um genehmigungsbedürftige Anlagen handelt, auch vor **Gefahren**, **erheblichen Nachteilen** und **erheblichen Bodenbelästigungen**, die auf andere Weise herbeigeführt werden, zu schützen und dem Entstehen **schädlicher Umwelteinwirkungen** vorzubeugen."

Dieser äußerst umfangreiche Regelungsanspruch lässt keinen Bereich offen; ein umfassenderer Zweck eines Gesetzes ist nur schwerlich vorstellbar.

Im Geltungsbereich des Gesetzes ist festgelegt, dass es für
1. die Errichtung und den Betrieb von Anlagen,
2. das Herstellen, Inverkehrbringen und Einführen von Anlagen, Brennstoffen und Treibstoffen, Stoffen und Erzeugnissen aus Stoffen nach Maßgabe der §§ 32 bis 37,
3. die Beschaffenheit, die Ausrüstung, den Betrieb und die Prüfung von Kraftfahrzeugen und ihren Anhängern und von Schienen-, Luft- und Wasserfahrzeugen sowie von Schwimmkörpern und schwimmenden Anlagen nach Maßgabe der §§ 38 bis 40 und
4. den Bau öffentlicher Straßen sowie von Eisenbahnen, Magnetschwebebahnen und Straßenbahnen nach Maßgabe der §§ 41 bis 43

anzuwenden ist.

Ausgenommen aus dem Regelungsbereich sind:
- Flugplätze,
- Anlagen, Geräte, Vorrichtungen sowie Kernbrennstoffe und radioaktive Stoffe, die den Vorschriften des Atomgesetzes unterliegen, sowie
- wasserrechtliche Vorschriften des Bundes und der Länder zum Schutz der Gewässer.

Für das weitere Verständnis dieser sehr wichtigen Gesetzesmaterie sind die Begriffsbestimmungen wichtig. Durch unterschiedliche Interpretationen der Fachtermini resultieren häufig Fehlinterpretationen.

Schädliche Umwelteinwirkungen sind Immissionen, die nach Art, Ausmaß oder Dauer geeignet sind, Gefahren, erhebliche Nachteile oder erhebliche Belästigungen für die Allgemeinheit oder die Nachbarschaft herbeizuführen.

Immissionen sind:
- Luftverunreinigungen, die auf Menschen, Tiere und Pflanzen, den Boden, das Wasser, die Atmosphäre sowie Kultur- und sonstige Sachgüter einwirken,
- Geräusche,
- Erschütterungen,
- Licht,
- Wärme,
- Strahlen und
- ähnliche Erscheinungen.

Emissionen sind die von einer Anlage ausgehenden Immissionen.

Als **Luftverunreinigungen** gelten Veränderungen der natürlichen Zusammensetzung der Luft, insbesondere durch Rauch, Ruß, Staub, Gase, Aerosole, Dämpfe oder Geruchsstoffe.

Als **Stand der Technik** wird der Entwicklungsstand fortschrittlicher Verfahren, Einrichtungen oder Betriebsweisen definiert, der sich im praktischen Einsatz zur Begrenzung der Emissionen bereits bewährt hat. Bei der Festlegung des Standes der Technik sind insbesondere vergleichbare Verfahren, Einrichtungen oder Betriebsweisen heranzuziehen, die bereits mit Erfolg im Betrieb erprobt worden sind.

Der Anlagenbegriff nimmt nicht nur im Bundes-Immissionsschutzgesetz eine zentrale Rolle ein, auch für viele nachgeordnete Verordnungen ist eine klare Definition wichtig.

Anlagen sind
- Betriebsstätten und sonstige ortsfeste Einrichtungen,
- Maschinen, Geräte und sonstige ortsveränderliche technische Einrichtungen und
- Grundstücke, auf denen Stoffe gelagert oder abgelagert oder Arbeiten durchgeführt werden,

die Emissionen verursachen können, ausgenommen öffentliche Verkehrswege.

Das Bundes-Immissionsschutzgesetz gliedert sich in sieben Teile, diese sind wiederum z. T. in mehrere Abschnitte untergliedert:

Teil 1: Allgemeine Vorschriften (§§ 1–3)
Teil 2: Errichtung und Betrieb von Anlagen
    1. Abschnitt: Genehmigungsbedürftige Anlagen (§§ 4–21)
    2. Abschnitt: Nicht genehmigungsbedürftige Anlagen (§§ 22–25)
    3. Abschnitt: Ermittlung von Emissionen und Immissionen, sicherheitstechnische Prüfungen, Technischer Ausschuss für Anlagensicherheit (§§ 26–31a)
Teil 3: Beschaffenheit von Anlagen, Stoffen, Erzeugnissen, Brennstoffen, Treibstoffen und Schmierstoffen (§§ 32–37)
Teil 4: Beschaffenheit und Betrieb von Fahrzeugen, Bau und Änderung von Straßen und Schienenwegen (§§ 38–43)
Teil 5: Überwachung der Luftverunreinigungen im Bundesgebiet, Luftreinhaltepläne und Lärmminderungspläne (§§ 44–47a)
Teil 6: Gemeinsame Vorschriften (§§ 48–63)
Teil 7: Schlussvorschriften (§§ 66–74)

Im Rahmen dieses Buches wird lediglich Teil 2 näher behandelt, die anderen Teile haben, mit Ausnahme der Betreiberpflichten und der Bestellung eines Immissionsschutz- und Störfallbeauftragten im 6. Teil, für den Umgang mit Chemikalien keine unmittelbare Bedeutung.

6.7.1.1 Genehmigungsbedürftige Anlagen

In § 4 des Bundes-Immissionsschutzgesetzes wird festgelegt, dass
- Anlagen, die auf Grund ihrer Beschaffenheit oder ihres Betriebes in besonderem Maße
  - schädliche Umwelteinwirkungen hervorrufen können,
  - die Allgemeinheit oder die Nachbarschaft gefährden, erheblich zu benachteiligen oder erheblich zu belästigen vermögen sowie
- ortsfeste Abfallentsorgungsanlagen zur Lagerung oder Behandlung von Abfällen

einer Genehmigung bedürfen.

Anlagen, die nicht gewerblichen Zwecken dienen und nicht im Rahmen wirtschaftlicher Unternehmungen verwendet werden, bedürfen nicht der Genehmigung. Auf Grund des weitreichenden Geltungsbereiches des Bundes-Immissionsschutzgesetzes wurden bei den vielen Regelungen spezielle Ausnahmen erlassen. Diese werden im Rahmen dieses Buches nur dann berücksichtigt, wenn sie Einfluss auf das Betreiben von Chemieanlagen haben. Eine vollständige Abhandlung des Bundes-Immissionsschutzgesetzes ist nicht beabsichtigt.

Die genehmigungsbedürftigen Anlagen sind in der 4. Verordnung zum Bundes-Immissionsschutzgesetz festgelegt, eine ausführlichere Diskussion erfolgt dort in Abschnitt 6.7.2.1.

Die Betreiber von genehmigungsbedürftigen Anlagen müssen eine Vielzahl von Pflichten beachten. Genehmigungsbedürftige Anlagen müssen so errichtet und betrieben werden, dass

1. keine schädlichen Umwelteinwirkungen, sonstige Gefahren, erhebliche Nachteile und Belästigungen für die Allgemeinheit und die Nachbarschaft wirksam werden,
2. Vorsorge gegen schädliche Umwelteinwirkungen getroffen wird, insbesondere durch Maßnahmen zur Emissionsbegrenzung nach dem Stand der Technik,
3. Reststoffe vermieden werden, es sei denn, sie werden ordnungsgemäß und schadlos verwertet oder, soweit Vermeidung und Verwertung technisch nicht möglich oder zumutbar sind, als Abfälle ohne Beeinträchtigung des Wohls der Allgemeinheit beseitigt, und
4. entstehende Wärme für Anlagen des Betreibers genutzt oder an Dritte abgegeben wird, soweit dies technisch möglich und zumutbar ist.

Auch nach Betriebseinstellung muss der Betreiber sicherstellen, dass keine entsprechende Gefahr von der Anlage ausgehen kann.

Anlagen können nur dann genehmigt werden, wenn die vorgenannten Voraussetzungen erfüllt sind.

Gemäß § 7 müssen genehmigungsbedürftige Anlagen die folgenden **Beschaffenheitsanforderungen** erfüllen:

1. Einhaltung bestimmter technischer Anforderungen,
2. Einhaltung vorgegebener Grenzwerte der von der Anlage ausgehenden Emissionen,
3. Durchführung von Emissionsmessungen,

4. Durchführung von sicherheitstechnischen Prüfungen
   a) während der Errichtung oder vor der Inbetriebnahme,
   b) nach wesentlichen Änderungen,
   c) in regelmäßigen Abständen und
   d) bei oder nach Betriebseinstellung.

Nach § 53 haben die Betreiber von genehmigungsbedürftigen Anlagen einen Immissionsschutzbeauftragten zu benennen, wenn auf Grund
- der von der Anlage ausgehenden Emissionen und
- technischer Probleme bei der Emissionsbegrenzung

dies als erforderlich erachtet wird. Die Aufgaben, Pflichten und Rechte sind in den §§ 54 bis 58 geregelt. Die Bestellung eines Störfallbeauftragten ist nach § 58a beim Betrieb von Anlagen gefordert, die der Störfallverordnung unterliegen; Aufgaben, Pflichten und Rechte regeln die § 58b bis 58d.

Die Genehmigung von Anlagen kann nach § 19 Bundes-Immissionsschutzgesetz nach einem **vereinfachten Verfahren** erfolgen, wenn dies mit dem Schutzziel vereinbar ist.

6.7.1.2 Nicht genehmigungsbedürftige Anlagen

Auch an die Errichtung und den Betrieb nicht genehmigungsbedürftiger Anlagen werden nach § 22 Mindestforderungen gestellt:
- Verhinderung vermeidbarer schädlicher Umwelteinwirkungen nach dem Stand der Technik,
- Beschränkung unvermeidbar entstehender Umwelteinwirkungen nach dem Stand der Technik und
- ordnungsgemäße Beseitigung entstehender Abfälle.

Bestimmte **Beschaffenheitsanforderungen** müssen auch nicht genehmigungsbedürftige Anlagen erfüllen. Diese weichen zum Teil nur unwesentlich von den genehmigungsbedürftigen Anlagen ab:
1. Einhaltung bestimmter technischer Anforderungen,
2. Einhaltung vorgegebener Grenzwerte der von der Anlage ausgehenden Emissionen,
3. Durchführung von Emissionsmessungen,
4. unverzügliche Mitteilung der Inbetriebnahme und der Durchführung wesentlicher Änderungen an bestimmten Anlagen an die Behörde,
5. Bauartzulassung für den Betrieb bestimmter Anlagen.

6.7.2
Die Verordnungen des Bundes-Immissionsschutzgesetzes

Auf Basis des Bundes-Immissionsschutzgesetzes wurden bislang insgesamt zwölf Verordnungen erlassen:

1. BImSchV: Verordnung über Kleinfeuerungsanlagen
3. BImSchV: Verordnung über Schwefelgehalt von leichtem Heizöl und Dieselkraftstoff
4. BImSchV: Verordnung über genehmigungsbedürftige Anlagen
5. BImSchV: Verordnung über Immissionsschutz- und Störfallbeauftragte
9. BImSchV: Verordnung über das Genehmigungsverfahren
10. BImSchV: Verordnung über die Beschaffenheit und die Auszeichnung der Qualitäten von Kraftstoffen
11. BImSchV: Emissionserklärungsverordnung
12. BImSchV: Störfallverordnung
13. BImSchV: Verordnung über Großfeuerungsanlagen
19. BImSchV: Verordnung über Chlor- und Bromverbindungen als Kraftstoffzusatz
20. BImSchV: Verordnung zur Begrenzung der Kohlenwasserstoffemissionen beim Umfüllen und Lagern von Ottokraftstoffen
21. BImSchV: Verordnung zur Begrenzung der Kohlenwasserstoffemissionen bei der Betankung

Viele dieser Verordnungen richten sich nur an einen kleinen Adressatenkreis, andere haben ein breites öffentliches Interesse gefunden. Im Folgenden sollen nur die Verordnungen in ihren wesentlichen Inhalten behandelt werden, die für den Umgang mit Gefahrstoffen relevant sind.

Den Literaturzitaten kann die derzeit gültige Fassung jeder Verordnung entnommen werden; diese kann naturgemäß nur eine Momentaufnahme sein. Die häufigen und raschen Änderungen im Umweltschutz erfordern stets eine Recherche nach der jeweils gültigen Fassung. Ob diese häufigen Änderungen der Umweltschutzgesetzgebung notwendig und im Sinne nachvollziehbarer und praktikabler gesetzlicher Regelungen sinnvoll sind, darf doch sehr bezweifelt werden. Der Rechtsunterworfene (d. h. hier der Betreiber von Anlagen) ist nur noch bei Großfirmen in der Lage, alle relevanten Gesetze, Verordnungen und Regeln zu überblicken.

Neben den Verordnungen existieren noch eine Vielzahl von Technischen Regeln sowie Technische Anleitungen. Der „Technischen Anleitung Luft" können z. B. die Grenzwerte entnommen werden, die zur Genehmigungsfähigkeit einer Anlage zu beachten sind.

6.7.2.1 Verordnung über genehmigungsbedürftige Anlagen

Die Verordnung über genehmigungsbedürftige Anlagen ist die 4. Verordnung unter dem Bundes-Immissionsschutzgesetz [116] und wird deshalb als **4. BImSchV** abgekürzt.

In der 4. BImSchV wird festgelegt, welche Anlagen als genehmigungsbedürftige Anlagen im Sinne von § 4 Bundes-Immissionsschutzgesetz gelten.

Anlagen sind genehmigungsbedürftige Anlagen und nach den Kriterien von § 10 Bundes-Immissionsschutzgesetz zu genehmigen, wenn sie
- im Anhang in Spalte 1 genannt sind oder
- sich aus den in Spalte 1 und Spalte 2 genannten Anlagen zusammensetzen.

Das vereinfachte Genehmigungsverfahren ist auf Anlagen anzuwenden, die im Anhang in Spalte 2 aufgeführt sind.

Im Folgenden werden nur die Anlagentypen gemäß Anhang der 4. BImSchV aufgeführt. Die exakten Kriterien nach den Spalten 1 und 2 werden aus Platzgründen nicht vollständig aufgeführt.

1. Wärmeerzeugung, Bergbau, Energie,
2. Steine und Erden, Glas, Keramik, Baustoffe,
3. Stahl, Eisen und sonstige Merkmale einschließlich Verarbeitung,
4. Chemische Erzeugnisse, Arzneimittel, Mineralölraffination und Weiterverarbeitung,
5. Oberflächenbehandlungsmittel mit organischen Stoffen, Herstellung von bahnenförmigen Materialien aus Kunststoffen, sonstige Verarbeitung von Harzen und Kunststoffen,
6. Holz, Zellstoff,
7. Nahrungs-, Genuss- und Futtermittel, landwirtschaftliche Erzeugnisse,
8. Verwertung und Beseitigung von Reststoffen und Abfällen,
9. Lagerung, Be- und Entladen von Stoffen und Zubereitungen,
10. Sonstiges.

6.7.2.2 Die Störfallverordnung

Die 12. Verordnung des Bundes-Immissionsschutzgesetzes [117] wurde 1988 erstmals erlassen und seitdem mehrfach geändert. Die analoge Richtlinie der Europäischen Union, erlassen vor dem Hintergrund des Chemieunfalls bei der Fa. Igmesia in Seveso 1976, wird häufig als „Seveso-Richtlinie" bezeichnet.

Im Gegensatz zur 4. BImSchV, in der die genehmigungsbedürftigen Anlagen nur allgemein ohne konkrete Mengenangaben festgelegt wurden, ist der **Anwendungsbereich** der Störfallverordnung sehr viel exakter definiert.

Die derzeit gültige Fassung der Störfallverordnung wurde im April 2000 zur Umsetzung der so genannten Seveso-II-Richtlinie der EG [118] erlassen. Obwohl die jetzt gültige Fassung weniger nationale Ergänzungen und Verschärfungen als die früheren beinhaltet, geht sie in einigen Punkten über die Seveso-Richtlinie deutlich hinaus.

Die Störfallverordnung ist anzuwenden bei genehmigungsbedürftigen Anlagen, in denen Stoffe von Anhang I vorhanden sind oder bei einer Störung des bestimmungsgemäßen Betriebs freigesetzt werden können. Die erweiterten Pflichten nach §§ 9 bis 12 (Sicherheitsanalyse) gelten nur bei Überschreitung der in den Anhängen genannten Mengenschwellen. In einem Umkreis von 500 m um eine genehmigungsbedürftige Anlage sind die Mengenschwellen nach Spalte 2 im Anhang I anzuwenden. Anhang I umfasst zur Zeit 328 Einzelstoffe oder Verbindungsklassen. Bei allen nicht namentlich aufgeführten Stoffen, die unter eins der in Tabelle 6.9 genannten Gefährlichkeitsmerkmale fallen, sind die in der Tabelle aufgeführten Mengenschwellen gültig. Die Definition dieser Gefährlichkeitsmerkmale erfolgt analog den Festlegungen im Chemikaliengesetz und kann in Kapitel 3 nachgelesen werden.

Der Begriff **Störfall** wird in § 2 als eine Störung des bestimmungsgemäßen Betriebs definiert, bei der ein oder mehrere gefährliche Stoffe durch Ereignisse wie größere Emissionen, Brände oder Explosionen, sofort oder später, eine ernste Gefahr hervorrufen.

Eine **ernste Gefahr** liegt vor, wenn
1. das Leben von Menschen bedroht wird oder eine schwer wiegende Gesundheitsbeeinträchtigung von Menschen befürchtet werden muss,
2. die Gesundheit einer großen Zahl von Menschen beeinträchtigt werden kann oder
3. die Umwelt, insbesondere Tiere und Pflanzen, der Boden, das Wasser, die Atmosphäre sowie Kultur- oder sonstige Sachgüter geschädigt werden können, falls durch eine Veränderung ihres Bestands oder ihrer Nutzbarkeit das Gemeinwohl beeinträchtigt würde.

Als der **Stand der Sicherheitstechnik** wird der Entwicklungsstand fortschrittlicher Verfahren, Einrichtungen und Betriebsweisen verstanden, die sich zur Verhinderung von Störfällen und zur Begrenzung ihrer Auswirkungen in der Praxis bewährt haben.

Die in § 4 aufgezählten grundlegenden Anforderungen an Anlagen sollen **Störfälle verhindern**:
- Auslegung der Anlage derart, dass auch die Beanspruchungen einem Störfall standhalten,
- Maßnahmen zur Verhinderung von Bränden und Explosionen,
- Installation von Alarm- und Sicherheitseinrichtungen und
- Ausrüstung der Anlage mit ausreichend zuverlässigen Messeinrichtungen, in Abhängigkeit von den Anforderungen u. U. mehrfach.

Hierfür sind gemäß § 5 spezielle Anforderungen an die Beschaffenheit der Fundamente und der tragenden Gebäudewände zu erfüllen, spezielle sicherheitstechnische Einrichtungen zu installieren und betriebliche Alarm- und Gefahrenabwehrpläne aufzustellen.

Tabelle 6.9 Mengenschwellen in kg nach Anhang I Störfallverordnung.

Nr.	Spalte 2 (Einstufung [1), 2)])	Spalte 4	Spalte 5
1	Sehr giftig	5000	20 000
2	Giftig	50 000	200 000
3	Brandfördernd	50 000	200 000
4	Explosionsgefährlich [3)]	50 000	200 000
5	Explosionsgefährlich [4)]	10 000	50 000
6	Entzündlich [5)]	5 000 000	50 000 000
7a	Leicht entzündlich [6)]	50 000	200 000
7b	Leicht entzündliche Flüssigkeiten [7)]	5 000 000	50 000 000
8	Hochentzündlich [8)]	10 000	50 000
9a	Umweltgefährlich, mit R 50 oder R 50/53	200 000	500 000
9b	Umweltgefährlich, mit R 51 oder R 51/53	500 000	2 000 000
10a	Stoffe mit R 14 oder R 14/15	100 000	500 000
10b	Stoffe mit R 29	50 000	200 000
11	Hochentzündliche verflüssigte Gase einschließlich Erdgas	50 000	200 000
12	Krebserzeugende Stoffe	1	1
	12.1 Aminondiphenyl und seine Salze		
	12.2 Benzidin und seine Salze		
	12.3 Bis(chlormethyl)ether		
	12.4 Chlormethylmethylether		
	12.5 N,N-Dimethylcarbamoylchlorid		
	12.6 N,N-Dimethylnitrosamin		
	12.7 Hexamethylphosphorsäuretriamid (HMPT)		
	12.8 2-Naphthylamin und seine Salze		
	12.9 4-Nitrobiphenyl		
	12.10 1,3-Propansulton		
13	Motor- und sonstige Benzine	500 000	50 000 000
14	Acetylen	5000	50 000

Tabelle 6.9 Fortsetzung.

Nr.	Spalte 2 (Einstufung [1), 2)])	Spalte 4	Spalte 5
15.a	Ammoniumnitrat [9)]	350 000	2 500 000
15.b	Ammoniumnitrat [10)]	1 250 000	5 000 000
16.a	Arsen(v)oxid, Arsen(v)säure und ihre Salze	1000	2000
16.b	Arsen(III)oxid, Arsen(III)säure und ihre Salze	100	100
17	Arsenwasserstoff (Arsin)	200	1000
18	Bleialkylverbindungen, wie	5000	50 000
	18.1 Bleitetraethyl		
	18.2 Bleitetramethyl		
19	Brom	20 000	100 000
20	Chlor	10 000	25 000
21	Chlorwasserstoff (verflüssigtes Gas)	25 000	250 000
22	Ethylenimin (Aziridin)	10 000	20 000
23	Ethylenoxid	5000	50 000
24	Fluor	10 000	20 000
25	Formaldehyd [11)] (> 90 Gew.-%)	5000	50 000
26	Methanol	500 000	5 000 000
27	4,4'-Methylen-bis(2-chloranilin) (MOCA)	10	10
28	Methylisocyanat	250	150
29	Atemgängige pulverförmige Nickelverbindungen	1000	1000
30	Phosgen	300	750
31	Phosphorwasserstoff	200	1000
32	Polychlordibenzofurane und -dioxine [12)]	1	1
33	Propylenoxid (1,2-Epoxypropan)	5000	50 000
34	Sauerstoff	200 000	2 000 000
35	Schwefeldichlorid	1000	1000
36	Schwefeltrioxid	15 000	75 000

Tabelle 6.9 Fortsetzung.

Nr.	Spalte 2 (Einstufung [1], [2])	Spalte 4	Spalte 5
37	Toluylendiisocyanat (TDI-Gemisch)	10 000	100 000
38	Wasserstoff	5000	50 000
39.a	Kaliumnitrat [13]	5 000 000	10 000 000
39.b	Kaliumnitrat [14]	1 250 000	5 000 000

[1] Die Einstufung hat nach den EG-Richtlinien 67/548/EWG, 88/379/EWG oder 78/631/EWG zu erfolgen
[2] In der Verordnung ist darüber hinaus die CAS-Nr. aufgeführt, die aus Platzgründen weggelassen wurde
[3] Stoffe mit R 2, oder pyrotechnische Stoffe oder Gegenstände
[4] Stoffe mit R 3
[5] Flüssige Stoffe und Zubereitungen mit Flammpunkt zwischen 21° und 55°C R 10
[6] Flüssige Stoffe und Zubereitungen mit R 17 oder mit Flammpunkt < 55°C, die unter Druck flüssig bleiben
[7] Flüssige Stoffe mit R 11
[8] Stoffe und Zubereitungen mit R 12
[9] Ammoniumnitrat mit Gehalt an N > 28%, wässrige Lösungen mit > 90%
[10] Reine Ammoniumnitrat-Düngemittel
[11] Konzentrationsangabe im bestimmungsgemäßen Betrieb
[12] Angaben als äquivalenzfaktoren
[13] Mehrnährstoffdünger auf der Basis von Kaliumnitrat mit Kaliumnitrat in geprillter oder granulierter Form
[14] Mehrnährstoffdünger auf der Basis von Kaliumnitrat mit Kaliumnitrat in kristalliner Form

Zum sicheren Betrieb von Anlagen sind die folgenden Maßnahmen zu beachten:
- die Anlagen sind ständig sicherheitstechnisch zu überwachen und zu warten,
- die Reparatur- und Wartungsarbeiten müssen gemäß den allgemeinen anerkannten Regeln der Technik durchgeführt werden,
- zur Vermeidung von Fehlbedienung müssen geeignete Vorkehrungen vorhanden sein und
- das Personal muss durch Bedienungs- und Sicherheitsanweisungen regelmäßig geschult und unterwiesen werden.

Zu den wichtigsten erweiterten Betreiberpflichten gehört das Anfertigen einer **Sicherheitsanalyse**. In der Sicherheitsanalyse müssen
- die Anlagen unter Angabe der kennzeichnenden Verfahrensbedingungen und Fließbilder,
- die sicherheitstechnisch bedeutsamen Anlagenteile,
- die Stoffe gemäß Anlage I und
- die Auswirkungen bei einem Störfall

beschrieben werden.

Eine Sicherheitsanalyse ist vorgeschrieben, wenn die in Anhang I Spalte 4 (siehe Tabelle 6.9) aufgeführte Mengenschwelle überschritten wird.

Bei Überschreitung der Mengenschwellen von Spalte 5 ist zusätzlich ein Sicherheitsbericht zu erstellen. Inhalt und Umfang sind in Anhang II geregelt, der spätestens nach fünf Jahren zu aktualisieren ist. Vor der erstmaligen Inbetriebnahme ist ein Alarm- und Gefahrenabwehrplan zu erstellen, der spätestens nach drei Jahren überprüft werden muss. Der Sicherheitsbericht ist in den wesentlichen Inhalten der Öffentlichkeit zugänglich zu machen. Zusätzlich sind alle Personen, die von einem Störfall betroffen sein können, über die damit verbundenen Gefahren zu informieren.

Die Sicherheitsanalyse muss gemäß dem Stand der Sicherheitstechnik und neuer Erkenntnisse fortgeschrieben werden.

Bei Anlagen, die unter die Störfallverordnung fallen, muss unverzüglich
- das Vorliegen eines Störfalls oder
- eine Störung des bestimmungsgemäßen Betriebs, bei der Stoffe von Anhang I freigesetzt wurden und außerhalb der Anlage Schäden eingetreten sind oder eine Gefahr für die Allgemeinheit oder die Nachbarschaft nicht ausgeschlossen werden kann,

der Behörde gemeldet werden. Darüber hinaus muss die bei einem Störfall möglicherweise betroffene Bevölkerung gemäß den Angaben von Anhang VI informiert werden.

6.8
Das Wasserhaushaltsgesetz

Das „Gesetz zur Ordnung des Wasserhaushalts" [119], kurz Wasserhaushaltsgesetz (WHG) genannt, beschreibt wesentliche Vorschriften beim Umgang mit wassergefährdenden Stoffen.

Gemäß seinem Geltungsbereich ist das Wasserhaushaltsgesetz anzuwenden bei
- fließenden Gewässern (Bächen, Flüssen),
- stehenden Gewässern (Teichen, Seen),
- dem Meer und
- dem Grundwasser.

Gemäß § 2 bedarf die Benutzung von Gewässern entweder einer Erlaubnis oder Bewilligung durch die zuständigen Behörden. Der Begriff „Benutzung" ist weitgehend definiert und schließt jegliche Entnahme aus Gewässern oder das Einleiten von Stoffen mit ein.

Das Einleiten von Abwässern ist nach § 7a nur zulässig, wenn die Schadstofffracht gemäß dem Stand der Technik minimiert wurde. Die Definition von Stand der Technik unterscheidet sich von der Festlegung im Bundes-Immissionsschutzgesetz. Hier wird Stand der Technik definiert als der „Entwicklungsstand technisch und wirtschaftlich durchführbarer fortschrittlicher Verfahren, Einrichtungen oder Betriebsweisen, die als beste verfügbare Techniken zur Begrenzung von Emissionen praktisch geeignet sind". Die gleichen Anforderungen gelten auch für Abwasserbehandlungsanlagen.

Spezielle Regelungen existieren für **wassergefährdende Stoffe**. Als wassergefährdende Stoffe im Sinne des WHG gelten
- flüssige sowie *wasserlösliche Kohlenwasserstoffe, Alkohole, Aldehyde, Ketone, Ester, halogen-, stickstoff-* und *schwefelhaltige organische Verbindungen,*
- *Säuren* und *Laugen,*
- *Alkalimetalle, Siliciumlegierungen* mit über 30 % Silicium,
- *metallorganische Verbindungen, Halogene, Säurehalogenide, Metallcarbonyle* und Beizsalze,
- *Mineral-* und *Teeröle* sowie deren Produkte und
- Gifte,

die nachhaltig die physikalische, chemische oder biologische Beschaffenheit des Wassers nachteilig verändern können.

Bei der Durchführung von Befüll- und Entleervorgängen von wassergefährdenden Stoffen gelten besondere Pflichten. Die Anlagen
- müssen dicht und standsicher sein,
- widerstandsfähig gegen die zu erwartenden mechanischen, thermischen und chemischen Belastungen sein und
- dürfen keinen Ablauf ins Erdreich haben.

In der „Allgemeinen Verwaltungsvorschrift zum Wasserhaushaltsgesetz über die Einstufung wassergefährdender Stoffe in Wassergefährdungsklassen (**VwVwS**)" [120] werden Stoffe in **Wassergefährdungsklassen** (WGK) eingeteilt. In Abhängigkeit von ihrer Gefährlichkeit werden die Stoffe in drei Wassergefährdungsklassen eingeteilt:
- WGK 3: stark wassergefährdend,
- WGK 2: wassergefährdend,
- WGK 1: schwach wassergefährdend.

Gemische gelten als nicht wassergefährdend, wenn die folgenden Voraussetzungen erfüllt sind:
- Der Gehalt an Komponenten der WGK 1 ist geringer als 3 % Massenanteil,
- der Gehalt an Komponenten der WGK 2 und 3 ist geringer als 0,2 % Massenanteil,
- es sind keine Komponenten der WGK 3, keine krebserzeugenden Komponenten oder Komponenten unbekannter Identität enthalten und
- es wurden keine Dispergatoren zugesetzt.

In der Verwaltungsvorschrift werden nicht wassergefährdende Stoffe definiert. Dies ist umso bedeutsamer, als die frühere WGK 0 seit 1999 nicht mehr gültig ist. Gemäß derzeit gültiger Definition gelten als nicht wassergefährdend:

- Stoffe, die in Anhang 1 aufgeführt sind,
- Stoffe, die die in Anhang 3 Nr. 5 genannten Voraussetzungen erfüllen und nicht in Anhang 2 aufgeführt sind,
- Gemische, die die Voraussetzungen der Nummer 2.2.2 erfüllen und nicht in Anhang 2 aufgeführt sind,
- Lebensmittel im Sinne des Lebensmittel- und Bedarfsgegenständegesetzes, soweit sie nicht in Anhang 2 aufgeführt sind, und
- Futtermittel im Sinne des Futtermittelgesetzes, soweit sie nicht in Anhang 2 aufgeführt sind.

Zur Berechnung der Wassergefährdungsklassen aus der Einstufung eines Stoffes nach der Stoffrichtlinie 67/548/EWG [32] wurde seit 1999 ein einfaches Berechnungsschema etabliert. In Anhang 3 der VwVwS sind allen R-Sätzen spezielle Bewertungspunkte zugeordnet. Diese Punktzahlen sind nach den Vorgaben des Anhangs zu addieren. Aus den Gesamtpunktzahl wird die Wassergefährdungsklasse wie folgt zugeordnet:
- 0 bis 4 Punkte: WGK 1
- 5 bis 8 Punkte: WGK 2
- 9 und mehr Punkte: WGK 3

7
Persönliche Schutzausrüstungen

In Abhängigkeit von der zu schützenden Körperpartie werden persönliche Schutzausrüstungen (PSA) unterschieden in
- Augenschutz (Schutz der Augen),
- Gesichtsschutz (Schutz der ganzen Gesichtspartie),
- Handschutz (Schutz insbesondere der Hautpartien der Hand vor Schädigung durch Stoffe),
- Atemschutz (Schutz der Atemwege) und
- Körperschutz (Schutz des gesamten Körpers vor Schädigung durch Chemikalien). Bei korrektem Vollkörperschutz ist jegliche Exposition gegenüber Stoffen ausgeschlossen. In aller Regel ist Vollkörperschutz kombiniert mit von der Umgebungsluft unabhängigem Atemschutz. In der betrieblichen Praxis hat der Vollkörperschutz nur eine untergeordnete Bedeutung, da prioritär technische Schutzmaßnahmen zu ergreifen sind.

Persönliche Schutzausrüstungen müssen der EG-Richtlinie 89/686/EWG [121] entsprechen und das EC-Kennzeichen tragen. In Deutschland wurde die EG-Richtlinie in der Verordnung über das Inverkehrbringen von persönlichen Schutzausrüstungen [122] als 8. Verordnung zum Geräte- und Produktsicherheitsgesetz in nationales Recht umgesetzt.

7.1
Augen- und Gesichtsschutz

Beim Umgang mit Gefahrstoffen – vor allem bei ätzenden Stoffen – sind Schädigungen des Auges eine häufige Unfallfolge. Bereits durch Verwendung einfacher Schutzgeräte und -mittel ist weitgehender Schutz möglich. Chemikalien können Augen und Gesicht auf Grund verschiedener Einflüsse schädigen:
- mechanische Schädigungen durch unter Druck stehende Flüssigkeiten und Gase,
- thermische Schädigungen durch heiße oder kalte Stoffe und
- chemische Schädigungen durch ätzende oder reizende Stoffe.

Das Gefahrstoffbuch, 3. Auflage. Herbert F. Bender
Copyright © 2008 WILEY-VCH Verlag GmbH & Co. KGaA, Weinheim
ISBN: 978-3-527-32067-7

Mechanische Schädigungen werden durch Fremdkörper verursacht, die auf Auge oder Gesicht treffen oder auch in sie eindringen. Da bei Staub die Auftreffgeschwindigkeit meist gering ist, kommt es bevorzugt zu einer Schädigung des Auges durch Reizung oder Entzündung auf Grund von Staubpartikeln, die sich zwischen Lid und Augapfel festsetzen. Die übrigen Fremdkörper schädigen Gesicht und Auge in Abhängigkeit von der Größe, Form und Auftreffgeschwindigkeit.

Zum Schutz von Augen und Gesicht gegenüber den unterschiedlichen Einwirkungsmöglichkeiten von Chemikalien werden

- Gestellbrillen,
- Vollsichtbrillen und
- Schutzschirme

verwendet.

Augen- und Gesichtsschutzgeräte bestehen aus einer oder aus zwei Sichtscheibe(n) sowie dem Tragekörper. Der Tragekörper muss die erforderliche mechanische Festigkeit besitzen, gegen Temperatureinwirkung stabil und gegenüber Chemikalien beständig sein.

Die Sichtscheiben müssen nach DIN EN 166 [123] Mindestanforderungen hinsichtlich optischer Qualität, thermischer und mechanischer sowie UV-Beständigkeit erfüllen. Sowohl störende Werkstofffehler, wie z. B. Blasen, Schlieren oder Einschlüsse, als auch Oberflächenfehler, hervorgerufen z. B. durch Kratzer, Trübung oder Formabdrücke, dürfen nicht vorhanden sein. Je nach Brechwert werden die Sichtscheiben nach DIN 166 [123] in drei Klassen unterteilt. Die Anwendungsbereiche der verschiedenen Klassen können Tabelle 7.1 entnommen werden.

Für die Sichtscheiben werden unterschiedliche Materialien verwendet. Zur Unterscheidung sind diese mit einem Buchstaben gekennzeichnet:

H: gehärtetes Einscheiben-Sicherheitsglas
L: Verbundsicherheitsglas und Glas/Kunststoffkombination
P: Kunststoff

Gehärtetes Einscheiben-Sicherheitsglas zerfällt auf Grund spezieller Vorbehandlungen bei Beschädigung in krümelartige Bruchstücke, so dass eine Schädigung

Tabelle 7.1 Unterteilung der optischen Klassen der Sichtscheiben von Augenschutzgeräten.

Klasse	Anwendungsbereich
1	Für Arbeiten mit besonders hohen Anforderungen an die Sehleistung und für Dauergebrauch
2	Für Arbeiten mit durchschnittlicher Anforderung an die Sehleistung
3	Nur in Ausnahmefällen für grobe Arbeiten ohne größere Anforderungen an die Sehleistung und nicht für den Dauergebrauch (zulässig nur als Sichtscheiben für Einscheibenbrillen und für Schutzschilde, Schutzschirme und Schutzhauben mit einer Scheibe)

des Auges durch scharfe Glassplitter nicht befürchtet werden muss. Verbundsicherheitsglas besteht aus zwei miteinander verklebten Scheiben (es sind sowohl Glas-Glas- als auch Glas-Kunststoff-Kombinationen im Einsatz). Bei Beschädigung werden die Splitter von der Klebeschicht festgehalten, so dass keine Glassplitter ins Auge gelangen können. Während sich Glassichtscheiben durch hohe mechanische Festigkeit, Kratzfestigkeit und chemische Stabilität auszeichnen, bieten Kunststoffscheiben Vorteile durch ihr niedrigeres Gewicht. Auch gegenüber *Flusssäure* und Laugen sind letztere vorzuziehen. Allerdings verkratzen Kunststoffscheiben sehr viel leichter; sie müssen entsprechend vorsichtig gehandhabt werden – auch beim Reinigen. Insbesondere bei stark lösemittelhaltiger Atmosphäre muss mit Trübung gerechnet werden. Wegen des höheren Tragekomforts durch das niedrigere Gewicht werden sie von vielen Mitarbeitern jedoch bevorzugt. Auf Grund der oben genannten Nachteile ist ihre Einsatzfähigkeit jedoch sorgfältig zu prüfen. Gleitsichtgläser sowie starke Korrekturgläser (ab vier Dioptrien) werden üblicherweise nur noch in Kunststoff gefertigt.

7.1.1
Schutzbrillen

Schutzbrillen werden unterteilt in
- Gestellbrillen (siehe Abbildung 7.1) und
- Vollsichtbrillen (siehe Abbildung 7.3).

Für jeden Anwendungsbereich steht eine große Auswahl unterschiedlicher Gestellbrillen zur Verfügung. Es können Gestelle aus Metall, Kunststoff oder neuesten Hochleistungswerkstoffen mit Kunststoff- und Glassichtscheiben kombiniert werden. Neben Gewicht, Widerstandfähigkeit gegenüber den eingesetzten Medien und möglichen Gefährdungen bestimmen häufig das modische Aussehen und der Preis die Auswahl. Abbildung 7.1 zeigt eine kleine Auswahl unterschiedlicher Modelle. Für Brillenträger empfehlen sich Gestellbrillen mit den eigenen optischen Gläsern bei längerem Arbeiten, für kurzfristige Arbeiten können vorübergehend auch Überziehbrillen (siehe Abbildung 7.1d) eingesetzt werden.

Schutzbrillen werden für verschiedene Anwendungsbereiche nach DIN EN 166 unterschieden. Tabelle 7.2 gibt die jedem Verwendungsbereich zugeordnete Kennziffer wieder. Zur Unterscheidung müssen Schutzbrillen gemäß DIN EN 166 gekennzeichnet werden, bei Gestellbrillen meist auf der Innenseite eines Ohrbügels, bei Vollsichtbrillen auf der Außenseite des Tragkörpers. Kombinationen von Kennziffern können zur Angabe mehrerer Schutzwirkungen benutzt werden.

Der Kennzeichnung von Schutzbrillen (siehe Abbildung 7.2) können sowohl der Anwendungsbereich, das Material und die optische Klasse der Sichtscheibe als auch der Hersteller entnommen werden. Grundsätzlich sind Gestell und Sichtscheibe unabhängig voneinander zu kennzeichnen.

Beim Umgang mit Chemikalien sollte das Tragen von Gestellbrillen obligatorisch vorgeschrieben sein. Beim Arbeiten mit Stoffen mit augenreizender Wirkung, gekennzeichnet mit R 36, sowie selbstverständlich mit giftigen und sehr

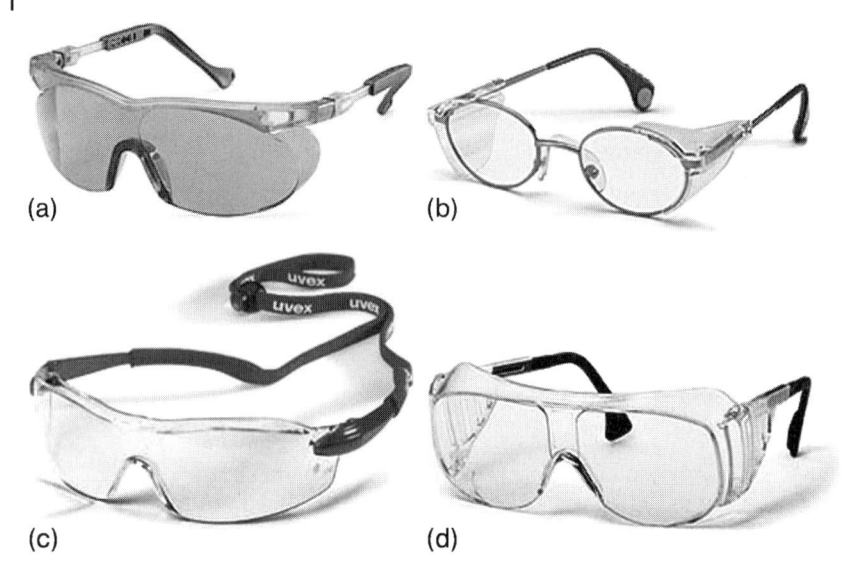

Abb. 7.1 Auswahl unterschiedlicher Gestellbrillen.

Tabelle 7.2 Kennziffer und Verwendungsbereiche von Schutzbrillen nach DIN EN 166.

Kennziffer	Verwendungsbereich	
keine	allgemeine Verwendung	nicht spezifizierte Gefahren
3	Flüssigkeit	tropfende oder spritzende Flüssigkeit
4	Grobstaub	Partikeldurchmesser größer 5 µm
5	Gase und Feinstaub	Gase, Dämpfe, Rauche und Stäube mit einem Partikeldurchmesser kleiner 5 µm
8	Einwirkung von Störlichtbogen	elektrischer Lichtbogen, ausgelöst durch elektrischen Kurzschluss
9	geschmolzene Metalle und heiße Stoffe	Spritzer geschmolzener Metalle und Kontakt mit heißen Stoffen

giftigen Stoffen, ist das Tragen von Gestellbrillen unabdingbar. Auf Grund des Seitenschutzes von Gestellbrillen bieten diese einen höheren Schutz gegen Spritzer als übliche Korrekturbrillen.

Werden Stoffe verwendet, die schwere Augenschäden hervorrufen können (gekennzeichnet mit R 41), ist das Tragen von Vollsichtbrillen notwendig. Diese schließen dicht am Gesicht ab, so dass keine Spritzer mehr ins Auge gelangen. Beim Umgang mit ätzenden Stoffen (gekennzeichnet mit R 34 oder R 35) sollte

Kennzeichnung des Brillengestells
- Angabe des Herstellers
- Angabe der EN-Norm
- Anwendungsbereich (falls zutreffend)
- Symbol der Beständigkeit gegenüber Splittern (falls zutreffend)
- CE-Kennzeichen

Kennzeichnung der Sichtscheibe
- Angabe des Herstellers
- Optische Klasse
- Angabe der mechanischen Widerstandsfähigkeit (optional)
- Angabe bei fehlendem Schutz gegen heiße Gegenstände (optional)
- Angabe der Beständigkeit der Oberfläche (optional)
- Angabe der Tendenz zum Beschlagen (optional)

Beispiel kommerzieller Gestellbrille (UVEX, Typ „i-vo")
- Gestell   W 166 F CE
- Sichtscheibe   2-1.2 W 1 F

Abb. 7.2 Kennzeichnung von Schutzbrillen nach DIN EN 166.

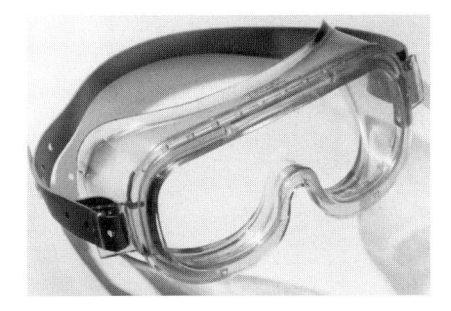

Abb. 7.3 Vollsichtbrille.

zum Schutz des Gesichts zusätzlich noch ein Gesichtsschutzschirm benutzt werden. Alternativ kann bei der Handhabung kleinerer Mengen bei Benutzung eines Gesichtsschutzschirmes anstelle der Vollsichtbrille, häufig auch Korbbrille genannt, auch eine Gestellbrille verwendet werden. Unter ungünstigen Umständen lässt sich eine Verätzung des Auges durch Flüssigkeitsspritzer nicht vollständig ausschließen. Beim Einsatz ätzender Gase ist auf jeden Fall eine Vollsichtbrille zu verwenden, da nur diese am Gesicht dicht abschließt. Abbildung 7.3 zeigt eine typische Vollsichtbrille. Besteht die Gefahr der Grenzwertüberschreitung, bieten Vollmasken (siehe Abschnitt 7.4) einen deutlich höheren Schutz und sind deshalb vorzuziehen.

7.1.2
Schutzschirme

Schutzschirme bestehen entweder ganz aus durchsichtigem Material oder aus einem undurchsichtigen Tragekörper mit Sichtscheibe (siehe Abbildung 7.4a). Ausführungen zur Befestigung am Schutzhelm (siehe Abbildung 7.4b) haben sich im Betriebsalltag bewährt.

Die grundlegenden Qualitätsanforderungen sind ebenfalls in DIN EN 166 [123] festgelegt. Die Sichtscheibe der Schutzschirme muss eine Mindesthöhe von

(a) (b)

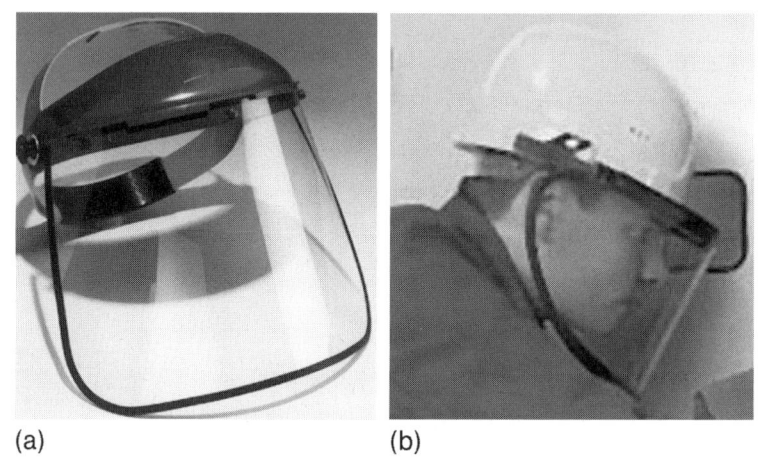

Abb. 7.4 Schutzschirme.

Tabelle 7.3 Auswahl von Augen- und Gesichtsschutz in Abhängigkeit von den Stoffeigenschaften.

Schutzgerät	Gefährlichkeitsmerkmal	R-Sätze
Gestellbrille	alle Gefahrstoffe, obligatorisch bei	
	– sehr giftigen	R 26-27-28
	– giftigen	R 23-24-25-33
	– gesundheitsschädlichen	R 20-21-22-48
	– reizenden	R 36
	– sensibilisierenden	R 42-43
	– hoch-, leichtentzündlichen	R 11-12
	– cmr-Stoffen	R 45-46-49-60-61
	– Verdachtsstoffen	R 40-62-63
Vollsichtbrille	ätzend	R 34, R 35
	reizend	R 41
Gesichtsschutzschirm	ätzend	R 34, R 35

150 mm besitzen und im Vergleich zu Standardschutzbrillen höheren Energien widerstehen können. Auf Grund von Form, Gestalt und Anwendungsbereich ist herstellungsbedingt die optische Qualität der Schutzscheiben im Vergleich zu Gestellbrillen in der Regel schlechter und daher nicht für dauerhafte Anwendung geeignet.

In Abhängigkeit von den Gefährdungsmöglichkeiten beim Umgang mit Chemikalien sind die entsprechenden Augenschutzgeräte auszuwählen. Tabelle 7.3 dient als Entscheidungshilfe.

7.2
Schutzhandschuhe

Schutzhandschuhe sollen die Hände vor Schädigungen durch äußere Einwirkungen mechanischer, chemischer und thermischer Art sowie vor Mikroorganismen und ionisierender Strahlung schützen.

Beim Umgang mit Chemikalien interessiert vor allem das Rückhaltevermögen. Zur Charakterisierung der Eigenschaften von Handschuhen sind die folgenden Begriffe von besonderer Bedeutung:

- **Penetration**: Durchtritt von festen, flüssigen oder gasförmigen Stoffen durch makroskopische Löcher. Stoffe können z. B. durch Nähte, durch vorhandene Löcher oder Beschädigungen penetrieren.
- **Permeation**: Übertritt von festen, flüssigen oder gasförmigen Stoffen im molekularen Bereich. Die Permeation von Stoffen ist diffusionsgesteuert und sehr stark von den Handschuhmaterialien abhängig.
- **Degregation**: Verschlechterung des ursprünglichen Rückhaltevermögens gegenüber Stoffen. Dies muss u. a. bei der Reinigung oder bei Benutzung von bereits verunreinigten Handschuhen berücksichtigt werden.
- **Quellbeständigkeit**: Neigung vieler Handschuhmaterialien unter Einwirkung von Lösemitteln zu quellen. Sie ist ein wichtiges Qualitätskriterium für Schutzhandschuhe.
- **Durchbruchszeit**: Zeit, die eine Chemikalie zur Permeation durch ein Handschuhmaterial bei vollständiger äußerer Benetzung benötigt. Eine Chemikalie ist durch das Handschuhmaterial nach DIN EN 374-3 [124] durchgebrochen, wenn in einer Laborapparatur bei Raumtemperatur die Permeationsrate 1 µL pro Quadratzentimeter pro Minute überschreitet.

In Abhängigkeit vom Verwendungszweck kommen unterschiedliche Handschuhmaterialien zum Einsatz. Während zum Schutz vor mechanischen Verletzungen bevorzugt Handschuhe aus Leder dienen, werden zum Schutz gegen hohe oder tiefe Temperaturen Handschuhe aus Spezialmaterialien verwendet. Bei diesen Handschuhen spielen das Penetrationsverhalten und die Permeationszeit gegenüber Chemikalien keine besondere Rolle. Deshalb dürfen sie nicht beim Umgang mit Chemikalien eingesetzt werden. Abbildung 7.5 zeigt eine Auswahl unterschiedlicher Schutzhandschuhe.

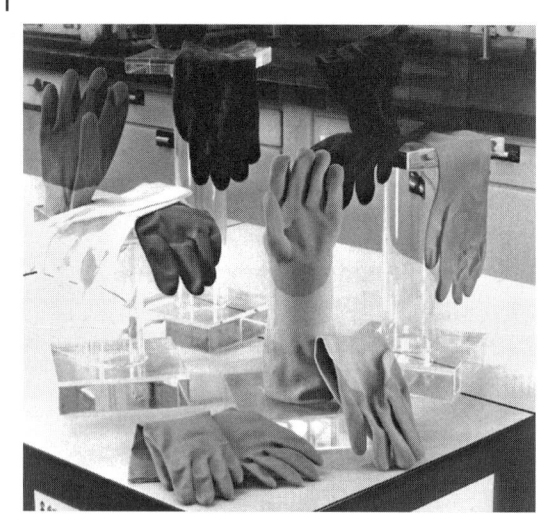

Abb. 7.5 Auswahl verschiedener Schutzhandschuhe.

Bei Chemikalienschutzhandschuhen wird die Durchbruchszeit durch
- die chemische Struktur und
- Konzentration der Gefahrstoffe sowie
- die Handschuhmaterialien

bestimmt. Diese Einflussfaktoren begrenzen die maximale Verwendungsdauer der Handschuhe.

Für Chemikalienschutzhandschuhe werden fast ausschließlich Kunststoffe verwendet. Die folgenden Materialien werden am häufigsten eingesetzt:
- Vernetzbare Elastomere
    - *Naturkautschuk, Naturlatex* (NR),
    - *Chloroprenkautschuk, Chloroprenlatex* (CR),
    - *Nitrilkautschuk, Nitrillatex* (NBR),
    - *Butylkautschuk, Butyl* (BR),
    - *Fluorkautschuk.*
- Elastomere
    - *Polyvinylchlorid* (PVC),
    - *Polyvinylalkohol* (PVAL) und
    - *Polyethylen* (PE).

Im Handel werden Chemikalienschutzhandschuhe angeboten als Folie oder hergestellt aus einem Kunststoff mit einem Beschichtungsträger, sowohl als Voll- oder Teilbeschichtung, und aus Kunststoffen ohne Beschichtungsträger.

In erster Linie sollen Chemikalienschutzhandschuhe eine Schutzwirkung gegenüber Gefahrstoffen bieten. Zur Erzielung eines guten Rückhaltevermögens werden sie meist aus Kunststoffen hergestellt. Wie bereits in Kapitel 2 ausgeführt, spielt die dermale Resorption beim Umgang mit Gefahrstoffen eine wichtige Rolle.

Bei vorgegebenem Handschuhmaterial unterscheiden sich die Durchbruchszeiten verschiedener Chemikalien sehr deutlich.

> Einen für alle Stoffe geeigneten Schutzhandschuh gibt es nicht!

7.2.1
Allgemeine Regeln bei der Benutzung von Schutzhandschuhen

Bei der Verwendung von Schutzhandschuhen sind zur eigenen Sicherheit und der von Kollegen einige wichtige Regeln einzuhalten. Bei Missachtung sind auch bei Verwendung sehr guter Schutzhandschuhe Gefahren nicht auszuschließen.

Beim Tragen von Handschuhen aus Kunststoffen neigen viele Menschen zu allergischen Reaktionen. Diese können durch starkes Schwitzen der Hände, durch den verwendeten Kunststoff oder durch gepuderte Handschuhe verursacht werden. Das Tragen von dünnen Unterziehhandschuhen aus Baumwolle hat sich hierbei in vielen Fällen bewährt. Da die natürliche Atmung der Haut durch Handschuhe aus Kunststoff stark eingeschränkt ist, sollten sie nicht länger als unbedingt notwendig getragen werden. Vor der Verwendung der Handschuhe ist eine Prüfung auf sichtbare Schäden (Risse, Schnitte, Verfärbungen) notwendig. Beschädigte Handschuhe dürfen keinesfalls verwendet werden und sind zu entsorgen. Ebenso dürfen bereits verschmutzte Handschuhe nicht benutzt werden. Werden Handschuhe beim Arbeiten mit Gefahrstoffen kontaminiert, müssen sie vor Erreichen der Durchbruchzeit gewechselt werden. Die von den Herstellern gelieferten Permeations- und Durchbruchszeiten sind unbedingt zu beachten.

Grundsätzlich sollten keine Telefonhörer oder Türgriffe mit Handschuhen angefasst werden, insbesondere wenn letztere verunreinigt sind. Vor dem Ausziehen müssen die Handschuhe gereinigt bzw. abgewaschen werden. Ansonsten kann es beim Ausziehen zu einer Kontamination der ungeschützten Hände kommen. Anschließend sind die Hände gründlich mit Seife und Wasser zu waschen und möglichst mit einer fett- und feuchtigkeitshaltigen Handschutzcreme zu pflegen. Abbildung 7.6 fasst die wichtigsten Regeln bei der Verwendung von Schutzhandschuhen kurz zusammen.

Selbstverständlich dürfen Handschuhe nur für den vorgeschriebenen Verwendungszweck eingesetzt werden. Auch wenn bei der Verwendung verschiedener Chemikalien der Wechsel der Handschuhe oft als lästig angesehen wird, darf dies keinesfalls unterbleiben, um ausreichenden Schutz sicherzustellen. Chemikalienschutzhandschuhe dürfen ferner keinesfalls beim Kontakt mit heißen Gegenständen eingesetzt werden. Ebenso dürfen Lederhandschuhe, die sowohl gegen heiße oder kalte Oberflächen als auch gegen mechanische Verletzungen schützen, nicht zum Schutz gegen Chemikalien verwendet werden. Auf spezielle Ausnahmen soll im Rahmen dieser allgemeinen Ausführungen nicht eingegangen werden.

Handschuhe
- nur bestimmungsgemäß einsetzen, nicht länger als notwendig tragen
- vor Einsatz auf sichtbare Schäden prüfen (Risse, Schnitte, Verfärbungen)
- ☞ verschmutzte Handschuhe (Kontamination) sofort ausziehen und
- ☞ Permeationszeiten der Stoffe beachten, maximale Gebrauchsdauer

🚫 **Mit Handschuhen keine Telefonhörer, Türgriffe, Handläufe etc. anfassen**

Bei stark schwitzenden Händen: Unterziehhandschuhe aus Baumwolle benutzen

Vor dem Ausziehen:
➡ Handschuhe reinigen / abwaschen
zur Vermeidung einer Kontamination der ungeschützten Haut

Nach dem Ausziehen:
➡ Hände gründlich reinigen
Hände mit einer fett- oder feuchtigkeitshaltigen Hautschutzcreme eincremen

Abb. 7.6   Regeln zur Verwendung von Schutzhandschuhen.

7.2.2
Auswahl der Schutzhandschuhe

Vor dem Einsatz von Handschuhen zum Schutz gegen Chemikalien ist in jedem Einzelfall das geeignete Handschuhmaterial auszuwählen. Die nachfolgenden Empfehlungen können nur als Orientierung dienen, die von allen Herstellern mitgelieferten Beständigkeitslisten müssen unbedingt beachtet werden. Angesichts der Vielfalt unterschiedlicher Schutzhandschuhe muss die Auswahl für den speziellen Zweck sorgfältig erfolgen. Abbildung 7.5 zeigt eine Auswahl unterschiedlicher Schutzhandschuhe: Handschuhe zum Schutz gegen mechanische Verletzungen, gegen Hitze und Kälteeinwirkungen und gegen Chemikalien.

Die Qualität von Handschuhen zum Schutz gegen Chemikalien wird in erster Linie von der Permeation, messbar in der Durchbruchszeit, bestimmt. Die Permeation hängt, wie bereits erwähnt, sehr stark von den verwendeten Materialien ab. Zur Klassifizierung von Chemikalienschutzhandschuhen werden sie in Abhängigkeit von der Durchbruchzeit gemäß DIN EN 374 [124] in sechs Schutzklassen unterteilt. Tabelle 7.4 zeigt die Zeitbereiche, in die die Schutzhandschuhe gemäß ihren Durchbruchszeiten eingeteilt werden.

Tabelle 7.4 Schutzklassen in Abhängigkeit von der Durchbruchzeit nach DIN EN 374.

Durchbruchszeit	Schutzindex
> 10 min	Klasse 1
> 30 min	Klasse 2
> 60 min	Klasse 3
> 120 min	Klasse 4
> 240 min	Klasse 5
> 480 min	Klasse 6

Tabelle 7.5 Anwendungsbereiche der wichtigsten Handschuhmaterialien.

Material	Geeignet für	Ungeeignet für
Polychloropren	Säuren, Laugen, Alkohole, Fette, Öle, Perhydrol, Salzlösungen	Benzin, aromatische Kohlenwasserstoffe, Aldehyde, Ketone, Chlorkohlenwasserstoffe, Ammoniak
Naturlatex	Säuren, Laugen, Alkohole, Phthalsäureester, Perhydrol, Salzlösungen	aliphatische, aromatische Kohlenwasserstoffe, Aldehyde, Ketone, Chlorkohlenwasserstoffe, Ammoniak
Nitrilkautschuk	Säuren, Laugen, Alkohole, aliphatische, cyclische Kohlenwasserstoffe	aromatische Kohlenwasserstoffe, Aldehyde, Ketone, Ester, Chlorkohlenwasserstoffe
Butylkautschuk	Säuren, Laugen, Alkohole, Ester, Aldehyde, Ketone, Nitrile, Weichmacher	aliphatische, aromatische Kohlenwasserstoffe, Chlorkohlenwasserstoffe,
Viton	Säuren, Alkohole, aliphatische, aromatische Kohlenwasserstoffe, Aniline, Salzlösungen	Aldehyde, Ketone, Ester, Nitrile

Herstellungsbedingte Unterschiede beeinflussen die Durchlässigkeit gegenüber verschiedenen Chemikalien wesentlich. Tabelle 7.5 gibt die Anwendungsbereiche für die wichtigsten Handschuhmaterialien wieder. Manche Materialien besitzen gegen häufig verwendete Chemikalien nur äußerst geringe Beständigkeiten. In der betrieblichen Praxis häufig eingesetzte Chemikalien mit ähnlichen Durchbruchszeiten sind in Tabelle 7.6 in Gruppen zusammengefasst. Die Durchbruchszeiten können bei Handschuhen verschiedener Hersteller von diesen Angaben abweichen, die Tabelle soll nur als Orientierungshilfe dienen.

Eine Zusammenstellung der Durchbruchszeiten wichtiger Chemikalien und Lösemittel kann Tabelle 7.7 entnommen werden.

> ⚠ Bei manchen Stoffen liegen die Durchbruchszeiten *unter zehn Minuten!*

Tabelle 7.6 Druchbruchszeiten von Chemikalien.

Material	Zeit	Chemikalien
Butylkautschuk	1–2 h	Butylacetat, Cyclohexanon, Kerosin
	0,5–1 h	Tetrachlorkohlenstoff
	< 0,5 h	Benzol, Butylamin, Chlorbenzol, Diethylether, Dichlormethan, Tetrahydrofuran, Toluol
Nitrilkautschuk	1–2 h	Diethylether, Essigsäure, Schwefelsäure (konz.)
	0,5–1 h	Anilin, Butylacetat, Cyclohexanon, Methanol, Nitrobenzol
	< 0,5 h	Aceton, Ameisensäure, Benzol, Butyl- Ethylamin, Chlorbenzol, Ethyl-, Methylacetat, Methylenchlorid, Tetrahydrofuran, Toluol
Polychloropren	1–2 h	Anilin, Ethanol, Ethylamin, Kerosin, Schwefelsäure (konz.)
	0,5–1 h	Benzaldehyd, Cyclohexanon, Essigsäure, Methanol, Naphtha, Nitrobenzol, Petrolether
	< 0,5 h	Acetaldehyd, Aceton, Benzol, Butyl-, Ethylacetat, Butylamin, Chlorbenzol, Choroform, Diethylether, Dichlormethan, Tetrachlorkohlenstoff, Tetrahydrofuran, Toluol
Naturlatex	1–2 h	Ameisensäure, Amylalkohol, Anilin
	0,5–1 h	Butanol, Cyclohexanon, Dieselkraftstoff, Essigsäure, Isobutanol, Nitrobenzol, Petroleumprodukte
	< 0,5 h	Acetaldehyd, Aceton, Benzaldehyd, Benzol, Butyl-, Ethyl-, Methylacetat, Butyl-, Ethylamin, Chlorbenzol, Chloroform, Dichlormethan, Diethylether, Ethanol, Methanol, Petrolether, Schwefelsäure (konz.), Tetrahydrofuran, Toluol

Tabelle 7.7 Durchbruchszeiten verschiedener Chemikalien durch Chemikalienschutzhandschuhe. Angabe in Beständigkeitsklassen. 0 = Durchbruchszeit unter zehn Minuten.

Chemikalie	Latex[a]	Chloro[b]	Nitril[c]	Viton	Butyl[d]	PVC[e]
Acetaldehyd	0	1	1	0	6	
Aceton	1	1	0	0	6	
Akkusäure	6	6	6	6	6	
Ameisensäure	6	6	6	6	6	
Ammoniaklösung	1	3	5	6	6	
Benzol	0	1	1	6	1	0
Chloroform	0	0	0	0	6	1
Cyclohexan	0	1	1	6	2	0
Dieselkraftstoff	1	4	6	6	5	0
Essigsäure	4	6	6	6	6	
Ethanol	1	3	4	6	6	0
Ethylacetat	0	1	2	1	3	0
Kalilauge	6	6	6	6	6	6
Methanol	0	2	1	4	6	0
Methylenchlorid	0	0	0	4	1	0
Natronlauge	6	6	6	6	6	
Nitrobenzol	1	2	2	6	6	0
Perchlorethylen	0	1	5	6	1	0
Petrolether	0	2	6	6	1	
Salpetersäure	4	4	2	6	5	
Salzsäure	4	6	6	6	6	
Terpentinöl	0	1	1	2	2	
THF	0	0	0	1	1	0
Toluol	0	0	1	6	1	0

[a] Naturlatex, [b] Polychloropren, [c] Nitrilkautschuk, [d] Butylkautschuk, [e] Polyvinylchlorid

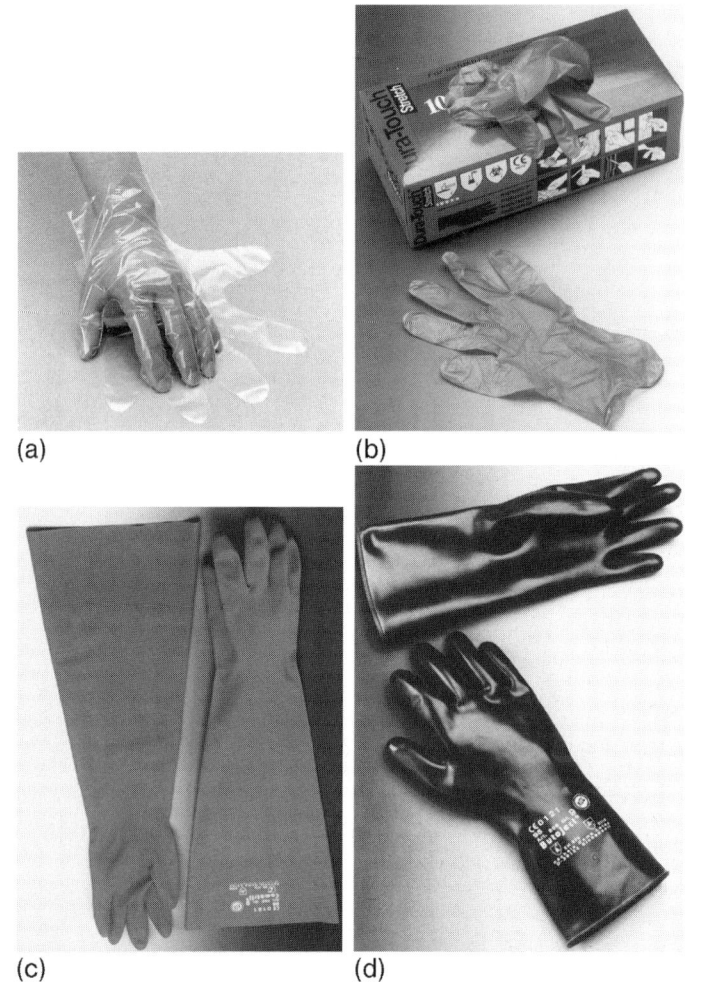

Abb. 7.7 Chemikalienschutzhandschuhe. (a) Folienhandschuhe, (b) Einweghandschuhe, (c) Handschuhe aus Nitrilkautschuk, (d) Butylkautschukhandschuhe.

Insbesondere Handschuhe aus Folien und Einweghandschuhe besitzen nur eine sehr geringe Schutzwirkung gegenüber Chemikalien. Bei der Durchführung feiner Arbeiten, z. B. bei analytischen Untersuchungen, müssen Handschuhe aus dünnen Materialstärken für ein gutes Tastgefühl eingesetzt werden. Die Durchbruchszeiten bei diesen Einweghandschuhen, meist aus Naturlatex hergestellt, liegen oft im Minutenbereich. Nach Durchführung der Arbeiten müssen sie umgehend ausgezogen werden. Bei nasschemischen Arbeiten werden Beschädigungen dieser Handschuhtypen oft nicht bemerkt, und die Hand wird kontaminiert. Abbildung 7.7 zeigt sowohl Folien- und Einwegschutzhandschuhe als auch gegen viele Chemikalien geeignete Schutzhandschuhe.

7.2.3
Kennzeichnung von Schutzhandschuhen

Zur Erkennung des Anwendungsbereichs von Schutzhandschuhen müssen diese nach DIN EN 420 [125] mit einem Piktogramm gekennzeichnet sein. Für die unterschiedlichen Anwendungsbereiche und Gefahrenklassen stehen insgesamt neun Piktogramme zur Verfügung, die Abbildung 7.8 entnommen werden können.

Für den Umgang mit Chemikalien ist DIN EN 374, Teil 1 bis 3 [124], heranzuziehen. In dieser Norm werden neben den Größen der Handschuhe weiterhin geregelt:
- der pH-Wert bei Lederhandschuhen,
- das Dehnungsverhalten,
- der Abrieb,
- die Schnittfestigkeit,
- das Weiterreißverhalten,
- das Durchstichverhalten,
- die Penetration,
- die Permeation und
- die Degradation.

Die für die Normung von Schutzhandschuhen relevante Norm DIN EN 374 besteht aus drei Teilen. Teil 1 definiert die allgemeinen Begriffe sowie die allgemeinen Anforderungen an Schutzhandschuhe, einschließlich der Einteilung in sechs Schutzklassen (siehe Tabelle 7.4).

Piktogramm	Bedeutung
	Schutz gegen mechanische Gefahren
	Schutz gegen Kälte
	Schutz gegen Schnitte und Stiche
	Schutz gegen Hitze und Feuer
	Schutz gegen ionisierende Strahlung
	Schutz gegen radioaktive Kontamination durch Partikel
	Schutz gegen Kettensägen
	chemische Gefahren
	Schutzausrüstung für Feuerwehrleute
	Schutz gegen niedrige chemische Gefahren
	bakteriologische Kontamination
	Bedienungsanleitung und Gebrauchsanweisung

Abb. 7.8 Piktogramme nach DIN EN 420.

Tabelle 7.8 Prüfchemikalien für Chemikalienschutzhandschuhe nach DIN EN 374-1.

Kennbuchstabe	Chemikalie	CAS-Nr.	Stoffklasse
A	Methanol	67-56-4	primärer Alkohol
B	Aceton	67-64-1	Keton
C	Acetonitril	75-05-8	Nitril
D	Methylenchlorid	75-09-2	Halogenkohlenwasserstoff
E	Schwefelkohlenstoff	75-15-0	Schwefelkohlenstoff
F	Toluol	108-88-3	Aromat
G	Diethylamin	109-89-7	aliphatisches Amin
H	Tetrahydrofuran	109-99-9	heterocyclischer Ether
I	Ethylacetat	141-78-6	Ester
J	n-Heptan	142-85-5	aliphatischer Kohlenwasserstoff
K	Natriumhydroxid, 40 %	1310-73-2	anorganische Lauge
L	Schwefelsäure, 96 %	7664-93-9	anorganische Säure

Die Kennzeichnung von Schutzhandschuhen ist in DIN EN 420 [125] festgelegt. Jeder Schutzhandschuh muss gekennzeichnet sein mit
- dem Namen und der Handelsmarke des Herstellers,
- der Handschuhbezeichnung zur eindeutigen Identifizierung innerhalb des Sortiments,
- der Größenbezeichnung und
- den Piktogrammen nach Abbildung 7.8.

Für Chemikalienschutzhandschuhe müssen nach der revidierten Norm DIN EN 420 [125] zusätzlich drei Prüfchemikalien angegeben werden, gegen die der Handschuh mindestens 30 Minuten (Schutzindex 2 oder besser) beständig ist. In Tabelle 7.8 sind die Prüfchemikalien mit den zugeordneten Kennbuchstaben aufgelistet. Abbildung 7.9 zeigt ein Beispiel für einen Handschuh aus Viton. Weitere Ausführungen von Schutzhandschuhen finden sich im folgenden Abschnitt;

DFG

Mindestens Schutzindex 2 für:
D Dichlormethan
F Toluol
G Diethylamin

Abb. 7.9 Kennzeichnungsbeispiel eines Handschuhs, DFG geprüft.

```
1  3  2  1  1  0
```

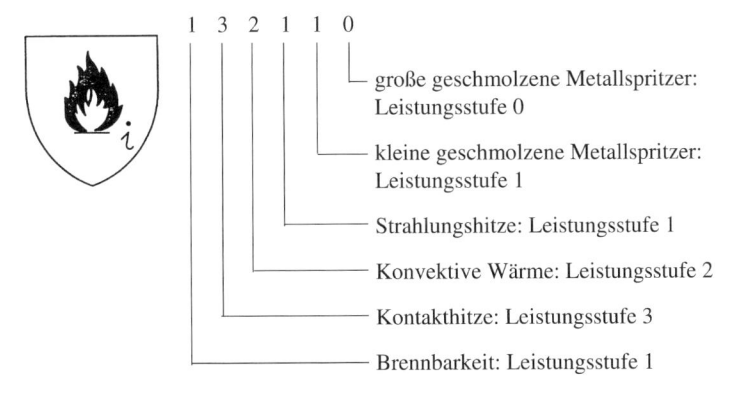

- große geschmolzene Metallspritzer: Leistungsstufe 0
- kleine geschmolzene Metallspritzer: Leistungsstufe 1
- Strahlungshitze: Leistungsstufe 1
- Konvektive Wärme: Leistungsstufe 2
- Kontakthitze: Leistungsstufe 3
- Brennbarkeit: Leistungsstufe 1

Abb. 7.10 Kennzeichnungsbeispiel eines Handschuhs zum Schutz gegen thermische Gefahren.

Abbildung 7.10 zeigt das Beispiel eines Schutzhandschuhs gegen thermische Gefahren.

7.3
Körperschutz

Zur Vermeidung von Hautkontamination ist der Schutz der Hände allein oft nicht ausreichend. Grundsätzlich sollten die Ärmel der Arbeitsjacke über die Handschuhe gezogen werden, um ein Eindringen von Stoffen in die Handschuhe zu vermeiden. Da Chemikalienschutzhandschuhe üblicherweise zwischen 300 und 400 mm lang sind, enden sie bereits kurz über dem Handansatz. Zum besseren Schutz beim Umgang mit ätzenden Stoffen, insbesondere beim Ab- und Umfüllen, sollten Handschuhe mit langen **Stulpen** (mindestens 600 mm; siehe Abbildung 7.11a) getragen werden, die die Unterarme vollständig bedecken. Bei kurzfristiger Durchführung solcher Arbeiten haben sich Überziehstulpen bewährt. Über den Handschuhstulpen und den Jackenärmel getragen, verhindern diese ebenfalls wirkungsvoll, dass Chemikalien in die Handschuhe hineinlaufen. Abbildung 7.11b zeigt übliche Überziehstulpen.

Beim Umfüllen von ätzenden Stoffen ist zusätzlich ein spezieller Schutz des Oberkörpers und der Beine geboten. Hierzu werden **Schürzen** verwendet. Dies ist besonders wichtig beim Umgang mit *Phenolen*. Da Schürzen üblicherweise nur kurzfristig mit Chemikalien benetzt sind, können sie im Gegensatz zu Chemikalienhandschuhen aus einfacheren und damit preiswerteren Materialien hergestellt werden. Sie müssen bei Verunreinigung umgehend ausgezogen und gesäubert werden. Abbildung 7.11c zeigt eine typische Körperschürze.

Besteht die Gefahr der Kontamination mit Stäuben oder Fasern, sind in vielen Fällen **Schutzanzüge** notwendig. Diese werden als Einwegschutzanzüge aus Vliesmaterial oder auch als beschichtete Schutzanzüge angeboten. Während erstere gegen ätzende Stoffe und die meisten organischen Flüssigkeiten naturgemäß keinen Schutz bieten, schützen letztere bei kurzfristiger Verschmutzung gegen diese

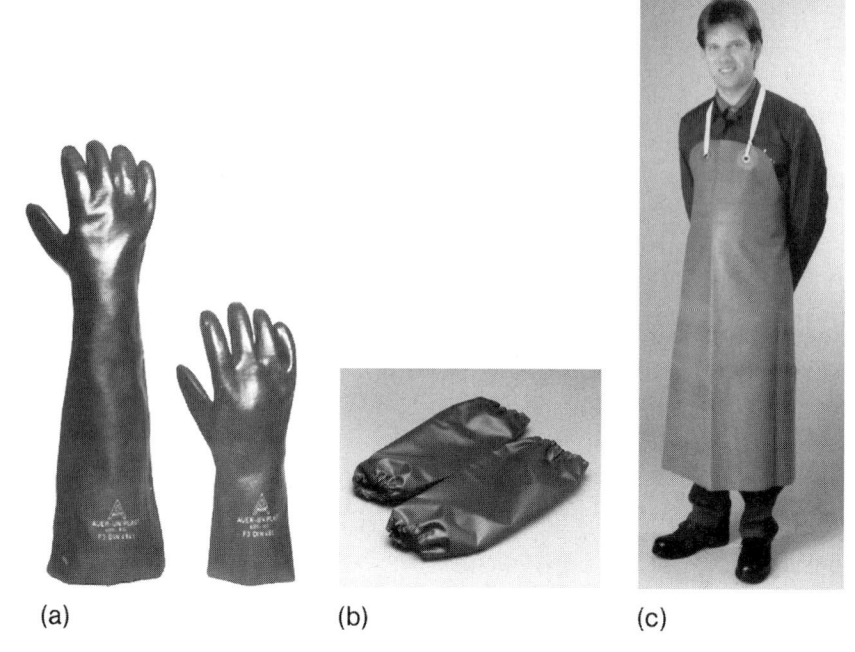

Abb. 7.11 Stulpen und lange Handschuhe zum Schutz der Unterarme und der Hände sowie Schürze zum Schutz des Oberkörpers und der Beine. (a) Handschuhe mit langen Stulpen, (b) Stulpen, (c) Körperschürze.

Gefahrstoffe. Schutzanzüge aus Kunststofffasern, z. B. *Polyethylen*, kombinieren beide Eigenschaften, neigen jedoch wegen der geringen Materialstärke sehr zum Reißen. Abbildung 7.12a zeigt einen typischen Einwegschutzanzug aus *Polyethylen*.

Bei stärkerer mechanischer Beanspruchung sind Chemikalienschutzanzüge vorzuziehen. Diese werden aus den gleichen Materialien wie die Chemikalienschutzhandschuhe gefertigt. Die Schutzanzüge schränken die Bewegungsfreiheit des Trägers deutlich stärker ein als Einwegschutzanzüge. Außerdem besteht auf Grund der stark isolierenden Eigenschaft eine hohe Neigung zum Schwitzen, in ungünstigen Fällen kann eine gefährliche Erhöhung der Körpertemperatur eintreten.

Muss wegen Überschreitung der Arbeitsplatzgrenzwerte gleichzeitig Atemschutz getragen werden, sind Vollschutzanzüge notwendig. Diese werden zum Schutz gegen unterschiedliche Chemikalien aus verschiedenen Kunststoffen angeboten. Vollschutzanzüge umhüllen grundsätzlich den ganzen Körper, zur Reduzierung von Undichtigkeiten sind die Schutzstiefel stets integriert. Üblicherweise kann zwischen Vollschutzanzügen

- mit Vollmasken zum Anschluss von Atemfiltern, externen Pressluftatmern oder Druckluft-Schlauchgeräten (siehe Abbildung 7.12b) oder
- mit integriertem Pressluftatmer (Abbildung 7.13a) oder Druckluft-Schlauchgeräten (Abbildung 7.13b)

ausgewählt werden.

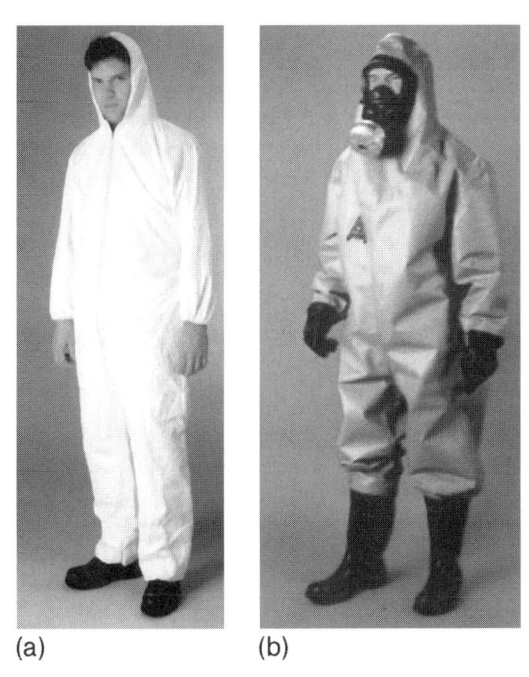

Abb. 7.12 (a) Einwegschutzanzug aus Polyethylen und (b) Vollschutzanzug mit Vollmaske.

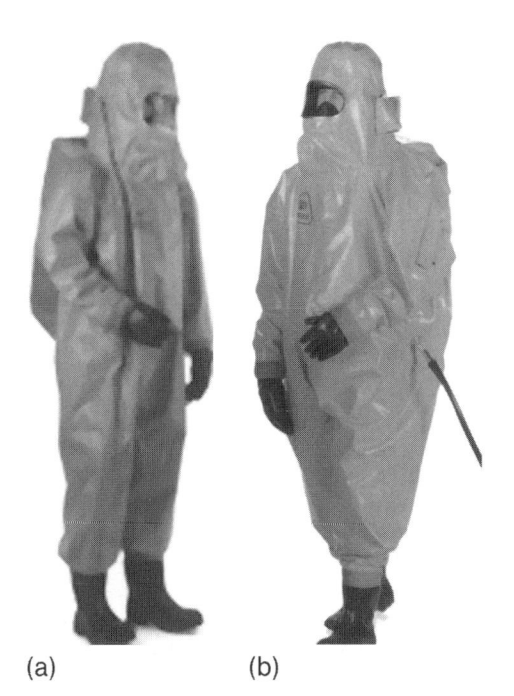

Abb. 7.13 Vollschutzanzüge, (a) Vollschutzanzug mit integriertem Pressluftatmer, (b) Vollschutzanzug mit Druckluft-Schlauchgerät.

Tabelle 7.9 Einteilung von Chemikalien-Schutzanzügen.

Typ	Norm	Beschreibung
Typ 1	EN 943-1	gasdichte Schutzanzüge
Typ 2	EN 943-1	nicht gasdichte Schutzanzüge
Typ 3	EN 14605	Chemikalien-Schutzanzüge mit flüssigkeitsdichten Verbindungen gegenüber Spritzern
Typ 4	EN 14605	Chemikalien-Schutzanzüge mit spraydichten Verbindungen gegenüber Spritzern
Typ 5	EN ISO 13982	Chemikalien-Schutzanzüge zum Schutz gegen Feststoffe mit staubdichten Verbindungen, in begrenztem Umfang
Typ 6	EN 13034	Schutzanzüge mit begrenztem Schutz gegen Flüssigkeiten

Analog den Schutzhandschuhen müssen auch die Schutzkleider den Anforderungen der Kategorie II oder III der EG-Richtlinie 89/686/EWG [121] für persönliche Schutzausrüstung erfüllen. Gemäß der Festlegung des europäischen Normungsgremiums CEN werden sie in sechs Typen unterteilt (siehe Tabelle 7.9). Zusätzlich sind die Vorgaben der EN 1149-1 [126] an die antistatische Ausrüstung zu beachten. Die Testkriterien und die Schutzlevels bezüglich der Penetration gegenüber flüssigen Chemikalien sind in EN ISO 6529 [127] und in EN ISO 6530 [128] festgelegt.

7.4 Atemschutz

Atemschutzgeräte sind persönliche Schutzausrüstungen der Kategorie III gemäß der EG-PSA-Richtlinie 89/686/EWG [121]. Belastender Atemschutz darf nach § 8 Gefahrstoffverordnung [35]
- keine Dauermaßnahme und
- kein Ersatz für technische Maßnahmen sein.

Werden die
- Arbeitsplatzgrenzwerte überschritten,
- ist mit wechselnden, nicht vorhersehbaren Konzentrationen zu rechnen oder
- herrscht Sauerstoffmangel,

muss Atemschutz benutzt werden. In Abhängigkeit von den vorgenannten Faktoren ist der geeignete Atemschutz auszuwählen. Die wesentlichen Kriterien zum Einsatz und zur Auswahl von Atemschutz können den „Regeln für den Einsatz von Atemschutzgeräten" [129] der Berufsgenossenschaften entnommen werden.

7.4 Atemschutz

Atemschutzgeräte
- **Isoliergeräte**: Von der Umgebungsatmosphäre **unabhängig**
- **Filtergeräte**: Von der Umgebungsatmosphäre **abhängig**

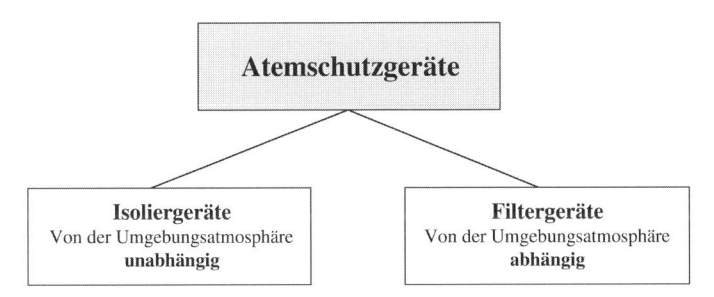

Abb. 7.14 Einteilung der Atemschutzgeräte.

Je nach der Luftzuführung werden Atemschutzgeräte unterteilt in Filtergeräte und Isoliergeräte (siehe Abbildung 7.14).

Zur Erzielung der Schutzwirkung werden Atemschutzgeräte in den meisten Fällen mit Masken, auch Atemanschlüsse genannt, verwendet. Die Atemanschlüsse unterscheiden sich hinsichtlich Dichtheit, Tragekomfort und allgemeiner Schutzwirkung:

- **Vollmaske** (DIN EN 136) [130]: umschließt das ganze Gesicht, schützt auch die Augen,
- **Halbmaske** (DIN EN 140) [131]: umschließt Nase, Mund und Kinn,
- **Viertelmaske** (DIN EN 140) [131]: umschließt Mund und Nase,
- **Filtrierende Halbmaske** (DIN EN 149) [132]: umschließt Nase, Mund und Kinn,
- **Atemschutzhaube**: umhüllt das Gesicht, meist den gesamten Kopf und den Hals,
- **Atemschutzhelm**: umhüllt den gesamten Kopf,
- **Atemschutzanzug**: besteht aus einem Schutzanzug mit Atemluftanschluss,
- **Mundstückgarnitur**: besteht aus einer Nasenklemme zur Verhinderung der Nasenatmung und einem Mundstück.

Vollmasken (siehe Abbildung 7.15), schützen gleichzeitig die Augen, da sie das Gesicht vollständig umschließen. Sie sind zum Einsatz mit Isoliergeräten am besten geeignet. Da die Dichtlinie über Stirn, Wange und unterhalb des Kinns verläuft, bestehen bei Bartträgern häufig Dichtheitsprobleme, die dann deren Einsatz verbieten. In Abhängigkeit von der mechanischen Festigkeit, der Beständigkeit gegenüber Flammen, Wärmestrahlung und Zündverhalten bei explosionsfähiger Atmosphäre werden Vollmasken in drei Klassen unterteilt:

- Klasse 1: Vollmasken für Anwendungsbereiche mit geringer Beanspruchung.
- Klasse 2: Vollmasken für normale Beanspruchung.
- Klasse 3: Vollmasken für spezielle Anwendungsbereiche.

Abb. 7.15 Vollmaske.

Vollmasken der Klasse 3 richten sich in erster Linie an die Anforderungen der Feuerwehren sowie der Gruben- und Gasschutzwehren des Bergbaus. Am häufigsten werden Vollmasken der Klasse 2 eingesetzt. Sie besitzen gegenüber der Klasse 3 eine verringerte Widerstandsfähigkeit, insbesondere gegenüber Wärmestrahlung. Auf Grund der deutlich verringerten Schutzwirkung von Vollmasken der Klasse 1 dürfen diese nicht mit Rundgewindeanschluss, Zentralgewindeanschluss oder Gewindeanschluss M 45 × 3 ausgestattet sein. Vollmasken dürfen als Isoliergeräte wie auch als Partikelfilter und Gasfilter eingesetzt werden. Die möglichen Anwendungsgebiete in Abhängigkeit von den Klassen 1 bis 3 können Tabelle 7.10 entnommen werden.

Brillenträger haben bei Vollmasken häufig Trageprobleme, des Weiteren stört die grundsätzliche Neigung der Gesichtsscheiben zum Beschlagen. Dieses Problem entfällt weitgehend bei der Verwendung von Halbmasken.

Die Anforderungen an **Halbmasken** sind in DIN EN 140 [131] festgelegt. Halbmasken werden sowohl in Verbindung mit Schraubfiltern (siehe Abbildung 7.16a) als auch mit Steckfiltern eingesetzt (Abbildung 7.16b).

Zur Vermeidung erhöhter Leckageraten bei Verwendung schwerer Filter dürfen die folgenden Filtergewichte bei Verwendung von Voll- bzw. Halbmasken nicht überschritten werden:

Vollmaske	Klasse 1:	maximal 300 g
	Klasse 2 und 3:	maximal 500 g
Halbmaske		maximal 300 g

Sind schwerere Filter auf Grund ihrer höheren Abscheideleistung notwendig, müssen diese mittels geeigneter Vorrichtungen am Körper getragen und mit der Maske über einen Schlauch verbunden werden. Hier ist der Einsatz von Gebläseunterstützung zu empfehlen (siehe Abschnitt 7.4.1.3).

Tabelle 7.10 Anwendungsbereiche von Atemschutzmasken.

DIN/EN	Lit.	Anwendungsbereich	Vollmasken		
			Klasse 1	Klasse 2	Klasse 3
137	[142]	Behältergeräte mit Druckluft			X
1146	[145]	Frischluft-Schlauchgeräte		X	X
138	[141]	Druckluft-Schlauchgeräte		X	X
14594	[133]	kontinuierliches Druckluftatemgerät	X		X
14387	[136]	Gas- und Kombinationsfiltergeräte	X	X	X
143	[134]	Partikelfiltergeräte	X	X	X
145	[143]	Sauerstoffschutzgeräte			X
14387	[136]	AX-Gas- und Kombinationsfiltergeräte [a]	X	X	X
14387	[136]	SX-Gas- und Kombinationsfiltergeräte [b]	X	X	X
12941	[139]	Druckluft-Helm oder Haube		X	X
12942	[138]	integrierter Staubfilter mit Voll-, Halb-, Viertelmaske	X	X	
13794	[144]	Drucksauerstoff-Selbstretter		X	X
401	[146]	Chemikaliensauerstoff-Selbstretter		X	X
402	[147]	Druckluft-Selbstretter		X	X
1061	[148]	Natriumchlorat-Selbstretter		X	X

[a] Definition von AX-Filter, siehe Abschnitt 7.4.1.2
[b] Definition von SX-Filter, siehe Abschnitt 7.4.1.2

Partikelfiltrierende Halbmasken bestehen ganz oder teilweise aus Filtermaterial, oder das Filter ist untrennbar mit der Halbmaske verbunden. Sie sind in DIN EN 149 [132] genormt. Abbildung 7.16c zeigt eine partikelfiltrierende Halbmaske (nähere Details siehe Abschnitt 7.4.1.1).

> Zur Erzielung einer guten Passform muss der Nasenbügel vor dem Gebrauch unbedingt der individuellen Nasenform angepasst werden! Deshalb sollten Dichtheitsprüfungen keinesfalls versäumt werden. (Bei Benutzung einer Brille (Schutzbrille) beschlagen die Gläser schlecht sitzender Masken in der Regel beim Ausatmen!)

Atemschutzhauben umhüllen meistens Kopf und Hals, mindestens jedoch das vollständige Gesicht (siehe Abbildung 7.17a). **Atemschutzhelme** umhüllen nur

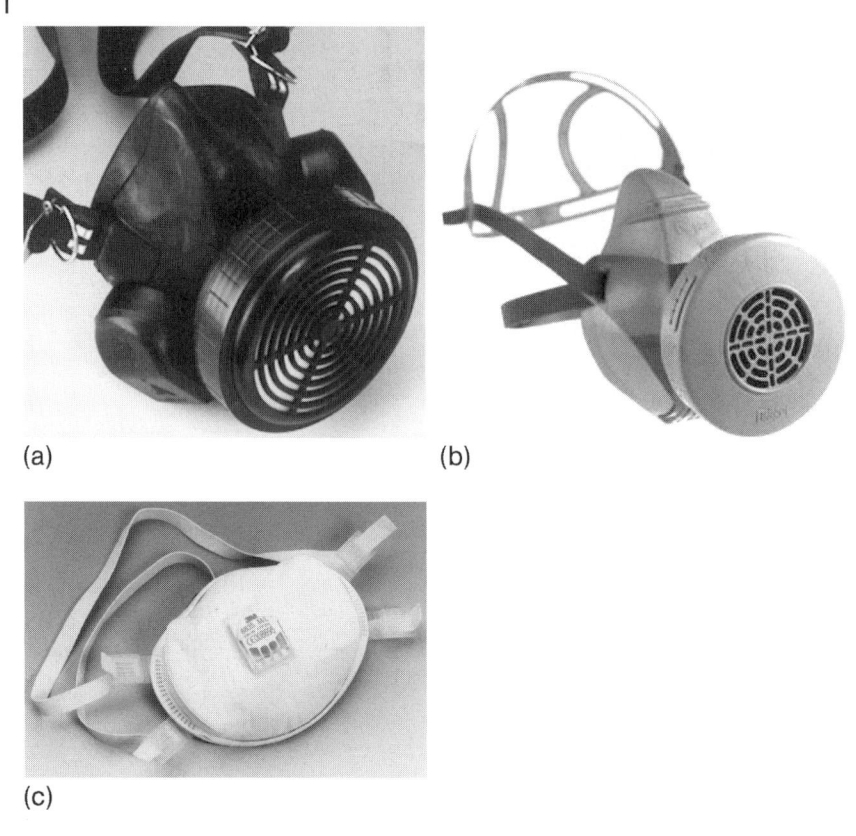

Abb. 7.16 Halbmasken und filtrierende Halbmasken. (a) Halbmaske mit Schraubanschluss, (b) Halbmaske mit Steckfilter, (c) partikelfiltrierende Halbmaske.

den Kopf; die Anforderungen an Industrieschutzhelme müssen zusätzlich erfüllt sein (siehe Abbildung 7.17b). Beide Atemschutzgeräte schließen am Körper nicht dicht ab, deshalb muss für einen Luftüberschuss gesorgt werden, der das Einströmen kontaminierter Luft in die Atemluft des Trägers verhindert. Da beide Atemschutzhauben am Körper nicht dicht abschließen, benötigen sie einen Luftüberschuss zur Vermeidung der Einströmung kontaminierter Luft in die Atemluft des Trägers. Daher dürfen sie bei Verwendung als filtrierende Atemschutzgeräte nur in Gebläseausführung oder als Isoliergeräte in Druckluftausführung (siehe DIN EN 14594 [133] eingesetzt werden. Die Ausatemluft strömt in der Regel gemeinsam mit dem Luftüberschuss an der unteren Öffnung aus. Bei Verwendung von Atemschutzhauben und -helmen besteht für den Träger kein erhöhter Atemwiderstand, der Luftüberschuss bewirkt ferner gegenüber den anderen Atemschutzgeräten eine deutlich geringere Aufheizung unter der Haube bzw. dem Helm. Bei letzterem können jedoch Zugerscheinungen zu einer erhöhten Infektionsgefahr führen. Spezielle arbeitsmedizinische Vorsorgeuntersuchungen sind bei diesen Geräten nicht notwendig.

(a) (b)

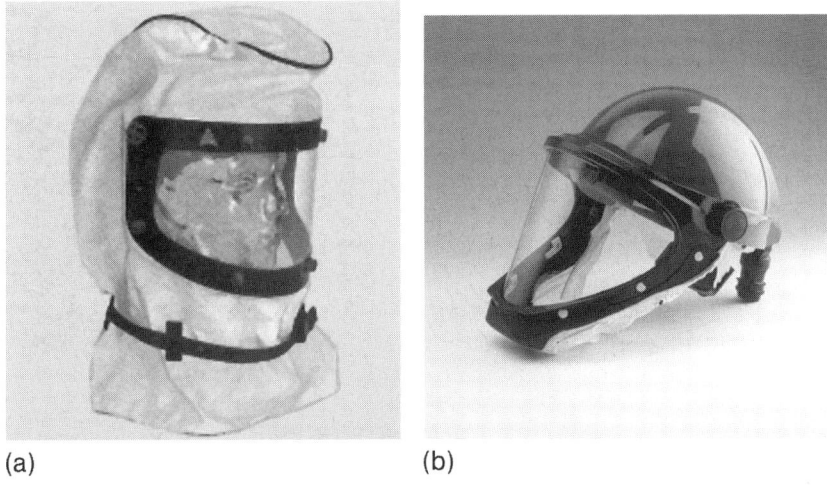

Abb. 7.17   (a) Atemschutzhaube und (b) Atemschutzhelm.

Atemschutzanzüge sind Schutzanzüge, die gleichzeitig als Atemschutzgerät dienen. Hierbei kann die Atemluft sowohl mittels Druckschlauch zugeführt oder mittels Druckluftflaschen mitgeführt werden. In Abschnitt 7.3 wurden Vollschutzanzüge bereits behandelt; Abbildung 7.13 zeigt die wichtigsten Typen.

7.4.1
Filtergeräte

Filtergeräte reduzieren die Konzentration von Schadstoffen in der Atemluft. In Abhängigkeit vom verwendeten Filter und von den Schadstoffen ist die Atemluft noch unterschiedlich stark kontaminiert. Nur bei richtiger Auswahl und bei Einhaltung der Einsatzbeschränkungen ist eine gefahrlose Benutzung möglich.

> Grundsätzlich dürfen Filtergeräte nur eingesetzt werden, wenn der Sauerstoffgehalt der Umgebungsluft mindestens 17 % beträgt.

Ferner müssen die Schadstoffe und die Größenordnung der Schadstoffkonzentration bekannt sein.
Je nach Aggregatzustand des Gefahrstoffes werden Filtergeräte unterteilt in:
1. Partikelfilter (Staubfilter):   feste Partikel, Fasern,
2. Gasfilter: Gase und Dämpfe,
3. Kombinationsfilter: feste Partikel, Gase und Dämpfe.

Die verschiedenen Filter lassen sich mit den unterschiedlichen Maskentypen kombinieren. Die in Abhängigkeit von den verwendeten Masken und der Schadstoffkonzentration zulässigen Filtertypen können Abbildung 7.18 entnommen werden.

Filtergeräte

Schutz gegen Partikel

Partikelfilter mit
- Vollmaske
- Halbmaske
- Viertelmaske

partikelfiltrierende Halbmaske

Schutz gegen Gase und Dämpfe

Gasfilter mit
- Vollmaske
- Halbmaske
- Viertelmaske

gasfiltrierende Halbmaske

Schutz gegen Gase, Dämpfe und Partikel

Kombinationsfilter mit
- Vollmaske
- Halbmaske
- Viertelmaske

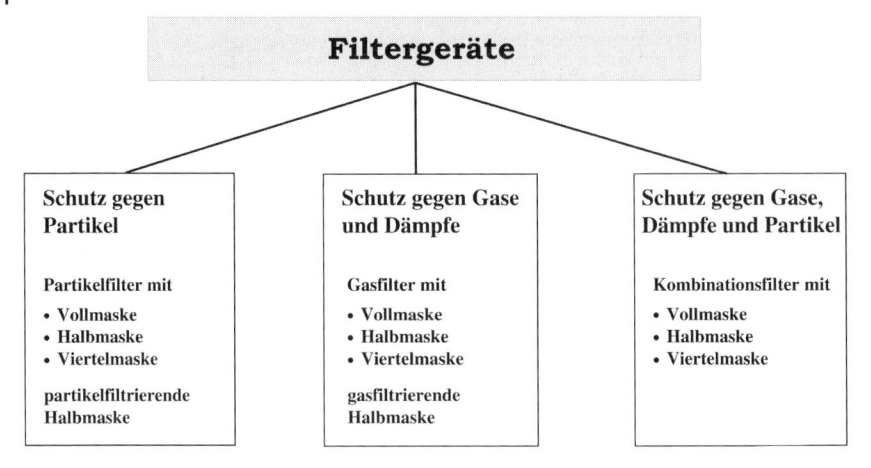

Abb. 7.18 Einteilung der Filtergeräte.

7.4.1.1 Partikelfilter

Im allgemeinen Sprachgebrauch werden Partikelfilter häufig als **Staubfilter** bezeichnet. Partikelfilter können eingesetzt werden gegen
- Stäube,
- Aerosole,
- Rauche und
- Fasern.

Partikelfilter sind Vliese aus künstlichen oder natürlichen Fasern. Sie reinigen die eingeatmete Luft von Partikeln in Abhängigkeit vom Abscheidegrad der verwendeten Materialien. Je nach Filtermaterial und Dichtheit der Maske dürfen die Partikelfilter nur gegen bestimmte Gefahrstoffe eingesetzt werden.

Partikelfilter zum Aufschrauben auf **Vollmasken** oder **Halbmasken** werden mit dem Kennbuchstaben **P** gekennzeichnet. Abbildung 7.19 zeigt die verschiedenen Typen von Partikelfiltern, die mit Voll- und Halbmasken kombiniert werden können, sowie den schematischen Aufbau. Gemäß DIN EN 143 [134] werden die Schraubpartikelfilter nach ihrem Abscheidevermögen in drei Partikelfilterklassen eingeteilt und mit der Kennfarbe Weiß gekennzeichnet:
- P1: geringes Abscheidevermögen,
- P2: mittleres Abscheidevermögen,
- P3: hohes Abscheidevermögen.

Filter der Klasse **P1** werden üblicherweise nicht in Vollmasken eingesetzt, selten in Halb- oder Viertelmasken. Auf Grund der deutlich niedrigeren Leckagerate und der höheren Schutzwirkung unterscheiden sich die maximal zulässigen Partikelkonzentrationen von Vollmasken mit Partikelfilter gegenüber Halb- und Viertelmasken mit Partikelfilter sowie partikelfiltrierenden Halbmasken. Bei

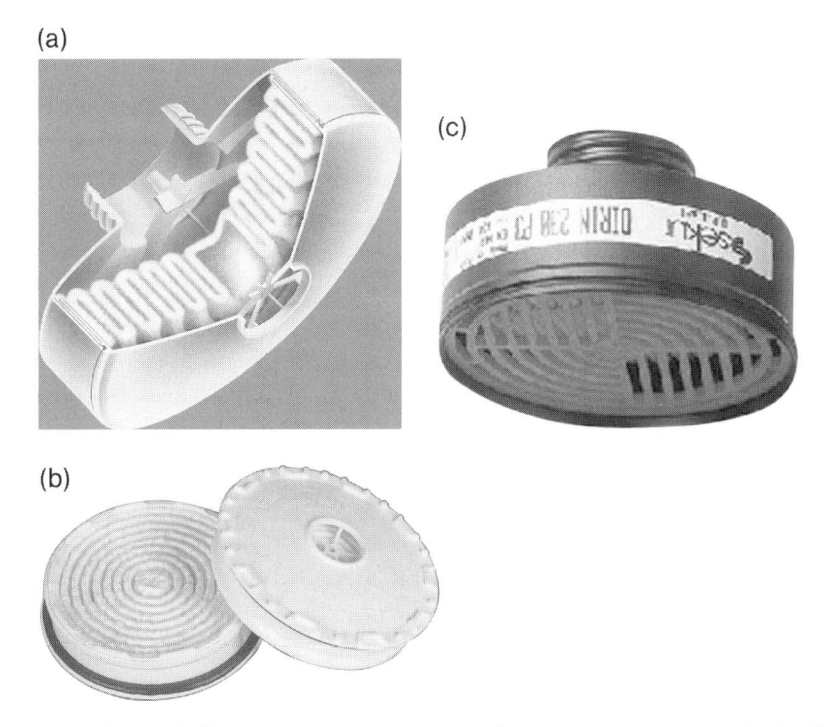

Abb. 7.19 Partikelfilter zum Einsatz in Voll- oder Halbmasken. (a) Aufbau eines Partikelfilters, (b) Filtereinsatz, (c) Schraub-Partikelfilter P3.

Tabelle 7.11 Einsatzbereiche der Partikelfilter in Vollmasken.

Partikelfilter-klasse	Höchstzulässige Schadstoffkonzentration	Einschränkungen bei der Anwendung
P1	4 × GW-Wert	auf Grund der unterschiedlichen Leckageraten nicht sinnvoll
P2	15 × GW-Wert	nicht gegen Partikel radioaktiver Stoffe, Viren und Enzyme
P3	400 × GW-Wert	keine

GW: Grenzwert (AGW, MAK)

einem Vergleich der höchstzulässigen Schadstoffkonzentrationen in den Tabellen 7.11 und 7.12 wird dies deutlich.

Wegen des guten Tragekomforts und des günstigen Preises werden im betrieblichen Alltag bevorzugt **partikelfiltrierende Halbmasken** verwendet. Auch diese werden in drei Partikelfilterklassen eingeteilt, als Kennbuchstabenkombination ist gemäß DIN EN 149 [132] **FFP** zu verwenden. Partikelfiltrierende Halbmasken sind sowohl mit als auch ohne Ausatemventil im Handel erhältlich (siehe Ab-

Tabelle 7.12 Einsatzbereiche von Partikelfiltern in Halb- und Viertelmasken sowie von partikelfiltrierenden Halbmasken.

Filterklasse	Höchstzulässige Konzentration	Einschränkungen bei der Verwendung
P1 oder FFP1	4 × GW-Wert	nicht gegen Tröpfchenaerosole, Partikel krebserzeugender und radioaktiver Stoffe, Mikroorganismen (Viren, Bakterien, Pilze sowie deren Sporen) und Enzyme
P2 oder FFP2	10 × GW-Wert	nicht gegen Partikel radioaktiver Stoffe, Viren und Enzyme
P3 oder FFP3	30 × GW-Wert	keine

GW: Grenzwert (AGW, MAK-Wert)

bildung 7.20). Insbesondere bei Filtern der Schutzstufe FFP3 werden zur Verringerung des Ausatemwiderstands meist Masken mit Ausatemventil angeboten. Die Einsatzbeschränkungen partikelfiltrierender Halbmasken sowie die maximal zulässigen Staubkonzentrationen können Tabellen 7.12 entnommen werden. Der häufig im medizinischen Bereich eingesetzte Mundschutz erfüllt in aller Regel nicht die Anforderungen an Atemschutzgeräte und darf nicht als Ersatz für Partikelfilter eingesetzt werden!

Die **Nutzungsdauer** von Partikelfiltern wird durch die Druckdifferenz zwischen Einatmung und Ausatmung (Einatemwiderstand, Ausatemwiderstand) am Filter bestimmt. Beeinflusst wird sie durch

- Art und Konzentration des Schadstoffs,
- Verwendungsdauer des Filters,
- Luftbedarf des Trägers in Abhängigkeit von der Schwere der Arbeit,
- Rückhaltevermögen und
- Feuchtigkeit und Temperatur der Luft.

Bei den üblichen Filtern ergibt sich eine Nutzungsdauer von wenigen Stunden bis mehreren Tagen bei einem Einatemwiderstand von 2,5 mbar und 20–40 L/min Atemluftbedarf (entspricht mittelschwerer Arbeit). Spezielle Tragezeitbegrenzungen für den Einsatz von Partikelfiltern existieren nicht, die vorgeschriebenen Ruhepausen nach der Arbeitszeitordnung sind selbstverständlich einzuhalten.

Ist ein längerer Einsatz erforderlich, können Atemschutzgeräte mit Gebläseunterstützung benutzt werden. Hierbei werden die Partikelfilter P1, P2 oder P3 als kompakte Einheit zusammen mit dem Gebläse und dem notwendigen Akku am Körper getragen. Die Einatemluft der Voll-, Halb- oder Viertelmaske wird über einen Luftschlauch zugeführt (siehe Abschnitt 7.4.1.3).

Filtrierende Halbmasken können als typische Einwegmasken nicht gereinigt werden; sie sind nur zum einmaligen Gebrauch bestimmt. Aus hygienischen Gründen dürfen sie nicht von mehreren Personen benutzt werden. Die Mas-

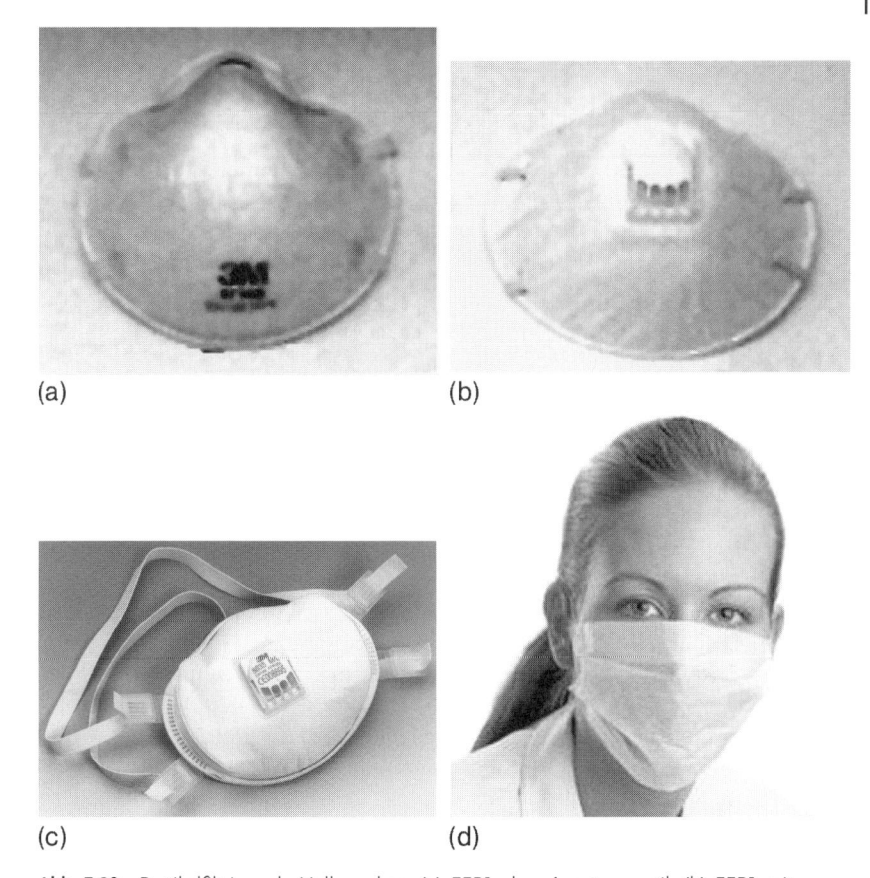

Abb. 7.20 Partikelfiltrierende Halbmasken. (a) FFP1 ohne Ausatemventil, (b) FFP1 mit Ausatemventil, (c) FFP3 mit Ausatemventil, (d) Mundschutz – kein Atemschutz!

kenkörper von Voll-, Halb- und Viertelmasken müssen regelmäßig gereinigt und ggf. desinfiziert werden.

Die maximale Benutzungsdauer von Partikelfiltern sollte einen Arbeitstag nicht überschreiten. Bei besonderen Arbeitsplatzbedingungen müssen die Filter in kürzeren Zeitabständen gewechselt werden, z. B. bei

- erhöhter Staubbelastung oder
- Feuchtigkeit, z. B. durch Luftfeuchte oder Schweiß.

Durch diese Faktoren nimmt u. a. der Einatemwiderstand deutlich zu. Ein Wechsel ist spätestens angezeigt, wenn Geruch, Geschmack oder Reizwirkungen wahrnehmbar sind.

Für das Tragen von Partikelfiltern müssen gemäß dem berufsgenossenschaftlichen Grundsatz **G 26** (Atemschutzgeräte) [135] Vorsorgeuntersuchungen durchgeführt werden. Für alle Filterklassen, d. h. sowohl für Filter P1, P2 oder P3 als auch FFP1, FFP2 oder FFP3, sind Eignungsuntersuchungen nach G 26, Teil 1 und 2, notwendig. Dieser Grundsatz sieht lediglich einmalige Untersuchungen vor dem erstmaligen Einsatz der Atemschutzgeräte vor, keine permanenten arbeitsmedizinischen Wiederholungsuntersuchungen. Nur wenn das Tragen von Feinstaubfiltermasken der Klasse FFP3 bei ungünstigen Klimabedingungen (z. B. Hitze, hohe Luftfeuchtigkeit) vorgeschrieben ist, sind gegebenenfalls weitergehende arbeitsmedizinische Maßnahmen erforderlich.

7.4.1.2 Gasfilter

Zum Schutz vor gesundheitsgefährdenden Gasen und Dämpfen werden Gasfilter eingesetzt. Sie können dampfförmige Schadstoffe sowie Gase durch
- physikalische Bindung (Adsorption) oder
- chemische Umsetzung (Chemisorption oder katalytische Umwandlung)

am Filtermaterial aus der Atemluft entfernen. Als gängigstes Filtermaterial wird gekörnte oder imprägnierte *Aktivkohle* mit großer spezifischer, innerer Oberfläche verwendet, an der die Schadstoffe adsorbiert werden.

Gasfilter mit *Aktivkohle*filtern sind nicht wirksam gegen permanente Gase (z. B. *Stickstoff*, *Wasserstoff*, *Kohlenmonoxid*). Zum Schutz gegen **Kohlenmonoxid** sind stattdessen spezielle CO-Filter zu verwenden (siehe Abschnitt „Spezielle Gasfiltertypen").

Wasserdampf wird grundsätzlich gut an *Aktivkohle* gebunden und kann außerdem bereits adsorbierte organische Stoffe verdrängen, d. h. desorbieren. Speziell bei niedrig siedenden organischen Flüssigkeiten wird die Wirksamkeit von Gasfiltern hierdurch erheblich gemindert. Da dieser Effekt sogar durch Luftfeuchtigkeit verursacht werden kann, ist die Anwendbarkeit von Gasfiltern bei niedrig siedenden organischen Stoffen (Siedepunkt < 65 °C, „Niedrigsieder") eingeschränkt. Gegen Dämpfe dieser Stoffe dürfen nur spezielle Filter (AX-Filter) eingesetzt werden (siehe Abschnitt „Spezielle Gasfiltertypen").

Grundsätzlich besteht immer die Gefahr der Desorption von Stoffen durch besser adsorbierbare Chemikalien, deshalb ist der Einsatz von Gasfiltern nur bei ausreichend bekannter Gefahrstoffzusammensetzung empfehlenswert.

Permanente Gase wie *Kohlenmonoxid* lassen sich nicht ausreichend adsorbieren. Das *Kohlenmonoxid* muss zur quantitativen Abscheidung an einem Katalysator zu *Kohlendioxid* oxidiert werden. Der für diese Oxidation benötigte *Sauerstoff* wird der Atemluft entzogen; durch die Reaktionswärme erhöht sich hierdurch die Temperatur der Einatemluft.

Werden Halb- und Vollmasken von Bartträgern benutzt, muss im Bereich der Dichtlinien (Verlauf über Stirn, Wangen und unterhalb des Kinns) mit erhöhter Leckagerate gerechnet werden. Die Schutzwirkung der Atemmasken wird unkalkulierbar, der Personenkreis ist somit für das Tragen von Halb- oder Vollmasken ungeeignet. Dies gilt für den Einsatz von Gasfiltern und isolierenden Atemgeräten (siehe Abschnitt 7.4.2). Eine Alternative stellt die Verwendung von Atemschutzhauben dar.

Für das Tragen von Gasfiltern müssen ebenfalls gemäß dem berufsgenossenschaftlichen Grundsatz **G 26**, Teil 1 und 2 (Atemschutzgeräte) [135] Vorsorgeuntersuchungen durchgeführt werden. Dieser Grundsatz sieht einmalige Untersuchungen vor Einsatz der Atemschutzgeräte vor.

Einteilung der Gasfilter
Gasfilter werden unterteilt in
- Typen: nach Anwendungsbereich mit entsprechender Kennfarbe und
- Klassen: nach Aufnahmevermögen.

Tabelle 7.13 gibt einen Überblick über die unterschiedlichen Gasfiltertypen. Zur anwenderfreundlichen Nutzung wurden die maximalen Gaskonzentrationen mit aufgeführt. Zur einfacheren Unterscheidung werden die Gasfiltertypen durch unterschiedliche Farben und Kennbuchstaben gekennzeichnet. Auf Grund einer Normung auf europäischer Ebene sind innerhalb der Europäischen Union Farbverwechslungen ausgeschlossen: Die Standardgasfilter, einschließlich AX-Filter und der SX-Filter sind in der europäischen Norm DIN EN 14387 [136] geregelt. Eine Auswahl der wichtigsten Gasfilter zeigt Abbildung 7.21.

Tabelle 7.13 Anwendungsbereich, Kennfarbe und Rückhaltevermögen von Gasfiltern.

Typ	Kennfarbe	Anwendungsbereich	Höchstzulässige Gaskonzentration
A	braun	organische Gase, Dämpfe mit Sdp. > 65 °C	siehe Tabelle 7.14
B	grau	anorganische Gase, Dämpfe[a] Ausnahme: Kohlenmonoxid	siehe Tabelle 7.14
E	gelb	saure Gase[b]	siehe Tabelle 7.14
K	grün	Ammoniak und basische organische Aminoverbindungen	siehe Tabelle 7.14
AX	braun	niedrig siedende organische-Verbindungen, Sdp. ≤ 65 °C	Gr. 1: 100 mL/m^3 für max. 40 min[c] Gr. 1: 500 mL/m^3 für max. 20 min[c] Gr. 2: 1000 mL/m^3 für max. 60 min[c] Gr. 2: 5000 mL/m^3 für max. 20 min[c]
SX	violett	gemäß Herstellerangabe	0,5 Vol.-%
CO	schwarz	Kohlenmonoxid	spezielle Anwendungsrichtlinien
NO-P3	blau-weiß	nitrose Gase z. B. NO, NO$_2$, NO$_x$	400 × MAK-Wert (Vollmaske, Kombinationsfilter)
Hg-P3	rot-weiß	Quecksilber	400 × MAK-Wert (Vollmaske, Kombinationsfilter)

[a] z. B. Chlor, Schwefelwasserstoff, Blausäure
[b] z. B. Schwefeldioxid, Chlorwasserstoff
[c] nähere Angaben über die Niedrigsieder siehe Abschnitt „Spezielle Gasfiltertypen"

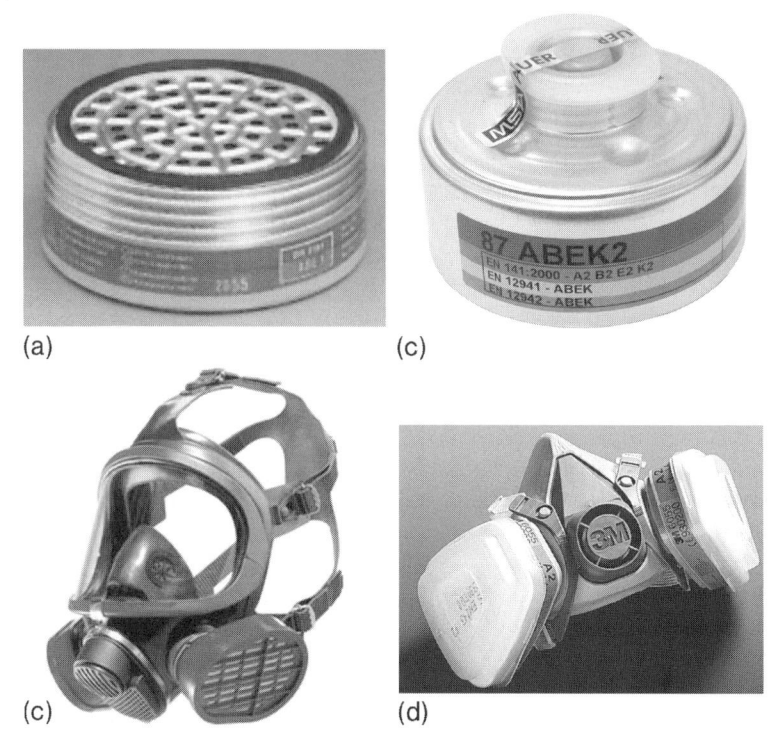

Abb. 7.21 Unterschiedliche Gasfilter. (a) Steckfilter, (b) Mehrbereichs-Schraubfilter, (c) Vollmaske mit Bajonettfilter, (d) Halbmaske mit Filter A2.

Die Standardgasfilter (Gasfiltertyp A, B, E und K) werden in drei verschiedene Gasfilterklassen eingeteilt. In Abhängigkeit von der Gasfilterklasse sind unterschiedliche maximale Gaskonzentrationen zulässig (siehe Tabelle 7.14). Im Gegensatz zu den Partikelfilterklassen unterscheiden sich die Gasfilterklassen nicht durch verschiedene Leckageraten. Die Klasse 3 hat gegenüber der Klasse 1 lediglich ein höheres Abscheidevermögen, nicht jedoch ein grundsätzlich besseres Abscheideverhalten. Ergeben sich auf Grund von Tabelle 7.13 oder 7.14 niedrigere Konzentrationsgrenzen, so sind selbstverständlich diese zu berücksichtigen.

Tabelle 7.14 Einteilung der Gasfilter in Gasfilterklassen.

Klasse	Rückhaltevermögen	Maximale Gaskonzentration
1	kleines Rückhaltevermögen	0,1 Vol.-% (1000 ppm)
2	mittleres Rückhaltevermögen	0,5 Vol.-% (5000 ppm)
3	großes Rückhaltevermögen	1,0 Vol.-% (10000 ppm)

Neben diesen aus dem Absorptionsvermögen resultierenden filterspezifischen Absolutkonzentrationen müssen noch die Leckageraten der verwendeten Atemschutzmasken berücksichtigt werden. Die folgenden relativen Konzentrationsbeschränkungen in Bezug auf den jeweiligen Grenzwerte sind zu beachten:

- Vollmaske   bis zum **400**fachen Grenzwert
- Halb-, Viertelmaske   bis zum **30**fachen Grenzwert
- gasfiltrierende Halbmaske bis zum **30**fachen Grenzwert

Zum Schutz gegen mehrere verschiedene Gase werden **Mehrbereichsfilter** angeboten. Insbesondere in der chemischen Industrie wird häufig ein ABEK-Filter eingesetzt, der gegen organische, anorganische, saure und basische Gase und Dämpfe schützt. Ebenso wie die Partikelfilter werden Gasfilter als Steckfilter zum Einsatz in Halbmasken (siehe Abbildung 7.21a) angeboten sowie als Schraubfilter zur Verwendung in Halb- und Vollmasken (siehe Abbildung 7.21b).

Gasfiltrierende Halbmasken unterscheiden sich nicht grundsätzlich von den partikelfiltrierenden Halbmasken. Die Maske besteht ebenso ganz oder überwiegend aus Filtermaterial. Sie werden nach DIN EN 405 [137] eingeteilt in die Typen FFA, FFB, FFE, FFK, FFAX und FFSX analog den Gasfiltern. Zusätzlich zu dem Gasfiltertyp kann die Angabe der Gasfilterklasse auch bei gasfiltrierenden Halbmasken der vollständigen Bezeichnung entnommen werden. Die Bezeichnung

FFA2 EN 405

definiert daher eine gasfiltrierende Halbmaske gegen organische Gase und Dämpfe mit einem mittleren Rückhaltevermögen. Abbildung 7.22 zeigt eine Mehrbereichsgasfiltermaske mit gleichzeitiger Schutzwirkung gegen Partikel.

(a)   (b)

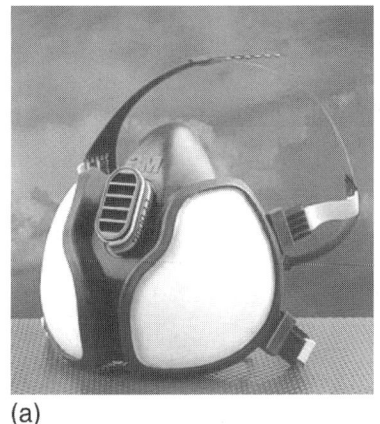

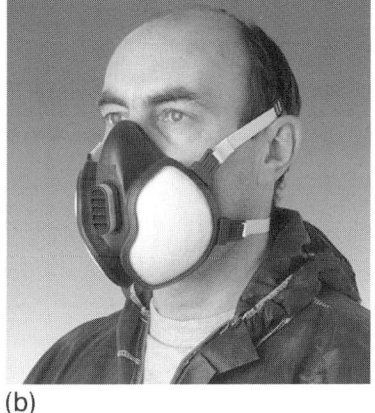

Abb. 7.22 Gasfiltrierende Halbmasken, Schutzstufe FFABEK1P3.

Spezielle Gasfiltertypen

Gegenüber der allgemein gültigen Einteilung in Gasfilterklassen hat sich bei den **AX-Filtern** für die Niedrigsieder eine Unterteilung in vier Gruppen gemäß Festlegung der Berufsgenossenschaft etabliert, die Tabelle 7.15 entnommen werden kann. Auf Grund der Belegung der Filter nach dem Öffnen, z. B. durch Luftfeuchtigkeit, dürfen AX-Filter nur im Anlieferungszustand benutzt werden, d. h. es ist verboten, sie früher als unmittelbar vor dem Einsatz zu öffnen. Bereits gebrauchte Filter dürfen nur innerhalb einer Arbeitsschicht bis zu der maximalen Verwendungsdauer gemäß Tabelle 7.15 wiederverwendet werden. Eine Verwendung von AX-Filtern gegen ein Gemisch von Niedrigsieder ist unzulässig, da Desorptionsvorgänge nicht auszuschließen sind. Einige der aufgeführten Niedrigsieder haben höhere Arbeitsplatzgrenzwerte als die in Tabelle 7.16 aufgeführten maximalen Schadstoffkonzentrationen. Die Arbeitsplatzgrenzwerte sind selbstverständlich gültig. Es muss jedoch bei Vorliegen dieser Stoffe in Kombination mit anderen Leichtsiedern oder auch höher siedenden Stoffen stets die Möglichkeit der Desorption berücksichtigt werden!

- **Niedrigsieder der Gruppe 1:**
  Acetaldehyd, Acrolein, 2-Aminobutan, 2-Amino-2-methylpropan, 2-Brom-2-chlor-1,1,1-trifluorethan, Brommethan, 1,3-Butadien, 1-Chlor-1,1-difluorethan, Chlorfluormethan, 2-Chlor-1,3-butadien, Chloroform, 3-Chlor-1-propen, 1,1-Dichlorethen, Dichlormethan, Diethylamin, 1,1-Difluorethen, Dimethylether, 1,1-Dimethylethylamin, Ethanthiol, Ethylenoxid, Jodmethan, Methanol, Monochlormethylether, Propylenimin, Propylenoxid, Vinylchlorid.

- **Niedrigsieder der Gruppe 2:**
  Aceton, Bromethan, Butan, Chlorethan, 2-Chlorpropan, 1,3-Cyclopentadien, Dibromdifluormethan, 1,1-Dichlorethan, 1,1-Dichlorethen, 1,2-Dichlor-1,1,2,2-tetrafluorethan, Diethylether, Dimethoxymethan, Dimethylpropan, 1,3-Epoxypropan, Ethylformiat, Glyoxal, Methylacetat, Methylbutan, Methylformiat, Methylpropan, n-Pentan, Propanal.

- **Niedrigsieder der Gruppe 3:**
  2-Aminopropan, Diazomethan, Dimethylamin, 1,1-Dimethylhydrazin, Ethylamin, Ethyldimethylamin, Ethylenimin, Ethylquecksilberchlorid, Formaldehyd, Kohlendisulfid, Methanthiol, Methylamin, Methylisocyanat, Oxalsäuredinitril, Phosgen.

- **Niedrigsieder der Gruppe 4:**
  Bromtrifluormethan, Chlordifluormethan, Chlormethan, Chlortrifluormethan, Dichlordifluormethan, 1,1-Difluorethen, Keten, Methylacetylen, Propan, Trichlorfluormethan.

SX-Filter dürfen nur gegen die Gase und Dämpfe eingesetzt werden, mit deren Namen sie gekennzeichnet sind. Der jeweilige Einsatzbereich muss den Gebrauchsinformationen der Hersteller entnommen werden. Die höchstzulässige Konzentration beträgt 500 mL/m^3. Ansonsten gelten die gleichen Einsatzregeln wie bei den AX-Filtern.

Tabelle 7.15 Einteilung der Niedrigsieder (Sdp. ≤ 65 °C).

Gruppe	Anwendungsbereich	Stoffe
1	Schutz durch AX-Filter erreichbar	siehe Gruppe 1
2	Schutz durch AX-Filter erreichbar	siehe Gruppe 2
3	Schutz mit anderen Gasfiltern erreichbar (z. B. Typ B oder K)	siehe Gruppe 3
4	Niedrigsieder, die an Gasfilter nicht oder nicht ausreichend zu binden sind	siehe Gruppe 4

Da die typischen Brandgase **Kohlenmonoxid** und die **Stickoxide** nicht an Aktivkohle adsorbiert werden können, müssen zum Schutz vor diesen Gasen spezielle Filtermaterialien verwendet werden. Typischerweise wird *Kohlenmonoxid* an einem Katalysator zu *Kohlendioxid* oxidiert, die Konzentration darf u. a. auch deshalb 1 Vol.-% nicht überschreiten. Auf Grund des feuchtigkeitsempfindlichen Oxidationskatalysators muss stets eine Trocknungsschicht vorgeschaltet werden. Durch den mehrlagigen Aufbau und den großen Katalysator- und Trockenmittelbedarf resultieren das große Gewicht (1 bis 2 kg) und die großen Abmessungen dieser Filter. Typischerweis werden sie auf dem Rücken getragen und mittels Luftschlauch mit der Atemmaske verbunden.

Rückhaltevermögen von Gasfiltern

Die entscheidende Kenngröße bei der Verwendung von Gasfiltern ist das Rückhaltevermögen. Die Einteilung in die Gasfilterklassen 1, 2 oder 3 (siehe Tabelle 7.15) ist nur sehr grob und erlaubt keine quantitative Aussage über die Tragedauer bei vorgegebener Konzentration. Ein „Durchbrechen" des Schadgases liegt vor, wenn es hinter dem Filter (in relevanter Konzentration) messbar ist.

Dieses Durchbruchverhalten von Gasfiltern hängt von sehr vielen Faktoren ab. Neben den
- chemischen und
- physikalisch-chemischen Eigenschaften sowie
- der Konzentration des Gefahrstoffes,
- der Temperatur,
- dem Alter des Filters und
- der Luftfeuchtigkeit ist ferner
- die Anwesenheit weiterer Gase

bedeutsam.

Da der Einfluss dieser Faktoren im Einzelfall nur sehr schwer bestimmbar ist, können keine allgemein gültigen Durchbruchszeiten aufgestellt werden. Ihre Schwankung liegt im Bereich mehrerer Größenordnungen.

Tabelle 7.16 gibt für einige Gase die Durchbruchszeiten unter Standardbedingungen wieder. Bei vorgegebener Prüfgaskonzentration ist die Durchbruchszeit angegeben, bei der sich hinter dem Filter die aufgeführte Schadgaskonzentration

Tabelle 7.16 Durchbruchverhalten von Gasfiltern unter Standardprüfbedingungen.

Filtertyp	Prüfgas	Durchbruchs-kriterium [ppm]	Mindestdurchbruchzeiten in min für Gasfilter		
			Klasse 1 $C = 0{,}1\,\%$ [a]	Klasse 2 $C = 0{,}5\,\%$ [a]	Klasse 3 $C = 1{,}0\,\%$ [a]
A	CCl_4	10	80	40	60
B	Cl_2	1	20	20	30
	H_2S	10	40	40	60
	HCN	10	25	25	35
E	SO_2	5	20	20	30
K	NH_3	25	50	40	60

[a] C: Konzentration des Prüfgases in Vol.-%

(Durchbruchskriterium) einstellt. Sie wurde teilweise deutlich unter dem MAK-Wert gewählt, teilweise ist sie mit diesem identisch.

Die tatsächlichen Durchbruchszeiten sind für die betrieblichen Gefahrstoffe nur schwer abschätzbar. Auf Grund der zahlreichen Einflussfaktoren können sie bei ähnlichen Stoffen bereits um eine Größenordnung schwanken. Tabelle 7.16 kann somit nur einen Anhaltspunkt für die Durchbruchszeiten liefern. Im konkreten Einzelfall muss durch experimentelle Überprüfung die Durchbruchszeit ermittelt werden. Da dies jedoch nur selten durchführbar ist, müssen alternative Strategien zur Sicherheit der Mitarbeiter gewählt werden. Häufig werden aus diesem Grund die Filter weit vor dem Erreichen ihrer physikalischen Grenze ausgetauscht. Die Filterlieferanten können für spezielle Anwendungszwecke ebenfalls konkrete Entscheidungshilfen geben.

Bei längerem Gebrauch von Gasfiltern wird empfohlen, sie nur gegen Gase und Dämpfe einzusetzen, die der Gerätebenutzer bei Durchbruch des Gases riechen oder schmecken kann. Bei geruchlosen Schadgasen müssen spezielle Regeln beachtet werden.

In Behältern und engen Räumen (Bunkern, Kesselwägen, Gruben und Kanälen) ist das Tragen von Gasfiltergeräten nur zulässig, wenn durch gezielte Lüftungsmaßnahmen ein ausreichender Schutz gegen Gase, Dämpfe, Nebel oder Stäube sichergestellt ist. Die maximale Schadstoffkonzentration muss bekannt und Sauerstoffmangel ausgeschlossen sein. Kann dies nicht gewährleistet werden, müssen Isoliergeräte eingesetzt werden.

Die Nutzungsdauer der Gasfilter hängt neben den bereits erwähnten Faktoren noch von
- dem Luftbedarf des Trägers,
- von der Schwere der Arbeit,
- der Feuchtigkeit und
- der Lufttemperatur

ab.

Mehrbereichs- und Kombinationsfilter

Da in der betrieblichen Praxis häufig verschiedene Schadgase gleichzeitig auftreten, wurden Gasfilter mit Schutz gegen mehrere Gefahrstoffe entwickelt. Dies kann durch Anordnung verschiedener Adsorptionsmaterialien in einem Gasfilter erreicht werden. Für jede Filterzone verbleibt somit nur eine begrenzte Filterschicht. Die Durchbruchzeiten sind deshalb für Mehrbereichsfilter meist geringer als für Eingasfilter.

Der am häufigsten verwendete **Mehrbereichsfilter ABEK** kann sowohl zum Schutz vor

- organischen,
- anorganischen,
- sauren als auch
- basischen Gasen

eingesetzt werden. In Abbildung 7.21 ist ein Mehrbereichsschraubfilter abgebildet.

Kombinationsfilter können zum Schutz vor Gasen und Dämpfen und auch Partikeln eingesetzt werden. Bei Feststoffen mit hohem Dampfdruck (z. B. Naphthalin, Acrylamid, ε-Caprolactam) bieten sowohl Gas- als auch Partikelfilter allein meist keinen ausreichenden Schutz. Abbildung 7.23 zeigt den prinzipiellen Aufbau eines Kombinationsfilters.

Die Kennzeichnung von Kombinationsfiltern gibt die Gasfilterklasse für die gasförmigen Stoffe und die Schutzstufe gegenüber Partikeln an. So bezeichnet ein Kombinationsfilter

    A2B2P3

einen Gasfilter gegen organische und anorganische Gase und Dämpfe mit jeweils mittlerem Rückhaltevermögen und gleichzeitiger Eignung gegen Partikel mit hohem Rückhaltevermögen. Für Kombinationsfilter gelten hinsichtlich Anwen-

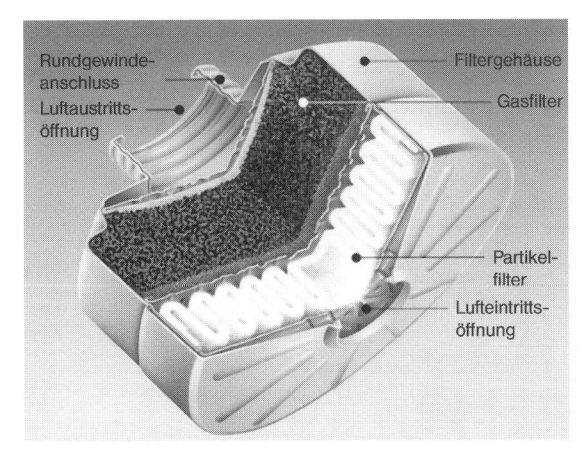

Abb. 7.23 Schnitt durch einen Kombinationsfilter.

dungsbereich, Auswahl, Nutzungsdauer, Tragezeiten sowie Vorsorgeuntersuchungen die gleichen Regeln wie für Partikel- und Gasfilter.

7.4.1.3 Filtergeräte mit Gebläse

Filtergeräte mit Gebläse sind von der Umgebungsluft abhängige Atemschutzgeräte. Man unterscheidet zwischen

- Filtergeräten mit Gebläse und Vollmaske, Halbmaske oder Viertelmaske gemäß DIN EN 12942 [138] sowie
- Filtergeräten mit Gebläse und Helm oder Haube gemäß DIN EN 12941 [139].

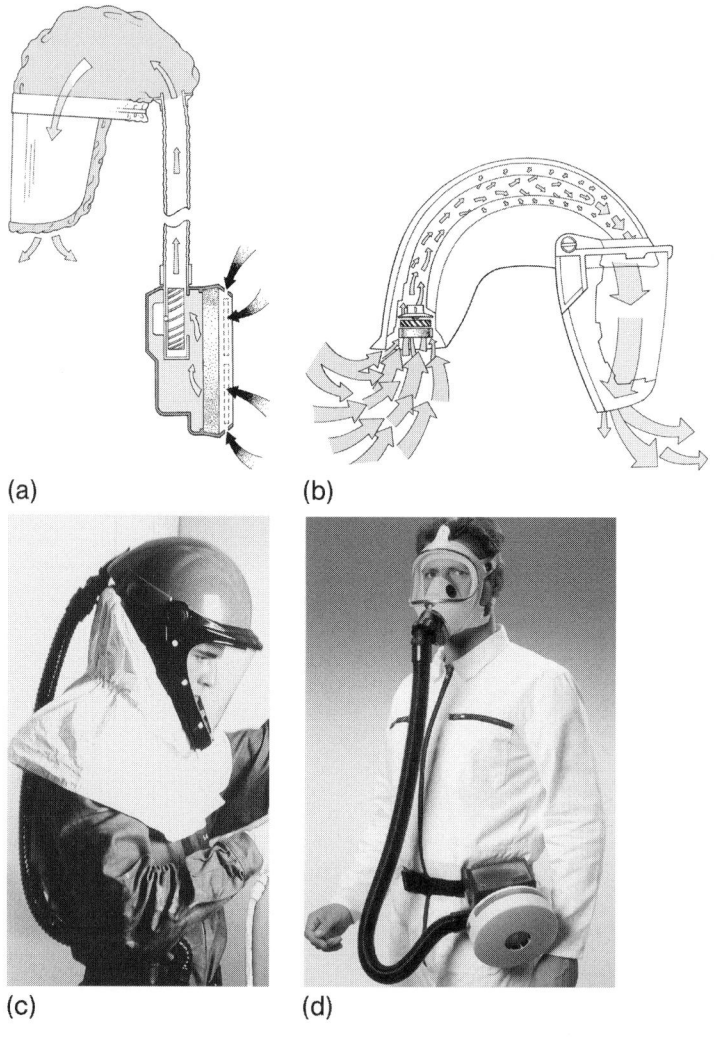

Abb. 7.24 Filtergeräte mit Gebläse. (a) Funktionsskizze Atemschutzhaube, (b) Funktionsskizze Atemschutzhelm, (c) Leichthaube mit Gebläse, (d) Vollmaske mit Gebläse und Filtergerät.

Sie bestehen aus einer Atemschutzmaske, einem Helm oder einer Haube, einem Atemluftanschluss, einem batteriebetriebenen Gebläse sowie einem oder mehreren Atemluftfiltern. Als Filter können sowohl Partikelfilter, Gasfilter als auch Kombinationsfilter eingesetzt werden. Mittels Gebläse wird die Atemluft angesaugt, gefiltert und der Maske, Haube oder dem Helm zugeführt. Als Konsequenz wird der Atemwiderstand deutlich verringert, und es können Filter mit größeren Filterschichten und höherem Rückhaltevermögen eingesetzt werden. Die Ausatemluft und überschüssige Luft strömen durch Ausatemventile ab. Bei niedrigen Lufttemperaturen kann es durch die überschüssige Luft zu Zugerscheinungen kommen. Bei voll aufgeladenen Batterien und neuen Filtern beträgt die Gebläselaufzeit mindestens vier Stunden. Je nach Einsatzbedingungen ist jedoch vor Erschöpfen der Batterien ein Filterwechsel notwendig!

Als Kennbuchstaben werden benutzt:
- **T:**   Turbo (Gebläse),
- **M:**   Maske: Viertelmaske, Halbmaske oder Vollmaske,
- **H:**   Helm oder Haube,
- **P:**   Partikel.

Die wichtigsten Gebläsefilter werden somit wie folgt bezeichnet:
- **T:**   Gasfiltergerät mit Gebläse und Maske,
- **TMP:**   Partikelfiltergerät mit Gebläse und Maske,
- **TH:**   Gasfiltergerät mit Gebläse und Helm/Haube,
- **THP:**   Partikelfiltergerät mit Gebläse und Helm/Haube.

Abbildung 7.24 zeigt eine Auswahl der Filtergeräte mit Gebläse und Haube oder Helm. Je nach Leckagerate werden die Gebläsefilter in drei Geräteklassen unterteilt. Da Gebläsefilter mit Masken geringere Leckageraten besitzen, dürfen sie für höhere Gefahrstoffkonzentrationen als die Gebläsefilter mit Helm oder Haube

Tabelle 7.17 Höchstzulässige Gefahrstoffkonzentration von Gebläsefiltern mit Voll-, Halb- oder Viertelmaske.

Geräteklasse	Höchstzulässige Gefahrstoffkonzentration	Verwendung nicht erlaubt gegen
TM1	$10 \times$ AGW	radioaktive Gase
TMP1	$10 \times$ AGW	radioaktive Stoffe, Viren, Enzyme
TM2	$100 \times$ AGW	
TMP2	$100 \times$ AGW	
TM3	$500 \times$ AGW	
TMP3	$500 \times$ AGW	

AGW: Arbeitsplatzgrenzwert

Tabelle 7.18 Höchstzulässige Gefahrstoffkonzentration von Gebläsefiltern mit Helm oder Haube.

Geräteklasse	Höchstzulässige Gefahrstoffkonzentration	Verwendung nicht erlaubt gegen
TH1	5 × AGW	krebserzeugende, sehr giftige und radioaktive Stoffe, Mikroorganismen und Enzyme
THP1	5 × AGW	
TH2	20 × AGW	
THP2	20 × AGW	
TH3	100 × AGW	
THP3	100 × AGW	

AGW: Arbeitsplatzgrenzwert

eingesetzt werden (siehe Tabellen 7.17 und 7.18). Die in den vorgenannten Tabellen erwähnten relativen Schadstoffkonzentrationen geben wiederum die maximalen Konzentrationen unter Berücksichtigung der Masken bzw. der Haube und des Helms an. Resultieren aus den Gasfilterklassen niedrigere Konzentrationen (siehe Abschnitt 7.4.1.2, Tabelle 7.13), müssen diese eingehalten werden.

7.4.2
Isoliergeräte

Isoliergeräte entnehmen die notwendige Atemluft nicht der Umgebungsatmosphäre. Der Geräteträger ist somit, je nach verwendetem Atemschutzgerät, vollständig von der Zusammensetzung der Umgebungsluft unabhängig. Der Einsatz von Isoliergeräten empfiehlt sich insbesondere bei

- hohen Gefahrstoffkonzentrationen,
- unbekannter Gefahrstoffzusammensetzung,
- Sauerstoffmangel oder
- komplexen Gefahrstoffmischungen von Hoch- und Niedrigsiedern.

Auf Grund der unterschiedlichen Eigenschaften der verschiedenen Isoliergeräte muss das jeweils optimale Gerät aus der großen Vielzahl der verfügbaren Systeme ausgewählt werden. Während nicht frei tragbare Geräte die Bewegungsfreiheit einschränken, müssen für frei tragbare Isoliergeräte Verwendungsbeschränkungen berücksichtigt werden. Neben dem begrenzten Atemluftvorrat müssen spezielle arbeitsmedizinische Vorsorgeuntersuchungen beachtet werden. Abbildung 7.25 gibt einen Überblick über die Einteilung der Isoliergeräte.

Werden Isoliergeräte unter den oben genannten Gründen eingesetzt, sind meist zusätzliche Sicherungsmaßnahmen notwendig. In diesen Fällen sollten Sicherungsposten mit der Überwachung der Arbeiten betraut werden, die im

7.4 Atemschutz

Isoliergeräte
- **nicht frei tragbares Isoliergerät**
  - **Frischluft-Schlauchgeräte**
    - Frischluft – Saugschlauchgeräte
    - Frischluft – Druckschlauchgeräte mit Handgebläse
    - Frischluft – Druckschlauchgeräte mit Motorgebläse
  - **Druckluft-Schlauchgeräte**
    - mit Regelventil
    - mit Lungenautomat
    - mit Lungenautomat mit Überdruck
- **frei tragbares Isoliergerät**
  - **Behältergeräte**
    - mit Druckluft (Pressluftatmer)
    - mit Druckluft mit Überdruck (Überdruckpressluftatmer)
  - **Regenerationsgeräte**
    - mit Drucksauerstoff
    - mit Flüssigsauerstoff
    - mit Chemikaliensauerstoff

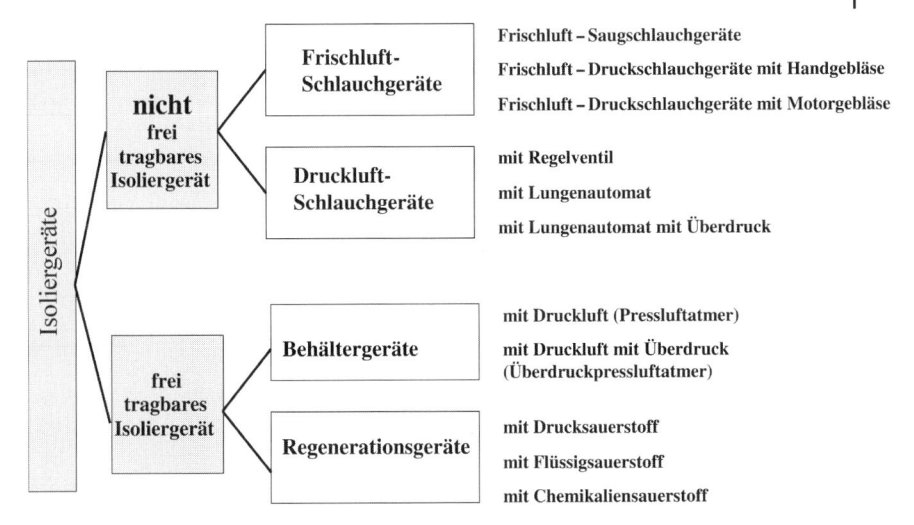

Abb. 7.25 Einteilung der Isoliergeräte.

Gefahrenfall entweder Hilfe herbeirufen oder mittels bereitgestellter frei tragbarer Isoliergeräte selbst eingreifen können. In letzterem Fall muss der Sicherungsposten selbst atemschutztauglich sein.

7.4.2.1 Schlauchgeräte

Bei Schlauchgeräten wird die Atemluft mittels Schlauch dem Atemschutzgerät zugeführt. Die zugeführte Atemluft muss den Anforderungen der DIN EN 132 [140] genügen. Sie kann einer
- unbelasteten Atmosphäre → Frischluft-Saugschlauchgerät oder einem
- Atemluftreservoir → Druckluft-Schlauchgerät

entnommen werden.

Bei Frischluft-Schlauchgeräten kann die Atemluft dem Geräteträger entweder mittels Lungenkraft (Frischluft-Saugschlauchgeräte) oder mittels Gebläse (Frischluft-Druckschlauchgeräte) zugeführt werden.

Das Atemluftreservoir bei Druckluft-Schlauchgeräten kann entweder aus Atemluftflaschen, einem Atemluftnetz oder einem Luftverdichter entnommen werden.

Frischluft-Schlauchgeräte

Bei Frischluft-Saugschlauchgeräten muss die Atemluft mittels Lungenkraft aus einer unbelasteten Umgebung angesaugt werden. Beträgt der Schlauchdurchmesser mindestens 25 mm, können üblicherweise Schlauchlängen von ca. 20 m problemlos eingesetzt werden. Da bei Beschädigung des Schlauches möglicherweise kontaminierte Luft angesaugt wird, ist auf eine sichere Verlegung eines absolut fehlerfreien Schlauches zu achten. Die Verlängerung eines vorhandenen

Schlauches durch Aneinanderkuppeln mehrerer Einzelschläuche ist wegen möglicher Undichtigkeiten nicht zulässig. Das Ansaugende des Schlauches ist mit einem Grobstaubfilter zu versehen. Die gerätetechnischen Anforderungen sind in der DIN EN 138 [141] festgelegt.

Saugschlauchgeräte dürfen nicht mit Atemschutzhelmen oder -hauben kombiniert werden, üblicherweise werden sie nur mit Vollmasken benutzt.

> Der Einsatz ist bis zum **1000fachen Grenzwert** zulässig.

In Tabelle 7.19 sind die höchstzulässigen Gefahrstoffkonzentrationen von Frischluft-Schlauchgeräten angegeben.

Frischluft-Druckschlauchgeräte unterscheiden sich nicht wesentlich von Frischluft-Saugschlauchgeräten. Die aus einer unbelasteten Umgebung entnommene Luft wird mit einem motor- oder handbetriebenen Frischluftgebläse mit leichtem Überdruck dem Atemluftsystem zugeführt. Eventuell vorhandene Überschussluft, bei Helmen und Hauben zwingend erforderlich, wird mit der Ausatemluft über ein Regelventil an die Umgebung abgegeben. Ein Volumenstrom von mindestens 300 L Luft pro Minute muss bei diesen Geräten gewährleistet sein. Neben Frischluft-Druckschlauchgeräten kommen auch Frischluftflaschen mit Druckminderer (siehe Abschnitt 7.4.2.2) und Injektor in Frage. Schlauchgeräte mit einer Schlauchlänge von 50 m (bei einem Schlauchdurchmesser von 25 mm) sind in der Praxis üblich.

Bei Kombination mit einer Vollmaske ist der Einsatz in einer bis zum 1000fachen Grenzwert belasteten Atmosphäre zulässig, bei Verwendung einer Halbmaske nur bis zum 100fachen Grenzwert. Frischlufthelm oder -haube können bis zum 100fachen Grenzwert eingesetzt werden. Sind keine Warneinrichtungen gegen Schwächerwerden oder Ausfall der Luftversorgung vorhanden, ist der Einsatz zum Schutz gegen krebserzeugende, sehr giftige oder radioaktive Stoffe sowie gegen Mikroorganismen und Enzyme nicht erlaubt (siehe Tabelle 7.19).

Tabelle 7.19 Einsatzbereiche von Frischluft-Schlauchgeräten.

Frischluftgerät	Maske	Max. Konzentration	Nicht erlaubt gegen
Saugschlauchgerät	Vollmaske	1000 × AGW	
Druckschlauchgerät	Vollmaske	1000 × AGW	
	Halbmaske, Mundstück	100 × AGW	
	Helm, Haube	100 × AGW	krebserzeugende, sehr giftige, radioaktive Stoffe, Mikroorganismen, Enzyme

AGW: Arbeitsplatzgrenzwert

Druckluft-Schlauchgeräte

Bei Druckluft-Schlauchgeräten wird die Atemluft mit einem Überdruck bis zu 10 bar bis an das Gerät herangeführt. Die Reduzierung der Luft auf Einatemniveau kann mittels **Regelventil oder Lungenautomat** unmittelbar vor dem Atemschutzgerät erfolgen.

Bei Verwendung eines Regelventils darf dieses nicht vollständig geschlossen werden, ein Mindestvolumenstrom von 120 L/min ist sicherzustellen. Bei Entnahme der Atemluft aus Druckluftflaschen muss bei Unterschreitung eines Restdrucks von 30 bar eine akustische Warneinrichtung den Geräteträger alarmieren. Druckschläuche sind flexibler und können mit kleinerem Innendurchmesser (üblicherweise 8 mm) verwendet werden. Das Verlängern der Schläuche ist nur mit selbstschließenden Kupplungen erlaubt. Anders als bei den Regelventilen wird die Atemluft bei Lungenautomaten durch eine atemgesteuerte Dosiereinrichtung dem Bedarf angepasst. Der Einsatz von Druckluft-Schlauchgeräten variiert in Abhängigkeit von den unterschiedlichen Atemschutzmasken über zwei Größenordnungen (siehe Tabelle 7.20). Die Anforderungen sind in der DIN EN 14594 [133] festgelegt.

Atemschutzhauben oder -helme werden am häufigsten in Kombination mit Druckluft-Schlauchgeräten eingesetzt. Bei erhöhtem Luftbedarf ist, im Gegensatz zur Verwendung mit Filtergeräten und Gebläse, ein Nachregeln des Volumenstroms möglich. Der Einsatz zum Schutz gegen krebserzeugende, sehr giftige und radioaktive Stoffe, Mikroorganismen und Enzyme ist nur gestattet, wenn eine Warneinrichtung für Ausfall oder Schwächerwerden der Luftversorgung vorhanden ist. Atemschutzhauben für Druckluft-Schlauchgeräte werden in verschiedenen Ausführungen angeboten, die sich in ihrer mechanischen Stabilität unterscheiden.

Für Farbspritzarbeiten werden häufig Druckluft-Schlauchgeräte mit Atemschutzhauben in leichter Ausführung (so genannte **Leichtschlauchgeräte**) eingesetzt (siehe Abbildung 7.26). Auf Grund unterschiedlicher Gesamtleckagen werden sie in drei Klassen unterteilt, die jeweiligen höchstzulässigen Umgebungsluftkonzentrationen können Tabelle 7.21 entnommen werden. Für andere Arbeiten als Farbspritzarbeiten sollten diese Hauben nicht eingesetzt werden.

Tabelle 7.20 Einsatzbereiche von Druckluft-Schlauchgeräten mit Voll- und Halbmaske.

Atemluftanschluss	Maske	Max. Konzentration
Regelventil	Vollmaske	$1000 \times$ AGW
Regelventil	Halbmaske	$100 \times$ AGW
Lungenautomat	Vollmaske	ohne Begrenzung
Lungenautomat	Halbmaske	$30 \times$ AGW

AGW: Arbeitsplatzgrenzwert

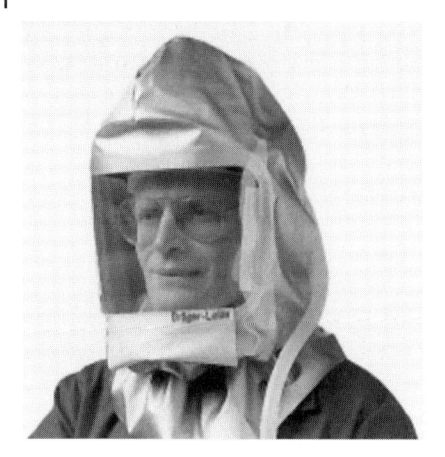

Abb. 7.26 Farbspritzhaube.

Tabelle 7.21 Atemschutzhauben in leichter Ausführung für Druckluft-Schlauchgeräte.

Atemschutzhaube	Klasse	Max. Konzentration
Leichte Ausführung[a]	Klasse 1	5 × AGW
	Klasse 2	20 × AGW
	Klasse 3	100 × AGW

AGW: Arbeitsplatzgrenzwert
[a] Nicht zulässig gegen krebserzeugende, sehr giftige oder radioaktive Stoffe sowie Mikroorganismen und Enzyme

7.4.2.2 Behältergeräte

Bei **Behältergeräten mit Druckluft**, meist als **Pressluftatmer** bezeichnet, wird die Atemluft aus einer oder zwei Atemluftflaschen zugeführt. Der Fülldruck der Flaschen beträgt typischerweise 200 oder 300 bar. Da bei Pressluftatmern beim Einatmen ein geringer Unterdruck in der Maske (erlaubt sind nur Vollmasken) erzeugt wird, können Schadgase bei einer Leckage in die Atemluft gelangen. Zur Vermeidung von Verwechslungen unterscheiden sich die Atemluftanschlüsse von Pressluftatmern mit Überdruck und Normaldruck. In der DIN EN 137 [142] sind die grundlegenden Anforderungen festgelegt.

Der Einsatzbereich von **Pressluftatmern mit Überdruck** ist nur durch den begrenzten Atemluftvorrat eingeschränkt. Konzentrationsgrenzen müssen bei gut gewarteten Geräten nicht beachtet werden, d. h. sie können grundsätzlich bei allen Schadstoffkonzentrationen benutzt werden. Die Gebrauchsdauer der Pressluftatmer schwankt in Abhängigkeit von der physischen (Schwere der Arbeit) und der psychischen Belastung stark. Als Anhaltspunkt gilt: Eine Atemluftflasche mit 1600 L Atemluft hat eine Gebrauchsdauer von 20 bis 50 Minuten. Größere Atemluftflaschen werden in speziellen Tragegestellen auf dem Rücken getragen, kleinere Flaschen können entweder am Gürtel befestigt oder einfach umgehängt werden. Voraussetzung zum Tragen von Pressluftatmer ist grundsätzlich eine arbeitsmedizinische Vorsorgeuntersuchung nach dem Grundsatz G 26-3 [135]. Wegen der hohen Anforderungen sind diese Geräte für den normalen Betriebseinsatz nur in Ausnahmefällen sinnvoll und üblicherweise den Rettungskräften vorbehalten.

7.4.2.3 Regenerationsgeräte

Im Gegensatz zu den Pressluftatmern wird bei den Regenerationsgeräten die Ausatemluft nicht an die Umgebung abgegeben, sondern wieder regeneriert. Hierzu wird das *Kohlendioxid* der Ausatemluft gebunden und der verbrauchte *Sauerstoff* aus einem Vorrat wieder auf mindestens 21 Vol.-% ergänzt. Der hierzu benötigte *Sauerstoff* wird bei den

- Sauerstoffschutzgeräten einem Vorrat von Drucksauerstoff, bei den
- Chemikalien-Sauerstoffgeräten chemisch gebundenem Sauerstoff und bei den
- Flüssigsauerstoffgeräten einer Patrone mit flüssigem Sauerstoff

entnommen. Je nach *Sauerstoff*vorrat und *Kohlendioxid*-Abscheidevermögen haben die Geräte eine Gebrauchsdauer von 15 min bis zu mehreren Stunden. Die Gerätegewichte schwanken aus den vorgenannten Gründen zwischen 2 und 16 kg. Bedingt durch die Abscheidung des *Kohlendioxid*s steigt die Temperatur der regenerierten Einatemluft auf bis zu 45 °C an.

Bei den **Regenerationsgeräten mit Drucksauerstoff (Sauerstoffschutzgeräten)** wird das *Kohlendioxid* der Ausatemluft in der Regenerationspatrone chemisch gebunden. Die gereinigte Ausatemluft strömt anschließend in den Atembeutel, wo der verbrauchte *Sauerstoff* aus der Sauerstoffflasche ersetzt wird. Die im Handel erhältlichen Geräte besitzen Druckgasflaschen mit 0,5–2 L Volumen bei einem Fülldruck von meist 200 bar. Somit steht ein Sauerstoffvorrat von 100–400 L zur Verfügung. Die hieraus resultierenden Einsatzzeiten können Tabelle 7.22 entnommen werden. Sie übersteigen, insbesondere bei den Vier-Stunden-Geräten, bei weitem die der Pressluftgeräte. Das maximale Gerätegewicht beträgt bei voller Sauerstoffflasche 16 kg. Regenerationsgeräte mit Drucksauerstoff sind entweder mit Vollmaske oder mit Mundstückgarnitur versehen, detaillierte Anforderungen sind in DIN EN 145 [143] geregelt.

Tabelle 7.22 Einsatzzeiten von Sauerstoffschutzgeräten.

Geräteklasse	Mindestsauerstoffvorrat
1-Stunden-Gerät	150 L
2-Stunden-Gerät	240 L
4-Stunden-Gerät	360 L

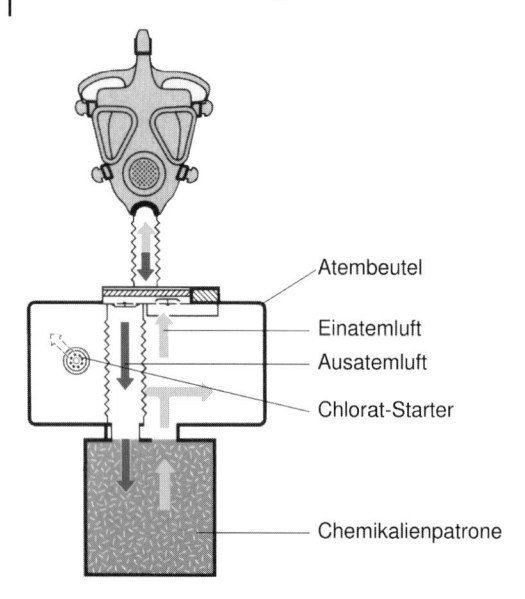

Abb. 7.27 Aufbau von Chemikalien-Sauerstoffgeräten.

Labels: Atembeutel, Einatemluft, Ausatemluft, Chlorat-Starter, Chemikalienpatrone

Regenerationsgeräte mit chemisch gebundenem Sauerstoff (Chemikalien-Sauerstoffgeräte; siehe Abbildung 7.27) unterscheiden sich im Aufbau und in der Wirkungsweise nicht grundsätzlich von den Sauerstoffschutzgeräten. Der zusätzlich benötigte Atemsauerstoff wird aus einer Chemikalienpatrone freigesetzt. Bei den heute üblichen Geräten wird in den Chemikalienpatronen das *Kohlendioxid* der Ausatemluft von *Kaliumhyperoxid* (KO_2) unter gleichzeitiger Freisetzung von *Sauerstoff* gebunden. Zur ausreichenden Sauerstoffversorgung in der Anfangsphase besitzen diese Geräte noch einen so genannten Chlorat-Starter, der vor Beginn der Beatmung ausgelöst werden muss.

7.4.3
Atemschutzgeräte für Selbstrettung

Atemschutzgeräte für die Selbstrettung werden im üblichen Betriebsalltag als **Selbstretter** oder **Fluchtgeräte** bezeichnet. Aus dieser Namengebung ist ersichtlich, dass sie nur zur Flucht aus dem Gefahrenbereich eingesetzt werden dürfen. Hierbei können noch schnelle, gefahrmindernde Tätigkeiten, wie z. B. Bedienen von Ventilen, Pumpen oder sonstigen Apparaten, ausgeführt werden, wenn damit keine Erhöhung der Gefahr für den Flüchtenden verbunden ist. Die Benutzung von Fluchtgeräten anstelle von Isoliergeräten zur Durchführung von Rettungsmaßnahmen ist **nicht** zulässig.

Im Gefahrfall müssen Fluchtfilter leicht erreichbar sein, bei besonderen Gefahrensituationen ist das permanente Mitführen notwendig, z. B. in Phosgen verarbeitenden Betrieben. Zur mehrjährigen gebrauchssicheren Aufbewahrung wer-

7.4 Atemschutz

```
Fluchtfilter
├── abhängig von der Umgebungsatmosphäre wirken
│   └── Filtergeräte
│       ├── Filtergeräte mit Gasfilter
│       ├── Filtergeräte mit Partikelfilter
│       └── Filtergeräte mit Kombinationsfilter
└── unabhängig von der Umgebungsatmosphäre wirken
    ├── Behältergeräte
    │   └── Druckluft – Selbstretter
    └── Regenerationsgeräte
        ├── Drucksauerstoff – Selbstretter
        └── Chemikaliensauerstoff – Selbstretter
```

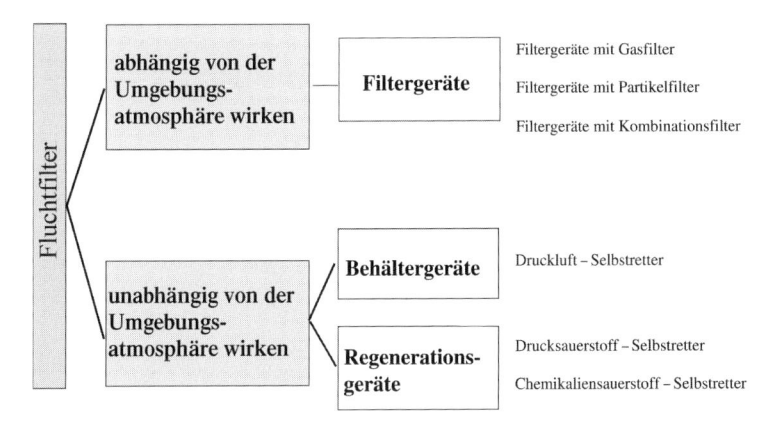

Abb. 7.28 Atemschutzgeräte für Selbstrettung.

den sie luftdicht verpackt, im Gefahrfall muss die Schutzhülle schnell entfernt werden können.

Da Fluchtgeräte im Gefahrfall ohne unnötige Zeitverzögerung aufgesetzt werden müssen, sollte das korrekte Aufsetzen regelmäßig geübt werden. Hierfür stellen die meisten Hersteller geeignete Übungsgeräte zur Verfügung. Im Ernstfall kann die schnelle Benutzung entscheidender sein als das Rückhaltevermögen eines Geräts. Die Fluchtgeräte sind danach auszuwählen, welche Schadstoffe in welcher Konzentration im Gefahrfall voraussichtlich entstehen. Analog den Atemschutzgeräten für Arbeit und Rettung unterscheidet man bei den Fluchtgeräten zwischen Filtergeräten und Isoliergeräten (siehe Abbildung 7.28).

7.4.3.1 Filtergeräte für Selbstrettung

Geräte mit Mundstückgarnitur als Atemanschluss zählen zu den am weitesten verbreiteten Fluchtfiltern. Als Filter sind sowohl Gas-, Partikel- als auch Kombinationsfilter im Einsatz. Für bekannte Schadgase stehen Spezialfilter zur Verfügung. Mundstückgarnituren können außerdem problemlos von Bartträgern benutzt werden. Hierbei muss durch das Mundstück eingeatmet werden, die Nase wird daher mit einer Nasenklemme verschlossen, um die gewohnte Nasenatmung zu verhindern. Während der Benutzung darf keinesfalls gesprochen werden, sonst werden unwillkürlich Schadgase eingeatmet. Abbildung 7.29 zeigt Fluchtfilter mit Mundstück im halbverpackten Zustand und unter Einsatzbedingungen.

Neben der Verwendung von Mundstückgarnituren werden auch Voll- oder Halbmasken eingesetzt. Abbildung 7.30a zeigt eine typische Halbmaske als Fluchtfilter. Für die Einsatzbedingungen gelten die gleichen Einschränkungen wie in Abschnitt 7.4.1 ausgeführt. Als Filter werden meist Kombinationsfilter verwendet.

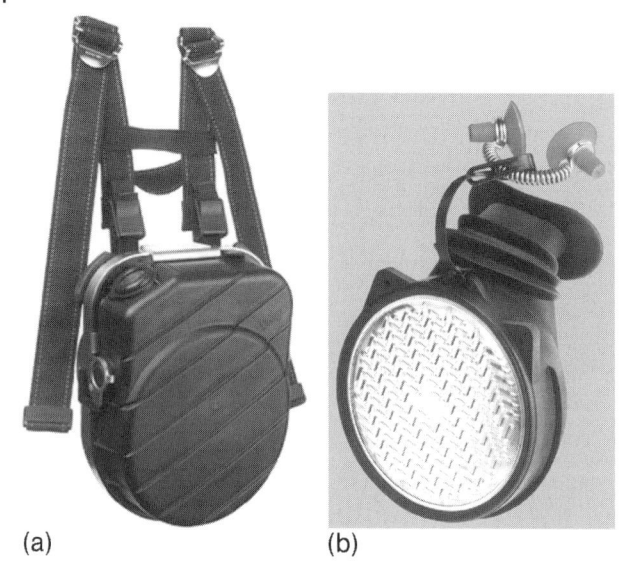

Abb. 7.29 Fluchtfilter als Mundstückgarnitur: (a) halb verpackt, (b) unter Einsatzbedingungen.

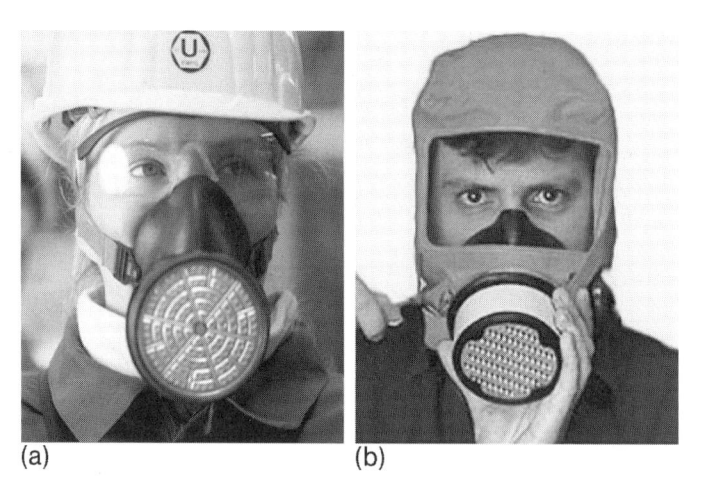

Abb. 7.30 Fluchtfiltergeräte: (a) Fluchtfilter als Halbmaske, (b) Fluchthaube mit Kombinationsfilter.

Fluchthauben, ausgestattet mit einem Kombinationsfilter, bieten zusätzlich Schutz von Kopf und Schultern. Als Nachteil ist zu vermerken, dass auf Grund der geringen Dichtheit mehr Fremdluft eingeatmet wird und sie somit nur bei niedrigeren Schadstoffkonzentrationen benutzt werden dürfen. Die größeren Geräteabmessungen erlauben es ferner nicht, Fluchthauben permanent mitzuführen (siehe Abbildung 7.30b).

Bei Verwendung eines Filters mit Schutz gegen *Kohlenmonoxid* bieten **Brandfluchthauben** einen Schutz für ca. 15 min.

> Besonders sei nochmals darauf hingewiesen, dass Selbstretter **bei Sauerstoffmangel nicht** verwendet werden können!

7.4.3.2 Isoliergeräte für Selbstrettung

Isoliergeräte für die Selbstrettung werden in
- Behältergeräte mit Druckluft, die so genannten Druckluft-Selbstretter,
- Regenerationsgeräte mit Drucksauerstoff, die Drucksauerstoff-Selbstretter, und in
- Regenerationsgeräte mit Chemikaliensauerstoff, kurz Chemikaliensauerstoff-Selbstretter

unterteilt. Meist werden diese Geräte mit einer Vollmaske oder einer Mundstückgarnitur verwendet.

Der Atemluftvorrat dieser Geräte von 200–300 L erlaubt lediglich Einsatzzeiten von ca. 5 bis 10 Minuten. Da das Gerätegewicht der Druckluftselbstretter unter 5 kg liegt, ist keine Vorsorgeuntersuchung gemäß G 26-3 [135] notwendig.

Der Aufbau und die Wirkungsweise dieser Geräte unterscheiden sich nicht grundsätzlich von den Sauerstoffschutzgeräten (siehe Abschnitt 7.4.2.3): Das *Kohlendioxid* der Ausatemluft wird mittels Regenerationspatrone chemisch gebunden, der Sauerstoffgehalt der Einatemluft wird durch die Sauerstoffflasche wieder auf über 21 % aufgefüllt. Drucksauerstoff-Selbstretter stehen für Nenngebrauchszeiten von 5 bis 30 min bei Gerätegewichten von 3–6 kg zur Verfügung. Für längere Einsatzzeiten sind Spezialfluchtfilter erhältlich.

Chemikaliensauerstoff-Selbstretter werden auf der Basis von
- *Kaliumhyperoxid* (KO_2) und
- *Natriumchlorat* ($NaClO_3$)

hergestellt. Die grundsätzliche Funktionsweise der Chemikaliensauerstoff-Selbstretter unterscheidet sich nicht von den Chemikalien-Sauerstoffgeräten (siehe Abschnitt 7.4.2.3). Die Nenngebrauchszeiten betragen 5–30 min, Geräte mit längeren Gebrauchszeiten sind ebenfalls erhältlich. Grundlegende Anforderungen an Isoliergeräte für die Selbstrettung sind in DIN EN 13794 [144] und DIN EN 1146 [145] festgelegt.

Als Hilfe zur Auswahl des richtigen Atemschutzgeräts bei bekannter Schadstoffkonzentration kann Abbildung 7.31 dienen.

7 Persönliche Schutzausrüstungen

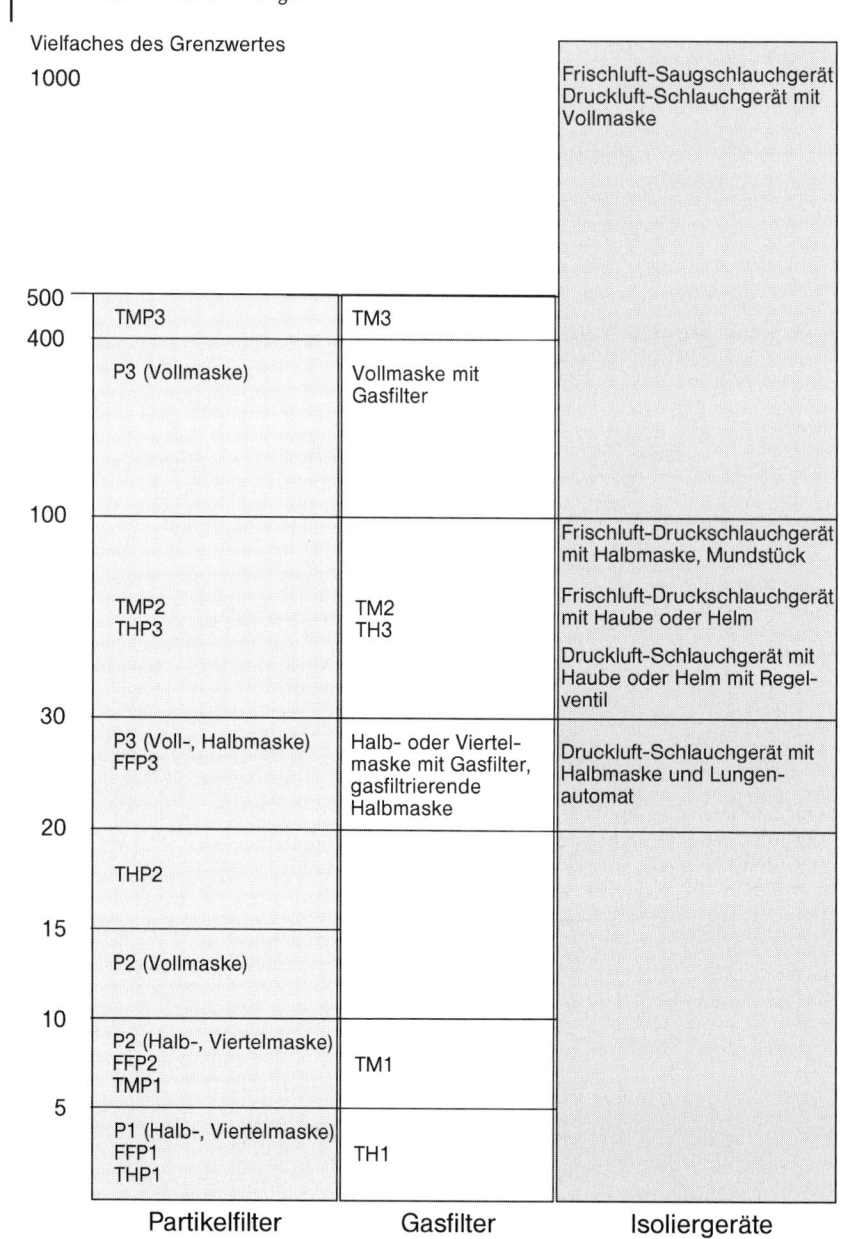

Vielfaches des Grenzwertes

Partikelfilter	Gasfilter	Isoliergeräte
		1000 – Frischluft-Saugschlauchgerät, Druckluft-Schlauchgerät mit Vollmaske
500 / 400 TMP3; P3 (Vollmaske)	TM3; Vollmaske mit Gasfilter	
100		Frischluft-Druckschlauchgerät mit Halbmaske, Mundstück
TMP2; THP3	TM2; TH3	Frischluft-Druckschlauchgerät mit Haube oder Helm; Druckluft-Schlauchgerät mit Haube oder Helm mit Regelventil
30 P3 (Voll-, Halbmaske); FFP3	Halb- oder Viertelmaske mit Gasfilter, gasfiltrierende Halbmaske	Druckluft-Schlauchgerät mit Halbmaske und Lungenautomat
20 THP2		
15 P2 (Vollmaske)		
10 P2 (Halb-, Viertelmaske); FFP2; TMP1	TM1	
5 P1 (Halb-, Viertelmaske); FFP1; THP1	TH1	

Abb. 7.31 Einsatzbereiche der verschiedenen Atemschutzgeräte.

8
Lagerung von Gefahrstoffen

Die Lagerung von Gefahrstoffen ist für einen gefahrlosen Umgang von großer Bedeutung. Bei unsachgemäßer Lagerung können Gefährdungen für das Lagerpersonal, Brand, Stofffreisetzungen und Umweltgefahren resultieren. Mehrere Schadensereignisse der letzten Jahre zeigen die Risiken, die bei nicht sachgemäßer bzw. fahrlässiger Lagerung zu befürchten sind.

Neben der Gefahrstoffverordnung enthalten mehrere weitere Gesetze und Verordnungen Lagerrichtlinien. Die wichtigsten Regelungen sind:
- die Gefahrstoffverordnung [35],
- die Betriebssicherheitsverordnung,
- die Störfallverordnung und das
- Wasserhaushaltsgesetz [119].

Während die Regelungen der Gefahrstoffverordnung allgemein gültig sind, gelten die Vorschriften der **Betriebssicherheitsverordnung** erst ab einer Lagerkapazität von 10 m^3 brennbarer (hochentzündlicher, leichtentzündlicher, entzündlicher) Flüssigkeiten.

Nähere Informationen zum Geltungsbereich der Störfallverordnung können Abschnitt 6.6.3 entnommen werden. Das Wasserhaushaltsgesetz regelt die Lagerung von wassergefährdenden Stoffen, eine Übersicht findet sich in Abschnitt 6.8. Weitere Spezialvorschriften zur Lagerung bestimmter Stoffe finden sich
- für Gase in den Technischen Regeln für Druckgase (TRG) [149] und in der
- Unfallverhütungsvorschrift Gase [150],
- für Ammoniumnitrat und ammoniumnitrathaltige Düngemittel im Anhang V der Gefahrstoffverordnung sowie in der TRGS 511 [107],
- für organische Peroxide in der Unfallverhütungsvorschrift „Organische Peroxide" [151] sowie
- für Sprengstoffe im Sprengstoffgesetz [7].

Diese nicht vollständige Aufzählung will lediglich die Komplexität der Lagerrichtlinien aufzeigen, für viele weitere Stoffe sind in eigenen Technischen Regeln für Gefahrstoffe stoffspezifische Regelungen zu finden. Während bei Einhaltung der grundsätzlichen Vorschriften der Gefahrstoffverordnung die wesentlichen Gefahren für die Beschäftigten abgedeckt sind, unterscheiden sich die Regelungen nach dem Wasserhaushaltsgesetz hiervon erheblich. Da diese eine eigene Gesetzesmaterie darstellen, werden sie im Rahmen dieses Buches nicht weiter behandelt. Insbesondere beim Umschlag und bei der Lagerung wassergefährdender Flüssigkeiten müssen diese jedoch unbedingt beachtet werden.

Die Gefahrstoffverordnung regelt in § 8 Abs. 6 für alle Gefahrstoffe, unabhängig von ihren Stoffeigenschaften, als Grundmaßnahme:

- (6): „Gefahrstoffe sind so aufzubewahren oder zu lagern, dass sie die menschliche Gesundheit und die Umwelt nicht gefährden. Es sind dabei Vorkehrungen zu treffen, um Missbrauch oder Fehlgebrauch zu verhindern. Bei der Aufbewahrung zur Abgabe oder zur sofortigen Verwendung müssen die mit der Verwendung verbundenen Gefahren und eine vorhandene Kennzeichnung nach Absatz 4 erkennbar sein."
- (7): „Gefahrstoffe dürfen nicht in solchen Behältern aufbewahrt oder gelagert werden, durch deren Form oder Bezeichnung der Inhalt mit Lebensmitteln verwechselt werden kann. Gefahrstoffe dürfen nur übersichtlich geordnet und nicht in unmittelbarer Nähe von Arzneimitteln, Lebens- oder Futtermitteln einschließlich deren Zusatzstoffe aufbewahrt oder gelagert werden."

Für Stoffe, die mit T+ oder T gekennzeichnet sind, fordert § 10 Abs. 3 Satz 2 zusätzlich:

- „Mit T+ und T gekennzeichnete Stoffe und Zubereitungen sind unter Verschluss oder so aufzubewahren oder zu lagern, dass nur fachkundige Personen Zugang haben. Satz 2 gilt nicht für Ottokraftstoffe an Tankstellen."

Die Festlegungen der Technischen Regeln für Gefahrstoffe (TRGS) 514 [96] und 515 [152] basieren auf § 10 Abs. 3 der Gefahrstoffverordnung. Vorschriften zur Verpackung von Gefahrstoffen finden sich nur noch ausschließlich in der EG-Stoffrichtlinie 67/548/EWG (Artikel 22) [32] und nicht mehr in der Gefahrstoffverordnung.

8.1
Allgemeine Lagerregelungen

Für den sicheren Betrieb von Gefahrstofflägern haben sich grundlegende Sicherheitsvorkehrungen bewährt, die im Folgenden kurz erläutert werden, ohne dass hierfür staatliche Vorschriften die Regelungsbasis darstellen.

Beim Lagern von Gefahrstoffen sollte stets ein **Lagerplan** vorhanden sein. Zumindest bei Lägern nach Störfallverordnung ist dieser zwingend vorgeschrieben. Folgende Angaben sollte der Lagerplan enthalten:
- maximal zulässige Gefahrstoffmenge,
- maximal zulässige Gefahrstoffmenge pro Lagerabschnitt und
- aktuelle Stoffmenge.

Um das Herabfallen und Umstürzen von Gefahrstoffen zu vermeiden, sind bei der Lagerung die maximalen Stapelhöhen zu beachten sowie die sicherheits-

gerechte Stapelung von Gebinden. Die folgenden Lagertechniken haben sich hierfür bewährt:
- Stapelung von Fässern nur senkrecht im Verbund mittels Greifeinrichtungen,
- Lagerung von Paletten nur mit den Kufen senkrecht zu den Regalträgern und
- bei Regalbeschickung mit Hand gilt für jeden Regalboden:
  - maximale Lagerhöhe bei zerbrechlichen Gefäßen: 0,4 m und
  - maximale Lagerhöhe bei nicht zerbrechlichen Verpackungen: 1,5 m
    (als Lagerhöhe gilt die Stapelhöhe innerhalb jeden Regalbodens).

Die Verkehrswege für Personen und Gabelstapler sollten getrennt, eindeutig gekennzeichnet und frei von Lagergütern sein.

Die Notfallausgänge und -wege müssen stets frei und ungehindert benutzbar sein. Notfallwege sollten deutlich gekennzeichnet sein; desgleichen sind Feuerlöscher und weitere Notfallausrüstungen korrekt zu kennzeichnen und müssen jederzeit gut erreichbar sein.

Die Regale sind zur Vermeidung von Beschädigungen mit einem Anfahrtsschutz zu versehen und mit den höchstzulässigen Fach- oder Feldlasten zu kennzeichnen.

Für das Lager ist ein Alarmplan zu erstellen, der die möglichen Gefährdungen gemäß der Gefährdungsbeurteilung berücksichtigt und im Falle eines Brandes die folgenden Mindestvorschriften beinhaltet:
- Rauchverbot,
- sofortiges Entfernen aller Zündquellen,
- Entfernen von brennbaren Stoffen aus dem Gefahrenbereich und der
- Gebrauch elektrischer Ausrüstungen darf nur gemäß Betriebsanweisung bzw. mittels Arbeitserlaubnisschein erfolgen.

Für das Lager sind Betriebsanweisungen nach § 14 Gefahrstoffverordnung in Abhängigkeit von den gelagerten Stoffe und dem Ausbildungsniveau der Mitarbeiter zu erstellen und allen Mitarbeitern zugänglich zu machen.

Alle Mitarbeiter sind regelmäßig über den Inhalt der Betriebsanweisung und den Alarmplan zu unterweisen.

Die zur Verfügung gestellte persönliche Schutzausrüstung darf nur gemäß den Vorgaben der Betriebsanweisung benutzt werden, ein Verzicht in Widerspruch zur Betriebsanweisung ist nicht zulässig.

8.2
Lagerung giftiger und sehr giftiger Stoffe

Auf Basis von § 10 Gefahrstoffverordnung wurde die TRGS 514 [96] für das „Lagern sehr giftiger und giftiger Stoffe in Verpackungen und ortsbeweglichen Behältern" erlassen. Gemeinsam mit TRGS 515 [152] für die Lagerung brandfördernder Stoffe (siehe Abschnitt 8.3) beinhaltet sie die grundlegenden Lagerrichtlinien im Gefahrstoffrecht.

8.2.1
Anwendungsbereich

Im Anwendungsbereich (Nr. 1.1) der TRGS 514 wird eindeutig festgelegt, dass die Technische Regel bei der Lagerung von Stoffen oder Zubereitungen anzuwenden ist, die als
- **sehr giftig** (Gefahrensymbol: T+) oder
- **giftig** (Gefahrensymbol: T)

gekennzeichnet sind und
- in Verpackungen oder
- in ortsbeweglichen Behältern

gelagert werden.

Sie gilt somit nicht bei der Lagerung dieser Stoffe in Lagertanks in einem Tanklager.

Wegen der großen Bedeutung wird nochmals darauf hingewiesen, dass nicht die Einstufung der Stoffe, sondern deren Kennzeichnung maßgeblich ist. Ergänzend ist die TRGS auch anzuwenden, wenn Stoffe oder Zubereitungen nach den verkehrsrechtlichen Vorschriften als sehr giftig oder giftig zu kennzeichnen sind. Bei abweichender Kennzeichnung hat die Einstufung nach Gefahrstoffverordnung Vorrang.

> Im Anwendungsbereich von TRGS 514 ist festgelegt, dass sie anzuwenden ist, wenn die **gesamte gelagerte Menge 200 kg** übersteigt oder wenn mehr als **50 kg sehr giftige Stoffe** gelagert werden.

Weitere Ausnahmen von der Anwendung der TRGS 514 gelten, wenn sich
- Stoffe im Produktionsgang oder im
- Arbeitsgang befinden oder
- transportbedingt zwischengelagert werden.

Ferner gelten Ausnahmen für die Lagerung von
- explosionsgefährlichen Stoffen,
- organischen Peroxiden,
- radioaktiven Stoffen und
- Druckgasen.

Eine Zusammenfassung des Anwendungsbereichs und der Ausnahmen kann Abbildung 8.1 entnommen werden. Werden Stoffe, die nicht mit T oder T+ gekennzeichnet sind, mit diesen in einem Lager zusammen gelagert, gelten die Anforderungen der TRGS 514 auch für diese Stoffe.

Anwendungsbereich

Stoffe oder Zubereitungen, die als
❑ sehr giftig (Gefahrensymbol: T+) oder
❑ giftig (Gefahrensymbol: T)
zu kennzeichnen sind, in
○ Verpackungen oder
○ ortsbeweglichen Behältern, wenn die
⊠ gesamte gelagerte Menge **200 kg** bzw.
⊠ die Menge sehr giftiger Stoffe **50 kg**
übersteigt

Ausnahmen von der Anwendung

Die TRGS 514 gilt nicht,	
wenn sich Stoffe im	sowie für
→ Produktionsgang oder im	→ explosionsgefährliche Stoffe
→ Arbeitsgang, inkl. innerbetrieblichem Transport	→ organische Peroxide
befinden oder	→ radioaktive Stoffe und
→ transportbedingt zwischengelagert werden	→ Druckgase

Abb. 8.1 Anwendungsbereich der TRGS 514.

Gemäß Gefahrstoffverordnung ist „**Lagern**" wie folgt definiert:

„Lagern ist das Aufbewahren zur späteren Verwendung sowie zur Abgabe an andere. Es schließt die Bereitstellung zur Beförderung ein, wenn die Beförderung nicht binnen 24 Stunden nach der Bereitstellung oder am darauf folgenden Werktag erfolgt. Ist dieser Werktag ein Samstag, so endet die Frist mit Ablauf des nächsten Werktages."

Werden gelagerte Produkte für den Versand zusammengestellt, gelten nicht die Lagerrichtlinien dieser TRGS, sondern bereits die Transportvorschriften bezüglich der Zusammenlagerung bzw. Zusammenladung.

Ein Lager im Freien liegt z. B. auch dann vor, wenn ein Lager mit einem nicht wärmegedämmten Wetterschutzdach versehen ist, eine Belüftung und freie Zugänglichkeit (für die Brandbekämpfung) von mindestens drei Seiten gegeben ist und die Überdachung mindestens 50 % Wärmeabzugsfläche, bezogen auf die Grundfläche, enthält.

Transportbedingtes Zwischenlagern liegt vor, wenn im Verlauf eines Transports ein zeitweiliger Zwischenaufenthalt an Orten erfolgt, die üblicherweise nicht für ein „regelmäßiges Bereitstellen" bestimmt sind. Dies ist z. B. an öffentlichen Parkplätzen, Abstellplätzen an Raststätten und Autohöfen, Halteräumen oder Abstellflächen vor Grenzabfertigungsstellen, Gleisanlagen, Güterbahnhöfen oder Fähren für Lastkraftwagen, Sattelauflieger und Containerchassis mit Containern der Fall.

Unter Produktionsgang wird das gesamte Herstellungsverfahren einschließlich Be- und Verarbeitung innerhalb eines Betriebs oder Werksgeländes verstanden. Hierzu zählen auch das Bereitstellen der für den Fortgang der Arbeiten erforderlichen Ausgangsprodukte, das kurzfristige Abstellen von Zwischen- und Endprodukten sowie die innerbetriebliche Beförderung. Die erforderliche Menge an Ausgangsprodukten wird in aller Regel als der Bedarf einer Tagesproduktion angesehen. Als kurzfristig abgestellt gelten Stoffe, solange es verfahrenstechnisch für den Fortgang der Arbeiten notwendig ist. Als Anhaltspunkt gilt für Endprodukte der Zeitraum eines Tages. Auf Grund der vorgenannten Definition des Produktionsgangs ist die TRGS nicht anzuwenden, wenn die Einsatzstoffe im Betrieb für eine Umsetzung bereitgestellt werden. Während des Produktionsgangs gelten die Lagervorschriften nicht und können aus betrieblichen Gründen nicht umgesetzt werden. Da auch das innerbetriebliche Befördern zum Produktionsgang zählt, wird der Produktionsgang durch die Weiterverarbeitung eines Zwischenproduktes in einem mehrstufigen Herstellprozess in einem anderen Betrieb auf dem gleichen Firmengelände nicht unterbrochen. Somit ist die ganze Herstellkette eines Produktes als Produktionsgang anzusehen. Die Grenzen zur Lagerung sind fließend und im Einzelfall sinnvoll festzulegen.

Der Arbeitsgang ist als Gebrauchen, Verbrauchen, Bearbeiten, Abfüllen, Umfüllen und innerbetriebliches Befördern definiert, soweit diese Tätigkeiten nicht Bestandteil des Produktionsgangs sind, daher fallen alle betrieblichen Tätigkeiten beim Umgang mit Stoffen darunter.

8.2.2
Definition Zusammenlagerung

Der Begriff Zusammenlagerung besitzt im Rahmen der Lagervorschriften eine zentrale Rolle. Eine Zusammenlagerung von Stoffen liegt vor, wenn sich verschiedene Stoffe im gleichen Lagerabschnitt befinden. Der Lagerabschnitt ist ein räumlich abgegrenzter Bereich; eine gefährliche Wechselwirkung angrenzender Lagerabschnitte muss durch geeignete sicherheitstechnische Maßnahmen oder durch den gegenseitigen Abstand ausgeschlossen sein.

Als Lagerabschnitt wird der Teil eines Lagers verstanden, der
- in Gebäuden von anderen Räumen durch feuerbeständige Wände und Decken (Feuerbeständigkeitsklasse F 90),
- im Freien durch entsprechende Abstände oder durch Wände

getrennt ist.

> Bei der Lagerung **im Freien** liegt eine Zusammenlagerung vor, wenn der Abstand unterschiedlicher Lagerabschnitte **zehn Meter** unterschreitet.

Eine Verkürzung des Sicherheitsabstands auf **fünf Meter** ist möglich, wenn
- eine automatische Feuerlöschanlage oder
- eine automatische Brandmeldeanlage und eine Werkfeuerwehr vorhanden sind oder wenn
- brennbare und nicht brennbare Stoffe in nicht brennbaren Behältern mit einer Größe von mindestens 200 L und einer maximalen Lagerhöhe von vier Metern gelagert werden.

Eine Verkürzung des Sicherheitsabstands ist möglich, wenn die einzelnen Lagerabschnitte mit feuerbeständigen Wänden der Feuerwiderstandsklasse F 90 getrennt sind (zur Definition der Feuerwiderstandsklassen siehe DIN 4102 [153]). Diese Trennwand muss die Lagerhöhe um mindestens einen Meter und die Lagertiefe um mindestens einen halben Meter überragen.

Eine Zusammenlagerung liegt nicht vor, wenn verpackte Stoffe sich in unterschiedlichen, geschlossenen Frachtcontainern befinden. Die geschlossenen Frachtcontainer dürfen nicht übereinander oder unmittelbar nebeneinander stehen, d. h. sie müssen einen Mindestabstand von einem halbem Meter in jede Richtung haben.

8.2.3
Sicherheitstechnische Anforderungen an Läger

Läger mit einer Lagerkapazität von mehr als **800 t** dürfen nur in einem Industrie- oder Gewerbegebiet errichtet werden. Die baurechtlichen und immissionsschutzrechtlichen Vorschriften sind zu beachten. Zur Verhinderung einer Gefährdung für die Allgemeinheit müssen Gefahrstoffläger über eine sicherheitstechnische Mindestausrüstung verfügen. Abbildung 8.2 zeigt die wichtigsten Forderungen im Überblick.

Läger müssen so errichtet werden, dass keine **Gefährdung der Gewässer** zu befürchten ist und sind daher hochwassersicher zu errichten.

Durch bauliche Maßnahmen muss eine **unbefugte Entnahme** verhindert werden. Abgeleitet von dieser Vorgabe, müssen Läger außerhalb der Arbeitszeit, z. B. nachts, verschlossen sein. Befinden sie sich innerhalb eines abgegrenzten Werkszauns und ist der Zugang nicht jedermann möglich, gilt diese Forderung als erfüllt.

Zur **Brandbekämpfung** müssen Wege so angelegt und gekennzeichnet werden, dass die Gefahrenstellen mit Lösch- und Arbeitsgeräten schnell und ungehindert erreicht werden können. Läger müssen eine Zufahrtsstraße für die Feuerwehr haben und sollten von zwei Seiten zugänglich sein. Bei Lägern im Freien mit einer Größe über 1600 m^2 sollte eine Feuerwehrzufahrt vorhanden sein. Die Zufahrtswege für die Feuerwehrfahrzeuge müssen den möglichen Belastungen gewachsen sein. Ein Versperren dieser Zufahrtsstraßen ist zu verbieten, ebenfalls dürfen diese nicht als zusätzliche Lagerflächen missbraucht oder in der freien Zufahrt durch Abstellen von Gegenständen eingeschränkt werden.

Entnahme:	• gegen unbefugte Entnahme sichern
Fußboden:	• undurchlässig für gelagerte Stoffe • keine Verbindung zur Kanalisation
Brandschutz:	• feuerbeständige Wände, Decken (F 90) • evtl. Branderkennung und Brandmeldung notwendig
Feuerarbeiten:	• nur mit schriftlicher Arbeitserlaubnis
Fluchtwege:	• müssen vorhanden und gekennzeichnet sein
Alarmplan:	• muss vorhanden sein
Einlagerungsplan:	• muss für Einsatzkräfte verfügbar sein

Maximale Stapelhöhen (Fallhöhen der Gebinde):

- **nicht zerbrechliche Gefäße:** 1,5 m
- **zerbrechliche Gefäße:** 0,5 m

max. 50 cm   max. 1,5 m

Abb. 8.2   Sicherheitstechnische Anforderungen an Läger.

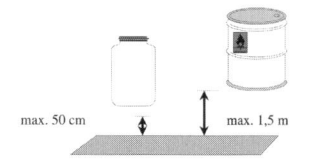

Vorgaben zur Errichtung von **Löschwasserrückhalteanlagen** regelt die „Richtlinie zur Bemessung von Löschwasserrückhalteanlagen beim Lagern wassergefährdender Stoffe (LöRüRL)" [154]. Offene Löschwasserrückhalteanlagen müssen für die Feuerwehr erreichbar sein.

Der **Fußboden** von Lägern muss so beschaffen sein, dass freiwerdende Stoffe erkannt und vollständig beseitigt werden können. Er muss für das Lagergut undurchlässig sein und darf keine Verbindung zur Kanalisation oder in Vorfluter (Gewässer) haben. Durch eine Aufkantung oder durch Ausbildung des Lagers als Wanne muss austretende Flüssigkeit am unkontrollierten Fortfließen gehindert werden. Sind diese Maßnahmen durch das Befahren des Lagers mit Staplern nicht möglich, sind an den Toren über die gesamte Torbreite ausreichend dimensionierte Auffangrinnen zu installieren. Mittels weitmaschiger Gitter sind diese abzudecken.

Im Lager müssen **Fluchtwege** vorhanden sein. Diese sind nach § 19 Arbeitsstättenverordnung [155] zu kennzeichnen (siehe Abbildung 8.2).

Läger müssen grundsätzlich beleuchtet sein, mindestens über den Verkehrswegen müssen **Beleuchtungskörper** vorhanden sein. Eine direkte Erwärmung der gelagerten Stoffe durch Strahlung ist auszuschließen. Ein Sicherheitsabstand von mindestens einem halben Meter zu dem Lagergut ist einzuhalten.

Auch in Lägern müssen die gültigen Arbeitsplatzgrenzwerte (siehe Abschnitt 4.3) eingehalten werden. Reicht hierzu die natürliche Lüftung nicht aus, ist eine technische Lüftungsanlage zu installieren. Beim Um- und Abfüllen kann die Installation einer Quellenabsaugung zur Einhaltung der Arbeitsplatzgrenzwerte notwendig werden.

Der bauliche **Brandschutz** ist nach Art und Umfang mit den für den Brandschutz örtlich zuständigen Behörden festzulegen. In der Technischen Regel werden z. T. sehr detaillierte Regelungen getroffen, die hier nicht im Einzelnen behandelt werden. Bei der Errichtung neuer Gefahrstoffläger sind diese stets heranzuziehen. Im Folgenden sollen lediglich die wichtigsten Vorschriften aufgeführt werden:

- In Gebäuden müssen Wände, Decken, Trennwände der Lagerabschnitte aus feuerbeständigen Materialien (Feuerwiderstandsdauer mindestens 90 min) hergestellt sein.
- Läger in Gebäuden mit einer Lagermenge von über 10 t und höchstens 20 t pro Lagerabschnitt sind, in Abhängigkeit von den örtlichen oder betrieblichen Gegebenheiten, mit einer automatischen Brandmeldeanlage auszurüsten.
- Bei Lägern im Freien ist bei einer Lagermenge von mehr als 20 t pro Lagerabschnitt eine Branderkennung und Brandmeldung durch stündliche Kontrollen durchzuführen.
- Eine ausreichende Anzahl von Feuerlöschgeräten ist in Abhängigkeit von der Lagerfläche bereitzuhalten. Für 50 m^2 Lagerfläche müssen zwei 12-kg-Pulverlöscher (ABC-Pulver) vorhanden sein, für jede weitere 100 m^2 ein weiterer 12-kg-Pulverlöscher, ab 2000 m^2 Lagerfläche muss zusätzlich ein fahrbarer 50-kg-Pulverlöscher vorgehalten werden (exakte Angaben sind vorgegeben).
- Zur Brandbekämpfung mit Wasser müssen geeignete und ausreichende Löscheinrichtungen vorhanden sein.
- Hochregalläger sind mit automatischen Löscheinrichtungen auszurüsten, die das Lagergut unmittelbar mit Löschmittel erreichen.
- Ab einer Lagermenge von 5 t sehr giftiger oder giftiger Stoffe muss das Gebäude, in dem sich der Lagerraum befindet, mit einer geeigneten Blitzschutzanlage ausgerüstet sein.
- Grundsätzlich gilt bei der Lagerung Verbot von offenem Feuer und Rauchen, entsprechende Verbotszeichen müssen vorhanden sein. Feuer- und Heißarbeiten dürfen nur nach schriftlicher Erlaubnis des Lagerverantwortlichen mit folgendem Inhalt durchgeführt werden:
  1. Ort, an dem die Arbeit ausgeführt werden soll,
  2. Art der Arbeit,
  3. Zeitangabe, wann die Arbeit ausgeführt werden soll,
  4. Name der ausführenden Personen und Name des aufsichtsführenden Sachkundigen,
  5. Zweck sowie Art und Weise der Durchführung der Arbeit,
  6. Sicherheitsmaßnahmen und
  7. Unterschrift des Lagerhalters bzw. dessen verantwortlichen Vertreters oder Beauftragten.
- Schweiß-, Brennschneid- und Trennschleifarbeiten sowie Arbeiten mit offener Flamme dürfen nur nach den Vorgaben der BGR 500, Kapitel 2.26 [156] durchgeführt werden.

8.2.4
Zusammenlagerungsverbote

Die Zusammenlagerungsverbote von Stoffen mit speziellen gefährlichen Eigenschaften stellen den wichtigsten Teil der Lagerrichtlinien dar. Im Grundsatz ist verboten, brennbare Stoffe mit giftigen Stoffen zusammenzulagern. Diese aus Brandschutzgründen abgeleitete Forderung soll die Entstehung giftiger Brandgase und Verbrennungsprodukte minimieren und schwer zu bekämpfende Brände verhindern helfen.

Sehr giftige und giftige Stoffe dürfen **nicht** zusammengelagert werden mit
- selbstentzündlichen Stoffen,
- Stoffen, die bei Berührung mit Wasser entzündliche Gase entwickeln,
- organischen Peroxiden,
- brandfördernden Stoffen der Gruppe 1 nach TRGS 515 [152],
- Druckgasen,
- tiefkalt verflüssigten Gasen und
- ammoniumnitrathaltigen Düngemitteln, die der TRGS 511 [107] unterliegen.

Generell gilt auch hier, wie bereits im Abschnitt 8.2.1 ausgeführt, dass nach TRGS 514 die Kennzeichnung als sehr giftiger oder giftiger Stoff maßgeblich ist, nicht die Einstufung der Stoffe.

Analoge Kennzeichnungen gemäß den Gefahrgutbeförderungsvorschriften gelten entsprechend. Für die vorgenannten Stoffe sind dies Stoffe mit den Gefahrzetteln nach Muster 2, 4.2, 4.3, 5.1, 5.2 und 6.1 (nur Totenkopf) des ADR (siehe Kapitel 9).

Nicht brennbare sehr giftige oder giftige Stoffe dürfen nicht mit
- hochentzündlichen,
- leichtentzündlichen oder
- entzündlichen

Stoffen zusammengelagert werden. Da im Falle eines Brandes diese Stoffe nicht verbrennen und mit den Brandgasen weitreichend verteilt werden können, sind sie getrennt von den brennbaren Stoffen zu lagern. Diese Bedingungen treffen primär auf anorganische Stoffe zu.

Ferner dürfen sehr giftige oder giftige Stoffe nicht zusammengelagert werden mit
- Arzneimitteln,
- Lebensmitteln und Lebensmittelzusatzstoffen,
- Futtermitteln und Futtermittelzusatzstoffen,
- Genussmitteln,
- kosmetischen Mitteln und mit
- Materialien, die ihrer Art und Menge nach geeignet sind, zur schnellen Entstehung oder Ausbreitung von Bränden beizutragen (z. B. Papier, Textilien, Holz, Holzwolle, Heu, Stroh, Kartonagen und brennbare Verpackungsfüllstoffe).

Benötigen unterschiedliche Stoffe verschiedene Löschmittel, ist eine Zusammenlagerung ebenfalls nicht zulässig.

8.2 Lagerung giftiger und sehr giftiger Stoffe

Mit T und T+ gekennzeichnete Stoffe dürfen nicht zusammengelagert werden mit

- sebstentzündlichen Stoffen
- Stoffen, die mit Wasser hochentzündliche Gase bilden
- organischen Peroxiden
- brandfördernden Stoffen der Gruppe 1 nach TRGS 515
- ammoniumnitrathaltigen Düngemitteln nach TRGS 511
- Druckgasen
- tiefkalt verflüssigten Gasen
- Stoffen, die unterschiedliche Löschmittel benötigen:
    ⇒ Arzneimitteln
    ⇒ Lebens-, Futtermitteln und Lebensmittel-, Futtermittelzusatzstoffen
    ⇒ Genussmitteln
    ⇒ kosmetischen Mitteln und mit
    ⇒ Materialien, die geeignet sind, zur schnellen Entstehung oder Ausbreitung von Bränden beizutragen, wie z. B.
      - Papier, Kartonagen
      - Textilien
      - Holz, Holzwolle
      - brennbare Verpackungsfüllstoffe

Nicht brennbare Stoffe, die mit T und T+ gekennzeichnet sind, dürfen nicht zusammengelagert werden mit

- hochentzündlichen
- leichtentzündlichen
- entzündlichen Stoffen

Abb. 8.3 Zusammenlagerungsverbote von Stoffen, die mit T oder T+ gekennzeichnet sind.

Eine zusammenfassende Darstellung der Zusammenlagerungsverbote findet sich in Abbildung 8.3.

8.2.5
Ausnahmen von den Zusammenlagerungsverboten

Ein Zusammenlagerungsverbot von sehr giftigen oder giftigen Stoffen besteht **nicht** für
- **Druckgaspackungen**, die die Forderungen von TRG 300 [149] erfüllen, und
- mit Druckgasen gefüllte **Feuerlöscher** in der notwendigen Anzahl.

Brandfördernde sehr giftige oder giftige Stoffe dürfen mit brandfördernden Stoffen zusammengelagert werden, wenn die Anforderungen von TRGS 515 [152] erfüllt sind.

Sehr giftige oder giftige brennbare Flüssigkeiten dürfen mit brennbaren Flüssigkeiten (siehe Abschnitt 8.4) zusammengelagert werden, sofern sie mit dem gleichen Löschmittel gelöscht werden können. Die Bestimmungen der TRbF 20 [114] sind zusätzlich zu beachten. Für *Acrolein, Acrylnitril, Allylamin, Ethylenimin* und *Bleialkylverbindungen* gilt die Zusammenlagerung nur bis zu den in Tabelle 8.1 genannten Mengenschwellen.

Als brennbar im vorgenannten Sinne gelten hochentzündliche, leichtentzündliche oder entzündliche Flüssigkeiten sowie Flüssigkeiten, die bei 35 °C weder fest noch salbenförmig sind und einen Flammpunkt nach ISO 2719-198 Apparat (Pensky-Martens) aufweisen.

Die Zusammenlagerung von sehr giftigen oder giftigen Stoffen (die selbst nicht brandfördernd sind, sonst dürfen sie uneingeschränkt mit brandfördernden Stoffen zusammengelagert werden) mit brandfördernden Stoffen der Gruppen 2 und 3 nach TRGS 515 ist in Lagermengen von insgesamt nicht mehr als 20 t unter den in Tabelle 8.2 genannten Bedingungen erlaubt. Diese Ausnahmen vom Zusammenlagerungsverbot gelten auch dann, wenn die sehr giftigen oder giftigen Stoffe selbst brennbar sind. Die Anforderungen der TRGS 515 sind einzuhalten.

Die Zusammenlagerungsverbote gelten nicht bei der Lagerung von sehr giftigen oder giftigen Stoffen in Sicherheitsschränken gemäß Anhang L TRbF 20. Diese Sicherheitsschränke benötigen eine Eignungsfeststellung durch eine anerkannte Materialprüfungsanstalt.

Die Zusammenlagerungsverbote und -beschränkungen gelten nicht bei der **Bereitstellung für den Transport** von sehr giftigen oder giftigen Stoffen auf dafür ausgewiesenen Bereitstellungsflächen. Auch bei Überschreitung der Bereitstellungszeit von 24 Stunden (womit der Tatbestand der Lagerung erfüllt wird) müssen die Zusammenlagerungsverbote und -beschränkungen nicht berück-

Tabelle 8.1 Zusammenlagerungsgrenzen spezieller sehr giftiger und giftiger brennbarer Flüssigkeiten mit brennbaren Stoffen.

Stoff	Menge in kg	
	im Lager	im Freien
Acrolein (2-Propenal)	100	10 000
Acrylnitril	1000	5000
Allylamin	10	100
Ethylenimin (Aziridin)	10	100
Bleialkylverbindungen	500	10 000

Tabelle 8.2 Ausnahmen vom Zusammenlagerungsverbot sehr giftiger und giftiger Stoffe mit brandfördernden Stoffen der Gruppe 2 und 3 nach TRGS 515.

Lagermenge	Bedingung
< 1 t	keine
1 t bis 20 t	– in Gebäuden: automatische Brandmeldeanlage,
	– im Freien: Branderkennung und -meldung durch ständliche Kontrolle,
	– nichtautomatische Feuerlschanlage und anerkannte Werkfeuerwehr und
	– vollautomatische Feuerlöschanlage

sichtigt werden. Die Zusammenladeverbote und Trennvorschriften nach den entsprechenden Vorschriften über die Beförderung gefährlicher Güter sind bei der Bereitstellung zu beachten.

8.2.6
Betrieb des Lagers

Die in einem Lager vorhandenen Sicherheitseinrichtungen, wie z. B. Brandmelde- und Löschanlagen, Rauch- und Wärmeabzugseinrichtungen, automatisch schließende Tore sowie Blitzschutzanlagen müssen regelmäßig gewartet und in den vorgeschriebenen Zeitabständen auf ordnungsgemäße Funktion geprüft werden. Gemäß Technischer Regel 514 müssen die Prüfungen von fachkundigen Personen durchgeführt werden. Die Dokumentation der Funktionsprüfungen der Sicherheitseinrichtungen, gefordert in Abs. 4.1 Nr. 3 der TRGS 514 in einem Prüfprotokoll, ist für die betriebliche Praxis von besonderer Bedeutung.

Nach § 10 Abs. 3 Gefahrstoffverordnung müssen Stoffe, die mit T+ oder T gekennzeichnet sind, unter Verschluss oder so aufbewahrt oder gelagert werden, dass nur fachkundige Personen Zugang haben.
Als fachkundig gelten Personen mit
- fachlicher Ausbildung und
- Erfahrung mit ausreichenden Kenntnissen
  - im Umgang mit sehr giftigen und giftigen Stoffen,
  - der einschlägigen staatlichen Arbeitsschutzvorschriften,
  - der verkehrsrechtlichen Vorschriften über die Kennzeichnung gefährlicher Güter,
  - der Unfallverhütungsvorschriften und
  - der Richtlinien und allgemein anerkannten Regeln der Technik (z. B. DIN-Normen, BG-Merkblätter).

Die fachkundige Person muss den sicheren Zustand des Lagers beurteilen können. Im Gegensatz zur Sachkunde nach Chemikalien-Verbotsverordnung bedarf es zur Erlangung der Fachkunde keines speziellen Lehrgangs; entscheidend ist ausschließlich das vorhandene Fachwissen. Gleichwohl werden hiermit recht hohe Anforderungen an den Fachkundigen gestellt. Der Erwerb dieser Kenntnisse im Beruf ist jedoch grundsätzlich möglich, in vielen Betrieben auch üblich.

Die Forderung, dass nur fachkundige Personen zu einem Gefahrgutlager Zugang haben dürfen, impliziert, dass Gefahrgutläger außerhalb der Dienstzeit verschlossen sein müssen. Für Gefahrstoffläger auf dem Firmengelände von Firmen, wo nur Firmenangehörige oder authorisierte Personen Zugang haben, ist diese Forderung mit den Zugangskontrollen an den Werkstoren erfüllt. Da diese Forderung nicht nur im Anwendungsbereich der TRGS 514, sondern allgemein beim Lagern von mit T oder T+ gekennzeichneten Stoffen gilt, ist bei der Lagerung von kleineren Mengen die Verwahrung dieser Stoffe oder Zubereitungen in einem so genannten „Giftschrank" im Einzelfall sinnvoll.

Gemäß TRGS 514 ist mit dem Verbotszeichen gemäß BGV 125 „Sicherheitskennzeichnung am Arbeitsplatz" [157] (siehe Abbildung 8.4) auf das Zutrittsverbot für Unbefugte hinzuweisen.

Die TRGS 514 fordert in Abs. 4.3 die Führung eines **Einlagerungsplans** mit Angaben

- über die höchstzulässige Lagermenge,
- die Aufteilung der Lagerfläche und
- Art und Menge der gelagerten Güter.

Dieser Einlagerungsplan erfüllt gleichzeitig die Forderung an das Verzeichnis der Gefahrstoffe nach § 7 Abs. 8 Gefahrstoffverordnung. Der Einlagerungsplan ist bei wesentlichen Änderungen fortzuschreiben.

Auch im Gefahrstofflager sind **Betriebsanweisungen** nach § 14 Gefahrstoffverordnung (siehe Abschnitt 6.2.5) zu erstellen. Werden die Gefahrstoffe ausschließlich in geschlossenen Verpackungen gelagert, ist unter normalen Betriebsbedingungen nicht mit einer Produktfreisetzung zu rechnen. Auf Grund der Vielzahl der Produkte ist die Erstellung von stoffspezifischen Betriebsanweisungen nicht sinnvoll und praktikabel. Stattdessen sollten im Lagerbereich Betriebsanweisungen eingesetzt werden, die den tatsächlichen Gegebenheiten im Lager Rechnung tragen. So können sowohl die für die Laboratorien erarbeiteten Gruppenbetriebsanweisungen, nach Anpassen auf die lagerspezifischen Belange, als auch die in

Zutritt für
Unbefugte
verboten

Abb. 8.4 Verbotszeichen nach BGV.

Betriebsanweisung nach § 14 GefStoffV

Abteilung/Betrieb: Logistik Arbeitsplatz: Lager 1
Arbeitsbereich: Lagerhalle Tätigkeit: Bereitstellung von Produkten
Datum: 01.08.2007

Chemikalien
(ordnungsgemäß verpackte und gekennzeichnete Produkte bei der Lagerung)

Gefahren für Mensch und Umwelt

Aus Vorsorgegründen sind alle Chemikalien als „giftig", „ätzend", „leichtentzündlich" und „brandfördernd" anzusehen.

Schutzmaßnahmen und Verhaltensregeln

Anlagenspezifische Anweisungen beachten.

Verhalten im Gefahrfall

- Gabelstapler abstellen
- Vorgesetzten informieren
- Kennzeichnung dem Vorgesetzten mitteilen
- Gefährdete Bereiche verlassen und absperren

Tel. 12345

Erste Hilfe

Verunreinigte Haut gründlich mit viel Wasser reinigen, Ambulanz anfordern

Augen: 10–15 Minuten gründlich mit Wasser spülen, Augenarzt aufsuchen

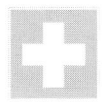

Verunreinigte Kleidung sofort ablegen, bei großflächiger Hautkontamination Notdusche benutzen

Notruf 112

Sachgerechte Entsorgung

Abfälle in bereitgestelltem Behälter sammeln und zur Entsorgung geben.

Abb. 8.5 Betriebsanweisung für ein Gefahrstofflager, wenn eine Werkfeuerwehr jederzeit technische Hilfeleistung garantieren kann.

Abbildung 8.5 aufgeführte Lagerbetriebsanweisung benutzt werden. Voraussetzung für ihre Anwendung ist jedoch eine spezielle Betriebsinfrastruktur, wie z. B. eine in kürzester Zeit präsente fachkompetente Hilfeleistung durch eine Werkfeuerwehr. Gegebenenfalls können in die Betriebsanweisung Hinweise auf die Zusammenlagerungsverbote aufgenommen werden.

Auf Basis der Betriebsanweisungen müssen auch im Gefahrstofflager **Betriebsunterweisungen** durchgeführt werden. Bei Verwendung nur einer Betriebsanweisung, gemäß dem Muster von Abbildung 8.5, muss in der Unterweisung ausdrücklich auf das korrekte Verhalten bei Produktaustritt oder sonstigen Gefahrensituationen eingegangen werden. Das Lagerpersonal muss mit den Maßnahmen im Gefahrenfall vertraut sein.

Bei den empfohlenen jährlichen **Notfallübungen** sind die Maßnahmen bei Produktfreisetzung, Brand oder in sonstigen Notfällen zu üben.

Als kurze, präzise Anweisung für das Verhalten bei besonderen Vorkommnissen, wie z. B. bei Feuer, Produktaustritt, Leckagen und bei Unfällen, ist ein **Alarmplan** mit folgenden Informationen und Verhaltensregeln an mehreren Stellen im Lager auszuhängen:

- Telefonnummern von
  - Feuerwehr,
  - Rettungsdienst,
  - Arzt,
  - Krankenhaus,
  - Krankentransport und
  - Polizei.
- Telefonnummer des Betriebsleiters, Meisters und sonstiger Personen sowie
- Angaben zu
  - Alarmsignalen,
  - Sammelplatz,
  - Anwesenheitskontrollen der Belegschaft,
  - Abschaltung von Energien,
  - Benutzung von Flucht- und Rettungswegen und zur
  - Brandbekämpfung.

Für das Verhalten der Einsatzkräfte beim Freiwerden und beim Brand der im Lager befindlichen Stoffe muss der Lagerleiter stoffspezifische Informationen bereithalten. Diese Notfallinformationen für Einsatzkräfte sollten die folgenden Informationen beinhalten:

- Bezeichnung der gelagerten Stoffe,
- Name und Anschrift der Lieferanten bzw. Hersteller der Produkte,
- Hinweise auf die besonderen Gefahren (→ R-Sätze),
- Sicherheitsmaßnahmen, um den Gefahren zu begegnen (→ S-Sätze),
- Maßnahmen bei Beschädigung der Verpackung,
- Maßnahmen bei Stoffkontamination von Personen (→ Erste Hilfe),
- Maßnahmen im Brandfall, möglichst unter Angabe von zulässigen oder nicht zulässigen Löschmitteln und
- Maßnahmen zur Verhinderung von Umweltschäden, insbesondere Aussagen zum Gewässerschutz, und zu möglichen Maßnahmen in der Kläranlage.

Durch Sammlung der Sicherheitsdatenblätter der eingelagerten Stoffe können die vorgenannten Informationen einfach bereitgehalten werden.

8.3
Lagerung brandfördernder Stoffe nach TRGS 515

In der TRGS 515 [152] werden die brandfördernden Stoffe in Abhängigkeit von ihrem brandfördernden Potenzial in vier Gruppen unterteilt.
- Gruppe 1: die sehr reaktionsfähigen brandfördernden Stoffe, die sich im Feuer explosionsartig zersetzen können oder sehr heftig mit brennbaren Stoffen reagieren.
- Gruppe 2: Stoffe mit mittlerer brandfördernder Eigenschaft.
- Gruppe 3: Stoffe mit schwach ausgeprägter brandfördernder Eigenschaft.
- Gruppe 4: Stoffe mit sehr schwach ausgeprägter brandfördernder Eigenschaft, die nicht unter den Regelungsbereich der TRGS fallen, aber nach den verkehrsrechtlichen Vorschriften in die Gefahrklasse 5.1 eingestuft und gekennzeichnet sind.

8.3.1
Anwendungsbereich

TRGS 515 [152] gilt für das Lagern brandfördernder Stoffe und Zubereitungen in Verpackungen und ortsbeweglichen Behältern.

Grundsätzlich gelten ähnliche Ausnahmen für die Lagerung von brandfördernden Stoffen wie bei der Lagerung sehr giftiger und giftiger Stoffe nach TRGS 514 (siehe Abschnitt 8.2.5).

Die TRGS 515 gilt nicht, wenn
- sich Stoffe im Produktionsgang oder
- im Arbeitsgang befinden,
- transportbedingt zwischengelagert werden oder
- in Mengen von insgesamt nicht mehr als 200 kg gelagert werden.

Die TRGS 515 ist ferner nicht anzuwenden bei der Lagerung von
- *organischen Peroxiden,*
- brandfördernden *Ammoniumverbindungen,*
- *Guanidinnitrat,*
- brandfördernden Druckgasen und
- brandfördernden Stoffen der Gruppe 4 gemäß Anhang der TRGS (siehe Abschnitt 8.3.2).

Läger zum Lagern von Flüssigkeiten müssen einen Auffangraum besitzen, der mindestens 10 % der gelagerten Stoffe aufnehmen kann, mindestens jedoch den Inhalt des größten Gefäßes.

8.3.2
Einteilung brandfördernder Stoffe

In Abhängigkeit von der Reaktionsfähigkeit werden brandfördernde Stoffe in vier Gruppen eingeteilt. Der TRGS 515 [152] ist eine Liste angehängt, der die Einteilung der verschiedenen brandfördernden Stoffe in die Gruppen 1 bis 4 entnommen werden kann. Da sich diese Liste über mehrere Seiten erstreckt, wird an dieser Stelle auf eine vollständige Aufzählung verzichtet.

Die wichtigsten Stoffklassen werden im Folgenden kurz aufgeführt. Eine Zusammenfassung kann Abbildung 8.6 entnommen werden.

Gruppe 1 umfasst die sehr reaktionsfähigen Stoffe. Diese zersetzen sich im Feuer explosionsartig oder reagieren mit brennbaren Stoffen äußerst heftig. Auf Grund dieser Eigenschaft ist eine strenge Trennung von brennbaren Stoffen notwendig. Viele *Chlorite, Chlorate, Perchlorate* und *Bromate* sind typische Vertreter der Gruppe 1. *Alkalisuperoxide* sind ebenfalls zu den sehr reaktionsfähigen brandfördernden Stoffen zu zählen.

Die Stoffe der **Gruppe 2** umfassen die brandfördernden Stoffe mit mittlerer Reaktionsfähigkeit. Typische Vertreter dieser Gruppe sind *Nitrite, Nitrate, Permanganate* und *Metallperoxide*. Konzentrierte *Salpetersäure* zählt ebenso wie konzentrierte *Schwefelsäure* zu den brandfördernden Stoffen mit mittlerer Reaktionsfähigkeit.

Die wässrigen Lösungen der Stoffe der Gruppe 1 besitzen nur noch eine schwache Reaktionsfähigkeit und werden in **Gruppe 3** eingeteilt. Ferner besitzen die Nitrate vieler Schwermetalle, z. B. *Chromnitrat, Nickelnitrat, Zirkoniumnitrat* oder *Silbernitrat*, eine schwache Reaktionsfähigkeit.

Die Bestimmungen von TRGS 515 müssen nicht mehr auf die brandfördernden Stoffe der **Gruppe 4** angewendet werden. Vertreter der sehr schwachen brandfördernden Stoffe sind z. B. *Harnstoff-Wasserstoffperoxid* und *Natriumcarbonat-Peroxyhydrat*.

Gruppe 1:	**Sehr reaktionsfähige** brandfördernde Stoffe, zersetzen sich mit Feuer explosionsartig oder reagieren mit brennbaren Stoffen sehr heftig
	Beispiele: Chlorite, Chlorate, Perchlorate, Bromate, Alkalisuperoxide
Gruppe 2:	Brandfördernde Stoffe mit **mittlerer** Reaktionsfähigkeit
	Beispiele: Nitrite, Nitrate, Permanganate, Metallperoxide, Salpetersäure
Gruppe 3:	Brandfördernde Stoffe mit **schwacher** Reaktionsfähigkeit
	Beispiele: Cr-, Ni-, Zr-, Th-, Ag-Nitrat, wässrige Lösungen
Gruppe 4:	**Sehr schwach** brandfördernde Stoffe, keine Anwendung der TRGS
	Beispiele: Harnstoff-Wasserstoffperoxid, Natriumcarbonat-Peroxyhydrat

Abb. 8.6 Einteilung brandfördernder Stoffe nach TRGS 515.

8.3.3
Zusammenlagerungsverbote

Bei der Lagerung brandfördernder Stoffe sind in Abhängigkeit von der Gruppe die folgenden Zusammenlagerungsverbote zu beachten:

1. Stoffe der Gruppe 1 dürfen nur mit Stoffen der Gruppe 2 oder 3 zusammengelagert werden, eine Zusammenlagerung mit anderen Stoffen oder Erzeugnissen ist nicht zulässig.
2. Brandfördernde Stoffe der Gruppen 2 und 3 dürfen nicht zusammengelagert werden mit
   - selbstentzündlichen Stoffen,
   - Stoffen, die bei Berührung mit Wasser entzündliche Gase entwickeln,
   - *organischen Peroxiden,*
   - Druckgasen,
   - tiefkalt verflüssigten Gasen und mit
   - ammoniumhaltigen Düngemitteln, die der TRGS 511 [107] unterliegen.
3. Die Zusammenlagerung von brandfördernden Stoffen der Gruppen 2 und 3 mit
   - hochentzündlichen festen Stoffen,
   - leichtentzündlichen Stoffen und mit
   - sehr giftigen oder giftigen Stoffen

   ist nur erlaubt bei Lagerung von brandfördernden Stoffen in Mengen
   - unter **1 t**: ohne Einschränkungen,
   - in Mengen zwischen **1 und 20 t**:
     – in Gebäuden mit einer automatischen Brandmeldeanlage oder
     – im Freien mit Branderkennung und Brandmeldung oder einer geeigneten automatischen Brandmeldeanlage oder
     – mit einer nicht automatischen Feuerlöschanlage und einer anerkannten Werkfeuerwehr oder
     – mit einer automatischen Feuerlöschanlage.
   - Die Zusammenlagerung in Mengen **über 20 t** ist nicht erlaubt!
4. Brandfördernde Stoffe der Gruppe 2 dürfen mit
   - brennbaren Schmierölen, Pflanzenölen, Anstrichmitteln, Lacken sowie Flüssigkeiten mit einem Flammpunkt über 55 °C und
   - festen Brennstoffen, Bitumen, Papier, Textilien, organischen Chemikalien, Arzneimitteln, Lebensmitteln, Futtermitteln, Kunststoffen, Heu, Stroh oder Metallpulver

   in Mengen über **1 t** nur zusammengelagert werden, wenn die unter Nr. 3 genannten Feuermelde- oder -löschanlagen vorhanden sind.

Analog den Zusammenlagerungsverboten von sehr giftigen und giftigen Stoffen nach TRGS 514 ist für die Zusammenlagerungsverbote nach TRGS 515 nicht die Einstufung der Stoffe maßgeblich, sondern die Kennzeichnung mit dem entsprechenden Gefahrensymbol (siehe Abschnitt 8.2.1). Die gleichen Zusammenlagerungsverbote gelten für Stoffe, die nach den verkehrsrechtlichen Vorschriften mit den

> Gefahrenzetteln 2, 3, 4.1, 4.2, 4.3, 5.1, 5.2 und 6 bzw. 6.1
> (bei den beiden letzten nur bei Kennzeichnung mit Totenkopf)

zu kennzeichnen sind.

8.3.4
Ausnahmen von den Zusammenlagerungsverboten

Feuerlöscher in der notwendigen Anzahl sind von den Zusammenlagerungsverboten für Druckgase ausgenommen.

Brandfördernde Stoffe, die zusätzlich als sehr giftig oder giftig zu kennzeichnen sind, dürfen ebenfalls im Lager für brandfördernde Stoffe gelagert werden. Für diesen Lagerbereich gelten dann jedoch zusätzlich die Regelungen der TRGS 514 [96]. Die Zusammenlagerungsverbote gelten nicht bei der Bereitstellung zur Beförderung auf eigens hierfür ausgewiesenen Bereitstellungsflächen, auch bei einer Bereitstellung über den Zeitrahmen von 24 Stunden hinaus. Die Zusammenladeverbote und Trennvorschriften der verkehrsrechtlichen Regelungen sind jedoch zu beachten.

Grundsätzlich müssen die Zusammenlagerungsverbote nicht berücksichtigt werden, wenn die Stoffe in Sicherheitsschränken nach Anhang L der TRbF 20 [114] aufbewahrt werden.

8.3.5
Bauliche Anforderungen

Brandfördernde Stoffe der Gruppe 1 dürfen nur in eingeschossigen Gebäuden gelagert werden.

Zusätzlich zu den allgemeinen sicherheitstechnischen Anforderungen an Gefahrstoffläger gelten die folgenden Regelungen bei der Lagerung brandfördernder Stoffe:

Brandfördernde Stoffe der Gruppe 1 dürfen nur in Gebäuden gelagert werden, die mindestens die Anforderungen an die Feuerbeständigkeitsklasse F 90 erfüllen. Diese Forderungen werden z. B. von vielen Fertiggaragen erfüllt. Sind diese Forderungen nicht eingehalten, ist ein Sicherheitsabstand von mindestens 10 m zu anderen Gebäuden einzuhalten.

Bei der Lagerung brandfördernder Stoffe sind die minimal vorhandenen Löschwassermengen vorgeschrieben. Pro 100 m^2 Lagerfläche muss eine Wasserleistung von mindestens 200 L/min bei einem Fließdruck größer 3 bar vorhanden sein. Alternativ kann das notwendige Löschwasser einem Löschwasserteich entnommen werden. Pro 100 m^2 müssen mindestens 24 m^3 Löschwasservolumen zur Verfügung stehen.

8.4
Lagerung brennbarer Flüssigkeiten

8.4.1
Die Betriebssicherheitsverordnung

Die wichtigsten sicherheitstechnischen Anforderungen zur Lagerung brennbarer Flüssigkeiten finden sich nicht in der Gefahrstoffverordnung, sondern in der Betriebssicherheitsverordnung [149].

Bei der Lagerung brennbarer Flüssigkeiten müssen die Anforderungen der Betriebssicherheitsverordnung an überwachungsbedürftige Anlagen im Sinne von § 2 Abs. 7 des Geräte- und Produktsicherheitsgesetzes [158] erfüllt werden,
- wenn der Gesamtrauminhalt mehr als 10 000 Litern beträgt,
- wenn die Füllstellen eine Umschlagkapazität von mehr als 1000 Litern je Stunde besitzen,
- bei Tankstellen und Flugfeldbetankungsanlagen sowie
- falls die Entleerstellen eine Umschlagkapazität von mehr als 1000 Litern je Stunde besitzen.

Obwohl die Betriebssicherheitsverordnung im Anwendungsbereich (§ 1 Nr. 4) Lageranlagen mit hochentzündlichen, leichtentzündlichen und entzündlichen Flüssigkeiten regelt, benutzt die TRbF 20 Läger [114] die ehemaligen Definitionen der Verordnung brennbare Flüssigkeiten (VbF), die durch die Betriebssicherheitsverordnung 2002 ersetzt wurde. Im Gegensatz zur Gefahrstoffverordnung unterteilt die TRbF 20 die brennbaren Flüssigkeiten zusätzlich auf Grund der Wassermischbarkeit bei 15 °C in die Gefahrenklassen A, nicht mit Wasser mischbar, und in die Gefahrenklasse B, mit Wasser mischbar (siehe Tabelle 8.3).

Sowohl die Vorschriften der Betriebssicherheitsverordnung als auch der TRbF 20 gelten nicht, wenn sich brennbare Flüssigkeiten
- im Arbeitsgang befinden,
- in den für den Fortgang der Arbeiten erforderlichen Mengen bereitgehalten oder
- als Fertig- oder Zwischenprodukt kurzfristig abgestellt werden.

Tabelle 8.3 Einteilung brennbarer Flüssigkeiten nach TRbF 20.

Gefahrenklasse	Flammpunkt	Beispiel
A I	$\leq 21\,°C$	Diethylether, Ethylacetat, Benzol, Toluol
A II	21 bis $\leq 55\,°C$	Amylalkohol, Anilin, Butylalkohol, Acetanhydrid, Xylol
A III	55 bis $\leq 100\,°C$	Anthrazen, Benzaldehyd, Dichlorbenzol, Nitrobenzol
B	$\leq 21\,°C$	Aceton, Dioxan, Ethanol, Methanol, Propanol

8 Lagerung von Gefahrstoffen

Werden brennbare Flüssigkeiten der Gefahrenklasse A I, A II oder B im gleichen Lagerabschnitt zusammengelagert, gilt die folgende Regel zur Ermittlung der Lagermenge:

> Ein Liter der Gefahrenklasse A I entspricht fünf Litern der Gefahrenklasse A II oder B.

Grundsätzlich ist die Lagerung brennbarer Flüssigkeiten verboten
- in Durchgängen und Durchfahrten,
- in Treppenräumen,
- in allgemein zugänglichen Fluren,
- auf Dächern von Wohnräumen, Krankenhäusern, Bürohäusern und ähnlichen Gebäuden
- sowie in deren Dachräumen,
- in Arbeitsräumen und
- in Gast- und Schankräumen.

Ferner dürfen an diesen Orten keine entleerten Behälter mit Restmengen oder Behälter mit Dämpfen brennbarer Flüssigkeiten mit mehr als 10 L Gesamtrauminhalt abgestellt werden.

Die grundlegenden Regelungen zur Lagerung brennbarer Flüssigkeiten sowie exakte Vorgaben zur baulichen Gestaltung und sicherheitstechnischen Ausrüstung sind der TRbF 20 zu entnehmen.

Die Lagerung brennbarer Flüssigkeiten in **Wohnhäusern** in nicht zerbrechlichen Gefäßen ist in Mengen bis maximal 5 L (A II) erlaubt, in Kellerräumen bis 20 L. Diese Mengen reduzieren sich bei der Lagerung in zerbrechlichen Behältern deutlich (siehe Tabelle 8.4). Besondere bauliche oder sicherheitstechnische Maßnahmen und explosionsgefährdete Bereiche müssen nicht beachtet werden. Eine Überschreitung dieser Mengen ist grundsätzlich verboten.

Tabelle 8.4 Maximal zulässige Mengen bei der Lagerung brennbarer Flüssigkeiten in Wohnräumen (in Litern).

Raum	Art der Behälter	Max. erlaubte Menge A I	A II oder B
Wohnräume und Räume, die nicht feuerbeständig abgetrennt sind	zerbrechliche Gefäße	1	5
	sonstige Behälter	1	5
Kellerräume (Gesamtkeller)	zerbrechliche Gefäße	1	5
	sonstige Gefäße	20	20

Tabelle 8.5 Mengenschwellen bei der anzeige- und erlaubnisfreien Lagerung brennbarer Flüssigkeiten in Verkaufs- und Vorratsräumen des Einzelhandels (in Litern).

Grundfläche	Art der Behälter	Max. erlaubte Menge	
		A I	A II oder B
bis 60 m²	zerbrechliche Gefäße	5	10
	sonstige Behälter	60	120
60 bis 500 m²	zerbrechliche Gefäße	20	40
	sonstige Behälter	200	400
über 500 m²	zerbrechliche Gefäße	30	60
	sonstige Behälter	300	600

Für den **Einzelhandel** gelten in Abhängigkeit von der Raumgröße unterschiedliche Mengenschwellen; auch hier muss nach zerbrechlichen und nicht zerbrechlichen Behältern unterschieden werden (siehe Tabelle 8.5). Die Verkaufs- und Vorratsräume müssen von angrenzenden Räumen durch feuerhemmende Wände und Decken (mindestens Feuerwiderstandsklasse F 30) abgetrennt sein.

Werden in Lagerräumen die Mengenschwellen nach Tabelle 8.5 unterschritten, sind die folgenden sicherheitstechnischen Ausstattungen notwendig:
- angrenzende Räume müssen durch feuerbeständige Wände und Decken (d. h. mindestens Feuerwiderstandsklasse F 90) abgetrennt sein,
- die Räume dürfen keine Bodenabläufe haben und
- durch die Lagerräume hindurchführende Schornsteine dürfen keine Öffnungen haben (auch durch Schieber oder Klappen verschlossene Öffnungen sind nicht zulässig).

Die Lagerräume dürfen nicht allgemein zugänglich sein, das unbefugte Betreten ist durch eindeutige, sichtbare und gut lesbare Verbotszeichen zu verbieten. Gemäß VBG 125 [157] ist hierfür das Verbotszeichen „Betreten für Unbefugte verboten" zu verwenden (siehe Abbildung 8.4).

8.4.2
Ex-Zonen-Einteilung

Im Rahmen der Gefährdungsbeurteilung müssen Bereiche mit möglicherweise explosionsgefährlichen Konzentrationen in Zonen eingeteilt werden. Die Zoneneinteilung ist nach der Wahrscheinlichkeit des Auftretens gefährlicher explosionsfähiger Atmosphäre vorzunehmen.

Die Zonen 0, 1 und 2 umfassen Bereiche, in denen gefährliche explosionsfähige Atmosphäre durch Gase, Dämpfe oder Nebel mit Luft hervorgerufen werden kann:
- Zone 0: Bereiche, in denen eine gefährliche explosionsfähige Atmosphäre ständig, über lange Zeiträume oder häufig vorhanden ist.
  Beispiele: das Innere von Behältern (Lagerbehältern, Rührkolben, Rohrleitungen etc.).
- Zone 1: Bereiche, in denen sich im Normalbetrieb gelegentlich eine gefährliche explosionsfähige Atmosphäre bilden kann.
  Beispiele: die nähere Umgebung der Zone 0; der nähere Bereich um Füll- und Entleerungseinrichtungen; Lagerräume, in denen umgefüllt wird.
- Zone 2: Bereiche, in denen bei Normalbetrieb eine gefährliche explosionsfähige Atmosphäre normalerweise nicht oder nur selten kurzzeitig auftritt.
  Beispiele: Lagerräume ohne Umfüllvorgänge; Flanschverbindungen bei Rohrleitungen in Räumen; Bereiche, die sich an die Zone 1 anschließen.

Wird die gefährliche explosionsfähige Atmosphäre durch brennbare Stäube in Luft verursacht, erfolgt die Einteilung in die Ex-Zonen 20 bis 22:
- Zone 20: Bereiche, in denen gefährliche explosionsfähige Atmosphäre in Form einer Wolke aus in der Luft enthaltenem brennbaren Staub ständig, über lange Zeiträume oder häufig vorhanden ist.
  Beispiele: das Innere von Mühlen, Trocknern, Mischern, Förderleitungen, Silos.
- Zone 21: Bereiche, in denen sich bei Normalbetrieb eine gefährliche explosionsfähige Atmosphäre in Form einer Wolke aus in der Luft enthaltenem brennbaren Staub bilden kann.
  Beispiele: die Umgebung Staub enthaltender, nicht dichter Apparaturen.
- Zone 22: Bereiche, in denen bei Normalbetrieb eine gefährliche explosionsfähige Atmosphäre in Form einer Wolke aus in der Luft enthaltenem brennbaren Staub normalerweise nicht oder aber nur kurzzeitig auftritt.

Die Auswahl der in explosionsgefährdeten Bereichen einzusetzenden Geräte und Anlagenteile richtet sich nach der Wahrscheinlichkeit des Auftretens explosionsgefährlicher Atmosphäre:
- in Zone 0 oder Zone 20 dürfen nur Geräte der Kategorie 1,
- in Zone 1 oder Zone 21 nur Geräte der Kategorie 1 oder der Kategorie 2 sowie
- in Zone 2 oder Zone 22 nur Geräte der Kategorie 1, der Kategorie 2 oder der Kategorie 3

benutzt oder eingesetzt werden.

Wird in der Gefährdungsbeurteilung keine gegenteilige Festlegung getroffen, können in erster Näherung
- Lagerräume, in denen nicht abgefüllt wird, als Ex-Zone 2 und
- Lagerräume, in denen ab- oder umgefüllt wird, zumindest bereichsweise als Ex-Zone 1

betrachtet werden.

In letzterem Fall gilt zumindest die Umgebung der Füllstelle als Ex-Zone 1, an diese schließt sich ein Bereich von Ex-Zone 2 an. Für eine exakte Ex-Zoneneinstufung sind in der Regel komplexere Betrachtungen notwendig. Anleitungen und Hinweise dazu finden sich in den Explosionsrichtlinien der BG-Chemie; 8-18 der beigefügten Beispielsammlung kann für viele Lagersituationen die Einstufung der explosionsgefährdeten Bereiche entnommen werden.

Sind Zonen mit explosionsgefährlicher Atmosphäre in einem Betrieb vorhanden, muss ein **Explosionsschutzdokument** erstellt werden, dem zu entnehmen sein muss,
1. dass die Explosionsgefährdungen ermittelt und einer Bewertung unterzogen worden sind,
2. angemessene Vorkehrungen getroffen werden, um die Ziele des Explosionsschutzes zu erreichen,
3. die Betriebsbereiche in Zonen eingeteilt wurden und
4. für welche Bereiche die Mindestvorschriften zum Schutz vor explosionsgefährlicher Atmosphäre gelten.

8.4.3
Sicherheitstechnische Ausstattung von Lägern

Lagerräume sind gemäß Definition der TRbF 20 [114] Räume über oder unter der Erdgleiche (z. B. Keller), die zur Lagerung von brennbaren Flüssigkeiten benutzt werden.

Die Lagermenge ist pro Lagerraum auf maximal 150 m^3 brennbare Flüssigkeiten zu begrenzen. Brennbare Flüssigkeiten mit einem Flammpunkt über 55 °C sind hierbei mit zu berücksichtigen. Der maximale Rauminhalt ortsbeweglicher Tanks ist auf 100 m^3 zu begrenzen, falls keine
- schlagkräftige Betriebsfeuerwehr oder
- stationäre selbsttätig auslösende Löschanlage

vorhanden sind.

Für die **bauliche Ausführung** von Lagerräumen und Lagertanks enthält die TRbF 20 sehr detaillierte Ausführungen, die wesentlichen sind im Folgenden kurz zusammengefasst:
- Wände, Decken und Türen müssen mindestens feuerhemmend (F 30) ausgeführt werden und müssen aus nicht brennbaren Materialien bestehen,
- die Abtrennung zu anderen Räumen muss feuerbeständig (F 90) erfolgen,
- Dächer müssen entweder durch feuerbeständige (F 90) Decken von den Lagerräumen abgetrennt sein oder aus nicht brennbaren Baustoffen bestehen,

- hindurchführende Schornsteine müssen gemäß den Kriterien von Brandwänden errichtet werden und dürfen keine Öffnungen haben (auch durch Schieber oder Klappen verschlossene Öffnungen sind nicht zulässig),
- Lagerräume dürfen nicht an Wohnräume angrenzen, bei erlaubnisbedürftiger Lagerung ebenfalls nicht an Räume, in denen sich Personen vorübergehend aufhalten (z. B. Pausenräume, Toiletten, Sitzungszimmer), mit Ausnahme des Lagerpersonals,
- Durchbrüche durch Wände und Decken (z. B. für Rohrleitungen, Elektroleitungen), die in angrenzende Räume führen, müssen durch nicht brennbare Baustoffe gegen den Durchtritt von Dämpfen brennbarer Flüssigkeiten und gegen Brandübertragung gesichert sein,
- Türen müssen in Fluchtrichtung zu öffnen sein und selbstständig schließen,
- Fußböden müssen für die gelagerten brennbaren Flüssigkeiten undurchlässig sein und aus nicht brennbaren Baustoffen bestehen,
- Abläufe und Öffnungen zu tiefer gelegenen Räumen, Kellern, Gruben, Schächten sowie Kanälen (z. B. für Kabel, Rohrleitungen) müssen gegen das Eindringen brennbarer Flüssigkeiten und deren Dämpfe geschützt sein,
- Lagerräume müssen ausreichend belüftbar sein (i. A. wird ein fünffacher Luftwechsel pro Stunde mit in Bodennähe wirkender Absaugung als ausreichend angesehen),
- eine ausreichende Beleuchtung muss vorhanden sein,
- die Behälter sind gegen Beschädigung zu schützen, z. B. durch sichere Aufstellung oder durch einen Anfahrschutz,
- eine Branderkennungsanlage und
- eine Feuerlöschanlage müssen in Abhängigkeit von einer vorhandenen Betriebsfeuerwehr in unterschiedlicher Qualität vorhanden sein.

Brennbare Flüssigkeiten müssen so gelagert werden, dass Flüssigkeiten nicht auslaufen können. Trotz dieser Vorsichtsmaßnahmen muss ausgelaufene Flüssigkeit aufgefangen, rechtzeitig erkannt und beseitigt werden können.

Ein eigener Auffangraum für die Behälter ist notwendig, wenn der Gesamtrauminhalt aller Behälter im Lager **450 L** übersteigt.

Die Auffangräume müssen mindestens die folgenden Volumina aufnehmen können:
- Rauminhalt des größten in ihm aufgestellten Tanks,
- bei der Lagerung in ortsbeweglichen Gefäßen
  - bis Gesamtfassungsvermögen von 100 m^3: **10 %** des Rauminhaltes aller in dem Auffangraum gelagerten Gefäße, mindestens jedoch den Inhalt des größten Gefäßes,
  - bei einem Gesamtfassungsvermögen von 100 bis 1000 m^3: **3 %** des Rauminhaltes aller in dem Auffangraum gelagerten Gefäße, mindestens jedoch 10 m^3 und
  - bei einem Gesamtfassungsvermögen über 1000 m^3: **2 %** des Rauminhaltes aller in dem Auffangraum gelagerten Gefäße, mindestens jedoch 30 m^3.

Werden Flüssigkeiten der Gefahrenklasse A III im gleichen Auffangraum gelagert, sind diese in die Berechnung mit einzubeziehen. Kommunizierende Behälter gelten als ein Behälter.

Für die Auffangräume müssen ebenfalls exakte Bauvorschriften zur Gewährleistung einer ausreichenden Dichtigkeit eingehalten werden.

Der Abstand der Behälterwand von der Wand des Auffangraumes muss bei
- Behälter- oder Wandhöhen bis 1,5 m mindestens 0,4 m und bei
- Behälter- oder Wandhöhen über 1,5 m mindestens 1 m

betragen.

Auf einen eigenen Auffangraum kann verzichtet werden bei
- doppelwandig liegenden zylindrischen Stahltanks mit bauartzugelassenem Leckanzeigegerät,
- doppelwandigen Tanks aus Stahl bis zu 100 m^3 Rauminhalt mit zugelassenem Leckanzeigegerät und
- Tanks bis zu einem Rauminhalt von 40 m^3, wenn sie
  - gegen Flammeneinwirkung ausreichend widerstandsfähig sind,
  - gegen Korrosion ausreichend geschützt sind und
  - unterhalb des zulässigen Flüssigkeitsstands keine lösbaren Anschlüsse oder Verschlüsse besitzen.

Oberirdische Behälter zur Lagerung von brennbaren Flüssigkeiten **im Freien** müssen von Gebäuden einen Sicherheitsabstand von 10 m einhalten, wenn die dem Behälter zugewandten Gebäudewände nicht feuerbeständig ausgeführt sind und die Dacheindeckung nicht widerstandsfähig gegen Flugfeuer und strahlende Wärme ist. Sind feuerbeständige Trennwände vorhanden, kann dieser Sicherheitsabstand verringert werden.

Grundsätzlich müssen die Behälter im Freien – wie die in Lagerräumen – mit einem Anfahrschutz versehen werden.

Für den Auffangraum zum Erfassen austretender Flüssigkeiten gelten die gleichen Bedingungen wie bei Lagerräumen. Das Aufstellen in eigenen Auffangräumen kann bei Behältern unter 1 m^3 Gesamtrauminhalt entfallen. Mehrere Tanks dürfen nur dann in einem Auffangraum aufgestellt werden, wenn ihr Gesamtrauminhalt
- 30 000 m^3 bei Flüssigkeiten der Gefahrenklasse A I, A II und B, ausgenommen Rohöl und Schwefelkohlenstoff, bzw.
- 15 000 m^3 bei Rohöl und Schwefelkohlenstoff

nicht übersteigt.

Ortsbewegliche Gefäße dürfen bis zu einem Gesamtrauminhalt von 200 m^3 im gleichen Auffangraum gelagert werden.

Auffangräume im Freien müssen mit absperrbaren Einrichtungen zur Entfernung von Regenwasser versehen sein. Bei der Lagerung nicht wasserlöslicher Flüssigkeiten müssen Abscheidevorrichtungen zur Trennung des Wassers von den Flüssigkeiten vorhanden sein. Diese meist als „Ölabscheider" bezeichneten Einrichtungen müssen ebenso wie die Absperrvorrichtungen auch im Brandfall funktionsfähig bleiben.

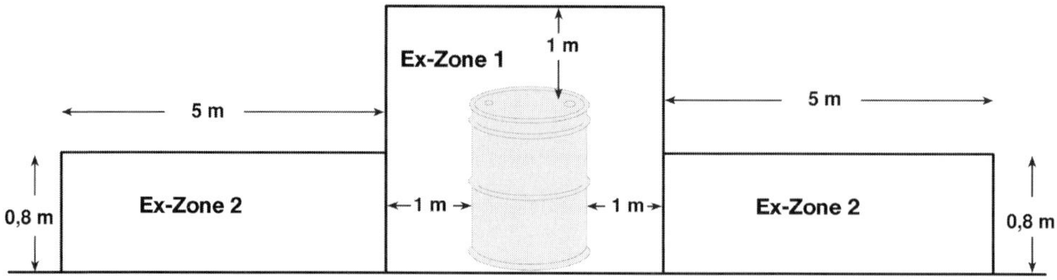

Abb. 8.7 Ex-Zonen bei der Lagerung brennbarer Flüssigkeiten im Freien.

Die bauliche Ausführung der Auffangräume ist in der TRbF 20 [114] ausführlich beschrieben, ebenso sind die Mindestabstände verschiedener Tankbehälter dort angegeben.

Läger brennbarer Flüssigkeiten im Freien sind ebenfalls in EX-Zonen einzuteilen.

Die um einen Flüssigkeitsbehälter geltende Zoneneinteilung kann Abbildung 8.7 entnommen werden. Die Zoneneinteilung im Freien, in Abhängigkeit vom Dampfdruck der gelagerten Medien, ist kompliziert und erfordert die Kenntnis eines umfassendes Regelwerks. Die Festlegung von Ex-Zonen um Tankbehälter ist ebenfalls komplex und kann im Rahmen dieses Buches nicht näher erläutert werden.

8.4.4
Zusammenlagerungsverbote

Eine Zusammenlagerung liegt vor, wenn sich die Behälter
- in einem Raum,
- bei Lagerung im Freien in einem gemeinsamen Auffangraum oder in unterteilten Tanks oder
- bei unterirdischer Lagerung in unterteilten Tanks

befinden.

Brennbare Flüssigkeiten dürfen nicht zusammengelagert werden mit
- sehr giftigen oder
- giftigen Stoffen,
- Druckgasen und
- brandfördernden Stoffen,

die selbst nicht brennbar sind.

Die Ausnahmen von den Zusammenlagerungsverboten von sehr giftigen oder giftigen Stoffen mit brennbaren Stoffen gelten analog auch bei brennbaren Flüssigkeiten, für nähere Informationen wird auf Abschnitt 8.2.5 verwiesen. Da für die Definition der Begriffe „giftig" und „sehr giftig" auf das Chemikaliengesetz verwiesen wird, ist für die Zusammenlagerungsverbote nach TRbF 20 [114] rein formal die Einstufung der Stoffe und nicht die Kennzeichnung, wie in der TRGS 514 [96], heranzuziehen.

Die Zusammenlagerung von brandfördernden Stoffen in Lagerräumen mit brandfördernden Stoffen der Gruppen 2 oder 3 ist nach Maßgabe von TRGS 515 [152] erlaubt (siehe hierzu Abschnitt 8.3.3). Die Zusammenlagerung mit Druckgaspackungen (Spraydosen) ist nur unter der Bedingung zulässig, dass gleichzeitig die Anforderungen von TRG 300 [149] erfüllt werden.

In Lagerräumen und bei Lägern im Freien dürfen brennbare Flüssigkeiten mit ätzenden Stoffen nur zusammengelagert werden, wenn sie sich im Schadensfall nicht gegenseitig beeinflussen (gewährleistet z. B. durch getrennte Auffangwannen, große Abstände oder bauliche Trennung). Bei der Zusammenlagerung mit organischen Peroxiden der Klasse 5.2 nach Klassifikation gemäß dem Transportrecht (siehe Abschnitt 8.3) sowie mit polychlorierten Biphenylen sind spezielle Vorschriften zu beachten.

Grundsätzlich liegt keine Zusammenlagerung vor, wenn Stoffe im gleichen Lagerraum in verschiedenen Sicherheitsschränken gemäß Anhang L TRbF 20 gelagert werden. Diese müssen an ein Abluftsystem angeschlossen sein, die Betriebsmittel an und in den Schränken dürfen nicht als Zündquelle wirksam werden können. Üblicherweise ist das Lagervolumen dieser Schränke auf 200 L begrenzt, das Aufstellen mehrerer Schränke in einem Raum ist bei Beachtung der in der TRbF 20 aufgeführten Bedingungen zulässig. Das Innere der Schränke gilt als Ex-Zone 1.

Änderungen an überwachungsbedürftigen Lägern bedürfen der Genehmigung der zuständigen Behörde.

Die sicherheitstechnischen Einrichtungen müssen regelmäßig von einer zugelassenen Überwachungsstelle auf ihre Funktionsfähigkeit hin überprüft werden. Werden in der Gefährdungsbeurteilung keine anderen Prüffristen festgelegt, sind diese Überprüfungen alle fünf Jahre zu wiederholen.

8.5
Konzept des VCI für die Zusammenlagerung von Chemikalien

8.5.1
Lagerklassen

Bei der Lagerung von Chemikalien sind die Lagervorschriften der Gefahrstoffverordnung und der Betriebssicherheitsverordnung gleichermaßen zu beachten. Insbesondere in Speditionslägern ist die Gefahrstoffkennzeichnung meist nicht sichtbar. Zur übersichtlicheren Lagerung hat der „Verband der chemischen Industrie" die Stoffe in Lagerklassen eingeteilt. Als Kriterium für die Einteilung wird neben den klassischen gefährlichen Eigenschaften der Gefahrstoffverordnung oder der Klasseneinteilung des ADR zusätzlich die Brennbarkeit berücksichtigt.

Zur sicheren Lagerung von Produkten werden diese auf Grund ihrer produktspezifischen Gefahrenmerkmale in Lagerklassen eingeteilt. Dazu werden primär die gefährlichen Eigenschaften berücksichtigt, die besondere vorbeugende Maßnahmen des Brand- und Explosionsschutzes erfordern, wie z. B. explosionsgefährlich, hochentzündlich, leichtentzündlich, entzündlich oder brandfördernd. Zusätzlich müssen bei der Lagerung von gefährlichen Produkten ganz wesentlich die Gefahrenmerkmale sehr giftig, giftig und ätzend mit in das Konzept einbezogen werden.

Die Gefahrenmerkmale reizend, gesundheitsschädlich und umweltgefährlich führen nicht zu eigenen Lagerklassen, weil sie für die Zusammenlagerungsregeln ohne Bedeutung sind. Produkte mit diesen Gefahrenmerkmalen sowie die Nichtgefahrstoffe werden nach ihren Brandeigenschaften (brennbar/nicht brennbar) den entsprechenden Lagerklassen zugeordnet.

Die für den Gewässerschutz eingeführten Wassergefährdungsklassen (WGK) werden hier ebenfalls nicht berücksichtigt. Anforderungen, die sich aus § 19 g–h des Wasserhaushaltsgesetzes (WHG) ergeben, sind zusätzlich zu den Regeln dieses Konzeptes zu beachten, da sie eigener Sicherungsmaßnahmen bedürfen (z. B. Rückhaltemaßnahmen, Beschaffenheit der Lagerfläche).

Die Lagerklassen können als Steuerungsinstrumente beim Lagern genutzt werden. Das betrifft sowohl die Lagerplanung (Anzahl und Größe der Lagerräume sowie technische Sicherheitsausstattung) als auch den Betrieb des Lagers (Steuerung der Einlagerung).

Bei der Festlegung der Lagerklassen hat man sich eng an den Gefahrklassen nach dem Transportrecht orientiert.

Diese Lagerklassen (LGK) werden von vielen Firmen auf den Sicherheitsdatenblätter mit angegeben; sie haben folgende Bedeutung:

- Lagerklasse 1: Explosive Stoffe
  Zur Einteilung werden die Kriterien des Transportrechtes und des Sprengstoffgesetztes herangezogen.
- Lagerklasse 2A: Verdichtete, verflüssigte oder unter Druck gelöste Gase
  Gase, die bei 50 °C einen Dampfdruck von mehr als 300 kPa (3 bar) haben oder bei 20 °C und dem Standarddruck von 101,3 kPa vollständig gasförmig sind. Ausgenommen sind die Druckgase, die in der Klasse 2 Ziffer 5 RID/ADR aufgeführt sind.
- Lagerklasse 2B: Druckgaspackungen (Aerosolpackungen)
  Aerosolpackungen, die unter den Regelungsbereich der EG-RL 94/1/EG fallen.
- Lagerklasse 3A: Entzündliche flüssige Stoffe
  Brennbare Flüssigkeiten mit einem Flammpunkt unter 55 °C sowie Stoffe, die keinen Flammpunkt, aber einen Zündbereich besitzen und Explosionsschutzmaßnahmen erfordern.
- Lagerklasse 3B: Brennbare Flüssigkeiten
  Brennbare Flüssigkeiten mit einem Flammpunkt zwischen 55 und 100 °C.
- Lagerklasse 4.1A: Entzündbare feste Stoffe
  Stoffe, die dem Sprengstoffgesetz als sonstige explosionsgefährliche Stoffe, Lagergruppen I bis III, unterliegen.

- Lagerklasse 4.1B: Entzündbare feste Stoffe
  Stoffe, die nach ADR in die Klasse 4.1 eingestuft und gleichzeitig nach Gefahrstoffverordnung mit R 11 zu kennzeichnen sind, jedoch nicht unter das Sprengstoffgesetz fallen.
- Lagerklasse 4.2: Selbstentzündliche Stoffe
  Stoffe, die nach Gefahrstoffverordnung mit R 17 zu kennzeichnen oder der Klasse 4.2 nach ADR zugeordnet sind.
- Lagerklasse 4.3: Stoffe, die bei Berührung mit Wasser entzündliche Gase bilden
  Produkte, die bei Berührung mit Wasser oder feuchter Luft leichtentzündliche Gase in gefährlicher Menge entwickeln. Nach Gefahrstoffverordnung erfolgt Kennzeichnung mit R 15, nach ADR Einteilung in Klasse 4.3.
- Lagerklasse 5.1A, B und C: Entzündend wirkende Stoffe
  Oxidierend wirkende Produkte, die auf Grund ihres Oxidationspotenzials die Abbrandgeschwindigkeit brennbarer Stoffe erheblich erhöhen bzw. in Kontakt mit brennbaren Stoffen diese entzünden können.
  – 5.1A: Stoffe der Gruppe 1 gemäß TRGS 515 [152],
  – 5.1B: Stoffe der Gruppen 2 und 3 gemäß TRGS 515 [152],
  – 5.1C: Produkte der Gruppen A bis C gemäß TRGS 511 [107].
- Lagerklasse 5.2: Organische Peroxide
  Stoffe gemäß Klasse 5.2 nach ADR oder Stoffe, die in der VBG 58 in die Klasse OP I bis OP IV eingeteilt wurden oder die nach Gefahrstoffverordnung mit R 7, R 8 oder R 9 zu kennzeichnen sind.
- Lagerklasse 6.1A: Brennbare giftige Stoffe
  – Stoffe, die mit den R-Sätzen R 20 bis R 28, R 39 oder R 48 zu kennzeichnen sind, sowie
  – cmr-Stoffe der Kategorie 1 oder 2 (R 45, R 46, R 49, R 60, R 61),
  – wassermischbare brennbare Flüssigkeiten mit einem Flammpunkt $> 55\,°C$,
  – nicht wassermischbare brennbare Flüssigkeiten mit einem Flammpunkt $> 100\,°C$,
  – wässrige Zubereitungen mit brennbaren giftigen Stoffen oder Feststoffe mit einer Brennzahl 2, 3, 4 oder 5.
- Lagerklasse 6.1B: Nicht brennbare giftige Stoffe
  – Stoffe, die mit den R-Sätzen R 20 bis R 28, R 39 oder R 48 zu kennzeichnen sind, sowie
  – cmr-Stoffe der Kategorie 1 oder 2 (R 45, R 46, R 49, R 60, R 61),
  – nicht brennbare Flüssigkeiten und Feststoffe mit der Brennzahl 1.
- Lagerklasse 6.2: Ansteckungsgefährliche Stoffe
  – Stoffe, die lebensfähige Mikroorganismen enthalten, von denen bekannt oder anzunehmen ist, dass sie bei Menschen oder Tieren Krankheiten hervorrufen,
  – Stoffe der Klasse 6.2 nach ADR
- Lagerklasse 7: Radioaktive Stoffe
  – Stoffe, die nach Strahlenschutzverordnung genehmigungs- oder anzeigebedürftig sind,
  – Stoffe der Klasse 7 nach ADR.

- Lagerklasse 8A: Brennbare ätzende Stoffe
  Ätzende Stoffe mit den R 34 oder R 35 bzw. der Klasse 8 nach ADR,
  – die wassermischbar mit einem Flammpunkt > 55 °C oder
  – die nicht wassermischbar mit einem Flammpunkt > 100 °C sind oder
  – Feststoffe mit den Brennzahlen 2, 3, 4 und 5.
- Lagerklasse 8B: Nicht brennbare ätzende Stoffe
  Ätzende Stoffe mit den R 34 oder R 35 bzw. der Klasse 8 nach ADR,
  – als nicht brennbare Flüssigkeiten oder
  – Feststoffe mit der Brennzahl 1.
- Lagerklasse 10: Brennbare Flüssigkeiten
  Soweit nicht LGK 3A oder LGK 3B als
  – brennbare wassermischbare Flüssigkeiten mit einem Flammpunkt > 55 °C oder
  – nicht wassermischbare brennbare Flüssigkeiten mit einen Flammpunkt > 100 °C.
- Lagerklasse 11: Brennbare Feststoffe
  Feststoffe mit einer Brennzahl 2, 3, 4 oder 5, die in keiner der zuvor genannten Lagerklassen eingeteilt werden konnten, z. B. mit Xn, Xi oder N gekennzeichnete Stoffe bzw. nicht kennzeichnungspflichtige Stoffe.
- Lagerklasse 12: Nicht brennbare Flüssigkeiten
  Flüssigkeiten, die in keiner der zuvor genannten Lagerklassen eingeteilt werden konnten, z. B. mit Xn, Xi oder N gekennzeichnete Stoffe bzw. nicht kennzeichnungspflichtige Stoffe.
- Lagerklasse 13: Nicht brennbare Feststoffe
  Feststoffe, die in keiner der zuvor genannten Lagerklassen eingeteilt werden konnten, z. B. mit Xn, Xi oder N gekennzeichnete Stoffe bzw. nicht kennzeichnungspflichtige Stoffe.

Das VCI-Lagerkonzept enthält Zusammenlagerungsregeln für Chemikalien. Grundlage des Konzeptes sind deutsche Gesetze, Vorschriften und Technische Regeln, die sich mit der Lagerung von Chemikalien befassen. Darüber hinaus werden Empfehlungen, Veröffentlichungen und Diskussionspapiere von Verbänden und Firmen berücksichtigt. Es ist nicht anzuwenden auf ortsfeste Behälter, Tanklager, Massengutläger (z. B. Schüttgüter, Fließgüter) und auf Bereitstellungsflächen.

Die Lagerklassen dürfen nicht mit anderen Einstufungen verwechselt werden (z. B. die LGK 3A oder 3B mit der analogen Einteilung brennbarer Flüssigkeiten). Auf Basis dieser Lagerklassen wird die Zusammenlagerung von Stoffen empfohlen.

Abbildung 8.8 zeigt in einem übersichtlichen Schema die Zusammenlagerungsempfehlungen. Für eine korrekte Zuordnung müssen die zahlreichen Einschränkungen beachtet werden, die durch die Ziffern 1 bis 18 ausgedrückt werden.

1. Die Zusammenlagerung von brennbaren Flüssigkeiten mit Druckgaspackungen ist erlaubt, wenn die Anforderungen der TRbF 110 Nr. 6.122 (7) und TRG 300 Nr. 6.2.3 erfüllt werden.
2. Druckgaspackungen dürfen unter den in der TRG 300 festgelegten Bedingungen und Mengengrenzen mit sehr giftigen und giftigen Stoffen zusammengelagert werden (TRGS 514 Nr. 3.2.1 (5)). Werden die sehr giftigen und giftigen Stoffe in Sicherheitsschränken nach DIN 12925 Teil 1 gelagert, gilt die Beschränkung nicht (TRGS 514 Nr. 3.2.9).
3. Materialien, die zur schnellen Entstehung oder Ausbreitung von Bränden führen, wie Verpackungsmaterialien, dürfen nicht mit giftigen Stoffen bzw. entzündlichen Flüssigkeiten (TRGS 514 Nr. 3.2.3 bzw. TRbF 110 Nr. 6.122) zusammengelagert werden.
4. Die Zusammenlagerung ist erlaubt, wenn sich die Produkte im Schadensfall nicht gegenseitig beeinflussen. Dies kann erreicht werden durch Getrenntlagerung, z. B. bauliche Trennung, große Abstände, getrennte Auffangwannen, Aufbewahrung in Sicherheitsschränken (z. B. TRbF 110 Nr. 6.121 (5), die spezifische Lagervorschrift TRG 300 Nr. 6.2.3 ist zu beachten).
5. In Lagerhallen, in denen nicht mehr als 50 gefüllte Druckgasflaschen, darunter nicht mehr als 25 Druckgasflaschen mit brennbaren, brandfördernden oder sehr giftigen Gasen, gelagert werden, dürfen auch brennbare Stoffe, ausgenommen brennbare Flüssigkeiten, gelagert werden, wenn der Lagerplatz für Druckgasflaschen durch eine mindestens 2 m hohe Wand aus nicht brennbaren Baustoffen abgetrennt ist und zwischen Wand und den brennbaren Stoffen ein Abstand von mindestens 5 m eingehalten wird (siehe TRG 280 Nr. 5.2.6).
6. Die Zusammenlagerung ist erlaubt, wenn die sicherheitstechnischen Anforderungen für die gesamte Lagermenge den Anforderungen der LGK 2B angepasst werden (TRG 300).
7. Die Zusammenlagerung ist nach Maßgabe der VBG 58 „Organische Peroxide" unter bestimmten Bedingungen (Flammpunkt > 61 °C) erlaubt.
8. Brennbare giftige Stoffe dürfen mit Stoffen der LGK 4.1B nach der Maßgabe der TRGS 514 Nr. 3.2.7 zusammengelagert werden.
9. Bei erlaubnisbedürftiger Lagerung brennbarer Flüssigkeiten dürfen in Lagerräumen ätzende Stoffe in zerbrechlichen Gefäßen nicht mit brennbaren Flüssigkeiten zusammengelagert werden. Dies gilt nicht, wenn die Lagergüter im Lagerraum so getrennt werden, dass sie sich im Schadensfall nicht gegenseitig beeinflussen können (TRbF 110 Nr. 6.121 (5)).
10. Eine Zusammenlagerung ist erlaubt, wenn die Bestimmungen der TRGS 511 Nr. 4 erfüllt sind. Die spezifische Lagervorschrift TRG 300 Nr. 6.2.3 ist zu beachten.

8 Lagerung von Gefahrstoffen

Lagerklasse	(LGK)	1	2A	2B	3A	3B	4.1A	4.1B	4.2	4.3	5.1A	5.1B	5.1C	5.2	6.1A	6.1B	6.2	7	8A	8B	10	11	12	13
Explosive Stoffe	1	17	-	-	-	-	-	-	-	-	-	-	-	-	-	-	-	-	-	-	-	-	-	-
Verdichtete, verflüssigte und unter Druck gelagerte Gase	2A	-	17	4	-	-	-	-	-	-	-	-	-	-	-	-	-	-	5	-	-	5	-	-
Druckgaspackungen	2B	-	4	-	1	1	-	-	-	-	-	-	-	-	2	-	-	18	4	4	6	6	6	6
Entzündliche flüssige Stoffe	3A	-	17	1	-	-	-	-	-	-	-	11	-	-	-	-	-	18	4	9	6	3	-	-
Brennbare Flüssigkeiten	3B	-	-	1	-	-	12	4	-	4	-	11	-	7	-	-	-	18	12	12	12	12	12	12
Entzündbare feste Stoffe	4.1A	-	-	-	-	12	-	12	-	-	-	-	-	14	-	-	-	-	-	-	-	-	-	-
	4.1B	-	-	-	-	4	12	-	4	4	-	11	-	13	8	-	-	18	4	4	4	4	-	-
Selbstentzündliche Stoffe	4.2	-	-	-	-	-	-	4	-	-	-	-	-	4	-	-	-	18	-	-	-	-	-	-
Stoffe, die bei Berührung mit Wasser entzündliche Gase bilden	4.3	-	-	-	-	4	-	4	-	-	-	-	-	-	-	-	-	18	4	4	4	4	-	-
Entzündend wirkende Stoffe	5.1A	-	-	-	-	-	-	-	-	-	-	-	-	-	-	-	-	-	-	-	-	-	-	-
	5.1B	-	-	-	-	11	11	11	-	-	-	-	10	17	-	-	-	18	11	10	11	11	10	10
	5.1C	-	10	-	-	-	-	-	-	-	-	10	-	-	15	-	-	18	-	-	-	-	16	16
Organische Peroxide	5.2	-	-	-	-	7	14	13	-	-	-	-	-	-	-	-	-	18	-	-	-	3	-	-
Brennbare giftige Stoffe	6.1A	-	-	2	-	-	-	8	-	-	-	15	-	-	-	-	-	18	-	-	-	3	-	-
Nicht brennbare giftige Stoffe	6.1B	-	-	-	-	-	-	-	-	-	-	-	-	-	-	-	-	-	-	-	-	-	-	-
Ansteckungsgefährliche Stoffe	6.2	-	-	-	-	-	-	-	-	-	-	-	-	-	-	-	-	-	-	-	-	-	-	-
Radioaktive Stoffe	7	-	18	18	18	18	18	18	18	18	-	18	18	18	18	-	-	-	-	-	-	-	-	-
Brennbare ätzende Stoffe	8A	-	5	4	9	-	12	4	-	4	-	11	10	-	-	-	-	18	-	18	18	18	18	18
Nicht brennbare ätzende Stoffe	8B	-	-	4	9	-	12	4	-	4	-	10	10	-	-	-	-	18	-	-	-	-	-	-
Brennbare Flüssigkeiten (soweit nicht 3 A oder 3 B)	10	-	-	6	-	12	-	4	-	4	-	11	10	16	3	-	-	18	-	-	-	-	-	-
Brennbare Feststoffe	11	-	5	6	3	12	-	4	-	4	-	11	10	16	3	-	-	18	-	-	-	-	18	18
Nicht brennbare Flüssigkeiten	12	-	-	6	-	12	-	-	-	-	-	10	16	16	-	-	-	18	-	-	-	18	-	-
Nicht brennbare Feststoffe	13	-	-	6	-	12	-	-	-	-	-	10	16	16	-	-	-	18	-	-	-	18	-	-

"GRÜN" Die Zusammenlagerung ist grundsätzlich erlaubt (beachte Abschn. 3.1).   "GELB" Die Zusammenlagerung ist nur eingeschränkt erlaubt.   "ROT" Eine Separatlagerung ist erforderlich.   Ziffer

Abb. 8.8 Konzept zur Zusammenlagerung von Chemikalien des VCI.

11. Die Zusammenlagerung ist erlaubt, wenn die Bestimmungen der TRbF 110 Nr. 6.122 (6) und TRGS 515 Nr. 3.3.3 und 3.3.4 eingehalten werden.
12. Stoffe der Lagergruppen I–III der 2. SprengstoffV dürfen mit anderen Materialien zusammengelagert werden, wenn die Schutz- und Sicherheitsabstände zur Vermeidung einer ggf. eintretenden Gefahrerhöhung für die Umgebung des Lagers ausreichen oder erhöht werden. Dies ist im Einzelfall zu prüfen (SprengLR 300 Nr. 5 (5)).
13. Eine Zusammenlagerung von Stoffen der LGK 5.2, die der OP-Gruppe IV angehören, mit anderen leichtentzündlichen Feststoffen ist erlaubt (VBG 58 „Organische Peroxide" § 26 Abs. 4).
14. Die Zusammenlagerung mit Treibmitteln und Radikalstartern ist erlaubt, wenn diese keine Zusätze von Schwermetallen enthalten (SprengLR 300 Nr. 5 (6)); VBG 58 „Organische Peroxide".
15. Brandfördernde Stoffe der Gruppen 2 und 3 dürfen nach Maßgabe der TRGS 515 Nr. 3.3.3 und TRGS 514 Nr. 3.2.8 mit sehr giftigen oder giftigen Stoffen zusammengelagert werden.
16. Beim Zusammenlagern von organischen Peroxiden mit anderen Materialien ist im Einzelfall zu prüfen, ob die Sicherheitsabstände zur Vermeidung einer ggf. eintretenden Gefahrerhöhung für die Umgebung des Lagers ausreichen oder zu erhöhen sind (VBG 58 „Organische Peroxide" § 26 Abs. 4).
17. Die spezifischen gesetzlichen Lagervorschriften sind zu beachten (2. SprengV, SprengLR 300, TRG 280, TRbF 110 Nr. 6.121 (4), VBG 58 „Organische Peroxide", TRGS 511).
18. Die Lagerung der radioaktiven Stoffe erfolgt gemäß § 74 der Strahlenschutzverordnung, den entsprechenden Umgangsgenehmigungen gemäß § 3 der Strahlenschutzverordnung und der DIN 25422 „Aufbewahrung radioaktiver Stoffe". Der Strahlenschutzbeauftragte entscheidet im Einzelfall entsprechend den Umgangsgenehmigungen.

9
GHS

Im Dezember 2002 wurde das weltweit harmonisierte System für die Einstufung und Kennzeichnung von Chemikalien („Globally Harmonized System for the Classification and Labelling of Chemicals", CETDG/GHS) vom UN-Sachverständigenausschuss für die Beförderung gefährlicher Güter angenommen. Im Juli 2003 wurde es formell vom UN-ECOSOC verabschiedet und im Jahr 2005 überarbeitet. In dem dazugehörigen Überführungsplan, der am 4. September 2002 auf dem Weltgipfel für nachhaltige Entwicklung in Johannesburg verabschiedet wurde, wurden die Staaten dazu aufgerufen, das GHS so bald wie möglich umzusetzen, damit das System im Jahr 2008 voll funktionsfähig ist.

Der vereinbarte Zeitplan konnte nicht eingehalten werden, das so genannte „Purple Book" [160] wurde 2003 auf dem Weltgipfel für „Sustainable Development" veröffentlicht. Es wurde beschlossen, dass bis 2008 das GHS möglichst weltweit eingeführt werden sollte.

GHS ist ein ausschließlich auf den intrinsischen Stoffeigenschaften basierendes System, es soll weltweit sowohl für den Transport von Chemikalien als auch für Herstellung, Vermarktung und Inverkehrbringen gelten. Die derzeitigen unterschiedlichen Einstufungs- und Kennzeichnungssysteme sollen durch ein globales, einheitliches System ersetzt werden. Da die Transportvorschriften bereits weitestgehend internationalisiert waren, hat sich das GHS-System verständlicherweise stark an das ADR [161] angelehnt (siehe Kapitel 10).

Trotz langjähriger Bestrebungen konnte keine vollständige Harmonisierung erreicht werden, die Angleichung der existierenden, sehr unterschiedlichen Einstufungs- und Kennzeichnungssysteme war in einem Schritt nicht möglich. Eine Harmonisierung wurde erreicht bezüglich der

- Gefahrenpiktogramme
- Gefahrenhinweise und
- Sicherheitshinweise.

Keine Harmonisierung wurde erzielt bei den
- Sicherheitssymbolen
- Teststrategien und
- Zusatzinformationen.

Das Gefahrstoffbuch, 3. Auflage. Herbert F. Bender
Copyright © 2008 WILEY-VCH Verlag GmbH & Co. KGaA, Weinheim
ISBN: 978-3-527-32067-7

Gefahrenpiktogramme, Gefahrenhinweise und Sicherheitshinweise weichen zum Teil erheblich von den heutigen Gefahrensymbolen, R-Sätzen und S-Sätzen ab.

Zur Erleichterung der Umstellung der existierenden Systeme auf das GHS wurde der so genannte „building block approach" gewählt: Die Staaten müssen nicht alle Elemente des GHS in ihr nationales System übernehmen, in Abhängigkeit von den nationalen Besonderheiten sowie den Bedürfnissen der verschiedenen Regelungsbereiche (z. B. Transport, Verbraucherschutz, Arbeitsschutz, Vorschriften beim Inverkehrbringen) müssen nur die zutreffenden Bereiche übernommen werden. So wird das EU-GHS nach dem Stand des vorliegenden Verordnungsentwufs nicht übernehmen:

- Kategorie 4:   brennbare Flüssigkeiten,
- Kategorie 5:   akute Giftigkeit,
- Kategorie 2:   Aspirationsgefahr,
- Kategorie 2 und 3:   aquatische Toxizität.

Nicht übernommen werden in den Regelbereich „Transport" die Blöcke
- Kanzerogenität,
- Mutagenität und
- Reproduktionstoxizität.

Auf Basis des UN-GHS hat die EU-Kommission im Juni 2007 einen Verordnungsentwurf [162] zur Übernahme des UN-GHS in die europäischen Vorschriften vorgelegt. Auf der Grundlage von Artikel 95 des EU-Vertrages soll die EU-GHS-Verordnung die bestehenden EG-Richtlinien zur Einstufung und Kennzeichnung von Stoffen 67/548/EWG [32] und Zubereitungen 1999/45/EG [38] ersetzen. Bei der Übernahme des UN-Systems soll auf eine sehr enge Anlehnung an das Transportsystem geachtet und so weit wie möglich das UN-System übernommen werden. Daher werden künftig einige zentrale Begriffe eine Änderung erfahren und neue Begriffe eingeführt, so wird beispielsweise aus „Zubereitung" „Gemisch".

Nach Ermittlung der Stoffeigenschaften sind diese den neuen Gefahrenklassen zuzuordnen; innerhalb jeder Gefahrenklasse erfolgt eine Abstufung in Kategorien. Im Gegensatz zum derzeitigen EU-Einstufungssystem wird künftig nicht nur für die cmr-Stoffe eine Unterteilung in Kategorien vorgenommen (siehe Abschnitt 3.1.2.1).

Da im Rahmen der REACH-Verordnung bereits die Änderungen im Format des Sicherheitsdatenblattes übernommen wurden, sind mit der Umsetzung von GHS keine Änderungen mehr notwendig. Nach der weltweiten Umsetzung von GHS sind daher nicht nur die Einstufungen und Kennzeichnungen von Stoffen weitgehend harmonisiert, sondern auch das zentrale Informationsmedium Sicherheitsdatenblatt.

Gemäß dem derzeitigen Zeitplan ist vorgesehen, dass die Verordnung in der zweiten Jahreshälfte 2008 mit der 2. Stufe der REACH-Verordnung in Kraft gesetzt wird.

Im Rahmen der GHS-Verordnung wird definiert:
- Die **Gefahrenklasse** ist die Art der physikalischen Gefahr, der Gefahr für die menschliche Gesundheit oder der Gefahr für die Umwelt.
- Die **Gefahrenkategorie** ist die Untergliederung nach Kriterien innerhalb der einzelnen Gefahrenklassen zur Angabe der Schwere der Gefahr.

Gemäß dem zur Jahresmitte 2007 [162] publizierten GHS-Entwurf besteht die Verordnung aus 60 Artikeln sowie sieben Anhänge:

Anhang I enthält einen allgemeinen Teil (Teil 1), die Gefahrenklassen und -kriterien für physikalische Gefahren, Gesundheitsgefahren und Umweltgefahren (Teile 2, 3 bzw. 4), die Anhang VI der Richtlinie 67/548/EWG ersetzen; ausgenommen ist der Abbau der Ozonschicht, der in Teil 5 behandelt wird.

Anhang II Teil 1 enthält die besonderen Kennzeichnungsvorschriften aus Anhang VI der Richtlinie 67/548/EWG, die noch nicht vom GHS erfasst sind. In Teil 2 finden sich besondere Vorschriften für die Kennzeichnung bestimmter Stoffe oder Gemische, hauptsächlich aus Anhang V der Richtlinie 1999/45/EG. Teil 3 sieht kindersichere Verschlüsse und tastbare Gefahrenhinweise vor, die aus dem derzeitigen EU-System übernommen werden. Teil 4 enthält eine besondere Kennzeichnungsvorschrift für Pflanzenschutzmittel.

Anhang III beinhaltet eine Liste mit Gefahrenhinweisen, ähnlich dem Anhang III der Richtlinie 67/548/EWG. Zusätzliche Gefahrenhinweise sind für Gefahren erforderlich, die derzeit nicht Bestandteil des GHS sind, weshalb R-Sätze aus dem derzeitigen EU-System als „EU-Hinweise" hinzugefügt wurden.

Anhang IV enthält Vorschriften für die Anwendung der Sicherheitshinweise. Die Liste mit Sicherheitshinweisen ähnelt dem Anhang IV der Richtlinie 67/548/EWG.

Anhang V stellt die GHS-Gefahrenpiktogramme dar, ähnlich dem Anhang II der Richtlinie 67/548/EWG.

Anhang VI Teil 3 gibt die Liste von Stoffen mit harmonisierten Einstufungen für spezifische Gefahrenklassen oder Differenzierungen sowie Gefahrenkategorien wider und entspricht weitestgehend dem derzeitigen Anhang I der Stoffrichtlinie 67/548/EWG. Da sich die Behörden auf die besorgniserregendsten Stoffe konzentrieren sollten, werden hier hauptsächlich Stoffe aufgenommen, die auf Grund ihrer Karzinogenität, Keimzell-Mutagenität oder Reproduktionstoxizität der Kategorien 1A oder 1B oder auf Grund einer Sensibilisierung der Atemwege eingestuft wurden; in begründeten Einzelfällen können jedoch auch andere Wirkungen hinzugefügt werden. Die Tabelle 3.1 des Anhangs VI enthält die Einträge von Anhang I der Richtlinie 67/548/EWG, die dem sogenannten „minimal classification" Konzept folgend in das GHS-Einstufungssystem

	überführt wurden. Hierbei wurden die tatsächlichen physikalisch-chemischen und toxikologischen Daten nicht berücksichtigt. Sind diese Daten bekannt, sind sie zu berücksichtigen und im Widerspruch zum „minimal classification" Konzept die Stoffe einzustufen.
Anhang VII	umfasst Umwandlungstabellen für Lieferanten von Stoffen und Gemischen, die bereits anhand der derzeit geltenden Regeln für diese Gefahrenkategorien bewertet wurden, für Fälle, in denen eine einfache Gleichsetzung möglich ist.
	Diese Tabellen bieten den Lieferanten eine Möglichkeit, ihren neuen Verpflichtungen nachzukommen, ohne von vorneherein eine Neueinstufung ihrer derzeit selbst eingestuften Stoffe und Gemische vornehmen zu müssen. Entscheidet sich ein Lieferant dafür, diese Tabellen nicht zu nutzen, muss er den Stoff oder das Gemisch anhand der Kriterien des Anhangs I Teile 2 bis 5 neu bewerten.

9.1
Einstufung und Kennzeichnung von Stoffen und Gemischen

In diesem Abschnitt werden alle Elemente des GHS vorgestellt, auch die nicht von der EU übernommenen Blöcke, da diese beispielsweise im Transportrecht bedeutsam sein werden.

Anstelle der bisherigen gefährlichen Eigenschaften bzw. Gefährlichkeitsmerkmale werden Stoffe und Gemische in Gefahrenklassen eingestuft.

Die derzeitigen Kennzeichnungselemente werden ersetzt durch:
- Name, Anschrift und Telefonnummer des Lieferanten,
- Produktidentifikatoren,
- Gefahrenpiktogramme,
- Signalwörter,
- Gefahrenhinweise und
- Sicherheitshinweise.

Die Gefahrenpiktogramme besitzen eine einheitliche Form: ein auf der Spitze stehendes Quadrat mit rotem Rand und weißer Fläche und dem eigentlichen Piktogramm in schwarzer Farbe (siehe Abbildung 9.1).

Die derzeitigen Gefahrenbezeichnungen werden durch zwei unterschiedliche Signalwörter ersetzt:
- „Gefahr" für Kategorien mit größeren Gefahren,
- „Warnung" für Kategorien mit weniger großen Gefahren.

9.1 Einstufung und Kennzeichnung von Stoffen und Gemischen | **433**

schwarzes Piktogramm

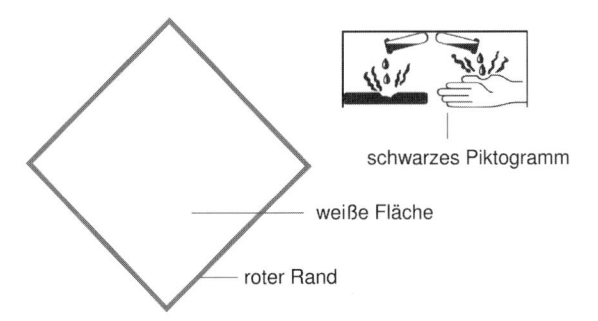

weiße Fläche

roter Rand

Abb. 9.1 Die Gefahrenpiktogramme nach GHS.

9.1.1
Physikalisch-chemische Eigenschaften

9.1.1.1 Explosivstoffe
Explosivstoffe werden in die folgenden Unterklassen unterteilt:
- 1.1: Massenexplosionsgefährliche Produkte.
- 1.2: Nicht massenexplosionsfähige Stoffe, die ernste Gefahren durch Splitter und Sprengstücke darstellen.
- 1.3: Produkte, die eine Feuergefahr darstellen, aber nur eine geringe Sprengwirkung oder geringe Druckwirkung aufweisen und massenexplosionsfähig sind.
- 1.4: Produkte und Gegenstände mit nur geringer Explosionsgefahr. Die Auswirkungen bleiben auf die Verpackung beschränkt.
- 1.5: Sehr unempfindliche massenexplosionsfähige Produkte.
- 1.6: Extrem unempfindliche Gegenstände, die nicht massenexplosionsfähig sind.

Als Produkte werden hier Stoffe, Gemische oder Artikel verstanden.

Die Einstufung von Stoffen, Gemischen oder Artikeln ist in die vorgenannten Unterklassen gemäß den Kriterien der UN-Test Serie 2 oder 3 für das Transportrecht vorzunehmen.

Tabelle 9.1 zeigt die vorgeschriebene Kennzeichnung in Abhängigkeit von der Explosionsneigung.

9.1.1.2 Brennbare Gase
Gemäß Anhang I Nr. 2.2 werden brennbare Gase definiert als Gase oder Gasmischungen, die bei 20 °C und Normaldruck von 101,3 kPa mit Luft einen Brennbarkeitsbereich besitzen.

Tabelle 9.1 Kennzeichnung von Explosivstoffen.

Einstufung	Instabiler Explosiv-stoff	Unter-klasse 1.1	Unter-klasse 1.2	Unter-klasse 1.3	Unter-klasse 1.4	Unter-klasse 1.5	Unter-klasse 1.6
Piktogramm	💥	💥	💥	💥	💥	–	–
Signalwort	Gefahr	Gefahr	Gefahr	Gefahr	Warnung	Gefahr	Keine
Gefahren-hinweise	Instabil, explosiv	Explosiv; Gefahr der Massen-explosion	Explosiv; große Ge-fahr durch Splitter, Spreng- und Wurf-stücke	Explosiv; Gefahr durch Feuer, Luft-druck oder Splitter, Spreng- und Wurf-stücke	Gefahr durch Feuer oder Splitter, Spreng- und Wurf-stücke	Gefahr der Massen-explosion bei Feuer	Keine
Sicherheits-hinweise, Vorbeugung	–	–	–	–	–	–	–

Brennbare Gase werden in zwei Gefahrkategorien unterteilt:
- Kategorie 1: – Gase, die in einer Konzentration von unter 13 % in Luft entzündbar sind oder
  – die einen Brennbarkeitsbereich in Luft von mindestens 12 Prozentpunkten besitzen, unabhängig von der unteren Entzündungsgrenze.
- Kategorie 2: Gase, die nicht in die Kategorie 1 fallen und mit Luft einen Brennbarkeitsbereich besitzen.

Die Kennzeichnungselemente können Tabelle 9.2 entnommen werden.

9.1.1.3 Brennbare Aerosole

Aerosole werden als brennbar eingestuft, wenn sie
- eine brennbare Flüssigkeit mit einem Flammpunkt unter 93 °C,
- ein brennbares Gas, Kriterien gemäß Abschnitt 9.1.2, oder
- einen brennbaren Feststoff gemäß den Kriterien in Abschnitt 9.1.1.7

enthalten.
Die Einstufung erfolgt in die
- Kategorie 1: wenn die brennbare Komponente in einer Konzentration über 85 % enthalten ist und die Verbrennungswärme mehr als 30 kJ/g beträgt und

Tabelle 9.2 Kennzeichnung brennbarer Gase.

Einstufung	Kategorie 1	Kategorie 2
Piktogramm	🔥 (Flamme)	–
Signalwort	Gefahr	Warnung
Gefahrenhinweise	Extrem entzündbares Gas	Entzündbares Gas
Sicherheitshinweise, Vorbeugung	Von Hitze/Funken/offener Flamme/heißen Oberflächen fernhalten. Nicht rauchen.	
Sicherheitshinweise, Response	Brand bei Gasleckage: Nicht löschen, bis Leckage ohne Gefahr gestoppt werden kann. Entfernung sämtlicher Zündquellen, falls ohne Gefahr möglich.	
Sicherheitshinweise, Lagerung	An einem gut belüfteten Ort lagern.	
Sicherheitshinweise, Entsorgung	–	–

- bei Spray-Aerosolen im Entzündungs-Entfernungs-Test eine Entzündung bei einem Abstand über 75 cm erfolgt oder
- bei Schaum-Aerosolen im Schäumungstest eine Flammenhöhe von über 20 cm für mindestens 4 s bzw. eine Flammenhöhe von größer 4 cm für mindestens 7 s erreicht.

- Kategorie 2: wenn die brennbare Komponente in einer Konzentration über 1 % enthalten ist und die Verbrennungswärme mehr als 20 kJ/g beträgt und
  - bei Spray-Aerosolen im Entzündungs-Entfernungs-Test eine Entzündung bei einem Abstand über 15 cm erfolgt oder
  - bei Schaum-Aerosolen im Schäumungstest eine Flammenhöhe von über 4 cm für mindestens 2 s bzw. eine Flammenhöhe von größer 4 cm für mindestens 7 s erreicht.

Brennbare Aerosole sind gemäß Tabelle 9.3 zu kennzeichnen.

9.1.1.4 Oxidierende Gase

Gase werden als oxidierend bzw. brandfördernd eingestuft, wenn sie mehr Sauerstoff zur Verbrennung anderer Verbindungen zur Verfügung stellen als Luft.

Oxidierende Gase werden nicht weiter in Gefahrenkategorien unterteilt. Die Kennzeichnungselemente können Tabelle 9.4 entnommen werden.

Tabelle 9.3 Kennzeichnung brennbarer Aerosole.

Einstufung	Kategorie 1	Kategorie 2
Piktogramm	🔥	🔥
Signalwort	Gefahr	Warnung
Gefahrenhinweise	Extrem entzündbares Aerosol	Entzündbares Aerosol
Sicherheitshinweise, Vorbeugung	Von Hitze/Funken/offener Flamme/heißen Oberflächen fernhalten. Nicht rauchen.	
Sicherheitshinweise, Response	Entfernung sämtlicher Zündquellen, falls ohne Gefahr möglich. Nicht in offene Flamme oder andere Zündquelle sprühen. Druckbehälter: Nicht durchstechen oder verbrennen, auch nicht nach der Verwendung.	
Sicherheitshinweise, Lagerung	Vor Sonnenlicht schützen. Nicht Temperaturen über 50 °C/122 °F aussetzen.	
Sicherheitshinweise, Entsorgung	–	–

Tabelle 9.4 Kennzeichnung oxidierender Gase.

Einstufung	Kategorie 1
Piktogramm	🔥
Signalwort	Gefahr
Gefahrenhinweise	Kann Brand verursachen oder verstärken; Oxidationsmittel.
Sicherheitshinweise, Vorbeugung	Bei Verwendung dieses Produkts nicht essen, trinken oder rauchen. Druckminderventile frei von Fett und Öl halten.
Sicherheitshinweise, Lagerung	An einem gut belüfteten Ort lagern.
Sicherheitshinweise, Entsorgung	–

9.1.1.5 Druckgase

Als Gase werden Gase oder Gasmischungen bezeichnet, wenn sie unter einem Mindestdruck von 200 kPa stehen, verflüssigt oder tiefgekühlt sind. Die Kriterien für die Einstufung als Druckgase sind:

- Druckgas: Gas, das bei −50 °C vollständig gasförmig ist, eingeschlossen alle Gase mit einer kritischen Temperatur unter −50 °C.
- Flüssiggas: Gas, das bei Temperaturen über −50 °C teilweise verflüssigt ist.
- Gekühltes Flüssiggas: Gas, das in der Gasflasche auf Grund der niedrigen Temperatur teilweise verflüssigt ist.
- Gelöstes Gas: Gas, das unter Druck in einem flüssigen Medium gelöst ist.

Die Gefahrenklasse Druckgase wird zusätzlich zum bisherigen Einstufungssystem in das europäische GHS-System übernommen. Druckgase, die keine der vorgenannten Eigenschaften aufweisen, sind nicht als gefährliche Stoffe/Verbindungen eingestuft. Die Kennzeichnung der neuen GHS-Klasse kann Tabelle 9.5 entnommen werden.

Tabelle 9.5 Kennzeichnung von Druckgasen.

Einstufung	Druckgas	Verflüssigtes Gas	Gelöstes Gas	Gekühlt verflüssigtes Gas
Piktogramm	–	⬦	–	–
Signalwort	–	Warnung	–	–
Gefahrenhinweise	Enthält Gas unter Druck; kann bei Erhitzen explodieren.			Enthält tiefkaltes Gas; kann Kälteverbrennungen oder -verletzungen verursachen.
Sicherheitshinweise, Vorbeugung	–	–	–	Schutzhandschuhe/Gesichtsschild/Augenschutz mit Kälteisolierung tragen.
Sicherheitshinweise, Response	–	–	–	Vereiste Bereiche mit lauwarmem Wasser auftauen. Betroffenen Bereich nicht reiben. Sofort ärztlichen Rat einholen/ärztliche Hilfe hinzuziehen.
Sicherheitshinweise, Lagerung	Vor Sonnenlicht schützen. An einem gut belüfteten Ort lagern.			An einem gut belüfteten Ort lagern.

Tabelle 9.6 Kennzeichnung brennbarer Flüssigkeiten.

Einstufung	Kategorie 1	Kategorie 2	Kategorie 3
Piktogramm	🔥	🔥	🔥
Signalwort	Gefahr	Gefahr	Warnung
Gefahrenhinweise	Flüssigkeit und Dampf extrem entzündbar.	Flüssigkeit und Dampf leicht entzündbar.	Flüssigkeit und Dampf entzündbar.
Sicherheitshinweise, Vorbeugung	Von Hitze/Funken/offener Flamme/heißen Oberflächen fernhalten. Nicht rauchen. Behälter dicht verschlossen halten. Behälter und zu befüllende Anlage erden. Explosionsgeschützte elektrische Anlagen/Lüftungsanlagen/Beleuchtungsanlagen/... verwenden. Nur funkenfreies Werkzeug verwenden. Vorbeugende Maßnahmen gegen elektrostatische Aufladungen treffen. Schutzhandschuhe/Schutzkleidung/Augenschutz/Gesichtsschutz tragen.		
Sicherheitshinweise, Response	Bei Berührung mit der Haut (oder dem Haar): ___ Alle kontaminierten Kleidungsstücke sofort ausziehen. Haut mit Wasser abwaschen/duschen. Bei Brand ... zum Löschen verwenden.		
Sicherheitshinweise, Lagerung	An einem gut belüfteten Ort lagern. Kühl halten.	–	–
Sicherheitshinweise, Entsorgung	Inhalt/Behälter ... zuführen.	–	–

9.1.1.6 Brennbare Flüssigkeiten

Flüssigkeiten mit einem Flammpunkt unter 60 °C werden als brennbare Flüssigkeiten eingestuft. In Abhängigkeit von Flamm- und Siedepunkt erfolgt die Einteilung in die Gefahrenkategorien 1 bis 3:

- Kategorie 1:   Flammpunkt unter 23 °C, Siedepunkt kleiner 35 °C.
- Kategorie 2:   Flammpunkt unter 23 °C, Siedepunkt über 35 °C.
- Kategorie 3:   Flammpunkt zwischen 23 und 60 °C.

Die Kennzeichnungselemente sind in Tabelle 9.6 zusammengefasst.

9.1.1.7 Brennbare Feststoffe

Feststoffe, die leicht entzündet werden können, werden als brennbare Feststoffe eingestuft. Brennbare Feststoffe werden in die Gefahrenkategorien 1 und 2 unterteilt:

Tabelle 9.7 Kennzeichnung brennbarer Feststoffe.

Einstufung	Kategorie 1	Kategorie 2
Piktogramm	⬥🔥	⬥🔥
Signalwort	Gefahr	Warnung
Gefahrenhinweise	Entzündbarer Feststoff.	Entzündbarer Feststoff.
Sicherheitshinweise, Vorbeugung	Von Hitze/Funken/offener Flamme/heißen Oberflächen fernhalten. Nicht rauchen. Erwärmung kann Explosion verursachen. Erwärmung kann Brand oder Explosion verursachen. Enthält Gas unter Druck; kann bei Erhitzen explodieren.	
Sicherheitshinweise, Response	Bei Brand: … zum Löschen verwenden.	

- Kategorie 1: Abbrandtest bei nicht metallischen Verbindungen:
  a) Befeuchtete Zone stoppt das Feuer nicht und
  b) die Abbrandzeit liegt unter 45 s oder die Abbrandgeschwindigkeit ist größer als 2,2 mm/s.
  Bei Metallpulver: Abbrandgeschwindigkeit kleiner 5 min.
- Kategorie 2: Abbrandtest bei nicht metallischen Verbindungen:
  a) Befeuchtete Zone stoppt das Feuer wenigsten 4 min und
  b) die Abbrandzeit liegt unter 45 s oder die Abbrandgeschwindigkeit ist größer als 2,2 mm/s.
  Bei Metallpulver: Abbrandgeschwindigkeit liegt zwischen 5 und 10 min.

Die Kennzeichnungselemente sind in Tabelle 9.7 festgelegt.

9.1.1.8 Selbstreaktive Verbindungen

Selbstreaktive Stoffe oder Gemische sind thermisch instabile Flüssigkeiten oder Feststoffe, die auch ohne Sauerstoff zu einer stark exothermen Zersetzung neigen. Sie werden in die Typen A bis G unterteilt, als gefährliche Stoffe gemäß Artikel 3 der GHS-Verordnung gelten jedoch nur die Typen A und B.
- Typ A: Detonationsfähige oder schnell deflagrierende selbstreaktive Stoffe oder Gemische.
- Typ B: Selbstreaktive Stoffe oder Gemische, die explosive Eigenschaften besitzen, aber in der Form, wie sie verpackt sind, weder detonations- noch deflagrationsfähig sind, jedoch in der Verpackung zu einer thermischen Explosion führen können.

- Typ C: Selbstreaktive Stoffe oder Gemische, die explosive Eigenschaften besitzen, aber in der Form, wie sie verpackt sind, weder detonations- noch deflagrationsfähig sind, noch zu einer thermischen Explosion führen können.
- Typ D: Selbstreaktive Stoffe oder Gemische, die unter Laborbedingungen entweder
    - teilweise detonieren, nicht schnell deflagrieren und keinen starken Effekt beim Erhitzen unter Einschluss zeigen,
    - unter keinen Umständen detonieren, langsam deflagrieren und keinen starken Effekt beim Erhitzen unter Einschluss zeigen,
    - unter keinen Umständen detonieren oder deflagrieren und einen mittleren Effekt beim Erhitzen unter Einschluss zeigen.
- Typ E: Selbstreaktive Stoffe oder Gemische, die unter Laborbedingungen unter keinen Umständen detonieren oder deflagrieren und einen schwachen oder keinen Effekt beim Erhitzen unter Einschluss zeigen.

Tabelle 9.8 Kennzeichnung von selbstreaktiven Stoffen.

Einstufung	Typ A	Typ B	Typ C & D	Typ E & F
Piktogramm	(explodierende Bombe)	(explodierende Bombe und Flamme)	(Flamme)	(Flamme)
Signalwort	Gefahr	Gefahr	Gefahr	Warnung
Gefahrenhinweise	Erwärmung kann Explosion verursachen.	Erwärmung kann Brand oder Explosion verursachen.	Erwärmung kann Brand verursachen.	Erwärmung kann Brand verursachen.
Sicherheitshinweise, Vorbeugung	Von Hitze/Funken/offener Flamme/heißen Oberflächen fernhalten. Nicht rauchen. Von Kleidung/…/brennbaren Materialien fernhalten/entfernt lagern. Nur im Originalbehälter aufbewahren. Schutzhandschuhe/Schutzkleidung/Augenschutz/Gesichtsschutz tragen.			
Sicherheitshinweise, Response	Bei Brand: … zum Löschen verwenden. Bei Brand: Umgebung evakuieren. Wegen Explosionsgefahr Brandbekämpfung aus der Entfernung.		Bei Brand: … zum Löschen verwenden.	
Sicherheitshinweise, Lagerung	An einem gut belüfteten Ort lagern. Kühl halten. Bei Temperaturen nicht über …°C lagern. Von anderen Materialien entfernt lagern.			–
Sicherheitshinweise, Entsorgung	Inhalt/Behälter … zuführen.			–

- Typ F: Selbstreaktive Stoffe oder Gemische, die unter Laborbedingungen nicht detonieren oder unter cavitativen Bedingungen nicht deflagrieren und nur einen schwachen oder keinen Effekt beim Erhitzen unter Einschluss zeigen.
- Typ G: Selbstreaktive Stoffe oder Gemische, die unter Laborbedingungen unter keinen Umständen detonieren oder unter cavitativen Bedingungen nicht deflagrieren und nur einen schwachen oder keinen Effekt beim Erhitzen unter Einschluss zeigen, bei einer selbstbeschleunigenden Zersetzungstemperatur von 60 bis 75 °C, bezogen auf eine 50-kg-Packung.

Die Kennzeichnungselemente sind in Tabelle 9.8 festgelegt.

9.1.1.9 Selbstentzündliche Flüssigkeiten

Flüssigkeiten werden als selbstentzündlich bezeichnet, wenn sie sich auch in kleinen Mengen innerhalb von fünf Minuten nach Kontakt mit Luft entzünden. Die Kennzeichnungselemente sind in Tabelle 9.9 festgelegt.

9.1.1.10 Selbstentzündliche Feststoffe

Feststoffe gelten als selbstentzündlich, wenn sie sich auch in kleinen Mengen innerhalb von fünf Minuten nach Kontakt mit Luft entzünden.

Die Kennzeichnungselemente sind in Tabelle 9.10 festgelegt.

Tabelle 9.9 Kennzeichnung selbstentzündlicher Flüssigkeiten.

Einstufung	Kategorie 1
Piktogramm	🔥
Signalwort	Gefahr
Gefahrenhinweise	Gerät in Berührung mit Luft selbsttätig in Brand.
Sicherheitshinweise, Vorbeugung	Von Hitze/Funken/offener Flamme/heißen Oberflächen fernhalten. Nicht rauchen. Berührung mit Luft vermeiden. Schutzhandschuhe/Schutzkleidung/Augenschutz/Gesichtsschutz tragen.
Sicherheitshinweise, Response	Bei Berührung mit der Haut: In kaltes Wasser tauchen/nassen Verband anlegen. Bei Brand: … zum Löschen verwenden.
Sicherheitshinweise, Lagerung	Inhalt in/unter … lagern.

Tabelle 9.10 Kennzeichnung selbstentzündlicher Feststoffe.

Einstufung	Kategorie 1
Piktogramm	🔥
Signalwort	Gefahr
Gefahrenhinweise	Gerät in Berührung mit Luft selbsttätig in Brand.
Sicherheitshinweise, Vorbeugung	Von Hitze/Funken/offener Flamme/heißen Oberflächen fernhalten. Nicht rauchen. Berührung mit Luft vermeiden. Schutzhandschuhe/Schutzkleidung/Augenschutz/Gesichtsschutz tragen.
Sicherheitshinweise, Response	Bei Berührung mit der Haut: In kaltes Wasser tauchen/nassen Verband anlegen. Bei Brand: ... zum Löschen verwenden.
Sicherheitshinweise, Lagerung	Inhalt in/unter ... lagern.

Tabelle 9.11 Kennzeichnung selbsterhitzender Stoffe oder Gemische.

Einstufung	Kategorie 1	Kategorie 2
Piktogramm	🔥	🔥
Signalwort	Gefahr	Warnung
Gefahrenhinweise	Kann sich selbst erhitzen; kann in Brand geraten.	Kann sich in großen Mengen selbst erhitzen; kann in Brand geraten.
Sicherheitshinweise, Vorbeugung	Kühl halten. Vor Sonnenlicht schützen. Schutzhandschuhe/ Schutzkleidung/Augenschutz/ Gesichtsschutz tragen.	–
Sicherheitshinweise, Lagerung	Luftspalt zwischen Stapeln/ Paletten lassen. Schüttgut in Mengen von mehr als ... kg bei Temperaturen nicht über ... °C lagern. Von anderen Materialien entfernt lagern.	–

9.1.1.11 Selbsterhitzende Stoffe oder Gemische

Als selbsterhitzend werden Stoffe oder Gemische bezeichnet, die nicht die Kriterien selbstentzündlicher Flüssigkeiten erfüllen, sich aber bei Kontakt mit Luft ohne zusätzliche Energiezufuhr selbst erhitzen. Die im Anhang I von GHS in Abschnitt 2.11.3 definierten Kriterien werden nicht wiedergegeben, da selbsterhitzende Feststoffe keine gefährlichen Stoffe unter GHS darstellen.

Die Kennzeichnungselemente, primär für den Transport gültig, können Tabelle 9.11 entnommen werden.

9.1.1.12 Stoffe oder Gemische, die in Kontakt mit Wasser brennbare Gase bilden

Stoffe oder Gemische, die in Kontakt mit Wasser spontan sich entzünden oder brennbare Gase in gefährlicher Konzentration bilden. In Abhängigkeit von der Selbstentzündungsneigung mit Wasser bzw. der Menge freigesetzter brennbarer Gase werden diese Verbindungen in die Kategorien 1 bis 3 unterteilt.

Tabelle 9.12 zeigt die zugeordneten Kennzeichnungselemente.

Tabelle 9.12 Stoffe oder Gemische, die in Kontakt mit Wasser brennbare Gase bilden.

Einstufung	Kategorie 1	Kategorie 2	Kategorie 3
Piktogramm	🔥	🔥	🔥
Signalwort	Gefahr	Gefahr	Warnung
Gefahrenhinweise	In Berührung mit Wasser entstehen selbstentzündbare Gase.	In Berührung mit Wasser entstehen entzündbare Gase.	
Sicherheitshinweise, Vorbeugung	Behälter dicht verschlossen halten. Unter inertem Gas handhaben. Vor Nässe schützen. Schutzhandschuhe/Schutzkleidung/Augenschutz/ Gesichtsschutz tragen.		Unter inertem Gas handhaben. Vor Nässe schützen.
Sicherheitshinweise, Response	Lose Partikel von der Haut abbürsten. In kaltes Wasser tauchen/nassen Verband anlegen. Bei Brand: … zum Löschen verwenden.		Bei Brand: … zum Löschen verwenden.
Sicherheitshinweise, Lagerung	An einem trockenen Ort lagern. In einem geschlossenen Behälter lagern.		
Sicherheitshinweise, Entsorgung	Inhalt/Behälter … zuführen.		–

9.1.1.13 Brandfördernde Flüssigkeiten

Brandfördernde Stoffe sind Flüssigkeiten oder Gemische, die selbst nicht notwendigerweise brennbar sind, aber auf Grund ihres Sauerstoffgehaltes andere Verbindungen entzünden können. Brandfördernde Flüssigkeiten werden in drei Kategorien unterteilt; in das EU-GHS werden nur die Kategorien 1 und 2 übernommen.

Tabelle 9.13 fasst die Kennzeichnungselemente brandfördernder Flüssigkeiten zusammen.

Tabelle 9.13 Kennzeichnung brandfördernder Flüssigkeiten.

Einstufung	Kategorie 1	Kategorie 2	Kategorie 3
Piktogramm	🔥	🔥	🔥
Signalwort	Gefahr	Gefahr	Warnung
Gefahrenhinweise	Kann Brand oder Explosion verursachen; starkes Oxidationsmittel.	Kann Brand verstärken; Oxidationsmittel.	
Sicherheitshinweise, Vorbeugung	Von Hitze/Funken/offener Flamme/heißen Oberflächen fernhalten. Nicht rauchen. Von Kleidung/…/brennbaren Materialien fernhalten/entfernt lagern. Vermischung mit brennbaren Stoffen unter allen Umständen vermeiden. Schutzhandschuhe/Schutzkleidung/Augenschutz/Gesichtsschutz tragen. Schwer entflammbare/flammhemmende Kleidung tragen.	Von Hitze/Funken/offener Flamme/heißen Oberflächen fernhalten. Nicht rauchen. Von Kleidung/…/brennbaren Materialien fernhalten/entfernt lagern. Vermischung mit brennbaren Stoffen unter allen Umständen vermeiden. Schutzhandschuhe/Schutzkleidung/Augenschutz/Gesichtsschutz tragen.	
Sicherheitshinweise, Response	BEI BERÜHRUNG MIT DER KLEIDUNG: Vor Ablegen der Kleidung kontaminierte Kleidung und Haut sofort mit reichlich Wasser abwaschen. Bei Großbrand und großen Mengen: Umgebung evakuieren. Wegen Explosionsgefahr Brandbekämpfung aus der Entfernung. Bei Brand: … zum Löschen verwenden.	Bei Brand: … zum Löschen verwenden.	
Sicherheitshinweise, Entsorgung	Inhalt/Behälter … zuführen.	–	–

9.1.1.14 Brandfördernde Feststoffe

Brandfördernde Stoffe sind Feststoffe, die selbst nicht notwendigerweise brennbar sind, aber auf Grund ihres Sauerstoffgehaltes andere Verbindungen entzünden können. Brandfördernde Feststoffe werden in drei Kategorien unterteilt; in das EU-GHS werden nur die Kategorien 1 und 2 übernommen.

Tabelle 9.14 fasst die Kennzeichnungselemente brandfördernder Feststoffe zusammen.

Tabelle 9.14 Kennzeichnung brandfördernder Feststoffe.

Einstufung	Kategorie 1	Kategorie 2	Kategorie 3
Piktogramm	🔥	🔥	🔥
Signalwort	Gefahr	Warnung	Warnung
Gefahrenhinweise	Kann Brand oder Explosion verursachen; starkes Oxidationsmittel.	Kann Brand verstärken; Oxidationsmittel.	
Sicherheitshinweise, Vorbeugung	Von Hitze/Funken/offener Flamme/ heißen Oberflächen fernhalten. Nicht rauchen. Von Kleidung/…/brennbaren Materialien fernhalten/entfernt lagern. Vermischung mit brennbaren Stoffen unter allen Umständen vermeiden. Schutzhandschuhe/Schutzkleidung/ Augenschutz/Gesichtsschutz tragen. Schwer entflammbare/flammhemmende Kleidung tragen.	Von Hitze/Funken/offener Flamme/ heißen Oberflächen fernhalten. Nicht rauchen. Von Kleidung/…/brennbaren Materialien fernhalten/entfernt lagern. Vermischung mit brennbaren Stoffen unter allen Umständen vermeiden. Schutzhandschuhe/Schutzkleidung/ Augenschutz/Gesichtsschutz tragen.	
Sicherheitshinweise, Response	BEI BERÜHRUNG MIT DER KLEIDUNG: Vor Ablegen der Kleidung kontaminierte Kleidung und Haut sofort mit reichlich Wasser abwaschen. Bei Großbrand und großen Mengen: Umgebung evakuieren. Wegen Explosionsgefahr Brandbekämpfung aus der Entfernung. Bei Brand: … zum Löschen verwenden.	Bei Brand: … zum Löschen verwenden.	
Sicherheitshinweise Entsorgung	Inhalt/Behälter … zuführen.	–	–

9.1.1.15 Organische Peroxide

Als organische Peroxide werden Verbindungen verstanden, die eine bivalente (-O–O-)-Einheit enthalten, thermisch instabil sind und exothermen selbstbeschleunigenden Zersetzungen unterliegen. Organische Peroxide werden in die Typen A bis G unterteilt.

- Typ A: Organische Peroxide, die detonieren oder schnell deflagrieren können.
- Typ B: Organische Peroxide mit explosiven Eigenschaften, die in der Verpackung weder detonieren noch schnell deflagrieren, aber in der Verpackung eine thermische Explosion auslösen können.
- Typ C: Organische Peroxide mit explosiven Eigenschaften, die in der Verpackung weder detonieren, noch schnell deflagrieren oder eine thermische Explosion auslösen können.
- Typ D: Organische Peroxide, die
  - unter Laborbedingungen teilweise detonieren, aber nicht deflagrieren und keine starken Effekte beim Erhitzen zeigen, oder
  - unter Laborbedingungen unter keinen Umständen detonieren, langsam deflagrieren und keine starken Effekte beim Erhitzen zeigen oder
  - unter keinen Umständen detonieren oder deflagrieren und einen mittleren Effekt beim Erhitzen unter Einschluss zeigen.
- Typ E: Organische Peroxide, die unter Laborbedingungen unter keinen Umständen detonieren oder deflagrieren und kleine bis mittlere Effekte beim Erhitzen unter Einschluss zeigen.
- Typ F: Organische Peroxide, die unter Laborbedingungen unter keinen Umständen detonieren oder deflagrieren und keine bis kleine Effekte beim Erhitzen unter Einschluss zeigen.
- Typ G: Organische Peroxide, die unter Laborbedingungen im cavitativen Zustand nicht detonieren, unter keinen Umständen deflagrieren und keine Effekte beim Erhitzen unter Einschluss zeigen.

Mit Ausnahme von Typ G werden alle Unterklassen in das EU-GHS übernommen.

Tabelle 9.15 fasst die Kennzeichnungselemente organischer Peroxide zusammen.

9.1.1.16 Ätzend zu Metallen

Ein Stoff oder Gemisch wird als ätzend gegenüber Metallen eingestuft, wenn er/es gegenüber einer Stahl- und einer Aluminiumoberfläche bei einer Temperatur von 55 °C jeweils eine Korrosionsrate von 6,25 mm pro Jahr zeigt.

Stoffe oder Gemische, die korrosive Eigenschaften gegenüber Metallen zeigen, sind gemäß Tabelle 9.16 zu kennzeichnen.

Tabelle 9.15 Kennzeichnung von organischen Peroxiden.

Einstufung	Typ A	Typ B	Typ C und D	Typ E und F
Piktogramm	(explodierende Bombe)	(Flamme) und (explodierende Bombe)	(Flamme)	(Flamme)
Signalwort	Gefahr	Gefahr	Gefahr	Warnung
Gefahrenhinweise	Erwärmung kann Explosion verursachen.	Erwärmung kann Brand oder Explosion verursachen.	Erwärmung kann Brand verursachen.	Erwärmung kann Brand verursachen.
Sicherheitshinweise, Vorbeugung	Von Hitze/Funken/offener Flamme/heißen Oberflächen fernhalten. Nicht rauchen. Von Kleidung/…/brennbaren Materialien fernhalten/entfernt lagern. Nur im Originalbehälter aufbewahren. Schutzhandschuhe/Schutzkleidung/Augenschutz/Gesichtsschutz tragen.			
Sicherheitshinweise, Lagerung	Bei Temperaturen nicht über … °C/… °F lagern. Kühl halten. Vor Sonnenlicht schützen. Von anderen Materialien entfernt lagern.			
Sicherheitshinweise, Entsorgung	Inhalt/Behälter … zuführen.	–	–	

Tabelle 9.16 Kennzeichnung von metallätzenden Stoffen.

Einstufung	Kategorie 1
Piktogramm	(Korrosion)
Signalwort	Gefahr
Gefahrenhinweise	Kann Metalle korrodieren.
Sicherheitshinweise, Vorbeugung	Nur im Originalbehälter aufbewahren.
Sicherheitshinweise, Response	Ausgetretene Mengen zur Vermeidung von Materialschäden aufnehmen.
Sicherheitshinweise Lagerung	In korrosionsfestem/… Behälter mit korrosionsfester Auskleidung lagern.

9.1.2 Gesundheitsgefahren

9.1.2.1 Akute Giftigkeit

Die akute Giftigkeit beschreibt die adversen Effekte innerhalb maximal 24 Stunden bei oraler, dermaler oder inhalativer Verabreichung einer Einmaldosis. Die akute Toxizität wird in Abhängigkeit von der akuten letalen Dosis in vier Kategorien eingeteilt. Zur Einstufung werden die „acute toxicity estimate", abgekürzt ATE, herangezogen. Diese sind identisch mit den bekannten letalen Dosen LD_{50} oder LC_{50}, falls diese verfügbar sind, alternativ können auch die Ergebnisse anderer akuter Tests benutzt werden, z. B. Range-Finder-Test gemäß der in Anhang I Nr. 3.1.2 festgelegten Tabelle.

Tabelle 9.17 zeigt die festgelegten ATE-Werte für die Kategorien 1 bis 4. Da die neuen Festlegungen der akuten Giftigkeit deutlich niedriger als die bisherigen Einstufungswerte sind, ist mit zahlreichen Umstufungen von giftig nach sehr giftig oder von gesundheitsschädlich nach giftig zu rechnen. Für die Einstufung von Gemischen sind detaillierte Vorgaben zur Berechnung der Einstufung vorhanden, die von den bisherigen Regelungen der Zubereitungsrichtlinie deutlich abweichen. Da die Gemischregeln noch nicht abschließend festgelegt sind, wird auf eine ausführliche Diskussion an dieser Stelle verzichtet.

Die Kennzeichnung akuttoxischer Stoffe ist in Tabelle 9.18 wiedergegeben.

9.1.2.2 Hautätzend oder hautreizend

Hautätzend beschreibt die irreversible Schädigung der Haut, typischerweise durch sichtbare Nekrosen durch die Oberhaut (Epidermis) in die Lederhaut (Dermis) bei vierstündiger Einwirkung. Ätzende Wirkungen sind zu unterscheiden in Geschwüre, Blutungen, blutender Schorf und am Ende der 14-tägigen Beobachtungszeit durch Entfärbung der Haut, Haarschwund oder Vernarbung.

Tabelle 9.17 Einstufung akut toxischer Stoffe.

Aufnahmeweg	Kategorie 1	Kategorie 2	Kategorie 3	Kategorie 4
oral[a]	ATE ≤ 5	5 < ATE ≤ 50	50 < ATE ≤ 300	300 < ATE ≤ 2000
dermal[a]	ATE ≤ 50	50 < ATE ≤ 200	200 < ATE ≤ 1000	1000 < ATE ≤ 2000
gasförmig[b]	ATE ≤ 100	100 < ATE ≤ 500	500 < ATE ≤ 2500	2500 < ATE ≤ 20 000
Dämpfe[c]	ATE ≤ 0,5	0,5 < ATE ≤ 2,0	2,0 < ATE ≤ 10,0	10,0 < ATE ≤ 20,0
Stäube[c]	ATE ≤ 0,05	0,05 < ATE ≤ 0,5	0,5 < ATE ≤ 1,0	1,0 < ATE ≤ 5,0

[a] Einheit in mg/kg Körpergewicht bei oraler oder dermaler Aufnahme.
[b] Einheit mL/m³ Atemluft bei inhalativer Aufnahme.
[c] Einheit in mg/L Atemluft bei inhalativer Aufnahme.

Tabelle 9.18 Kennzeichnung akut toxischer Stoffe.

Einstufung	Kategorie 1	Kategorie B	Kategorie 3	Kategorie 4
Piktogramm	☠	☠	☠	❗
Signalwort	Gefahr	Gefahr	Gefahr	Warnung
Gefahrenhinweise (oral)	Tödlich bei Verschlucken.		Giftig bei Verschlucken.	Gesundheitsschädlich bei Verschlucken.
Gefahrenhinweise (dermal)	Tödlich bei Hautkontakt.		Giftig bei Hautkontakt.	Gesundheitsschädlich bei Hautkontakt.
Gefahrenhinweise (oral)	Tödlich bei Einatmen.		Giftig bei Einatmen.	Gesundheitsschädlich bei Einatmen.
Sicherheitshinweise, Vorbeugung (oral)	Nach Handhabung … gründlich waschen. Bei Verwendung dieses Produkts nicht essen, trinken oder rauchen.			
Sicherheitshinweise, Response (oral)	Bei Verschlucken: Sofort Giftinformationszentrum oder Arzt anrufen. Gezielte Behandlung (siehe … auf diesem Kennzeichnungsschild). Mund ausspülen.			Bei Verschlucken: Sofort Giftinformationszentrum oder Arzt anrufen. Mund ausspülen.
Sicherheitshinweise, Vorbeugung (dermal)	Nach Handhabung … gründlich waschen. Bei Verwendung dieses Produkts nicht essen, trinken oder rauchen.			–
Sicherheitshinweise, Response (dermal)	Bei Berührung mir der Haut: Vorsichtig mit reichlich Wasser und Seife waschen. Sofort Giftinformationszentrum oder Arzt anrufen. Gezielte Maßnahmen (siehe … auf diesem Kennzeichnungsschild). Alle kontaminierten Kleidungsstücke sofort ausziehen. Kontaminierte Kleidung vor erneutem Tragen waschen.			Bei Berührung mir der Haut: Vorsichtig mit reichlich Wasser und Seife waschen. Sofort Giftinformationszentrum oder Arzt anrufen. Gezielte Maßnahmen (siehe … auf diesem Kennzeichnungsschild). Kontaminierte Kleidung vor erneutem Tragen waschen.
Sicherheitshinweise, Vorbeugung (inhalativ)	Staub/Rauch/Gas/Nebel/Dampf/Aerosol nicht einatmen. Nur draußen oder in gut belüfteten Räumen verwenden. Atemschutz tragen.			Staub/Rauch/Gas/Nebel/Dampf/Aerosol nicht einatmen. Nur draußen oder in gut belüfteten Räumen verwenden.

Tabelle 9.18 Fortsetzung.

Einstufung	Kategorie 1	Kategorie B	Kategorie 3	Kategorie 4
Piktogramm	☠	☠	☠	❗
Signalwort	Gefahr	Gefahr	Gefahr	Warnung
Sicherheitshinweise, Response (inhalativ)	Bei Einatmen: An die frische Luft bringen und in einer Position ruhigstellen, die das Atmen erleichtert. Sofort Giftinformationszentrum oder Arzt anrufen. Gezielte Behandlung dringend erforderlich (siehe … auf diesem Kennzeichnungsschild).			Bei Einatmen: An die frische Luft bringen und in einer Position ruhigstellen, die das Atmen erleichtert. Bei Unwohlsein Giftinformationszentrum oder Arzt anrufen.
Sicherheitshinweise, Lagerung	An einem gut belüfteten Ort lagern. Behälter dicht verschlossen halten. Unter Verschluss lagern.			–
Sicherheitshinweise, Entsorgung	Inhalt/Behälter … zuführen.			–

Eine Reizung beschreibt eine reversible Schädigung der Haut innerhalb von vier Stunden.

Die hautätzende Eigenschaft der Kategorie 1 wird in Abhängigkeit von der Einwirkungszeit in drei Unterklassen unterteilt (siehe Tabelle 9.19).

Eine Einteilung in Kategorie 2 „hautreizend" wird vorgenommen, wenn

- der Durchschnittswert der Hautrötung bzw. der Schorfbildung bei zwei von drei Tieren zwischen 2, 3 und 4 beurteilt wird,
- eine Entzündung bis zum Ende der Beobachtungszeit (normalerweise 14 Tage) bei zwei von drei Tieren bestehen bleibt oder
- bei stark ausgeprägten Hautreaktionen bei einem Tier.

Für die Einstufung von Gemischen werden allgemeingültige Konzentrationsgrenzen festgelegt, die Tabelle 9.20 entnommen werden können, bzw. Tabelle 9.21 bei Einstufung nach dem pH-Wert des Gemisches.

Die Kennzeichnung ätzender und reizender Stoffe ist in Tabelle 9.22 wiedergegeben.

Tabelle 9.19 Einteilung hautätzender Stoffe der Kategorie 1 in drei Unterklassen.

Subkategorie	Expositionsdauer	Nachbeobachtungszeit
1A	≤ 3 Minuten	≤ 1 Stunde
1B	> 3 Minuten bis ≤ 1 Stunde	≤ 14 Tage
1C	> 1 Stunde bis ≤ 4 Stunden	≤ 14 Tage

Tabelle 9.20 Allgemeingültige Konzentrationsgrenzen zur Einstufung hautätzender bzw. -reizender Gemische.

Inhaltsstoffe	Konzentration der Inhaltsstoffe	
	Hautätzend Kategorie 1	Hautreizend Kategorie 2
Hautätzend Kategorie 1A, 1B, 1C	≥ 5 %	≥ 1 % bis 5 %
Hautreizend Kategorie 2	–	≥ 10 %
(10 × hautätzend Kategorie 1A, 1B, 1C) + hautreizend Kategorie 2	–	≥ 10 %

Tabelle 9.21 Allgemeingültige Konzentrationsgrenzen zur Einstufung hautätzender bzw. -reizender Gemische auf Basis des pH-Wertes.

Inhaltsstoffe	Konzentration der Inhaltsstoffe	Einstufung des Gemisches
Säure mit pH ≤ 2	≥ 1 %	Kategorie 1
Base mit pH ≥ 11,5	≥ 1 %	Kategorie 1
Andere ätzende Eigenschaft (Kategorie 1A, 1B, 1C)	≥ 1 %	Kategorie 1
Andere reizende Eigenschaft (Kategorie 2)	≥ 3 %	Kategorie 2

Tabelle 9.22 Kennzeichnung hautätzender bzw. -reizender Stoffe.

Einstufung	Kategorie 1	Kategorie 2
Piktogramm	(Ätzwirkung)	(Ausrufezeichen)
Signalwort	Gefahr	Warnung
Gefahrenhinweise	Verursacht schwere Verätzungen der Haut und Augenschäden.	Verursacht Hautreizungen.
Sicherheitshinweise, Vorbeugung	Staub/Rauch/Gas/Nebel/Dampf/ Aerosol nicht einatmen. Nach Handhabung … gründlich waschen. Schutzhandschuhe/Schutzkleidung/ Augenschutz/Gesichtsschutz tragen.	Nach Handhabung … gründlich waschen. Schutzhandschuhe/Schutzkleidung/ Augenschutz/Gesichtsschutz tragen.
Sicherheitshinweise, Response	Bei Verschlucken: Mund ausspülen. Kein Erbrechen herbeiführen. Bei Berührung mit der Haut (oder dem Haar): Alle kontaminierten Kleidungsstücke sofort ausziehen. Haut mit Wasser abwaschen/duschen. Kontaminierte Kleidung vor erneutem Tragen waschen. Bei Einatmen: An die frische Luft bringen und in einer Position ruhigstellen, die das Atmen erleichtert. Sofort Giftinformationszentrum oder Arzt anrufen. Gezielte Behandlung (siehe … auf diesem Kennzeichnungsschild). Bei Berührung mit den Augen: Einige Minuten lang vorsichtig mit Wasser ausspülen. Evtl. vorhandene Kontaktlinsen entfernen, sofern leicht möglich. Weiter ausspülen.	Bei Berührung mit der Haut: Vorsichtig mit reichlich Wasser und Seife waschen. Gezielte Behandlung (siehe … auf diesem Kennzeichnungsschild). Bei Hautreizung oder -ausschlag: Ärztlichen Rat einholen/ärztliche Hilfe hinzuziehen. Kontaminierte Kleidung ausziehen und vor erneutem Tragen waschen.
Sicherheitshinweise, Lagerung	Unter Verschluss lagern.	–
Sicherheitshinweise Entsorgung	Inhalt/Behälter … zuführen.	–

Tabelle 9.23 Allgemeingültige Konzentrationsgrenzen zur Einstufung von Gemischen in die Kategorien „schwere Augenschäden" bzw. „augenreizend".

Inhaltsstoffe	Konzentration der Inhaltsstoffe	
	Schwere Augenschäden Kategorie 1	Reversible Augenreaktion Kategorie 2
Schwere Augenschäden und hautätzend Kategorie 1	≥ 3 %	≥ 1 % bis < 3 %
Augeneffekte Kategorie 2	–	≥ 10 %
(10 × Augeneffekte Kategorie 1) + augenreizend Kategorie 2	–	≥ 10 %
Hautätzend Kategorie 1 + Augeneffekte Kategorie 1	≥ 3 %	≥ 1 % bis < 3 %
10 × (Augeneffekte Kategorie 1 + Augeneffekte Kategorie 1) + augenreizend Kategorie 2	–	≥ 10 %

Tabelle 9.24 Allgemeingültige Konzentrationsgrenzen zur Einstufung von Gemischen, die Augeneffekte auslösen.

Inhaltsstoffe	Konzentration der Inhaltsstoffe	Einstufung des Gemisches Augeneffekte
Säure mit pH ≤ 2	≥ 1 %	Kategorie 1
Base mit pH ≥ 11,5	≥ 1 %	Kategorie 1
Andere hautätzende Eigenschaft (Kategorie 1)	≥ 1 %	Kategorie 1
Andere hautreizende Eigenschaft (Kategorie 2)	≥ 3 %	Kategorie 2

9.1.2.3 Schwere Augenschäden/augenreizend

Schwere Augenschäden liegen vor, wenn nach Kontakt der Testsubstanz mit der Augenoberfläche das Augengewebe schwer geschädigt wird oder erste Sehschäden auftreten.

Unter Augenreizungen werden Veränderungen des Auges verstanden, die innerhalb von 21 Tagen vollkommen reversibel sind. Die Einstufungsgrenzen für Gemische zur Einstufung in die Kategorie 1, irreversible Augenschäden, und der Kategorie 2, reversible Augenreaktionen, sind in Tabelle 9.23 aufgelistet.

Die Einstufungsgrenzen von Gemischen können Tabelle 9.24 entnommen werden, die Kennzeichnungselemente Tabelle 9.25.

Tabelle 9.25 Kennzeichnung von Stoffen, die schwere Augenschäden und Augenreizung verursachen.

Einstufung	Kategorie 1	Kategorie 2
Piktogramm		
Signalwort	Gefahr	Warnung
Gefahrenhinweise	Verursacht schwere Augenschäden.	Verursacht schwere Augenreizung.
Sicherheitshinweise, Vorbeugung	Schutzhandschuhe/Schutzkleidung/ Augenschutz/Gesichtsschutz tragen.	Nach Handhabung … gründlich waschen. Schutzhandschuhe/Schutzkleidung/ Augenschutz/Gesichtsschutz tragen.
Sicherheitshinweise, Response	Bei Berührung mit den Augen: Einige Minuten lang vorsichtig mit Wasser ausspülen. Evtl. vorhandene Kontaktlinsen entfernen, sofern leicht möglich. Weiter ausspülen. Sofort Giftinformationszentrum oder Arzt anrufen.	Bei Berührung mit den Augen: Einige Minuten lang vorsichtig mit Wasser ausspülen. Evtl. vorhandene Kontaktlinsen entfernen, sofern leicht möglich. Weiter ausspülen. Lose Partikel von der Haut abbürsten. In kaltes Wasser tauchen/nassen Verband anlegen.

9.1.2.4 Sensibilisierende Stoffe

Unter den sensibilisierenden Stoffen werden sowohl Atemwegsallergene als auch Hautallergene zusammengefasst. Die Einstufung als Allergene erfolgt bei Gemischen entweder bei 0,1 % oder bei 1 %.; die detaillierten Einstufungskriterien können erst Anhang I der endgültigen Verordnung entnommen werden. Allergene Stoffe oder Gemische sind gemäß Tabelle 9.26 zu kennzeichnen.

9.1.2.5 Keimzellmutagenität, erbgutverändernde Eigenschaft

Mutagene Stoffe werden in Abhängigkeit von der Datenlage nur noch in zwei Kategorien statt bisher drei Kategorien unterteilt. Die bisherige Kategorie 1 wird jetzt als Kategorie 1A bezeichnet, die bisherige Kategorie 2 als Kategorie 1B. Die Verdachtsgruppe 3 wird im GHS als Kategorie 2 geführt. Die Definitionen der einzelnen Kategorien entspricht weitestgehend den Festlegungen unter der Stoffrichtlinie 67/548/EWG [32] (siehe Abschnitt 3.2.2) und soll daher an dieser Stelle nicht wiederholt werden. Desgleichen sind Gemische mit erbgutverändernden Stoffen der Kategorie 1A oder 1B ab 0,1 % entsprechend einzustufen und zu kennzeichnen, bzw. ab 1 % bei der Kategorie 2. Die Kennzeichnung erbgutverändernder Stoffe oder Gemische ist in Tabelle 9.27 wiedergegeben.

Tabelle 9.26 Kennzeichnung sensibilisierender Stoffe.

Einstufung	Kategorie 1	Kategorie 2
Piktogramm	(GHS08)	(GHS07)
Signalwort	Gefahr	Warnung
Gefahrenhinweise	Kann bei Einatmen Allergie, asthmaartige Symptome oder Atembeschwerden verursachen.	Kann allergische Hautreaktionen verursachen.
Sicherheitshinweise, Vorbeugung	Einatmen von Staub/Rauch/Gas/Nebel/Dampf/Aerosol vermeiden. Bei unzureichender Belüftung Atemschutz tragen.	Einatmen von Staub/Rauch/Gas/Nebel/Dampf/Aerosol vermeiden. Kontaminierte Arbeitskleidung sollte außerhalb des Arbeitsplatzes verboten werden. Schutzhandschuhe/Schutzkleidung/Augenschutz/Gesichtsschutz tragen.
Sicherheitshinweise, Response	Bei Einatmen: Bei Atembeschwerden an die frische Luft bringen und in einer Position ruhigstellen, die das Atmen erleichtert. Bei Symptomen der Atemwege: Giftinformationszentrum oder Arzt anrufen.	Bei Berührung mit der Haut: Mit reichlich Wasser und Seife waschen. Bei Hautreizung oder -ausschlag: Ärztlichen Rat einholen/ärztliche Hilfe hinzuziehen. Gezielte Behandlung (siehe ... auf diesem Kennzeichnungsschild). Kontaminierte Kleidung vor erneutem Tragen waschen.
Sicherheitshinweise, Entsorgung	Inhalt/Behälter ... zuführen.	–

9.1.2.6 Krebserzeugende Eigenschaft

Krebserzeugende Stoffe werden in die Kategorien 1A – Humankanzerogene – und 1B – Tierkanzerogene – sowie in die Kategorie 2, Verdacht auf kanzerogene Wirkung, unterteilt. Die Definitionen der einzelnen Kategorien entspricht weitestgehend den Festlegungen unter der Stoffrichtlinie 67/548/EWG [32] (siehe Abschnitt 3.2.2) und soll daher an dieser Stelle nicht wiederholt werden. Desgleichen sind Gemische mit krebserzeugenden Stoffe der Kategorie 1A oder 1B ab 0,1 % entsprechend einzustufen und zu kennzeichnen, bzw. ab 1 % bei Stoffen der Kategorie 2. Die Kennzeichnung krebserzeugender Stoffe oder Gemische ist in Tabelle 9.28 wiedergegeben.

Tabelle 9.27 Kennzeichnung erbgutverändernder Stoffe/Gemische.

Einstufung	Kategorie 1A und 1B	Kategorie 2
Piktogramm	⬨	⬨
Signalwort	Gefahr	Warnung
Gefahrenhinweise	Kann genetische Defekte verursachen (Expositionsweg angeben).	Kann vermutlich genetische Defekte verursachen.
Sicherheitshinweise, Vorbeugung	Vor Gebrauch besondere Anweisungen einholen. Vor Handhabung sämtliche Sicherheitsratschläge lesen und verstehen. Vorgeschriebene persönliche Schutzausrüstung verwenden.	
Sicherheitshinweise, Response	Bei Exposition oder Betroffenheit: Ärztlichen Rat einholen/ärztliche Hilfe hinzuziehen.	
Sicherheitshinweise, Lagerung	Unter Verschluss lagern.	–
Sicherheitshinweise, Entsorgung	Inhalt/Behälter … zuführen.	–

Tabelle 9.28 Kennzeichnung krebserzeugender Stoffe/Gemische.

Einstufung	Kategorie 1A und 1B	Kategorie 2
Piktogramm	⬨	⬨
Signalwort	Gefahr	Warnung
Gefahrenhinweise	Kann Krebs verursachen (Expositionsweg angeben).	Kann vermutlich Krebs verursachen.
Sicherheitshinweise, Vorbeugung	Vor Gebrauch besondere Anweisungen einholen. Vor Handhabung sämtliche Sicherheitsratschläge lesen und verstehen. Vorgeschriebene persönliche Schutzausrüstung verwenden.	
Sicherheitshinweise, Response	Bei Exposition oder Betroffenheit: Ärztlichen Rat einholen/ärztliche Hilfe hinzuziehen.	
Sicherheitshinweise, Lagerung	Unter Verschluss lagern.	–
Sicherheitshinweise, Entsorgung	Inhalt/Behälter … zuführen.	–

9.1.2.7 Fortpflanzungsgefährdende Eigenschaft

Die fortpflanzungsgefährdende Eigenschaft wird analog der bisherigen Stoffrichtlinie 67/548/EWG [32] unterteilt in
- Fruchtbarkeitsgefährdung und
- Entwicklungsschädigung.

Die Einstufung folgt dem bekannten Schema in Kategorie 1A – die Eigenschaft ist bereits beim Menschen aufgetreten –, Kategorie 1B – die Eigenschaft wurde im Tierversuch ermittelt – sowie in Kategorie 2 – Verdacht auf diese Eigenschaft.

Tabelle 9.29 Kennzeichnung fortpflanzungsgefährdender Stoffe/Gemische.

Einstufung	Kategorie 1A und 1B	Kategorie 2	Zusätzliche Kennzeichnung[a]
Piktogramm	☣	☣	–
Signalwort	Gefahr	Warnung	–
Gefahrenhinweise	Kann die Fruchtbarkeit beeinträchtigen oder das Kind im Mutterleib schädigen.	Kann vermutlich die Fruchtbarkeit beeinträchtigen oder das Kind im Mutterleib schädigen.	Kann Säuglinge über die Muttermilch schädigen.
Sicherheitshinweise, Vorbeugung	Vor Gebrauch besondere Anweisungen einholen. Vor Handhabung sämtliche Sicherheitsratschläge lesen und verstehen. Vorgeschriebene persönliche Schutzausrüstung verwenden.		Vor Gebrauch besondere Anweisungen einholen. Staub/Rauch/Gas/Nebel/Dampf/Aerosol nicht einatmen. Berührung in der Schwangerschaft/der Stillzeit vermeiden. Nach Handhabung … gründlich waschen. Bei Verwendung dieses Produkts nicht essen, trinken oder rauchen.
Sicherheitshinweise, Response	Bei Exposition oder Betroffenheit: Ärztlichen Rat einholen/ärztliche Hilfe hinzuziehen.		
Sicherheitshinweise, Lagerung	Unter Verschluss lagern.		–
Sicherheitshinweise, Entsorgung	Inhalt/Behälter … zuführen.		–

[a] für Effekte, die durch das Stillen ausgelöst werden

Die Konzentrationsgrenzen zur Einstufung von Gemischen mit fortpflanzungsgefährdenden Stoffen wurde gegenüber der bislang gültigen Zubereitungsrichtlinie 1999/45/EG [38] reduziert; künftig hat eine Einstufung in Kategorie 1 (1A und 1B) bereits ab einer Konzentration von 0,3 % gegenüber bisher 0,5 % zu erfolgen, bzw. ab 3 % in Kategorie 2. Die Kennzeichnung fortpflanzungsgefährdender Stoffe oder Gemische kann Tabelle 9.29 entnommen werden.

9.1.2.8 Spezifische Organtoxizität, einmalige Exposition

Unter spezifischer Organtoxizität (abgekürzt STOT: specific target organ toxicity) wird eine nicht letale, schwerwiegende Organschädigung bei einer einmaligen Stoffexposition verstanden, die nicht bereits durch die vorgenannten Eigenschaften beschrieben ist. Sie wird unterteilt in die Kategorie 1, 2 und 3:

- Kategorie 1: Die Effekte sind bereits beim Menschen aufgetreten oder stammen aus Tierversuchen bei niedriger Exposition (siehe Tabelle 9.30), wo davon auszugehen ist, dass die gleiche Wirkung auch beim Menschen eintritt.
- Kategorie 2: Ergebnisse aus Tierversuchen mit mittlerer Exposition (siehe Tabelle 9.30), die auf die Wirkung beim Menschen übertragen werden können.
- Kategorie 3: Effekte, die eine Änderung der menschlichen Reaktionen kurz nach der Exposition auslösen, von denen sich die Exponierten aber innerhalb kurzer Zeit wieder erholen, ohne einen signifikanten Gesundheitsschaden davonzutragen.

Die Einstufungsgrenzen für Gemische sind in Tabelle 9.31 wiedergegeben, die Kennzeichnungselemente in Tabelle 9.32.

Tabelle 9.30 Einstufungskonzentrationen für Stoffe mit spezifischer Organtoxizität (STOT).

Aufnahmeweg	Einheit	Kategorie 1	Kategorie 2
oral (Ratte)	mg/kg KG	$C \leq 300$	$2000 \geq C > 300$
dermal (Ratte oder Kaninchen)	mg/kg KG	$C \leq 1000$	$2000 \geq C > 1000$
inhalativ (Ratte), gasförmig	ppmV/4 h	$C \leq 2500$	$5000 \geq C > 2500$
inhalativ (Ratte), Dampf	mg/L/4 h	$C \leq 10$	$20 \geq C > 10$
inhalativ (Ratte), Aerosol	mg/L/4 h	$C \leq 1,0$	$5,0 \geq C > 1,0$

KG: Körpergewicht
ppmV: Konzentration in ppm in der Atemluft

Tabelle 9.31 Einstufungsgrenzen für Mischungen bei spezifischer Organtoxizität (STOT).

Inhaltsstoff eingestuft als	Konzentration der Inhaltsstoffe	
	Kategorie 1	Kategorie 2
Kategorie 1	$C \geq 10\%$	$1{,}0\% \leq C < 10\%$
Kategorie 2	–	$C \geq 10\%$

Tabelle 9.32 Kennzeichnung von Stoffen mit spezifischer Organtoxizität (STOT) bei einmaliger Exposition.

Einstufung	Kategorie 1A und 1B	Kategorie 2	Kategorie 3
Piktogramm	⬨	⬨	⬨
Signalwort	Gefahr	Warnung	Warnung
Gefahrenhinweise	Schädigt die Organe	Kann die Organe schädigen	Kann die Atemwege reizen. Oder Kann Schläfrigkeit und Benommenheit verursachen.
Sicherheitshinweise, Vorbeugung	Staub/Rauch/Gas/Nebel/Dampf/Aerosol nicht einatmen. Nach Handhabung … gründlich waschen. Bei Verwendung dieses Produkts nicht essen, trinken oder rauchen.		Einatmen von Staub/Rauch/Gas/Nebel/Dampf/Aerosol vermeiden. Nur draußen oder in gut belüfteten Räumen verwenden.
Sicherheitshinweise, Response	Bei Exposition: Giftinformationszentrum oder Arzt anrufen. Gezielte Behandlung (siehe … auf diesem Kennzeichnungsschild).	Bei Exposition oder Unwohlsein: Giftinformationszentrum oder Arzt anrufen.	Bei Einatmen: An die frische Luft bringen und in einer Position ruhigstellen, die das Atmen erleichtert. Bei Unwohlsein Giftinformationszentrum oder Arzt anrufen.
Sicherheitshinweise, Lagerung	Unter Verschluss lagern.	–	Unter Verschluss lagern. An einem gut belüfteten Ort lagern. Behälter dicht verschlossen halten.
Sicherheitshinweise, Entsorgung	Inhalt/Behälter … zuführen.		

Tabelle 9.33 Einstufungskonzentrationen für Stoffe mit spezifischer Organtoxizität (STOT) bei wiederholter Exposition.

Aufnahmeweg	Einheit	Kategorie 1	Kategorie 2
oral (Ratte)	mg/kg KG	$C \leq 10$	$10 < C \leq 100$
dermal (Ratte oder Kaninchen)	mg/kg KG	$C \leq 20$	$20 < C \leq 200$
inhalativ (Ratte), gasförmig	ppmV/6 h/d	$C \leq 50$	$50 < C \leq 250$
inhalativ (Ratte), Dampf	mg/L/6 h/d	$C \leq 0{,}2$	$0{,}2 < C \leq 1$
inhalativ (Ratte), Aerosol	mg/L/6 h/d	$C \leq 0{,}02$	$0{,}02 < C \leq 0{,}2$

KG: Körpergewicht
ppmV: Konzentration in ppm in der Atemluft

9.1.2.9 Spezifische Organtoxizität, wiederholte Exposition

Unter spezifischer Organtoxizität (STOT) wird eine nicht letale, schwerwiegende Organschädigung analog Abschnitt 9.1.2.8 verstanden, hier jedoch bei wiederholter Exposition. Im Unterschied zur Organtoxizität bei einmaliger Exposition werden die Stoffe nur in die Kategorien 1 und 2 unterteilt. Die Konzentrationsgrenzen zur Einstufung sind in Tabelle 9.33 wiedergegeben. Die Konzentrationsgrenzen zur Einstufung von Gemischen sind mit den Angaben in Tabelle 9.31 für Kategorie 1 und 2 identisch. Die Kennzeichnungselemente sind in Tabelle 9.34 wiedergegeben.

9.1.2.10 Aspirationsgefahr

Unter Aspirationsgefahr wird das Gesundheitsrisiko verstanden, das mit dem Einatmen von flüssigen oder festen Fremdstoffen in die Lunge einhergeht. Aspiration ist die orale oder nasale Aufnahme von flüssigen oder festen Stoffen in die Luftröhre und den unteren Atemtrakt, direkt oder indirekt nach Erbrechen. Zu den typischen Folgen einer Aspiration zählen chemisch induzierte Pneumonie (Lungenentzündung), Schädigungen der Lunge bis hin zu letalen Effekten.

Eine Einstufung in die Kategorie 1 erfolgt entweder auf Basis von Humanbefunden oder bei Kohlenwasserstoffen, wenn ihre kinematische Viskosität $\leq 20{,}5$ mm^2/s ist, gemessen bei 40 °C.

Die Kennzeichnung erfolgt gemäß den in Tabelle 9.35 aufgeführten Elementen.

Tabelle 9.34 Kennzeichnung von Stoffen mit spezifischer Organtoxizität (STOT) bei wiederholter Exposition.

Einstufung	Kategorie 1A und 1B	Kategorie 2
Piktogramm		
Signalwort	Gefahr	Warnung
Gefahrenhinweise	Schädigt die Organe.	Kann die Organe schädigen.
Sicherheitshinweise, Vorbeugung	Staub/Rauch/Gas/Nebel/Dampf/Aerosol nicht einatmen. Nach Handhabung … gründlich waschen. Bei Verwendung dieses Produkts nicht essen, trinken oder rauchen.	Staub/Rauch/Gas/Nebel/Dampf/Aerosol nicht einatmen. –
Sicherheitshinweise, Response	Bei Unwohlsein ärztlichen Rat einholen/ärztliche Hilfe hinzuziehen.	
Sicherheitshinweise, Entsorgung	Inhalt/Behälter … zuführen.	–

Tabelle 9.35 Kennzeichnung von aspirationsgefährlichen Stoffen.

Einstufung	Kategorie 1
Piktogramm	
Signalwort	Gefahr
Gefahrenhinweise	Kann bei Verschlucken und Eindringen in die Atemwege tödlich.
Sicherheitshinweise, Response	Bei Verschlucken: Sofort Giftinformationszentrum oder Arzt anrufen. Kein Erbrechen herbeiführen.
Sicherheitshinweise, Lagerung	Unter Verschluss lagern.
Sicherheitshinweise, Entsorgung	Inhalt/Behälter … zuführen.

9.1.3
Umweltgefahren

9.1.3.1 Umweltgefährlich für Gewässer

Eine Einstufung als umweltgefährlich für Gewässer wird in akute und chronische Eigenschaft unterschieden und erfolgt auf Grund
- der akut aquatischen Toxizität,
- des Bioakkumulationspotenzials,
- der Degradation, sowohl biotisch als auch abiotisch, organischer Verbindungen und
- der chronischen aquatischen Toxizität.

Stoffe mit akut toxischer Wirkung auf Gewässer werden in Kategorie 1 eingestuft, chronisch toxisch wirkende Stoffe werden in Kategorie 1 bis 4 unterteilt (siehe Tabelle 9.36).

Die Einstufung in eine der chronischen Kategorien erfolgt nur, wenn der Stoff nicht schnell abgebaut wird, d. h. wenn der biologische Konzentrationsfaktor (BCF) größer oder gleich 500 beträgt bzw. der Logarithmus des Oktanol-Wasser-Verteilungskoeffizients (log K_{OW}) größer gleich 4 beträgt.

Erfüllt ein Stoff die Kriterien von Tabelle 9.36 nicht, obwohl Hinweise auf eine aquatische Toxizität vorliegen – wenn z. B. die vorgenannten Kriterien für ein Bioakkumulationspotenzial erfüllt sind – wird er in Kategorie 4 eingestuft.

Aquatisch toxische Stoffe sind gemäß Tabelle 9.37 zu kennzeichnen.

9.1.3.2 Schädigung der Ozonschicht

Stoffe werden als ozonschichtschädigend bezeichnet, wenn ihr entsprechendes Potenzial bekannt ist oder es auf Grund der festgestellten Wirkung in der Umwelt unterstellt werden muss. Stoffe, die in der EG-Verordnung 2037/2000/EG [88] in Anhang I gelistet sind, erfüllen beispielsweise diese Kriterien. Enthält ein Gemisch über 1 % eines ozonschädigenden Stoffes, wird das ganze Gemisch entsprechend eingestuft. Zur Kennzeichnung wird das Signalwort „Gefahr" ohne Piktogramm verwendet mit der Gefahrenbezeichnung „Gefährlich für die Ozonschicht".

Tabelle 9.36 Einstufungskriterien für Stoffe, die umweltgefährlich für Gewässer sind.

Testbedingungen	Akut Kategorie 1	Chron. Kategorie 1	Chron. Kategorie 2	Chron. Kategorie 3
96 h LC_{50} Fisch	$C \leq 1$	$C \leq 1$	$1 < C \leq 10$	$10 < C \leq 100$
48 h EC_{50} Krebstier	$C \leq 1$	$C \leq 1$	$1 < C \leq 10$	$10 < C \leq 100$
96 h IC_{50} Alge	$C \leq 1$	$C \leq 1$	$1 < C \leq 10$	$10 < C \leq 100$

Alle Angaben in mg/L

Tabelle 9.37 Kennzeichnung von Stoffen mit aquatischer Toxizität.

Einstufung	Akut toxisch Kategorie 1	Chron. toxisch Kategorie 1	Chron. toxisch Kategorie 2	Chron. toxisch Kategorie 3	Chron. toxisch Kategorie 4
Piktogramm	⬨	⬨	⬨	–	–
Signalwort	Warnung	Warnung	–	–	–
Gefahrenhinweise	Sehr giftig für Wasserorganismen.	Sehr giftig für Wasserorganismen, Langzeitwirkung.	Giftig für Wasserorganismen, Langzeitwirkung.	Schädlich für Wasserorganismen, Langzeitwirkung.	Kann für Wasserorganismen schädlich sein, Langzeitwirkung.
Sicherheitshinweise, Vorbeugung	Freisetzung in die Umwelt vermeiden.				
Sicherheitshinweise, Response	Ausgetretene Mengen auffangen.	–	–	–	
Sicherheitshinweise, Entsorgung	Inhalt/Behälter … zuführen.		–	–	

Tabelle 9.38 Kategoriegrenzwerte zur Berücksichtigung bei der Einstufung.

Gefahrenklasse	Grenzwert
Akute Toxizität	
– Kategorie 1–3	0,1 %
– Kategorie 4	1 %
Hautätzend oder -reizend	1 %
Schwere Augenschäden/augenreizend	1 %
Gefährlich für Gewässer	
– akut toxisch Kategorie 1	0,1 %
– chronisch toxisch Kategorie 1	0,1 %
– chronisch toxisch Kategorie 2–4	1 %

9.1.4
Kategoriegrenzwerte

Zur Einstufung von Stoffen oder Gemischen wurden analog zur bisherigen Regelung durch die Zubereitungsrichtlinie Konzentrationen festgelegt, unterhalb derer ein Stoff, unabhängig ob als Verunreinigung oder Beimengung oder in einem Gemisch, berücksichtigt werden muss. Diese bisher als Berücksichtigungsgrenzen bezeichneten Konzentrationsgrenzen werden nach Artikel 11 als Kategoriegrenzwerte bezeichnet. Die nach Anhang I Nr. 1.1.2 festgelegten Grenzwerte können Tabelle 9.38 entnommen werden.

9.2
Das Kennzeichnungsschild

Als Folge der internationalen Angleichung ändert sich mit Einführung des EU-GHS auch das Kennzeichnungsschild beim Inverkehrbringen. Jede Verpackung eines als gefährlich eingestuften Stoffes oder Gemisches muss mit einem Kennzeichnungsschild mit folgenden Angaben versehen sein:
1. Name, Anschrift und Telefonnummer des Herstellers, Importeurs oder Lieferanten,
2. Nennmenge eines Stoffes oder Gemisches in den Verpackungen, die der breiten Öffentlichkeit zugänglich gemacht werden, sofern diese Menge nicht auf der Verpackung anderweitig angegeben ist,
3. Produktidentifikatoren,
4. gegebenenfalls Gefahrenpiktogramme,
5. gegebenenfalls Signalwörter,
6. gegebenenfalls Gefahrenhinweise,
7. gegebenenfalls Sicherheitshinweise und
8. gegebenenfalls einem Abschnitt für ergänzende Informationen gemäß Artikel 27.

Der **Produktidentifikator** für Stoffe gemäß Artikel 18 muss bei den in Anhang VI Nr. 3 aufgeführten Stoffen den dort aufgeführten Namen, die EU-Nummer und auch die CAS-Nummer enthalten. Bei Stoffen, die nicht in Anhang VI gelistet sind, jedoch im Einstufungs- und Kennzeichnungsverzeichnis, ist der dort angegebene Name und die Identifikationsnummer aufzuführen. Ansonsten ist die Bezeichnung gemäß der internationalen Nomenklatur und die CAS-Nummer anzugeben.

Für Gemische setzt sich der Produktidentifikator aus dem Handelsnamen zusammen sowie aus den Inhaltsstoffen, die zu einer Einstufung zur akuten Toxizität, Ätzwirkung auf die Haut oder schwere Augenschäden, zur Keimzellmutagenität, Karzinogenität, Reproduktionstoxizität, zur Sensibilisierung der Haut oder der Atemwege oder zur spezifischen Zielorgan-Toxizität (STOT), siehe Abschnitte 9.1.2.8 und 9.1.2.9, beitragen.

Nach Artikel 24 müssen nicht als gefährlich eingestufte Gemische, die
- *Blei* über 0,15 %,
- *Cyanacrylat*,
- Zement mit einem Gehalt von mehr als 0,0002 % löslichem Cr(VI),
- *Isocyanate*,
- *Epoxyverbindungen* mit einem Molekulargewicht unter 700 Dalton,
- mehr als 1 % aktives *Chlor*,
- *Cadmiumlegierungen* zum Weich- oder Hartlöten oder
- über 0,1 % eines sensibilisierenden Inhaltsstoffes

enthalten, mit einem speziellen Aufdruck, analog der derzeitigen Sonderkennzeichnung (siehe Abschnitt 3.4.2), gekennzeichnet werden. Ergänzend muss der Produktidentifikator sowie Name, Anschrift und Telefonnummer des Herstellers, Importeurs oder Lieferanten mit angegeben werden.

Bei Verpackungen mit einem Inhalt von 125 mL oder weniger brauchen keine Gefahren- und Sicherheitshinweise auf dem Kennzeichnungsschild angebracht zu werden, wenn der Stoff oder das Gemisch eingestuft ist als:
- entzündbares Gas der Kategorie 2,
- entzündbare Flüssigkeit der Kategorien 2 oder 3,
- entzündbarer Feststoff der Kategorien 1 oder 2,
- Stoff, der bei Berührung mit Wasser entzündbare Gase abgibt, der Kategorien 2 oder 3,
- entzündend (oxidierend) wirkende Flüssigkeit der Kategorien 2 oder 3,
- entzündend (oxidierend) wirkender Feststoff der Kategorien 2 oder 3,
- akut toxisch der Kategorie 4, sofern die Stoffe oder Gemische nicht an die breite Öffentlichkeit abgegeben werden,
- hautreizend der Kategorie 2,
- augenreizend der Kategorie 2,
- akut gewässergefährdend der Kategorie 1 oder
- chronisch gewässergefährdend der Kategorien 1, 2, 3 und 4.

9.3
Zeitplan

Das EU-GHS kann auf Grund der grundlegenden Änderungen bezüglich Einstufung und Kennzeichnung nicht an einem festgelegten Stichtag eingeführt werden. Für Stoffe und Gemische sind unterschiedliche Übergangszeiten vorgesehen. Gemäß dem derzeitigen Zeitplan soll die Verordnung in etwa zeitgleich mit Beginn der Präregistrierungs-Phase von REACH, also in der zweiten Jahreshälfte 2008, in Kraft treten.

Bis zum 1.12.2010 sind die Einstufungs- und Kennzeichnungvorschriften für Stoffe nach Richtlinie 67/548/EWG [32] und bis zum 1.6.2015 für Zubereitungen nach Richtlinie 199/45/EG [38] weiterhin bindend. Optional können jedoch Stoffe und Zubereitungen bereits vor diesen Terminen nach GHS eingestuft werden und sind dann auch nach GHS zu kennzeichnen.

Ab dem 1.12.2010 müssen Stoffe sowohl nach der Stoffrichtlinie 67/548/EWG als auch nach GHS eingestuft werden. Im Sicherheitsdatenblatt sind beide Einstufungen aufzuführen. Die Kennzeichnung muss nach GHS erfolgen.

Ab dem 1.6.2015 werden die Stoff- und die Zubereitungsrichtlinie außer Kraft gesetzt und es muss ausschließlich nach GHS eingestuft und gekennzeichnet werden.

10
Transportvorschriften

Im Gegensatz zu den Vorschriften des Gefahrstoffrechts sind die Transportvorschriften gefährlicher Güter weitgehend international harmonisiert. Auf Grund der Besonderheiten der verschiedenen Transportwege (siehe Abbildung 10.1) existieren unterschiedliche Verordnungen für den Transport gefährlicher Güter
- auf Straßen,
- mit der Eisenbahn,
- auf See und für die
- Binnenschifffahrt sowie für den
- Luftverkehr.

Die Einteilung gefährlicher Güter in unterschiedliche Transportklassen ist für alle Transportwege einheitlich, die Vorschriften zur Einstufung sind weitestgehend mit den in Kapitel 9 beschriebenen GHS-Vorschriften identisch.

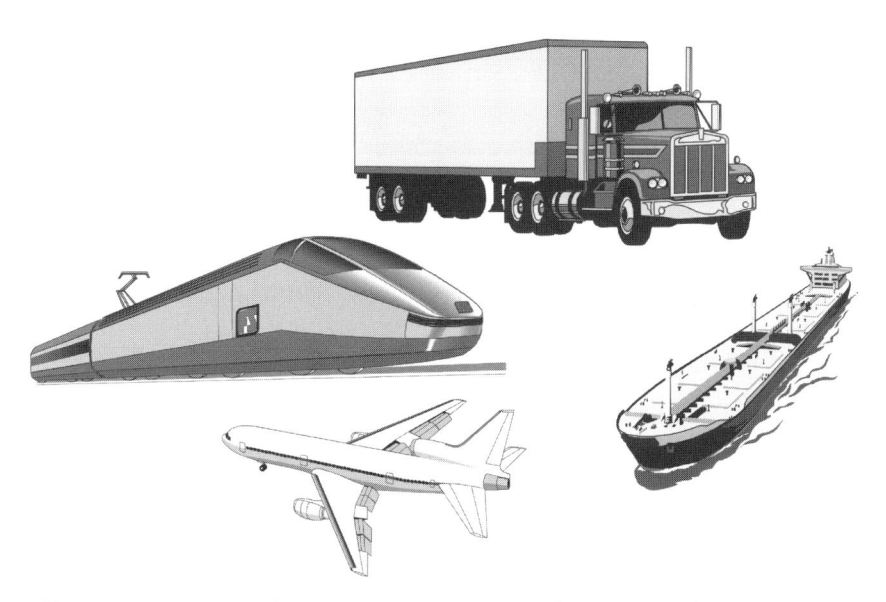

Abb. 10.1 Transportwege, die unter die Regelungen der Gefahrgutgesetze fallen.

Das Gefahrstoffbuch, 3. Auflage. Herbert F. Bender
Copyright © 2008 WILEY-VCH Verlag GmbH & Co. KGaA, Weinheim
ISBN: 978-3-527-32067-7

Da für den Transport gefährlicher Güter in Deutschland mit Sicherheit der Transport auf öffentlichen Straßen die größte Bedeutung hat, werden die Regelungen der Gefahrgutverordnung Straße prioritär besprochen. Auf die Behandlung der Vorschriften für die Schifffahrt und die Luftfracht wird aus Platzgründen verzichtet, da sie für Gefahrguttransporte weniger bedeutend sind.

Die **Beförderung** im Sinne der Transportvorschriften umfasst sowohl den Vorgang der Ortsveränderung als auch die Übernahme und die Ablieferung der Güter. Eine zeitweilige Unterbrechung der Beförderung, für Vorbereitungs- und Abschlusshandlungen (z. B. Verpacken, Auspacken, Be- und Entladen), werden von der Beförderung mit eingeschlossen, d. h. die Transportvorschriften sind auch anzuwenden, gleichgültig ob sie vom Beförderer oder anderen Beteiligten durchgeführt werden.

10.1
Internationale Transportvorschriften

Bereits 1956 wurden von einem Sachverständigenausschuss der Vereinten Nationen (**UN**) eine Klassifizierung, listenmäßige Erfassung und Kennzeichnung gefährlicher Güter erarbeitet. Dieses Rahmenwerk mit den zwischenzeitlich erlassenen Änderungen ist die Grundlage aller internationaler Transportregelungen. Diese „List of Dangerous Goods Most Commonly Carried" wird vom „Sachverständigenausschuss Beförderung gefährlicher Güter" des „UNO Wirtschafts- und Sozialrates" mit Sitz in Genf (Schweiz), abgekürzt ECOSOC (Economic and Social Council), fortgeschrieben.

Schifffahrt
Vom Schiffsicherheitsausschuss der „International Governmental Maritime Organization" (**IMO**) mit Sitz in London (Großbritannien) wurde ab 1960 ein Code für den Transport gefährlicher Güter auf den Seeschifffahrtswegen erarbeitet, der mittlerweile als **IMDG-Code** international angewendet wird. In diesem „International Maritime Dangerous Goods"-Code wurden die internationalen Übereinkommen zur Verhütung der Meeresverschmutzung durch Schiffe sowie die wesentlichsten Grundsätze für den Transport gefährlicher Güter auf Schiffen festgelegt.

Im Rahmen der Europäischen Gemeinschaft existieren für den Transport gefährlicher Güter auf Binnenschiffen die **ADN-Regelungen**. Die Arbeiten des „Accord européen relatif au transport international des marchandises dangereuses par voie de navigation intérieure" sind noch nicht vollständig abgeschlossen, ihre endgültige rechtliche Stellung kann zum derzeitigen Zeitpunkt noch nicht abschließend beantwortet werden.

Für die Rheinschifffahrt wurde ebenfalls auf europäischer Ebene 1970 eine Verordnung über den Transport gefährlicher Güter auf dem Rhein (**ADNR**) beschlossen. Diese ist in Deutschland in Form der Gefahrgutverordnung-Binnenschifffahrt (GGVBinSch) [163] gültig.

Luftverkehr

Der Transport gefährlicher Güter im Flugverkehr ist z. Z. nicht staatlich geregelt. Die in der **IATA** (International Air Transport Association) zusammengeschlossenen Luftfahrtgesellschaften haben sich jedoch zur Einhaltung der Regelungen der IATA-DGR (IATA Dangerous Goods Regulations) verpflichtet.

Analog wurden im Auftrag der „Internationalen Zivilen Luftfahrtorganisation" (ICAO – International Civil Aviation Organization) Technische Vorschriften für die Beförderung gefährlicher Güter im Luftverkehr (Technical Instructions for the Safe Transport of Dangerous Goods by Air) erarbeitet, die von den ICAO-Mitgliedsstaaten seit 1984 eingehalten werden müssen.

Eisenbahn

Internationale Regelungen für den Transport gefährlicher Güter wurden seit über 100 Jahren im „Internationalen Übereinkommen über den Eisenbahnfrachtverkehr" geregelt. Im Rahmen der europäischen Vertragswerke nimmt das **RID** (Règlement International concerant le transport des marchandises dangereuses par chemins de fer) als das älteste Regelwerk eine besondere Stellung ein. Die Regelungen des Straßenverkehrs (ADR) und die der Binnenwasserstraßen (ADN-ADNR) orientieren sich an dem RID-System.

Straße

Bereits 1957 hat die europäische Gemeinschaft das internationale Übereinkommen zur Beförderung gefährlicher Güter auf der Straße übernommen, das **ADR** (Accord européen relatif au transport international des marchandises dangereuses par route) [161]. Dieses Vertragswerk ist bis heute die wesentlichste Grundlage der Straßenverkehrsregelungen in Europa.

Die ADR-Regelungen werden von der Wirtschaftskommission der Vereinten Nationen für Europa – Binnenverkehrsausschuss, Arbeitsgruppe Beförderung gefährlicher Güter mit Sitz in Genf – erlassen. Die ADR-Regelungen wurden vollständig in die nationalen Vorschriften zur Beförderung von gefährlichen Gütern auf der Straße übernommen, dem „Gesetz zur Beförderung gefährlicher Güter auf der Straße und Eisenbahn" [164], kurz Gefahrgutgesetz, sowie die „Verordnung über die innerstaatliche und grenzüberschreitende Beförderung gefährlicher Güter auf Straßen (GGVS)" [165]. Die ADR-Regelungen gelten seit der Strukturreform unmittelbar ohne Änderungen auch in Deutschland.

Neben den Staaten der Europäischen Union sind mittlerweile Weißrussland, Bosnien-Herzegowina, Kroatien, Norwegen, Polen, Schweiz, Slowakei, Slowenien, Tschechien und Ungarn dem ADR-Vertragswerk beigetreten.

Abbildung 10.2 stellt die Zusammenhänge zwischen den wichtigsten internationalen und nationalen Regelungen für den Transport gefährlicher Güter kurz dar.

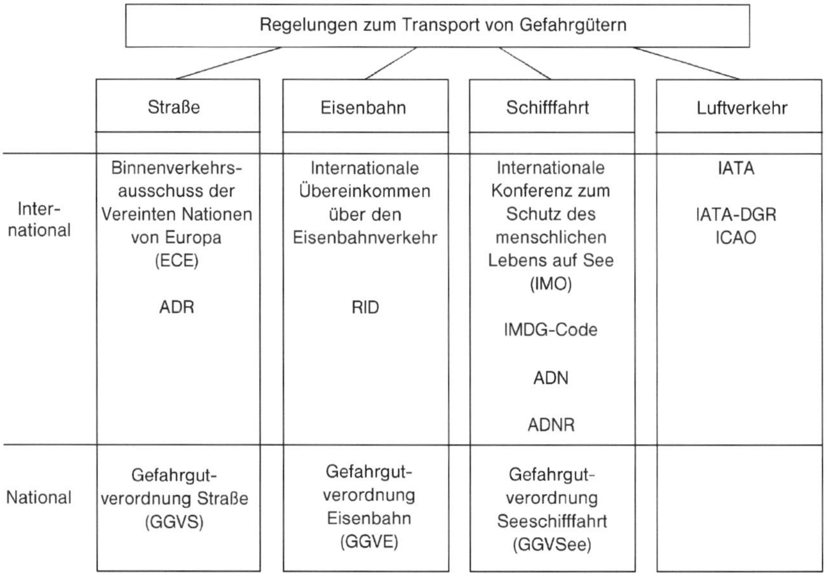

	Straße	Eisenbahn	Schifffahrt	Luftverkehr
International	Binnenverkehrsausschuss der Vereinten Nationen von Europa (ECE) ADR	Internationale Übereinkommen über den Eisenbahnverkehr RID	Internationale Konferenz zum Schutz des menschlichen Lebens auf See (IMO) IMDG-Code ADN ADNR	IATA IATA-DGR ICAO
National	Gefahrgutverordnung Straße (GGVS)	Gefahrgutverordnung Eisenbahn (GGVE)	Gefahrgutverordnung Seeschifffahrt (GGVSee)	

Regelungen zum Transport von Gefahrgütern

Abb. 10.2 Übersicht über die internationalen und nationalen Transportregelungen von gefährlichen Gütern.

10.2
Klassifizierung gefährlicher Güter

Gefährliche Güter im Sinne der Transportvorschriften sind Stoffe und Gegenstände,

- von denen auf Grund ihrer Natur, ihrer Eigenschaften oder ihres Zustandes im Zusammenhang mit der Beförderung Gefahren für die öffentliche Sicherheit oder Ordnung, insbesondere für die Allgemeinheit, für wichtige Gemeingüter, für Leben und Gesundheit von Menschen sowie für Tiere u. a. ausgehen können, und
- die unter die Begriffe der Gefahrenklassen der Beförderungsvorschriften fallen bzw. dort genannt sind.

Nach den neuen Regelungen dürfen nur noch die Güter transportiert werden, die in Tabelle A in Abschnitt 3.2 des ADR [161], dem „Verzeichnis der gefährlichen Güter", aufgeführt sind oder einer dort genannten Gruppe zugeordnet werden können.

Die Definitionen der Gefahrgutklassen nach dem ADR unterscheiden sich teilweise erheblich von den Definitionen der Gefährlichkeitsmerkmale (siehe Kapitel 3) nach dem Chemikaliengesetz. Gefahrgüter werden in Klassen und Unterklassen untergliedert. Die Kenntnis der zugehörigen Gruppe ist insbesondere für die Auswahl der **Verpackungsmittel** von entscheidender Bedeutung. Der Transport von Gefahrgütern in nicht zugelassenen Verpackungsmitteln ist nicht zulässig.

Tabelle 10.1 Gefahrenklassen des ADR.

Gefahrenklasse	Gefahrgut
Klasse 1	explosive Stoffe und Gegenstände mit Explosivstoff
Klasse 2	verdichtete, verflüssigte oder unter Druck gelöste Gase
Klasse 3	entzündbare flüssige Stoffe
Klasse 4.1	entzündbare feste Stoffe
Klasse 4.2	selbstentzündliche Stoffe
Klasse 4.3	Stoffe, die in Berührung mit Wasser entzündliche Gase entwickeln
Klasse 5.1	entzündend (oxidierend) wirkende Stoffe
Klasse 5.2	organische Peroxide
Klasse 6.1	giftige Stoffe
Klasse 6.2	ansteckungsgefährliche oder ekelerregende Stoffe
Klasse 7	radioaktive Stoffe
Klasse 8	ätzende Stoffe
Klasse 9	verschiedene gefährliche Stoffe und Gegenstände

Gefahrgüter werden in neun Gefahrenklassen unterteilt (siehe Tabelle 10.1). Im Verzeichnis der gefährlichen Güter (Tabelle A in Abschnitt 3.2 des ADR) ist jeder Eintragung eine UN-Nummer zugeordnet. Güter, die zum Transport zugelassen sind, müssen entweder einer Einzeleintragung (A) oder einer Sammeleintragung (B, C oder D) zugeordnet werden können:

(A) **Einzeleintragung** für genau definierte Stoffe oder Gegenstände.
Beispiel: UN 1090 Aceton

(B) **Gattungseintragung** für genau definierte Gruppen von Stoffen oder Gegenständen.
Beispiele: UN 1133 Klebstoffe
UN 1266 Parfümerieerzeugnisse
UN 2757 Carbamat-Pestizid
UN 3101 organisches Peroxid Typ B, flüssig

(C) **Spezifische n.a.g.-Eintragungen**, die Gruppen von nicht anderweitig genannten Stoffen oder Gegenständen einer bestimmten chemischen oder technischen Beschaffenheit umfassen.
Beispiele: UN 1477 Nitrate, anorganisch, n.a.g.
UN 1987 Alkohole, Entzündbar, n.a.g.

(D) **Allgemeine n.a.g.-Eintragungen**, die Gruppen von nicht anderweitig genannten Stoffen oder Gegenständen mit einer oder mehreren gefährlichen Eigenschaften umfassen.
Beispiele: UN 1477 entzündbarer organischer fester Stoff, n.a.g.
UN 1987 entzündbarer fester Stoff, n.a.g.

Gemäß ihrem Gefährlichkeitspotenzial werden die gefährlichen Güter in drei Verpackungsgruppen untergeteilt. Die **Verpackungsgruppen** bestimmen die zulässigen Verpackungsmittel, die Verpackung in eine niedrigere Verpackungsgruppe ist nicht zulässig.
- Verpackungsgruppe I: Stoffe mit hoher Gefahr
- Verpackungsgruppe II: Stoffe mit mittlerer Gefahr
- Verpackungsgruppe III: Stoffe mit geringer Gefahr

Die neuen Einstufungsvorschriften für Gefahrgüter werden künftig, wie bereits mehrfach ausgeführt, mit den Vorschriften beim Inverkehrbringen harmonisiert. Auf eine eigene Behandlung unter Berücksichtigung der transportspezifischen Eigenheiten wird an dieser Stelle verzichtet.

10.3
Gefahrgutvorschriften für Straße und Eisenbahn

Die Basis der Gefahrgutvorschriften stellt die 18. ADR-Änderungsverordnung [163] vom 8. September 2006 dar. Das ADR gliedert sich in neun Teile, die in Kapitel, Abschnitte und Unterabschnitte untergliedert sind.

1. **Allgemeine Vorschriften**
    - 1.1   Geltungsbereich, Anwendbarkeit
    - 1.2   Begriffsbestimmungen und Maßeinheiten
    - 1.3   Unterweisung von Personen
    - 1.4   Sicherheitspflichten der Beteiligten
    - 1.5   Abweichungen
    - 1.6   Übergangsvorschriften
    - 1.7   Allgemeine Vorschriften für die Klasse 7
    - 1.8   Maßnahmen zur Kontrolle
    - 1.9   Beförderungseinschränkungen durch die Behörden

2. **Klassifizierung**
    - 2.1   Allgemeine Vorschriften
    - 2.2   Besondere Vorschriften für die einzelnen Klassen
    - 2.3   Prüfverfahren

3. **Verzeichnis der gefährlichen Güter, Sondervorschriften, Freistellungen in Zusammenhang mit der Beförderung von in begrenzten Mengen verpackten gefährlichen Gütern**
    - 3.1   Allgemeines
    - 3.2   Verzeichnis der gefährlichen Güter
    - 3.3   Für bestimmte Stoffe oder Gegenstände geltende Sondervorschriften
    - 3.4   Freistellungen in Zusammenhang mit der Beförderung von in begrenzten Mengen verpackten gefährlichen Gütern

4. Verwendung von Verpackungen, Großpackmitteln (IBC), Großverpackungen und Tanks

4.1 Verwendung von Verpackungen, Großpackmitteln (IBC), Großverpackungen und Tanks
4.2 Verwendung ortsbeweglicher Tanks
4.3 Verwendung von festverbundenen Tanks (Tankfahrzeugen), Aufsetztanks, Tankcontainern und Tankwechselaufbauten (Tankwechselbehältern), deren Tankkörper aus metallenen Werkstoffen hergestellt sind, sowie von Batterie-Fahrzeugen und Gascontainern mit mehreren Elementen (MEGC)
4.4 Verwendung von Tanks aus faserverstärkten Kunststoffen (FVK-Tanks)
4.5 Verwendung und Betrieb der Saug-Druck-Tanks für Abfälle

5. Vorschriften für den Versand

5.1 Allgemeine Vorschriften
5.2 Kennzeichnung und Bezettelung
5.3 Anbringen von Großzetteln (Placards) und orangefarbene Kennzeichnung von Containern, MEGC, Tankcontainern, ortsbeweglichen Tanks und Fahrzeugen
5.4 Dokumentation
5.5 Sondervorschriften

6. Bau- und Prüfvorschriften für Verpackungen, Großpackmittel (IBC), Großverpackungen und Tanks

6.1 Bau- und Prüfvorschriften für Verpackungen
6.2 Bau- und Prüfvorschriften für Gasgefäße, Druckgaspackungen und Gefäße, klein, mit Gas (Gaspatronen)
6.3 Bau- und Prüfvorschriften für Verpackungen für Stoffe der Klasse 6.2
6.4 Bau-, Prüf- und Zulassungsvorschriften für Versandstücke und Stoffe der Klasse 7
6.5 Bau- und Prüfvorschriften für Großpackmittel (IBC)
6.6 Bau- und Prüfvorschriften für Großverpackungen
6.7 Vorschriften für die Auslegung, den Bau und die Prüfung von ortsbeweglichen Tanks
6.8 Vorschriften für den Bau, die Ausrüstung, die Zulassung des Baumusters, die Prüfung und die Kennzeichnung von festverbundenen Tanks (Tankfahrzeugen), Aufsetztanks, Tankcontainern und Tankwechselaufbauten (Tankwechselbehältern), deren Tankkörper aus metallenen Werkstoffen hergestellt sind, sowie von Batterie-Fahrzeugen und Gascontainern mit mehreren Elementen (MEGC)
6.9 Vorschriften für die Auslegung, den Bau, die Ausrüstung, die Zulassung des Baumusters, die Prüfung und die Kennzeichnung von Tanks aus faserverstärkten Kunststoffen (FVK-Tanks)
6.10 Vorschriften für den Bau, die Ausrüstung, die Zulassung, die Prüfung und die Kennzeichnung von Saug-Druck-Tanks für Abfälle

7. **Vorschriften für die Beförderung, Be- und Entladung und Handhabung**
   7.1 Allgemeine Vorschriften
   7.2 Vorschriften für die Beförderung in Versandstücken
   7.3 Vorschriften für die Beförderung in loser Schüttung
   7.4 Vorschriften für die Beförderung in Tanks
   7.5 Vorschriften für die Be- und Entladung und die Handhabung

8. **Vorschriften für die Fahrzeugbesatzungen, die Ausrüstung, den Betrieb der Fahrzeuge und der Dokumentation**
   8.1 Allgemeine Vorschriften für die Beförderungseinheiten und das Bordgerät
   8.2 Vorschriften für die Ausbildung der Fahrzeugbesatzung
   8.3 Verschiedene Vorschriften, die von der Fahrzeugbesatzung zu beachten sind
   8.4 Vorschriften für die Überwachung der Fahrzeuge
   8.5 Zusätzliche Vorschriften für besondere Klassen oder Güter

9. **Vorschriften für den Bau und die Zulassung der Fahrzeuge**
   9.1 Anwendungsbereich, Begriffsbestimmungen und Vorschriften für die Zulassung von Fahrzeugen
   9.2 Vorschriften für den Bau von Fahrzeugen
   9.3 Ergänzende Vorschriften für vollständige oder vervollständigte EX/II- und EX/III-Fahrzeuge
   9.4 Ergänzende Vorschriften für die Herstellung der Aufbauten vollständiger oder vervollständigter Fahrzeuge (andere als EX/II- und EX/III-Fahrzeuge) zur Beförderung gefährlicher Güter in Versandstücken
   9.5 Ergänzende Vorschriften für die Herstellung der Aufbauten vollständiger oder vervollständigter Fahrzeuge zur Beförderung fester gefährlicher Güter in loser Schüttung
   9.6 Ergänzende Vorschriften für vollständige oder vervollständigte Fahrzeuge zur Beförderung von Stoffen unter Temperaturkontrolle
   9.7 Ergänzende Vorschriften für Tankfahrzeuge (festverbundene Tanks), Batterie-Fahrzeuge und vollständige oder vervollständigte Fahrzeuge für die Beförderung gefährlicher Güter in Aufsetztanks mit einem Fassungsvermögen von mehr als 1 m^3 oder in Tankcontainern, ortsbeweglichen Tanks oder MEGC mit einem Fassungsvermögen von mehr als 3 m^3 (Fahrzeuge Fl, OX und AT)

Das ADR regelt den internationalen und innerstaatlichen Transport von gefährlichen Gütern auf der Straße und auf der Schiene.

In Abschnitt 1.2 werden zum Teil grundlegende Begriffsbestimmungen vorgenommen, die zur korrekten Interpretation wichtig sind.

10.3.1
Geltungsbereich, Anwendung, begrenzte Mengen

Das ADR legt fest, welche gefährlichen Güter international
- **nicht befördert** werden dürfen oder
- **befördert** werden dürfen, unter Beachtung der Vorschriften über
  - die Klassifizierung der Güter, einschließlich der Zuordnungskriterien und der Prüfverfahren,
  - die Verwendung von Verpackungen und der Zusammenpackung,
  - die Befüllung und Verwendung von Tanks,
  - die Kennzeichnung und Bezettelung der Versandstücke, das Anbringen von Großzetteln auf Beförderungsmitteln und die Kennzeichnung der Beförderungsmittel sowie der Beförderungspapiere,
  - Bau, Prüfung und Zulassung der Verpackungen und der Tanks und
  - Beladung, Zusammenladung und Entladung der Beförderungsmittel.

Die Regelungen des ADR gelten unter anderem **nicht**
- bei Beförderung von gefährlichen Gütern durch Privatpersonen in der Einzelhandelsverpackung für den persönlichen Gebrauch,
- für Gase, die in Behältern von Fahrzeugen oder in Ausrüstungsteilen enthalten sind und für den Antrieb oder Betrieb notwendig sind, z. B. Kühlanlage, Feuerlöscher, gasgefüllte Reifen,
- für erstickende oder oxidierende Gase (z. B. Luft oder Sauerstoff) bei einem maximalen Druck der Gase von 2 bar bei 15 °C und
- für Kraftstoffe in Kraftstoffbehältern oder Reservekanistern von Fahrzeugen, die für den Betrieb notwendig sind.

Werden die vorgeschriebenen Grenzen der „**begrenzten Mengen**" nicht überschritten, müssen nur die grundlegenden Vorschriften für die Verpackungen beachtet werden. In Tabelle A, Spalte 7, Abschnitt 3.2 des ADR werden die gefährlichen Güter in 29 unterschiedliche Gruppen von begrenzten Mengen unterteilt, abgekürzt LQ (engl.: limited quantities). Tabelle 10.2 können die begrenzten Mengen in Abhängigkeit von der zugeordneten LQ-Gruppe entnommen werden.

Werden je Beförderungseinheit in Abhängigkeit von der Beförderungskategorie die in Tabelle 10.3 aufgeführten Mengenschwellen unterschritten, entfallen die folgenden Vorschriften:
- Unterweisung der Personen (Abschnitt 1.3 des ADR),
- Kennzeichnung mit orangefarbener Kennzeichnung (Warntafel) und mit Großzettel,
- Mitführen der schriftlichen Weisungen,
- die Einschränkungen für die Beförderung in Versandstücken gemäß Abschnitt 7.2 ADR, von Ausnahmen abgesehen, und
- die speziellen Vorschriften zu Bau und Ausrüstung der Fahrzeuge, lediglich die grundlegenden Forderungen müssen erfüllt sein.

Tabelle 10.2 Begrenzte Mengen.

Code	Zusammengesetzte Verpackungen		Innenverpackungen (in Trays mit Dehn- oder Schrumpffolie)	
	Innenverpackung, höchstzulässiger Inhalt	Versandstück, maximale Bruttomasse	Innenverpackung, maximaler Inhalt	Versandstück, maximale Bruttomasse
LQ 0	Keine Freistellungen nach den Vorschriften des Abschnittes 3.4.2			
LQ 1	120 mL	30 kg	120 mL	20 kg
LQ 2	1 L	30 kg	1 L	20 kg
LQ 3	500 mL	1 L	nicht zugelassen	nicht zugelassen
LQ 4	3 L	12 L	1 L	12 L und 20 kg
LQ 5	5 L	–	1 L	20 kg
LQ 6	5 L	20 L	1 L	20 L und 20 kg
LQ 7	5 L	45 L	5 L	20 kg
LQ 8	3 kg	12 kg	500 g	12 kg
LQ 9	6 kg	24 kg	3 kg	20 kg
LQ 10	500 mL	30 kg	500 mL	20 kg
LQ 11	500 g	30 kg	500 g	20 kg
LQ 12	1 kg	30 kg	1 kg	20 kg
LQ 13	1 L	30 kg	1 L	20 kg
LQ 14	25 mL	30 kg	25 mL	20 kg
LQ 15	100 g	30 kg	100 g	20 kg
LQ 16	125 mL	30 kg	125 mL	20 kg
LQ 17	500 mL	2 L	100 mL	2 L
LQ 18	1 kg	4 kg	500 g	4 kg
LQ 19	3 L	12 L	1 L	12 L und 20 kg
LQ 20	100 mL	400 mL	nicht zugelassen	nicht zugelassen
LQ 21	500 g	2 kg	nicht zugelassen	nicht zugelassen
LQ 22	1 L	4 L	500 mL	4 L und 20 kg
LQ 23	3 kg	12 kg	1 kg	12 kg
LQ 24	6 kg	24 kg	2 kg	20 kg

Tabelle 10.2 Fortsetzung.

Code	Zusammengesetzte Verpackungen		Innenverpackungen (in Trays mit Dehn- oder Schrumpffolie)	
	Innenverpackung, höchstzulässiger Inhalt	Versandstück, maximale Bruttomasse	Innenverpackung, maximaler Inhalt	Versandstück, maximale Bruttomasse
LQ 25	1 kg	4 kg	1 kg	20 kg
LQ 26	500 mL	2 L	500 mL	2 L
LQ 27	6 kg	24 kg	6 kg	20 kg
LQ 28	3 L	12 L	3 L	12 L und 20 kg
LQ 29	500 mL (je Gerät), wenn das Gerät in einer flüssigkeitsdichten Verpackung verpackt ist; es müssen nur die Vorschriften des Abschnitts 3.4.4 c) beachtet werden	2 L, wenn das Gerät in einer flüssigkeitsdichten Verpackung verpackt ist; es müssen nur die Vorschriften des Abschnitts 3.4.4 c) beachtet werden	nicht zugelassen	nicht zugelassen

Tabelle 10.3 Freistellung von bestimmten Vorschriften des ADR bei Unterschreitung bestimmter Mengen je Beförderungseinheit.

Kat.[1]	Stoffe oder Gegenstände Verpackungsgruppe oder Klassifizierungscode/-gruppe oder UN-Nummer	Menge[2]
0	Klasse 1: 1.1 A L, 1.2 L, 1.3 L, 1.4 L, UN 0190	0
	Klasse 3: UN-Nummer 3343	
	Klasse 4.2: Stoffe, die der Verpackungsgruppe I zugeordnet sind	
	Klasse 4.3: UN-Nummern 1183, 1242, 1295, 1340, 1390, 1403, 1928, 2813, 2965, 2968, 2988, 3129, 3130, 3131, 3134, 3148 und 3207	
	Klasse 6.1: UN-Nummern 1051, 1613, 1614 und 3294	
	Klasse 6.2: UN-Nummern 2814 und 2900 (Risikogruppen 3 und 4)	
	Klasse 7: UN-Nummern 2912 bis 2919, 2977, 2978, 3321 bis 3333	
	Klasse 9: UN-Nummern 2315, 3151 und 3152 sowie Geräte, die solche Stoffe oder Gemische enthalten	
	sowie ungereinigte leere Verpackungen, die Stoffe dieser Beförderungskategorie enthalten haben	

Tabelle 10.3 Fortsetzung.

Kat.[1]	Stoffe oder Gegenstände Verpackungsgruppe oder Klassifizierungscode/-gruppe oder UN-Nummer	Menge[2]
1	Stoffe und Gegenstände, die der Verpackungsgruppe I zugeordnet sind und nicht unter die Beförderungskategorie 0 fallen, sowie Stoffe und Gegenstände der folgenden Klassen:	20
	Klasse 1: 1.1 B – 1.1 J, 1.2 B bis 1.2 J, 1.3 C, 1.3 G, 1.3 H, 1.3 J und 1.5 D	
	Klasse 2: Gruppen T, TC, TO, TF, TOC und TFC	
	Klasse 4.1: UN-Nummern 3221 bis 3224 und 3231 bis 3240	
	Klasse 5.2: UN-Nummern 3101 bis 3104 und 3111 bis 3120	
2	Stoffe und Gegenstände, die der Verpackungsgruppe II zugeordnet sind und nicht unter die Beförderungskategorie 0, 1 oder 4 fallen, sowie Stoffe und Gegenstände der folgenden Klassen:	333
	Klasse 1: 1.4 B bis 1.4 G und 1.6 N	
	Klasse 2: Gruppe F	
	Klasse 4.1: UN-Nummern 3225 bis 3230	
	Klasse 5.2: UN-Nummern 3105 bis 3110	
	Klasse 6.1: Stoffe und Gegenstände der Verpackungsgruppe III	
	Klasse 6.2: UN-Nummern 2814 und 2900 (Risikogruppe 2)	
	Klasse 9: UN-Nummer 3245	
3	Stoffe und Gegenstände, die der Verpackungsgruppe III zugeordnet sind und nicht unter die Beförderungskategorie 0, 2 oder 4 fallen, sowie Stoffe und Gegenstände der folgenden Klassen:	1000
	Klasse 2: Gruppen A und O	
	Klasse 8: UN-Nummer 2794, 2795, 2800 und 3028	
	Klasse 9: UN-Nummern 2990 und 3072	
4	Klasse 1: 1.4 S	unbegrenzt
	Klasse 4.1: UN-Nummern 1331, 1345, 1944, 1945, 2254 und 2623	
	Klasse 4.2: UN-Nummern 1361 und 1362 der Verpackungsgruppe III	
	Klasse 7: UN-Nummern 2908 bis 2911	
	Klasse 9: UN-Nummer 3268	
	sowie ungereinigte leere Verpackungen, die gefährliche Stoffe mit Ausnahme solcher enthalten haben, die unter die Beförderungskategorie 0 fallen	

[1] Beförderungskategorie
[2] Höchstzulässige Gesamtmenge je Beförderungseinheit

Die Beförderungskategorie der gefährlichen Güter ist Spalte 15, Tabelle A, Abschnitt 3.2 des ADR zu entnehmen.

10.3.2
Sicherheitspflichten der Beteiligten

Abschnitt 1.4 des ADR beschreibt sehr detailliert die unterschiedlichen Pflichten und Verantwortlichkeiten der am Transport beteiligten Personen.

Als Absender gilt, wer mit dem Beförderer einen Beförderungsvertrag abschließt. Wird kein Beförderungsvertrag abgeschlossen, so gilt der Beförderer als Absender und muss somit alle Pflichten und Verantwortungen von diesem übernehmen. Im Allgemeinen fungiert der Spediteur als Absender. Hauptbeteiligte gemäß Abschnitt 1.4.2 sind beim Transport der Absender, der Beförderer und der Empfänger. Verlader, Verpacker, Befüller und Betreiber eines Tankcontainers oder ortsbeweglichen Tanks gelten nach Abschnitt 1.4.3 als andere Beteiligte.

Der Absender
Der Absender muss gemäß Abschnitt 1.4.2 als ein Hauptbeteiligter zahlreiche Pflichten erfüllen. Insbesondere
- hat er sich zu vergewissern, dass die gefährlichen Güter gemäß ADR klassifiziert und zur Beförderung zugelassen sind,
- muss er dem Beförderer die erforderlichen Angaben und Informationen mitteilen und gegebenenfalls vorgeschriebene Beförderungs- und Begleitpapiere übergeben,
- darf er nur Verpackungen, Großverpackungen, Großpackmittel und Tanks verwenden, die für das jeweilige Gut zugelassen und geeignet sind und muss diese gemäß den Vorgaben des ADR kennzeichnen,
- muss er die Vorschriften über die Versandart und die Versandbeschränkungen beachten und
- hat dafür zu sorgen, dass verunreinigte oder mit Produkten kontaminierte Tanks entsprechend gekennzeichnet und bezettelt und die adäquaten Sicherheitsvorkehrungen getroffen werden.

Der Beförderer
Als Beförderer gilt das Unternehmen, das die Beförderung durchführt. Der Beförderer ist in aller Regel auch gleichzeitig Halter der Transportfahrzeuge. Der Beförderer
- ist verpflichtet, anhand vorgelegter Begleitpapiere nachzuprüfen, ob die gefährlichen Güter zur Beförderung zugelassen sind,
- darf Listengüter nur befördern, wenn eine Fahrwegbestimmung erteilt ist (Bescheinigungen sind dem Fahrzeugführer zu übergeben),
- darf gefährliche Güter nur in der zulässigen Beförderungsart befördern (z. B. Tanks, Container für den Transport in loser Schüttung),
- muss die Begleitpapiere und die vorgeschriebenen Ausrüstungsgegenstände dem Fahrzeugführer vor Beförderungsbeginn übergeben lassen,

- ist für die Auswahl von qualifiziertem Personal verantwortlich,
- hat die vorgeschriebenen Mengengrenzen einzuhalten,
- muss die Vorschriften über Beladen, Zusammenladen und Handhabung beachten und
- ist für das Entladen verantwortlich.

Der Empfänger

Als Empfänger gilt, wer die Güter in Empfang nimmt. Der Empfänger
- von vollständig entladenen, gereinigten und entgasten Containern muss die Warntafeln und Gefahrzettel entfernen und
- muss die vorgeschriebene Reinigung und gegebenenfalls die Entgiftung der Fahrzeuge und Container vornehmen.

Der Verlader

Der Verlader ist das Unternehmen, das die Güter zum Transport dem Beförderer übergibt; im Beförderungsvertrag können auch andere Festlegungen getroffen werden. Der Verlader
- darf gefährliche Güter dem Beförderer nur übergeben, wenn sie zur Beförderung zugelassen sind,
- muss bei der Übergabe prüfen, ob die Verpackung beschädigt ist,
- ist für das Anbringen der vorgeschriebenen Gefahrzettel an festverbundenen Tanks verantwortlich,
- darf gefährliche Güter zur Beförderung in loser Schüttung oder in Containern nur übergeben, wenn die Beförderungsart zulässig ist,
- muss dafür sorgen, dass die Unfallmerkblätter dem Fahrzeugführer übergeben werden,
- muss den Fahrzeugführer oder Beifahrer ggf. einweisen,
- muss bei Überschreitung des höchstzulässigen Füllungsgrades oder der höchstzulässigen Masse den Transport unterbinden,
- muss die Dichtheit der Verschlusseinrichtung prüfen,
- muss die Vorschriften über Beladen, Zusammenladen und Handhabung beachten und
- ist beim Verladen in Container für das Anbringen der vorgeschriebenen Gefahrzettel verantwortlich.

Der Befüller

Das Unternehmen, das die gefährlichen Güter in einen Tank (Tankfahrzeug, Aufsetztank, ortsbeweglicher Tank oder Tankcontainer), Batteriefahrzeug, MEGC oder ein Fahrzeug, einen Großcontainer oder Kleincontainer in loser Schüttung einfüllt, ist Befüller. Der Befüller

- muss sich vom ordnungsgemäßen Zustand der Tanks und der Ausrüstungsgegenstände überzeugen,
- darf nicht befüllen, wenn das Datum der nächsten Prüfung überschritten ist,
- darf Tanks nur mit den hierfür zugelassenen Gütern befüllen,
- muss den angegebenen höchstzulässigen Füllungsgrad bzw. die höchstzulässige Masse der Füllung je Liter Fassungsraum einhalten,
- hat bei Tankcontainern die Dichtheit der Verschlusseinrichtungen zu prüfen,
- darf Tankcontainer nicht mit Stoffen, die gefährlich miteinander reagieren können, in nebeneinander liegenden Tankabteilen befüllen,
- muss dafür Sorge tragen, dass die befüllten Tanks außen nicht mit Produkten verunreinigt sind und
- ist für die ordnungsgemäße Kennzeichnung verantwortlich.

Der Betreiber von Tankcontainern oder ortsbeweglichen Tanks

Wer Tankcontainer oder ortsbewegliche Tanks verwendet, muss

- die Vorschriften über Bau, Ausrüstung, Prüfung und Kennzeichnung der Container/Tanks beachten,
- die notwendigen Instandhaltungen zur Einhaltung der Vorschriften durchführen und
- außerordentliche Prüfungen durchführen lassen, wenn die Sicherheit des Tankkörpers oder seiner Ausrüstungen durch Ausbesserung, Umbau oder Unfall beeinträchtigt sein kann.

Der Verpacker

Als Verpacker gilt das Unternehmen, das die Güter in Verpackungen, einschließlich Großverpackungen und Großpackmittel, einfüllt und gegebenenfalls die Versandstücke zur Beförderung vorbereitet. Der Verpacker muss

- die Verpackungsvorschriften und die Vorschriften über die Zusammenpackung beachten und
- die Vorschriften über die Kennzeichnung und Bezettelung von Versandstücken einhalten.

10.4
Verzeichnis der gefährlichen Güter

Tabelle A in Abschnitt 3.2 des ADR listet alle
- namentlich aufgeführten gefährlichen Güter,
- Gattungseinträge für genau definierte Gruppen von Stoffen und Gegenstände,
- spezifischen n.a.g.-Eintragungen, die Gruppen von nicht anderweitig genannten Stoffen oder Gegenständen einer bestimmten chemischen oder technischen Beschaffenheit, und
- allgemeinen n.a.g.-Eintragungen, die Gruppen von nicht anderweitig genannten Stoffen oder Gegenständen mit einer oder mehreren gefährlichen Eigenschaften

auf.

Weitere Erläuterungen können Abschnitt 10.2 entnommen werden.

Die Bezeichnung „n.a.g." bedeutet: nicht anderweitig genannt. Damit werden Güter beschrieben, die nicht namentlich in Tabelle A aufgeführt sind, jedoch auf Grund ähnlicher Eigenschaften zusammengefasst werden können. Hierdurch wird vermieden, dass Tabelle A einen nicht mehr lesbaren Umfang erhält.

Alle Stoffe, die nicht in Tabelle A aufgeführt sind bzw. nicht einer der aufgeführten Gruppen zugeordnet werden können, dürfen nicht transportiert werden.

Tabelle A ist in 22 Spalten mit folgendem Inhalt untergliedert:

Spalte 1: UN-Nummer
  Aufgeführt ist entweder die spezifische UN-Nummer des Stoffes, der Gattungseintragung oder die n.a.g.-Eintragung.

Spalte 2: Benennung und Beschreibung
  Die offizielle Benennung des Transportgutes muss immer in Großbuchstaben erfolgen, beschreibender Text kann in Kleinbuchstaben angefügt werden.

Spalte 3a: Klasse
  Angaben gemäß der Klassifizierung des gefährlichen Gutes (siehe Abschnitt 10.3).

Spalte 3b: Klassifizierungscode
  Angaben gemäß der Klassifizierung des gefährlichen Gutes (siehe Abschnitt 10.3).

Spalte 4: Verpackungsgruppe
  Angaben der Verpackungsgruppen I, II oder III (siehe Abschnitt 10.3), die dem gefährlichen Stoff zugeordnet ist.

Spalte 5: Gefahrzettel
  Die Gefahrzettel dienen zur Kennzeichnung von Versandstücken, Containern, Tankcontainern, ortsbeweglichen Tanks, MEGC und Fahrzeugen (siehe Abschnitt 10.3).

Spalte 6: Sondervorschriften
Mit diesen Ziffern (15 bis 644) werden spezielle Vorschriften codiert, u. a. Beförderungsverbote, Freistellungen von Vorschriften oder zusätzliche Kennzeichnungs- und Bezettelungsvorschriften (sind in Abschnitt 3.3.1 des ADR aufgelistet).

Spalte 7: Begrenzte Mengen
Alphanumerischer Code mit folgender Bedeutung (zu Details siehe Abschnitt 10.3):
- LQ 0: Auch bei Unterschreitung der begrenzten Mengen keine Freistellungen von den Vorschriften des ADR.
- LQ + Ziffer: Es gelten spezifische Vorgaben für die begrenzten Mengen, diese werden im Abschnitt 3.4 des ADR ausführlich erläutert.

Spalte 8: Verpackungsanweisungen (Erläuterung der Abkürzungen siehe Abschnitt 10.5.2)
Alphanumerischer Code für die Verpackungsgruppen mit folgender Unterscheidung:
- P: Verpackungsanweisungen für Verpackungen und Gefäße,
- R: Verpackungsanweisungen für Feinstblechverpackungen,
- IBC: Verpackungsanweisungen für Großpackmittel,
- LP: Verpackungsanweisungen für Großpackmittel,
- PR: Verpackungsanweisungen für besondere Druckgefäße.

Bei den Verpackungsanweisungen folgt dem Buchstaben eine dreistellige Zahl. In Abschnitt 4.1 des ADR werden sie tabellarisch aufgeführt und die Vorschriften ausgeführt (siehe auch Abschnitt 10.5.1).

Spalte 9a: Sondervorschriften für die Verpackung
Alphanumerischer Code, nach dem Buchstaben folgt eine dreistellige Ziffer. In Abschnitt 4.1 des ADR sind die Erklärungen der Codes aufgelistet. Die Buchstaben bedeuten:
- PP und PR: Zusätzliche Anweisungen für Verpackungen und Gefäße,
- B: Zusätzliche Vorschriften für IBCs,
- L: Zusätzliche Vorschriften für Großpackungen.

Spalte 9b: Sondervorschriften für die Zusammenpackung
Alphanumerischer Code für die Zusammenpackungen, abgekürzt mit MP + Ziffer.

Spalte 10: Anweisungen für ortsbewegliche Tanks
Angabe der allgemeinen Anweisungen in folgender Form: T + Ziffer.

Spalte 11: Sondervorschriften für ortsbewegliche Tanks
Diese Sondervorschriften werden mit TP + Ziffer codiert.

Spalte 12: Tankcodierung für ADR-Tanks
Sehr detaillierte Angaben, nähere Ausführungen in Abschnitt 10.6.

Spalte 13: Sondervorschriften für ADR-Tanks
- TU: Sondervorschriften für die Verwendung der Tanks,
- TC: Vorschriften für den Bau der Tanks,
- TE: Vorschriften für die Ausrüstung,
- TA: Angaben für die Bauartzulassung,
- TM: Sondervorschriften für die Kennzeichnung der Tanks.

Spalte 14: Fahrzeug für die Beförderung in Tanks
Angabe der zulässigen Fahrzeuge.

Spalte 15: Beförderungskategorie
Mittels einer Ziffer wird die Menge angegeben, die je Beförderungseinheit ohne zusätzliche Vorschriften befördert werden darf.

Spalte 16: Sondervorschriften für die Beförderung – Versandstücke
V + Ziffer: Code, der die Vorschriften für Versandstücke angibt.

Spalte 17: Sondervorschriften für die Beförderung – lose Schüttung
VV + Ziffer: Code für die Vorschriften bei Beförderung in loser Schüttung.

Spalte 18: Sondervorschriften für die Beförderung – Be- und Entladung, Handhabung
CV + Ziffer: Code, der die Vorschriften zum Be- und Entladen und zur Handhabung beschreibt.

Spalte 19: Sondervorschriften für die Beförderung – Betrieb
Form: S + Ziffer.

Spalte 20: Nummer zur Kennzeichnung der Gefahr
(entspricht der „Kemlerzahl")

Spalte 21: UN-Nummer (Wiederholung von Spalte 1)

Spalte 22: Beschreibung des Gutes (Wiederholung von Spalte 2)

Die UN-Nummer ist eine von dem entsprechenden Ausschuss der Vereinten Nationen festgelegte Nummer zur Identifizierung von Gütern; Tabelle 10.4 zeigt eine Zusammenstellung wichtiger Chemikalien. Ein Auszug aus Tabelle A in Abschnitt 3.2 des ADR ist in Tabelle 10.5 abgebildet.

10.5
Die Verpackung

Die Verpackung ist ein Gefäß oder Behälter, der zur Aufnahme und zum Schutz des Inhalts eines Transportgutes dient. Ein Versandstück besteht aus Inhalt und Verpackung, so wie es für den Versand bereitgestellt wird.

Die Verpackung gefährlicher Güter muss mehrere grundsätzliche Anforderungen erfüllen. Sie muss
- einen ausreichenden Schutz des beförderten Gutes vor den unter normalen Beförderungsbedingungen auftretenden Beanspruchungen bieten,
- eine Bauartprüfung besitzen und zugelassen sein,
- außen frei von Verunreinigungen mit Produktresten sein,

Tabelle 10.4 UN-Nummern, Gefahrzettel und Gefahrnummern einiger wichtiger Chemikalien.

Chemikalie	UN-Nr.	Gefahr-zettel	Gefahr-nummern	Klasse
Aceton	1090	33	33	3, 3b
Acrylnitril, stabilisiert	1093	3+6.1	336	3, 11a
Acrylsäure, stabilisiert	2218	8+3	839	8, 32b
Ammoniak	1005	6.1	268	2, 3at
Ammoniak, 35 % wässrig	2672	8	80	8, 43c
Anilin	1547	6.1	60	6,1, 12b
Benzol	1114	3	33	3, 3b
Butadien	1010	3	239	2, 3c
Butan	1011	3	23	2, 3b
n-Butylacrylat, stabilisiert	2348	3	39	3, 31c
Chlor	1017	6.1 + 8	266	2, 3at
Chloropren	1991	3+6.1	336	3, 16a
Chlorwasserstoff	1050	8+6.1	286	2, 5at
Salzsäure, konz.	1789	8	80	8, 5b
Cyclohexan	1145	3	33	3, 3b
Dimethylsulfat	1595	6.1	66	6.1, 27a
Dimethylether	1033	3	23	2, 3b
Essigsäure, > 80 %	2789	8+3	83	8, 32b
Ethan	1035	3	23	2, 5b
Ethylen	1962	3	23	2, 5b
Ethanol	1170	3	33	3, 3b
Kohlendioxid	1013	2	20	2, 5a
Kohlenwasserstoffe, Flammpkt. < 21 °C	1203	3	33	3, 1 bis 3
Kohlenwasserstoffe, Flammpkt. 21–55 °C	1223	3	30	3, 31c
Kohlenwasserstoffe, Flammpkt. > 55 °C	1202	–	30	3, 32c
Methanol	1230	3+6.1	336	3, 17b
Salpetersäure, konz.	2032	8+0.5+6.1	856	8, 2a
Stickstoff, verflüssigt	1977	2	22	2, 7a

Tabelle 10.5 Auszug aus Tabelle A, Abschnitt 3.2 des ADR.

UN-Nummer	Benennung und Beschreibung	Klasse	Klassifizierungscode	Verpackungsgruppe	Gefahrzettel	Sondervorschriften	Begrenzte Mengen	Verpackung			ortsbewegliche Tanks	
								Anweisungen	Sondervorschriften	Zusammenpackung	Anweisungen	Sondervorschriften
	3.1.2	2.2	2.2	2.1.1.3	5.2.2	3.3	3.4.6	4.1.4	4.1.4	4.1.10	4.2.4.2	4.2.4.3
(1)	(2)	(3a)	(3b)	(4)	(5)	(6)	(7)	(8)	(9a)	(9b)	(10)	(11)
1114	BENZEN	3	F1	II	3		LQ4	P001 IBC02 R001		MP19	T4	TP1
1120	BUTANOLE	3	F1	II	3		LQ4	P001 IBC02 R001		MP19	T4	TP1 TP29
1120	BUTANOLE	3	F1	III	3		LQ7	P001 IBC03 LP01 R001		MP19	T2	TP1
1123	BUTYLACETATE	3	F1	II	3		LQ4	P001 IBC02 R001		MP19	T4	TP1
1123	BUTYLACETATE	3	F1	III	3		LQ7	P001 IBC03 LP01 R001		MP19	T2	TP1
1125	n-BUTYLAMIN	3	FC	II	3+8		LQ4	P001 IBC02		MP19	T7	TP1
1126	1-BROMBUTAN	3	F1	II	3		LQ4	P001 IBC02 R001		MP19	T4	TP1
1127	CHLORBUTANE	3	F1	II	3		LQ4	P001 IBC02 R001		MP19	T4	TP1
1128	n-BUTYLFORMIAT	3	F1	II	3		LQ4	P001 IBC02 R001		MP19	T4	TP1
1129	BUTYRALDEHYD	3	F1	II	3		LQ4	P001 IBC02 R001		MP19	T4	TP1
1130	KAMPFERÖL	3	F1	III	3		LQ7	P001 IBC03 LP01 R001		MP19	T2	TP1
1131	KOHLENSTOFFDISULFID	3	FT1	I	3+6.1		LQ0	P001	PP31	MP7 MP17	T14	TP2 TP7 TP13
1133	KLEBSTOFFE, mit entzündbarem flüssigem Stoff (Dampfdruck bei 50 °C größer als 175 kPa)	3	F1	I	3	640	LQ3	P001		MP7 MP17	T11	TP1 TP8 TP27
1133	KLEBSTOFFE, mit entzündbarem flüssigem Stoff (Dampfdruck bei 50 °C größer als 110 kPa, aber höchstens 175 kPa)	3	F1	I	3	640	LQ3	P001		MP7 MP17	T11	TP1 TP8 TP27
1133	KLEBSTOFFE, mit entzündbarem flüssigem Stoff (Dampfdruck bei 50 °C größer als 110 kPa, aber höchstens 175 kPa)	3	F1	II	3	640	LQ6	P001	PP1	MP19	T4	TP1 TP8

10.5 Die Verpackung

ADR-Tanks		Fahrzeug für die Beförderung in Tanks	Beförderungs-kategorie	Sondervorschriften für die Beförderung				Nummer zur Kenn-zeich-nung der Gefahr	UN-Num-mer	Benennung und Beschreibung
Tank-codierung	Sondervor-schriften			Versand-stücke	lose Schüt-tung	Be- und Ent-ladung, Hand-habung	Betrieb			
4.3	4.3.5, 6.8.4	9.1.1.2	1.1.3.6	7.2.4	7.3.3	7.5.11	8,5	5.3.2.3		3.1.2
(12)	(13)	(14)	(15)	(16)	(17)	(18)	(19)	(20)	(1)	(2)
LGBF		FL	2				S2 S20	33	1114	BENZEN
LGBF		FL	2				S2 S20	33	1120	BUTANOLE
LGBF		FL	3				S2	30	1120	BUTANOLE
LGBF		FL	2				S2 S20	33	1123	BUTYLACETATE
LGBF		FL	3				S2	30	1123	BUTYLACETATE
L4BH	TE1	FL	2				S2 S20	338	1125	n-BUTYLAMIN
LGBF		FL	2				S2 S20	33	1126	1-BROMBUTAN
LGBF		FL	2				S2 S20	33	1127	CHLORBUTANE
LGBF		FL	2				S2 S20	33	1128	n-BUTYLFORMIAT
LGBF		FL	2				S2 S20	33	1129	BUTYRALDEHYD
LGBF		FL	3				S2	30	1130	KAMPFERÖL
L10CH	TU14 TU15 TE1	FL	1			CV13 CV28	S2 S19	336	1131	KOHLENSTOFFDISULFID
L4BN		FL	1				S2 S20	33	1133	KLEBSTOFFE, mit entzündbarem flüssigem Stoff (Dampfdruck bei 50 °C größer als 175 kPa)
L1,5BN		FL	1				S2 S20	33	1133	KLEBSTOFFE, mit entzündbarem flüssigem Stoff (Dampfdruck bei 50 °C größer als 110 kPa, aber höchstens 175 kPa)
L1,5BN		FL	2				S2 S20	33	1133	KLEBSTOFFE, mit entzündbarem flüssigem Stoff (Dampfdruck bei 50 °C größer als 110 kPa, aber höchstens 175 kPa)

- absolut dicht und so verschlossen sein, dass unter normalen Beförderungsbedingungen der Inhalt nicht austreten kann,
- für den Transport der gefährlichen Güter geeignet und zugelassen sein (keine gefährliche Reaktion mit dem Inhalt) und
- einen Füllfreiraum beim Transport von Flüssigkeiten besitzen, der ein Ausdehnen des Inhalts durch Temperatur und Druckänderung ermöglicht, ohne dass Inhalt austritt oder eine dauerhafte Verformung erfolgt.

> In Abhängigkeit von der Gefährlichkeit eines Produktes sind nur bestimmte Verpackungen für den Transport zugelassen!

Werden als Innenverpackung zerbrechliche Gefäße, z. B. Glas oder Porzellan, verwendet, müssen sie in saugfähige Polstermaterialien eingebettet werden. Vor jedem Neubefüllen muss die Verpackung einer äußeren Sichtprüfung zur Feststellung von Korrosion, Verunreinigung mit Produktresten, Verformungen oder Leckagen unterzogen werden.

Verpackung und Transportgut bilden gemeinsam das Versandstück, das letztendlich im ADR geregelt ist. Die Nettomasse von Versandstücken im engeren Sinne beträgt maximal 400 kg bzw. 450 L Fassungsraum, das Höchstvolumen von Großverpackungen ist auf 3 m^3 beschränkt, der Fassungsraum von Großpackmitteln (IBC) auf ebenfalls 3 m^3.

Die Verpackungen werden unterschieden in
- Einzelverpackungen,
- Kombinationsverpackungen,
- zusammengesetzte Verpackungen und
- Feinstblechverpackungen.

10.5.1
Verpackungsanweisungen

Zur Festlegung der spezifischen Vorschriften der Verpackungen verschiedener gefährlicher Güter wurden unterschiedliche Verpackungsanweisungen definiert. Die Codierungen haben folgende Bedeutung:
- P: Verpackungen, ausgenommen Großverpackung und IBC (P: packaging)
- R: Feinstblechverpackung
- PR: Druckgefäß mit besonderer Verpackungsanweisung
- PP, RR: es gelten Sondervorschriften
- IBC: IBC (intermediate bulk container)
- B: Großpackmittel
- LP: Großverpackungen (LP: large packaging)
- P: Sondervorschriften für Großpackungen

Den vorgenannten Buchstabencodes folgt eine dreistellige Ziffer, denen die Klasse des zugehörigen Transportgutes entnommen werden kann.
- P001 – P099: klassenübergreifend
- P101 – P144: gültig für Klasse 1
- P200 – P206: gültig für Klasse 2
- P300 – P302: gültig für Klasse 3
- P400 – P411: gültig für Klasse 4
- P500 – P520: gültig für Klasse 5
- P600 – P650: gültig für Klasse 6
- P800 – P803: gültig für Klasse 8
- P900 – P906: gültig für Klasse 9

Darüber hinaus existieren noch spezielle Verpackungsanweisungen für das Zusammenpacken, die mit MP abgekürzt werden.
- Mixed Packaging

Die Verpackungsanweisungen für das Zusammenpacken regeln primär Volumenbeschränkungen der Innenverpackung und Zusammenpackungsverbote mit anderen Gütern.

10.5.2
Verpackungsarten

Für die verschiedenen Verpackungsarten werden Codes zur einfachen Identifizierung benutzt. In Tabelle 10.6 wurden diese für **Einzelverpackungen**, unter Angabe der zulässigen Werkstoffe aufgelistet. Die Werkstoffe der Verpackungen werden durch einen Buchstabencode mit folgender Bedeutung angegeben:
- A: Stahl,
- B: Aluminium,
- C: Naturholz,
- D: Sperrholz,
- F: Holzfaserwerkstoff,
- G: Pappe,
- H: Kunststoff, inklusive Schaumstoff,
- L: Textilgewebe,
- M: Papier, mehrlagig,
- N: Metall (außer Stahl oder Aluminium),
- P: Glas, Porzellan, Steinzeug.

Darüber hinaus existieren die folgenden Sonderverpackungen:
- T: Bergungsverpackung
- V: Sonderverpackung
- W: Verpackung mit abweichendem oder gleichwertigem Herstellungsverfahren

Tabelle 10.6 Werkstoff, Code und Verpackungstyp von Einzelverpackungen nach UN.

Verpackungsart	Werkstoff	Verpackungstyp	Code
1. Fässer	A. Stahl	nicht abnehmbarer Deckel	1A1
		abnehmbarer Deckel	1A2
	B. Aluminium	nicht abnehmbarer Deckel	1B1
		abnehmbarer Deckel	1B2
	G. Pappe		1G
	H. Kunststoff	nicht abnehmbarer Deckel	1H1
		abnehmbarer Deckel	1H2
3. Kanister	A. Stahl	nicht abnehmbarer Deckel	3A1
		abnehmbarer Deckel	3A2
	H. Kunststoff	nicht abnehmbarer Deckel	3H1
		abnehmbarer Deckel	3H2
4. Kisten	A. Stahl	einfach	4A1
		mit Innenauskleidung	4A2
	B. Aluminium	einfach	4B1
		mit Innenauskleidung	4B2
	C. Naturholz	einfach	4C1
		mit staubdichten Wänden	4C2
	D. Sperrholz		4D
	F. Holzfaserwerkstoff		4F
	G. Pappe		4G
	H. Kunststoff	Schaumstoffe	4H1
		massive Kunststoffe	4H2
5. Säcke	H. Kunststoffgewebe	ohne Innensack, Innenauskleidung	5H1
		staubdicht	5H2
		wasserbeständig	5H3
	H. Kunststofffolie		5H4
	L. Textilgewebe	ohne Innensack, Innenauskleidung	5L1
		staubdicht	5L2
		wasserbeständig	5L3
	M. Papier	mehrlagig	5M1
		mehrlagig, wasserbeständig	5M2
6. Kombiverpackung	H. Kunststoffgefäß	fassförmige Außenverpackung aus Stahl	6HA1
		korb- oder kistenförmige Außenverpackung aus Stahl	6HA2
	P. Gefäß aus Porzellan	fassförmige Außenverpackung aus Stahl	6PA1
		korb- oder kistenförmige Außenverpackung aus Stahl	6PA2

Die Codierung für Werkstoffe der unterschiedlichen Einzelverpackungen ist in Tabelle 10.6 wiedergegeben.

Kombinationsverpackungen bestehen entweder aus einem
- Kunststoffinnengefäß plus Außenverpackung aus Metall, Pappe, Holz oder
- Innengefäß aus Glas oder Porzellan und Außenverpackung aus Metall, Holz, Pappe, Kunststoff.

Zusammengesetzte Verpackungen bestehen aus mehreren trennbaren Einheiten, die nur zur Beförderung zusammengesetzt wurden. Sie können aus einer oder mehreren Innenverpackungen in einer Außenverpackung sowie eventuell notwendigen Füll- und Polsterstoffen bestehen.

Abbildung 10.3 zeigt eine Auswahl handelsüblicher Verpackungen von Kleingebinden von 250 mL bis zum IBC und Großverpackungen.

Abbildung 10.4 zeigt eine schematische Darstellung wichtiger Einzelverpackungen mit Angabe der entsprechenden Verpackungscodes.

Abb. 10.3 Fässer, Kanister, Kisten und Säcke als handelsübliche Einzelverpackungen.

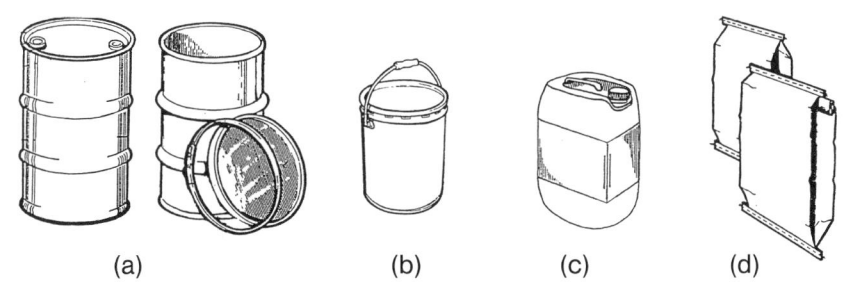

(a) (b) (c) (d)

Abb. 10.4 Unterschiedliche Einzelverpackungen.

Verpackungen, die für ganze Verpackungsgruppen zugelassen sind, werden mit einem zusätzlichen Code gekennzeichnet:
- X: Zugelassen für Verpackungsgruppe I, II und III
- Y: Zugelassen für Verpackungsgruppe II, III
- Z: Zugelassen für Verpackungsgruppe III

Als **Feinstblechverpackungen** werden Gefäße aus Weißblech bezeichnet, z. B. Dosen.

In der Praxis werden häufig noch mehrere, nicht gesetzeskonforme Begriffe zur Charakterisierung von Verpackungen benutzt. Die korrekten Bezeichnungen lauten für:
- Eimer $\Rightarrow$ Fass bzw. Feinstblechverpackung
- Hobbocks $\Rightarrow$ meist 60-L-Fass
- Trommel $\Rightarrow$ Fass aus Pappe oder Holz
- Kanne $\Rightarrow$ Fass, 30 oder 60 L Inhalt
- Flachkanne $\Rightarrow$ Fass, 30 oder 60 L Inhalt

Für größere Transportmengen werden häufig Großpackmittel verwendet. **Großpackmittel** bis maximal 3,0 m^3 Fassungsvermögen werden als **IBC** (engl.: intermediate bulk container) bezeichnet. Abbildung 10.5 zeigt einige typische Großpackmittel. Da IBC kein Tankschild aufweisen, sind sie keine Container bzw. Tankcontainer nach den Transportvorschriften. Abbildung 10.6 zeigt zum Vergleich einen typischen Tankcontainer. Es wird zwischen starren, halbstarren und flexiblen IBCs unterschieden; letztere werden im Allgemeinen als „Big Bags" bezeichnet.

Zur Auswahl der richtigen Verpackung muss deren exakter Code bekannt sein. Tabelle 10.6 gibt für die heute gebräuchlichen Einzel- und Kombinationsverpackungen, die die vorangestellte Kennzeichnung „UN" tragen, den Code und den Werkstoff an. Hierbei bezeichnet jeweils die erste Ziffer die Verpackungsart, der oder die folgenden Buchstaben den Werkstoff (bei Kombinationsverpackungen zuerst die Kennung des Innenwerkstoffes), gefolgt von einer Ziffer zur näheren Spezifizierung des Verpackungstyps.

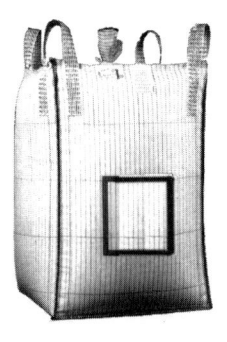

Flexibler IBC für Feststoffe   Metallischer IBC für Flüssigkeiten   Kombinations-IBC für Flüssigkeiten

Abb. 10.5 Typische Großpackmittel (IBC).

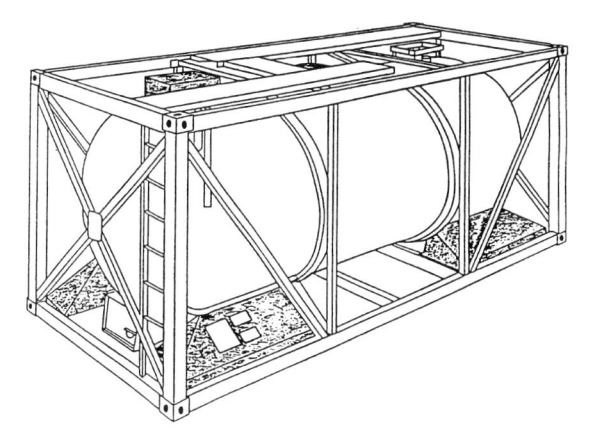

Abb. 10.6 Tankcontainer.

10.6
Kennzeichnung von Versandstücken und Fahrzeugen

10.6.1
Bezettelung

Analog den Gefahrensymbolen der Gefahrstoffverordnung werden im Transportrecht die Hauptgefahren von Gütern durch Symbole dargestellt. Die Transportsymbole werden im Rahmen der Übernahme des GHS mit den Gefahrensymbolen beim Inverkehrbringen vereinheitlicht, in Kapitel 9 sind die neuen Symbole, einschließlich der Einstufungskriterien, beschrieben.

Die Zettel Nr. 10 bis 12 (siehe Abbildung 10.7) dienen nicht zur Kennzeichnung von gefährlichen Gütern, gleichwohl beinhalten sie wichtige Informationen für den Transport.

Die Gefahrzettel für See- und Lufttransporte weichen in der Beschriftung teilweise geringfügig von den Gefahrzetteln für Straße und Eisenbahn ab. Ein Bei-

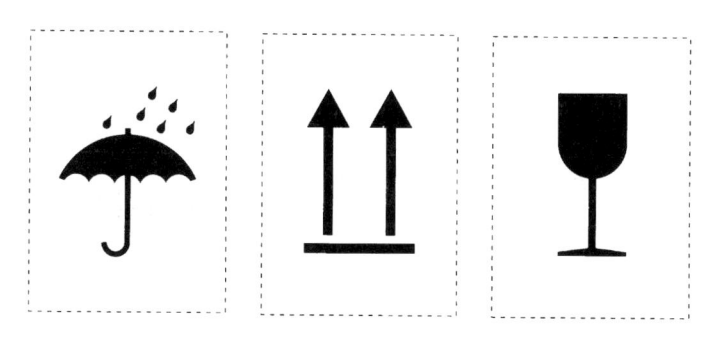

Abb. 10.7 Gefahrzettel 10, 11 und 12.

Abb. 10.8 Gefahrzettel für Stoffe, die das Meerwasser gefährden.

spiel für einen zusätzlichen Gefahrzettel für meerwassergefährdende Stoffe zeigt Abbildung 10.8.

Werden Güter begast, z. B. beim Transport von Lebensmitteln oder Naturprodukten, muss der Gefahrzettel gemäß Abbildung 10.9 angebracht werden. Werden erwärmte Stoffe in Tankfahrzeugen, Tankcontainern, ortsbeweglichen Tanks, Spezialfahrzeugen oder -containern, besonders ausgerüsteten Fahrzeugen oder Containern befördert, müssen sie mit dem Zettel gemäß Abbildung 10.10 gekennzeichnet werden.

> Auf **Versandstücken** und gegebenenfalls an **Gefahrgutfahrzeugen** müssen die **Gefahrzettel** deutlich **sichtbar angebracht** sein.

Abb. 10.9 Gefahrzettel für begaste Güter.

Abb. 10.10 Gefahrzettel zum Transport erwärmter Güter.

Für die Gestaltung der Gefahrzettel gelten die folgenden Grundsätze:
- Die Zettel auf den Versandstücken müssen die Form eines auf die Spitze gestellten Quadrates mit einer Seitenlänge von 100 mm haben. Ausnahme: Zettel 7D, 10, 11 und 12. Für Zettel 7D gilt: Seitenlänge mindestens 250 mm.
- Die Zettel 10, 11 und 12 (siehe Abbildung 10.7) müssen die Form eines Rechtecks im Normalformat A5 haben.
- Wenn es die Größe und äußere Beschaffenheit des Versandstückes erfordern, dürfen die Zettel, mit Ausnahme von Zettel 7D, geringere Abmessungen haben.
- Das Aufkleben der Zettel auf Pappe oder Tafeln ist zulässig, wenn diese fest am Versandstück befestigt sind.
- In der unteren Hälfte der Gefahrzettel darf sich eine Aufschrift in Zahlen oder Buchstaben befinden, die auf die Art der Gefahr hinweist. Bei Überseetransporten sind diese vorgeschrieben (als Bestandteil der entsprechenden Gefahrzettel).
- Aufschrift und Gefahrzettel müssen gut lesbar und unauslöslich angebracht werden.
- An Fahrzeugen mit festverbundenen Tanks oder Aufsetztanks, Tankcontainern und Großcontainern müssen die anzubringenden Gefahrzettel eine Seitenlänge von mindestens 250 mm haben.
- Tankcontainer und Gefäßbatterien müssen an beiden Seiten mit den vorgesehenen Gefahrzetteln versehen sein.
- Gefahrzettel, die sich nicht auf die beförderten Güter oder auf Reststoffe in Verpackungen beziehen, müssen entfernt oder verdeckt werden.

Die Großzettel (Placards) sind auf der äußeren Oberfläche von Containern, MEGC, Tankcontainern, ortsbeweglichen Tanks und Fahrzeugen anzubringen. Desgleichen müssen Placards an ungereinigten oder nicht entgasten leeren Tankfahrzeugen, Fahrzeugen mit Aufsetztanks, Batterie-Fahrzeugen, MEGC, Tankcontainern und ortsbeweglichen Tanks sowie ungereinigten leeren Fahrzeugen und Containern für die Beförderung in loser Schüttung gemäß der vorherigen Ladung angebracht werden. Großzettel müssen mindestens 250 × 250 mm groß sein; Form, Farbe und Aussehen sind identisch mit denen der entsprechenden Zettel.

10.6.2
Kennzeichnung der Verpackungen

Aus der Kennzeichnung einer Verpackung müssen alle Informationen entnommen werden können, die für die Auswahl der zulässigen Transportgüter notwendig sind. Diese sind:
- Code-Nummer der Verpackungsart,
- Verpackungsgruppe,
- maximales spezifisches Gewicht des Füllgutes,
- Prüfdruck in Kilopascal,
- Jahr der Herstellung,
- Herstellungsland,

- Registriernummer der Verpackung und
- Hersteller.

Abbildung 10.11 zeigt ein Beispiel für die vollständige Kennzeichnung einer Verpackung der Verpackungsgruppe II. Zusätzlich zu den vorgenannten Kennzeichnungsangaben müssen IBCs mit den folgenden Angaben gekennzeichnet sein:
- Prüflast der Stapeldruckprüfung in kg,
- Höchstzulässige Bruttomasse in kg,
- Eigenmasse in kg,
- Fassungsvermögen (= Nennvolumen) bei 20 °C in L,
- Datum der letzten Dichtheitsprüfung (Monat/Jahr),
- Datum der letzten Inspektion (Monat/Jahr) und
- höchstzulässiger Füll- und Entleerungsdruck in kPa.

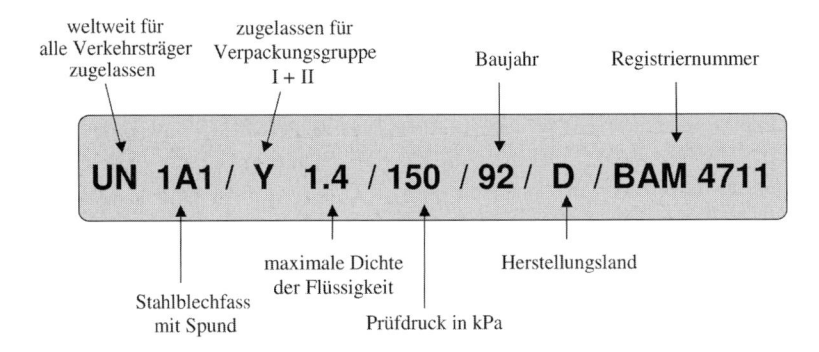

```
weltweit für          zugelassen für
alle Verkehrsträger   Verpackungsgruppe        Baujahr         Registriernummer
zugelassen                I + II
    ↓                       ↓                    ↓                   ↓
         UN 1A1 / Y  1.4 / 150 / 92 / D / BAM 4711
              ↑           ↑           ↑
        Stahlblechfass    maximale Dichte    Herstellungsland
         mit Spund        der Flüssigkeit
                          Prüfdruck in kPa
```

Abb. 10.11 Kennzeichnungsbeispiel einer Verpackung.

Für **metallische IBCs** müssen zusätzlich angegeben werden:
- verwendeter Werkstoff und Mindestdicke in mm sowie
- Seriennummer des Herstellers.

Für **starre Kunststoff-IBCs** und **Kombi-IBCs** ist außerdem die Angabe des
- Prüfdrucks in kPa vorgeschrieben.

10.6.3
Die orangenfarbene Kennzeichnung

Beim Transport von Gefahrgütern müssen die Fahrzeuge mit zwei rechteckigen rückstrahlenden orangefarbenen Kennzeichnungen, meist vereinfacht als Warntafeln bezeichnet, versehen sein, wenn
- die „begrenzten Mengen" (siehe) überschritten sind,
- entzündbare flüssige Stoffe der Klasse 3, Buchstaben a) und b),
- gefährliche Güter in Tanks oder
- ungereinigte leere Tanks

10.6 Kennzeichnung von Versandstücken und Fahrzeugen | 497

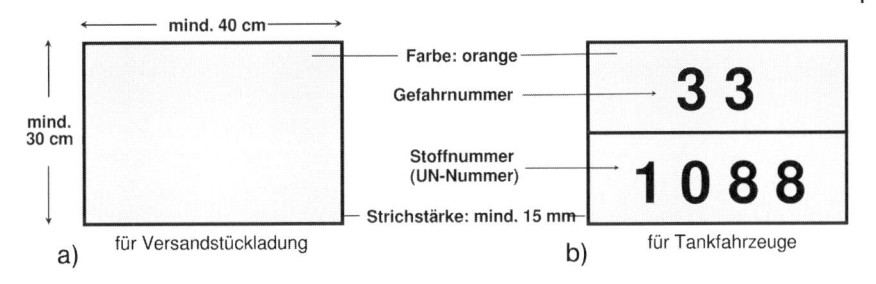

Abb. 10.12 Warntafeln nach ADR.

befördert werden. Wenn keine Gefahrgüter transportiert werden, müssen die Warntafeln entweder entfernt oder verdeckt werden. Unterhalb der „begrenzten Mengen" (siehe Abschnitt 10.3), ist das Anbringen von Warntafeln zwar nicht erforderlich, vorhandene zutreffende Warntafeln müssen jedoch nicht entfernt werden. Sie müssen mindestens 40 cm lang und 30 cm hoch und vorne und hinten an jeder Beförderungseinheit angebracht sein.

Bei Tankfahrzeugen oder Beförderungseinheiten mit mindestens einem Tank müssen zusätzlich an den Seiten jeden Tanks oder Tankabteils an der Längsseite orangefarbene Warntafeln angebracht werden, die zusätzlich die UN-Nummer und die Gefahrnummer tragen müssen.

Beide Angaben werden durch einen waagrechten Strich in zwei Teile untergliedert, in der oberen Hälfte ist durch schwarze Ziffern die Gefahrnummer wiederzugeben, in der unteren Hälfte muss die UN-Nummer angebracht sein. In der oberen Hälfte werden durch eine Buchstaben- und Ziffernkombination die Hauptgefahren ausgedrückt (siehe Abschnitt 10.6.4).

Die UN-Nummer auf der unteren Hälfte erlaubt die Identifizierung des Gefahrgutes. Die UN-Nummer ist ein für jedes Gefahrgut international harmonisierter Zifferncode. Abbildung 10.12 zeigt ein Beispiel für den Transport von Versandstückladungen ohne Angabe der Gefahr- und UN-Nummer und eine vollständige orangefarbene Kennzeichnung.

10.6.4
Nummer zur Kennzeichnung der Gefahr (Kemlerzahl)

Die Nummer zur **Kennzeichnung der Gefahr** besteht aus zwei oder drei Ziffern. Die Bedeutung der Ziffern entspricht weitgehend der Definition der verschiedenen Gefahrklassen:
2. entweichen von Gas durch Druck oder chemische Reaktion,
3. Entzündbarkeit von flüssigen Stoffen, Dämpfen und Gasen oder selbsterhitzungsfähiger flüssiger Stoff,
4. Entzündbarkeit von festen Stoffen oder selbsterhitzungsfähiger fester Stoff,
5. oxidierende (brandfördernde) Wirkung,
6. Giftigkeit oder Ansteckungsgefahr,
7. Radioaktivität,

8. Ätzwirkung,
9. Gefahr einer spontanen heftigen Reaktion.

Tabelle 10.7 gibt die Zifferncodes mit besonderer Bedeutung an.

Warntafeln dürfen nur beim Transport von Gefahrgütern sichtbar am Fahrzeug angebracht sein. Bei gereinigten Behältern oder beim Transport von Gütern, die nicht unter die Gefahrgutverordnung fallen, sind sie unkenntlich zu machen.

Die folgenden Regeln erlauben eine schnelle Erkennung der Hauptgefahren:
- Verdopplung einer Ziffer: Zunahme der entsprechenden Gefahr.
- Vorangestelltes „X": gefährliche Reaktion mit Wasser.
- Kann die Gefahr durch eine Ziffer ausgedrückt werden, wird eine Null angefügt.
- Die Ziffern 22, 323, 333, 362, X362, 382, X382, 423, 44, 462, 482, 539 und 90 haben eine besondere Bedeutung.

Tabelle 10.7 Ziffernkombinationen zur Gefahrenkennzeichnung mit besonderer Bedeutung.

Nr.	Bedeutung
22	tiefgekühltes Gas
323	entzündbarer flüssiger Stoff, der mit Wasser reagiert und entzündbare Gase entwickelt
333	pyrophorer flüssiger Stoff
362	entzündbarer flüssiger Stoff, giftig, der mit Wasser reagiert und entzündbare Gase entwickelt
X362	entzündbarer flüssiger Stoff, giftig, der mit Wasser gefährlich reagiert und entzündbare Gase entwickelt[a]
382	selbsterhitzungsfähiger flüssiger Stoff, ätzend, der mit Wasser reagiert und entzündbare Gase bildet
X382	selbsterhitzungsfähiger flüssiger Stoff, ätzend, der mit Wasser gefährlich reagiert und entzündbare Gase bildet[a]
423	fester Stoff, der mit Wasser reagiert und entzündbare Gase entwickelt
44	entzündbarer fester Stoff, der sich bei höherer Temperatur in geschmolzenem Zustand befindet
462	fester Stoff, giftig, der mit Wasser reagiert und entzündbare Gase bildet
482	fester Stoff, ätzend, der mit Wasser reagiert und entzündbare Gase bildet
539	entzündbares organisches Peroxid
90	verschiedene gefährliche Stoffe

[a] Wasser darf nur mit Genehmigung der zuständigen Behörde verwendet werden.

10.7
Die Begleitpapiere

Beim Transport von Gefahrgütern müssen die vorgeschriebenen Begleitpapiere,
- Beförderungspapier und die
- schriftlichen Weisungen,

stets mitgeführt werden.

Die **Beförderungspapiere** sind vom Absender auszustellen und dem Beförderer zu übergeben. Beim Transport ungereinigter Tanks, Aufsetztanks und Tankcontainer sind die Beförderungspapiere ebenfalls notwendig. Das Beförderungspapier muss mindestens die folgenden Angaben enthalten, die Reihenfolge der Punkte a) bis e) ist verbindlich:

a) UN-Nummer,
b) offizielle Bezeichnung des Gefahrgutes nach Tabelle A, Abschnitt 3.2 des ADR, ggf. zusätzlich die chemische, biologische oder technische Benennung,
c) Klasse des Gutes,
d) Verpackungsgruppe,
e) ADR oder RID,
f) Anzahl und Beschreibung der Versandstücke oder Großpackmittel,
g) Bruttomasse des Gebindes in kg,
h) bei explosiven Stoffen und Gegenständen: Nettomasse in kg,
i) Name und Anschrift des Absenders,
j) Name und Anschrift des Empfängers.

Werden beim Transport gefährlicher Güter die begrenzten Mengen unterschritten, muss kein Beförderungspapier erstellt werden. Werden die Grenzen für Freistellungen im Zusammenhang mit den je Beförderungseinheit beförderten Mengen unterschritten, ist im Beförderungspapier zu vermerken:
BEFÖRDERUNG OHNE ÜBERSCHREITUNG DER IN UNTERABSCHNITT 1.1.3.6 FESTGESETZTEN FREIGRENZEN

Beim Transport von Abfällen muss der offiziellen Benennung das Wort „ABFALL" vorangestellt werden. Für den Transport von ungereinigten leeren Verpackungen, Fahrzeugen, Containern, Tanks, Batterie-Fahrzeugen und MEGC muss in den Beförderungspapieren vermerkt werden:
»LEERE VERPACKUNG«, »LEERES GEFÄSS«, »LEERES GROSSPACKMITTEL (IBC)«, »LEERES TANKFAHRZEUG«, »LEERES FAHRZEUG«, »LEERER AUFSETZTANK«, »LEERER ORTSBEWEGLICHER TANK«, »LEERER TANKCONTAINER«, »LEERER CONTAINER«, »LEERES BATTERIE-FAHRZEUG« bzw. »LEERER MEGC«,

ergänzt durch die Nummer der Klasse und die Buchstaben »ADR« oder »RID«, z. B.
»LEERE VERPACKUNG, 3, ADR«.

Die Durchführung von Transporten nach Ausnahme- oder Sonderbestimmungen sind ebenfalls im Beförderungspapier zu vermerken. Für die Gefahrenklassen 1, 2, 4.1, 5.2, 6.2 und 7 gelten spezielle Sonderregelungen, die ebenfalls in die Beförderungspapiere eingetragen werden müssen.

Abbildung 10.13 zeigt die erste Seite eines Formulars für die multimodale Beförderung (mehrere Transportwege: Straße, Eisenbahn, Binnengewässer) gefährlicher Güter, das für die Erklärung gefährlicher Güter und gleichzeitig als Container-Packzertifikat nach ADR verwendet werden darf.

Dem Fahrzeugführer müssen vor Beförderungsbeginn vom Absender **schriftliche Weisungen** (Beispiele siehe Abbildungen 10.14 und 10.15) übergeben werden. Diese häufig als **Unfallmerkblätter** bezeichneten Informationen sind für das Verhalten bei Unfällen und Zwischenfällen wichtig, die sich beim Transport ereignen können. Die Unfallmerkblätter sind für jedes Gefahrgut zu erstellen, die Zusammenfassung von Stoffen mit gleichen oder ähnlichen Eigenschaften zu Gruppenmerkblättern (Abbildung 10.14) ist zulässig, ebenso die Benutzung von Unfallmerkblättern einer Gefahrenklasse. Für Kleinmengen können vereinfachende Sonderregelungen beansprucht werden (siehe Abschnitt 10.8.6).

> Als Anleitung zum richtigen Verhalten bei Unfällen oder bei Zwischenfällen, die sich während der Beförderung ereignen können, müssen dem Fahrzeugführer Unfallmerkblätter mitgegeben werden.

Die Unfallmerkblätter sind nach folgendem Muster abzufassen:
- **Ladung**
  - Offizielle Benennung der Stoffe oder Gegenstände im Beförderungspapier oder die Benennung der Gruppe von Gütern mit denselben Gefahren, mit Angabe der Klasse und der UN-Nummer und
  - ggf. Beschreibung einer Färbung oder eines Geruchs, um Leckagen und Undichtheiten zu erkennen.
- **Art der Gefahr**
  - Hauptgefahr,
  - Zusatzgefahren einschließlich möglicher Langzeitwirkungen und Gefahren für die Umwelt,
  - Verhalten bei Brand oder Erwärmung (Zersetzung, Explosion, Entwicklung giftiger Dämpfe, usw.) und
  - ggf. Hinweis darauf, dass die beförderten Güter gefährlich mit Wasser reagieren.
- **Persönliche Schutzausrüstung**
  - Exakte Beschreibung der vom Fahrzeugführer mitzuführenden und zu benutzenden persönlichen Schutzausrüstung.
- **Vom Fahrzeugführer zu treffende allgemeine Maßnahmen**
  Folgende Maßnahmen müssen angegeben werden:
  - Motor abstellen,
  - keine offenen Flammen, Rauchverbot,

10.7 Die Begleitpapiere

1. Absender	2. Nummer des Frachtbriefes	
	3. Seite 1 von ... Seiten	4. Referenznummer des Beförderers
		5. Referenznummer des Spediteurs
6. Empfänger	7. Beförderer (vom Beförderer auszufüllen)	
	ERKLÄRUNG DES ABSENDERS Hiermit erkläre ich, dass der Inhalt dieser Sendung vollständig und genau durch die unten angegebene offizielle Benennung für die Beförderung beschrieben und richtig klassifiziert, verpackt, gekennzeichnet, bezettelt und mit Großzetteln (Placards) versehen ist und sich nach den anwendbaren internationalen und nationalen Vorschriften in jeder Hinsicht in einem für die Beförderung geeigneten Zustand befindet.	

8. Diese Sendung entspricht den vorgeschriebenen Grenzwerten für (nicht Zutreffendes streichen)		9. Zusätzliche Informationen für die Handhabung
PASSAGIER- UND FRACHT-FLUGZEUG	NUR FRACHTFLUGZEUG	
10. Schiff / Flugnummer und Datum	11. Hafen / Ladestelle	
12. Hafen / Entladestelle	13. Bestimmungsort	

14. Kennzeichen für die Beförderung * Anzahl und Art der Versandstücke; Beschreibung der Güter Bruttomasse (kg) Nettomasse Rauminhalt (m³)

* FÜR GEFÄHRLICHE GÜTER: Es ist anzugeben: offizielle Benennung für die Beförderung; Gefahrenklasse, UN-Nummer, Verpackungsgruppe (soweit vorhanden) und alle sonstigen Informationsbestandteile, die durch geltende nationale oder internationale Regelwerke vorgeschrieben werden.

15. Kennzeichnungsnummer des Containers / Zulassungsnummer des Fahrzeugs	16. Siegelnummer(n)	17. Abmessungen und Typ des Containers / Fahrzeugs	18. Tara (kg)	19. Bruttogesamtmasse (einschließlich Tara) (kg)

CONTAINER-/FAHRZEUG-PACKZERTIFIKAT Hiermit erkläre ich, dass die oben beschriebenen Güter in den oben angegebenen Container / in das oben angegebene Fahrzeug gemäß den geltenden Vorschriften** verpackt / verladen wurden. FÜR JEDE LADUNG IN CONTAINERN / FAHRZEUGEN VON DER FÜR DAS PACKEN / VERLADEN VERANTWORTLICHEN PERSON ZU VERVOLLSTÄNDIGEN UND ZU UNTERZEICHNEN	21. EMPFANGSBESTÄTIGUNG Die oben bezeichnete Anzahl Versandstücke / Container / Anhänger in scheinbar gutem Zustand erhalten, mit Ausnahme von:	
20. Name der Firma	Name des Frachtführers	22. Name der Firma (DES ABSENDERS, DER DIESES DOKUMENT VORBEREITET)
Name und Funktion des Erklärenden	Zulassungsnummer des Fahrzeugs	Name und Funktion des Erklärenden
Ort und Datum	Unterschrift und Datum	Ort und Datum
Unterschrift des Erklärenden	UNTERSCHRIFT DES FAHRZEUGFÜHRERS	Unterschrift des Erklärenden

Abb. 10.13 Beispiel eines Formulars für die multimodale Beförderung gefährlicher Güter.

Methanol
(Methylalkohol)

336
1230

Eigenschaften des Ladegutes	Meist farblose Flüssigkeit mit wahrnehmbarem Geruch. Vollständig mischbar mit Wasser.
Gefahren	Leicht entzündbar (Flammpunkt unter 21 °C), giftig. Dämpfe sind unsichtbar, schwerer als Luft und breiten sich am Boden aus. Bildet mit Luft explosionsfähige Gemische, auch in leeren, ungereinigten Behältern. Erhitzen führt zu Drucksteigerung: Berst- und Explosionsgefahr. Schwere, auch tödliche Vergiftungen durch Verschlucken. Vergiftungssymptome können auch erst nach vielen Stunden auftreten. Flüssigkeit oder Dampf verursacht starke Reizung der Augen. Schwach wassergefährdender Stoff – WGK1.
Schutzausrüstung	Geeigneter Atemschutz (Atemfilter: Spezialfilter für Niedrigsieder: AX-Filter Gr. 1). Dichtschließende Schutzbrille. Handschuhe aus Kunststoff oder Gummi, Augenspülflasche mit reinem Wasser, Schaufel.

NOTMASSNAHMEN — Sofort Feuerwehr benachrichtigen

- Motor abstellen.
- Zündquellen fernhalten (z. B. offenes Feuer), Rauchverbot.
- Straße sichern und andere Straßenbenutzer warnen.
- Unbefugte fernhalten.
- Explosionsgeschützte Leuchten und Elektrogeräte benutzen.
- Auf windzugewandter Seite bleiben.

Leck
- Wenn möglich, Undichtheiten beseitigen.
- Mit viel Wasser verdünnen.
- Kanalisation abdecken und tiefliegende Räume evakuieren lassen.
- Bevölkerung warnen – Explosionsgefahr. Falls nötig, evakuieren.
- Falls Produkt in Gewässer oder Kanalisation gelangt ist oder Erdboden oder Pflanzen verunreinigt hat: Feuerwehr oder Polizei darauf hinweisen.

Feuer
- Bei Feuereinwirkung Behälter mit Wassersprühstrahl kühlen.
- Löschen mit Wassersprühstrahl, Löschpulver oder alkoholbeständiger Schaum.

Erste Hilfe
- Falls Produkt in Augen gelangt ist, unverzüglich mit viel Wasser mehrere Minuten spülen.
- Durchtränkte Kleidungsstücke unverzüglich entfernen.
- Ärztliche Hilfe erforderlich bei Symptomen, die offensichtlich auf Verschlucken oder Einwirkung auf die Augen zurückzuführen sind.
- Mit Produkt verunreinigte Kleidung unverzüglich mit viel Wasser spülen.
- Personen, die das Produkt verschluckt haben, zeigen nicht unbedingt sofort Symptome. Sie zum Arzt bringen und dieses Merkblatt vorzeigen. Überwachung während mindestens 48 Stunden notwendig.

Telefonische Rückfrage: _____
Zusätzliche Hinweise: _____

Abb. 10.14 Unfallmerkblatt für Methanol.

- Warnzeichen auf der Straße aufstellen und andere Verkehrsteilnehmer und Passanten warnen,
- Öffentlichkeit über die Gefahren informieren und darauf hinweisen, sich auf der dem Wind zugewandten Seite aufzuhalten, und
- Polizei und/oder Feuerwehr schnellstmöglich verständigen.

Leicht entzündbare Flüssigkeit	33
Flammpunkt unter 23 °C - Nicht oder teilweise mischbar mit Wasser, leichter als Wasser	1993

Eigenschaften des Ladegutes	Meist farblose Flüssigkeit mit wahrnehmbarem Geruch. Nicht oder teilweise mischbar mit Wasser. Leichter als Wasser.
Gefahren	Leicht entzündbar – leicht flüchtig. Dämpfe sind unsichtbar, schwerer als Luft und breiten sich am Boden aus. Bildet mit Luft explosionsfähige Gemische, auch in leeren, ungereinigten Behältern. Erhitzen führt zu Drucksteigerung: Berst- und Explosionsgefahr. Dampf kann betäubend wirken. Kontakt mit Flüssigkeit oder Dampf kann reizend wirken auf Augen, Haut und Atemwege.
Schutzausrüstung	Dichtschließende Schutzbrille. Antistatriche Stiefel, Handschuhe aus Kunststoff oder Gummi, leichte Schutzkleidung, Schaufel.

NOTMASSNAHMEN — Sofort Feuerwehr benachrichtigen

- Motor abstellen.
- Zündquellen fernhalten (z. B. offenes Feuer), Rauchverbot.
- Straße sichern und andere Straßenbenutzer warnen.
- Unbefugte fernhalten.
- Explosionsgeschützte Leuchten und Elektrogeräte benutzen.
- Auf windzugewandter Seite bleiben.

Leck
- Wenn möglich, Undichtheiten beseitigen.
- Eindringen der Flüssigkeit in Kanalisation, Gruben und Keller verhindern; Dämpfe verursachen Explosionsgefahr.
- Flüssigkeit mit Erde oder Sand oder anderen geeigneten Saugstoffen aufsaugen; Fachmann hinzuziehen.
- Alle Personen vor Explosionsgefahr warnen; evakuieren, wenn notwendig.
- Falls Produkt in Gewässer oder Kanalisation gelangt ist oder Erdboden oder Pflanzen verunreinigt hat, Feuerwehr oder Polizei darauf hinweisen.

Feuer
- Bei Feuereinwirkung Behälter mit Wassersprühstrahl kühlen.
- Vorzugsweise löschen mit Löschpulver oder Schaum.
- Niemals scharfen Wasserstrahl verwenden.

Erste Hilfe
- Falls Produkt in Augen gelangt ist, unverzüglich mit viel Wasser mehrere Minuten spülen.

Telefonische Rückfrage: _____
Zusätzliche Hinweise: _____

Abb. 10.15 Unfallmerkblatt für leichtentzündliche Flüssigkeiten.

- **Vom Fahrzeugführer zu treffende zusätzliche und/oder besondere Maßnahmen**
  – Hierzu gehören geeignete Anweisungen sowie ein Verzeichnis der erforderlichen Ausrüstung (z. B. Schaufel, Auffangbehälter), die es dem Fahrzeugführer erlauben, die gemäß der (den) Klasse(n) der beförderten Güter erforderlichen zusätzlichen und/oder besonderen Maßnahmen zu treffen.

- Es ist zu berücksichtigen, dass Fahrzeugführer unterwiesen und geschult werden müssen, um zusätzliche Maßnahmen bei kleineren Leckagen oder Undichtheiten zur Verhinderung größerer Schäden ohne eigene Gefährdung durchführen zu können.
- Es ist zu beachten, dass jede vom Absender empfohlene besondere Maßnahme eine spezielle Schulung des Fahrzeugführers erfordert. Gegebenenfalls gehören hierzu entsprechende Anweisungen sowie ein Verzeichnis der für diese besonderen Maßnahmen erforderlichen Ausrüstung.

- **Feuer**
  - Informationen für den Fahrzeugführer im Falle eines Brandes.
- **Erste Hilfe**
  - Informationen für den Fahrzeugführer für den Fall, dass er mit dem (den) beförderten Stoff(en) in Berührung gekommen ist.
- **Zusätzliche Hinweise**

Für die Erstellung der Unfallmerkblätter hat sich der folgende Aufbau bewährt (siehe Abbildungen 10.14 und 10.15), der im Sinne einer einfachen und übersichtlichen Gliederung von den meisten Firmen beachtet wird:

- Stoffbezeichnung,
- Eigenschaften des Ladegutes,
- Gefahren,
- Schutzausrüstung,
- Notmaßnahmen,
- Leck,
- Feuer,
- Erste Hilfe,
- zusätzliche Hinweise des Herstellers oder Absenders und
- telefonische Rückfrage.

Die Unfallmerkblätter müssen in der Sprache des Ursprungslandes abgefasst werden. Beim grenzüberschreitenden Transport in oder durch ADR-Länder müssen sie auch in diesen Sprachen mitgeführt werden.

Insbesondere für die Gefahrklasse 3 hat sich die Benutzung von Gruppenmerkblättern bewährt, eventuell nach Streichung nicht zutreffender Angaben bzw. Ergänzung von Zusatzinformationen. Viele Angaben in den Unfallmerkblättern sind mit Informationen in den Betriebsanweisungen nach § 14 Gefahrstoffverordnung und den Sicherheitsdatenblättern identisch. An dieser Stelle kann somit auf eine intensive Diskussion der Kriterien zum Erstellen der Unfallmerkblätter verzichtet werden. Im Gegensatz zu den Betriebsanweisungen muss jedoch stets bedacht werden, dass bei einem Unfall in aller Regel kein speziell geschultes Personal schnell und effektiv Hilfe leisten kann. Für diese Fälle hat sich der „Unfallinformationsdienst" der chemischen Industrie (Transport-Unfall-Informationssystem, TUIS) in den letzten Jahren sehr bewährt.

Die Unfallmerkblätter müssen in einfacher Ausfertigung im Führerhaus aufbewahrt werden.

10.8
Vorschriften für die Beförderung

Gefährliche Güter dürfen nur in den erlaubten Beförderungsmitteln transportiert werden. Die Beförderungsmittel müssen den zu erwartenden Belastungen standhalten. Die verwendeten Fahrzeuge müssen hinsichtlich ihrer Auslegung, ihres Baus und ggf. ihrer Zulassung den jeweiligen Vorschriften des Teils 9 des ADR entsprechen. Es dürfen nur Container verwendet werden, die keine Beschädigungen aufweisen, die den sicheren Transport beinträchtigen können. Die Container sind vor der Beladung zu untersuchen, um sicherzustellen, dass sie frei von Rückständen früherer Ladungen und dass Boden und Wände innen frei von vorstehenden Teilen sind.

Versandstücke, die nicht nässeempfindlich sind, dürfen in
- gedeckten Fahrzeugen oder geschlossenen Containern,
- bedeckten Fahrzeugen oder bedeckten Containern oder
- offenen Fahrzeugen (ohne Plane) oder offenen Containern ohne Plane

befördert werden. Abbildung 10.16 zeigt sowohl gedeckte, bedeckte und offene Fahrzeuge als auch Tankfahrzeuge.

Gemäß Abschnitt 3.2, Tabelle A, Spalte 16 müssen ggf. die Sondervorschriften V 1 bis V 8 beachtet werden.

Güter dürfen nur in loser Schüttung transportiert werden, wenn in Abschnitt 3.2, Tabelle A, Spalte 16 eine der Sondervorschriften VV 1 bis VV 14 aufgeführt ist. Der Transport von Gütern in Tanks ist nur zulässig, wenn in Spalte 12 oder 13 von Tabelle A, Abschnitt 3.2 eine entsprechende Tankcodierung vermerkt ist.

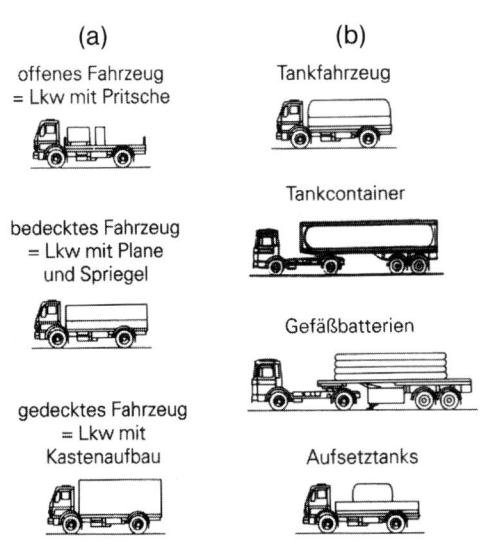

Abb. 10.16 Fahrzeugtypen zur Beförderung gefährlicher Güter: (a) offenes, bedecktes und gedecktes Fahrzeug, (b) Tankfahrzeuge.

Diese haben die folgende Bedeutung:
- AT: Fahrzeuge zum Transport gefährlicher Güter mit einem Fassungsraum über 3 m³.
- FL: Fahrzeuge zum Transport brennbarer Flüssigkeiten (Flammpunkt < 61 °C) oder entzündbarer Gase in Tankcontainern, ortsbeweglichen Tanks oder MEGC mit einem Fassungsraum über 3 m³ bzw. in festverbundenen Tanks oder Aufsetztanks von < 1 m³.
- OX: Fahrzeuge zum Transport von Wasserstoffperoxid mit einem Fassungsraum über 3 m³.

10.8.1
Vorschriften für die Be- und Entladung

Die Be- und Entladung von gefährlichen Gütern ist nur zulässig, wenn
- der Fahrzeugführer und
- das Fahrzeug, insbesondere hinsichtlich der Sicherheit, der Sauberkeit und der ordnungsgemäßen Funktion der bei der Be- und Entladung verwendeten Fahrzeugausrüstung,

den geltenden Vorschriften entsprechen.

Die Beladung darf nicht erfolgen, wenn eine Kontrolle der Dokumente oder eine Sichtprüfung des Fahrzeugs und seiner Ausrüstung zeigt, dass das Fahrzeug oder der Fahrzeugführer nicht den Rechtsvorschriften entsprechen.

Die Entladung darf nicht erfolgen, wenn die vorgenannten Kontrollen Verstöße aufzeigen, die eine sichere Entladung in Frage stellen können.

Die einzelnen Teile einer Ladung mit gefährlichen Gütern müssen auf dem Fahrzeug oder im Container so gesichert werden, dass sie ihre Lage zueinander oder zu den Wänden nur geringfügig verändern können.

10.8.2
Zusammenladeverbote

Analog den Zusammenlagerungsverboten beim Lagern von Gefahrstoffen müssen auch beim Transport entsprechende Vorschriften beachtet werden.

Neben den speziellen Zusammenladeverboten ist stets der Grundsatz zu beachten, gefährliche Güter getrennt von übrigen Versandstücke zu transportieren. Auf Grund der chemischen Eigenschaften können manche Gefahrgüter gefährlich miteinander reagieren. Hierbei ist zwischen Zusammenpackung und Zusammenladung zu unterscheiden:
- **Zusammenpackung:** Verschiedene Güter werden in einem Versandstück zusammengefügt.
- **Zusammenladung:** Transport verschiedener Gefahrgüter in verschiedenen Versandstücken auf einer Ladefläche eines Fahrzeuges bzw. im gleichen Container.

Maßgeblich für die Zusammenladeverbote sind die Gefahrzettel.

> Die Zusammenladeverbote richten sich nach den Gefahrzetteln auf den Versandgebinden, die gemäß den Transportvorschriften anzubringen sind.

Für explosionsgefährliche Gefahrgüter der Gefahrenklasse 1 gelten spezielle Zusammenladeverbote, die Tabelle 10.8 entnommen werden können.

Tabelle 10.8 Zusammenladeverbote von Gefahrgütern der Gefahrenklasse 1.

Verträglichkeitsgruppe	A	B	C	D	E	F	G	H	J	L	N	S
A	X											
B		X		a)			X					X
C			X	X	X		X				b), c)	X
D		a)	X	X	X		X				b), c)	X
E			X	X	X						b), c)	X
F						X	X					X
G			X	X	X							X
H								X				X
J									X			X
L										d)		
N			b), c)	b), c)	b), c)						b)	X
S		X	X	X	X		X	X	X			X

X = Zusammenladung zugelassen

a) Versandstücke mit Gegenständen der Verträglichkeitsgruppe B und Versandstücke mit Stoffen und Gegenständen der Verträglichkeitsgruppe D dürfen zusammen in ein Fahrzeug verladen werden, vorausgesetzt, sie werden in getrennten Behältern oder Abteilen befördert, deren Bauart von der zuständigen Behörde oder einer von ihr bestimmten Stelle zugelassen ist und die so ausgelegt sind, dass zwischen den Behältern oder Abteilen jede Explosionsübertragung von Gegenständen der Verträglichkeitsgruppe B auf Stoffe und Gegenstände der Verträglichkeitsgruppe D verhindert wird.

b) Verschiedene Arten von Gegenständen der Klassifizierung 1.6N dürfen nur als Gegenstände der Klassifizierung 1.6N zusammengeladen werden, wenn durch Prüfungen oder Analogieschluss nachgewiesen ist, dass keine zusätzliche Detonationsgefahr durch Übertragung unter den Gegenständen besteht. Andernfalls sind sie als Gegenstände der Unterklasse 1.1 zu behandeln.

c) Wenn Gegenstände der Verträglichkeitsgruppe N mit Stoffen oder Gegenständen der Verträglichkeitsgruppe C, D oder E zusammengeladen werden, sind Gegenstände der Verträglichkeitsgruppe N so zu behandeln, als hätten sie die Eigenschaften der Verträglichkeitsgruppe D.

d) Versandstücke mit Stoffen und Gegenständen der Verträglichkeitsgruppe L dürfen mit Versandstücken mit gleichartigen Stoffen und Gegenständen dieser Verträglichkeitsgruppe zusammen in ein Fahrzeug oder einen Container verladen werden.

Tabelle 10.9 gibt die Zusammenladeverbote von Gefahrgütern in Abhängigkeit von den Gefahrenklassen wieder. Zusätzlich zu den aufgeführten Zusammenladeverboten dürfen verflüssigte Metalle der Gefahrenklasse 9 nicht mit Gefahrgütern der Klassen 1 bis 8 zusammengeladen werden.

Tabelle 10.9 Zusammenladeverbote von Gefahrgütern in Abhängigkeit von den Gefahrenklassen.

Gefahrzettel	1	1.4	1.5 1.6	2.1 2.2 2.3	3	4.1	4.1 +1	4.2	4.3	5.1	5.2	5.1 +1	6.1	6.2	7A, 7B, 7C	8	9
1		siehe Tabelle 10.8															
1.4																	
1.5 1.6																	
2.1 2.2 2.3		a)			×	×	×		×	×	×	×		×	×	×	×	×
3		a)				×	×		×	×	×	×		×	×	×	×	×
4.1		a)				×	×		×	×	×	×		×	×	×	×	×
4.1+1								×										
4.2		a)				×	×	×		×	×	×	×		×	×	×	×	×
4.3		a)				×	×	×		×	×	×	×		×	×	×	×	×
5.1		a)				×	×	×		×	×	×	×		×	×	×	×	×
5.2		a)				×	×	×		×	×	×	×		×	×	×	×	×
5.2+1								×										
6.1		a)				×	×	×		×	×	×	×		×	×	×	×	×
6.2		a)				×	×	×		×	×	×	×		×	×	×	×	×
7 A, 7B, 7C		a)				×	×	×		×	×	×	×		×	×	×	×	×
8		a)				×	×	×		×	×	×	×		×	×	×	×	×
9	b)	a), b)	b)		×	×	×		×	×	×	×		×	×	×	×	×

× = Zusammenladung zugelassen
a) Zusammenladung mit Stoffen und Gegenständen der Verträglichkeitsgruppe 1.4 S zugelassen.
b) Zusammenladung mit Gütern der Klasse 1 und Rettungsmitteln der Klasse 9 (UN-Nummer 2990 und 3072) zugelassen.

> Explosionsgefährliche Güter der Klasse 1 dürfen **nicht** mit anderen Gefahrgütern zusammengeladen werden!

Innerhalb der Gefahrenklasse 1 gelten in Abhängigkeit von speziellen Verträglichkeitsgruppen spezifische Zusammenladeverbote. Die Verträglichkeitsgruppen sind auf dem Gefahrzettel angegeben und müssen in den schriftlichen Weisungen vermerkt sein. Gefahrgüter der Verträglichkeitsgruppen A und K dürfen nicht transportiert werden.

10.8.3
Fahrzeugbesatzung und Fahrzeugausrüstung

Mit gefährlichen Gütern beladene Beförderungseinheiten dürfen keinesfalls mehr als einen Anhänger oder Sattelanhänger besitzen. Die folgenden Papiere müssen je Beförderungseinheit mindestens mitgeführt werden:
- die Beförderungspapiere,
- die schriftlichen Weisungen,
- evtl. festgelegte Sondervereinbarungen und
- falls erforderlich die Schulungsbescheinigungen des Fahrzeugführers.

Weder Fahrzeugführer noch Beifahrer dürfen Versandstücke mit gefährlichen Gütern während des Transports öffnen. In jeder Beförderungseinheit mit gefährlichen Gütern müssen folgende Ausrüstungsgegenstände stets mitgeführt werden:
- Feuerlöscher, tragbar, Mindestfassungsvermögen 2 kg Pulver zur Bekämpfung eines Motorbrandes,
- Feuerlöscher mit 6 kg Pulver, tragbar, zur Bekämpfung eines Reifenbrandes,
- mindestens einen Unterlegkeil je Fahrzeug,
- zwei selbststehende Warnzeichen,
- eine geeignete Warnweste oder Warnkleidung für jedes Mitglied der Fahrzeugbesatzung,
- eine Handlampe für jedes Mitglied der Fahrzeugbesatzung und
- die in den schriftlichen Weisungen aufgeführten zusätzlichen Ausrüstungen, z. B. Atemschutz, Handschutz oder Schutzschuhe.

Der Fahrzeugführer hat im Rahmen des Transportrechts eine weitreichende Verantwortung und umfassende Pflichten zu übernehmen. Als Fahrzeugführer gilt, wer im Besitz einer gültigen Fahrerlaubnis ist und das Fahrzeug lenkt.

Der Fahrzeugführer
- darf kein Versandstück befördern, dessen Verpackung beschädigt, insbesondere undicht ist, so dass gefährliches Gut austritt oder austreten kann,
- ist nach § 7 ADR verpflichtet, die Fahrwegbestimmung zu beachten,
- hat bei der Beförderung von Listengütern den Bescheid über die Fahrwegbestimmung oder die Bescheinigung oder die Reservierungsbestätigung oder das Beförderungspapier für den Bahntransport mitzuführen,

- muss die Begleitpapiere, die Feuerlöschgeräte und die Ausrüstungsgegenstände mitführen,
- muss die Vorschriften über die Durchführung der Beförderung und die Überwachung beim Parken beachten,
- ist für das Anbringen oder Sichtbarmachen sowie für das Verdecken oder Entfernen der Kennzeichnung und Bezettelung an Fahrzeugen und Aufsetztanks verantwortlich,
- muss die Sondervorschriften beim Halten oder Parken beachten (Feststellbremse anziehen, bei schlechter Sicht und Ausfall der Fahrzeugbeleuchtung Warnleuchten aufstellen),
- muss die nächsten zuständigen Behörden (beim Halten und Parken eines Fahrzeugs, das eine besondere Gefahr darstellt) benachrichtigen oder benachrichtigen lassen,
- muss, wenn er den Tank selbst befüllt, den vom Verlader angegebenen höchstzulässigen Füllungsgrad oder die höchstzulässige Masse der Füllung je Liter Fassungsraum einhalten (kann der Verlader den höchstzulässigen Füllungsgrad für flüssige Stoffe nicht angeben, darf der Füllungsgrad höchstens 90 % betragen),
- muss die Dichtheit der Verschlusseinrichtungen prüfen,
- muss die Vorschriften über Beladen, Zusammenladen und Handhabung beachten und
- muss die Vorschriften über das Entladen beachten.

Bei Gefahrguttransporten muss auch der **Beifahrer** über spezielle Kenntnisse verfügen. Der Beifahrer muss ebenfalls
- die Vorschriften über Beladen, Zusammenladen und Handhabung und
- die Vorschriften über das Entladen

beachten.

10.8.4
Allgemeine Vorschriften

Fahrzeuge oder Container, in denen sich gefährliche Güter in loser Schüttung befanden, sind vor erneutem Beladen in geeigneter Weise zu reinigen, wenn die neue Ladung nicht aus dem gleichen gefährlichen Gut besteht wie die vorhergehende.

Die einzelnen Teile einer Ladung mit gefährlichen Gütern müssen auf dem Fahrzeug oder im Container so gesichert werden, dass sie ihre Lage zueinander oder zu den Wänden nur geringfügig verändern können.

Weder Fahrzeugführer noch Begleitpersonal dürfen Versandstücke mit gefährlichen Gütern öffnen.

Bei Ladearbeiten ist das Rauchen in der Nähe der Fahrzeuge oder Container und in den Fahrzeugen oder Containern untersagt. Zur Vermeidung elektrostatischer Aufladung sind bei Stoffen mit einem Flammpunkt unter 61 °C die Tanks vor der Befüllung oder Entleerung zu erden und die Füllgeschwindigkeit zu begrenzen.

Beim Transport von gefährlichen Gütern dürfen keine Fahrgäste befördert werden.

10.8.5
Fahrerausbildung

Seit 1995 müssen alle Fahrer von kennzeichnungspflichtigen Gefahrgutfahrzeugen mit einem zulässigen Gesamtgewicht von mehr als 3,5 t eine Schulung absolvieren.

Fahrzeugführer von Tankfahrzeugen, Fahrzeugen mit Aufsetztanks, Gefäßbatterien und Tankcontainern mit einem Fassungsraum bei Tanks von insgesamt mehr als 3000 L bzw. alternativ mit einem zulässigen Gesamtgewicht über 3,5 t benötigen eine spezielle Fahrerschulung. Die Lehrinhalte der Schulung umfassen Kenntnisse über

- die einschlägigen Vorschriften der Gefahrgutbeförderung,
- die Eigenschaften gefährlicher Güter,
- die Verhütungs- und Sicherheitsmaßnahmen in Abhängigkeit von den Stoffeigenschaften,
- das Verhalten nach einem Unfall,
- die besonderen Pflichten des Fahrzeugführers,
- Zweck und Funktionsweise der technischen Ausrüstung der Fahrzeuge,
- das besondere Fahrverhalten von Fahrzeugen,
- die Zusammenladeverbote,
- die Vorsichtsmaßnahmen beim Be- und Entladen,
- die zivilrechtliche Haftung und
- den kombinierten Verkehr.

Seit einigen Jahren werden sowohl der Grundlehrgang als auch die Fortbildungslehrgänge nach den Gefahrenklassen unterschieden.

Bei der Klasse 1 muss auch der Beifahrer eine spezielle Schulung besitzen. Auf diese kann nur verzichtet werden, wenn das Gefahrgutfahrzeug mit Mobilfunk zur schnellen Benachrichtigung der Hilfskräfte ausgestattet ist.

> Alle drei Jahre muss ein entsprechender Weiterbildungslehrgang besucht werden. Mindestdauer: 1 Tag

Die Ausbildung von Gefahrgutfahrern ist mehrstufig aufgebaut. In Abhängigkeit von den transportierten Gefahrgütern werden unterschiedliche Aufbaukurse benötigt. Für die Fortbildungslehrgänge sind je nach Gefahrenklasse unterschiedlich umfangreiche Lehrgänge gefordert:

- Grundkurs   18 Unterrichtseinheiten
- Aufbaukurs für die Beförderung in Tanks   12 Unterrichtseinheiten
- Aufbaukurs für die Beförderung von Stoffen und   8 Unterrichtseinheiten
  Gegenständen der Klasse 1
- Aufbaukurs für die Beförderung radioaktiver Stoffe   8 Unterrichtseinheiten
  der Klasse 7

10.8.6
Kleinmengenregelung

Bei Unterschreitung spezieller Mengenschwellen müssen nicht alle Anforderungen der GGVS [165] berücksichtigt werden. Die Mengenschwellen für die begrenzten Mengen sind in Tabelle A gemäß Abschnitt 3.2 des ADR über die Angabe der „Limited Quantities" codiert (siehe Tabellen 10.2 und 10.3). Für eine ausführliche Beschreibung wird auf Abschnitt 10.3.1 verwiesen. Bei Unterschreitung der Kleinmengenregelung entfallen
- die besonderen Anforderungen an Bau und Ausrüstung von Gefahrgutfahrzeugen,
- die besondere Schulung der Fahrzeugführer (siehe Abschnitt 10.8.4),
- die Überwachung des Fahrzeugs (siehe Abschnitt 10.8.4),
- das Verbot der Personenbeförderung,
- die notwendigen schriftlichen Weisungen (siehe Abschnitt 10.7),
- die speziellen Vorschriften an Belade- und Entladestellen und
- die besonderen Vorschriften bei der Auswahl des Verkehrsträgers und das Benutzungsverbot bestimmter Straßen.

Die Erleichterungen bei Unterschreitung der „begrenzten Mengen" sind:
- Verzicht auf die Kennzeichnung der Fahrzeuge,
- weniger strenge Forderungen an Bau und Ausrüstung der Fahrzeuge,
- vereinfachte Anforderungen an die Ausbildung der Gefahrgutfahrer sowie
- der Verzicht auf das Mitführen von Unfallmerkblättern.

Die folgenden **Grundanforderungen** müssen auch bei der Beförderung der „begrenzten Mengen" eingehalten werden, die wichtigsten sind:
- Sicherung der Ladung,
- Rauchverbot und Umgang mit offenem Feuer,
- Einhaltung der Zusammenladeverbote,
- Mitführen der Beförderungspapiere und
- Kennzeichnung der Versandstücke mit der Kennzeichnungsnummer, Klasse, Ziffer und ggf. dem Buchstaben sowie der Bruttomasse.

Obgleich auf das Mitführen der Beförderungspapiere verzichtet werden kann, müssen die Gefahrgüter gekennzeichnet sein mit
- der Bezeichnung des Gefahrgutes einschließlich der Kennzeichnungsnummer,
- der Klasse, Ziffer und ggf. dem Buchstaben und
- der Bruttomasse.

Das Mitführen von Unfallmerkblättern ist ebenfalls unterhalb der „begrenzten Mengen" nicht vorgeschrieben.

Literatur

1 Gesetz über den Verkehr mit Arzneimitteln (Arzneimittelgesetz – AMG), BGBl. I, S. 3394, 2005, i.d.F. vom 23.11.2007, BGBl. I, S. 2631
2 Gesetz zur Verminderung von Luftverunreinigungen durch Bleiverbindungen in Ottokraftstoffen für Kraftfahrzeugmotore (Benzinbleigesetz – BzBlG), BGBl. I, S. 2407, 31.10.2006
3 Düngemittelgesetz vom 15. November 1977 (BGBl. I, S. 2134), i.d.F. vom 9.12.2006 (BGBl. I, S. 2819; 2007)
4 Kosmetik-Verordnung, BGBl. I, S. 2410, vom 7.10.1997, i.d.F. vom 15.5.2008 (BGBl. I, S. 855)
5 Lebensmittel-, Bedarfsgegenstände- und Futtermittelgesetzbuch LFBG, BGBl. I, 2006, S. 945, i.d.F. vom 26.2.2008, BGBl. I, S. 215
6 Pflanzenschutzgesetz vom 14.5.1998, BGBl. I, S. 971, 1527, 3512, i.d.F. vom 5.3.2008 (BGBl. I, S. 284)
7 Sprengstoffgesetz, BGBl. I, S. 3518, vom 10.9.2002, i.d.F. vom 31.10.2006 (BGBl. I, S. 2407)
8 Wasch- und Reinigungsmittelgesetz (WRMG) vom 29.4.2007 (BGBl. I, S. 600)
9 Sozialgesetzbuch (SGB) Siebtes Buch (VII) Gesetzliche Unfallversicherung, vom 7.8.1996, BGBl. I, S. 1254, i.d.F. vom 16.5.2008, BGBl. I, S. 842
10 EINECS „European Inventory of Existing Commercial Chemical Substances" ABlEG Nr. C 146 A vom 15.6.1990 korrigiert durch ABlEG C 54/13 vom 1.3.2002
11 ELINCS „European List of New Chemical Substances" ABl. EG Nr. C 130 vom 10.5.1993, zuletzt geändert durch RL 2003/34/EG ABl. 2003 L 156, S. 14 vom 25.6.2003
12 Eisenbrand, G., Metzler, M., *Toxikologie für Chemiker*, Stuttgart: Thieme Verlag, 1994
13 Dekant, W., Vamvakas, S., *Toxikologie*, Heidelberg: Spektrum Akademischer Verlag, 1994
14 Birgersson, B., Sterner, O., Zimerson, E., *Chemie und Gesundheit*, Weinheim: VCH, 1988
15 Klaassen, C. D., *Toxicology*, New York: McGraw Hill, 5th Edition, 1996
16 Strubelt, O., *Gifte in Natur und Umwelt*, Heidelberg: Spektrum Akademischer Verlag, 1996
17 Kayser, D., Schlede, E., *Chemikalien und Kontaktallergie*, *BgVV*, München: MMV Medizin Verlag, 1997
18 Technische Regel für Gefahrstoffe (TRGS) 540, „Sensibilisierende Stoffe" BArbBl. (Dezember 1997, S. 47)
19 Doll, R., Peto, R., *The causes of cancer: quantitative estimates of avoidable risks of cancer in the United States today*, Hourn. Natl. Cancer Inst., 1981, 66, 1192
20 Becker, N., Wahrendorf, J., *Krebsatlas der Bundesrepublik Deutschland 1981–1990*, Heidelberg: Springer Verlag, 1998
21 Ames, B. N., Gold, L. S., *Angew. Chemie*, 1990, *102*, 1233–1246
22 Technische Regel für Gefahrstoffe (TRGS) 905 „Verzeichnis krebserzeugender, erbgutverändernder und fortpflanzungsgefährdender Stoffe" BArbBl. (August/September 2005)
23 Pott, F., *Zbl. Bakt. Hyg. B*, 1987, *184*, 1–23
24 (a) Nabert, Schön, *Sicherheitstechnische Kennzahlen brennbarer Gase und Dämpfe*, Deutscher Eichverlag, 1980 (5. Nachtrag);

(b) Sorbe, *Sicherheitstechnische Kennzahlen*, Ecomed Verlag

25 Verordnung über Sicherheit und Gesundheitsschutz bei Tätigkeiten mit biologischen Arbeitsstoffen (Biostoffverordnung – BioStoffV), vom 27.1.1999, BGBl. I, Nr. 4 vom 29.1.1999, S. 50, i.d.F. vom BGBl. I, Nr. 50 vom 6.3.2007, S. 261

26 90/679/EWG über den Schutz der Arbeitnehmer gegen Gefährdung durch biologische Arbeitsstoffe bei der Arbeit (Biologische Arbeitsstoffrichtlinie) vom 26.11.1990, ABl. EG vom 31.12.1990, Nr. L 374, S. 1

27 Merkblatt B 001 der BG-Chemie, BGI 628 (bisher ZH1/341), Heidelberg: Jedermann-Verlag

28 Merkblatt B 006 der BG-Chemie, BGI 633 (bisher ZH1/346), Heidelberg: Jedermann-Verlag

29 Merkblatt B 004 der BG-Chemie, BGI 631 (bisher ZH1/344), Heidelberg: Jedermann-Verlag

30 Merkblatt B 005 der BG-Chemie, BGI 632 (bisher ZH1/345), Heidelberg: Jedermann-Verlag

31 Gesetz zum Schutz vor gefährlichen Stoffen (Chemikaliengesetz – ChemG) vom 20.6.2002 BGBl. I, S. 2090, zuletzt geändert am 20.5.2008, BGBl. I, S. 922

32 RL 67/548/EWG des Rates zur Angleichung der Rechts- und Verwaltungsvorschriften für die Einstufung, Verpackung und Kennzeichnung gefährlicher Stoffe vom 27.6.1967 (ABl. EG vom 16.8.1967, Nr. L 196, S. 1, zuletzt geändert durch ABl. EU vom 16.5.2003, Nr. L 122, S. 36

33 Richtlinie 2004/73/EG, Abl. EG, Nr. L 216, S. 3 (29. Anpassungsrichtlinie zu 67/648/EWG)

34 Verordnung zum Schutz vor Gefahrstoffen (Gefahrstoffverordnung – GefStoffV), vom 23.12.2004, BGBl. I, Nr. 74, S. 3758, zuletzt geändert durch BGBl. I, S. 2382 vom 12.10.2007

35 Mitteilung 46 der Senatskommission zur Prüfung gesundheitsschädlicher Arbeitsstoffe der Deutschen Forschungsgemeinschaft vom 1.9.2007, Weinheim: Wiley-VCH, 2007

36 Verordnung über Verbote und Beschränkungen des Inverkehrbringens gefährlicher Stoffe, Zubereitungen und Erzeugnisse nach dem Chemikaliengesetz (Chemikalien-Verbotsverordnung – ChemVerbotsV) vom 13.6.2003 (BGBl. I, S. 867), zuletzt geändert durch BGBl. I, S. 922 vom 20.5.2008

37 Rüdiger, H. W., *Arbeitsmed. Sozialmed. Präventionmed.*, 1990, 25, 277–282

38 RL 1999/45/EG ABlEG Nr. L 200, S. 1 (Zubereitungsrichtlinie), zuletzt geändert durch Verordnung 1907/2006/EG

39 Richtlinie 98/8/EG ABlEG Nr. L 123, S. 1 (Biozid-Richtlinie)

40 Technische Regel für Gefahrstoffe (TRGS) 200 „Einstufung und Kennzeichnung von Stoffen, Zubereitungen und Erzeugnissen", Februar 2007

41 Verordnung 1907/2006/EG vom 18.12.2006 ABlEG L 396, S. 1

42 RL 76/769/EWG vom 27.7.1976, ABlEG L 262, S. 201, zuletzt geändert durch RL 2007/51/EG vom 25.9.2007, ABlEG L 257, S. 13

43 RL 98/24/EG vom 7.4.1998 zum Schutz von Gesundheit und Sicherheit der Arbeitnehmer vor der Gefährdung durch chemische Arbeitsstoffe bei der Arbeit, ABlEG. Nr. L 131 vom 5.5.1998, S. 11

44 Gesetz über die Durchführung von Maßnahmen des Arbeitsschutzes zur Verbesserung der Sicherheit und des Gesundheitsschutzes der Beschäftigten bei der Arbeit (Arbeitsschutzgesetz – ArbSchG), vom 31.10.2006 (BGBl. I, S. 2407), i.d.F. vom 8.4.2008, BGBl. I, S. 706

45 Hommel, G., *Handbuch der gefährlichen Güter*, Heidelberg: Springer Verlag, 2008

46 *Registry of Toxic Effects of Chemical Substances*, US Department of Health and Human Services, Silverblatter Chembank

47 Tox-line, STN – Scientific Technical Networks

48 http://www.gischem.de

49 http://www.dgvv.de/bgia/de/gestis/stoffdb/index.jsp

50 TRGS 400 „Gefährdungsbeurteilung für Tätigkeiten mit Gefahrstoffen", Ausgabe Januar 2008

51 Technische Regel für Gefahrstoffe (TRGS) 420 „Verfahrens- und stoffspezifische Kriterien (VSK) für die Gefährdungsbeurteilung", Ausgabe Januar 2006

52 http://www.bgia-arbeitsmappedigital.de/docs/free/1005.pdf

53 Technische Regel für Gefahrstoffe (TRGS) 402 „Ermittlung und Beurteilung der

Gefährdungen bei Tätigkeiten mit Gefahrstoffen inhalativer Exposition", Ausgabe 7/8, 2008
54 Technische Regel für Gefahrstoffe (TRGS) 900 „Arbeitsplatzgrenzwerte"
55 http://www.dgvv.de/bgia/de/gestis/limit_values/index.jsp
56 Technische Regel für Gefahrstoffe (TRGS) 401 „Gefährdung durch Hautkontakt – Ermittlung, Beurteilung, Maßnahmen", Ausgabe 7/8, 2008
57 RL 2004/37/EG über den Schutz der Arbeitnehmer gegen Gefährdung durch Karzinogene oder Mutagene bei der Arbeit, ABLEG vom 30.4.2004 L 158, S. 50
58 RL 2000/39/EG vom 8.6.2000, ABlEG L 142, S. 47
59 RL 2006/15/EG vom 7.2.2006, ABlEG L 38, S. 36
60 Greim, H., *Toxikologisch-arbeitsmedizinische Begründungen von MAK-Werten und Einstufungen*, 43. Lieferung, Weinheim: Wiley-VCH, 2007
61 http://www.umweltbundesamt.de/gesundheit/innenraumhygiene/richtwerte-irluft.htm
62 http://www.umweltbundesamt.de/bauprodukte/agbb.htm
63 Technische Regel für Gefahrstoffe (TRGS) 903 „Biologische Grenzwerte", Ausgabe 12/2006
64 Greim, H., *Analytische Methoden zur Prüfung gesundheitsschädlicher Arbeitsstoffe DFG-Analysenverfahren*, Weinheim: Wiley-VCH, 2007
65 BGIA-Handbuch, *Sicherheit und Gesundheitsschutz am Arbeitsplatz*, Erich Schmidt Verlag, 2007
66 BGIA-Arbeitsmappe, *Messung von Gefahrstoffen*, Bielefeld: Erich Schmidt Verlag, 2007
67 BGI 505.31: Verfahren zur Bestimmung lungengängigen Asbestfasern und anderen anorganischen Fasern – Lichtmikroskopisches Verfahren
68 BGI 505.46: Verfahren zur getrennten Bestimmung von lungengängigen Asbestfasern und anderen anorganischen Fasern – Rasterelektronenmikroskopisches Verfahren
69 VDI 3492 Kommission Reinhaltung der Luft im VDI und DIN, „Rasterelektronenmikroskopisches Verfahren", Düsseldorf, 1991
70 „Beratergremium für umweltrelevante Altstoffe (BUA) der Gesellschaft Deutscher Chemiker, BUA-Stoffberichte", Stuttgart: S. Hirzel Verlag
71 Programm zur Verhütung von Gesundheitsschädigungen durch Arbeitsstoffe, Toxikologische Beratungen, BG-Chemie
72 Verordnung 793/93/EG vom 23.3.1993, ABlEG L 84, S. 1
73 RL 91/151/EWG vom 5.3.1991, ABlEG L 76, S. 35
74 RL 89/391/EWG vom 12.6.1989 ABlEG L 183, S. 1
75 RL 2000/60/EG zur Schaffung eines Ordnungsrahmens für Maßnahmen der Gemeinschaft im Bereich der Wasserpolitik ABl. L 327 vom 22.12.2000, S. 1
76 91/414/EWG ABl. L 230 vom 19.8.1991, S. 1, zuletzt geändert durch 2006/819/EG, ABl. 44 vom 15.2.2006, S. 15
77 3600/92/EWG ABl. L 366 vom 15.12.1992, S. 10 und Abl. L 259 vom 13.10.2000, S. 27, geändert durch VO 416/2008/EG, EG ABl. L 125, S. 25
78 RL 703/2001/EG ABl. L 98, vom 7.4.2006, S. 6
79 VO 1490/2002/EG ABl. L 224 vom 21.8.2002, S. 23
80 2003/565/EG, Entscheidung der Kommission zur Verlängerung des Zeitraums nach RL 91/414/EWG, ABl. L 192 vom 31.7.2003, S. 40
81 http://www.baua.de/de/Themen-von-A-Z/Gefahrstoffe/Gefahrstoffe.html
82 Die VCI-Lagerklasse ist der VCI-Lagerrichtlinie zu entnehmen. Bezugsquelle: www.vci.de/publikationen
83 Richtlinie 76/768/EWG, ABl. L 262, S. 169
84 2006/121/EG Richtlinie zur Änderung der RL 67/548/EWG vom 18.12.2006, ABlEG
85 Technische Regel für Gefahrstoffe (TRGS) 906 „Verzeichnis krebserzeugender Tätigkeiten oder Verfahren nach § 3 Abs. 2 Nr. 3 GefStoffV", Ausgabe 3/2007
86 Verordnung 304/2003/EG über die Aus- und Einfuhr gefährlicher Chemikalien vom 28.1.2003, ABlEG L 63, S. 1
87 Verordnung 3677/90/EG vom 13.12.1990 über Maßnahmen gegen die Abzweigung bestimmter Stoffe zur unerlaubten Herstellung von Suchtstoffen und psychotropen Substanzen

88 2037/2000/EG „Verordnung über Stoffe, die zum Abbau der Ozonschicht führen", EG-ABl. L 244/1 vom 29.6.2000

89 Verordnung 850/2004/EG vom vom 29.4.2004 über persistente organische Schadstoffe ABlEG L 229, S. 5

90 Verordnung zum Verbot von bestimmten die Ozonschicht abbauenden Halogenkohlenwasserstoffen (FCKW-Halon-Verbotsverordnung) Vom 6.5.1991 (BGBl. I, S. 1090) zuletzt geändert am 29.10.2001 (BGBl. I, S. 2865)

91 Verordnung über die Mitteilungspflichten nach § 16e des Chemikaliengesetzes zur Vorbeugung und Information bei Vergiftungen (Giftinformationsverordnung – ChemGiftInfoV) 31.6.1996 BGBl. I, S. 1198), zuletzt geändert durch Art. 4 V vom 11.7.2006, S. 1575

92 Chemikalien Straf- und Bußgeldverordnung vom 17.7.2007 BGBl. I, S. 1417

93 Chemikalien-Kostenverordnung vom 1.12.2002, BGBl I, S. 2440, i.d.F. vom 20.5.2008, BGBl. I, S. 922

94 Bekanntmachung 220 des BMAS, Ausgabe Sept. 2007

95 Verzeichnis der akkreditierten Messstellen und Prüflaboratorien: http://www.bua-verband.de/gefahrstoffmessstellen.html

96 Technische Regel für Gefahrstoffe (TRGS) 514 „Lagern sehr giftiger und giftiger Stoffe in Verpackungen und ortsbeweglichen Behältern", BArbBl. (1992) Nr. 12, S. 40, ergänzt im BArbBl Nr. 3 (1995), S. 52

97 Technische Regel für Gefahrstoffe (TRGS) 560 „Luftrückführung beim Umgang mit krebserzeugenden Gefahrstoffen", Stand Mai 1996

98 Technische Regel für Gefahrstoffe (TRGS) 720 „Gefährliche explosionsfähige Atmosphäre – TRGS 720: Allgemeines", TRGS 721: „Beurteilung der Explosionsgefährdung", TRGS 722: „Vermeidung oder Einschränkung gefährlicher explosionsfähige Atmosphäre"

99 Technische Regel für Gefahrstoffe (TRGS) 555 „Betriebsanweisung und Unterweisung", Ausgabe 2/2008

100 G-Grundsätze zur Durchführung arbeitsmedizinischer Vorsorgeuntersuchungen, Herausgegeben vom HVBG, St. Augustin

101 Betriebssicherheitsverordnung vom 27.9.2002 BGBl. I, S. 3777, zuletzt geändert durch Artikel 5 der Verordnung vom 6.3.2007 BGBl. I, S. 261

102 Technische Regel für Gefahrstoffe (TRGS) 500 „Schutzmaßnahmen, Mindeststandards", Ausgabe 1/2008

103 Technische Regel für Gefahrstoffe (TRGS) 519 „Asbest: Abbruch-, Sanierungs- oder Instandhaltungsarbeiten", Stand März 2007, Ausgabe 1/2008

104 Technische Regel für Gefahrstoffe (TRGS) 523 „Stoffe und Zubereitungen", Stand November 2003

105 Technische Regel für Gefahrstoffe (TRGS) 512 „Begasungen", Stand Januar 2007

106 Technische Regel für Gefahrstoffe (TRGS) 522 „Raumdesinfektion mit Formaldehyd", Stand September 2001

107 Technische Regel für Gefahrstoffe (TRGS) 511 „Ammoniumnitrat", Juni 2004

108 Merkblatt B 002 der BG-Chemie, BGI 629, Heidelberg: Jedermann-Verlag

109 Merkblatt B 003 der BG-Chemie, BGI 634 , Heidelberg: Jedermann-Verlag

110 Technische Regel für Biologische Arbeitsstoffe (TRBA) 500 Allgemeine Hygienemaßnahmen: Mindestanforderungen, März 1999

111 Verordnung zum Schutz der Mütter am Arbeitsplatz (MuSchArbV), BGBl. I vom 15.4. 1997, S. 782, zuletzt geändert BGBl. I vom 31.10.2006, S. 2407

112 Richtlinie 92/85/EWG vom 19.10.1992 ABl EG Nr. L 348, S. 1 zuletzt geändert durch RL 2007/30/EG vom 20.6.2007 ABl. EU Nr. L 165, S. 21

113 Jugendarbeitsschutzgesetz vom 12.4.1976 BGBl. I, S. 965, zuletzt geändert durch Artikel 230 der Verordnung vom 31.10.2006 BGBl. I, S. 2407

114 Technische Regel für brennbare Flüssigkeiten (TRbF) 20 „Läger", BArbBl. April 2001, S. 60, zuletzt geändert BArbBl. Juni 2002, S. 63

115 Bundes-Immissionsschutzgesetz i.d.F. der Bekanntmachung vom 26.9.2002 (BGBl. I, S. 3830), zuletzt geändert am 23.11.2007 (BGBl. I, S. 2614)

116 Verordnung über genehmigungsbedürftige Anlagen i.d.F. der Bekanntmachung vom 14.3.1997 (BGBl. I, S. 504), zuletzt geändert am 23.10.2007 (BGBl. I, S. 2470)

117 Zwölfte Verordnung zur Durchführung des Bundes-Immissionsschutzgesetzes (Störfall-Verordnung, 12. BImSchV), i.d.F. vom 8.6.2005, BGBl. I, S. 1598

118 Richtlinie 96/82/EG des Rates vom 9.12.1996 zur Beherrschung der Gefahren bei schweren Unfällen mit gefährlichen Stoffen (Seveso-II-Richtlinie), Amtsblatt Nr. L 010 vom 14.1.1997, S. 0013

119 Wasserhaushaltsgesetz i.d.F. der Bekanntmachung vom 19.8.2002 (BGBl. I, S. 3245), zuletzt geändert durch Artikel 2 des Gesetzes vom 10.5.2007 (BGBl. I, S. 666)

120 Allgemeine Verwaltungsvorschrift zur Änderung der Verwaltungsvorschrift wassergefährdende Stoffe vom 27.7.2005, BAnZ G 1990, S. 1

121 Richtlinie 89/686/EWG AblEG Nr. L 399 vom 30.12.1989, S. 18

122 Verordnung über das Inverkehrbringen von persönlichen Schutzausrüstungen vom 20.2.1997, BGBl. I, S. 316, geändert am 6.1.2004, BGBl. I, S. 2

123 DIN EN 166 Persönlicher Augenschutz Anforderungen, Berlin: Beuth Verlag

124 DIN EN 374 Schutzhandschuhe gegen Chemikalien und Mikroorganismen; Teil 1: Terminologie und Leistungsanforderungen; Teil 2: Bestimmung des Widerstandes gegen Penetration; Teil 3: Bestimmung des Widerstandes gegen Permeation von Chemikalien, Berlin: Beuth Verlag

125 DIN EN 420 Schutzhandschuhe, Allgemeine Anforderungen und Prüfverfahren, Berlin: Beuth Verlag

126 EN 1149 Schutzkleidung – Elektrostatische Eigenschaften; Teil 1: Prüfverfahren für die Messung des Oberflächenwiderstandes; Teil 2: Prüfverfahren für die Messung des elektrischen Widerstandes durch ein Material (Durchgangswiderstand), Berlin: Beuth Verlag

127 EN ISO 6529 Schutz gegen Chemikalien Bestimmung des Widerstands von Schutzkleidungsmaterialien gegen die Permeation von Flüssigkeiten und Gasen, Berlin: Beuth Verlag

128 DIN EN ISO 6530 Schutzkleidung – Schutz gegen flüssige Chemikalien Schutz gegen flüssige Chemikalien – Prüfverfahren zur Bestimmung des Widerstands von Materialien gegen die Durchdringung von Flüssigkeiten, Berlin: Beuth Verlag

129 Hauptverband der gewerblichen Berufsgenossenschaften, *Regeln für den Einsatz von Atemschutzgeräten*, BGR 190, Köln: Carl Heymanns Verlag, 1994

130 DIN EN 136 Atemschutzgeräte – Vollmasken – Anforderungen, Prüfung, Kennzeichnung, Berlin: Beuth Verlag

131 DIN EN 140 Atemschutzgerät, Halbmaske und Viertelmasken, Anforderungen, Prüfung, Kennzeichnung, Berlin: Beuth Verlag

132 DIN EN 149 Berlin: Atemschutzgeräte – Filtrierende Halbmasken zum Schutz gegen Partikeln – Anforderungen, Prüfung, Kennzeichnung, Berlin: Beuth Verlag

133 DIN EN 14594 Atemschutzgeräte – Druckluft-Schlauchgeräte mit kontinuierlichem Luftstrom – Anforderungen, Prüfung, Kennzeichnung, Berlin: Beuth Verlag

134 DIN EN 143 Atemschutzgerät – Partikelfilter – Anforderungen, Prüfung, Kennzeichnung, Berlin: Beuth Verlag

135 Berufsgenossenschaftliche Grundsätze über arbeitsmedizinische Vorsorgeuntersuchungen (G-Grundsätze), Stuttgart: A.W. Gertner Verlag

136 DIN EN 14387 Atemschutzgeräte – Gasfilter und Kombinationsfilter – Anforderungen, Prüfung, Kennzeichnung, Berlin: Beuth Verlag

137 DIN EN 405 Atemschutzgeräte – Filtrierende Halbmasken mit Ventilen zum Schutz gegen Gase oder Gase und Partikeln – Anforderungen, Prüfung, Kennzeichnung, Berlin: Beuth Verlag

138 DIN EN 12942 Atemschutzgerät – Gebläsefiltergeräte mit Vollmasken, Halbmasken oder Viertelmasken – Anforderungen, Prüfung, Kennzeichnung, Berlin: Beuth Verlag

139 DIN EN 12941 Atemschutzgeräte – Gebläsefiltergeräte mit Helm oder einer Haube – Anforderungen, Prüfung, Kennzeichnung, Berlin: Beuth Verlag

140 DIN EN 132 Atemschutzgeräte – Definitionen von Begriffen und Piktogramme, Berlin: Beuth Verlag

141 DIN EN 138 Atemschutzgeräte – Frischluft-Schlauchgeräte in Verbindung mit Vollmaske, Halbmaske oder Mundstückgarnitur – Anforderungen, Prüfung, Kennzeichnung

142 EN 137 Atemschutzgerät – Behältergeräte mit Druckluft (Pressluftatmer) mit Vollmaske – Anforderungen, Prüfung, Kennzeichnung, Berlin: Beuth Verlag

143 DIN EN 145 Atemschutzgeräte – Regenerationsgeräte mit Drucksauerstoff oder Drucksauerstoff/-stickstoff – Anforderungen, Prüfung, Kennzeichnung, Berlin: Beuth Verlag

144 DIN EN 13794 Isoliergeräte für Selbstrettung, Anforderungen, Prüfung, Kennzeichnung, Berlin: Beuth Verlag

145 DIN EN 1146 Atemschutzgerät – Behältergeräte mit Druckluft mit Haube für Selbstrettung – Anforderungen, Prüfung, Kennzeichnung, Berlin: Beuth Verlag

146 DIN EN 401 Atemschutzgeräte für Selbstrettung; Regenerationsgeräte Chemikaliensauerstoff (KO_2) selbstretter; Anforderungen, Prüfung, Kennzeichnung, Berlin: Beuth Verlag

147 DIN EN 402 Atemschutzgeräte für die Selbstrettung: Behältergeräte mit Druckluft (Pressluftatmer) mit Vollmaske oder Mundstückgarnitur; Anforderungen, Prüfung, Kennzeichnung, Berlin: Beuth Verlag

148 DIN EN 1061 (Natriumchlorat-Selbstretter)

149 Technische Regel für Druckgase (TRG) 300 „Druckgase für Druckgaspackungen", Ausgabe 8/1996

150 BGV B6 Unfallverhütungsvorschrift Gase, i.d.F. vom 1.1.1997

151 BGV B4 „Organische Peroxide", Köln: Carl-Heymanns Verlag

152 Technische Regel für Gefahrstoffe (TRGS) 515 „Lagern brandfördernder Stoffe in Verpackungen und ortsbeweglichen Behältern", BArbBl. (1992) Nr. 12, S. 46, ergänzt im BArbBl Nr. 3 (1995), S. 52

153 DIN 4102 Brandverhalten von Baustoffen und Bauteilen – Teil 1: Baustoffe; Begriffe, Anforderungen und Prüfungen Berlin: Beuth Verlag

154 Richtlinie zur Bemessung von Löschwasser-Rückhalteanlagen beim Lagern wassergefährdender Stoffe, Mitteilung des Deutschen Institutes für Bautechnik Nr. 5/1992, S. 160: Diese Richtlinie muss per Ländererlass verbindlich umgesetzt werden, was in vielen Bundesländern erfolgt ist

155 Verordnung über Arbeitsstätten (Arbeitsstättenverordnung, ArbStättV) vom 12.8.2004, BGBl. I, S. 2179, geändert durch BGBl. I, S. 1595 (2007)

156 BGR 500 Betreiben von Arbeitsmitteln, i.d.F. vom 5.3.2007

157 BGV A8 Sicherheits- und Gesundheitskennzeichnung am Arbeitsplatz, i.d.F. vom 1.1.2002

158 Gesetz über technische Arbeitsmittel und Verbraucherprodukte (GSPG) vom 6.1.2004, BGBl. I, S. 2, i.d.F. vom 7.7.2005, BGBl. I, S. 1970

159 Richtlinien für die Vermeidung der Gefahren durch explosionsfähige Atmosphäre (Explosionsschutzregeln), BGR 104, Köln: Carl-Heymanns Verlag

160 United Nations Publication, ISBN 92-1-139097-4

161 ADR kann heruntergeladen werden bei der UNECE: http://www.unece.org/trans/danger/publi/adr/adr2007/07ContentsE.html

162 GHS: KOM(2007) 355, Verordnung des europäischen Parlaments und des Rates über die Einstufung, Kennzeichnung und Verpackung von Stoffen und Gemischen sowie zur Änderung der Richtlinie 67/548/EWG und der Verordnung (EG) Nr. 1907/2006

163 Verordnung über Beförderung gefährlicher Güter auf Binnengewässern (Gefahrgutverordnung-Binnenschiffahrt, GGVBinSch) vom 31.1.2004, BGBl. I, S. 136, i.d.F. vom 26.6.2007, BGBl. I, S. 1222

164 Gesetz zur Beförderung gefährlicher Güter (Gefahrgutbeförderungsgesetz, GGBefG) vom 31.10.2006, BGBl. I, S. 2407

165 Verordnung über die innerstaatliche und grenzüberschreitende Beförderung gefährlicher Güter auf Straßen und mit der Eisenbahn (Gefahrgutverordnung Straße und Eisenbahn, GGVSE) vom 24.11.2006, BGBl. I, S. 2683

Sachregister

a
Abbaubarkeit 231
Abbruch-, Sanierungs- und Instandhaltungsarbeiten (ASI) 11, 272, 288, 290
Abfälle 192, 250, 258
Abfallentsorgungsanlagen 331
Abfüllen 260
Abgabe/-Buch 307 f
Abgasuntersuchung 147
abiotischer Abbau 231
Abort 26
Abrin 69
Abscheideverhalten 43
Absender 479
Abwasserabgabengesetz 250, 258
Acetaldehyd
– Durchbruchszeit 355
– Gefährlichkeitsmerkmale 97 f
– hochentzündliche Stoffe 107
– MAK-Werte 160 f
– Zündtemperatur 47
Acetamid 97
Acetanhydrid 413
Acetate 83
Aceton
– Arbeitsplatzgrenzwerte 158
– Betriebsanweisung 276
– Durchbruchszeit 355
– Gefährlichkeitsmerkmale 83 f
– Lagerung 413
– leichtentzündliche Stoffe 108
– MAK-Werte 161
– Querempfindlichkeiten 173
– Transportvorschriften 484
– Verordnung 3677/90/EWG 245
– Zündtemperatur 47
Acetonitril 122, 125
Acetylanthranilsäure 245
Acetylchlorid 112
Acetylen 49, 112, 337
acidophile Bakterien 59

Aconitin 69
Acrolein 67, 178
Acrylamid 101
Acrylate 81
Acrylnitril 286, 291, 484
Acrylsäure 484
additive Eigenschaftsquotienten 123
Adduktbildung 18, 33
Adenin 30
Adenom 30
adhäsine Bakterien 59
adiabatische Druck-, Temperaturerhöhung 327
ADN-Regelungen 468
ADR Transportvorschriften 469
Adsorbenzien 178
Adsorption 372
aerodynamischer Durchmesser 41
Aerosole 41 ff
– Atemschutz 368
– GHS 434
– Schutzmaßnahmen 224
– Sonderkennzeichnungen 138
– Verbotsverordnung 303
– Zusammenlagerung 422
Affenpockenvirus 63
Aflatoxine 34, 38, 56, 69
Agaritin 38
Agenzienrichtlinie 144, 193
– REACH 237
– EU 257
Aggregatzustand 123
Aggressinbildung 58
AGS 99, 115
Ährenparasit 72
Akarizide 250
Akkusäure 355
Aktinolith 298
aktivchlorhaltige Zubereitungen 136
Aktivkohlefilter 178, 372
akut letale Wirkung 117

Das Gefahrstoffbuch, 3. Auflage. Herbert F. Bender
Copyright © 2008 WILEY-VCH Verlag GmbH & Co. KGaA, Weinheim
ISBN: 978-3-527-32067-7

Sachregister

akute Toxizität 14, 65 ff
- GHS 430, 448
- REACH 203
akute Wirkung 22, 230
Alarmplan 395, 408
Aldehyde 20, 173, 340
Aldrin 240, 247
Algen 103
aliphatische Amine 95, 178, 277
aliphatische Chlorkohlenwasserstoffe 297, 302
- siehe auch Chlorkohlenwasserstoffe
aliphatische Kohlenwasserstoffe 77, 292
- siehe auch Kohlenwasserstoffe
Alkalialkoholate 112
Alkaliendämpfe 17
Alkalifluoride 70
Alkalihexafluorsilikate 70
Alkalihydrogendifluoride 70
Alkalimetalle 112, 223, 340
Alkalisuperoxide 410
Alkaloid 72
alkalophile Bakterien 59
Alkane 303
Alkohole
- Entwicklungsschädigungen 28
- Gefährlichkeitsmerkmale 81
- Gefahrstoffverordnung 277
- krebsauslösende Faktoren 34
- Personal Air Sampling (PAS) 178
- Querempfindlichkeiten 173
- Wasserhaushaltsgesetz 340
Alkylacrylate 82
Alkylcellulose 49
Alkylenoxid 178
Alkylierungsmittel 36, 93
Alkyloxyalkylquecksilberverbindungen 240
Alkylphenole 293, 297, 304
Alkylquecksilber/-verbindungen 240, 291
allergisierende Wirkung 23, 82
Allylisothiocyanat 35
alte Stoffe/Altstoffe (Legaldefinitionen) 9, 190
Altöle 250, 258
Aluminium 49 f, 109
Aluminiumalkyle 109
Aluminiumoxid 178
Aluminiumphosphid 74, 109
alveolare Staubfraktion (A-Staub) 18, 41 f, 293
Amantanin 69
Ameisensäure 78, 161, 355
Ames-Test 39
Amine

- aliphatische 95, 178, 277
- Arbeitsplatzgrenzwerte 158
- Gefährlichkeitsmerkmale 81
- organische 78
- Personal Air Sampling (PAS) 178
- Verbotsverordnung 301
- Zielorgane 36, 93 ff
Aminodiphenyl/-Salze
- Schwellenwerte 336
- Sonderkennzeichnungen 135
- Verwendungsverbote 292, 301
Aminopropan 107
Aminoverbindungen 287, 293
Amitrol 77
Ammoniak 70, 89
- Arbeitsplatzgrenzwerte 154, 158
- Durchbruchszeit 355
- inhalative Aufnahme 17
- MAK-Werte 161
- Mindestzündenergie 49
- Nachweisgrenzen 174
- Transportvorschriften 484
- umweltgefährliche Eigenschaften 104
Ammoniumdichromat 112
Ammoniumnitrat 291, 337, 393
Ammoniumverbindungen 409
Amosit 298
Amylalkohol 413
Anästhesiearbeitsplätze 147
Angebotsuntersuchungen, medizinische 286
angemeldeter Stoff 194
Angiom 30
Anilin 72, 97
- biologische Grenzwerte 166
- Lagerung 413
- Transportvorschriften 484
- umweltgefährliche Eigenschaften 104
- Zielorgane 19
Anlagengesetze 2, 330
Anmeldung neuer Stoffe 249
Anodenmaterial 176
anorganischen Säuren 78
ansteckungsgefährliche Stoffe 423, 470
Anthracenöl 135
Anthranilsäure 245
Anthrazen 413
Anthrophyllit 298
Antifoulingmittel 250, 292, 301
Antikörper 23
Antimonoxid 97
Antimonverbindungen 75
Anzeigepflichten 295, 305
Apotheker 309

Sachregister

aquatischen Toxizitäten 103, 430
arbeitsmedizinische Vorsorge 10, 285
Arbeitsplatzgrenzwerte (AGW) 10, 152 ff, 400
Arbeitsplatztoleranzwert 166 ff
Arbeitsschutzgesetz 1, 143 ff
Arbeitsschutzrichtlinien 5
Arbeitsstoffe, Legaldefinitionen 10
Aromate 173, 178
aromatische Amine 36, 93 ff, 296, 301
aromatische Aminoverbindungen 135, 286, 293
aromatische Kohlenwasserstoffe
– Gefährlichkeitsmerkmale 77
– Pflichtuntersuchungen 286, 293
– Verbotsverordnung 297, 304
– Zielorgane 36, 93
aromatische Nitroverbindungen 135, 286 f, 293
Arsen/-Verbindungen 67, 337
– Gefährlichkeitsmerkmale 70
– G-Grundsätze 287
– Pflichtuntersuchungen 293
– PIC-Übereinkommen 242
– Schwellenwerte 337
– Verbotsverordnung 292, 297, 301
Arthropoden 255
Arylquecksilberverbindungen 240
Arzneimittel
– PIC-Übereinkommen 239
– REACH 192
– Stoffrichtlinie 235
Arzneimittelgesetz (AMG) 1, 250
Asbest
– Aerosole 45
– Fasernmessungen 186
– Gefährlichkeitsmerkmale 73, 93
– Gefahrstoffverordnung 290
– G-Grundsätze 287
– krebsauslösende Faktoren 34
– Pflichtuntersuchungen 293
– PIC-Übereinkommen 242
– Sonderkennzeichnungen 137
– Verbotsverordnung 292, 296 ff
– Zielorgane 36
Ascomyzeten 54
Aspergillus fumigatus 53, 57
Aspergillus niger 53, 57
Aspergillus versicolor 54
Asphalt 147
Aspirationsgefahr 430, 460
– *siehe auch* Einatmen, Atemschutz
Asthma bronchiale 23
atemgängige Nickelverbindungen 337

Atemschutz 226
– Gefahrstoffverordnung 280
– Geräte 287, 371, 392
– GHS 430, 460
– Hauben 363, 366 ff
– Helm 363, 366 ff, 380
– Masken 360 ff
– Schutzausrüstungen 343
Atemtrakt 13
Atemwegsallergene 23, 82
Atemwegserkrankungen 287
Atopie 24
ATP (ammandmend on the technical progress) 113
Atrazin 102
Atropin 69
ätzende Stoffe
– Gefährlichkeitsmerkmale 65, 78 ff
– Gefahrstoffverordnung 262
– GHS 446
– Gruppenbetriebsanweisung 279
– Konzentrationsgrenzen 118
– REACH 203
– Transportvorschriften 470
– Zusammenlagerung 423
Ätznatron 161
Aufbewahren 260
Auffangraum 418
Aufnahmewege 14, 458
Aufzeichnungspflichten 295, 307
augenreizende Stoffe 13, 81, 453
Augenschutz 227
– Biostoffverordnung 315
– Erste-Hilfe-Maßnahmen 222
– Gefahrstoffverordnung 280 ff
– Schutzausrüstungen 343 f
Auramin 97
Ausschuss für Gefahrstoffe (AGS) 115, 166
Avizide 255
AX-Filter 376
Azidosulfonylbenzoesäure 111
Azinphos-ethyl 242
Aziridin 337
Azofarbstoffe 293, 297, 304

b

Bäckerhefe 53
Bakterien 53, 58
– Entwicklungsschädigungen 28
– erbgutverändernde Wirkungen 39
– krebsauslösende Faktoren 31
Barium 154
Bariumperoxid 110
Basen-, Säurestärke 80

Sachregister

bauliche Anforderungen 412
Be- und Entladung 474, 506
Be- und Verarbeiten 260
Beförderungsvorschriften 467–512
Befüller 481
Begasungen 291, 294
Begleitpapiere 499
begrenzten Mengen 475, 483
Begriffsbestimmungen 8
– Chemikaliengesetz 250
– Gefahrstoffverordnung 258
– physikalisch-chemische Eigenschaften 47
– REACH 193
Behördenunterrichtung 289
Beleuchtungskörper 400
Belüftung 224
benigne Tumore 30
Benomyl 102
Benutzungsregeln 351 f
Benzaldehyd 75, 413
Benzidin/-Salze 93
– PIC-Übereinkommen 242
– Schwellenwerte 336
– Sonderkennzeichnungen 135
– Verbotsverordnung 292, 301
– Zielorgane 36
Benzinbleigesetz 1
Benzo(a)anthracen 304
Benzochinon 104
Benzol 73
– Arbeitsplatzgrenzwerte 155
– Durchbruchzeit 355
– G-Grundsätze 287
– Konzentrationsgrenzen 126
– Lagerung 413
– leichtentzündliche Stoffe 108
– Pflichtuntersuchungen 286, 293
– PIC-Übereinkommen 242
– Querempfindlichkeiten 173
– Transportvorschriften 484
– Verbotsverordnung 292, 296, 300
– Vorsorgeuntersuchungen 294
– Zielorgane 14, 19
Benzolhomologe 287
Benzopyrene 90, 101, 302 ff
Benzotrifluorid 105
Benzylalkohol 75
Benzylchlorid 97
Beraterkreis umweltrelevante Altstoffe (BUA) 189
Berücksichtigungsgrenze 122, 205
Berufsgenossenschaften 4, 144
Berufskrankheiten 25
Beryllium 73, 293

Beschaffenheitsanforderungen 331
Beschichtungen 290
Beschränkungsrichtlinie 191, 290
Betankung 295, 333
Betriebsanweisungen 275 f, 407
Betriebseinstellung 331
Betriebssicherheitsverordnung 2, 46, 322 f
– Lagerung 393, 413
Betriebsstörungen 274, 313
Beurteilungsgrundlagen, Gefährdung 143–188
Bezeichnung
– legal eingestufte Stoffe 127 f
– Firmenbezeichnung 220
Bezettelung siehe Gefahrzettel
BG/BGIA-Empfehlungen 147, 180, 266
Bierhefe 53
Big Bags 492
Binapacryl 240 ff
Binding Occupational Exposure Limit Values (BOELV) 155
Binnenschifffahrtstransport 232, 467
Bioakkumulationspotenzial 231, 462
bioakkumulierbare Stoffe (vPvB) 214, 218
Biobeständigkeit 43, 46
Biological Monitoring (BM) 165 ff
biologische Abbaubarkeit 203
biologische Arbeitsplatztoleranzwerte (BAT-Werte) 166 ff
biologische Arbeitsstoffe 52 ff
biologische Grenzwerte (BGW) 165 ff
biologische, krebsauslösende Faktoren 31
biopersistente Fasern 292, 297, 303
Biostoffverordnung 2, 52, 249, 311 ff
Biotechnologie 287
Bioverfügbarkeit 15
Biozide/-Produkte 10
– Chemikaliengesetz 249
– PIC-Übereinkommen 241
– Richtlinie 290
– Zulassungspflicht 214
Biphenyle 297, 301
Bis(chlormethyl)ether 122, 336
Bitumen 147
Blastogenese 26
Blausäure 67, 70
– Arbeitsplatzgrenzwerte 158
– Gefahrstoffverordnung 291
– Nachweisgrenzen 174
– Wirkschwelle 22
Blei/-Verbindungen 87, 90
– Arbeitsplatzgrenzwerte 155
– biologische Grenzwerte 166
– G-Grundsätze 287

- GHS 465
- Pflichtuntersuchungen 293
- Zielorgane 14, 19
Bleialkyl/- Verbindungen 67, 136, 337, 340, 404
Bleiazid 111
Bleichromat 97
Bleidiacetat 77
bleihaltige Zubereitungen 136
Bleikarbonate/-sulfate 292, 296, 301
Bleitetraethyl/-methyl 286, 337
Bleiwurz 72
Bleizsalze 340
Blepharokonjunktivitis 24
Blutsystem 13
Bortrihalogenide 67, 112
Botulinustoxin 68 f
Brandbekämpfungsmaßnahmen 223, 339
brandfördernde Stoffe 65, 110
- Gefahrstoffverordnung 261
- GHS 444
- Gruppenbetriebsanweisung 279
- Lagerung 409
- REACH 203
- Schwellenwerte 336
- Sicherheitsdatenblatt 228
- Verbotsverordnung 309
Brandschutz 282, 290, 335
- Lagerung 399
- Transportvorschriften 504
Braunstein 75
brennbare Stoffe
- GHS 430–439
- Lagerung 413, 422 f
- Zusammenlagerung mit giftigen Stoffen 404, 423
Brennstoffe 214
Brillen (Schutz) 344
Brom 67
- Arbeitsplatzgrenzwerte 154
- inhalative Aufnahme 17
- MAK-Werte 161
- Nachweisgrenzen 174
- Querempfindlichkeiten 173
- Schwellenwerte 337
Bromate 410
Bromfluorkohlenwasserstoffe 246
Brommethan 106
Bromoxynil 88
Bromverbindungen 333
Bromwasserstoff 121, 154
Bronchiolen 41
Bronchitis 44
Buchenholzstaub 139, 287

building block approach 430
Bundesanstalt für Arbeitsschutz und Arbeitsmedizin (BAuA) 52
Bundes-Immissionsschutzgesetz (BImSchG) 2, 328 ff
Butadien 484
Butan 107, 484
Butanon 294
Butylacetat 158
Butylacrylat 484
Butylalkohol 413

c
Cadmium/-Verbindungen 70, 73
- G-Grundsätze 287
- Mindestzündenergie 49
- Pflichtuntersuchungen 293
- Verbotsverordnung 292, 297, 303
- Zielorgane 19
Cadmiumchlorid 94
Cadmiumcyanid 125
cadmiumhaltige Zubereitungen 137
Cadmiumlegierungen 465
Calcium 109
Calciumcarbid/-hydrid/-phosphid 109
Calciumhypochlorid/-phosphid 74
Candida albicans 53, 57
Captafol 240 ff
Carbanazin 102
Carrier-Effekt 16
CAS-Nummern 113, 144
chemical safety assessment (CSA) 204
Chemikalien Straf- und Bußgeldverordnung 257
Chemikaliengesetz (ChemG) 2, 139, 249 ff
Chemikalien-Kostenverordnung 257
Chemikalien-Sauerstoffgeräte 387
Chemikalienschutzhandschuhe 227, 350 ff
Chemikalien-Verbotsordnung 2, 295 ff
chemikalienverursachte Entwicklungsschädigungen 28
chemische Eigenschaften 65
chemische Kanzerogene 34
chemische Schädigungen 343
chemische Waffen 239
chemolithotrophe Bakterien 59
Chip-Mess-System (CMS)-Analyzer 171
Chlor 70, 89
- Arbeitsplatzgrenzwerte 158
- inhalative Aufnahme 17
- MAK-Werte 161
- Nachweisgrenzen 174
- Querempfindlichkeiten 173
- Schwellenwerte 337

– Transportvorschriften 484
Chloracetaldehyd 104
Chloramin-T Magnesiumphosphid 74
Chlorbenzilat 240 ff
Chlorbenzol-/toluol 104
Chlorbrommethan 246
Chlordan 240, 247
Chlordecon 247
Chlordimeform 240 ff
Chlordioxid 112, 173
Chloressigsäure 104
Chlorethan 154
Chlorfenapyr 243
Chlorfluorkohlenwasserstoffe (CFC) 246
chlorierte Kohlenwasserstoffe 135
– *siehe auch* Kohlenwasserstoffe
Chlorite/Chlorate 410
Chlorkohlenwasserstoffe 19, 297, 302
Chlormethan 77
Chlormethylmethylether 336
Chloroform 97 f
– Arbeitsplatzgrenzwerte 154
– Durchbruchszeit 355
– Personal Air Sampling 178
– PIC-Übereinkommen 243
– Sonderkennzeichnungen 135
– Verbotsverordnung 302
Chloropren 484
Chlorparaffine 292, 297, 303
Chlorverbindungen 333
Chlorwasserstoff 17, 89, 161, 484
Chlozolinat 243
Chrom(III)chromat 110
Chrom(VI)-Verbindungen 25, 94, 287, 293
Chromate *siehe* Chrom(VI)-Verbindungen
chromathaltiger Zement 293, 297, 304
Chromophor 172
Chromosomenmutationen 39
Chromosomenstrangbrüche 32
Chromoxychlorid 110
Chromtrioxid 110
chronische Wirkschwellen 22
Chrysen 304
Chrysotil 298
Cilien 43
Cladosporium bantianum, trichoides 57
Clearing 44, 46
Clostridium botulinum 53
Clostridium tetani 61
Cobaltverbindungen 75
Coccidiodes immitis 54, 57
Colchicin 72
Container 473, 479 f
– REACH 197

Contergan 28
COSHH-Ansatz 273
Crotalustoxin 69
Crotonaldehyd 104
Crototoxin 69
Cryptofleurin 72
Cucurbitacin 72
Cumarin 72
Cyanacrylat 136, 465
Cyanamid 83
Cyanide 19
Cyanobakterien 59
Cyanwasserstoff 223, 291
Cyasin 35, 38
cyclische Kohlenwasserstoffe 77
– *siehe auch* Kohlenwasserstoffe
Cyclohexan 83, 355, 484
Cyclohexanol 75
Cyclohexanon 89, 125
Cyclopropan 107
Cyhalothrin 243
Cytosin 30

d

Dämmstoffe 147
Dampfdichte 228
Dampfdruck 48, 228
Dämpfe 49, 178, 323
Dampf-Luft-Gemische 48 ff, 50
Daphnie 103
DBB (Di-*m*-oxo-di-*n*-butylstannio-
   hydroxyboran) 243
DDT (1,1,1-Trichlor-2,2-bis
   (4-chlorphenyl)ethan) 73, 97, 298
– PIC-Übereinkommen 240
– POP-Verordnung 247
– umweltgefährliche Eigenschaften 104
– Verbotsverordnung 292, 296
Definitionsprinzipien 113 ff
Deflagration 52
Degregation 349
Dekorationsgegenstände 292
Demethylierung 20
deponierbarer Staub 41
Derived Maximum Exposure Level
   (DMEL) 162
Derived No Effect Level (DNEL) 162, 226
dermale Gefährdungen 145
dermale mittlere letale Dosis 20
dermale Toxizität 66
dermale Wirkung 13 ff, 81
Desinfektionsmittel
– berufsbedingte Allergien 24
– Biostoffverordnung 317

Sachregister | 525

- Biozid-Produkte 254
- Gefährdungsbeurteilungen 147
Desoxyribonukleinsäure (DNS) verändernde Stoffe 20
- EU Einstufung 99
- krebsauslösende Faktoren 30 f
- Viren 61
Desulfierungsreaktionen 20
Detonation 51 f, 439
deutsche Regelungen 249–342
deutsches Stoffrecht 1 ff
DFG-Analysenverfahren 180
Di(benzothiazol-2-yl)disulfid 74
Diamonodiphenylmethan (MDI) 72
Diaphragmen, chrysotilhaltige 298
Diazinon 89
Diazomethan 178
Diazoverbindungen 327
Dibenzo(a,h)anthracen 304
Dibenzodioxine, furane 299
Dibenzoylperoxid 111
Dibromethan (EDB) 240
Dichloracetylen 97, 111
Dichlorbenzol 413
Dichlordifluorbenzoylfluorid 74
Dichlorethen 135
Dichlorisocyanursäure, Salze 74, 110
Dichlormethan 147, 294
Dichlorvos 89
Dichlorethylen 302
Dicofol 243
Dicumylperoxid 112
Dieldrin 240, 247
Diepoxibutan 92
Dieselkraftstoffe 309, 333, 355
Diethyl-, Dimethylzink 109
Diethylamin 122
Diethylanilin 105
Diethylenglykoldinitrat 111
Diethylether
- explosionsgefährliche Stoffe 112
- hochentzündliche Stoffe 107
- Lagerung 413
- Zündtemperatur 47
Diethylsulfat 101
Differentialthermoanalyse (DTA) 325
Diffusionsröhrchen 172
Dihydrogenacelenid 154
Diisocyanate 18, 72, 175
Diisopropylether 83
Dikaliumperoxydisulfat 110
Dimethylanilin 125
Dimethylcarbamoylchlorid 336
Dimethylether 107, 484

Dimethylformamid (DMF) 16, 286, 293
Dimethylnitrosamin 336
Dimethylsulfat 67, 178, 484
Di-m-oxo-di-n-butyl-stanniohydroxyboran 292, 297, 301
Dinitrobenzol 110
Dinitrophenol/-toluol 77, 87
DIN-Normen 3
Dinoseb/-salze 90, 240 ff
Dinoterb 243
Dioxan 97 f, 160, 413
Dioxin 68, 296, 299
Diphenylether 77
Diphosphorpentaoxid 154
Diphosphorpentasulfid 74, 154
Diphtherietoxin 14, 69
Diquecksilberdichlorid 75
Directives siehe Richtlinien
Dischwefeldichlorid 74, 104
Distickstofftetroxid 67
DNOC 243
Dokumentation
- Gefährdungsbeurteilungen 150
- Transportvorschriften 474
Donor-Akzeptor-Komplexe 20
Dosis-Wirkungs-Kurven 21
Dräger Röhrchen 169
Drogist 310
Druckerhöhung 50, 327
Druckgase
- GHS 437
- Lagerung 396, 403, 409
- Zusammenlagerungsverbote 420 ff
Druckluft-Schlauchgeräte 385
Düngemittelgesetz (DMG) 2
Durchbruchszeit 349, 353 f, 378
Dysplasie 32

e
EASE-Modell 205
Ebola-Virus 54, 63
EG-Agenzienrichtlinie 98/24/EG 143
EG-EX-Richtlinie 45
EG-Grenzwerte 155 ff
EG-Recht/-Richtlinien 5 ff
EG-Verordnungen/-Vorschriften 4 ff
Eichenholzstaub 287
Ein- und Ausfuhr Verordnung 239
Einatmen 15
- Aerosole 42
- Erste-Hilfe 222
- Gefahrstoffverordnung 282
- partikelförmige Stoffe 290
- Staub (E-Staub) 293

Einbalsamierungsflüssigkeiten 250
EINECS 9 ff, 127
– europäische Regelungen 189, 193
– Firmenbezeichnung 220
Einlagerungsplan 406
Einstufung 113 ff
– Chemikaliengesetz 249
– EU Prinzip 84
– gefährliche Stoffe 6
– GHS 431–465
– MAK-Kommission 98
– Stoffe/Zubereitungen 65–142
Einstufungsleitfaden 26, 66, 117, 129, 235
Einwegschutzanzug 360 f
Einzelhandel 415
Einzelverpackungen 489
Eisenbahntransport 467, 472
Eisenkies 49
Eizellenentwicklung 29
Elastomere 350
elektrischen Anlagen (Ex-Schutz) 224
elektrochemische Sensoren 175
Elektrophile 31, 36, 93
elektrostatische Aufladung 50, 224, 324
ELINCS 5 ff, 127
– europäische Regelungen 189, 193
– Firmenbezeichnung 220
Eloxieren 147
Embryogenese 26
embryotoxische Wirkungen 27
Emissionserklärungsverordnung 329, 333
Emmonsiella capsulatum 57
Empfängervorschriften 480
endogene krebsauslösende Faktoren 33
Endoparasiten, humanpathogene 52
Endprodukte, Legaldefinitionen 10
Endrin 243, 247
energiedispersiven Röntgenmikroanalyse (EDX) 186
energiereiche Strahlung, Veränderungen 32
Entgiftung 15, 19
Entsorgung 232, 283
entwicklungsschädigende Stoffe 26 f, 86, 279
Entwicklungsstand, Legaldefinitionen 11
entzündliche Stoffe 65
– Gefahrstoffverordnung 261
– Gruppenbetriebsanweisung 279
– REACH 203
– Sicherheitsdatenblatt 228
– Transportvorschriften 470
– Verbotsverordnung 297, 303
– Zusammenlagerung 422
Enzephalopathie-assoziiertes Agens 52

Enzo(b)fluoranthen 304
Enzyme 31 f
Ephedrin 245
Epichlorhydrin 121
epidemiologischer Untersuchungen 33
epigenetisch wirkende Kanzerogene 31
Epithelzellen 30
Epoxyverbindungen
– GHS 465
– Sonderkennzeichnungen 136
– Vorsorgeuntersuchungen 294
– Zielorgane 36, 93 ff
erbgutverändernde Stoffe 39, 65
– *siehe auch* mutagene Stoffe
– Biozid-Produkte 254
– Einstufung 84, 99, 120
– Gefahrstoffverordnung 259–271
– GHS 454
– Konzentrationsgrenzen 118
– Mutterschutzverordnung 321
– REACH 191
– Sicherheitsdatenblatt 218
– Sonderkennzeichnungen 135
– Verbotsverordnung 297, 303
– Vorsorgeuntersuchungen 294
– Zulassungspflicht 214
Ergometrin 245
Erionit 46
Erlaubnispflichten 295, 305
Ermächtigungsgrundlagen 249, 256
Ernährung 33
ernste Gefahr, Legaldefinitionen 335
Erste-Hilfe-Maßnahmen 222, 282, 504
Erzeugnisse, Legaldefinitionen 9
Essigsäure 81, 355
– MAK-Werte 161
– Transportvorschriften 484
Essigsäureanhydrid 245
Ester 173, 178, 340
Estragol 38
Ethan 484
Ethanol 98
– Durchbruchzeit 355
– Entwicklungsschädigungen 28
– Lagerung 413
– MAK-Werte 160
– Querempfindlichkeiten 173
– Transportvorschriften 484
– Vorsorgeuntersuchungen 294
– Zielorgane 14, 19
– Zündtemperatur 47
Ethylacetat 84
– Arbeitsplatzgrenzwerte 158
– Durchbruchzeit 355

Sachregister | 527

- Lagerung 413
- leichtentzündliche Stoffe 108
- MAK-Werte 161
- Mindestzündenergie 49
- Querempfindlichkeiten 173
- Zündtemperatur 47
Ethylamin 49, 107
Ethylen 49, 484
Ethylenchlorhydrin 22
Ethylendichlorid 240
Ethylenglycol 89
Ethylenimin 101, 337
Ethylenoxid 101, 147
- Gefahrstoffmessungen 174
- Gefahrstoffverordnung 291
- PIC-Übereinkommen 240 ff
- Schwellenwerte 337
Ethylether 245
Ethylglycol 87 ff
Ethylglykolacetat 90
Ethylnitrat/-nitrit 111
Etikett 129
EU-Einstufung 84, 113 ff
Eukaryonten 54
EU-Leitfaden, chemische Kanzerogene 36
EU-Richtlinien 144
Europäische Institutionen 7
Europäische Regelungen 189–248
European Inventory of Existing Commercial Chemical Substances *siehe* EINECS
European List of New Chemical Substances *siehe* ELINCS
Eurotium Ascosporen 54
Exogene Faktoren 29
experimentelle Prüfung, Zubereitungen 116
Explosionsbereich 48, 261
explosionsgefährliche Stoffe 65, 110, 140
- Gefahrstoffverordnung 261
- GHS 433
- Gruppenbetriebsanweisung 279
- Immissionsschutzgesetz 335
- Lagerung 396
- REACH 203
- Transportvorschriften 470
- Zusammenlagerung 422
Explosionsgrenze 47
Explosionsschutz 290, 324
Exposition
- Aerosole 44
- BAT-Werte 167 ff
- bedingter Untersuchungsverzicht 212
- Begrenzung 225
- chemische Kanzerogene 35
- Gefährdungsbeurteilungen 148 ff

- GHS 458 f
- Legaldefinitionen 11
- Stoffsicherheitsbericht 206
- Szenario 194 f
- Toxikologie 20
Expositionsgrenzwerte 225
Expositionsverbot 321
exposure based waiving (EBW) 212
Ex-Zonen-Einteilung 323, 415

f

Fachkunde 270, 406
fachkundige Personen 265, 406
Fahrzeugbesatzung 474, 509, 511
Fahrzeugzulassung 474
Farbangaben, Sicherheitsdatenblatt 228
Farben (Sonderkennzeichnungen) 136
Farbreaktion 172
Farbspritzhaube 386
Fasern
- Aerosole 41, 44
- Atemschutz 368
- Messungen 186
- Verbotsverordnung 303
- Zielorgane 93
Fasersammelköpfe 186
Fässer 490
FCKW-Halon-Verbotsverordnung 256
Fehlgeburt 26
Feinstaub 43, 182 ff
- *siehe auch* Staub
Feinstblechverpackungen 492
Fentinacetat, -hydroxid 243
Fenvalerat 243
Ferbam 243
feste Zubereitungen, Einstufung 119
Fetalperiode 26
fetotoxische Wirkungen 27
fettlösliche Stoffe 15
Feuchtarbeit 294
Feuerbeständigkeitsklasse 398
Feuerlöschanlage 399
Fibrom 30
Filtergeräte 367, 380, 389
Fingerhut 72
Firmenzusammenarbeit 288
Fisch, aquatische Toxizität 103
Fischbekämpfungsmittel 255
Flammenionisationsdetektor (FID) 180
Flammpunkt 47
- Lagerung 413
- REACH 203
- Sicherheitsdatenblatt 228
Flammschutzmittel 293, 297, 304

Flimmerhaare 43
Fluchtgeräte 388 f
Fluchtwege 400
Fluor/-Verbindungen 67
- explosionsgefährliche Stoffe 112
- G-Grundsätze 287
- Schwellenwerte 337
Fluoracetamid 240 ff
Fluoressigsäure 67
Fluorwasserstoff 67, 78
- Arbeitsplatzgrenzwerte 154
- inhalative Aufnahme 17
- Nachweisgrenzen 174
Flusssäure 16, 78, 344
Formaldehyd 72, 82, 89, 95 ff
- Arbeitsplatzgrenzwerte 158
- Gefahrstoffmessungen 174
- Gefahrstoffverordnung 291
- MAK-Werte 160 f
- Personal Air Sampling 178
- Schwellenwerte 337
- Verbotsverordnung 296, 299
Formangaben, Sicherheitsdatenblatt 228
Formiate 161
Forschung und Entwicklung 209 ff
fortpflanzungsgefährdende Stoffe 65, 90
- siehe auch reproduktionstoxische Stoffe
- Biozid-Produkte 254
- Einstufung 84 f, 120
- Gefahrstoffverordnung 262, 268, 271
- GHS 457
- Konzentrationsgrenzen 118
- REACH 191
- Sicherheitsdatenblatt 218
- Verbotsverordnung 297, 303
- Zulassungspflicht 214
Freisetzung 223
Freistellung 476
Frischluft-Schlauchgeräte 383
fruchtbarkeitsgefährdende Stoffe 29 f, 259
fruchtschädigende Stoffe 26, 321
Furane 296, 299
Furfural 125
Fußboden (Lager) 400, 418
Futtermittel
- PIC-Übereinkommen 239
- REACH 192
- Stoffrichtlinie 235
- Vorsorgeuntersuchungen 294
Futtermittelgesetz (FMG) 2, 250, 258

g

Galvanotechnik 147
Gamma-Strahlung 31

Gase
- Betriebssicherheitsverordnung 323
- GHS 433
- Mindestzündenergie 49
- Personal Air Sampling (PAS) 178
- Zusammenlagerung 422
Gasfilter 372 ff
gasförmige Zubereitungen, Einstufung 119
Gasmaus 178
Gasmessgeräte 175
Gattungseintragungen 470
Gebrauch, Gefahrstoffverordnung 260
Gefährdungsbeurteilung 143–188
- Biostoffverordnung 312
- Immissionsschutzgesetz 335
- Legaldefinitionen 11
Gefahrenbezeichnungen 127 ff
Gefahrenkategorie/-klasse 357, 431
Gefahrensymbole 66, 127 ff, 267, 305 f, 313, 430 f
Gefahrfallverhalten 282
Gefahrgutfahrzeuge 494
Gefahrgutgesetz 469 f
Gefährlichkeitsmerkmale 11, 65 ff
Gefahrstoffbeurteilung 264
Gefahrstoffe 258 ff
- Legaldefinitionen 8, 138 ff
- Verbotsverordnung 300
Gefahrstoffkonzentration 168, 381
Gefahrstoffverordnung 2, 66, 249, 257, 279
- Lagerung 393
Gefahrstoffverzeichnis 144
Gefahrzettel 482, 493
Gelbfieber 54
Genehmigungsverfahren 331 ff
Genom 41, 61
genotoxische Kanzerogene 162
Gentechnikgesetz 311
Gerätesicherheitsgesetz (GeräteSiG) 2
Geruchsschwelle 158, 228
Gesamtstaub/-sammelköpfe 182 f
Geschlechtstrieb 29
geschlossenes System 11
Geschwülste 30
Gesichtsschutz 315, 343 f
Gestellbrillen 227, 281, 344, 347 f
GESTIS Datenbank 145
Gesundheitsgefahren (GHS) 448 ff
gesundheitsschädliche Stoffe 65, 74 ff
- Gefahrstoffverordnung 262
- Gruppenbetriebsanweisung 279
- Mutterschutzverordnung 321
Getreidestäube 294
Gewässergefährdung 102

Sachregister | 529

- GHS 462, 465
- Lagerung 399
- Wasserhaushaltsgesetz 339
Gewebswucherungen 30
G-Grundsätze 287
giftige Stoffe 65 f
- Gefahrstoffverordnung 261, 268
- GHS 430, 448
- Gruppenbetriebsanweisung 279
- Lagerung 395 f
- Mutterschutzverordnung 321
- Schwellenwerte 336
- Transportvorschriften 470
- Wasserhaushaltsgesetz 340
- Zusammenlagerung 404, 420 ff
Giftinformationsverordnung 256
Giftung/Giftwirkung 13 ff
GisChem Datenbank 145
Glaswolle 46
Globally Harmonized System (GHS) 1, 429–466
Glovebox 318
Glutaraldehyd 82, 104
Glycerintrinitrat 111, 286, 293
Glycolether 87
Glykol 47, 75, 178
Glykoldinitrat 111, 286, 293
Glykolmonoethylether/-methylether 90
Granulometrie 203
Gravikon VC 25 184
Großfeuerungsanlagen 333
Großpackmittel (IBC) 492
Großstoffe (HVP, high volume products) 190
Großverpackungen 473, 483
Grundlagen, Toxikologie 13 ff
Grundstoff, Chemikaliengesetz 253
Grundwasser, Wasserhaushaltsgesetz 339
Gruppenbetriebsanweisungen 277
Guanidinnitrat 409
Guanin 30
Gute Laborpraxis (GLP) Vorschriften 249

h

Halbwertszeit 21
Halogene 104, 340
Halogenkohlenwasserstoffe 36, 93 ff, 137
Halone 246
Handelsgewerbetreibende 309
handelsübliche Einzelverpackungen 491
Handhabungsanweisungen 224, 267, 276, 474
Handschuhe 277, 281
Handschutz 227

- Biostoffverordnung 315
- Gefahrstoffverordnung 280
- Schutzausrüstungen 343, 349 f
Hartholzstäube 155, 293
Hautallergene 82
hautätzende/-reizende Stoffe 448
Hauterkrankungen/-krebs 287
Hautkontakt 11, 222, 282
Hautnekrose 78
hautreizende Stoffe 13, 81
hautresorptive Stoffe 16, 167, 286
Hautschutz 315
HCH (gemischte Isomere) 240, 243, 247
Heizöl 309, 333
Hepatitis 53 f, 63
Heptachlor 240, 247
Heptachlordibenzodioxin/-furan 299
Heptan 77, 84
- Arbeitsplatzgrenzwerte 154
- Vorsorgeuntersuchungen 294
Herbstzeitlose 72
Herstellungsverbote 292
Hexabrombiphenyl 247
Hexabromdibenzodioxin 300
Hexachlorbenzol (HCB) 73, 98
- MAK-Werte 160
- PIC-Übereinkommen 240
- POP-Verordnung 246 f
Hexachlorcyclohexan 98
Hexachlordibenzodioxin/-furan 299
Hexachlorethan 243, 292, 297, 303
Hexachlorhexan 292
Hexamethylphosphorsäuretriamid (HMPT) 336
Hexan 77, 84, 89
- umweltgefährliche Eigenschaften 105
- Vorsorgeuntersuchungen 294
Hexanol 125
Hexanon 294
Hilfsstoffe, Legaldefinitionen 10
Histoplasma dubiosii/capsulatum 57
HIV-Virus 54, 63
hochchlorierte Verbindungen 18
Hochdruckflüssigkeitschromatografie (HPLC) 179
hochentzündliche Stoffe 65, 107 f
- Gefahrstoffverordnung 261
- Schwellenwerte 336
- Verbotsverordnung 297, 303, 309
Holzschutzmittel 147, 301
Holzstäube 94
Hormone
- Fruchtbarkeitsgefährdung 29
- krebsauslösende Faktoren 31, 35

– Zielorgane 14
Humankanzerogene (GHS) 455
humanpathogene Endoparasiten 52
Hydrazin 83, 243
Hydrazintrinitromethan 111
Hydrazonen 172
Hydriden 223
Hydrierung 327
Hydrochinon 104
Hydrogencyanid 291
Hydrolyse 18
Hygiene-Biozid-Produkte 254
Hygienemaßnahmen 227, 266, 312
Hyphen 54

i

IBC (Großpackmittel) 492 ff
identifizierten Verwendung 194, 217
Illustrationstiefdruck 147
Immissionsschutzgesetz 328 ff
Immunsystem 24, 31, 43
Impfstoffe 53
Indicative Occupational Exposure Limit Values (IOELV) 155
Indikatorpapiere 173
inerte Stäube 44
Inertisierung 52, 324,
Influenzavirus 53
inhalative Aufnahme 13 f, 17 ff, 145
inhalative mittlere letale Konzentration 20
inhalative Toxizität 66
Initiationsphase, DNS Veränderungen 32
innerbetriebliche Kennzeichnung 267
innerbetriebliches Transportieren 260
Insektizide 67, 255
Instandhaltungsarbeiten *siehe* ASI
International Air Transport Association (IATA) 469
International Civil Aviation Organization (ICAO) 469
International Governmental Maritime Organization (IMO) 468
International Maritime Dangerous Goods (IMDG)-Code 468
internationale Grenzwerte 164 ff
internationale Transportvorschriften 468 ff
Intoxikationen 13 ff
Invasivität, Bakterien 58
Inverkehrbringen 11
Inverkehrbringen
– Chemikaliengesetz 249
– Gefahrstoffverordnung 262
– Sicherheitsdatenblatt 234
– Verbotsverordnung 295

In-vitro 202 f
In-vivo 26, 204
IOELV 221, 226, 270 f
ionisierende Strahlung 31
Ioxynil 88
Isobuttersäure 75
Isocyanate 13, 82
– G-Grundsätze 287
– GHS 465
– inhalative Aufnahme 17
– MAK-Werte 161
– Sonderkennzeichnungen 136
– Vorsorgeuntersuchungen 294
Isoliergeräte 382, 391
Isopentan 77, 83 f
Isopentylacetat 154
Isopropanol 49
Isopropylacetat/-formiat 84
Isosafrole 245

j

Jod 17, 75, 161
Jodessigsäure 72
Jodylbenzoat/-benzol 112
Johannesburger Konvention 42
Jugenarbeitsschutzgesetz 320 f

k

Kakao 49
Kalilauge 78, 355
Kalium 109 f
Kaliumcyanid 67
Kaliumhyperoxid 391
Kaliumnitrat 338
Kaliumperchlorat 110
Kaliumpermanganat 110, 245
Kalomel 75
Kanister 490
kanzerogene Stoffe 35, 92 ff
– EU Einstufung 84
– REACH 204
– Wirkschwelle 22
– Gefahrstoffverordnung 262, 268, 271
– Mutterschutzverordnung 321
Kapsid 61
karzinogene Stoffe *siehe* kanzerogene Stoffe
Karzinom 30
Kategoriegrenzwerte (GHS) 464
Kathodenmaterial 176
Kautschuke 350
Keimzellen-DNS 39
Keimzellmutagenität (GHS) 454
Kemlerzahl 497
Kennzeichnung 6, 65–142

Sachregister

- akut toxische Stoffe   449
- Chemikaliengesetz   249
- GHS   431–465
- Schilder   464
Ketone   20, 173, 340
Kieselgel   178
Kisten   490
Klassifizierung (Transport)   469
Klebestoffe   148, 290, 309
Kleinfeuerungsanlagen   333
Kleinmengenregelung   512
KMF   46
Kohlendioxid   18, 372, 387, 484
Kohlenmonoxid   73
- Arbeitsplatzgrenzwerte   158
- Atemschutz   372
- biologische Grenzwerte   166
- Entwicklungsschädigungen   28
- G-Grundsätze   287
- Pflichtuntersuchungen   294
- Zündtemperatur   47
Kohlenstoffdisulfid   88 f, 286, 293
Kohlenstofftetrachlorid   242, 246
Kohlenwasserstoffe   77
- *siehe auch* aromatische Kohlenwasserstoffe
- chlorierte   135
- Immissionsschutzgesetz   333
- Pflichtuntersuchungen   293
- Transportvorschriften   484
- Verbotsverordnung   297, 304
- Verbrennungswärme   327
- Wasserhaushaltsgesetz   340
- Zielorgane   36, 93 ff
Kokken   60
Kolbenlöten   148
Kombinationsfilter   379
Kombiverpackung   490
Kommission EG   8
Konidien   54
Konservierungsmittel   255
Kontaktallergene   23, 82
Kontamination   267, 269, 271, 351
konventionelle Einstufungsmethode   116
Konzentration
- Aerosole   45
- BAT-Werte   167
- Betriebssicherheitsverordnung   324
- chemische Kanzerogene   36
- Einstufung   117
- Filtergeräte   367 f
- Gefahrstoffverordnung   271
Korbbrille   227, 281, 347
Körpergewicht, mittlere letale Dosis   20
Körperschutz   227, 280, 343, 359 ff

Korrosionsschutzmittel   293
Kosmetikverordnung   3
kosmetische Mittel   250, 258
- Hautallergie   24
- REACH   192
- Stoffrichtlinie   235
Kraftstoffe   333 f
krebserzeugende Stoffe   30 f, 65, 92 ff
- *siehe auch* kanzerogene Stoffe
- BAT-Werte   168
- Biozid-Produkte   254
- Einstufung   84, 120
- Gefahrstoffverordnung   259, 262, 268, 271
- G-Grundsätze   287
- GHS   455
- Konzentrationsgrenzen   118
- MAK-Kommission   99
- Mutterschutzverordnung   321
- REACH   191
- Schwellenwerte   336
- Sicherheitsdatenblatt   218
- Sonderkennzeichnungen   135
- Verbotsverordnung   293, 296 f, 303
- Vorsorgeuntersuchungen   294
- Zulassungspflicht   214
Krebsmedikamente   28
Krebsrichtlinie   5, 193, 238
Kreislaufwirtschafts-/Abfallgesetz (KrW-/Abfall G)   2, 250
Kreosot   135, 243, 302
Kresole   71
kritische Bedingungen   229
Krokydolith   240, 298
Krosotöl   135
Kühlschmierstoffe   147, 292
kumulative Wirkung   106
künstliche Mineralfasern   46
Kupfersulfat   104
Kupferverbindungen   75

l

Labortierstaub   294
Lactobacillus bulgaricus   61
Lagerung   224, 393–428
- Gefahrstoffverordnung   260, 268
- Temperaturen   224
- VCI Klassen   421 ff
Landtransport   232
Langzeit-Tierversuche   36
Lassavirus   54, 63
latente Wirkung   18, 32, 36
Latenzzeit   18, 32, 36, 313
Laugen   13, 78 ff, 340
LD50-Wert   20

Lebendimpfstoffe 61
Lebensmittel
– PIC-Übereinkommen 239
– REACH 192
– Stoffrichtlinie 235
Lebensmittel- und Bedarfsgegenstände-
  gesetz (LMBG) 2, 250
Leber 18
Lederbehandlung 292
Legaldefinitionen 8 f
Legaleinstufungen 113 ff
leichtentzündliche Stoffe 65, 108 ff
– Gefahrstoffverordnung 261
– Gruppenbetriebsanweisung 279
– Unfallmerkblatt 503
– Verbotsverordnung 297, 303
Leptophos 72
letale Dosis 20, 66
letale Konzentration LC50 66, 102
Libido 29
Lieferkette 216
Lindan 97 f, 104
– MAK-Werte 160
– PIC-Übereinkommen 240, 243
– POP-Verordnung 247
lipophile Stoffe 15
Listeneinstufungsprinzip 113 ff
Lithium/-aluminiumhydrid 109
Lockmittel 250
lokale Stoffwirkungen 13
lokaler Lymphknotentest (LLNA) 25, 203
Löschmittel 223, 277
Löschwasserrückhalteanlagen 400
Lösemittel 18
lowest observable adverse effect level
  (LOAEL) 23
lowest observable effect level (LOEL) 157
Luftgrenzwert
– Arbeitsplatz (AGW) 17, 151 f
– Jugenarbeitsschutzgesetz 322
Luftverkehrstransport 467
Luftverunreinigungen 328
Lunge 44, 93
Lungenautomat 385
lungengängige Fasern 42
Lymphsystem 44
Lysergsäure 245

m

Magen-Darm-Trakt 13
Magnesium/-alkyle 109
Magnesiumphosphid 74
Magnusson-Kligmann-Test 25
Makromyzeten 54

Makrophagen 43
Malassezia furfur 53, 57
Maleinhydrazid 243
Maleinsäureanhydrid 75, 89
maligne Tumore 30
man made mineral fibres (MMMF) 46
Mangandioxid 75
Mannithexanitrat 111
Marburg-Virus 54, 63
Masern-/Mumpsvirus 53
Masken 360 ff
massenexplosionsgefährliche Produkte
  (GHS) 433
maternaltoxischer Effekt 26
maximal tolerierbare Dosis (MTD) 36, 95
maximal zulässige Gefahrstoffmenge 394,
  414
maximale Arbeitsplatz-Konzentration
  (MAK) 3, 98, 122, 156 f
– EU Einstufung 85 ff
maximaler Explosionsdruck 50
Maximierungstest 25
mechanische Schädigungen 343
Medizinproduktegesetz 250, 258
Mehlstaub
– berufsbedingte Allergien 25
– Explosionsdruck 51
– Gefährdungsbeurteilungen 147
– Pflichtuntersuchungen 293
Mehrbereichsfilter 375, 379
mehrfachgefährliche Inhaltsstoffe,
  Einstufung 122 ff
Meldepflichten 234
Mengenschwellen 335 f
Mercaptane 158
Mesitylen 121
Mesotheliom 46
Messgeräte 168
Metabolismus 18
Metallcarbonyle 109, 340
Metallhydride 108
metallorganische Verbindungen 109,
  340
Metallperoxide 410
Metallzerspanung 147
Metastasen 30 ff
Methamidophos 240, 244
Methan 47, 51
Methanol 72
– biologische Grenzwerte 166
– Durchbruchzeit 355
– G-Grundsätze 287
– Lagerung 413
– Mindestzündenergie 49

- Pflichtuntersuchungen 286, 294
- Querempfindlichkeiten 173
- Schwellenwerte 337
- Transportvorschriften 484
- Unfallmerkblatt 502
- Vorsorgeuntersuchungen 294
- Zielorgane 14, 19
Methoxy-ethanol 294
Methylbromid 246
Methylbutadien 107
Methylchlorid 105, 287
Methylcyclohexan 77
Methylenchlorid 97, 178, 355
Methylendiisocyanat (MDI) 174
Methylendioxyphenylpropan-2-on 245
Methylethylketon (MEK) 245
Methylformiat 107
Methylglykol 19, 87, 90
Methylglykolacetat 90
Methylisocyanat 18, 150
Methylmethacrylate 89
Methylparathion 240, 244
Methyltrichlorsilan 122
Mikroorganismen 52 ff, 423
Milzbrand 54
Mindestzündenergie (MZE) 49
Mineralfasern 186
- Aerosole 46
- Verwendungsverbote 292
- Zielorgane 36, 93
Mineralöl/-erzeugnissse 214, 340
Mineralsäuren 173
Minimalkarzinogene 97
Minobutan 104
Mipafox 69
Mirex 247
Mischen 260
Missbildungen 26
Mitose 32
Mitteilungspflichten 249, 255
mittlere letale Dosis (LD50) 20, 66
Mobilität 231
Molluskizide 255
Mongolismus 39
Monochlormethan 287
monoconstituent substance 196
Monocrotophos 240, 244
Monofluoracetate 67
Monolinuron 244
Monomer/-einheit, Legaldefinitionen 10
Monomethyldibromdiphenylmethan (DBBT) 244, 297, 301
Monomethyldichlordiphenylmethan 244, 297, 301

Monomethyl-halogeno-diphenylmethane 292
Monomethyltetrachlordiphenylmethan 244, 297, 301
Motorkraftstoffe 214, 337
mRNA-Synthese 33
multiconstituent substance 196
Multiple-Stage-Model 33
mündliche Unterweisung 284
Mundschutz 370
Mundstückgarnitur 363
Muscarin 69
Muskatnuss 72
mutagene Stoffe 39
- DMEL 162
- EU Einstufung 84
- Gefahrstoffverordnung 262, 268, 271
- GHS 454
- Mutterschutzverordnung 321
- REACH 203
Mutterschutzverordnung 320 f
Mycetismus 56
Mycobacterium tuberculosis 61
Mykoallergosen/Mykosen/Mykotoxikosen 56

n

nachgeschaltete Anwender 194
n.a.g. 471, 482
Nanopartikel 42
Naphthalinöl 135
Naphthylamin/-Salze 93
- Konzentrationsgrenzen 122
- Sonderkennzeichnungen 135
- Verbotsverordnung 292, 301
Nasen-Rachen-Kehlkopf-Bereich 41
Natrium 109
Natriumazid 68, 126
Natriumchlorat 110, 391
Natriumcyanid 69
Natriumdichromat 110
Natriumdithionit 112
Natriumhydrid 109
Natriumhydrosulfit 112
Natriumhydroxid 122
Natriumnitrit 104, 110
Natriumperchlorat 110
Natriumperoxid 110
Natronlauge 78, 81, 355
Naturgummilatex 294
Naturkautschuk 350
natürliche chemische Kanzerogene 34, 38
Naturstoffe, giftige 72
Nebel 323

neue Stoffe/Neustoffe 9, 66, 189
nichtisoliertes Zwischenprodukt 210
Nicht-Phase-in-Stoffe 191–200
Nickel 24, 287, 293
Nickelcarbonat/-hydroxid 97
Nickelverbindungen 337
Niedrigsieder 376
Nikotin 67 ff
– Arbeitsplatzgrenzwerte 154
– Konzentrationsgrenzen 126
– Zielorgane 14, 19
Nitrierung 327
Nitrilverbindungen 223
Nitrite/Nitrate 410
Nitroaromate 67
Nitrobenzol 73, 92
– Arbeitsplatzgrenzwerte 154
– Durchbruchszeit 355
– Lagerung 413
– Zielorgane 19
Nitrobiphenyl/- Salze
– Schwellenwerte 336
– Sonderkennzeichnungen 135
– Verwendungsverbote 292, 301
Nitrofen 244
Nitroglycerin 111, 293
Nitroglykol 287, 293
Nitroglyzerin 68, 287
Nitropenta 111
Nitrosamine 34 ff, 93 ff
nitrose Gase 173
Nitrotoluol 92, 105
Nitroverbindungen 96
– Pflichtuntersuchungen 293
– Reaktionsenthalpien 327
– Sonderkennzeichnungen 135
Nitrozellulose 111
No Adverse Effect Level (NOAEL) 21
– siehe auch Wirkschwelle
nongovernmental organisations (NGO) 190
Nonylphenol/-ethoxylate 304
Norephedrin 245
Normen, Verbotsverordnung 295
Notfallausgänge 395
Notfälle 274
Notfallübungen 408
Nutzungsdauer, Filter 371, 378

o

obere Explosionsgrenze (OEG) 48
Oberflächentemperaturen 324
obligat acidophile Bakterien 59
occupational exposure limits (OEL) 155

Octabromdiphenylether 304
Octachlordibenzodioxin/-furan 299
Octan 77, 84
OECD-Guidelines 37
ökotoxische Eigenschaften 65, 106 ff, 231
Oleandrin 69
One-Hit-Model 33
Oogenese 29
orale Aufnahme 14
orale mittlere letale Dosis 20
orale Toxizität 66
orangenfarbene Kennzeichnung 496 f
Ordnungswidrigkeiten 295, 310
Orellanin 69
organische Peroxide, *siehe auch* Peroxide
– GHS 446
– Lagerung 396, 409
– Transportvorschriften 470
– Zusammenlagerung 423
organische Säuren 81
organische Verbindungen 340
Organometallverbindungen 223
Organtoxizität (GHS) 458 f
Osmiumtetroxid 68
Östrogene 32
Ottokraftstoff 47, 333
Overload 44, 46
Oxalsäure 154
Oxidation 18, 327
oxidierende Gase (GHS) 435
Oxiran 243
Ozon 18, 161, 173 f
Ozonschichtabbau 106, 246, 462

p

Paecilomyces variotii 54
PAH *siehe* PAK
PAK 34, 246, 293, 297, 304
Papierindikatoren 173
Paraformaldehyd 49
Parasiten 53, 64 ff
Parathion 89, 104, 240, 244
Parfum 24
Partikel 41
Partikelfilter 315, 368
Patchtest 25
Pathogenität 53, 58, 318
PBT-Eigenschaften 232
PCB-Richtlinie 290
Penetration 349
Pentabromdibenzodioxin/-furan 299
Pentabromdiphenylether 304
Pentachlordibenzodioxin/-furan 299
Pentachlorethan 135, 302

Pentachlorphenol/-Verbindungen 97
- PIC-Übereinkommen 240, 244
- Sonderkennzeichnungen 138
- Verbotsverordnung 292, 297, 302
Pentaerythrittetranitrat 111
Pentan 77, 84, 107
Pentanol 108
Perchlorate 410
Perchlorethylen 355
Perchlorsäure 110 ff
perinatale Schäden 27
Permanganate 410
Permeation 349
Permethrin 244
Peroxide
- GHS 446
- Lagerung 393, 409, 412
- Transportvorschriften 470
- Zusammenlagerung 423
persistent 32, 106, 246
persistent organic pollutants (POP)-Verordnung 246 f
persistente/bioakkumulierbare toxische Stoffe (PBT) 191
- Sicherheitsdatenblatt 218, 231
- Zulassungspflicht 214
Personal Air Sampling (PAS) 178
persönliche Schutzausrüstungen siehe Schutzausrüstungen
Pest 61
Pestizide 240
Petrolether 355
Pflanzenschutzgesetz (PfSchG) 2
Pflanzenschutzmittel 213 f, 241
Pflichtuntersuchungen, medizinische 286
Phagen 61
Pharmaka 28
Pharmazieingenieur/PTA 309
Phase-in-Stoffe 191–200
Phellinus pini 54
Phenole 72
- dermale Aufnahme 16
- Körperschürze 359
- MAK-Werte 161
- Personal Air Sampling 178
- Verbotsverordnung 302
- Zielorgane 19
Phenothiazin 28
Phenyl-2-propanon 245
Phenylessigsäure 245
Phenylquecksilberacetat 73
Phosgen 67
- Arbeitsplatzgrenzwerte 158

- Gefahrstoffmessungen 174
- inhalative Aufnahme 18
- Nachweisgrenzen 174
- Schwellenwerte 337
- Wirkschwelle 22
Phosphamidon 102, 240, 244
Phosphide 67, 74
Phosphor 67
- explosionsgefährliche Stoffe 59, 112
- G-Grundsätze 287
- Mindestzündenergie 49
- Zielorgane 14
Phosphorchloride 18
Phosphorhalogenide 112
Phosphoroxychlorid 74
Phosphorpentachlorid 74, 154
Phosphorsäure 126, 154
Phosphortrichlorid 74
Phosphorwasserstoff 74
- Gefahrstoffverordnung 291
- Schwellenwerte 337
- Verbotsverordnung 308
Photochemikalien 309
Photoionisationsdetektoren (PID) 177
Photosynthese 54
photothrophe Bakterien 59
Phthalsäureanhydrid 82
pH-Wert 78, 228
Phycomyces blakesleeanus 54
physikalisch-chemische Eigenschaften 46 ff, 65, 107 ff
- GHS 433
- Schutzmaßnahmen 227 f
physikalisch-chemische Gefährdungen 145
physikalische Agenzien Richtlinie 5
physikalische krebsauslösende Faktoren 31
physikalische Strahlen 28
Pikrinsäure/-Salze 111
Pilze 53 ff
Pindon 73
Piperazin 154
Piperidin 245
Piperonal 245
Platinverbindungen 294
Plazentaschranke 26
Plumbagin 72
Pockenvirus 54, 63
Polioviren 54, 63
Polyacrylamid 49
Polyacrylsäure 98, 160
polybromierte Biphenyle (PBB) 240, 244
Polychlordibenzodioxine/-furane 337

polychlorierte Biphenyle (PCB)   90
- Konzentrationsgrenzen   122
- PIC-Übereinkommen   240
- POP-Verordnung   246
- Sonderkennzeichnungen   138
- Verbotsverordnung   292, 297, 301
polychlorierte Dibenzofurane/-dioxine   246
polychlorierte Terphenyle (PCT)
- PIC-Übereinkommen   240, 244
- Verbotsverordnung   297, 301
polycyclische aromatische Kohlenwasserstoffe (PAK)   34
- Pflichtuntersuchungen   286, 293
- POP-Verordnung   246
- Verbotsverordnung   293, 297, 304
Polyethylen   51, 350
Polymere   9, 16, 213
Polyvinylalkohol (PVAL)   350
Polyvinylchlorid (PVC)   350
Porzellangefäß   490
postnatale Schäden   27
praeneoplasmatische Phasen   32
Pressluftatmer   386
Primärreaktionen, Metabolismus   18
prior informed consent (PIC) Übereinkommen   239
Probenahmepumpen/-röhrchen   169 ff, 178 ff
product and process oriented research and development (PPORD)   209, 214
Produktidentifikator, GHS   464
Produktionsgang   396, 398
Prokaryonten   58
Proliferation   30 ff
Propan   49 ff, 107
Propanol   84, 413
Propansulton   336
Propham   244
Propionsäure   81, 121, 154
Propylacetat   84
Propylbenzol   77
Propylenoxid   337
Prüfchemikalien   358
Pseudoephedrin   245
Pseudomonas fluorescens   60
psychophile Bakterien   59
psychotrope Substanzen   239, 245
Puderzucker   51
pulverförmige Nickelverbindungen   337
Punktmutationen   39
PUR-Schmelzklebstoffe   148
Pyrazophos   244
pyrophore Metallstäube   109

q

qualified structure-activity relationship (QSAR)   202
Quecksilber/-Verbindungen   67, 72
- G-Grundsätze   287
- Pflichtuntersuchungen   294
- PIC-Übereinkommen   240, 244
- Verbotsverordnung   292, 297, 301
- Zielorgane   14, 19
Quecksilberfulminat (Knallquecksilber)   111
Quellbeständigkeit   349
Querempfindlichkeiten   172 f
Quintozen   244
Quotientenbildung, mehrfachgefährliche Inhaltsstoffe   123 ff

r

R58 Stoffe   106
radioaktive Abfälle   250, 258
radioaktive Stoffe
- Lagerung   396
- PIC-Übereinkommen   239
- REACH   192
- Stoffrichtlinie   235
- Transportvorschriften   470
- Zusammenlagerung   423
radioaktive Strahlung   31 f
Rahmenrichtlinie   193
Randbedingungen, MAK-Werte   162
Rasterelektronenmikroskopie (REM)   186
Rauche (Dämpfe)   41, 368
Rauchen   28, 33, 44, 510
Rauschgift   28
REACH
- europäische Regelungen   189 ff
- Implementation Projects (RIP)   163, 192
- Verordnungen   133, 145
- Wirkschwelle   22
Reagenzpapiere   174
Reaktionsenthalpien   325
Reaktionsgemische   196
Reaktionskalorimeter   326
Reaktionsprodukte   10
Reaktivität   229
rechtliche Grundlagen und Vorschriften   143 ff, 233
Redoxreaktion   172
Reduktionsreaktionen   18
Regalbeschickung   395
Regelungen, europäische   189–248
Regenerationsgeräte   387
Registrant   194
Registration-Evaluation-Authorisation-Chemicals siehe REACH

Registrieranforderungen, pflicht 201, 213
registrierte Stoffe 191, 196
Regulation *siehe* Verordnungen
Reinigungsverfahren 43, 224, 290
reizende Stoffe 13, 65, 80 ff
– Gefahrstoffverordnung 262
– Gruppenbetriebsanweisung 279
– Konzentrationsgrenzen 118
Reparaturmechanismen, DNS 31
Repellentien 250
replikationsfähige Genomelemente 30, 52
reproduktionstoxische Stoffe 84 f, 262, 268, 271
Resorcin 154
Restmengenbeseitigung 290
Rezeptoren 13, 17, 33
Rheinschifffahrt (ADNR) 468
Rhinitis allergica 23
Rhinoviren 53, 62
Rhodanwasserstoffsäure 70
Ribonukleinsäure (RNS) 61
Ricin 69
RID Transportvorschriften 469
Rippenfell 46
Risikomanagementmaßnahmen (RMM) 207 ff
Risikopotenzial 53, 253
Rodentizide 255
Rohöl/-benzin 300
Röntgenstrahlung 31, 34
Rötelvirus 28
roter Phosphor 49, 112
Rotterdamer Übereinkommen 239
R-Sätze (risk phrases) 65 ff, 70 ff
– mehrere gefährlichen Inhaltsstoffe 125
– Zubereitungsrichtlinie 205
RTECS Datenbank 145
Rückhaltevermögen 373, 377
Ruhr 61

S

Saccharomyces cerevisiae 53, 57
Sachkunde
– Chemikalien-Verbotsverordnung 295
– Entsorgung 283
– Verbotsverordnung 309
Säcke 490
Safrol 35, 38, 245
Salpetersäure 78
– brandfördernde Stoffe 110
– Lagerung 410
– MAK-Werte 161
– Transportvorschriften 484
Salzsäure 81

– Konzentrationsgrenzen 126
– Querempfindlichkeiten 173
– Transportvorschriften 484
– Verordnung 3677/90/EWG 245
Samenbildung 29
Sarcinen 60
Sarkom 30
Sauerstoff
– brandfördernde Stoffe 110
– inhalative Aufnahme 18
Sauerstoffschutzgeräte 387
Saugvolumina 178 f
Säureanhydride 81
Säurechloride 13
Säuredämpfe 17
Säurehalogenide 340
Säuren 13, 78
– G-Grundsätze 287
– Verwendungsverbote 292
– Wasserhaushaltsgesetz 340
Saxitoxin 69
schädliche Umwelteinwirkungen 328
Schädlingsbekämpfung
– Biozid-Produkte 255
– Gefahrstoffverordnung 291
– Stoffrichtlinie 235
– Verbotsverordnung 310
– Vorsorgeuntersuchungen 294
Schadorganismen 253
Schichtmittelwerte 149, 167
Schifffahrt 468
Schimmelpilz 35, 38, 72
Schlackenwolle 46
schlafende Krebszelle 32
Schlauchatemschutzgeräte 383
Schleiffunken 50
Schmelzpunkt 228
Schnupfen 23
Schornsteine 418
Schutzausrüstung 225
– Biostoffverordnung 312, 315
– persönliche (PSA) 343–392
– Transportvorschriften 500
Schutzbrillen 132, 365
Schutzindex 353
Schutzmaßnahmen
– Biostoffverordnung 314
– Gefahrstoffverordnung 266 f, 280
– Verbotsverordnung 307
Schutzmittel 255
Schutzschirme 348
Schutzstufenkonzept 273
Schwangerschaftgruppe 26, 87 ff, 321
Schwefeldichlorid 112, 337

Schwefeldioxid 70
– inhalative Aufnahme 17
– MAK-Werte 161
– Nachweisgrenzen 174
– Querempfindlichkeiten 173
Schwefelgehalt 333
schwefelhaltige organische Verbindungen 340
Schwefelkohlenstoff 73, 90
– G-Grundsätze 287
– Zündtemperatur 47
Schwefeloxychloride 112
Schwefelsäure 78, 81, 98
– Konzentrationsgrenzen 126
– Lagerung 410
– MAK-Werte 160 f
– Verordnung 3677/90/EWG 245
Schwefeltrioxid 338
Schwefelwasserstoff 67
– Arbeitsplatzgrenzwerte 158
– G-Grundsätze 287
– Pflichtuntersuchungen 294
– Querempfindlichkeiten 173
– Wirkschwelle 22
Schweißen 294
Schweißfunken 50
Schweißrauche 287
Schwermetalle/-Verbindungen 18, 36, 93
Scientific Comittee for Occupational Exposure Limits (SCOEL) 156
Seeschiffstransport 233, 467
sehr giftige Stoffe 65 ff, 70 ff
Selbstbedienungsverbot 295
selbstentzündliche Stoffe 423, 441, 470
selbsterhitzende Stoffe 443
selbstreaktive Verbindungen 439
Selbststretter 388
Selen/-Verbindungen 70
Selendioxid 172
Semicarbazone 172
sensibilisierende Stoffe 23, 65, 82 ff
– Einstufung 121
– Gefahrstoffverordnung 262
– GHS 454
– Konzentrationsgrenzen 118
– Sicherheitsdatenblatt 230
Sensoren 175 ff
Serotonin 35
Serovar 61
Seveso-II-Richtlinie 334
Sexualorgane/-verhalten 29
Shigella dysentriae 61
sichere Reaktionsführung 325
Sicherheitsabstand 399

Sicherheitsanalyse 338
Sicherheitsdatenblätter 144, 191, 218 ff
– Gefahrstoffverordnung 290
– Lagerung 408
Sicherheitsmaßnahmen 267, 312
Sicherheitspflichten, Transport 479
Sicherheitsratschläge (S-Sätze) 127 ff
sicherheitsrelevante Daten 228
Sicherheitssymbole (GHS) 430
Sicherheitstechnik 335
sicherheitstechnische Anforderungen 399, 417
sicherheitstechnische Kennzahlen 46
Sicherheitswerkbank 315
Sicherheitszeichen 272
Sichtscheiben 344
Silicagel 178
Siliciumlegierungen 340
silikogener Staub 287, 294
Silikose 44
Somazellen-DNS 39
Sonderkennzeichnungen 135
Sozialgesetzbuch VII 4
Spätschäden 14
Spermatogenese 29
Spirillen 60
spongiformes Enzephalopathie-assoziiertes Agens 52
Spontantumorrate 37
Sporen 56
Sprengstoffgesetz (SprengG) 2, 110, 393
S-Sätze (Sicherheitsratschläge) 127 ff
Stäbchenbakterien 60
Stabilität 229
Stand der Technik, Legaldefinitionen 11
standortinterne isolierte Zwischenprodukte 210
Stapelhöhen 394
Staub/-fraktionen
– Aerosole 41 f
– Atemschutz 368
– Betriebssicherheitsverordnung 324
– Mindestzündenergie 49
– Schutzmaßnahmen 224
Staublunge 43
Staubmessungen 182
Staubpumpen 183
Steinwolle 46
Stickoxide 22, 223, 18, 67, 173
Stickstoff 372, 484
stickstoffhaltige organische Verbindungen 340
Stockholmer Übereinkommen 246
Stoffabgrenzung, REACH 195

Stoffe, Legaldefinitionen 8
Stoffrecht 1–12
Stoffrichtlinie 191
– Einstufung 113 ff
– Gefährlichkeitsmerkmale 66
– Gefahrstoffverordnung 290
– REACH 235
Stoffsicherheitsbericht 204
stoffspezifische Konzentrationsgrenzen 121
Störfallverordnung 333 ff, 393
Straftaten 295, 310
Straßentransport 467, 472
Streptococcus mutans 59
Streptokokken 60
Strychnin 67 ff
Strychninsäure 112
Stulpenschutzhandschuhe 359
Styrol 98
– biologische Grenzwerte 166
– MAK-Werte 160
– medizinische Untersuchungen 294
subakute/ -chronische Untersuchungen 22
subchronische Eigenschaften 203
Substitution 238, 269, 324
Suchtstoffe 239, 245
Sulfierung 327
Sulfurylfluorid 70
SX-Filter 376
synthetische chemische Kanzerogene 34
Systemische Wirkung 14, 33

t
T-2 Toxin 72
TA-Luft 233
Tabakerzeugnisse 250, 258
Tabakmosaikvirus 53, 61
Tanks 418, 473 ff, 493 ff
Tätigkeit
– Gefahrstoffverordnung 259
– in Räumen und Behältern 290
– Legaldefinitionen 12
– Vorsorgeuntersuchungen 294
Taxidermie 250
technical guidance documents (TGD) 163, 192
technische Regeln biologischer Arbeitsstoffe (TRBA) 3
technische Regeln für Betriebssicherheit (TRBS) 3
technische Regeln für Druckgase (TRG) 393
technische Regeln für Gefahrstoffe (TRGS) 3, 8, 25
– TRGS 400 145
– TRGS 420 271

– TRGS 515 409
– TRGS 555 275
– TRGS 900 153
– TRGS 905 36, 98, 114
technische Schutzmaßnahmen 224
Technischer Anpassungsausschuss (TPC) 156
Tecnazen 244
Teeröle
– Sonderkennzeichnungen 135
– Verbotsverordnung 292, 297, 302
– Wasserhaushaltsgesetz 340
Teersäuren 135
Temperaturerhöhung 327
Temperaturklassen 48
teratogene Effekte 26
Terpentin 355
Terpentinöl 77
Terphenyle 292, 297, 301
Testosteron 32
Teststrategien (GHS) 430
Tetanustoxin 69
Tetrabromdibenzodioxin/-furan 299
Tetrachlordibenzodioxin (TCDD) 68, 98
– krebsauslösende Faktoren 32
– MAK-Werte 160
– Verbotsverordnung 299
Tetrachlordibenzofuran 299
Tetrachlorethan 135, 302
Tetrachlorethen 286, 294
Tetrachlorethylen 287
Tetrachlorkohlenstoff 72, 97, 106, 287
Tetrachlormethan 98
– G-Grundsätze 287
– MAK-Werte 160
– Sonderkennzeichnungen 135
– Verbotsverordnung 302
Tetrahydrofuran 89
Tetranitrocarbazol 112
Tetranitronaphthalin 111
Tetraphosphor 109
Tetrodotoxin 69
Thallium/-Verbindungen 14, 67
thermische Schädigungen 343
thermophile Bakterien 59
THF 355
Thioharnstoff 97, 105
Thionylchlorid 74
Thiram 102
thoraxgängige Staubfraktionene 43
Thymin 30
Titandioxid 44
Tollwut 54, 63
Toluidendiisocyanat (TDI) 122, 174, 338

Toluidin   126
Toluol   75
– Gefahrstoffmessungen   172
– G-Grundsätze   287
– Lagerung   413
– Pflichtuntersuchungen   286, 294
– Querempfindlichkeiten   173
– Verbotsverordnung   293, 297, 304
– Verordnung 3677/90/EWG   245
– Vorsorgeuntersuchungen   294
– Zündtemperatur   47
Toxaphen   240, 247
Toxikologie   13, ff, 23
toxische Stoffe   13–18, 65, 82
– Bakterien   58
– Fisch, Daphnie Alge   103
– GHS   430, 448
– Kinetik   13, 18
– REACH   203
– Sicherheitsdatenblatt   229
Tox-line Datenbank   145
Toxine   56, 59, 68
transmissibles Enzephalopathie-assoziiertes Agens   52
Transport   210, 232, 404
Transportvorschriften   467–512
Treibstoffkomponenten   300
Tremolit   298
Trennwände   419
Tri(aziridin-1-yl)phosphinoxid   244
Trialkylborane   109
Trichlor-2,2-bis-(4-chlorphenyl)-ethan siehe DDT
Trichlorbenzol   293, 297, 304
Trichloressigsäure   78
Trichlorethan
– Ozonschichtabbau   246
– Sonderkennzeichnungen   135
– Verbotsverordnung   302
– Vorsorgeuntersuchungen   294
Trichlorethen   97, 294
Trichlorethylen   89, 148, 287
Trichlorisocyanursäure   74
Trichlormethan   160, 302
Trichlormethan   98
Trichlorphenol   97
Trichlorsilan   74, 109
Trichophyton mentagrophytes   53, 57
Trichophyton verrucosum   56
Trikresylphosphat   72
Tri-*n*-butylphosphat   98, 160
Trinitrobenzol/-kresol/-resorcin   111
Trinitrotoluol (TNT)   111
Trinitroxyl   111

Trinkwasserdesinfektionsmittel   254
Tris(2,3-dibrompropyl)phosphat   240, 244
Triterpen   72
Trizinkdiphosphid   70, 74, 109
Tumore   30

u
Überempfindlichkeitsreaktionen   24
Überschreitungsfaktor   149
Übertragungsrisiken   53
Ugilec   244
Ultrafeinstaub   42
– *siehe auch* Nanopartikel
ultraviolette Strahlung   31
Umfüllen   260
Umsetzung EG-Richtlinien/deutsches Recht   6
umweltgefährliche Stoffe   102 ff
– Expositionsbegrenzung   227
– Gefahrstoffverordnung   262
– GHS   460
– Gruppenbetriebsanweisung   279
– Immissionsschutzgesetz   328
– Schwellenwerte   336
– Sicherheitsdatenblatt   231
Umweltschutzgesetze   1
unbefugte Entnahme   399
Unfälle   274, 313
Unfallmerkblätter   500
Unfallverhütungsvorschriften   4, 393
UN-Nummern   471, 482
untere Explosionsgrenze (UEG)   47
Unterrichtung/-weisungen   275, 283

v
Vacciniavirus   53
Vanadiumpentoxid   73 ff
Variolavirus   54, 63
VCI Konzept Zusammenlagerung   421–427
Vektorkontrolle   317
Verätzungen   13
verbotene Stoffe   234, 241, 246 f
Verbotsverordnung   249, 295
Verbotszeichen   406
Verbrauchen   260
Verbreitung (Erreger)   53
verfahrens- und stoffspezifische Kriterien (VSK)   146, 266, 271
Vergiftungen   13 ff
Verhaltensregeln   280
Verlader   480
Vernichten   260
Verordnungen, *siehe auch* Gefahrstoffverordnung

- Berufsgenossenschaften (BGV) 144
- Chemikaliengesetz 256 f
- Immissionsschutzgesetz 333
- Ozonschichtabbau (2037/2000/EG) 246
- Suchtstoffe/psychotrope Substanzen (3677/90/EWG) 245

Verpackung 225, 249, 472, 481–512
Verpackungsgruppe 232, 472, 477 f, 482 f, 492, 499
Versand 473, 493
Verschlucken 222, 282
Versuchshaut 81
Versuchstypen, Wirkschwelle 22
Verwendungs- und Expositionskategorien (VEK) 195, 207
Verwendungsverbote 292 f
Verzeichnis (Gefahrstoffe) 264, 482 f
Vibrio cholerae 61
Vinylchlorid
- Arbeitsplatzgrenzwerte 155
- G-Grundsätze 287
- Pflichtuntersuchungen 294
- Verbotsverordnung 292, 297, 302

Viren 61 ff
- biologische Arbeitsstoffe 52
- Entwicklungsschädigungen 28
- krebsauslösende Faktoren 31

Virulenz 53, 56, 58
Vitamin A 28
Viton 353
Vollmasken 360 ff
Vollschutzanzüge 360
Vollsichtbrillen 344
Vorregistrierung (REACH) 199 f
Vorsorgeuntersuchungen 313
Vorstriche 148
vPvB *siehe* bioakkumulierbare Stoffe

w

Warfarin 73
Wärmeexplosion 327
Warn-/Sicherheitszeichen 272
Warntafeln (ADR) 497
Wasch- und Reinigungsmittelgesetz (WRMG) 2
Wasseraufbereitung 301
Wasserdampf 372
Wasserfloh 103
Wassergefährdungsklassen (WGK) 340
Wasserhaushaltsgesetz (WHG) 2, 339 ff
- Lagerung 393
- Zusammenlagerung 422

wasserlösliche Kohlenwasserstoffe 340
wasserlösliche Stoffe 17

Wasserrahmenrichtlinie 193
Wasserstoff
- Atemschutz 372
- Explosionsdruck 51
- Mindestzündenergie 49
- Zündtemperatur 47

weißer Phosphor (Tetraphosphor) 67, 294
wiederholte Applikation 21 f
Wirkmechanismen, toxische 13
Wirkschwellen 21 ff, 28
Wirtschafts- und Sozialausschuss EG 8
wissenschaftliche Grundlagen 13–64
Wohnhäuser 414
Wolfram-Inertgas-Schweißen (WIG) 148
Wundstarrkrampf 61

x

XAD-Röhrchen 178
Xylenole 72
Xylol
- Arbeitsplatzgrenzwerte 154
- biologische Grenzwerte 166
- G-Grundsätze 287
- Lagerung 413
- Pflichtuntersuchungen 286, 294
- Querempfindlichkeiten 173
- Vorsorgeuntersuchungen 294
- Zündtemperatur 47

y

Yersinia pestis 61

z

Zellkulturen 52
Zellteilung 30 ff, 95
Zement/-Zubereitungen 25, 138, 465
Zersetzungsprodukte 229
Zerstörungspotenzial 51
Zielorgane 13 ff, 19
- chemische Kanzerogene 35 f
- kanzerogene Verbindungsklassen 93
- Toxizität (STOT) 464

Zineb 244
Zinkpulver 109
zinnorganische Verbindungen
- PIC-Übereinkommen 138, 244
- Verbotsverordnung 292, 297, 301

Ziram 102
Zirkonium 49, 109
Zu- und Abluft 317
Zubereitungen 9
- Einstufung 116 ff
- Gefahrstoffverordnung 290
- REACH 195, 236

Zulassungspflicht 191 ff, 214, 249
Zündquellen 50, 324
Zündtemperatur 47, 228
zusammengesetzte Verpackungen 491
Zusammenladeverbote 405, 412, 506 ff
Zusammenlagerung (Definition) 398
Zusammenlagerungsverbote 225
– brandfördernde Stoffe 411
– brennbare Flüssigkeiten 420 f
– giftige Stoffe 401
– Transportvorschriften 506
Zusammensetzung 221
Zwischenprodukte 10, 210 f
Zyankali 67
Zytostatika 28, 34
zytotoxische Effekte 36